Pohls Einführung in die Physik

Klaus Lüders · Robert Otto Pohl
(Hrsg.)

Pohls Einführung in die Physik

Band 1: Mechanik, Akustik und Wärmelehre

21., gründlich überarbeitete Auflage

Mit 498 Abbildungen, 84 Aufgaben und 77 Videofilmen

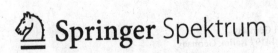 Springer Spektrum

Herausgeber

Klaus Lüders
Fachbereich Physik
Freie Universität Berlin
Berlin, Deutschland

Robert Otto Pohl
Department of Physics
Cornell University
Ithaca, NY, USA

Ergänzendes Material zu diesem Buch finden Sie auf
http://extras.springer.com.

ISBN 978-3-662-48662-7
DOI 10.1007/978-3-662-48663-4

ISBN 978-3-662-48663-4 (eBook)

Die Deutsche Nationalbibliothek verzeichnet diese Publikation in der Deutschen Nationalbibliografie; detaillierte bibliografische Daten sind im Internet über http://dnb.d-nb.de abrufbar.

Springer Spektrum
© Springer-Verlag Berlin Heidelberg 1930, 1931, 1942, 1947, 1953, 1955, 1959, 1962, 1964, 1969, 1983, 2004, 2009, 2017

Planung: Margit Maly

Gedruckt auf säurefreiem und chlorfrei gebleichtem Papier.

Springer Spektrum ist Teil von Springer Nature
Die eingetragene Gesellschaft ist Springer-Verlag GmbH Germany
Die Anschrift der Gesellschaft ist: Heidelberger Platz 3, 14197 Berlin, Germany

Vorwort zur einundzwanzigsten Auflage

Eine der umfangreichsten Änderungen an der neuen Auflage betrifft im Interesse leichterer Lesbarkeit die äußere Form. So erscheint der „Pohl" nun als E-Book, daneben aber auch weiterhin in gedruckter Form, allerdings mit geändertem Format. Die Nummerierung der Kapitel einschließlich der Gleichungen, Abbildungen usw. wurde der heute üblichen Form der Lehrbuchliteratur angepasst. Die Aufgaben befinden sich jetzt jeweils am Ende des entsprechenden Kapitels.

Größere Änderungen gab es bei den Videofilmen. Im Rahmen des E-Books sind sie nun leichter zugänglich und direkt an der zugehörigen Textstelle abrufbar. Alle seinerzeit in Zusammenarbeit mit dem Institut für den Wissenschaftlichen Film (IWF) Göttingen gedrehten Filme erscheinen jetzt in Originalqualität und sind mit gesprochenem Text versehen. Die anderen Filme wurden teilweise ergänzt und einige neu hinzugefügt.

Gleichzeitig nutzten wir die Gelegenheit, den gesamten Text inhaltlich noch einmal kritisch zu sichten. Das führte zu etlichen sachlichen Klarstellungen sowohl im Text als auch in einigen Abbildungen bis hin zu einigen Text- und Abbildungsergänzungen insbesondere in Kap. 12 und 19. Weiterhin sei erwähnt, dass für beide Pohl-Bände nun auch englischsprachige Auflagen in Vorbereitung sind.

Besonderer Dank gilt wieder Herrn Prof. Dr. K. Samwer vom 1. Physikalischen Institut der Universität Göttingen für seine engagierte, vielfältige und hilfreiche Unterstützung bei der Bearbeitung dieser neuen Auflage. Den Herren Prof. Dr. G. Beuermann, J. Feist und C. Mahn aus seinem Institut sei extra für ihre mühevollen verschiedenen Hilfestellungen gedankt. Ganz besonders möchten wir auch Herrn Dr. J. Kirstein von der Didaktik der Physik an der Freien Universität Berlin für seine sachkundige und schnelle Bearbeitung der Videofilme danken. Auch dem Fachbereich Physik der Freien Universität und seiner Verwaltung sind wir wieder für die Arbeitsmöglichkeiten im Institut und den hilfreichen Einsatz vieler Institutsmitglieder bei der Lösung technischer Probleme, vor allem bei Computerarbeiten, sehr dankbar. Schließlich sei dem Springer-Verlag, insbesondere Frau Dr. V. Spillner, Frau M. Maly und Frau B. Saglio für die anregende und angenehme Zusammenarbeit herzlich gedankt.

Berlin, Göttingen, Juli 2015

K. Lüders
R. O. Pohl

Aus dem Vorwort zur zwanzigsten Auflage (2008)

Viele positive Stellungnahmen zur neunzehnten Auflage der POHL'schen Einführung in die Mechanik, Akustik und Wärmelehre haben uns ermutigt, eine weitere Auflage herauszugeben. Damit bot sich gleichzeitig eine gute Gelegenheit, uns wichtig erscheinende Ergänzungen einzufügen. Neben zusätzlichen oder überarbeiteten Kommentaren und einigen sachlichen Klarstellungen im Text sind dies vor allem weitere Videofilme und eine Aufgabensammlung. Auch die Paragraphen zu Osmose und Diffusion aus früheren Auflagen wurden wieder aufgenommen.

Die Filme entstanden diesmal in eigener Regie im neuen Göttinger Hörsaal, ein paar auch in Zusammenarbeit mit der Physik-Didaktik der FU Berlin. Bei der Themenauswahl ließen wir uns wiederum davon leiten, einerseits Abbildungen „lebendig" zu machen und andererseits typisch POHL'sche Schauversuche zu dokumentieren, die teilweise heute selbst in Göttingen nicht mehr vorgeführt werden.

Der Grundstock der Aufgaben stammt aus einer früheren englischsprachigen Auflage (1932!), es handelt sich also um POHL'sche Originalaufgaben. Wir fanden es aber sinnvoll, dieser Sammlung weitere Aufgaben hinzuzufügen, und zwar an Fragestellungen orientiert, die sich entweder direkt aus Videofilmen oder Abbildungen ergeben oder Experimente ergänzen, die manchmal aus Platzgründen im Text nur knapp beschrieben sind. Diese Aufgaben besitzen also weniger den Charakter von Übungsaufgaben, sie sollen vielmehr dem Leser zum besseren Verständnis der auch in diesem Band oft schwierigen Physik etwas Hilfestellung geben und darüber hinaus auch einige ergänzende Informationen liefern.

Berlin, Göttingen, Juni 2008

K. Lüders
R. O. Pohl

Aus dem Vorwort zur neunzehnten Auflage (2004)

Über dreißig Jahre, von 1919 bis 1952, hat R.W. POHL an der Göttinger Universität für Studenten aller Fachrichtungen die Einführungsvorlesung über Experimentalphysik gelesen. Das dreibändige Werk, das daraus entstand, verfolgte lange Zeit einen doppelten Zweck. Einmal sollte es beim Leser das Interesse an der Physik wecken und zum anderen als Lehrbuch interessierten Studenten die Grundlagen der Physik beibringen. Obwohl in den vergangenen Jahrzehnten die studentische Ausbildung immer mehr den beruflichen Bedürfnissen durch Spezialvorlesungen angepasst wurde, ist diese Zielsetzung bis heute aktuell. Wir sind daher überzeugt, dass die POHL'schen Bücher nichts von ihrer Faszination für die experimentelle Erforschung physikalischer Phänomene eingebüßt haben und immer noch einen Platz auf dem Schreibtisch der Studierenden verdienen. Dies ist der Grund für die vorliegende Neuauflage, zunächst der „Mechanik, Akustik und Wärmelehre". Ein zweiter Band soll dann die wichtigsten Kapitel der Elektrizitätslehre und Optik enthalten.

Die für die meisten Leser auffallendste Besonderheit der POHL'schen Bücher ist die Fülle der ausführlich beschriebenen und illustrierten Experimente, in denen gezeigt wird, wie man die Natur befragt, um ihre Geheimnisse zu ergründen. Dazu gehören natürlich auch die Schattenrisse, die den Blick auf das Wesentliche lenken. Darüber hinaus möchten wir aber hier dem Leser Gelegenheit geben, die Experimente so mitzuerleben, wie sie im Göttinger Hörsaal seit nun schon über 80 Jahren vorgeführt werden. Deshalb wurde diese Auflage durch zwei CD-ROMs mit kurzen Videofilmen ergänzt. Der erste Film ist eine Originalaufnahme einer Vorlesung von R.W. POHL aus dem Jahr 1952 (Videofilm 1).[1] Wir hoffen, dass die Leser bei der Betrachtung dieser Videofilme ebenso viel Freude haben werden wie wir bei den Dreharbeiten.

Um die Lebendigkeit des „POHLs", wie die Bücher oft genannt wurden, zu erhalten, erschien es uns wichtig, an der Darstellungsweise des Autors möglichst wenig zu ändern. Da aber allein der erste Band in nicht weniger als vierzehn verschiedenen Fassungen vorlag, mussten wir eine Auswahl treffen. Der vorliegende Band basiert auf der 16. Auflage, erschienen 1964. Gelegentlich griffen wir aber auch auf andere Auflagen zurück, vor allem auf die 13. (1955) und auf die 18. (1983). Texteingriffe unsererseits wurden weitgehend vermieden. Zu den Ausnahmen gehört u. a. eine verminderte Scheu bei der Verwendung von Vektoren und Integralen, also Dingen, mit denen der Leser heutzutage im Allgemeinen wohlvertraut ist. Auch haben wir Symbole und Einheiten dem modernen Sprachgebrauch anzupassen versucht, um dem Leser unnötige Übersetzungsarbeit zu ersparen. Unsere eigenen Versuche zur Bereicherung des Textes haben wir auf Kommentare am Rand beschränkt, die vor allem sowohl direkte Erläuterungen zum Text als auch Hinweise auf neuere Entwicklungen enthalten.

Berlin, Göttingen, Januar 2004

K. Lüders
R. O. Pohl

---

[1] **Videofilm 1:**
„R.W. POHL in der Vorlesung"
http://tiny.cc/02hkdy
Dieser von FRITZ LUETY (jetzt Emeritus der University of Utah in Salt Lake City) als Diplomand anlässlich der Sommerfeier 1952 im Göttinger Institut gedrehte Film enthält die Aufnahme einer Vorlesung von POHL über Schwingungen, mit mehreren Experimenten, die in Kap. 11 in diesem Buch beschrieben sind.

Aus dem Vorwort zur ersten Auflage (1930)

Dies Buch enthält den ersten Teil meiner Vorlesung über Experimentalphysik. Die Darstellung befleißigt sich großer Einfachheit. Diese Einfachheit soll das Buch außer für Studierende und Lehrer auch für weitere physikalisch interessierte Kreise brauchbar machen.

Die grundlegenden Experimente stehen im Vordergrund der Darstellung. Sie sollen vor allem der Klärung der Begriffe dienen und einen Überblick über die Größenordnungen vermitteln. Quantitative Einzelheiten treten zurück.

Eine ganze Reihe von Versuchen erfordert einen größeren Platz. Im Göttinger Hörsaal steht eine glatte Parkettfläche von $12 \times 5 \, \text{m}^2$ zur Verfügung. Das lästige Hindernis in älteren Hörsälen, der große, unbeweglich eingebaute Experimentiertisch, ist schon seit Jahren beseitigt. Statt seiner werden je nach Bedarf kleine Tische aufgestellt, aber ebenso wenig wie die Möbel eines Wohnraumes in den Fußboden eingemauert. Durch diese handlichen Tische gewinnt die Übersichtlichkeit und Zugänglichkeit der einzelnen Versuchsanordnungen erheblich. Die meisten Tische sind um ihre vertikale Achse schwenkbar und rasch in der Höhe verstellbar. Man kann so die störenden perspektivischen Überschneidungen verschiedener Anordnungen verhindern. Man kann die jeweils benutzte Anordnung hervorheben und sie durch Schwenken für jeden Hörer in bequemer Aufsicht sichtbar machen.

Die benutzten Apparate sind einfach und wenig zahlreich. Manche von ihnen werden hier zum ersten Mal beschrieben. Sie können, ebenso wie die übrigen Hilfsmittel der Vorlesung, von der Firma Spindler & Hoyer, G. m. b. H. in Göttingen, bezogen werden.

Der Mehrzahl der Abbildungen liegen photographische Aufnahmen zugrunde. Viele Bilder sind als Schattenrisse gebracht. Diese Bildform eignet sich gut für den Buchdruck, ferner gibt sie meist Anhaltspunkte für die benutzten Abmessungen. Endlich erweist ein Schattenriss die Brauchbarkeit eines Versuches auch in großen Sälen. Denn diese verlangen in erster Linie klare Umrisse, nirgends unterbrochen durch nebensächliches Beiwerk, wie Stativmaterial u. dgl.

Göttingen, März 1930

R. W. Pohl

R.W. Pohl (1884–1976)

R.W. POHL (1884–1976) bei der Besprechung von Farbzentren (F-Zentren), den in seinem Institut entdeckten und dort über viele Jahre untersuchten elementaren Kristallgitterfehlern, während eines Besuches in dem Ansco Forschungslabor in Binghamton, NY, im Jahr 1951. Einzelheiten zu Pohls Leben und Werk finden sich auf der Webseite http://rwpohl.mpiwg-berlin.mpg.de des Max-Planck-Instituts für Wissenschaftsgeschichte (MPI-WG). Hier findet man auch die Hinweise auf weitere Literatur, auf wissenschaftliche Institutionen und auf andere Webseiten, die Informationen und Dokumente zur Lehre und Forschung des Göttinger Physikers bereitstellen. Auf der Webseite des MPIWG wird auch der historische Dokumentarfilm „Einfachheit ist das Zeichen des Wahren" von EKKEHARD SIEKER (Videofilm in Bd. 2 oder auf der DVD der 23. Aufl. von Bd. 2) gemeinsam mit allen Videos der beiden Bände und anderem audiovisuellen Material jeweils als Videostream zum Anschauen oder als Video-Download angeboten.

Inhaltsverzeichnis

Videofilmverzeichnis

Alle Videofilme zu diesem Band und ebenso die zu Bd. 2 sind über http://extras.springer.com abrufbar.

Teil II Akustik

Teil III Wärmelehre

Mechanik

I

Einführung, Längen- und Zeitmessung

1

1.1 Einführung

Die Physik ist eine Erfahrungswissenschaft. Sie beruht auf experimentell gefundenen Tatsachen. Die Tatsachen bleiben, die Deutungen wechseln im Lauf des historischen Fortschritts. Tatsachen werden durch Beobachtungen gefunden, und zwar gelegentlich durch zufällige, meist aber durch planvoll angestellte. – Beobachten will gelernt sein, der Ungeübte kann leicht getäuscht werden. Wir bringen zwei Beispiele:

a) *Die farbigen Schatten.* In Abb. 1.1 sehen wir eine weiße Wand W, eine Gasglühlichtlampe[K1.1] und eine elektrische Glühlampe. P ist ein beliebiger undurchsichtiger Körper, z. B. eine Papptafel. – Zunächst wird nur die elektrische Lampe eingeschaltet. Sie beleuchtet die weiße Wand *mit Ausnahme* des Schattenbereiches S_1. Dieser wird irgendwie markiert, z. B. mit einem angehefteten Papierschnitzel. – Dann wird allein die Gaslampe angezündet. Wieder erscheint die Wand weiß, diesmal *einschließlich* des markierten Bereiches S_1. Ein schwarzer Schatten der Papptafel liegt jetzt bei S_2. – Nun kommt der eigentliche Versuch: Während die Gaslampe brennt, wird die elektrische Lampe eingeschaltet. Dadurch ändert sich im Bereich S_1 physikalisch oder objektiv nicht das Geringste. Trotzdem hat sich für unser

K1.1. Bei der Gasglühlichtlampe wird ein aus Oxiden von Th und Ce bestehender Körper (Glühstrumpf) durch eine Gasflamme erhitzt (C. AUER, 1885, s. Bd. 2, Abschn. 28.6).

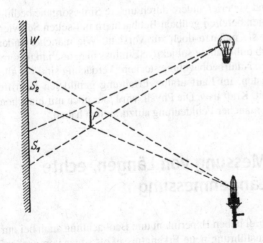

Abb. 1.1 Farbige Schatten

Abb. 1.2 Spiraltäuschung

Auge das Bild von Grund auf gewandelt. Wir sehen bei S_1 einen lebhaft *olivgrünen* Schatten. Er unterscheidet sich stark von dem (jetzt rotbraunen) Schatten S_2. Dabei gelangt von S_1 nach wie vor nur Licht der Gaslampe in unser Auge. Der Bereich S_1 ist lediglich durch einen hellen *Rahmen* eingefasst worden, herrührend vom Licht der elektrischen Lampe. Dieser Rahmen allein vermag die Farbe des Bereiches S_1 so auffallend zu ändern.

Der Versuch ist für jeden Anfänger lehrreich: *Farben* sind kein Gegenstand der Physik, sondern der Psychologie und der Physiologie! Nichtbeachtung dieser Tatsache hat vielerlei unnütze Arbeit verursacht.

b) *Die Spiraltäuschung.* Jedermann sieht in Abb. 1.2 ein System von Spiralen mit gemeinsamem Mittelpunkt. Trotzdem handelt es sich in Wirklichkeit um konzentrische Kreise. Davon kann man sich sofort durch Umfahren einer Kreisbahn mit einer Bleistiftspitze überzeugen.[K1.2]

K1.2. Auf eine ähnliche optische Täuschung wird auch in Abb. 11.42c hingewiesen.

Solche und vielerlei andere durch unsere Sinnesorgane bedingte Erscheinungen bereiten geübten Beobachtern nur selten Schwierigkeiten. Aber sie mahnen doch zur Vorsicht. Wie mancher andere uns heute noch unbekannte subjektive Einfluss mag noch in unserer physikalischen Naturbeobachtung stecken! Verdächtig sind vor allem die allgemeinsten, im Lauf uralter Erfahrung gebildeten Begriffe, wie Raum, Zeit, Kraft usw. Die Physik wird hier noch mit manchem Vorurteil und mancher Fehldeutung aufzuräumen haben.

1.2 Messung von Längen, echte Längenmessung

Ohne Zweifel haben Experiment und Beobachtung auch bei nur *qualitativer* Ausführung neue Erkenntnisse, oft sogar von großer Tragweite, erschlossen. Trotzdem erreichen Experiment und Beobachtung erst dann ihren vollen Wert, wenn sie Größen in Zahl und Maß erfassen. Messungen spielen in der Physik eine wichtige Rolle. Die physikalische Messkunst ist hoch entwickelt, die Zahl ihrer Verfahren groß und Gegenstand einer umfangreichen Sonderliteratur.

Unter der Mannigfaltigkeit physikalischer Messungen finden sich besonders häufig Messungen von Längen und Zeiten, oft allein, oft zusammen mit der Messung anderer Größen. Man beginnt daher zweckmäßig mit der Messung von Längen und Zeiten, und zwar einer Klarlegung ihrer Grundlagen, nicht der technischen Einzelheiten ihrer Ausführung.

Die Benutzung des Wortes Länge lernen wir als Kinder. *Jede echte Messung einer Länge beruht auf dem Anlegen und Abtragen eines Maßstabes.* Man zählt ab, wie oft die Länge des Maßstabes in einer anderen Länge enthalten ist. Das erscheint zwar als trivial, ist aber oft nicht genügend beachtet worden. Mit dem Vorgang der Messung selbst, hier also mit dem Abtragen des Maßstabes, ist es nicht getan. Es muss die Festlegung einer Einheit hinzukommen.

Jede Festlegung von physikalischen Einheiten ist vollständig willkürlich. Das wichtigste Erfordernis ist stets eine möglichst weitreichende internationale Vereinbarung. Erwünscht sind ferner leichte Reproduzierbarkeit und bequeme Zahlengrößen bei den häufigsten Messungen des täglichen Lebens.

Längenmessungen liegt die Längeneinheit *Meter* zugrunde. Das Meter war bis 1960 durch einen bei Paris im „Bureau des Poids et Mesures" aufbewahrten Metallstab, einen „Normalmeterstab" festgelegt. Die heutige Definition des Meters wird in Abschn. 1.3 folgen.

Für Eichzwecke werden Längen-Normale in den Handel gebracht. Sie werden als *Endmaßstäbe* ausgeführt: Das sind kistenförmige Stahlklötze mit planparallelen, auf Hochglanz polierten Endflächen. Zusammengesetzt haften sie aneinander (vgl. Abb. 9.19). Mit ihnen kann man Längen innerhalb 10^{-3} mm = 1 μm, sprich 1 Mikrometer, reproduzieren.

Zur praktischen Längenmessung dienen *geteilte* Maßstäbe und mancherlei Messgeräte. Bei den Maßstäben soll die Länge der Teilstriche gleich dem $2\frac{1}{2}$-fachen ihres Abstandes sein. Dann schätzt man die Bruchteile am sichersten.

Bei den Längen-Messgeräten wird das Ablesen der Bruchteile durch mechanische oder optische Hilfseinrichtungen erleichtert. Die mechanischen benutzen irgendwelche Übersetzungen mit Hebeln, mit Schrauben („Schraubenmikrometer"), mit Zahnrädern („Messuhren") oder mit Spiralen. Gebräuchlich sind auch *Schublehren* mit einem Nonius.

Unter den optischen Hilfseinrichtungen steht die Beobachtung mit dem Mikroskop[K1.3] an vorderer Stelle. Dabei handelt es sich noch durchaus um echte Längenmessungen. Als Beispiel messen wir vor einem großen Hörerkreis die Dicke eines Haares.

K1.3. Das hier gemeinte optische Licht-Mikroskop wird in Bd. 2, Abschn. 18.11 u. 18.12 ausführlich besprochen.

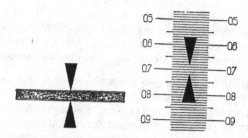

Abb. 1.3 Längenmessung unter dem Mikroskop

Mit einem einfachen Mikroskop wird ein Bild des Haares auf einen Schirm geworfen. Auf diesem Bild wird die Dicke des Haares durch zwei Pfeilspitzen eingegrenzt, Abb. 1.3 links. Dann wird das Haar entfernt und durch einen kleinen auf Glas geritzten Maßstab (Objektmikrometer) ersetzt, z. B. ein Millimeter geteilt in 100 Teile. Das Gesichtsfeld zeigt jetzt das Bild der Abb. 1.3 rechts. Wir lesen zwischen den Pfeilspitzen 4 Skalenteile ab. Die Dicke des Haares beträgt also $4 \cdot 10^{-2}$ mm oder 40 μm.

K1.4. Heute können mit optischen Hilfsmitteln Abstände mit Unsicherheiten bis etwa 20 nm (1 nm = 10^{-9} m, sprich Nanometer) gemessen werden. Aufgrund von Anforderungen der Fertigungstechnik ist man bestrebt, diese Grenze weiter (auf etwa 1 nm) zu verbessern (s. PTBnews 02.3, Dez. 2002).

Die Fehlergrenze der Längenmessung kann mit optischen Hilfsmitteln bis auf etwa ± 0,1 μm herabgesetzt werden.[K1.4] Mechanische Hilfsmittel führen bis auf ± 1 μm. Das unbewaffnete Auge muss sich mit ± 50 bis 30 μm (d. h. Haaresbreite!) begnügen.

1.3   Die Längeneinheit Meter

Für echte Längenmessungen kann man Maßstäbe mit äußerst feiner, selbst für das bewaffnete Auge nicht mehr erkennbarer Teilung benutzen. Das soll mit Abb. 1.4 erläutert werden. – An dem festen und an dem verschiebbaren Teil einer „Schublehre" ist je ein Maßstab befestigt. Beide Maßstäbe bestehen aus gitterförmig geteilten

Abb. 1.4 Für Schauversuche vergrößertes Interferenzmikrometer

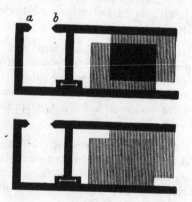

Glasplatten. Sie sind, vom Beschauer aus gesehen, hintereinander angeordnet, und daher überdecken sie sich in einem großen Bereich. Die schwarzen Striche und die klaren Lücken sind gleich breit (in Wirklichkeit z. B. je 1/20 mm).

In der Nullstellung mögen die Striche des einen Maßstabes auf die Lücken des anderen fallen. Dann ist der Überdeckungsbereich undurchsichtig, er erscheint dunkel. Zieht man jetzt den Taster b mit seinem Maßstab langsam nach rechts, wird der Überdeckungsbereich periodisch aufgehellt und wieder verdunkelt. Jede neue Verdunkelung bedeutet eine Vergrößerung des Abstandes $a - b$ um einen Teilstrichabstand (im Beispiel also 1/10 mm). Folglich kann man durch Abzählen der Verdunkelungen mit der unsichtbaren feinen Teilung eine echte Längenmessung ausführen. Es handelt sich, kurz gesagt, um eine Längenmessung mit geometrischer *Interferenz*.

Zu dieser Interferenz-Längenmessung gibt es ein optisches Analogon: In der Optik kann man die von Menschenhand hergestellten Teilungen durch eine von der Natur gegebene ersetzen. Als solche benutzt man die Wellen einer bestimmten vom leuchtenden Krypton-Isotop $^{86}_{36}$Kr ausgesandten Spektrallinie. Ihre Wellenlänge im Vakuum („Teilung") hat man mit dem Pariser Normalmeterstab verglichen und aufgrund dieses Vergleiches international vereinbart, dass fortan das 1 650 765,73-fache dieser Wellenlänge als Meter definiert wird.[K1.5]

Auf diese Weise hofft man, den Sinn des Wortes Meter späteren Generationen sicherer als mit einer durch einen Prototyp festgelegten Einheit erhalten zu können. Ein Normalmeterstab ist trotz aller erdenklichen Sorgfalt bei seiner Behandlung ein unbeständiges Gebilde. Im Lauf langer Zeiten ändern sich alle Maßstäbe. Das ist eine Folge innerer Umwandlungen im Gefüge aller festen Körper.

1.4 Unechte Längenmessung bei sehr großen Längen

Standlinienverfahren, Stereogrammetrie. Sehr große Strecken sind oft nicht mehr der *echten* Längenmessung zugänglich. Man denke an den Abstand zweier Berggipfel oder den Abstand eines Himmelskörpers von der Erde. Man muss dann zu einer unechten Längenmessung greifen, z. B. dem bekannten, in Abb. 1.5 angedeuteten Verfahren der Standlinie. Die Länge BC der Standlinie wird nach Möglichkeit in echter Längenmessung ermittelt. Dann werden die Winkel β und γ gemessen. Aus Standlinienlänge und Winkeln lässt sich der gesuchte Abstand x durch Zeichnung oder Rechnung ermitteln.

Dies aus dem Schulunterricht geläufige Verfahren ist nicht frei von grundsätzlichen Bedenken. Es identifiziert die bei der Winkelmessung benutzten Lichtstrahlen ohne Weiteres mit den geraden Linien der Euklidischen Geometrie. Das ist aber eine Voraussetzung, und

K1.5. 1983 wurde die Längeneinheit Meter noch einmal neu definiert: „Das Meter ist die Länge der Strecke, die Licht im Vakuum während der Dauer von (1/299 792 458) Sekunden durchläuft." Da damit der Zahlenwert der Vakuum-Lichtgeschwindigkeit festgelegt wurde, ist das Meter jetzt mit der Zeiteinheit Sekunde verknüpft (s. z. B. G. Fritsch, Physik in unserer Zeit **15**, A13 (1984)).

über die Zulässigkeit dieser Voraussetzung kann letzten Endes nur die Erfahrung entscheiden. – Zum Glück brauchen wir uns um derartige Bedenken bei den normalen physikalischen Messungen auf der Erde nicht zu kümmern. Sie entstehen erst in Sonderfällen, z. B. bei den Riesenentfernungen der Astronomie. Trotzdem muss schon der Anfänger von diesen Schwierigkeiten hören. Denn er sieht in der Längenmessung keinerlei Problem und hält sie für die einfachste aller physikalischen Messungen. Diese Auffassung trifft aber nur für die echte Längenmessung zu, das Anlegen und Abtragen eines Maßstabes.

K1.6. Die Methode der Stereogrammetrie, heute mithilfe elektronischer Datenverarbeitung durchgeführt, wird in vielen Bereichen eingesetzt, neben der Geländevermessung z. B. auch in der Architektur und in der Medizin (Röntgenstereogramme).*

Zum Abschluss der knappen Darlegungen über Längenmessungen sei noch eine elegante technische Ausführungsform der Standlinien-Längenmessung erwähnt, die sogenannte *Stereogrammetrie*[K1.6]. Sie dient in der Praxis vorzugsweise der Geländevermessung, insbesondere in Gebirgen. In der Physik braucht man sie u. a. zur Ermittlung komplizierter räumlicher Bahnen, z. B. von Blitzen.

In Abb. 1.5 wurden die Winkel β und γ mit irgendeinem Winkelmesser (z. B. Fernrohr auf Teilkreis) bestimmt. Die Stereogrammetrie ersetzt die beiden Winkelmesser an den Enden der Standlinie durch zwei fotografische Apparate. Ihre Objektive sind mit I und II angedeutet. Die Bilder B und C desselben Gegenstandes A sind gegen die Plattenmitten um die Abstände BL bzw. CR verschoben. Aus BL oder CR einerseits und dem Gesamtabstand BC andererseits lässt sich die gesuchte Entfernung x des Gegenstandes A berechnen. Das ist geometrisch einfach zu übersehen. Für eine gegebene Standlinie I–II und gegebenen Linsenabstand f lässt sich eine Eichtabelle zusammenstellen.

So weit böte das Verfahren nichts irgendwie Bemerkenswertes. Erst jetzt kommt eine ernstliche Schwierigkeit: Es wäre zeitraubend und oft unmöglich, beispielsweise für den verschlungenen Weg eines Blitzes die einander entsprechenden Bilder B und C der einzelnen Wegabschnitte herauszufinden. Diese Schwierigkeit lässt sich vermeiden. Man vereinigt die beiden fotografischen Aufnahmen in bekannter Weise in einem Stereoskop zu *einem* räumlich erscheinenden Gesichtsfeld. Man sieht in Abb. 1.6 die beiden einzelnen fotografischen Aufnahmen in ein Stereoskop eingesetzt. Und nun kommt der entscheidende Kunstgriff, die Anwendung einer „wandernden Marke".

Die wandernde Marke erhält man mithilfe zweier gleichartiger Zeiger *1* und *2*. Sie können in Höhe und Breite gemeinsam über die Bildflächen hin verschoben werden. Die Beträge dieser Verschiebungen werden an den Skalen S_1 und S_2 abgelesen. Außerdem lässt sich der gegenseitige

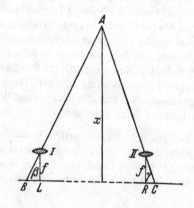

Abb. 1.5 Zur Längenmessung mit einer Standlinie und zur stereogrammetrischen Längenmessung[K1.6]

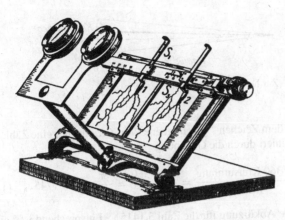

Abb. 1.6 Stereoskop mit wandernder Marke, auf den Bildern verästelte Blitzbahnen

Abstand der beiden Zeiger in messbarer Weise (S_3 mit Skalentrommel) verändern.

Ins Stereoskop blickend sehen wir diese beiden Zeiger zu *einem* vereinigt, frei im Gesichtsraum schweben. Verändern wir den Abstand der beiden Zeiger (S_3), so wandert die Marke im Gesichtsraum auf uns zu oder von uns fort. Man kann die Marke bei Benutzung aller drei Verschiebungsmöglichkeiten (S_1, S_2, S_3) auf jeden beliebigen Punkt im Gesichtsraum einstellen, also auf eine Bergspitze, auf eine beliebige Stelle einer verschlungenen Blitzbahn usw. Es ist ein außerordentlich eindrucksvoller Versuch. Aus den Skalenablesungen liefert uns dann eine Eichtabelle bequem die den Punkt festlegenden Längen in Tiefe, Breite und Höhe (seine drei Koordinaten).

1.5 Winkelmessung

An die Messung der Längen schließt sich die Messung von Flächen, Volumen und Winkeln an. Zu bemerken ist nur etwas zur Messung von Winkeln.

Ebene Winkel (Abb. 1.7) werden durch das Verhältnis

$$\frac{\text{Bogenlänge } b}{\text{Radius } r}$$

gemessen, *räumliche* Winkel (Abb. 1.8) durch das Verhältnis

$$\frac{\text{Kugelflächenstück } A}{(\text{Radius } r)^2}$$

Damit werden alle Winkel durch reine *Zahlen* gemessen.

Abb. 1.7 Zur Definition des ebenen Winkels

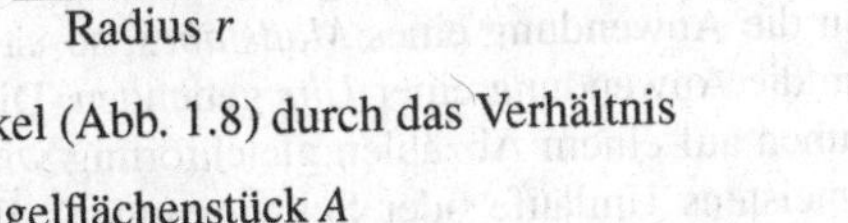

Bogen b

Radius r

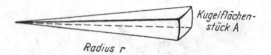

Abb. 1.8 Zur Definition des räumlichen Winkels

Das mit dem Zeichen ° geschriebene Wort *Grad* ist nur eine Zähleinheit, definiert durch die Gleichung

$$° = \frac{1/360 \; \text{Kreisumfang}}{\text{Radius}} = \frac{2\pi r/360}{r} = \frac{\pi}{180} = 0{,}01745\ldots \quad (1.1)$$

π ist eine Abkürzung für die Zahl 3,1415... Entsprechend ist ° eine Abkürzung für die Zahl 0,01745... Daher ist z. B. $\alpha = 100°$ identisch mit $\alpha = 100 \cdot 0{,}0175 = 1{,}75$.

Die Einheit aller Winkel ist die Zahl 1. Als Einheit eines ebenen Winkels nennt man die Zahl 1 oft zweckmäßig *Radiant* (abgekürzt rad), als Einheit des räumlichen Winkels Steradiant (abgekürzt sr). Treten diese Namen der Zahl 1 in irgendwelchen Einheiten auf, so erkennt man, dass in dem benutzten Messverfahren die Messung eines Winkels enthalten ist.

Die Gleichung 1 Radiant = 57,3° formuliert die Identität

$$1 \, \text{Radiant} = 57{,}3 \cdot 0{,}0175 = 1.$$

Ein Kegel mit dem Öffnungswinkel 2α schneidet aus einer um seine Spitze beschriebenen Kugel das Flächenstück $A = 2\pi r^2 (1 - \cos\alpha)$ heraus. Für $\alpha = 32{,}8°$ wird der räumliche Winkel $\Omega = 1 =$ Steradiant. Er schneidet aus der Kugel das Flächenstück $A = r^2$, also den Bruchteil $r^2/4\pi r^2 = 1/4\pi = 7{,}96\,\%$ heraus.

1.6 Zeitmessung, echte Zeitmessung

Das Wort Zeit hat zwei Bedeutungen, entweder Zeitdauer oder Zeitpunkt. Wie eine Länge durch zwei Punkte, so wird eine Zeitdauer durch zwei Zeitpunkte eingegrenzt. Wie jede echte Längenmessung an die Anwendung eines *Maßstabes*, so ist jede echte Zeitmessung an die Anwendung einer *Uhr* gebunden. Die wichtigsten Uhren beruhen auf einem Abzählen gleichförmig wiederkehrender Vorgänge (meistens Umläufe oder Schwingungen). Dabei lässt sich „gleichförmig" nicht begrifflich definieren, sondern nur experimentell: Man vergleicht viele Uhren möglichst verschiedener Bauart unter sich und mit periodischen Vorgängen der Astronomie. Dieser Vergleich führt zu einem „Kampf ums Dasein": Uhren, deren Verhalten von dem der Mehrheit abweicht, werden ausgemerzt, dem Gang der Überlebenden gibt man das Prädikat „gleichförmig".

Ebenso wie die Festlegung einer Einheit der Länge ist auch die Festlegung einer Einheit der Zeitdauer Sache internationaler Vereinbarung. Die Sekunde genannte Einheit ist ursprünglich mithilfe astronomischer Vorgänge definiert worden (zunächst mit der *Rotation* der Erdkugel um ihre Achse und später durch ihren *Umlauf* um die Sonne). Diese letzten Endes *mechanischen* Definitionen haben sich als unzulänglich erwiesen.[1] Deswegen sind sie durch eine *elektrische* Definition ersetzt worden. Diese benutzt eine vom $^{133}_{55}$Cs-Atom unter bestimmten Anregungsbedingungen ausgestrahlte *elektrische Welle* mit einer Wellenlänge λ der Größenordnung 3 cm. Seit 1967 wird die Sekunde dadurch definiert, dass während ihrer Dauer 9 192 631 770 Einzelwellen, d. h. Berg + Tal der genannten Strahlung gezählt werden.

1.7 Uhren, graphische Aufzeichnung

Die zur praktischen Zeitmessung benutzten Uhren können als bekannt gelten. Sie benutzen mechanische Schwingungsvorgänge. Entweder schwingt ein hängendes Pendel im Schwerefeld (z. B. Wanduhren) oder ein Drehpendel an einer elastischen Schneckenfeder (z. B. „Unruh" in Taschenuhren).[K1.7] Es bleibt zu zeigen, dass sich die Schwingungen dieser Pendel auf gleichförmige Drehung zurückführen lassen.

Eine Pendelbewegung verläuft, kurz gesagt, *wie eine von der Seite betrachtete Kreisbewegung*. In die Ebene der Kreisbahn blickend, sehen wir einen umlaufenden Körper nur Hin- und Herbewegungen ausführen. Ihr zeitlicher Ablauf ist genau der gleiche wie der der Pendelbewegungen. Das zeigt besonders anschaulich eine optische Aufzeichnung. Sie verwandelt das zeitliche Nacheinander in ein räumliches Nebeneinander und stellt die Bewegung durch einen Kurvenzug dar.

Zur Aufzeichnung dieses Kurvenzuges dient die in Abb. 1.9 erläuterte Anordnung: Ein Spalt *S* wird mit der Linse *L* auf dem Schirm *P* abgebildet. Die den Spalt beleuchtende Lichtquelle (Bogenlampe) ist nicht mitgezeichnet worden. Die Linse *L* wird auf einem Schlitten gleichförmig in Richtung des Pfeiles bewegt. Dadurch läuft das Bild des Spaltes über den Schirm *P* hinweg. Der Schirm ist mit einem phosphoreszierenden Kristallpulver überzogen. Ein solches Pulver vermag nach kurzer Lichteinstrahlung längere Zeit nachzuleuchten. Vor den vertikalen Spalt *S* setzen wir nacheinander

K1.7. In vielen Uhren benutzt man heute die mechanischen Schwingungen von Quarzkristallen (Abschn. 11.8).

---

[1] Und zwar wegen unzureichender Konstanz der Erdrotation. Die mit Ebbe und Flut verbundenen Reibungskräfte vergrößern (mit einer Leistung von etwa 10^9 Kilowatt!) die Rotationsdauer der Erdkugel im Lauf eines Jahrhunderts um rund $1{,}5 \cdot 10^{-3}$ s. Infolgedessen dauert jedes Jahrhundert rund 30 s länger als das vorhergehende. Außerdem ändert sich die Rotationsdauer innerhalb eines Jahres: Aus noch nicht sicher geklärten Gründen ist sie im März rund $2 \cdot 10^{-3}$ s länger als im Juli. Schließlich hat man auch ganz regellos auftretende Ungleichförmigkeiten der Dauer der Erdrotation festgestellt.

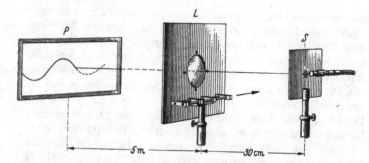

Abb. 1.9 Zusammenhang von Kreisbewegung und Sinuslinie. Vor dem vertikalen Spalt S sitzt ein horizontaler Stift am Rand eines horizontal gelagerten Zylinders. Dieser rotiert, von einer biegsamen Welle angetrieben, um eine horizontale, zur Spaltebene parallele Achse.

1. einen Metallstift, der eine Kreiszylinderfläche mit einer horizontalen, zur Spaltebene parallelen Achse umfährt (Abb. 1.9), und

2. einen seitlich an einem Schwerependel befestigten Draht (vgl. Abb. 1.10, Metronompendel). Seine Auslenkung vor dem Spalt wird gleich dem Durchmesser des Kreiszylinders gemacht, auf dem sich der Metallstift im ersten Versuch bewegte.

In beiden Fällen erhalten wir tiefschwarz auf hellgrün leuchtendem Grund den *gleichen* Kurvenzug: eine Sinuslinie, Abb. 1.11.

Dieser innige Zusammenhang von Kreisbewegung, Pendelbewegung und Sinuslinie spielt in den verschiedensten Gebieten der Physik eine wichtige Rolle. Fortsetzung in Abschn. 4.3.

Abb. 1.10 Ein mit einem Metronompendel verbundener Metallstift vor einem Spalt. Diese Anordnung wird an Stelle von S in Abb. 1.9 eingesetzt.

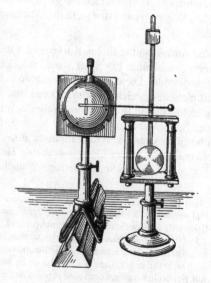

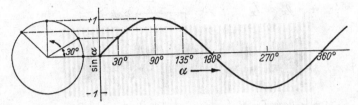

Abb. 1.11 Eine Sinuslinie zeigt die Winkelfunktion $\sin \alpha$ in ihrer Abhängigkeit von α

Graphische Aufzeichnungen sind bei vielen rasch ablaufenden Vorgängen erwünscht und zuweilen unentbehrlich.[K1.8] Dafür eignen sich z. B. Oszillographen, die auch zur Messung kurzer Zeiten benutzt werden. Man kann mit ihnen Zeitdauern bis herab zu 10^{-9} s messen.

Zur Eichung der Uhren in Technik und Wissenschaft dienen heute Signale, die von Normaluhren (Cs-Atomuhren) gesteuert ausgestrahlt werden.

K1.8. Für solche Aufzeichnungen werden oft CCD-Kameras (charge-coupled devices) eingesetzt, die auch Farbaufnahmen erlauben. Zur graphischen Auftragung von Messreihen stehen heute natürlich komfortable Computerprogramme zur Verfügung.

1.8 Messung periodischer Folgen gleicher Zeiten und Längen

Es mögen in einer t genannten Zeit N gleiche Vorgänge periodisch aufeinander folgen, deren jeder eine Zeit T dauert, z. B. Schwingungen oder Umläufe. Dann definiert man allgemein

$$\frac{t}{N} = T \quad \text{als } \textit{Periode} \tag{1.2}$$

und (nach frequentia = Häufigkeit)

$$\frac{N}{t} = \frac{1}{T} = \nu \quad \text{als } \textit{Frequenz} \tag{1.3}$$

(Einheit $1/\text{s} = 1$ Hertz (Hz)). Es mögen in einer l genannten Länge N gleiche Gebilde periodisch aufeinander folgen, deren jedes eine Länge D besitzt. Dann wollen wir definieren[2]

$$\frac{l}{N} = D \quad \text{als Längenperiode,} \tag{1.4}$$

$$\frac{N}{l} = \frac{1}{D} = \nu^* \quad \text{als Längenfrequenz.} \tag{1.5}$$

---

[2] Es fehlen allgemein gebräuchliche Bezeichnungen. Für D werden Wörter wie Wellenlänge und Gitterkonstante benutzt. $1/D$ nennt man in der Optik *Wellenzahl*. Dies Wort ist aber ebenso schlecht gewählt, wie in der Technik das Wort *Drehzahl*. Ein Elektromotor hat beispielsweise eine Drehfrequenz $\nu = 3000/\text{min}$ $= 50/\text{s} = 50$ Hz. Reziproke Längen und reziproke Zeiten sind keine Zahlen, sondern physikalische Größen.

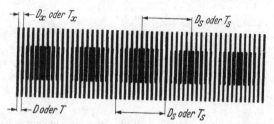

Abb. 1.12 Zur Messung einer periodischen Folge gleicher Längen D_x oder gleicher Zeiten T_x. Man denke sich zwei einander gegenüber stehende Kämme, deren Zinken sich teilweise überlappen (Anordnung wie in Abb. 1.4). Der obere Kamm hat die Periode D_x (T_x), der untere die Periode D (T). Die durch Interferenz erzeugte Schwebung hat die Periode D_S (T_S). Im Bild sind die Längenperioden (-frequenzen) $D_x = 0{,}12$ cm ($v_x^* = 8{,}3$/cm), $D = 0{,}11$ cm ($v^* = 9{,}1$/cm) und $D_S = 1{,}2$ cm ($v_S^* = 0{,}83$/cm). Es gilt (für $D < D_x$): $N \cdot D_x = (N + 1) D = D_S$ (wobei N in dem in der Abbildung gezeigten Fall gleich 10 ist). Hieraus folgen die Gln. (1.6) und (1.7) (für den allgemeinen Fall $D \gtrless D_x$ und $T \gtrless T_x$).

Eine periodische Folge gleicher Längen D_x oder gleicher Zeiten T_x lässt sich nach demselben in Abb. 1.12 erläuterten Schema messen. Oben im Bild sieht man die periodische Folge von D_x oder T_x. Ihr überlagert man eine zweite periodische Folge bekannter Längen D oder bekannter Zeiten T, die sich von D_x oder von T_x nur wenig unterscheiden. Die Überlagerung erzeugt (durch „Interferenz") eine dritte periodische Folge „vergrößerter" Längen D_S oder „gedehnter" Zeiten T_S, die man leicht abzählen und messen kann[3]. Quantitativ gilt für die Messung von Längen

$$\frac{1}{D_x} = \frac{1}{D} \pm \frac{1}{D_S} \quad \text{oder} \quad v_x^* = v^* \pm v_S^* \tag{1.6}$$

und für die Messung von Zeiten

$$\frac{1}{T_x} = \frac{1}{T} \pm \frac{1}{T_S} \quad \text{oder} \quad v_x = v \pm v_S. \tag{1.7}$$

(Das Minuszeichen ist anzuwenden, wenn $D < D_x$ oder $T < T_x$ ist.)

K1.9. Moderne Kurz-
zeitstroboskope erreichen
Zeitauflösungen von 10^{-15} s.

Aus der Fülle praktischer Beispiele bringen wir hier nur eins, die *stroboskopische Messung* einer Frequenz v_x oder Periode T_x.[K1.9]

Abb. 1.13 zeigt eine Blattfeder, wir lassen sie mit einer hohen, unbekannten Frequenz v_x schwingen, Abb. 11.45 gibt uns ihr Bild. Dies Bild wird mit intermittierendem Licht, einer gleichmäßigen Folge einzelner Lichtblitze, an die Wand projiziert. Eine solche Beleuchtung erzielt man am einfachsten mit einer Drehscheibe mit beispielsweise 20 Schlitzöffnungen. Sie wird an geeigneter Stelle in den Strahlengang des Lichtes eingeschaltet.

---

[3] Der Index S soll an das Wort *Schwebung* erinnern, z. B. später im Text zu Abb. 11.10 und in Abschn. 12.4.

Abb. 1.13 Eine Blattfeder F zur Vorführung der stroboskopischen Zeitmessung. Schwingungsbild dieser Blattfeder in Abb. 11.45. Zum Antrieb dient eine biegsame Welle und eine durch den Stift A einseitig belastete Achse. Näheres in Abschn. 11.10 unter „erzwungene Schwingungen".

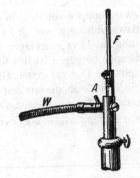

Die Beleuchtungsfrequenz ν erhält man aus der Rotationsfrequenz ν_D der Scheibe. Man benutzt eine Stoppuhr und zählt ab, wie groß die Anzahl N der Scheibenrotationen innerhalb der Zeit t ist. Dann ist $N/t = \nu_D$ die Frequenz der Scheibe und $\nu = 20\,\nu_D$ die Frequenz der Beleuchtung.

Wir beginnen mit *großer* Beleuchtungsfrequenz ν und verkleinern sie allmählich. Das *Bild* der Blattfeder vollführt Schwingungen, die Frequenz dieser Schwingungen wird mit abnehmender Beleuchtungsfrequenz kleiner und kleiner (stroboskopische Zeitdehnung). Schließlich kann man ν_S bequem bestimmen, beispielsweise $\nu_S = 1,5$ Hz. Man setzt ν_S und ν in Gl. (1.7) ein und findet im Beispiel $\nu_x = 50$ Hz. – Im Grenzfall $\nu_S = 0$ steht das Bild der Blattfeder still und Gl. (1.7) liefert $\nu_x = \nu$.

1.9 Unechte Zeitmessung

Statt der heutigen „echten", d. h. auf dem Abzählen periodischer Bewegungen beruhenden Zeitmessung benutzte man früher zur Zeitmessung Bewegungen mit unperiodischem Ablauf, z. B. in den Sand- und Wasseruhren. Diese Uhren haben in der Frühgeschichte der Mechanik (z. B. bei GALILEI, Abschn. 2.4) eine große Rolle gespielt. Heute sind sie nur in der Kümmerform der „Eieruhren" erhalten. Doch besitzt eine moderne Variante, die den radioaktiven Zerfall benutzt, für historische Altersbestimmungen große Bedeutung.[K1.10]

Zum Schluss noch eine Bemerkung: Wir haben für Länge und Zeit nur Messverfahren angegeben, aber nicht versucht, die beiden Begriffe zuvor qualitativ mit Sätzen zu definieren. Beide Begriffe haben sich aufgrund uralter und äußerst mannigfacher Erfahrungen und Erlebnisse entwickelt. Der Physiker stützt sich nur auf eine enge Auswahl. Für die Zeit beispielsweise vermag er folgendes zu sagen:

Jede physikalische Messung verlangt mindestens zwei „Ablesungen", bei der Längenmessung muss Anfang und Ende „abgelesen" werden, bei elektrischen Messinstrumenten Nullpunkt und Ausschlag usw. Zwischen der ersten und zweiten Ablesung schlägt unser Herz oder tickt eine Uhr. Alle Beobachtungen lassen sich einer von

K1.10. Gemeint ist z. B. die sogenannte C14-Methode. Dabei wird das radioaktive Kohlenstoff-Isotop $^{14}_{6}C$ (Halbwertszeit etwa 5700 Jahre) ausgenutzt, dessen Anteil in lebenden Organismen einen konstanten Gleichgewichtswert besitzt, in abgestorbenen aufgrund der Radioaktivität aber abnimmt, so dass sich deren Alter abschätzen lässt (s. z. B. W. Woelfli, Physik in unserer Zeit **25**, 58 (1994)).

zwei Gruppen zuteilen. In der ersten Gruppe ist das Messergebnis davon abhängig, wie oft zwischen der ersten und der zweiten Ablesung das Herz geschlagen oder die Uhr getickt hat, in der zweiten Gruppe hingegen ist das für das Messergebnis gleichgültig. Dann heißt es: Die zur ersten Gruppe gehörigen Vorgänge hängen von einer Größe ab, die wir Zeit nennen und durch Abzählen der Schläge oder des Tickens messen. Damit ist ja gewiss nicht der Begriff Zeit erschöpfend erfasst, aber es ist wenigstens kein leerer Wortkram.[K1.11]

„Damit ist ja gewiss nicht der Begriff Zeit erschöpfend erfasst, aber es ist wenigstens kein leerer Wortkram."

K1.11. Zu der hier aufgeworfenen und nur schwer zu beantwortenden Frage „Was ist Zeit?" gibt es eine umfangreiche Literatur, nicht nur von Physikern verfaaat, sondern auch von Wissenschaftlern vieler anderer Disziplinen. Um nur ein (willkürlich herausgegriffenes) Beispiel zu nennen, sei auf das von KURT WEIS herausgegebene Taschenbuch „Was treibt die Zeit?" mit dem Untertitel „Entwicklung und Herrschaft der Zeit in Wissenschaft, Technik und Religion" verwiesen (Deutscher Taschenbuch Verlag 1998).

Aufgaben

1.1 Ein schwingendes Pendel wird durch eine Scheibe mit vier Schlitzen beobachtet, die mit fünf Umdrehungen pro Sekunde rotiert. Bei welcher Schwingungsdauer T erscheint das Pendel für den Beobachter in Ruhe? (Abschn. 1.8)

Darstellung von Bewegungen, Kinematik

2

2.1 Definition von Bewegung, Bezugssystem

Als Bewegung bezeichnet man die Änderung des Ortes mit der Zeit, beurteilt von einem festen, starren Körper („Bezugssystem") aus. Der Zusatz ist durchaus wesentlich. Das zeigt ein beliebig herausgegriffenes Beispiel: Der Radfahrer sieht vom Sattel seines Fahrrades aus seine Fußspitzen Kreisbahnen beschreiben. Der auf dem Bürgersteig stehende Beobachter sieht ein ganz anderes Bild. Für ihn durchlaufen die Fußspitzen des Radfahrers eine wellenartige Bahn, nämlich die in Abb. 2.1 skizzierte Zykloide.

Der feste starre Körper, von dem aus wir die Bewegungsvorgänge in Zukunft betrachten wollen, ist die Erde oder der Fußboden des Hörsaals. Dabei lassen wir die tägliche Umdrehung der Erde bewusst außer Acht. (In Wirklichkeit treiben wir Physik auf einem großen Karussell. Auch ist die Erde nicht starr, sondern verformbar.)

Später werden wir gelegentlich unseren Beobachtungsstandpunkt, unser Bezugssystem, wechseln. Wir werden in manchen Zusammenhängen die Erdumdrehung berücksichtigen, auch gelegentlich Verformungen der Erde. Das wird dann aber jedesmal ganz ausdrücklich betont werden. Sonst gibt es, insbesondere bei den Drehbewegungen, eine heillose Verwirrung.

„Sonst gibt es, insbesondere bei den Drehbewegungen, eine heillose Verwirrung."

Zur Darstellung aller Bewegungen, auch *Kinematik* genannt, dienen die Begriffe *Geschwindigkeit* und *Beschleunigung*. Mit ihnen beginnen wir.

Abb. 2.1 Bahn eines Fahrradpedals für einen ruhenden Beobachter

© Springer-Verlag Berlin Heidelberg 2017
K. Lüders, R.O. Pohl (Hrsg.), *Pohls Einführung in die Physik*, DOI 10.1007/978-3-662-48663-4_2

2.2 Definition der Geschwindigkeit, Beispiel einer Geschwindigkeitsmessung

Ein Körper rücke innerhalb des Zeitabschnittes Δt um die Wegstrecke Δs vor. Dann definiert man

$$u_\mathrm{m} = \frac{\text{Wegzuwachs } \Delta s}{\text{Zeitzuwachs } \Delta t} \qquad (2.1)$$

als *mittlere* Geschwindigkeit längs des Wegzuwachses Δs. Dieser Quotient *ändert* sich im Allgemeinen, wenn man den Wegzuwachs Δs mehr und mehr verkleinert. Allmählich aber sinken die Änderungen unter die Grenze der Messgenauigkeit. Den dann gemessenen, nur noch vom Ausgangspunkt abhängigen Wert von u_m bezeichnet man als Geschwindigkeit u im Ausgangspunkt. Mathematisch erhält man also die Geschwindigkeit u als Grenzwert von u_m durch den Grenzübergang $\Delta t \to 0$. Man ersetzt das Symbol Δ durch ein d und erhält so als Geschwindigkeit

$$u = \frac{\mathrm{d}s}{\mathrm{d}t} \qquad (2.2)$$

d. h. den Differentialquotienten des Weges nach der Zeit.

Diese Definition verlangt in vielen Fällen die Messung recht kleiner Zeiten. Als Beispiel soll die *Mündungsgeschwindigkeit* einer Pistolenkugel gemessen werden.

Abb. 2.2 zeigt eine geeignete Messanordnung. Der Wegabschnitt Δs wird durch zwei dünne Pappscheiben begrenzt, seine Länge beträgt beispielsweise 22,5 cm. Die Zeitmessung wird in durchsichtiger Weise auf die Grundlage aller Zeitmessung, auf gleichförmige Rotation, zurückgeführt. Die Zeitmarken werden automatisch aufgezeichnet. Zu diesem Zweck versetzt ein Elektromotor die Pappscheiben auf gemeinsamer Achse in gleichförmige, rasche Umdrehung. Ihre Frequenz ν, also der Quotient Anzahl N der Drehungen/Zeit t, wird an einem Drehfrequenzmesser[1] abgelesen, z. B. $\nu = 50\,\text{Hz}$.

---

[1] Fehlt ein solcher, so hilft man sich mit einer einfachen Untersetzung. Man setzt auf die Achse des Motors eine Schnurscheibe vom Umfang l. Über sie und eine zweite einige Meter entfernte Scheibe legt man einen endlosen Faden; seine Länge sei $L \gg l$, sein Knoten diene als Marke. Mit ihrer Hilfe zählt man die Anzahl N' der Umläufe, die der Faden in der Zeit t macht. Dann ist $\nu = \frac{N'}{t} \cdot \frac{L}{l}$ die gesuchte Drehfrequenz.

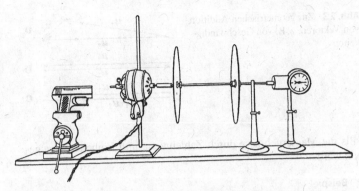

Abb. 2.2 Messung der Geschwindigkeit einer Pistolenkugel mit einem einfachen „Zeitschreiber", *rechts* ein Drehfrequenzmesser[K2.1]

Die Kugel durchschlägt erst die linke Scheibe, das Schussloch ist unsere erste Zeitmarke. Während sie den 22,5 cm langen Weg zur zweiten Pappscheibe durchfliegt, läuft die Zeit. Das Schussloch oder die Zeitmarke auf der zweiten Scheibe ist gegen das der ersten um einen gewissen Winkel versetzt. Wir messen nach Anhalten der Scheibe etwa 18 Grad oder 1/20 Kreisumfang.

> Durch Einstecken eines Stabes durch beide Schusslöcher machen wir die Winkelversetzung im Schattenbild weithin sichtbar.

Die Flugzeit Δt hat also $\frac{1}{20} \cdot \frac{1}{50}$ s $= 10^{-3}$ s betragen. So ergibt sich die Geschwindigkeit

$$u = \frac{22,5\,\text{cm}}{10^{-3}\,\text{s}} = \frac{0,225\,\text{m}}{10^{-3}\,\text{s}} = 225\,\frac{\text{m}}{\text{s}}.$$

Der Versuch wird mit einem kleineren Flugweg Δs von nur 15 cm Länge wiederholt. Das Endergebnis wird dasselbe. Also war schon der erste Flugweg klein genug gewählt. Schon er hat uns die gesuchte Mündungsgeschwindigkeit geliefert und nicht einen kleineren Mittelwert über eine längere Flugbahn.

> Nur bei Bewegungen mit konstanter oder gleichförmiger Geschwindigkeit darf man sich die Größen von Δs (Messweg) und Δt (Messzeit) allein nach Maßgabe messtechnischer Bequemlichkeit aussuchen. Man schreibt dann kurz $u = s/t$.

Man gewöhne sich rechtzeitig daran, bei Messungen hinter den Zahlenwerten stets auch die Einheiten mitzuschreiben. Das gehört zur guten physikalischen Kinderstube! Man erspart dann dem Leser die Mühe, sich die benutzten Einheiten aus dem Zusammenhang heraussuchen zu müssen. Man erspart sich selbst häufige Rechenfehler. Beim Wechsel der Einheiten ändern sich die *Zahlenwerte* der Messergebnisse. Die Umrechnung erfolgt mit automatischer Sicherheit,

K2.1. Bei dieser Geschwindigkeitsmessung wird direkt die Definitionsgleichung (2.2) bzw. (2.1) benutzt. Dieses Prinzip spielt z. B. auch bei der Messung von Molekülgeschwindigkeiten eine Rolle. Eine für makroskopische Körper viel elegantere Methode ist jedoch die in Abschn. 5.9 (Abb. 5.19) beschriebene, die den Impulssatz ausnutzt.

„Man gewöhne sich rechtzeitig daran, bei Messungen hinter den Zahlenwerten stets auch die Einheiten mitzuschreiben. Das gehört zur guten physikalischen Kinderstube!"

Abb. 2.3 Zur geometrischen Addition von Vektoren, z. B. von Geschwindigkeiten

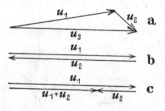

K2.2. POHL weist hier auf den Vorteil von *Größenglei-chungen* hin, die er auch konsequent verwendet. In einer Vorbemerkung über die Schreibweise von Gleichungen (im Mechanik-Band seit der 12. Auflage) schreibt er dazu u. a.: „Für jeden Buchstaben sind also Zahlenwert *und* Einheit einzusetzen. Die Wahl der Einheiten steht frei. Die unter manchen Gleichungen genannten sind nur als Beispiele zu betrachten." (s. auch Abschn. 2.6)

falls die Messergebnisse durch Zahlenwerte *und* Einheiten angegeben werden.[K2.2]

Beispiel

Die Geschwindigkeit $u = 225$ m/s soll auf Kilometer und Stunde umgerechnet werden. Es ist 1 m $= 10^{-3}$ km und 1 s $= (1/3600)$ Stunde, folglich

$$u = 225 \frac{10^{-3} \text{ km}}{(1/3600) \text{ Stunde}} = 810 \frac{\text{km}}{\text{Stunde}}.$$

Gut geschriebene Einheiten kann man nicht selten als kurzgefasste Messvorschriften betrachten. – Das wird sich an vielen Stellen des Buches zeigen.

Im täglichen Leben begnügt man sich zur Kennzeichnung einer Geschwindigkeit mit der Angabe ihres *Betrages*, z. B. 10 m/s. In der Physik ist dieser Betrag aber nur *eines* der beiden Bestimmungsstücke einer Geschwindigkeit. Als zweites muss die Angabe der *Richtung* hinzukommen. In der Physik ist die Geschwindigkeit stets eine gerichtete Größe, also mathematisch ein *Vektor* (graphisch durch einen Pfeil dargestellt). Das zeigt sich am deutlichsten in der auch dem Laien geläufigen *Addition zweier Geschwindigkeiten.*

In Abb. 2.3a werden die große Geschwindigkeit u_1 (z. B. Geschwindigkeit eines Flugzeuges in Bezug auf die umgebende Luft) und die kleine, anders gerichtete Geschwindigkeit u_2 (z. B. Windgeschwindigkeit) zu einer „resultierenden" Geschwindigkeit u_3 (Reisegeschwindigkeit des Flugzeuges) vektoriell zusammengesetzt.

Vektoren entgegengesetzter Richtung unterscheidet man durch ihre Vorzeichen; z. B. beschreibt man Abb. 2.3b durch die Gleichung $u_1 = -u_2$ oder $u_1 + u_2 = 0$. – Demgemäß bedeutet $u_1 + u_2$ in Abb. 2.3c die geometrische Addition oder Zusammensetzung der beiden einander entgegengesetzten Vektoren u_1 und u_2. Der resultierende Vektor hat den Betrag (Pfeillänge) $|u_1 + u_2| = |u_1| - |u_2|$. Man bezeichnet die Beträge durch seitliche Striche.[K2.3]

K2.3. Die Regeln der Vektoraddition werden hier anschaulich am Beispiel der Geschwindigkeit erläutert. Die Kennzeichnung der Vektorgrößen erfolgt durch Fettdruck, während die Beträge der Einfachheit halber im Folgenden nicht durch seitliche Striche, sondern durch einfache Buchstaben gekennzeichnet werden.

2.3 Definition der Beschleunigung, die beiden Grenzfälle

Bewegungen mit konstanter Geschwindigkeit sind selten. Im Allgemeinen ändert sich längs der Bahn Größe und Richtung der Geschwindigkeit.

Abb. 2.4 Zur allgemeinen Definition
der Beschleunigung

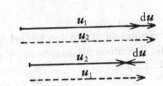

Abb. 2.5 Zur Definition der Bahnbeschleunigung

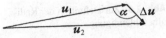

In Abb. 2.4 bedeutet der Vektor u_1 die Geschwindigkeit eines Körpers *zu Beginn* eines Zeitabschnittes Δt. *Während* des Zeitabschnittes erhalte der Körper eine Zusatzgeschwindigkeit Δu beliebiger Richtung, dargestellt durch den kurzen zweiten Pfeil. *Am Schluss* des Zeitabschnittes Δt hat der Körper die Geschwindigkeit u_2. Sie wird in Abb. 2.4 zeichnerisch als Pfeil u_2 ermittelt.

Dann definiert man

$$a_{\mathrm{m}} = \frac{\text{Geschwindigkeitszuwachs } \Delta u}{\text{Zeitzuwachs } \Delta t}$$

als *mittlere* Beschleunigung. Der Zeitabschnitt Δt wird so gewählt, dass sich der Quotient bei weiterer Verkleinerung von Δt nicht mehr messbar ändert. Man vollzieht mathematisch den Grenzübergang $\Delta t \to 0$, ersetzt das Symbol Δ durch d und erhält so als *Beschleunigung*

$$a = \frac{\mathrm{d}u}{\mathrm{d}t} \qquad (2.3)$$

Ebenso wie die Geschwindigkeit ist auch die Beschleunigung ein Vektor. Die *Richtung* dieses Vektors fällt mit der des Geschwindigkeitszuwachses Δu zusammen (Abb. 2.4).

In Abb. 2.4 war der Winkel α zwischen Geschwindigkeitszuwachs Δu und Ausgangsgeschwindigkeit u_1 beliebig. Wir betrachten jetzt *zwei Grenzfälle:*

1. $\alpha = 0$ und $\alpha = 180°$, Abb. 2.5. Der Geschwindigkeitszuwachs liegt in der Richtung der ursprünglichen Geschwindigkeit. Es wird nur der Betrag, nicht aber die Richtung der Geschwindigkeit geändert. In diesem Fall nennt man die Beschleunigung die *Bahnbeschleunigung* mit dem Betrag

$$a = \frac{\mathrm{d}u}{\mathrm{d}t} = \frac{\mathrm{d}^2 s}{\mathrm{d}t^2}. \qquad (2.4)$$

2. $\alpha = 90°$, Abb. 2.6. Der Geschwindigkeitszuwachs steht senkrecht zur ursprünglichen Geschwindigkeit u. Es wird nicht der Betrag, sondern nur die Richtung der Geschwindigkeit geändert, und zwar im

Abb. 2.6 Zur Definition der Radi-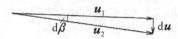
albeschleunigung

Zeitabschnitt dt um den Winkel dβ. In diesem Fall nennt man du/dt die *Radialbeschleunigung* a_r. Man entnimmt Abb. 2.6 sogleich die Beziehung[2]

$$d\beta = \frac{du}{u} \quad \text{oder} \quad du = u \cdot d\beta .$$

Der Quotient

$$\frac{d\beta}{dt} = \omega \tag{2.5}$$

K2.4. Auch bei der Winkel-geschwindigkeit handelt es sich um einen Vektor. Er gibt den Drehsinn an: blickt man in seine Richtung, erfolgt die Drehung rechtsherum. Damit heißt Gl. (2.6) in allgemeiner Form:

$a_r = \omega \times u$

(Def. des Vektorproduktes s. Kap. 6). In allen hier betrachteten Fällen mit $\omega \perp u$ reicht die Betragsgleichung aber aus.

wird als Winkelgeschwindigkeit[K2.4] bezeichnet, also wird die Radialbeschleunigung

$$a_r = \omega \cdot u \tag{2.6}$$

Das Wort Beschleunigung wird nach obigen Definitionen in der Physik in ganz anderem Sinn gebraucht als in der Gemeinsprache. Erstens versteht man im täglichen Leben unter beschleunigter Bewegung meist nur eine Bewegung mit hoher Geschwindigkeit, z. B. beschleunigter Umlauf eines Aktenstückes. – Zweitens lässt das Wort Beschleunigung der Gemeinsprache Richtungsänderungen völlig außer Acht.

Bei der Mehrzahl aller Bewegungen sind Bahnbeschleunigungen a und Radialbeschleunigungen a_r gleichzeitig vorhanden, längs der Bahn wechseln sowohl Betrag als auch Richtung der Geschwindigkeit. Trotzdem beschränken wir uns bis auf Weiteres auf die Grenzfälle reiner Bahnbeschleunigung (gerade Bahn) und reiner Radialbeschleunigung (Kreisbahn).

2.4 Bahnbeschleunigung, gerade Bahn

K2.5. Hier zeigt sich u. a., dass es POHL nicht allein auf die Definition einer Größe ankommt, sondern dass damit ja auch eine kurzgefasste Messvorschrift gegeben ist, ein Aspekt, auf den in vielen Lehrbüchern nicht hingewiesen wird. So sind die hier ausführlich beschriebenen Messbeispiele für Geschwindigkeit und Beschleunigung zu verstehen.

(G. GALILEI, 1564–1642.) Die Bahnbeschleunigung ändert nur den Betrag, nicht die Richtung der Geschwindigkeit. Infolgedessen erfolgt die Bewegung auf gerader Bahn.

Eine Bahnbeschleunigung ist im Prinzip einfach zu messen. Man ermittelt in zwei im Abstand Δt aufeinanderfolgenden Zeitpunkten die Geschwindigkeiten u_1 und u_2, berechnet $\Delta u = (u_2 - u_1)$ (positiv oder negativ) und bildet den Quotienten $\Delta u/\Delta t = a$.[K2.5]

---

[2] *Beispiel:* dβ = 4,5°, ° = 0,0175, dt = 0,1 s, $\omega = \dfrac{d\beta}{dt} = \dfrac{4,5 \cdot 0,0175}{0,1\,\text{s}} =$ 0,79/s.

Abb. 2.7 Messung der Beschleunigung eines frei fallenden Körpers **(Videofilm 2.1)**

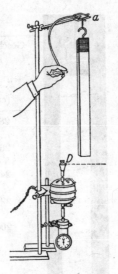

Videofilm 2.1:
„Freier Fall"
http://tiny.cc/d3hkdy

Δt muss, wie schon gesagt, hinreichend klein gewählt werden. Das Messergebnis darf sich bei einer weiteren Verkleinerung von Δt nicht mehr ändern. Praktisch bedeutet diese Forderung meist die Anwendung recht kleiner Zeitabschnitte Δt. Diese misst man mit irgendeinem *Registrierverfahren*. Das heißt, man lässt den Verlauf der Bewegung zunächst einmal automatisch aufzeichnen und wertet die Aufzeichnungen dann hinterher in Ruhe aus. Aber es geht auch viel einfacher. Man kann z. B. von einer Uhr Zeitmarken auf den bewegten Körper drucken lassen. Nur darf selbstverständlich der Druckvorgang die Bewegung des Körpers nicht stören. Wir bringen ein praktisches Beispiel. Es soll die Beschleunigung eines frei fallenden Holzstabes ermittelt werden. Abb. 2.7 zeigt eine geeignete Anordnung. Sie lässt sich sinngemäß auf zahlreiche andere Beschleunigungsmessungen übertragen.[K2.6]

Der wesentliche Teil ist ein feiner, in einer waagerechten Ebene kreisender Tintenstrahl. Der Strahl spritzt aus der seitlichen Düse D eines sich drehenden Tintenfasses (Abb. 2.8) heraus (Elektromotor, Achse vertikal). Die Frequenz, z. B. $\nu = 50\,\text{Hz}$, wird mit einem Frequenzmesser ermittelt. Auch hier ist wiederum die Zeitmessung auf gleichförmige Rotation zurückgeführt.

K2.6. Zum Beispiel lässt sich die beschleunigte Bewegung eines frei fallenden Körpers heute auch bequem mithilfe von Lichtschranken elektronisch aufzeichnen. Dabei werden auf Photozellen gerichtete Lichtstrahlen durch den vorbeifliegenden Körper unterbrochen bzw. wieder frei gegeben und damit Stoppuhren gesteuert.

Abb. 2.8 Der in Abb. 2.7 benutzte Tintenspritzer in halber natürlicher Größe

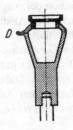

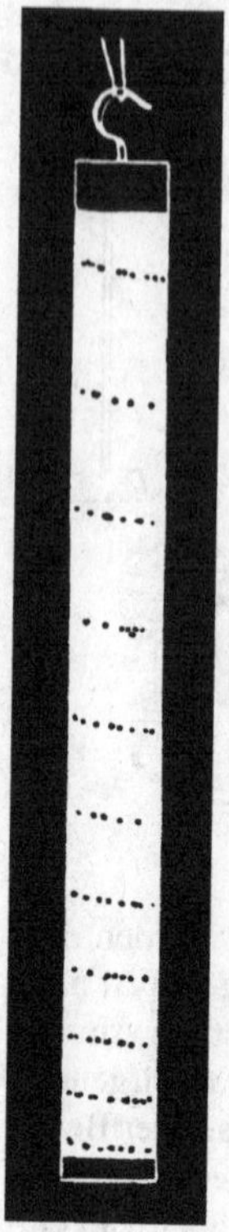

Geschwindig-keit $u = \dfrac{\Delta s}{\Delta t}$ (cm/s)	Geschwindig-keitszuwachs Δu in $\Delta t = \dfrac{1}{50}$ s (cm/s)	Be-schleunigung $a = \dfrac{\Delta u}{\Delta t}$ (m/s^2)
285,50		
	22,50	11,25
263,00		
	17,50	8,75
245,50		
	18,00	9,00
227,50		
	21,25	10,63
206,25		
	21,25	10,63
185,00		
	18,50	9,25
166,50		
	19,00	9,50
147,50		
	18,00	9,00
129,50		
	19,50	9,75
110,00		
Mittel:	19,50 cm/s	9,8 m/s^2

Abb. 2.9 Fallkörper mit Zeitmarken und deren Auswertung mit den üblichen Versuchs- und Ablesefehlern. Dieser Versuch zeigt auch, dass die Messung eines zweiten Differentialquotienten im Allgemeinen eine missliche Sache ist. (**Videofilm 2.1**)

Der Stab wird mit einem Mantel aus weißem Papier umkleidet und bei a aufgehängt. Ein Drahtauslöser gibt ihn zu passender Zeit frei. Der Stab fällt dann durch den kreisenden Tintenstrahl zu Boden. – Abb. 2.9 zeigt den Erfolg, eine saubere Folge einzelner Zeitmarken in je 1/50 Sekunde Abstand.

Der Körper fällt weiter, während der Tintenstrahl vorbeihuscht. Daher rührt die Krümmung der Zeitmarken.

Schon der Augenschein lässt die Bewegung als beschleunigt erkennen: Der Abstand der Zeitmarken, d. h. der in je $\Delta t = (1/50)$ s durchfallene Weg Δs, nimmt dauernd zu. Die ausgerechneten Werte der Geschwindigkeit $u = \Delta s/\Delta t$ sind jeweils daneben geschrieben. Die Geschwindigkeit wächst in je $(1/50)$ s im Mittel um den Betrag 19,5 cm/s. Dabei lassen wir die unvermeidlichen Fehler der Einzelwerte außer Acht. Wir haben hier beim *freien Fall eines der seltenen Beispiele einer konstanten oder gleichförmigen Bahnbeschleuni-*

Abb. 2.10 Geschwindigkeit u bei konstanter Bahnbeschleunigung

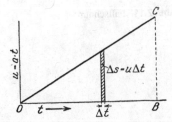

gung. Als Größe dieser konstanten Beschleunigung berechnen wir

$$a = 9{,}8 \, \text{m/s}^2.$$

Bei Wiederholung des Versuches mit einem Körper aus anderem Material, z. B. einem Messingrohr statt des Holzstabes, ergibt sich der gleiche Wert. *Die konstante Beschleunigung a beim freien Fall ist für alle Körper die gleiche. Man bezeichnet sie mit g*, ein genauerer Wert ist $g = 9{,}81 \, \text{m/s}^2$. Man nennt sie die *Fallbeschleunigung* oder *Erdbeschleunigung*[3]. Das ist eine hier beiläufig gewonnene experimentelle Tatsache. Ihre große Bedeutung wird späterhin ersichtlich werden.

Unser praktisches Messbeispiel führte auf den Sonderfall einer *konstanten* Bahnbeschleunigung. Dieser Sonderfall ist wichtig.

Konstante Beschleunigung heißt gleiche Geschwindigkeitszunahme Δu in gleichen Zeitabschnitten Δt. Die Geschwindigkeit u steigt gemäß Abb. 2.10 linear mit der Zeit t. In jedem Zeitabschnitt Δt legt der Körper den Wegabschnitt Δs zurück. Daher gilt $\Delta s = u \Delta t$. Dabei ist u der Mittelwert der Geschwindigkeit im jeweiligen Zeitabschnitt Δt. Ein solcher Wegabschnitt wird in Abb. 2.10 durch die schraffierte Fläche dargestellt. Die ganze Dreiecksfläche $0BC$ ist die Summe aller in der Zeit t durchlaufenen Wegabschnitte Δs. Also gilt für den bei konstanter Bahnbeschleunigung in der Zeit t durchlaufenen Weg s die Gleichung[K2.7]

$$s = \tfrac{1}{2} a t^2 , \tag{2.7}$$

d. h. der Weg wächst mit dem Quadrat der Beschleunigungsdauer.

Hatte der Körper vor Beginn der Beschleunigung bereits eine Anfangsgeschwindigkeit u_0, so tritt an die Stelle der Gl. (2.7) die Gleichung

$$s = u_0 t + \tfrac{1}{2} a t^2 . \tag{2.8}$$

Der Ursprung der konstanten Bahnbeschleunigung ist völlig gleichgültig. Er kann z. B. statt mechanischer elektrischer Natur sein.

K2.7. Die hier graphisch erläuterte Formel (2.7) folgt mathematisch aus den Definitionsgleichungen $u = ds/dt$ (2.2) und $a = du/dt$ (2.3) für $a = \text{const}$ sowie den Regeln der Integralrechnung:
$$s = \int u \, dt = \int a t \, dt$$
$$= a \int t \, dt = \tfrac{1}{2} a t^2 .$$

---

[3] Der Zahlenwert gilt in der Nähe der Erdoberfläche und g kann für die meisten Zwecke als Konstante betrachtet werden. Bei verfeinerter Beobachtung erweist sich g ein wenig von der geographischen Breite des Beobachtungsortes abhängig (Abschn. 7.6). Ferner ist er auch von lokalen Eigenheiten der Bodenbeschaffenheit (z. B. Erzlager in der Tiefe) abhängig und, wenn auch nur sehr wenig, von der Meereshöhe des Beobachtungsortes.

Abb. 2.11 Fallschnur

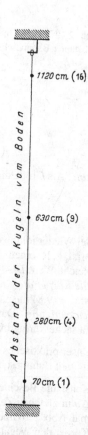

Meist benutzt man zur Prüfung der Gl. (2.7) die konstante Beschleunigung a während des freien Falles. Als Beispiel erwähnen wir die bekannte Fallschnur.

Sie besteht aus einer senkrecht aufgehängten dünnen Schnur mit aufgereihten Bleikugeln, Abb. 2.11. Die unterste Kugel berührt fast den Boden. Die Abstände der anderen von ihr verhalten sich wie die Quadrate der ganzen Zahlen. Nach Loslassen des oberen Schnurendes schlagen die Kugeln nacheinander auf den Boden. Man hört die Aufschläge in gleichen Zeitabständen aufeinanderfolgen.

Streng genommen sind Beobachtungen des freien Falles im luftleeren Raum auszuführen. Nur dadurch können Störungen durch den Luftwiderstand ausgeschaltet werden. In einem hochevakuierten Glasrohr fallen wirklich alle Körper gleich schnell.[K2.8] Eine Bleikugel und eine Flaumfeder kommen zu gleicher Zeit unten an. In Zimmerluft bleibt die Feder bekanntlich weit zurück. Doch werden Fallversuche mit schweren Körpern von relativ kleiner Oberfläche durch den Luftwiderstand wenig beeinträchtigt (vgl. Abb. 5.20).

K2.8. Der freie Fall lässt sich für Experimente unter den Bedingungen der Schwerelosigkeit nutzen, z. B. in dem über 120 m hohen, evakuierten Fallturm der Universität Bremen (s. Kommentar K7.3).

2.5 Konstante Radialbeschleunigung, Kreisbahn

(C. HUYGHENS, 1629–1695.) Die Radialbeschleunigung a_r ändert nicht die Größe, sondern nur die Richtung einer Geschwindigkeit u. Die Radialbeschleunigung a_r sei konstant und außer ihr keine weitere Beschleunigung vorhanden. Dann ändert sich die Richtung von u in gleichen Zeitabschnitten dt um den gleichen Winkel $d\beta$. Die Bahn ist eine Kreisbahn. Sie wird mit der konstanten Winkelgeschwindigkeit $\omega = d\beta/dt$ durchlaufen.

Die Zeit eines vollen Umlaufes wurde in Abschn. 1.8 die Periode T genannt und ihr Kehrwert die Frequenz ν, also $\nu = 1/T$. Daher ist die Bahngeschwindigkeit

$$u = \frac{\text{Kreisumfang}}{\text{Periode}} = \frac{2\pi r}{T} = 2\pi r\nu \qquad (2.9)$$

und die Winkelgeschwindigkeit

$$\omega = \frac{\text{Winkel } 2\pi}{\text{Periode}} = 2\pi\nu \qquad (2.10)$$

und[K2.9]

$$u = \omega r. \qquad (2.11)$$

Bei einer mit konstanter Geschwindigkeit durchlaufenen Kreisbahn ist demnach die Winkelgeschwindigkeit ω das 2π-fache der Frequenz ν, also $\omega = 2\pi\nu$, daher wird ω oft *Kreisfrequenz* genannt. (Einheit z.B. 1/s) Diese Definition und Beziehungen gelten ganz allgemein für periodische Vorgänge (z.B. die Rotation eines Elektromotors).

Wir fassen Gl. (2.6) und (2.11) zusammen und erhalten:[K2.10]

$$a_r = \omega^2 r = \frac{u^2}{r} \qquad (2.12)$$

Diese Radialbeschleunigung a_r muss vorhanden sein, damit ein Körper eine Kreisbahn vom Radius r mit der konstanten Winkelgeschwindigkeit (Kreisfrequenz) ω oder der konstanten Bahngeschwindigkeit u durchlaufen kann.

Anschaulich hat die für die Kreisbahn erforderliche konstante Radialbeschleunigung folgenden Sinn (Abb. 2.12):

Ein Körper durchlaufe im Zeitabschnitt Δt den Kreisabschnitt ac. Diese Bahn denkt man sich nacheinander aus zwei Schritten zusammengesetzt, nämlich

K2.9. Allgemein heißt Gl. (2.11) in Vektorschreibweise:
$$u = \omega \times r.$$

K2.10. Mit den vektoriell geschriebenen Gln. (2.6) und (2.11) erhält man für den ersten Teil von Gl. (2.12) ebenfalls die vektorielle Form:
$$a_r = \omega \times (\omega \times r)$$
bzw. für $\omega \perp r$:
$$a_r = \omega^2 r.$$
Der Radiusvektor r zeigt vom Kreismittelpunkt nach außen, während der Beschleunigungsvektor entgegengesetzt zum Kreismittelpunkt hin gerichtet ist.

Abb. 2.12 Zur Erläuterung der Radialbeschleunigung

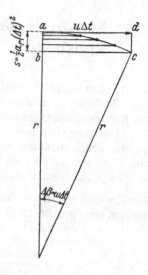

1. aus einer zum Radius *senkrechten*, mit konstanter Geschwindigkeit u durchlaufenen Bahn $ad = u\Delta t$,

2. aus einer in Richtung des Radius beschleunigt durchlaufenen Bahn $s = \frac{1}{2}a_r(\Delta t)^2$. Die dünnen waagerechten Hilfslinien (Zeitmarken) lassen die Bewegung längs s als beschleunigt und Gl. (2.7) als anwendbar erkennen.

Ein Zahlenbeispiel kann nützlich sein. Unser *Mond* rückt innerhalb der Zeit $\Delta t = 1$ s in Richtung ad, also *senkrecht* zum Bahnradius, um 1 km vor, sich ein wenig von der Erde „entfernend". Gleichzeitig „nähert" er sich im Bahnradius der Erde beschleunigt um den Weg $s = \frac{1}{2}a_r(\Delta t)^2 = 1{,}35$ mm. So bleibt der Radius ungeändert, die Bahn ein Kreis. Als Radialbeschleunigung des Mondes ergibt sich $a_r = 2{,}70$ mm/s^2.

2.6 Die Unterscheidung physikalischer Größen und ihrer Zahlenwerte[K2.11]

K2.11. Die folgenden beiden Abschnitte gehören nicht direkt zum Inhalt dieses Kapitels. POHL hat sie aber von der 10. Auflage an nach Einführung der ersten wichtigen Begriffe hier angefügt, möglicherweise aufgrund von Prüfungserfahrungen. Es handelt sich um einfache und eigentlich selbstverständliche Dinge, die aber teilweise noch heute in der Lehrbuchliteratur nicht konsequent berücksichtigt sind.

Im Handel ist der Preis jedes Gegenstandes eine „Größe", d. h. ein Produkt aus einem *Zahlenwert* und einer *Einheit*. Zum Beispiel kostete ein Hut 10 DM, ein Bleistift 10 Pfennig. Niemand wird beide Preise als gleich betrachten. Das Verhältnis beider Preise ist vielmehr

$$\frac{10\,\text{DM}}{10\,\text{Pf}} = \frac{10 \cdot 100\,\text{Pf}}{10\,\text{Pf}} = 100.$$

Das Gleiche gilt in der Physik: Weg s, Zeit t, Geschwindigkeit u, Beschleunigung a, Frequenz ν usw. werden als *Größen* gemessen, d. h. als Produkte aus einem *Zahlenwert* und einer *Einheit*. Eine Geschwindigkeit $u = 7$ ist sinnlos. Sinn hat erst eine Angabe wie z. B.

$u = 7\,\mathrm{m/s}$. Durch Verwechselung physikalischer *Größen* (z. B. Weg $s = 5\,\mathrm{km}$ und Geschwindigkeit $u = 5\,\mathrm{km/Stunde}$) mit ihren *Zahlenwerten* (im Beispiel Zahlenwert des Weges $= 5$ und Zahlenwert der Geschwindigkeit $= 5$) entstehen weitverbreitete, aber *falsche Definitionen*, wie z. B. „die Geschwindigkeit ist der in der Zeiteinheit zurückgelegte Weg".[K2.12] Die Geschwindigkeit ist kein *Weg*, sondern ein Quotient Weg/Zeit. – Oder noch schlimmer: „Frequenz ist die Anzahl der Schwingungen in einer Sekunde". Erstens ist die Frequenz keine Anzahl, sondern ein Quotient Anzahl/Zeit, z. B. Pulsfrequenz eines Menschen $= 70/\mathrm{Minute}$. Zweitens kann man eine physikalische Größe, die *allgemein* anwendbar sein soll, nicht mit einer speziellen *Einheit*, wie der Sekunde, definieren.

K2.12. Noch heute sind solche „falsche Definitionen" in vielen Lehrbüchern zu finden!

2.7 Grundgrößen und abgeleitete Größen

Einige wenige physikalische Größen werden als Grundgrößen eingeführt und mit eigens für sie geschaffenen Einheiten, den *Basiseinheiten*, gemessen, z. B. die Zeit mit einer Sekunde oder die Temperatur mit einem Kelvin. Will man eine Größe als Grundgröße einführen, so kann man sie bzw. die zugehörige Basiseinheit nur mit Sätzen, die auf umfangreichen Erfahrungen beruhen, und nicht mit Gleichungen definieren.

Die meisten physikalischen Größen werden als abgeleitete definiert. Das heißt, man kann sie selbst und ihre Einheiten nicht nur mit Sätzen, sondern auch mit Gleichungen definieren, die andere Größen und deren Einheiten enthalten. Man denke an das Beispiel Geschwindigkeit $u = \mathrm{d}s/\mathrm{d}t$ und seine ebenfalls nur als Beispiel gewählten Einheiten Meter/Sekunde, Kilometer/Stunde usw.

Die Möglichkeit, für die Definition der Größen und ihrer Einheiten auch Gleichungen anwenden zu können, ist der einzige Punkt, in dem sich abgeleitete Größen von den jeweils benutzten Grundgrößen unterscheiden.

Keine physikalische Größe *ist* ihrem Wesen nach eine Grundgröße, man kann sehr verschiedene Größen als Grundgrößen einführen. Anzahl und Art der Grundgrößen soll man nach Möglichkeit so wählen, dass nicht mehrere abgeleitete Größen die gleiche Definitionsgleichung erhalten. – In der Unterscheidung von Grundgrößen und abgeleiteten Größen darf man keinesfalls eine Rangfolge sehen, man darf nicht Grundgrößen mit einem besonderen Nimbus umgeben und ihre Beschränkung auf eine bestimmte Anzahl (z. B. drei) zum Dogma erheben.

Die im Internationalen System (SI)[4] derzeit vereinbarten Grundgrößen bzw. Basiseinheiten sind:

- Länge, Einheit Meter (m),
- Zeit, Einheit Sekunde (s),
- Masse, Einheit Kilogramm (kg),
- Temperatur, Einheit Kelvin (K),
- elektrische Stromstärke, Einheit Ampere (A),
- Lichtstärke, Einheit Candela (cd) und
- Stoffmenge, Einheit Mol (mol).

Aufgaben

2.1 Ein Mann möchte mit seinem Boot in gerader Linie von A nach B rudern. A und B liegen sich auf den Ufern einer 600 m breiten Flussmündung gegenüber, wobei B 300 m mehr landeinwärts liegt als A. Der Mann rudert mit der gleichen Geschwindigkeit wie die stromaufwärts sich bewegende Flut. In welche Richtung muss er rudern? (Abschn. 2.2)

2.2 Man berechne die Strecke s, die ein aus dem Zustand der Ruhe frei fallender Körper in der vierten Sekunde durchfällt. Die Erdbeschleunigung ist $g = 9{,}81 \, \text{m/s}^2$. (Abschn. 2.4)

2.3 Ein Fallschirmspringer fällt nach dem Absprung zunächst 50 m frei mit der Erdbeschleunigung $g = 9{,}81 \, \text{m/s}^2$. Reibung sei vernachlässigt. Dann öffnet sich der Fallschirm, wodurch die Abwärtsbewegung des Springers eine Verzögerung (d. h. eine negative Beschleunigung, also nach oben) von $2 \, \text{m/s}^2$ erfährt, bis er schließlich mit einer Geschwindigkeit von 3 m/s auf dem Boden landet. Wie lange (Zeit t) befand er sich in der Luft und aus welcher Höhe h ist er abgesprungen? (Abschn. 2.4)

2.4 Ein Körper der Masse $m = 20 \, \text{kg}$ erhöht seine Geschwindigkeit von 15 m/s auf 18 m/s und durchläuft dabei eine Strecke von 20 m. Wie groß ist die konstante Beschleunigung und die zugehörige Kraft F? (Abschn. 2.4 und 3.2)

2.5 Ein Teilchen startet aus dem Zustand der Ruhe am Punkt P und bewegt sich geradlinig zum 3 m entfernten Punkt O. Dort beträgt seine Geschwindigkeit 6 m/s. Man trage die Geschwindigkeit über dem Ort auf a) für konstante Beschleunigung und b) für eine sinus-

[4] Das Internationale Einheitensystem (SI), PTB-Mitteilungen 117, Nr. 2 (2007), SI Brochure: The International System of Units (SI), 8th edition (2006), updated in 2014.

förmige Bewegung um den Punkt O. Wie lange dauert für beide Fälle die Bewegung von P nach O? (Abschn. 2.4 und 4.3)

2.6 Wie groß ist die Radialbeschleunigung a_r eines Menschen, der sich auf 51,5° nördlicher Breite befindet (z. B. in London)? Der Erdradius beträgt 6378 km. (Abschn. 2.5)

2.7 Ein Satellit umkreist die Erde in Erdnähe, also auf einem Kreis mit dem Radius $R \approx$ Erdradius. Man bestimme seine Periode T. Die Erdbeschleunigung ist g. Luftreibung sei vernachlässigt. (Abschn. 2.5 und 7.5)

Elektronisches Zusatzmaterial Die Online-Version dieses Kapitels (doi:10.1007/978-3-662-48663-4_2) enthält Zusatzmaterial, das für autorisierte Nutzer zugänglich ist.

Grundlagen der Dynamik 3

3.1 Kraft und Masse

Für die Kinematik sind die Begriffe „Geschwindigkeit" und „Beschleunigung" kennzeichnend, für die Dynamik die Hinzunahme der Begriffe „Kraft" und „Masse". Diese beiden in der Gemeinsprache vieldeutigen Begriffe müssen als physikalische *Fachausdrücke* definiert werden.

Der Begriff *Kraft* geht auf unser Muskelgefühl zurück. Eine Kraft ist qualitativ durch zwei Kennzeichen bestimmt: Sie kann festgehaltene feste Körper *verformen* und bewegliche Körper *beschleunigen*.

Für die *Verformung* bringen wir ein anschauliches Beispiel: Abb. 3.1 zeigt einen Eichentisch mit dicker Zarge *Z*. Auf diesen Tisch sind zwei Spiegel gestellt. Zwischen ihnen durchläuft ein Lichtbündel den skizzierten Weg. Es entwirft auf der Wand ein Bild der Lichtquelle, eines beleuchteten Spaltes *Sp*. Jede Durchbiegung der Tischplatte kippt die Spiegel in Richtung der kleinen Pfeile. Der „Lichthebel" bedingt dank seiner großen Länge (etwa 20 m) eine große Empfindlichkeit der Anordnung. – Wir setzen bei *A* einen Metallklotz auf, z. B. einen kg-Klotz. Der Tisch wird verformt. Physik und Technik sagen: An dem Klotz greift eine *Kraft* an, genannt sein *Gewicht*; *der verformte Tisch verhindert die Beschleunigung des Klotzes.* Dann drücken wir mit dem kleinen Finger auf den Klotz, die Durchbiegung steigt. Es heißt: Jetzt greift an dem Klotz zusätzlich noch eine zweite Kraft an, genannt Muskelkraft. Schließlich ersetzen wir den Klotz durch einen längeren Stab und fahren mit der Hand von oben nach

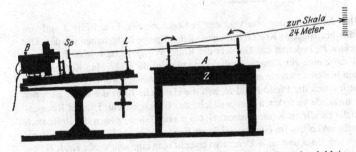

zur Skala
24 Meter

Abb. 3.1 Optischer Nachweis der Verformung einer Tischplatte durch kleine Kräfte, z. B. einen bei *A* drückenden Finger[K3.1]

K3.1. Dieses eindrucksvolle Experiment ist heute leicht mithilfe eines Laser-Lichtstrahls vorzuführen. (Man betrachte auch die Torsionsverformung in Abb. 6.7)

Abb. 3.2 Die äußere Reibung genannte Kraft ist am Stab angreifend nach unten, an der Hand angreifend nach oben gerichtet (*Pfeil* gleich Gleitrichtung)

unten an ihm entlang (Abb. 3.2). Wieder wird der Tisch verformt und wir sagen: Am Stab greift außer dem Gewicht des Stabes zusätzlich noch eine andere Kraft an, genannt die äußere Reibung[1], sie entsteht hier durch eine gleitende Bewegung.

Kräfte sind Vektoren. Sie lassen sich in Komponenten zerlegen. Abb. 3.3 bringt ein Beispiel.

Kräfte treten stets nur paarweise auf: Die beiden Kräfte greifen an zwei verschiedenen Körpern an, sind einander entgegengerichtet und

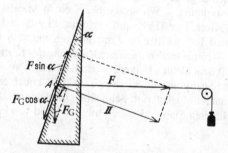

Abb. 3.3 Zerlegung von Vektoren in Komponenten. Eine Rolle A soll von einer horizontalen Kraft F auf einer steilen Rampe festgehalten werden. Der Vektor F_G bedeutet das Gewicht der Rolle. Wir zerlegen sowohl F als auch F_G in je eine zur Rampe parallele und eine zu ihr senkrechte Komponente. Den beiden senkrecht auf der Rampenfläche stehenden Komponenten, dargestellt durch die Pfeile I und II, hält die elastische Kraft der wenn auch nur unmerklich verformten Rampenfläche das Gleichgewicht. Die zur Rampenfläche parallelen Komponenten, $F_G \cos\alpha$ und $F\sin\alpha$, ziehen die Rolle nach unten und oben. Im Gleichgewicht ist $F = -F_G/\tan\alpha$. Für sehr steile Rampen werden α und $\tan\alpha$ klein, also braucht man eine sehr große Kraft F.

---

[1] Innere Reibung (Viskosität) s. Abschn. 10.2.

Abb. 3.4 Zur Verformung einer Bügelfeder. In der Mitte eine Führungsstange. Dieser einfache Apparat kann später bei Schauversuchen als ungeeichter Kraftmesser benutzt werden.

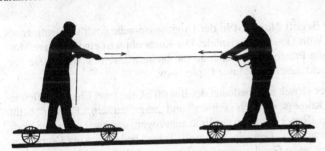

Abb. 3.5 Kraft = Gegenkraft, actio = reactio[K3.2] **(Videofilm 3.1)**

K3.2. Links im Bild: Mechanikermeister W. SPERBER, rechts der Autor.

Videofilm 3.1:
„Kraft = Gegenkraft"
http://tiny.cc/i3hkdy

gleich groß. In NEWTONs Fassung heißt es: actio = reactio, oder Kraft = Gegenkraft. Wir bringen drei Beispiele:

1. In Abb. 3.4 befindet sich links eine gedehnte Bügelfeder zwischen zwei Händen. An beiden Händen greifen Kräfte an. Wird die Feder nur mit einer Hand gehalten, treten keine Verformung und keine Kraft auf, Abb. 3.4 rechts.

2. In Abb. 3.5 sehen wir zwei flache, recht reibungsfreie Wagen auf waagerechtem, die Gewichte ausschaltendem Boden. Die Anordnung ist völlig symmetrisch, die Wagen und die Männer auf beiden Seiten haben gleiche Größe und Gestalt. – Es können beide gleichzeitig ziehen, d. h. als „Motor" arbeiten, oder allein der linke oder allein der rechte; in allen Fällen treffen sich die beiden Wagen in der Mitte. Folglich treten immer gleichzeitig *zwei* Kräfte auf. Sie sind einander entgegengerichtet und gleich groß. Das wird durch Länge und Richtung der Pfeile dargestellt.

3. Bei der als Gewicht bezeichneten Kraft scheint eine Gegenkraft zu fehlen. Das liegt aber nur an der Wahl unseres Bezugssystems. Abb. 3.6 zeigt links die Erde und einen Stein. Von Sonne oder Mond aus beschrieben, muss auch dieses Bild mit *zwei* Pfeilen gezeichnet werden. Die Erde zieht den Stein an, der Stein die Erde. Beide Körper nähern sich einander beschleunigt. In Abb. 3.6 rechts wird die Annäherung durch Zwischenschaltung einer Feder verhindert. Dabei entstehen *zwei* neue, mit F_D und $-F_D$ bezeichnete Kräfte. Jetzt greifen an beiden Körpern je zwei entgegengesetzt gleiche Kräfte an. Die Summe der beiden ist null, und daher bleiben die Körper gegeneinander in Ruhe.

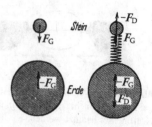

Abb. 3.6 Zum paarweisen Auftreten der Kräfte, Kraft = Gegenkraft

Der Begriff *Masse* ist in der Umgangssprache noch vieldeutiger als das Wort Gewicht. Beispiele: Der Kuchenbrei ist eine knetbare Masse; die Presse wendet sich an die breite Masse des Volkes, sie verbraucht dabei eine Masse Papier, usw.

In der Physik aber bedeutet der Begriff Masse zwei Eigenschaften jeden Körpers, nämlich „schwer" und „träge" zu sein. „Schwer" heißt: Jeder Körper wird von der Erde angezogen, und zwar mit einer Kraft, die man sein „Gewicht" nennt. – „Träge" bedeutet: Kein Körper verändert seine Geschwindigkeit (Betrag und Richtung!) von selbst, für jede Änderung der Geschwindigkeit ist die Einwirkung einer Kraft erforderlich.

3.2 Messverfahren für Kraft und Masse, die Grundgleichung der Mechanik

K3.3. Zur Messung der Masse wird hier also die Eigenschaft „schwer" ausgenutzt. Zwei Massen sind gleich, wenn sie gleich schwer sind. Prinzipiell kann auch die Eigenschaft „träge" ausgenutzt werden z. B. bei Stoßexperimenten (Abschn. 5.8) oder mit dem Federpendel (Abschn. 4.3).

(ISAAC NEWTON, 1643–1727.) Zur Messung der Masse und zur Messung der Kraft benutzt man dieselben Hilfsmittel, nämlich einen *Gewichtsatz* (Abb. 3.7, oben) *und* eine beliebige *Waage* (z. B. Balkenwaage oder Federwaage).

Die Messung der Masse wird durch Abb. 3.7 erläutert: Man definiert die Massen zweier Körper als gleich, wenn sie sich auf einer Waage gegenseitig vertreten können.[K3.3] Die *Masseneinheit* wird durch einen Normalklotz aus Edelmetall[2] definiert und international *Kilogramm* (kg) genannt.[K3.4] (1 kg = 10^3 Gramm (g), 10^3 kg = 1 Tonne (t).)

K3.4. Diese als einzige verbliebene „verkörperte" Einheit scheint Alterungserscheinungen zu zeigen. Es wird daher versucht, Grundlagen für eine Neudefinition zu finden (s. J. Stenger und J.H. Ullrich, Physik-Journal 13 (2014) Nr. 11, S. 27).

Wie alle Körper, werden auch die Klötze des Gewichtsatzes von der Erde mit Kräften angezogen. Diese an den Klötzen angreifenden *Kräfte* nennt man kurz die *Gewichte der Klötze*[3]. Diese Gewichte, also *Kräfte*, lassen sich zur Messung von Kräften benutzen. Das wird durch Abb. 3.8 veranschaulicht. In ihr wird eine Federkraft mit einer anderen Kraft, nämlich dem Gewicht eines Kilogrammklotzes verglichen. Als Krafteinheit dient das *Newton* (s. Gl. (3.4)). Das

---

[2] Er besteht aus 90 % Pt und 10 % Ir (Gew.-%) und wird in Paris aufbewahrt.
[3] Beim Wort Gewicht denkt der physikalisch Ungeübte unwillkürlich an eine *Eigenschaft* des Körpers, statt an eine an ihm angreifende Kraft. Das erschwert die Einsicht, dass diese Kraft unter Mitwirkung der Erde (oder z. B. auf der Mondoberfläche unter Mitwirkung des Mondes) zustande kommt.

Abb. 3.7 Messung einer Masse mithilfe eines Gewichtsatzes (*oben*) und einer Balkenwaage. Die Massen zweier Körper sind gleich, wenn die Körper am gleichen Ort gleiches Gewicht haben, d. h. von der Erde mit gleichen *Kräften* angezogen werden.

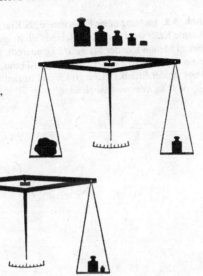

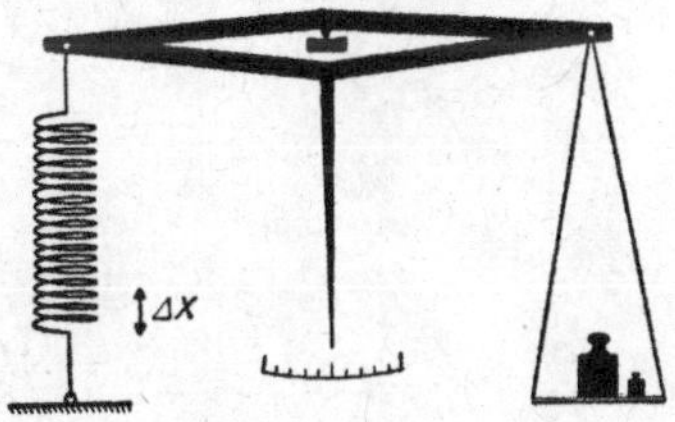

Abb. 3.8 Messung einer Kraft mithilfe eines Gewichtsatzes und einer Balkenwaage. Die Kraft einer um die Strecke Δx gedehnten Feder wird mit der an dem Metallklotz angreifenden, kurz *Gewicht* des Klotzes genannten *Kraft* verglichen. (Das Gewicht der ungedehnten Feder ist durch das Gewicht des kleinen Metallklotzes ausgeglichen.) Für den praktischen Gebrauch ist meist eine Federwaage als Kraftmesser handlicher als eine Balkenwaage; man vgl. Abb. 3.9.

Gewicht eines Kilogrammklotzes beträgt an einem Ort, an dem die Erdbeschleunigung (abgerundet) $9{,}81\,\mathrm{m/s^2}$ ist, $9{,}81$ Newton. Man beachte Abb. 3.9.

Warum kann man die gleichen Hilfsmittel, nämlich einen Gewichtsatz und eine beliebige Waage, benutzen, um sowohl die Masse als auch die Kraft zu messen? Die Antwort ist anhand der Abb. 3.7 zu geben: Die Massen zweier Körper werden als gleich definiert, wenn die Körper am gleichen Ort gleiches *Gewicht* haben, d. h. von der Erde mit gleichen *Kräften* angezogen werden. Das an einem Körper angreifende Gewicht hängt erstens von einer Eigenschaft des Körpers ab, genannt Masse und zweitens von der Erde: Die Gewicht genannten Kräfte sind ja stets vertikal zur Erdmitte hin gerichtet. Der Einfluss der Erde ist auf beiden Seiten der Waage gleich und daher hebt er sich auf (weiteres zur Kraft zwischen Massen, *Gravitation* genannt, in Abschn. 4.7).

Der Zusammenhang von Kraft und Masse wird experimentell hergeleitet, indem man die beiden Größen unabhängig voneinander variiert und misst.[K3.5] Die einfachste Versuchsanordnung ist in Abb. 3.10 dargestellt. Als bekannte Kraft dient die an dem kleinen Klotz A angreifende Kraft $F = F_\mathrm{G}$, die man das Gewicht des Klotzes nennt. Sie beschleunigt über einen Schnurzug einen beladenen Wagen. Die gesamte Masse der gemeinsam beschleunigten Körper, also des Wagens, seiner Ladung und des Klotzes A sei m. Die Beschleunigung ist konstant und daher leicht aus dem Weg s und der zugehörigen Zeit t

K3.5. Nachdem bisher die Kraft über die „schwere" Masse eingeführt wurde, wird jetzt der Zusammenhang von Kraft und „träger" Masse hergeleitet.

Abb. 3.9 Eichung einer Federwaage als Kraftmesser. Als bekannte Kraft wird in diesem Beispiel diejenige benutzt, die an einem Metallklotz der Masse 1/2 kg angreift. Sie ist innerhalb einer Fehlergrenze von ± 0,3 % (vgl. Abschn. 7.6) an allen Punkten der Erdoberfläche gleich und beträgt in diesem Fall $\frac{1}{2} \cdot 9{,}81 \ \mathrm{kg\,m/s^2} = 4{,}90$ Newton.

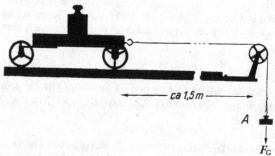

Abb. 3.10 Zur experimentellen Herleitung der Grundgleichung der Mechanik. Als beschleunigende Kraft dient das Gewicht F_G des Klotzes A. Das Gewicht des Wagens und seiner Ladung wird durch eine unmerklich kleine Verformung der ebenen horizontalen Fahrbahn (Spiegelglas) ausgeschaltet. – Reibung und Dreh-Trägheit der Räder verkleinern die Beschleunigungen um 5 bis 10 %. Zur Ausschaltung dieser Fehlerquellen genügt schon eine schwache Neigung der Fahrbahn (um einige Zehntel Grad). Sie ist so einzustellen, dass der Wagen, ohne den Schnurzug einmal angestoßen, seinen Weg mit praktisch konstanter Geschwindigkeit durchläuft. [K3.6]

K3.6. Dieses grundlegende Experiment lässt sich heute auch bequem mit den nahezu reibungsfrei gleitenden Wagen auf einer Luftkissenschiene vorführen. POHL selbst hat in späteren Auflagen solche Schienen erwähnt, aber keine Experimente mehr damit beschrieben.

zu bestimmen ($a = 2s/t^2$, Gl. (2.7)). *Auf diese Weise findet man die Beschleunigung a proportional zur Kraft F und umgekehrt proportional zur Masse m,* also

$$a = \frac{F}{m} \cdot \mathrm{const.} \tag{3.1}$$

Diese Erkenntnis ist die Grundlage der Mechanik. Setzt man den Proportionalitätsfaktor const = 1, so erhält Gl. (3.1) die bequeme einfache Form

$$a = \frac{F}{m},\qquad(3.2)$$

bzw. allgemein in Vektorschreibweise

$$a = \frac{F}{m}.\qquad(3.3)$$

Damit verzichtet man darauf, die Masse und die Kraft *unabhängig* voneinander zu messen; oder positiv gesagt: Man benutzt die eine Größe bei der Messung der anderen.

Die Physik benutzt die Masse bei der Messung der Kraft. Die sich dabei ergebende Einheit kg m/s^2 ist die *abgeleitete Krafteinheit* mit dem Namen Newton, also

$$1\,\text{Newton (N)} = 1\,\text{kg m/s}^2.\qquad(3.4)$$

Gl. (3.3) enthält die große Entdeckung ISAAC NEWTONs, die Verknüpfung von Kraft und Beschleunigung. Sie wird in den späteren Abschnitten schärfsten experimentellen Prüfungen standhalten. Das ist höchst verwunderlich: Gl. (3.3) betrifft die allen Körpern gemeinsame Eigenschaft *träge* (Abschn. 3.1) und die ihretwegen zur *Beschleunigung* erforderlichen Kräfte. Die in ihr vorkommenden Massen m der Körper aber sind mit der *anderen* allen Körpern gemeinsamen Eigenschaft, nämlich „schwer", gemessen worden, und noch dazu im Zustand der *Ruhe*! – Diesen fundamentalen Tatbestand beschreibt man zuweilen mit dem kurzen, aber oft missverstandenen Satz: „Schwere Masse = träge Masse."

Wichtige Anwendungen der Gleichung $a = F/m$ werden in den nächsten Kapiteln behandelt. Der Schluss dieses Kapitels bringt erst noch die Klärung einiger im Folgenden oft erforderlicher Begriffe.

3.3 Einheiten von Kraft und Masse, Größengleichungen

Wir wollen zunächst mit Gl. (3.2) zwei Aussagen machen, die uns die Einheiten von Kraft und Masse näher bringen. Dabei benutzen wir *Größengleichungen*,[K3.7] d. h. wir setzen für jeden Buchstaben einen Zahlenwert *und* eine Einheit ein.

1. Wir setzen in Gl. (3.2) die Kraft $F = 1\,\text{N} = 1\,\text{kg m/s}^2$ und die Masse $m = 1\,\text{kg}$ ein. Ergebnis:

$$a = \frac{1\,\text{kg m/s}^2}{1\,\text{kg}} = 1\,\frac{\text{m}}{\text{s}^2}.$$

K3.7. Die konsequente Verwendung von Größengleichungen ist ein besonderer Vorzug der POHL'schen Bücher!

K3.8. Die nicht mehr gebräuchliche Krafteinheit Kilopond hat POHL seinerzeit, einem Vorschlag der Physikalisch-Technischen Reichsanstalt (heute PTB) folgend, zur besseren Unterscheidung der Kraft- und Masseneinheit in sein Buch aufgenommen. Sie erscheint jetzt zugunsten der Einheit Newton nicht mehr. POHL schrieb selber (ab 17. Auflage): „In der Physik ist das Kilopond als Krafteinheit neben dem Newton ebenso entbehrlich oder überflüssig, wie als Energieeinheit die Kalorie neben der Wattsekunde."

Oder in Worten: 1 Newton ist die Kraft, die einem Körper der Masse 1 Kilogramm eine Beschleunigung von $1\,\mathrm{m/s^2}$ zu erteilen vermag, wenn diese Kraft *allein* auf den Körper einwirkt.

2. Wir setzen in Gl. (3.2) die Kraft $F = 9{,}81\,\mathrm{N}$ (früher 1 Kilopond[K3.8]) und die Masse $m = 1\,\mathrm{kg}$ ein. Ergebnis:

$$a = \frac{9{,}81\,\mathrm{kg\,m/s^2}}{1\,\mathrm{kg}} = 9{,}81\,\frac{\mathrm{m}}{\mathrm{s^2}}.$$

In Worten: Wirkt auf einen Körper der Masse[4] $1\,\mathrm{kg}$ allein sein Gewicht, so erfährt der Körper die Beschleunigung $a = 9{,}81\,\mathrm{m/s^2}$ (freier Fall!).

3.4 Dichte und spezifisches Volumen

Bei sehr großen, unhandlichen und bei sehr kleinen Körpern ist die Masse oft nicht direkt mit einer Waage zu messen, jedoch das Volumen V aus den Abmessungen des Körpers bekannt. In diesen Fällen berechnet man die Masse mit dem nützlichen Begriff *Massendichte* oder kürzer *Dichte*. Ein Körper der Masse m habe das Volumen V. Dann definiert man

$$\text{Massendichte } \varrho = \frac{\text{Masse } m}{\text{Volumen } V}. \tag{3.5}$$

Diese Größe ist bei festgelegten Nebenbedingungen (Druck, Temperatur) eine den Stoff kennzeichnende Konstante.

Oft verwendet man statt der Massendichte ϱ auch ihren Kehrwert, das

$$\text{spezifische Volumen } V_s = \frac{\text{Volumen } V}{\text{Masse } m}. \tag{3.6}$$

Spezifisch nennt man eine physikalische Größe allgemein dann, wenn nicht sie selbst, sondern ein Quotient aus ihr und einer anderen angegeben werden soll, ohne dass für diesen Quotienten ein besonderer Name eingeführt wird.

Aufgaben

3.1 Auf einen Körper auf einer ebenen reibungsfreien horizontalen Fläche auf dem Erdboden wirken folgende Kräfte: $F_1 = 50\,\mathrm{N}$ in Richtung des Azimuts $\alpha = 155°$ (geowissenschaftliche Zählung,

---

[4] Die Verwendung des Wortes Masse anstelle von Körper ist anscheinend unausrottbar. Immer wieder findet man z. B. statt eines Körpers eine Masse an einem Bindfaden aufgehängt, also statt des Dinges eine seiner Eigenschaften!

d. h. Nord: $\alpha = 0°$, Ost: $\alpha = 90°$, usw.), $F_2 = 30\,\text{N}$ in Richtung $\alpha = 230°$ und $F_3 = 20\,\text{N}$ in nördlicher Richtung. Welche zusätzliche Kraft F in nordöstlicher Richtung ($\alpha = 45°$) ist notwendig, damit die resultierende Gesamtkraft F_{ges} auf der Ost-West-Achse liegt? Wie groß ist der Betrag dieser Gesamtkraft und in welcher Richtung wirkt sie? (Abschn. 3.1)

3.2 Ein Körper mit dem Gewicht F_G befindet sich auf einer rauen schiefen Ebene mit einem Anstieg von $\alpha = 40°$. Der Haftreibungskoeffizient ist $\mu_h = 0{,}3$. Der Körper soll durch eine Kraft F, die mit der Vertikalen den Winkel Θ einschließt, gerade daran gehindert werden, auf der Oberfläche der Ebene nach unten zu rutschen. a) Welcher Ausdruck ergibt sich für die Abhängigkeit der Kraft F vom Winkel Θ? b) Man ermittle durch Variation von Θ die Richtung der kleinsten Kraft, die den Körper gerade noch festhält. (Abschn. 3.1 und 8.9)

3.3 Ein Körper der Masse $m_1 = 0{,}5\,\text{kg}$ liegt auf einem ebenen Tisch 1 m von der Tischkante entfernt. Ein daran befestigter Faden läuft über die Tischkante und trägt ein Gewicht der Masse $m_2 = 20\,\text{g}$ (s. Abb. 3.10). Aus dieser Anordnung beginne sich das System zu bewegen. Wie groß ist die Geschwindigkeit u und die kinetische Energie E_{kin}, wenn der Körper die Tischkante erreicht hat? Wie groß ist dabei die Fadenkraft F_F? (Reibung und die Masse des Fadens seien vernachlässigt.) (Abschn. 3.2 und 5.3)

Zu Abschn. 3.2 s. auch Aufg. 2.4.

Elektronisches Zusatzmaterial Die Online-Version dieses Kapitels (doi:10.1007/978-3-662-48663-4_3) enthält Zusatzmaterial, das für autorisierte Nutzer zugänglich ist.

Anwendungen der Grundgleichung

4

4.1 Konstante Beschleunigung auf gerader Bahn[K4.1]

Wir beginnen mit einer zweckmäßigen Vereinbarung: Wir betrachten die Kraft F als Ursache der Beschleunigung a und schreiben die Grundgleichung in der Form

$$a = \frac{F}{m}. \qquad (3.3)$$

Unsere Vereinbarung ist völlig willkürlich: Beim Sprechen sind zwar die Begriffe Ursache und Wirkung bequem und beliebt, – und manchmal sogar nützlich. *In den Gleichungen der Physik aber kommen Ursache und Wirkung überhaupt nicht vor.*

Als Anwendung der Gl. (3.3) bringen wir zunächst ein Beispiel in mehreren Varianten. Es betrifft die Beschleunigung eines Körpers in vertikaler Richtung. Bei all diesen Versuchen beherzige man eine grundlegende Tatsache: Für jede Kraft kann man nur *Angriffspunkt, Größe* und *Richtung* angeben, aber nie ihren *Ursprungs-* oder *Ausgangsort*. Federkraft heißt z. B. nur „die mit der Verformung einer Feder verknüpfte Kraft".

An einem Versuchskörper (genauer an seinem Schwerpunkt S, s. Abschn. 5.6 und 6.2) greifen zwei Kräfte an (Abb. 4.1): Die eine, F_G, ist die abwärts gerichtete Kraft, die wir Gewicht des Körpers nennen;

K4.1. Mit „Anwendung" in der Kapitelüberschrift ist nicht gemeint, dass Bewegungsabläufe aus der Grundgleichung (auch „Bewegungsgleichung" genannt) hergeleitet werden, sondern dass ihre Gültigkeit an ausgewählten Beispielen gezeigt wird. Diese sind allerdings lehrreich und z. T. in der allgemeinen Lehrbuchliteratur nicht zu finden.

Abb. 4.1 Abwärtsbeschleunigung a eines in Kniebeuge gehenden Mannes

© Springer-Verlag Berlin Heidelberg 2017
K. Lüders, R.O. Pohl (Hrsg.), *Pohls Einführung in die Physik*, DOI 10.1007/978-3-662-48663-4_4

die andere, F_1, entsteht durch die Verformung eines Kraftmessers. Diese Kraft ist aufwärts gerichtet, ihr Betrag kann an der Skala des Kraftmessers abgelesen werden.

Man beobachtet nur Beschleunigungen, während F_1 und F_G verschiedene Beträge haben. Die Richtung der Beschleunigung (aufwärts oder abwärts) hängt davon ab, ob die Kraft F_1 oder F_G den größeren Betrag besitzt.

Als Versuchskörper dient zunächst, wie gezeichnet, ein Mann; als Kraftmesser eine handelsübliche Personenfederwaage. F_G ist das abwärts gerichtete *Gewicht* des Mannes, F_1 die dem Gewicht entgegengesetzte, aufwärts gerichtete Federkraft. Wir machen nacheinander drei Beobachtungen:

1. Der Mann steht ruhig. Die Federwaage zeigt das Gewicht des Mannes (z. B. 687 Newton $\cong$ 70 kg[K4.2]). Das Gewicht F_G und die an der Federwaage abgelesene Kraft F_1 sind einander entgegengesetzt gleich, ihre Resultierende ist null.

2. Der Mann geht beschleunigt in die Kniebeugestellung. Während seiner Abwärtsbeschleunigung ist die an der Waage abgelesene aufwärts gerichtete Kraft kleiner als das abwärts gerichtete Gewicht. Folglich ist die resultierende Kraft ebenso wie die Beschleunigung nach *unten* gerichtet.

3. Der Mann geht beschleunigt in die Streckstellung zurück. Währenddessen ist die an der Waage abgelesene aufwärts gerichtete Kraft größer als das abwärts gerichtete Gewicht. Folglich ist die resultierende Kraft ebenso wie die Beschleunigung nach *oben* gerichtet.

Eine Variante dieses Versuches begegnet uns nicht selten in einer Scherzfrage: Gegeben diesmal statt der groben Personenwaage in Abb. 4.1 eine empfindliche Federwaage, auf ihrer Waagschale eine verschlossene Flasche, in der eine Fliege fliegt. Zeigt die Waage das Gewicht der Fliege an?

Die Antwort lautet: Bei Flug in *konstanter* Höhe oder bei *konstanter* Steig- oder Sinkgeschwindigkeit entspricht der Ausschlag der Waage dem Gewicht der Fliege, Fall 1. (Die Fliege ist einfach als ein etwas zu dick geratenes Luftmolekül aufzufassen.) Während einer *beschleunigten* Abwärtsbewegung („die Fliege lässt sich fallen") zeigt die Waage einen zu kleinen Ausschlag, Fall 2. Während *beschleunigter* Aufwärtsbewegung ist der Ausschlag zu groß, Fall 3.

Eine weitere Variante: Ein Experimentator hält den uns schon bekannten Kraftmesser mit der Bügelfeder senkrecht in der Hand (Abb. 4.2). Am oberen Ende des Kraftmessers sitzt ein Körper M, an dem sein Gewicht F_G angreift. Bei konstanter Geschwindigkeit der Hand ist der Ausschlag (die Stauchung) der Bügelfeder derselbe wie bei ruhender Hand. Bei Beschleunigung der Hand nach unten bzw. oben wird die Bügelfeder weniger bzw. mehr gestaucht, d. h. die aufwärts gerichtete Kraft F_1 ist kleiner bzw. größer als das abwärts gerichtete Gewicht F_G.

K4.2. Die Krafteinheit Newton hat sich im täglichen Leben nicht durchgesetzt. Handelsübliche Waagen verwenden nach wie vor die Einheit Kilogramm, d. h. sie geben die Masse an, die zu dem zu messenden Gewicht gehört: $m = F_G/g$ mit $g = 9{,}81$ m/s^2. Ein Körper der Masse 1 kg hat das Gewicht 9,81 Newton.

Abb. 4.2 Zur Entstehung des Fahrstuhlgefühls

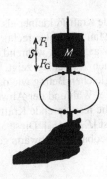

Videofilm 4.1:
„MAXWELL'sche Scheibe"
http://tiny.cc/43hkdy

Diese Versuchsanordnung spielt in unserem Leben oft eine unerfreuliche Rolle. Die Hand bedeute die Plattform eines Fahrstuhles. Die Bügelfeder betrachten wir in etwas kühn vereinfachter Anatomie als unsere Därme, den Körper M als unsern Magen. Bei Abwärtsbeschleunigung wird die Bügelfeder gegenüber ihrer normalen Ruhelage entspannt. Die Entspannung ist eine physikalische Grundlage für das verhasste Fahrstuhlgefühl und bei periodischer Wiederholung für die Seekrankheit.

Endlich der gleiche Versuch in quantitativer Form. Zunächst das Prinzip: wir hängen einen Körper der Masse m an eine Balkenwaage (Abb. 4.3) und messen die Kraft F_G, das Gewicht des Körpers. Dann lässt eine unsichtbare Vorrichtung den Körper mit kleiner Beschleunigung abwärts laufen. Dabei schlägt die Waage im Uhrzeigersinn aus. In dieser Stellung der Waage ist die den Körper aufwärts ziehen-

Abb. 4.3 An einer Waage hängt hier in Ruhe ein Körper mit der Masse m. Wenn sich der Körper hinterher beschleunigt abwärts bewegt, macht der Waagebalken einen Ausschlag im Uhrzeigersinn.

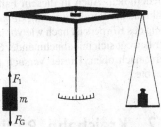

Abb. 4.4 Fortsetzung von Abb. 4.3. Der konstant abwärts beschleunigte Körper hat die Gestalt eines Schwungrades („MAXWELL'sche Scheibe"). Die Waage hat eine unsichtbare Öldämpfung. Im tiefsten Punkt wechselt die Scheibe die Richtung ihrer Geschwindigkeit. Dabei entsteht ein abwärts gerichteter Ruck (ein Kraftstoß, s. Abschn. 5.5). Man fängt ihn ab, indem man die Zeiger der Waage mit den Fingern festhält. (**Videofilm 4.1**)

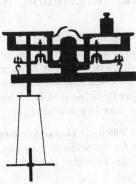

Man kann die Bewegung sogar ohne Eingriff weiter verfolgen, wenn das Rad den oberen Umkehrpunkt überschreitet und sich danach wieder abwärts bewegt. Die wesentliche Beobachtung, nämlich dass der nach unten beschleunigte Körper leichter ist, egal wohin sein Geschwindigkeitsvektor zeigt, wird im ersten Teil des Experimentes durch zwei Effekte etwas gestört: Wenn zu Beginn das Rad leichter wird, erschwert die gedämpfte Schwingung der Waage die Beobachtung. Das gleiche Problem tritt auf, nachdem am Umkehrpunkt des Körpers die Waage kurz festgehalten wurde. Im zweiten Teil des Experimentes (nach etwa 75 s) ist nach Hinzufügung eines Klötzchens auf der rechten Seite die Waage (in Abb. 4.4 links) während der Abwärtsbewegung des Körpers im Gleichgewicht. Wenn der Kraftstoß jetzt beim unteren Umkehrpunkt aufgefangen wird, bleibt die Waage bei den dann folgenden Auf- und Abwärtsbewegungen im Gleichgewicht, ohne störende Schwingungen.

de Kraft F_l kleiner als das Gewicht der rechts stehenden Wägeklötze. Man muss also rechts einige kleine Wägeklötze fortnehmen, bis die Waage auch während der Abwärtsbeschleunigung des Körpers keinen Ausschlag zeigt. Dann hat die aufwärtsziehende Kraft F_l den gleichen Betrag wie das Gewicht der rechts noch verbliebenen Klötze. Während der Abwärtsbeschleunigung gilt also $|F_G| > |F_l|$, d. h. die resultierende Kraft $F = F_G + F_l$ ist abwärts gerichtet; ihr Betrag ist $|F_G| - |F_l|$. Diese abwärts gerichtete Kraft erteilt dem Körper die beobachtete abwärts gerichtete Beschleunigung

$$a = \frac{(|F_G| - |F_l|)}{m}.$$

Praktische Ausführung (Abb. 4.4): Als Kraftmesser dient eine früher allgemein gebräuchliche Küchenwaage. Der Körper ist ein Schwungrad mit dünner Welle. Er hängt an zwei auf der Welle aufgespulten Fäden. Losgelassen bewegt er sich beschleunigt abwärts. Man misst die Beschleunigung mit der Gleichung $s = \frac{1}{2}at^2$ durch Abstoppen der Zeit t für den Weg s.

Zahlenbeispiel
$m = 539{,}0$ g, $F_G = 5{,}288$ N. $a = 0{,}048$ m/s^2, berechnet aus $s = 0{,}83$ m und $t = 5{,}9$ s. Dabei $F_l = 5{,}262$ N, also $|F_G| - |F_l| = 2{,}6 \cdot 10^{-2}$ N.

Nach Abrollen der Fäden rotiert das Schwungrad „träge" weiter. Die Fäden werden wieder aufgespult. Der Körper steigt nach oben. Man versäume nicht, die Beobachtung bei dieser Bewegungsrichtung zu wiederholen. Auch in diesem Fall ist die Angabe des Krafmessers während der Beschleunigung *kleiner* als in der Ruhe. Die Beschleunigung des Körpers ist nach wie vor nach *unten* gerichtet, denn der Körper bewegt sich mit abnehmender Steiggeschwindigkeit oder „verzögert" nach oben. Dieser Versuch überrascht oft selbst physikalisch Geübte.

„Dieser Versuch überrascht oft selbst physikalisch Geübte."

4.2 Kreisbahn, Radialkraft

„...ein guter Rat: Man lasse sich nie auf irgendwelche Erörterungen über Kreis- oder Drehbewegungen ein, bevor man sich mit seinem Partner über das Bezugssystem verständigt hat."

(Ruhender Beobachter!) Zunächst als Vorbemerkung ein guter Rat: Man lasse sich nie auf irgendwelche Erörterungen über Kreis- oder Drehbewegungen ein, bevor man sich mit seinem Partner (evtl. dem Autor eines Lehrbuches!) über das Bezugssystem verständigt hat. Unser Bezugssystem ist in Abschn. 2.1 vereinbart worden. Es ist der Erd- oder Hörsaalboden.

Wir haben die Grundgleichung bisher nur auf den Grenzfall der reinen *Bahn*beschleunigung angewandt. Jetzt soll das Gleiche für den anderen Grenzfall geschehen, also den der reinen *Radial*beschleunigung.

Ein Körper der Masse m soll mit konstanter Winkelgeschwindigkeit ω eine Kreisbahn vom Radius r durchlaufen (Der Radiusvektor r

zeigt vom Kreismittelpunkt zum Körper). Nach der kinematischen Betrachtung des Abschn. 2.5 ist diese Bewegung *beschleunigt*. Die radiale, zum Zentrum der Kreisbahn hin gerichtete Beschleunigung ist

$$a_r = -\omega^2 r .\qquad(2.12)$$

Nach der Grundgleichung erfordert diese Beschleunigung eines Körpers der Masse m eine zum Zentrum hin gerichtete Kraft F, wir wollen sie *Radialkraft* nennen (auch *Zentripetalkraft* genannt). Quantitativ muss nach der Grundgleichung gelten

$$-\omega^2 r = \frac{F}{m}\qquad(4.1)$$

(Kreisfrequenz oder Winkelgeschwindigkeit $\omega = 2\pi\nu$; ν = Frequenz).

Zur experimentellen Prüfung der Gl. (4.1) ersetzen wir die Winkelgeschwindigkeit ω durch die Frequenz ν und erhalten

$$-4\pi^2\nu^2 r = \frac{F}{m}\qquad(4.2)$$

(Frequenz ν = Anzahl der Drehungen/Zeit).

Die Radialkraft F soll durch Verformung von Federn erzeugt werden oder, kurz gesagt, eine elastische Kraft sein. Wir bringen drei Beispiele.

1. Eine Blattfeder soll die Radialkraft für eine Kugel am Rand eines kleinen Karussells erzeugen (Abb. 4.5). Sie soll zur Drehachse hin gerichtet sein und einen *Höchstbetrag* F_{max} nicht überschreiten können.

Zu diesem Zweck ist die Blattfeder unten drehbar gelagert, ihr oberes Ende liegt hinter dem Anschlag a. Zur Bestimmung von F_{max} wird mit einem Schnurzug und Gewichtsklötzen eine Gegenkraft angelegt. Erreicht diese den Betrag von F_{max}, schnappt bei einer bestimmten Durchbiegung die Feder aus.

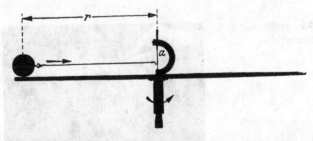

Abb. 4.5 Eine Kugel auf einem Karussell, gehalten von der *links* von a befindlichen Blattfeder. Die an der Kugel angreifende, vertikal nach unten gerichtete Kraft, ihr Gewicht, ist durch eine unmerkliche Verformung der Karussellplatte ausgeschaltet.

Diese Feder genügt nur bis zu einem Höchstwert ν_{max} der Frequenz, man berechnet diese *kritische* Frequenz aus Gl. (4.2) und erhält

$$\nu_{max} = \frac{1}{2\pi} \sqrt{\frac{F_{max}}{mr}}. \tag{4.3}$$

Zahlenbeispiel

$F_{max} = 1{,}77\,\text{N}$; $m = 0{,}27\,\text{kg}$; $r = 0{,}22\,\text{m}$; also

$$\nu_{max} = \frac{1}{2\pi} \sqrt{\frac{1{,}77\,\text{kg}\,\text{m}\,\text{s}^{-2}}{0{,}27\,\text{kg} \cdot 0{,}22\,\text{m}}} = 0{,}87\,\text{s}^{-1}$$

$$T_{min} = \frac{1}{\nu_{max}} = 1{,}15\,\text{s}.$$

Beim Überschreiten dieses Grenzwertes fliegt die Kugel ab. Sie verlässt die Scheibe *tangential*. Nach Wegfall der Radialbeschleunigung fliegt sie auf *gerader* Bahn mit konstanter Geschwindigkeit weiter. Leider stört im Allgemeinen das Gewicht diese Beobachtung. Das Gewicht verwandelt die ursprünglich gerade Bahn in eine Fallparabel. Doch tritt diese Störung bei höheren Bahngeschwindigkeiten zurück. Ein gutes Beispiel dieser Art bietet ein sprühender Schleifstein. Er zeigt aufs deutlichste das *tangentiale* Abfliegen. Die glühenden Stahlspäne fliegen *keineswegs nach außen*, das Drehzentrum fliehend, von dannen (Abb. 4.6).

2. *Lineares Kraftgesetz.* Die mit der Schraubenfeder F (Abb. 4.7) herstellbare Kraft soll zum Kreismittelpunkt hin gerichtet und ihr Betrag proportional zum Bahnradius sein, also

$$\boldsymbol{F} = -D\boldsymbol{r} \tag{4.4}$$

(D = Federkonstante).

Einsetzen dieser Bedingung in die allgemeine Gl. (4.2) ergibt als Frequenz

$$\nu = \frac{1}{2\pi} \sqrt{\frac{D}{m}}. \tag{4.5}$$

K4.3. Am Schluss des **Videofilms 6.7 „Schwanke Achse"** (http://tiny.cc/u7hkdy) sieht man einen solchen sprühenden Schleifstein. Bis zur 11. Auflage befand sich an dieser Stelle das folgende eindrucksvolle Beispiel: „Dem sprühenden Schleifstein widerspricht scheinbar die Beobachtung an einem schmutzspritzenden Autorad. Man kann einen glatten Fahrdamm unmittelbar hinter einem sprühenden Auto kreuzen, ohne getroffen zu werden. Die Erklärung ist einfach: Für den Beobachter im fahrenden Auto zeigt der Luftreifen das gleiche Bild wie der Schleifstein, d. h. allseitiges tangentiales Sprühen. Für den Fußgänger hingegen ist der Fußpunkt des Rades der Drehpunkt. Aller Schmutz fliegt senkrecht zu diesen Radien".

Abb. 4.6 Sprühender Schleifstein[K4.3]

Abb. 4.7 Kreisbewegung mit linearem Kraftgesetz. Zugleich Schema eines „astatischen" Frequenzreglers für Motoren aller Art. Bei Abweichungen von der kritischen Drehfrequenz bewegen sich die beiden Körper entweder ganz nach außen oder ganz nach innen. Dabei kann die Scheibe S ein Regelorgan der Maschine betätigen und so die kritische Drehfrequenz wieder herstellen.

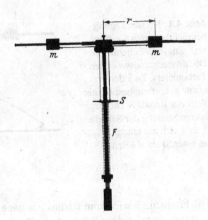

Das bedeutet: *Der Körper läuft nur bei einer einzigen Frequenz ν auf einer Kreisbahn.* Dabei ist die Größe des Bahnradius völlig gleichgültig. Bei Einhaltung dieser *kritischen* Frequenz ν läuft der Körper auf jedem beliebigen, einmal eingestellten Kreis um.

Das lineare Kraftgesetz lässt sich in mannigfacher Weise verwirklichen. In Abb. 4.7 ist der Körper symmetrisch unterteilt und mit möglichst geringer Reibung auf zwei Führungsstangen angebracht. Diese Stangen sollen die Kräfte, die wir Gewichte der Klötze nennen, ausschalten. Die Anordnung der Schraubenfeder F lässt die Größe ihrer Dehnung auch während der Rotation erkennen.

> Die Schraubenfeder muss bereits in der Ruhestellung bis zum Betrag $F = Dr_0$ gespannt sein. $r_0 =$ Abstand der Schwerpunkte der Klötze von der Drehachse in der Ruhestellung.

Der Versuch bestätigt die Voraussage. Bei richtig eingestellter Frequenz können wir durch Auftippen mit dem Finger auf das scheibenförmige Ende S der Feder den Abstand r der Körper beliebig vergrößern oder verkleinern. Sie durchlaufen bei *jedem* Radius ihre Kreisbahn. Bei dieser kritischen Frequenz ν befinden sich die Körper im *indifferenten* Gleichgewicht, ähnlich einer auf einer waagerechten Tischplatte ruhenden Kugel.

3. *Nichtlineares Kraftgesetz.* Der Betrag einer zum Kreismittelpunkt hin gerichteten Federkraft steigt beispielsweise mit r^2, also

$$F = -Dr^2 \frac{\boldsymbol{r}}{r} \qquad (4.6)$$

$(\boldsymbol{r}/r =$ Einheitsvektor in Richtung von $\boldsymbol{r}$).

Einsetzen dieser Bedingung in die allgemeine Gl. (4.2) der Radialkraft ergibt die Frequenz

$$\nu = \frac{1}{2\pi} \sqrt{\frac{D}{m}} \, r. \qquad (4.7)$$

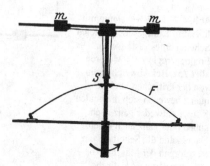

Abb. 4.8 Kreisbewegung bei nichtlinearem Kraftgesetz. Zugleich Schema eines Drehfrequenzmessers oder Tachometers. Zu jeder Frequenz gehört ein bestimmter Wert des Radius r. Die zugehörige Stellung der Scheibe S lässt sich mit einem Zeiger an einer Skala ablesen.

Die Frequenz ν wird vom Radius r abhängig. Zu jeder Frequenz gehört nur *ein* möglicher Bahnradius r. In dieser Bahn befindet sich der Körper im *stabilen Gleichgewicht*, ähnlich einer auf dem Boden einer gewölbten Schale ruhenden Kugel.

Experimentell verwirklicht man ein solches nichtlineares Kraftgesetz beispielsweise mit einer Bügelfeder, wie in Abb. 4.8. Man kann während des Umlaufes leicht eine Störung herstellen, man braucht nur auf die Scheibe S zu tippen. Nach Schluss der Störung stellt sich sofort der richtige Wert von r wieder ein.

Unsere bisherigen Schauversuche über die Radialbeschleunigung durch die Radialkraft betrafen umlaufende Körper sehr einfacher Gestalt. Sie waren „kleine" Kugeln oder Klötze. Wir durften ihren Durchmesser ohne nennenswerten Fehler neben dem Bahnradius r vernachlässigen. Sie waren, kurz gesagt, „punktförmig" (Massenpunkte). Unser letztes Beispiel soll den Umlauf eines weniger einfach gestalteten Körpers erläutern, nämlich eines Kettenringes.

Zunächst wird die eng passende Kette in einem Vorversuch auf das Schwungrad aufgezogen (Abb. 4.9). Ohne Zusammenhalt würden die einzelnen Kettenglieder nach Ingangsetzen des Schwungrades wie die Funken eines Schleifsteines tangential davonfliegen.

So aber wirken alle im gleichen Sinn, nämlich einer Dehnung der Kette. Durch diese Verformung entstehen Kräfte F', die für jedes Kettenglied zu einer Radialkraft F führen, wie in Abb. 4.10 hergeleitet. Diese Kraft F beschleunigt jedes einzelne Kettenglied in Richtung

Abb. 4.9 Kette auf Schwungrad zur Vorführung einer dynamischen Stabilität

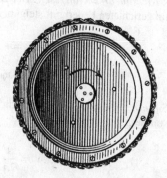

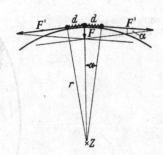

Abb. 4.10 Zur Entstehung der Radialkraft in einem gespannten Kettenring. – Man denke sich auf eine *ruhende* Kreisscheibe eine Kette aufgezogen, die aus Kugeln im Abstand d und gespannten Schraubenfedern besteht. Gezeichnet sind nur 3 Kugeln und 2 Federn. Die langen Pfeile beginnen bei der mittleren Kugel und stellen die beiden von den Federn auf sie ausgeübten Kräfte F' dar. Die Vektoraddition ergibt die zum Kreismittelpunkt hin gerichtete Kraft F. Der quantitative Zusammenhang von F' und F ergibt sich aus der Ähnlichkeit der spitzen gleichschenkligen Dreiecke mit dem Winkel α: $F/F' = d/r$.

auf das Kreiszentrum. Aus Gl. (4.1) ergibt sich nach Einführung der Bahngeschwindigkeit $u = \omega r$ für den Betrag von F:

$$F = \frac{F'd}{r} = \frac{mu^2}{r}. \tag{4.8}$$

Bei hoher Frequenz des Schwungrades wirft man nun die Kette durch einen seitlichen Stoß herunter. Sie sinkt dann keineswegs schlaff zusammen, sondern läuft wie ein steifer Kreisring über den Tisch. Sie überspringt sogar Hindernisse auf ihrem Weg. In dieser Form zeigt der Versuch ein gutes Beispiel einer „dynamischen Stabilität".

Eine Variante des Versuches ist noch lehrreicher. Eine lange Kette hängt auf einem rotierenden Zahnrad (Abb. 4.11). Man kann jedes Teilstück dieser Kette in guter Näherung durch ein Stück eines Kreises mit variablem Radius r beschreiben (dem Krümmungsradius, Abschn. 4.4). Auch in diesen Kreisstücken erzeugen die Kräfte F' die für die momentane Kreisbahn erforderliche Radialkraft F in Richtung auf ihren momentanen Krümmungsmittelpunkt (Kreiszentrum), Gl. (4.8). Diese Kraft ändert sich entlang der Kette. F nimmt mit $1/r$ ab, wird also umso kleiner, je gestreckter das Kettenstück ist. *Demnach sollte der Kettenring nicht nur als Kreisring, sondern auch in einer beliebigen anderen Gestalt stabil laufen!* Der Versuch entspricht der Erwartung. Als Kette benutzt man zweckmäßigerweise die Gliederkette eines Fahrrades. Man wirft sie bei hinreichend hoher Frequenz vom Zahnrad ab.

Früher sah man in Fabriken dieses Experiment gelegentlich unfreiwillig durch einen abspringenden Treibriemen vorgeführt.

Videofilm 4.2:
„Dynamische Stabilität
einer Fahrradkette"
http://tiny.cc/k3hkdy
Um zu demonstrieren, dass
„der Kettenring in jeder beliebigen Gestalt stabil läuft",
ist die Bewegung im zweiten
Teil des Films in Zeitlupe
gezeigt. Es empfiehlt sich,
die Bilderfolge einzeln zu betrachten. Dann sieht man, wie
die beim Zusammenstoß der
Kette mit dem Hindernis entstandene Beule fortbesteht.

Abb. 4.11 Oval einer Fahrradkette vor dem
Abwerfen vom Zahnrad (**Videofilm 4.2**)

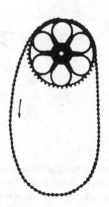

4.3 Sinusförmige Schwingungen, Schwerependel als Sonderfall

Im zweiten Kapitel haben wir die kinematischen, in diesem die dynamischen Darlegungen auf die einfachsten Bahnen beschränkt, nämlich die gerade Bahn und die Kreisbahn. Bei der geraden Bahn gab
es nur eine Bahnbeschleunigung, bei der Kreisbewegung nur eine
Radialbeschleunigung. Die Abschn. 4.3 bis 4.9 sollen die linearen
Pendelschwingungen und einige Zentralbewegungen behandeln. Die
Körper sollen mit genügender Näherung als *punktförmig* gelten dürfen. Wir werden die einzelnen Bewegungen zunächst kinematisch
beschreiben und dann ihre Verwirklichung durch Kräfte.

Die einfachste aller periodisch wiederkehrenden Bewegungen erfolgt
auf gerader Bahn. Die graphische Darstellung ihres zeitlichen Ab-
laufes ergibt ein *Schwingungsbild,* das sich unter Benutzung einer
einzigen Sinuslinie (Abb. 1.11) beschreiben lässt. Solche Schwingungen und ihre Schwingungsbilder nennt man *sinusförmig,* allgemein
spricht man von einem *harmonischen Oszillator.*

Wir erinnern an Abschn. 1.8: Erfolgen N Schwingungen innerhalb
einer Zeit t, so heißt $N/t = v$ die *Frequenz* und $t/N = T$ die *Periode*
oder Schwingungsdauer. – Die Abszisse der Sinuslinie ist ein Winkel
α, dessen Bedeutung aus Abb. 4.12 ersichtlich ist. – Im Schwingungsbild wird α *Phasenwinkel* oder kurz *Phase* genannt, α wächst
proportional zur Zeit, also $\alpha = \omega t$. Die Bedeutung des Proportiona-
litätsfaktors ω ist leicht ersichtlich: Für $t = T$ wird $\alpha = 360° = 2\pi$
(vgl. Abschn. 1.5). Für beliebige Phasenwinkel gilt $\alpha = t \cdot 2\pi/T =
\omega t$. Also ist $\omega = 2\pi/T = 2\pi v$, d. h. das 2π-fache der Frequenz v. ω
wird *Kreisfrequenz* genannt (vgl. Abschn. 2.5).

Wegen der Proportionalität von Phasenwinkel und Zeit kann man in
Schwingungsbildern als Abszisse nach Belieben den Phasenwinkel α
oder die Zeit $t = \alpha/\omega$ auftragen. Beides ist in Abb. 4.12 geschehen.

Als Ordinate eines Schwingungsbildes wird nicht die Winkelfunktion
$\sin \alpha$ allein benutzt, sondern eine zu ihr proportionale, *Ausschlag x*

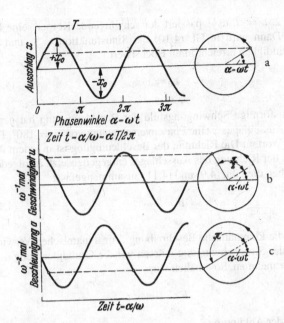

Abb. 4.12 Zeitlicher Verlauf von Ausschlag (Ort des Pendelkörpers), Geschwindigkeit und Beschleunigung bei einer Sinusschwingung. Die Periode T ist allgemein der zeitliche Abstand zweier gleicher Amplituden.

(der Ort des Pendelkörpers) genannte Größe, also[K4.4]

$$x = x_0 \cdot \sin \alpha = x_0 \cdot \sin \omega t. \qquad (4.9)$$

x ist der Ausschlag oder Augenblickswert zur Zeit t, x_0 sein Höchstwert. x_0 wird oft Scheitelwert oder *Amplitude* genannt. (Statt x_0 ist der Buchstabe A zweckmäßiger, wenn man mehrere Amplituden durch Indizes zu unterscheiden hat.)

Bei sinusförmigen Schwingungen lassen sich nicht nur die Ausschläge x, sondern auch die Geschwindigkeiten $u = dx/dt$ und die Beschleunigungen $a = d^2x/dt^2$ mit sinusförmigen Schwingungsbildern darstellen. Man findet durch ein- und zweimaliges Differenzieren

$$u = \frac{dx}{dt} = \omega x_0 \cos \omega t = \omega x_0 \sin\left(\omega t + \frac{\pi}{2}\right), \qquad (4.10)$$

$$a = \frac{d^2x}{dt^2} = -\omega^2 x_0 \sin \omega t = \omega^2 x_0 \sin(\omega t + \pi) . \qquad (4.11)$$

In Abb. 4.12b ist u/ω, in Abb. 4.12c a/ω^2 für verschiedene Werte von t graphisch dargestellt.

Das sinusförmige Schwingungsbild der Geschwindigkeit läuft der des Ausschlages mit einer „Phasenverschiebung" von $\pi/2 = 90°$ voraus; d. h. die positiven, aufwärts gerichteten Werte beginnen um eine Viertelperiode ($T/4$) früher als die von x. Zur Zeit $t = 0$,

K4.4. Da in den Gleichungen dieses Abschnitts nur die x-Richtung vorkommt, genügt es, auch nur die x-Komponenten der jeweiligen Vektorgrößen Geschwindigkeit, Beschleunigung und Kraft zu benutzen. Das jeweilige Vorzeichen ist aber zu berücksichtigen; das Minuszeichen bedeutet: der positiven x-Richtung entgegengerichtet.

$t = T/2$, $t = T$ usw. passiert der schwingende Körper seine Ruhelage. Dann wird in Gl. (4.10) die Sinusfunktion $= 1$, und die Geschwindigkeit erreicht ihren Höchstwert

$$u_0 = \omega x_0. \tag{4.12}$$

Das sinusförmige Schwingungsbild der Beschleunigung hat gegen das des Ausschlages x eine Phasenverschiebung von $\pi = 180°$. Das heißt in Worten: Die Richtung der Beschleunigung ist in jedem Augenblick der Richtung des Ausschlages entgegengesetzt. Infolgedessen ergeben die Gln. (4.9) und (4.11) zusammengefasst

$$a = -\omega^2 x. \tag{4.13}$$

So weit die kinematische Beschreibung. Zur dynamischen Verwirklichung der Sinusschwingung müssen wir die Grundgleichung $a = F/m$ hinzunehmen. So erhalten wir

$$F = -m\omega^2 x$$

oder mit der Abkürzung

K4.5. Der hier skizzierte Gedankengang lässt sich umkehren und führt damit zu folgender direkter Anwendung der Grundgleichung („Bewegungsgleichung"): Man setzt die lineare Federkraft $F_D = -Dx$ in die Grundgleichung $F = ma$ ein und erhält als Lösung der resultierenden Differentialgleichung den sinusförmigen Bewegungsablauf $x = x_0 \sin \omega t$ (Gl. (4.9)) mit der Frequenz $\nu = \frac{1}{2\pi} \sqrt{\frac{D}{m}}$ (Gl. (4.16)).

$$D = m\omega^2, \tag{4.14}$$
$$F = -Dx. \tag{4.15}$$

In Worten: Zur Herstellung einer Sinusschwingung braucht man ein *lineares* Kraftgesetz. Die den Körper beschleunigende Kraft muss zur Größe des Ausschlages proportional und seiner Richtung entgegengesetzt sein.[K4.5]

Das lineare Kraftgesetz lässt sich auf mannigfache Weise verwirklichen. Am einfachsten stellt man die Kraft durch Verformung einer Feder her („elastische Kraft"). So gelangt man z. B. zu der in Abb. 4.13 skizzierten Anordnung: Ein Körper der Masse m befindet sich zwischen zwei Schraubenfedern. D, der Proportionalitätsfaktor zwischen Kraft und Ausschlag, ist die uns schon bekannte Federkonstante oder allgemein *Richtgröße*.

Aus Gl. (4.14) ergibt sich mit $\omega = 2\pi\nu$ die Frequenz

K4.6. Um das senkrecht nach unten wirkende Gewicht der Kugel auszuschalten, kann man diese entweder an einen sehr langen Faden (einige m) hängen oder anstelle der Kugel einen auf einer Luftkissenschiene praktisch reibungsfrei gleitenden Wagen benutzen.

$$\nu = \frac{1}{2\pi} \sqrt{\frac{D}{m}}. \tag{4.16}$$

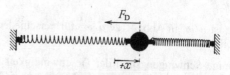

Abb. 4.13 Verwirklichung einer geradlinigen oder „linear polarisierten" Sinusschwingung durch ein einfaches Federpendel[K4.6]

Diese Gleichung ist uns nicht neu. Wir fanden sie schon bei der Kreis-bahn im Sonderfall des linearen Kraftgesetzes (Abschn. 4.2). Dort war die Frequenz unabhängig vom Radius der Bahn, hier ist sie un-abhängig von der Amplitude der Schwingung. Die Frequenz wird in beiden Fällen nur von dem Quotienten Federkonstante D/Masse m bestimmt.

Schon bei qualitativen Versuchen (Holz- und Eisenkugeln von glei-cher Größe) sieht man den entscheidenden Einfluss der Masse des schwingenden Körpers auf seine Frequenz oder ihren Kehrwert, die Schwingungsdauer. Man kann den Einfluss einer Massenvergröße-rung durch eine Vergrößerung der Federkonstante kompensieren usw. Gl. (4.16) gehört zu den wichtigsten der ganzen Physik. Daher bilden Messungen der Frequenz ν bei verschiedenen Werten von m und D eine der nützlichsten Praktikumsaufgaben. – Die Anordnung kann dabei mannigfach abgewandelt werden. Es genügt, einen Körper an einer Schraubenfeder aufzuhängen (Abb. 4.14a). In der Ruhestellung ergibt der Quotient Gewicht/Federverlängerung die Federkonstante D. Bei den Schwingungen hat das Gewicht als zusätzliche konstante Kraft keinen Einfluss auf die Frequenz.

Das lineare Kraftgesetz ist nur ein Sonderfall. Trotzdem ist es von größ-ter Bedeutung. Denn man kann bei jedem schwingungsfähigen Körper das Kraftgesetz, und sei es noch so kompliziert, durch das lineare Kraftgesetz ersetzen; nur muss man sich dann auf hinreichend *kleine* Amplituden be-schränken.
Mathematisch heißt das: Man kann jedes Kraftgesetz $F = -f(x)$ in eine Reihe entwickeln:

$$f(x) = D_0 + D_1 x + D_2 x^2 + \cdots$$

Die Konstante D_0 muss null sein. Denn die Kraft muss für $x = 0$ verschwin-den. Für hinreichend kleine Werte von x darf man die Reihe nach dem ersten Glied abbrechen, erhält also $F = -D_1 x$.

Ein Beispiel dieser Art bietet das bekannte *Schwerependel* (auch *Fa-denpendel* genannt). Bei kleinen Amplituden gilt die in Abb. 4.14b skizzierte Konstruktion. Sie zeigt die an der Pendelkugel angreifen-de Kraft, das Gewicht F_G in zwei Komponenten zerlegt. Die eine, $F_G \cos \alpha$, dient zur Spannung des Fadens. Die andere, $F_G \sin \alpha$, be-schleunigt die Kugel in Richtung der Bahn. Diese darf man für kleine Winkelausschläge noch als geradlinig betrachten. Ferner darf man $\sin \alpha \approx x/l$ setzen. Damit bleibt bei Winkeln unter 4,5° der Fehler kleiner als 10^{-3}. Wir haben also $F_G \sin \alpha \approx F_G x/l$. Das heißt, die rücktreibende Kraft ist proportional zum Ausschlag x. Der Propor-tionalitätsfaktor F_G/l ist die Richtgröße D. – Zwischen der Masse m des Pendelkörpers, seinem Gewicht F_G und der Erdbeschleunigung $g = 9,81 \text{ m/s}^2$ besteht die Beziehung $F_G = mg$. Daher ist $D = mg/l$. Einsetzen von D in die allgemeine Schwingungsgleichung (4.16) er-gibt

$$\frac{1}{\nu} = T = 2\pi \sqrt{\frac{l}{g}} \,. \qquad (4.17)$$

Abb. 4.14 **a** Lotrecht schwingendes Federpendel zur Prüfung der Gl. (4.16), **b** Schwerependel

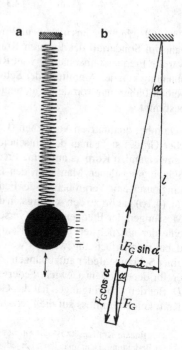

K4.7. Das längste im alten Göttinger Hörsaal verwendete Schwerependel war das am Dachfirst über dem Hörsaal befestigte FOUCAULT'sche Pendel (Abschn. 7.7 und **Videofilm 7.5** zu Abb. 7.21 „FOUCAULT'scher Pendelversuch", http://tiny.cc/l8hkdy).

Zahlenbeispiel

$l = 1$ m; $T = 2$ s; eine Halbschwingung in 1 s, sogenanntes Sekundenpendel. $l = 11,4$ m, das längste Schwerependel im Göttinger Hörsaal,[K4.7] $T \approx 6,8$ s.

Frequenz und Schwingungsdauer des Schwerependels sind also von der Masse des Pendelkörpers unabhängig[1]. Dadurch erhält das Schwerependel eine Sonderstellung. Man muss es daher auch als Sonderfall behandeln und darf es bei der Darstellung der Sinusschwingungen nicht an den Anfang stellen.

Gl. (4.16) ist messtechnisch wichtig. Die *periodische Wiederholung* erlaubt es, die Schwingungsdauer T eines Pendels sehr genau zu messen. Daher eignet sich Gl. (4.17) für die Aufgabe, zuverlässige Werte für die *Erdbeschleunigung* (Abschn. 2.4) zu berechnen. Voraussetzung ist eine möglichst gute Annäherung an einen „punktförmigen" Körper an einem „masselosen" Faden (*mathematisches Schwerependel*).

4.4 Zentralbewegungen

Bei der Sinusschwingung war die Beschleunigung zwar zeitlich *nicht* mehr *konstant*, aber die Bahn noch eine Gerade. Die im Zeitabschnitt dt geschaffene Zusatzgeschwindigkeit du lag dauernd in

---

[1] Der Einfluss der Amplitude α_0 auf die Schwingungsdauer T ist klein. Man misst T zu groß bei $\alpha_0 = 5°$ um 0,048 %, bei $\alpha_0 = 10°$ um 0,19 %, bei $\alpha_0 = 15°$ um 0,43 % und bei $\alpha_0 = 20°$ um 0,76 %.

Abb. 4.15 Zur Definition der Gesamt-
beschleunigung

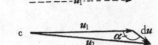

Abb. 4.16 Zerlegung einer
Zentralbeschleunigung a_g
in zwei Komponenten a und
a_ϱ

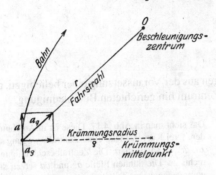

Richtung der zuvor vorhandenen Geschwindigkeit u, diese entweder
vergrößernd (Abb. 4.15a) oder verkleinernd (Abb. 4.15b). Es lag lediglich *Bahn*beschleunigung vor. Im allgemeinen Fall der Bewegung
schließen jedoch die Vektoren du und u einen beliebigen Winkel α ein (Abb. 4.15c). Dann sind Bahn- und Radialbeschleunigung
gleichzeitig vorhanden. Beide sind Komponenten einer *Gesamtbe-
schleunigung* a_g (Abb. 4.16). Die Bahnbeschleunigung a ändert die
Größe der Geschwindigkeit in Richtung der Bahn. Die Radialbeschleunigung a_ϱ sorgt für die *Krümmung* der Bahn. Ihr Betrag ist
nach Gl. (2.12) $a_\varrho = u^2/\varrho$. Dabei ist ϱ der *Krümmungsradius*, der
vom jeweiligen *Krümmungsmittelpunkt* kommt. Das ist der Mittel-
punkt des Kreises, mit dem man das jeweils betrachtete Stück der
Bahnkurve in guter Näherung wiedergeben kann. Aus der schier
unübersehbaren Mannigfaltigkeit derartiger Bewegungen (man denke nur an unsere Gliedmaßen!) greifen wir zunächst eine einzelne
Gruppe heraus, die der *Zentralbewegungen*.

*Eine Zentralbewegung ist die Bewegung eines Körpers (Massenpunk-
tes) auf beliebiger ebener Bahn, bei der eine Beschleunigung wechselnder Größe und Richtung dauernd auf einen Punkt, das Beschleunigungszentrum, hin gerichtet bleibt.* Die Verbindungslinie des Körpers mit dem Beschleunigungszentrum heißt „Fahrstrahl". Nach dieser Definition sind offensichtlich Kreisbahn und linear polarisierte
Pendelschwingung Grenzfälle der Zentralbewegung. Bei der Kreisbahn fehlt die Bahnbeschleunigung, bei der linear polarisierten Pendelschwingung die Radialbeschleunigung. Für die allgemeinen Zentralbewegungen gelten zwei einfache Sätze. Erstens: Die Bewegungen erfolgen in einer Ebene, zweitens: Der Fahrstrahl überstreicht
in gleichen Zeiten gleiche Flächen („Flächensatz"). – Beide Sätze
gehören durchaus der Kinematik an. Sie sind geometrische Folgerun-

Abb. 4.17 Zum Flächensatz

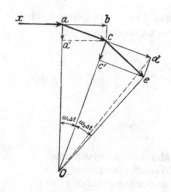

gen aus der Voraussetzung einer beliebigen, aber stets auf das gleiche Zentrum hin gerichteten Beschleunigung.

Das sieht man in Abb. 4.17. Diese ist in Anlehnung an Abb. 2.12 entstanden. Drei Kurvenstücke einer Zentralbewegung sind durch die drei Pfeile xa, ac, ce angenähert. Die Zentralbeschleunigung nimmt von links nach rechts zu. Die dünnen Pfeile ab und cd setzen die Bewegung des jeweils vorangegangenen Zeitabschnittes mit gleicher Geschwindigkeit in Richtung der Bahntangente fort. Die Pfeile aa' und cc' sind die in den gleichen Zeitabschnitten Δt auf das Zentrum O hin gerichteten, *beschleunigt* zurückgelegten Wege. Alle Pfeile liegen in der Papierebene, folglich bleiben die Bahnen eben. Der Fahrstrahl Oa, Oc, Oe usw. überstreicht in gleichen Zeiten Δt Flächen gleicher Größe:

$$\text{Fläche} = \begin{cases} \Delta Oac = \Delta Ocd, & \text{da} \\ & ac = cd, \\ \Delta Ocd = \Delta Oce, & \text{weil die Dreieckshöhen} \\ \rule{4cm}{0.4pt} & cd = c'e \text{ sind} \\ \Delta Oce = \Delta Oac. \end{cases}$$

Schauversuch: Die Schnur eines kreisenden Schleudersteines ist durch einen kurzen, glatten Rohrstutzen in der linken Hand geführt. Die rechte Hand verkürzt durch Ziehen des Fadens die Fahrstrahllänge r. Die Winkelgeschwindigkeit ω steigt an, und zwar proportional zu $1/r^2$.

4.5 Ellipsenbahnen, elliptisch polarisierte Schwingungen

Zentralbewegungen brauchen keineswegs auf geschlossener Bahn zu erfolgen, man denke z. B. an eine Spiralbahn. Doch ist unter den Zentralbewegungen auf geschlossener Bahn eine Gruppe besonders wichtig. Es sind die Ellipsenbahnen. Man hat zwei Fälle zu unterscheiden:

1. *Elliptisch polarisierte Schwingungen.* („polarisiert" bedeutet bei Schwingungen das Gleiche wie „gestaltet".) Das Beschleunigungszentrum des umlaufenden Körpers liegt im *Mittelpunkt* der Ellipse, im Schnittpunkt der beiden Hauptachsen.

2. *Die* KEPLER-*Ellipsen.* Das Beschleunigungszentrum des umlaufenden Körpers liegt in einem der beiden *Brennpunkte* (Abschn. 4.7).

Wir behandeln in diesem Abschnitt die elliptisch polarisierten Schwingungen. Sie entstehen kinematisch durch die Überlagerung zweier zueinander senkrecht stehender geradlinig polarisierter Sinusschwingungen gleicher Frequenz. Die Gestalt der Ellipse wird bestimmt durch das Verhältnis der beiden Amplituden und durch die Phasendifferenz $\Delta\varphi$ zwischen den beiden Schwingungen. Dabei ist die Phasendifferenz das wichtigere der beiden Bestimmungsstücke.

Die Gesamtheit aller auftretenden Bahnen wird durch ein Quadrat umhüllt (Abb. 4.18). Bei Ungleichheit der beiden Amplituden entartet es zu einem Rechteck (Abb. 4.19).[K4.8]

Wir fassen zusammen: Zur kinematischen Darstellung einer elliptisch polarisierten Schwingung beliebiger Gestalt genügen zwei zueinander senkrecht stehende, geradlinig polarisierte Sinusschwingungen gleicher Frequenz, jedoch einstellbarer Phasendifferenz. Bei der Phasendifferenz 0° bzw. 180° entartet die Ellipse in eine Gerade. Bei der Phasendifferenz 90° bzw. 270° kann eine zirkular polarisierte Schwingung, d. h. eine Kreisbahn entstehen. Dazu müssen die beiden Einzelamplituden gleich groß sein.

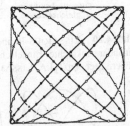

Abb. 4.18 Umhüllende der elliptischen Schwingungen bei gleichen Amplituden der beiden zueinander senkrechten Teilschwingungen (**Videofilm 4.3**)

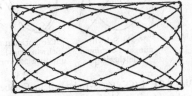

Abb. 4.19 Umhüllende der elliptischen Schwingungen bei ungleichen Amplituden der beiden zueinander senkrechten Teilschwingungen (**Videofilm 4.3**)

K4.8. Zur experimentellen Vorführung elliptischer Schwingungen beschreibt POHL eindrucksvolle mechanische Anordnungen. Sie wurden aus Platzgründen nicht in diese Auflage aufgenommen. Es sei aber auf die bequeme Möglichkeit der elektrischen Demonstration mithilfe von Frequenzgeneratoren und Oszillographen hingewiesen. Ein einfaches mechanisches Experiment wird im **Videofilm 4.3** gezeigt.

Videofilm 4.3:
„**Zirkulare Schwingungen**"
http://tiny.cc/z3hkdy
Mit einem erst in Bd. 2 beschriebenen einfachen Experiment lassen sich Ellipsenbahnen der Abb. 4.18 und 4.19 vorführen. Zwei senkrecht zueinander stehende Blattfedern tragen Scheiben mit Schlitzen, deren Überschneidungsstellen Licht hindurch lassen, um die Bewegungsvorgänge in Projektion zu betrachten. Nach jeweiliger Anregung der Einzelschwingungen werden beide Federn gleichzeitig, aber mit verschiedenen Phasendifferenzen angeregt.

4.6 LISSAJOUS-Bahnen

Die Ergebnisse und die Hilfsmittel des vorigen Abschnittes lassen auch den allgemeinsten Fall elastischer Schwingungen unschwer behandeln. Wir beschränken uns auf einen summarischen Überblick.

Bei größeren Frequenzunterschieden der beiden Einzelschwingungen macht sich der Wechsel der Phasendifferenz schon während jedes einzelnen Umlaufes bemerkbar. Die Ellipse wird verzerrt. Es entsteht das charakteristische Bild einer ebenen LISSAJOUS-*Bahn*. Abb. 4.20 und 4.21 zeigen etliche Beispiele derartiger LISSAJOUS-Bahnen. Ihre Gestalt hängt von zweierlei ab:

1. dem Verhältnis der Frequenz beider Einzelschwingungen,

2. der Phasendifferenz, mit der beide Schwingungen zu Beginn des Versuches ihre Ruhelage verlassen.

Eine mechanische Methode, LISSAJOUS-Bahnen herzustellen, zeigt Abb. 4.22. Die Frequenzen der horizontalen und vertikalen Einzelschwingungen verhalten sich etwa wie 2 : 3. Man kann sie leicht nach horizontalem bzw. vertikalem Anstoß beobachten. – Die LISSAJOUS'sche Bildfolge ist die aus Abb. 4.21 bekannte.

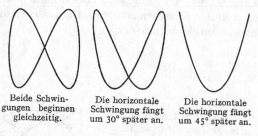

Beide Schwingungen beginnen gleichzeitig.

Die horizontale Schwingung fängt um 30° später an.

Die horizontale Schwingung fängt um 45° später an.

Abb. 4.20 LISSAJOUS-Bahnen beim Frequenzverhältnis 2 : 1 zweier zueinander senkrechter Einzelschwingungen. Die vertikale Schwingung hat die höhere Frequenz. (J.A. LISSAJOUS, 1822–1880)[K4.9]

K4.9. J.A. Lissajous, Comptes Rendus des Séances de l'Académie des Sciences **41**, 93 u. 814 (1855).

Beide Schwingungen beginnen gleichzeitig.

Die horizontale Schwingung läuft um etwa 20° voraus.

Die horizontale Schwingung läuft rund 30° voraus.

Abb. 4.21 LISSAJOUS-Bahnen beim Frequenzverhältnis 3 : 2 der zueinander senkrechten Einzelschwingungen. Die vertikale Schwingung hat die höhere Frequenz.

Teil I

Abb. 4.22 Herstellung von LISSAJOUS-Bahnen mithilfe von Biegeschwingungen eines Stabes mit rechteckiger Querschnittsfläche (2 mm breit, 3 mm hoch). Der kleine Spiegel R reflektiert das Bild einer punktförmigen Lichtquelle auf die zum Stab senkrechte Projektionswand. (**Videofilm 4.4**)

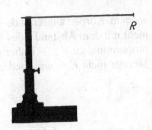

4.7 Die KEPLER-Ellipse und das Gravitationsgesetz

Die KEPLER-Ellipse hat in der Geschichte der Physik zweimal eine fundamentale Bedeutung gewonnen, einmal in der Himmelsmechanik und zum anderen beim BOHR'schen Atommodell. Für den experimentellen Unterricht bildet sie ein wahres Kreuz. Sie lässt sich im Schauversuch nicht mit einfachen und rasch übersehbaren Hilfsmitteln vorführen. (**Videofilm 4.5**)

Bei der KEPLER-Ellipse befindet sich das Beschleunigungszentrum in einem der beiden Brennpunkte der Ellipse. Sie entsteht, wenn ein Körper eine Anfangsgeschwindigkeit besitzt, die nicht gerade zum Zentrum hin gerichtet ist. Die Beschleunigung ist in jedem Punkt umgekehrt proportional zum Quadrat des Abstandes (Fahrstrahllänge r), also

$$a = \frac{\text{const}}{r^2}. \tag{4.18}$$

Die Herleitung dieser Gleichung findet man in jedem Lehrbuch der theoretischen Physik.

Wie kann die durch Gl. (4.18) geforderte Beschleunigung physikalisch verwirklicht werden? Die erste Antwort ist aufgrund astronomischer Beobachtungen gefunden worden, und zwar durch NEWTON.

Der Mond umkreist unsere Erde. Seine Bahn fällt nahezu mit einer Kreisbahn zusammen. Ihr Radius ist – man merke sich diese Zahl – gleich 60 Erdradien. Kinematisch haben wir die Mondbahn in Abschn. 2.5 beschrieben: Der Mond hat eine Bahngeschwindigkeit von 1 km/s und erfährt eine Radialbeschleunigung $a_r = 2{,}7 \text{ mm/s}^2 = 2{,}7 \cdot 10^{-3} \text{ m/s}^2$. Demnach ist das Verhältnis

$$\frac{\text{Erdbeschleunigung } g}{\text{Radialbeschleunigung des Mondes}} = \frac{9{,}8 \text{ m/s}^2}{2{,}7 \cdot 10^{-3} \text{ m/s}^2}$$
$$= 3600 = 60^2.$$

Daraus zog NEWTON den Schluss: Am Mond greift wie an jedem Stein nahe der Erdoberfläche eine Kraft an. Diese Kraft ist zum Erdmittelpunkt hin gerichtet und wird Gewicht genannt. Das Gewicht eines Körpers aber ist, allen landläufigen Vorurteilen entgegen, keine

Videofilm 4.4:
„LISSAJOUS-Bahnen"
http://tiny.cc/p4hkdy
Erst werden die horizontal und die vertikal polarisierten (gedämpften) Einzelschwingungen gezeigt. Danach werden beide gleichzeitig angeregt. Aus dem Vergleich mit den in Abb. 4.21 gezeigten LISSAJOUS-Bahnen erkennt man, dass sich die Frequenzen der vertikalen zu denen der horizontalen Einzelschwingung ungefähr wie 3 : 2 verhalten.

„Für den experimentellen Unterricht bildet sie ein wahres Kreuz."

Videofilm 4.5:
„KEPLER-Ellipsen"
http://tiny.cc/g4hkdy
Auf einer ebenen horizontalen Aluminiumplatte kann sich ein Körper praktisch reibungsfrei bewegen. Er ist mit flüssigem Stickstoff gefüllt, der nur durch ein Loch im Boden verdampfen kann, so dass er auf einem Gasfilm gleitet. Ein an ihm befestigter Faden führt über den Abstand r zu einem kleinen Elektromotor, der ein konstantes Drehmoment M erzeugt. Der Faden wickelt sich auf einer an der Motorachse angebrachten Schnecke auf, so dass die vom Faden übertragene Kraft F vom jeweiligen Radius a abhängt, der so bemessen ist, dass $a \sim r^2$ ist und damit $F = M/a \sim 1/r^2$. Nach einem Katapultstart durchläuft der Körper daher KEPLER-Ellipsen. Siehe R. Hilsch und G. v. Minnigerode, „Zur Demonstration der Kepler-Ellipse", Die Naturwissenschaften **47**, 43 (1960).

an dem Körper angreifende *konstante* Kraft. Sie ändert sich vielmehr mit dem Abstand r des Körpers vom Erdmittelpunkt, und zwar proportional zu r^{-2}. – Daher schrieb NEWTON für das Gewicht des Mondes nicht $F = mg$, sondern

$$F = \text{const} \, \frac{m}{r^2} \,. \tag{4.19}$$

Und nun ergab sich fast zwangsläufig der letzte Schluss: Zieht die Erde den Mond an, so muss auch das Umgekehrte gelten: Der Mond muss die Erde anziehen. Für einen Beobachter auf dem Mond (Bezugssystemwechsel!) hat die Erde ein Gewicht. Ein auf der Sonne gedachter Beobachter darf den Satz actio = reactio anwenden (abermaliger Bezugssystemwechsel!). Für diesen Beobachter müssen beide Kräfte oder Gewichte bis auf ihre Richtung identisch sein. So tritt allgemein an die Stelle des Gewichtes die wechselseitige Anziehung zweier Körper mit der Kraft

$$F = G \, \frac{mM}{r^2} \,. \tag{4.20}$$

K4.10. Zur Definition des Schwerpunktes s. Abschn. 5.6.

(m und M sind die Massen der Körper, r der Abstand ihrer Schwerpunkte.[K4.10] Bei homogenen Kugeln gilt dies Gesetz für alle Werte von r. Bei Körpern beliebiger Gestalt muss r groß gegen die Abmessungen der Körper sein.)

Das ist NEWTONs berühmtes *Gravitationsgesetz*. Der Proportionalitätsfaktor G in diesem Gesetz heißt *Gravitationskonstante*.

4.8 Die Konstante des Gravitationsgesetzes

Die Gravitationskonstante G kann nicht aus astronomischen Beobachtungen entnommen werden. Man muss sie im Laboratorium messen. – Prinzip: Man ahmt die astronomischen Verhältnisse im Kleinen nach. Als „Erde" dient eine große Bleikugel (Masse M, einige kg), als „Mond" oder „Stein" eine kleine Kugel (Masse m) aus beliebigem Material. Die große Kugel steht fest, die kleine wird möglichst frei beweglich gemacht. Man misst die Beschleunigung a der kleinen Kugel und berechnet die Gravitationskonstante G aus der Gleichung

$$a = G \, \frac{M}{r^2} \,. \tag{4.21}$$

Ausführung. Man benutzt eine symmetrische Anordnung (Abb. 4.23). Die beiden kleinen Kugeln werden an den Enden eines Trägers befestigt und dieser an einem feinen Metallband drehbar aufgehängt. Abb. 4.24 zeigt den Schattenriss eines bewährten Apparates (Drehwaage) ohne die großen Kugeln. Zur Durchführung des Versuches

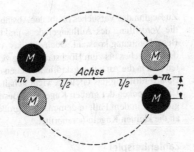

Abb. 4.23 Zur Messung der Gravitationskonstante (HENRY CAVENDISH, Chemiker, 1798)

schwenkt man die großen Kugeln aus der in Abb. 4.23 stark gezeichneten Ausgangsstellung in die schwach gezeichnete Endstellung. – Unmittelbar danach setzen sich die kleinen Kugeln beschleunigt in Bewegung. Ein Spiegel und ein langer Lichtzeiger lassen die zurückgelegten Wege s in etwa 1600-facher Linearvergrößerung verfolgen. Man beobachtet sie etwa eine Minute hindurch mit der Stoppuhr und berechnet die Beschleunigung $a = 2s/t^2$.

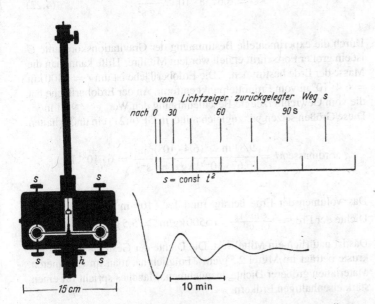

Abb. 4.24 Schattenriss einer Drehwaage. Die großen Kugeln sind von ihrem schwenkbaren Träger h heruntergenommen. Der Träger der kleinen Kugeln befindet sich in einem flachen vorn und hinten mit Glasplatten überdeckten Metallklotz (guter Wärmeausgleich). Die Schrauben s dienen zur Arretierung. Sie können vier halbkreisförmige Bleche gegen die kleinen Kugeln pressen. Das Aufhängeband ist der besseren Sichtbarkeit halber dick nachgezeichnet. An seinem Ende befindet sich der Spiegel. Die Schwingungsdauer T beträgt rund 9 Minuten. Das *untere Teilbild rechts* zeigt das gedämpfte Abklingen der Schwingungen. Das *obere Teilbild* bringt die Messung einer Beschleunigung a. Die Stellung des Lichtzeigers ist nach je 15 s mit 108-facher Vergrößerung fotografiert worden.

Zu Beginn des Versuches bleibt der Abstand r der Kugel-Mittelpunkte und die Verdrillung des Aufhängefadens praktisch ungeändert und daher die Beschleunigung konstant. Doch war das Aufhängeband bereits zu Beginn des Versuches bis zum Höchstausschlag verdrillt: In der Ruhestellung hatten sich ja die Anziehungskräfte zwischen den Kugeln mit den Kräften der Bandverdrillung das Gleichgewicht gehalten. Infolgedessen ist nach dem Umschwenken der großen Kugeln die Beschleunigung a genau doppelt so groß wie in dem Fall, in dem man die großen Kugeln aus weitem Abstand an die kleinen Kugeln heranbringt.

Zahlenbeispiel

$M = 1,5$ kg; $r = 4,75$ cm; Trägerlänge $l = 10$ cm. Lichtzeigerlänge $L = 40$ m, also Linearvergrößerung der Wege $V = 2L/(l/2)$. Begründung für den Faktor 2: Eine Drehung des Spiegels um einen Winkel α dreht das reflektierte Lichtbündel um den Winkel 2α. Auf dem Wandschirm gemessene Beschleunigung der Lichtmarke $a = 1,28 \cdot 10^{-2}$ cm/s². Daraus $G = 6 \cdot 10^{-11}$ m³/(kg s²).

K4.11. Verglichen mit anderen Naturkonstanten ist die Gravitationskonstante am wenigsten genau bekannt. Nur vier Dezimalstellen gelten als sicher, meist noch immer nach dem Prinzip der CAVENDISH-Drehwaage gemessen, aber auch Fallversuche werden herangezogen. (s. z. B. Phys. Bl. 55 (1999) Nr. 2, S. 15)

Präzisionsmessungen ergeben für die Gravitationskonstante[K4.11]

$$G = 6,6738 \cdot 10^{-11} \frac{\text{m}^3}{\text{kg s}^2} . \tag{4.22}$$

Durch die experimentelle Bestimmung der Gravitationskonstante G ist ein großer Fortschritt erzielt worden: Mit ihrer Hilfe kann man die Masse der Erde bestimmen. – Die Erdoberfläche ist um $r = 6400$ km $= 6,4 \cdot 10^6$ m vom Erdmittelpunkt entfernt. An der Erdoberfläche hat die vom Gewicht erzeugte Beschleunigung den Wert $g = 9,81$ m/s². Diese Größen setzen wir zugleich mit G in Gl. (4.21) ein und erhalten

$$\text{Erdmasse } M = \frac{9,81 \text{ m s}^{-2}(6,4 \cdot 10^6)^2 \text{ m}^2}{6,67 \cdot 10^{-11} \text{ kg}^{-1} \text{ m}^3 \text{ s}^{-2}} = 6 \cdot 10^{24} \text{ kg}.$$

Das Volumen der Erde beträgt rund $1,1 \cdot 10^{21}$ m³. Folglich ist die Dichte der Erde $= \frac{6 \cdot 10^{24} \text{ kg}}{1,1 \cdot 10^{21} \text{ m}^3} = 5500$ kg/m³ $= 5,5$ g/cm³.

Das ist natürlich ein Mittelwert. Die Dichte der Gesteine in der Erdkruste beträgt im Mittel 2,5 g/cm³. Folglich hat man im Erdinneren Materialien größerer Dichte anzunehmen. Manches spricht für einen stark eisenhaltigen Erdkern.

4.9 Gravitationsgesetz und Himmelsmechanik

Die Entdeckung einer allgemeinen wechselseitigen Anziehung aller Körper zählt mit Recht zu den Großtaten des menschlichen Geistes. NEWTONs Gravitationsgesetz gibt nicht nur die Bewegung unseres Erdmondes wieder. Es beherrscht weit darüber hinaus die gesamte

Himmelsmechanik, die Bewegung der Planeten, Kometen und Doppelsterne.

Die Beobachtungen der Planetenbewegung hat JOHANNES KEPLER (1571–1630) in drei Gesetzen zusammengefasst. Diese „KEPLER'-schen Gesetze" lauten:

1. Jeder Planet bewegt sich in einer Ebene um die Sonne herum. Seine Bahn ist eine Ellipse, in deren einem Brennpunkt die Sonne steht.

2. Der Fahrstrahl eines Planeten überstreicht in gleichen Zeiten gleiche Flächen.

3. Die Quadrate der Umlaufzeiten T verhalten sich wie die Kuben der großen Halbachsen.

> Die Abweichung der Ellipsenbahnen von einer Kreisbahn ist für die acht Planeten unserer Sonne nur sehr geringfügig. Zeichnet man z. B. die Marsbahn mit einer großen Achse von 20 cm Durchmesser auf Papier, so weicht sie von dem umhüllenden Kreis nirgends ganz 1 mm ab. Angesichts dieser Zahlen ist die Leistung KEPLERs besser zu würdigen, der an diesem Planeten die Ellipsenbahn nachgewiesen hat.

Diese drei Sätze seines großen Vorgängers konnte NEWTON einheitlich mit seinem Gravitationsgesetz deuten[2]:

1. Jede Ellipsenbahn verlangt eine Zentralbeschleunigung. Bei den von KEPLER beobachteten Ellipsen war der eine Brennpunkt vor dem anderen ausgezeichnet. Es müssten also nach Abschn. 4.7 die Beschleunigungen proportional zu $1/r^2$ sein. Das aber ist nach Gl. (4.20) für wechselseitige Anziehung zweier Körper der Fall.

2. KEPLERS zweiter Satz ist der für jede Zentralbewegung gültige Flächensatz (Abschn. 4.4).

3. KEPLERS dritter Satz folgt ebenfalls aus Gl. (4.20). Das übersieht man einfach in einem Sonderfall. Man lässt die KEPLER-Ellipse in einen Kreis entarten. Für die Kreisbahn gilt (Gl. (4.2))

$$F = -4\pi^2 m v^2 r = -\frac{4\pi^2 m r}{T^2} . \qquad (4.23)$$

Für den Betrag von F setzen wir den aus dem Gravitationsgesetz (Gl. (4.20)) folgenden Wert ein. Dann erhalten wir

$$\text{const} \, \frac{m}{r^2} = \frac{4\pi^2 m r}{T^2}, \quad T^2 = \text{const} \, r^3 . \qquad (4.24)$$

Kometen zeigen im Gegensatz zu den Planeten oft außerordentlich langgestreckte Ellipsen. Die große Achse der Ellipse kann das 100-fache der kleinen werden. Doch lässt sich KEPLERS dritter Satz auch

---

[2] KEPLER selbst ist nicht über qualitative Deutungsversuche hinausgekommen. So schrieb er z. B. 1605: Setzte man neben die an irgendeinem Ort ruhend gedachte Erde eine andere größere Erde, so würde diese von jener angezogen, genau wie unsere Erde die Steine anzieht.

für diesen allgemeinen Fall beliebig gestreckter Ellipsen als Folge des NEWTON'schen Gravitationsgesetzes herleiten. Allerdings erfordert das eine umfangreichere Rechnung.

Zur Einprägung der wichtigsten Tatsachen der Himmelsmechanik soll zum Schluss ein einfaches Beispiel dienen.

Wir denken uns nahe der Erdoberfläche ein Geschoss in horizontaler Richtung abgefeuert. Die Atmosphäre (und mit ihr der Luftwiderstand) sei nicht vorhanden. Wie groß muss die Geschossgeschwindigkeit u sein, damit das Geschoss die Erde als kleiner Mond in stets gleichbleibendem Abstand von der Erdoberfläche umkreist?

Eine Kreisbahn mit der Bahngeschwindigkeit u verlangt nach Gl. (2.12) eine radiale Beschleunigung $a = u^2/r$. Diese Radialbeschleunigung wird vom Gewicht des Geschosses geliefert. Das Gewicht erteilt dem Geschoss zum Erdzentrum hin die Beschleunigung $g = 9{,}81 \, \text{m/s}^2$. Andererseits ist der Abstand der Erdoberfläche vom Erdzentrum gleich dem Erdradius r, gleich rund $6{,}4 \cdot 10^6 \, \text{m}$. Also erhalten wir

$$9{,}8 \, \frac{\text{m}}{\text{s}^2} = \frac{u^2}{6{,}4 \cdot 10^6 \, \text{m}},$$

$$u = 8000 \, \frac{\text{m}}{\text{s}} = 8 \, \frac{\text{km}}{\text{s}}.$$

Bei 8 km/s Mündungsgeschwindigkeit in horizontaler Richtung haben wir also den Fall der Abb. 4.25 links, das Geschoss umkreist die Erde dicht an ihrer Oberfläche als kleiner Satellit. Dieser Fall wird durch die künstlichen Erdsatelliten verwirklicht, die in etwa 400 km Höhe in eine zum Erdradius senkrechte Richtung in Umlauf gebracht werden.

Bei Überschreitung dieser Anfangsgeschwindigkeit erhalten wir Ellipsenbahnen nach Art der Abb. 4.25 Mitte. Für Geschwindigkeiten $u > 8 \, \text{km/s}$ umkreist das Geschoss die Erde als Planet oder Komet in einer Ellipse. Dabei steht das Erdzentrum in dem dem Geschütz *näheren* Brennpunkt. Bei Geschossgeschwindigkeiten $> 11{,}2 \, \text{km/s}$, genannt die *Fluchtgeschwindigkeit*, entartet die Ellipse zur Hyperbel. Das Geschoss verlässt die Erde auf Nimmerwiedersehen[3].

Abb. 4.25 Ellipsenbahn um das Erdzentrum bei verschiedenen Anfangsgeschwindigkeiten

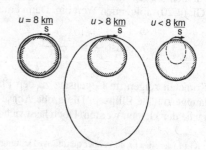

$u = 8 \, \frac{\text{km}}{\text{s}}$ $u > 8 \, \frac{\text{km}}{\text{s}}$ $u < 8 \, \frac{\text{km}}{\text{s}}$

---

[3] Für die Sonne ist die entsprechende Geschwindigkeit 618 km/s und für den Mond 2,3 km/s.

Abb. 4.26 Wurfparabel beim horizontalen
Wurf

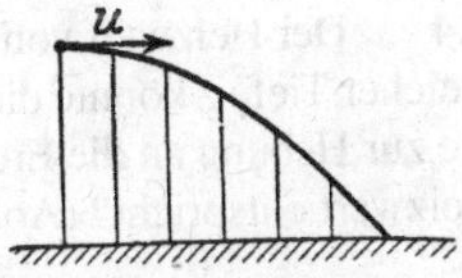

Für Geschwindigkeiten $u < 8\,\mathrm{km/s}$ gibt es ebenfalls eine Ellipse,
Abb. 4.25 rechts. Doch ist von ihr nur das nichtpunktierte Stück zu
verwirklichen. Diesmal befindet sich das Erdzentrum in dem dem
Geschütz ferneren Brennpunkt der Ellipse (die Erdanziehung erfolgt
also so, als ob die Erde mit unveränderter Masse zu einem kleinen
Körper im Erdmittelpunkt zusammengeschrumpft sei).

Je kleiner die Anfangsgeschwindigkeit u, desto gestreckter wird
die Ellipse. Man kommt schließlich zum Grenzfall der Abb. 4.26.
Das Beschleunigungszentrum, der Erdmittelpunkt, erscheint praktisch unendlich weit entfernt. Die zu ihm weisenden Fahrstrahlen
sind praktisch parallel. Man kann den über der Erdoberfläche verbleibenden Rest der Ellipsenbahn in guter Näherung als *Parabel*
bezeichnen. Es ist die bekannte Parabel des horizontalen Wurfes.
– Diese Überlegungen sind nützlich, obwohl der Luftwiderstand
ihre praktische Nachprüfung unmöglich macht. Selbst bei normalen Geschwindigkeiten von einigen $100\,\mathrm{m/s}$ ist die Bremsung durch
den Luftwiderstand sehr erheblich. Die Parabel kann nur als eine
ganz grobe Annäherung an die wirkliche Flugbahn, die sogenannte
ballistische Kurve gelten.

Aufgaben

4.1 Man bestimme die Amplituden von Geschwindigkeit u_0 und
Beschleunigung a_0 für einen Körper, der eine sinusförmige Schwin-
gung ausführt, wenn die Maximalauslenkung $x_0 = 10\,\mathrm{cm}$ und die
Schwingungsdauer $T = 1\,\mathrm{s}$ beträgt. (Abschn. 4.3)

4.2 Die Gravitationsbeschleunigung auf dem Mond ist 1/10 der
Erdbeschleunigung g. Wie groß ist dort die Schwingungsdauer T_M
eines Fadenpendels mit der irdischen Schwingungsdauer von $T_E =$
$1\,\mathrm{s}$? Welche Masse m_M hat der Mond, wenn sein Radius r ist? (Abschn. 4.3 und 4.7)

4.3 Ein Stein der Masse m wird an einem Seil der Länge l auf
einer horizontalen Bahn mit der Winkelgeschwindigkeit ω herum-
geschleudert. Wie ändert sich die Winkelgeschwindigkeit, wenn das
Seil plötzlich um den Betrag l_1 verkürzt wird? Man behandle den
Stein als „Massenpunkt". (Abschn. 4.4 und 6.6)

4.4 Der Heizwert von Steinkohle beträgt ungefähr $3 \cdot 10^4$ kJ/kg. In welcher Tiefe z könnte die Kohle in der Erde liegen, wenn die Arbeit, die zur Hebung an die Erdoberfläche aufzubringen wäre, gerade dem Heizwert entspricht? (Abschn. 4.8 und 5.2).

(Um diese Aufgabe lösen zu können, muss man wissen, dass das Gewicht F eines Körpers (Masse m) im Inneren der Erde abnimmt! Im Erdmittelpunkt ist das Gewicht null. Es nimmt dann unter der Annahme einer konstanten Dichte linear mit dem Abstand r zu, bis es an der Erdoberfläche mg beträgt. In Gleichungsform: $F = mg(r/R)$, wobei R der Erdradius ist (6378 km).)

4.5 In Göttingen gibt es einen „Planetenweg": In der Goetheallee steht die Sonnenkugel, dann in Richtung Stadtzentrum folgen Merkur, Venus, Erde und so fort, alle Lineardimensionen um den Faktor $2 \cdot 10^9$ gegen die wirklichen verkürzt. Wenn dieses Modell in einem sonst schwerelosen leeren Raum aufgebaut wäre, könnten die Planeten um die Sonne kreisen? Und wenn ja, wie groß wäre das „Jahr" der Modellerde? (Der Radius der wirklichen Erdbahn ist $R = 150 \cdot 10^9$ m.) (Abschn. 4.9)

Zu Abschn. 4.3 s. auch Aufg. 2.5.

Elektronisches Zusatzmaterial Die Online-Version dieses Kapitels (doi:10.1007/978-3-662-48663-4_4) enthält Zusatzmaterial, das für autorisierte Nutzer zugänglich ist.

Drei nützliche Begriffe: Arbeit, Energie, Impuls

5

5.1 Vorbemerkung

Mithilfe der Grundgleichung und des Satzes „actio gleich reactio"
kann man sämtliche Bewegungen quantitativ behandeln. Viele Bewegungen sind sehr kompliziert. Man denke an die Bewegungen
von Maschinen und an die Bewegungen unseres Körpers und seiner
Gliedmaßen. In solchen Fällen kommt man nur mit einem großen
Aufwand an Rechenarbeit zum Ziel. Dieser lässt sich oft durch weitere geschickt gebildete Begriffe erheblich vermindern. Es sind dies
Arbeit, Energie und Impuls. *Diese Begriffe werden nicht etwa aufgrund bisher nicht berücksichtigter Erfahrungstatsachen hergeleitet,
sondern mithilfe der Grundgleichung eingeführt.* Wir beginnen mit
dem Begriff Arbeit.

5.2 Arbeit und Leistung

Es wird dreierlei festgesetzt:

1. Das Produkt „Kraft in Richtung des Weges mal Weg" bekommt
den Namen *Arbeit*.

2. $+Fx$ soll bedeuten: Kraft F und Weg x haben die gleiche Richtung.
Die Kraft F verrichtet[1] *Arbeit*.

3. $-Fx$ soll bedeuten: Kraft F und Weg x haben einander entgegengesetzte Richtungen. *Es wird gegen die Kraft F Arbeit verrichtet.*

Im Allgemeinen ist die Kraft weder längs des Weges konstant, noch
fällt sie überall in die Richtung des Weges. Dann nennen wir die
Komponenten in Richtung der m Wegabschnitte Δx: $F_1, F_2, \ldots F_m$
und definieren als Arbeit W die Summe

$$F_1\Delta x_1 + F_2\Delta x_2 + \ldots + F_m\Delta x_m = \sum F_i\Delta x$$
$$(i = 1, 2, 3, \ldots, m)$$

> **„Die Kraft F verrichtet Ar-
> beit".** Man vermeide zu
> sagen: **„Die Kraft leistet
> Arbeit".**

---

[1] Man vermeide zu sagen: „Die Kraft *leistet* Arbeit". Der Begriff *Leistung* wird
am Ende dieses Abschnitts eingeführt.

© Springer-Verlag Berlin Heidelberg 2017
K. Lüders, R.O. Pohl (Hrsg.), *Pohls Einführung in die Physik*, DOI 10.1007/978-3-662-48663-4_5

Abb. 5.1 Zur Definition der Arbeit als Wegintegral der Kraft

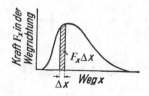

K5.1. Allgemein ist die Arbeit durch das Wegintegral
$$W = \int \boldsymbol{F} \cdot \mathrm{d}\boldsymbol{s}$$
über das Skalarprodukt der Vektorgrößen Kraft $\boldsymbol{F}$ und Wegelement d$\boldsymbol{s}$ definiert. Damit ist auch das Vorzeichen festgelegt. Für alle in diesem Abschnitt besprochenen Beispiele ist W positiv, d. h. dem Gegenstand, an dem $\boldsymbol{F}$ angreift, wird Arbeit zugeführt. Minuszeichen treten nur auf, wenn für $\boldsymbol{F}$ die entsprechenden Gegenkräfte eingesetzt werden. Das Vorzeichen von W ändert sich dabei nicht. Da häufig nur die Komponenten von $\boldsymbol{F}$ und $\boldsymbol{s}$ in Wegrichtung benutzt werden, die sich in ihrer Bezeichnung nicht von den Beträgen unterscheiden, können leicht Vorzeichenfehler auftreten.

oder im Grenzübergang[K5.1]

$$W = \int F_x \mathrm{d}x \qquad (5.1)$$

In Abb. 5.1 ist ein solches Wegintegral der Kraft graphisch dargestellt.

Mit dieser Definition der Arbeit sind auch ihre Einheiten gegeben, diese müssen ein Produkt aus einer Krafteinheit und einer Wegeinheit sein. Wir nennen

$$1 \text{ Newtonmeter (N m)} = 1 \text{ Joule (J)} = 1 \text{ Wattsekunde (W s)}$$
$$= 1 \text{ kg m}^2/\text{s}^2,$$
$$1 \text{ Kilowattstunde (kW h)} = 3{,}6 \cdot 10^6 \text{ Wattsekunden (W s)}.$$

Wir wollen die Arbeit für drei verschiedene Fälle berechnen.

1. *Hubarbeit*. In Abb. 5.2 hebt ein Muskel *ganz langsam* mit der Kraft F einen Körper senkrecht in die Höhe. Dabei verrichtet die Kraft F längs des Weges dh die Arbeit

$$\mathrm{d}W = F\mathrm{d}h. \qquad (5.2)$$

Abb. 5.2 Zur Definition der Hubarbeit

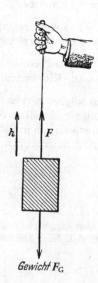

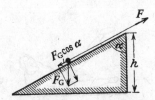

Abb. 5.3 Hubarbeit längs einer Rampe. Die Arbeit ist nicht gegen das ganze Gewicht F_G des Körpers zu verrichten, sondern nur gegen seine zur Rampenoberfläche parallele Komponente $F_G \cos \alpha$. Dafür ist jedoch der Weg x größer als die senkrechte Hubhöhe h, er ist $= h/\cos \alpha$. Längs der ganzen Rampe ist daher die Hubarbeit $= -F_G \cos \alpha \ h/\cos \alpha = -F_G h$. – Entsprechende Betrachtungen lassen sich für beliebig gekrümmte Rampen oder andere Hebemaschinen, wie z. B. Flaschenzüge, durchführen.

Bei ganz langsamem Heben bleibt die Geschwindigkeit des Körpers praktisch gleich null. Folglich ist in sehr guter Näherung $F = -F_G$. Damit wird

$$dW = -F_G dh\,. \tag{5.3}$$

Diese Arbeit wird *gegen* das Gewicht verrichtet. Das Gewicht F_G ist für alle in der Nähe des Erdbodens vorkommenden Höhen h praktisch konstant. Also wird die Fläche in Abb. 5.1 ein *Rechteck* mit dem Flächeninhalt $F_G h$. Damit bekommen wir längs der Hubhöhe h als gegen das Gewicht F_G verrichtete[K5.2]

$$\text{Hubarbeit} = -F_G h\,. \tag{5.4}$$

Durch Hebemaschinen aller Art, z. B. die einfache Rampe in Abb. 5.3, kann an der Größe des Produktes $-F_G h$ nichts geändert werden. Es kommt stets nur auf die senkrechte Hubhöhe h an.

K5.2. Auch die Hubarbeit ist positiv. Da F_G und h entgegengesetzt gerichtet sind, ist das Vorzeichen des entsprechenden Skalarproduktes zu berücksichtigen: $W = -F_G \cdot h = mgh$.

Zahlenbeispiel
Ein Mensch mit 70 kg Masse klettere an einem Tag auf einen 7000 m(!) hohen Berg. Dabei verrichtet die Kraft seiner Muskeln die Hubarbeit 70 kg $\cdot$ 9,81 m/s^2 $\cdot$ 7000 m $\approx 5 \cdot 10^6$ N m oder rund 1,5 kW h. Diese „Tagesarbeit" hat einen Großhandelswert von etwa 2 Pfennig![K5.3] – Beim Springen hat man als Hubhöhe h nur die vom Schwerpunkt des Körpers zurückgelegte Höhendifferenz zu berücksichtigen. Beim stehenden Menschen befindet sich der Schwerpunkt etwa 1 m über dem Boden. Beim Überspringen einer 1,7 m hohen Latte (vgl. Abb. 5.4) erreicht der Schwerpunkt eine Höhe von etwa 2 m. Die Hubhöhe beträgt also nur 2 m − 1 m = 1 m. Also verrichtet die Muskelkraft des Springers eine Hubarbeit von 70 kg $\cdot$ 9,81 m/s^2 $\cdot$ 1 m oder rund 700 N m.

K5.3. Das entspricht heute etwa 20 Cent. (Aufg. 4.4)

2. *Spannarbeit.* In Abb. 5.5 wird ein Körper von einer Feder gehalten. Ein Muskel dehnt *ganz langsam* die Feder in Richtung x. Die Kraft F des Muskels verrichtet längs des Wegabschnittes dx die Arbeit

$$dW = F dx\,. \tag{5.5}$$

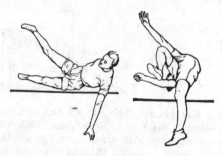

Abb. 5.4 Geübte Springer wälzen sich über die Sprunglatte hinweg[K5.4]

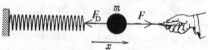

Abb. 5.5 Zur Definition der Spannarbeit

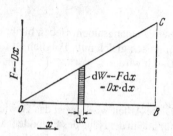

Abb. 5.6 Zur Berechnung der Spannarbeit, $\int dW$ = Summe der schraffierten Vierecksflächen = Fläche des Dreiecks COB

Bei genügend langsamem Spannen bleibt die Geschwindigkeit des Körpers praktisch gleich null. Folglich ist in sehr guter Näherung die durch die Verformung entstandene Federkraft $F_D = -F$ und

$$dW = -F_D dx. \qquad (5.6)$$

Diese Arbeit wird *gegen* die Federkraft verrichtet. Für die Federkraft gilt das lineare Kraftgesetz (Abb. 5.6)

$$F_D = -Dx. \qquad (4.15)$$

Einsetzen von Gl. (4.15) in Gl. (5.6) ergibt

$$dW = Dx dx. \qquad (5.7)$$

Längs des Weges x ergibt das Wegintegral der Kraft die *Dreiecksfläche COB* mit dem Flächeninhalt $\frac{1}{2}xDx$. Also ist die

$$\text{Spannarbeit} = \frac{1}{2}Dx^2. \qquad (5.8)$$

Zahlenbeispiel

Ein Pfeil zum Bogenschießen wird mit einer Muskelkraft $F = Dx = 200\,\text{N}$ um $0,4\,\text{m}$ verspannt. Dazu muss die Muskelkraft eine Spannarbeit von $0,5 \cdot 200\,\text{N} \cdot 0,4\,\text{m} = 40\,\text{N m}$ verrichten.

3. *Beschleunigungsarbeit.* Abb. 5.7 schließt an Abb. 5.5 an. Die Hand hat den Körper gerade losgelassen, dann entspannt sich die Feder,

Abb. 5.7 Zur Definition der Beschleunigungsarbeit

sie zieht sich zusammen. Dabei beschleunigt sie den zuvor ruhenden Körper nach links, und die Federkraft F_D verrichtet die Beschleunigungsarbeit

$$dW = F_D dx. \tag{5.9}$$

Nach der Grundgleichung (3.3) ist

$$F_D = m\frac{du}{dt} \tag{5.10}$$

und laut Definition der Geschwindigkeit

$$dx = u dt. \tag{5.11}$$

Die Gln. (5.9) bis (5.11) zusammen ergeben

$$dW = mu du. \tag{5.12}$$

Die Integration (analog zu Abb. 5.6) liefert die

$$\text{Beschleunigungsarbeit} = \tfrac{1}{2}mu^2. \tag{5.13}$$

Zahlenbeispiele
Eisenbahnzug (Lokomotive + 8 Wagen): Masse $= 5{,}1 \cdot 10^5$ kg, Geschwindigkeit $= 20$ m/s, Beschleunigungsarbeit $\approx 10^8$ N m ≈ 28 kW h; Pistolenkugel (aus Abschn. 2.2): Masse $= 3{,}26$ g, Geschwindigkeit $= 225$ m/s, Beschleunigungsarbeit ≈ 82 N m.

Den Quotienten Arbeit/Zeit[K5.5] oder das Produkt Kraft mal Geschwindigkeit bezeichnet man als *Leistung*. Die *Einheit* der Leistung ist

$$1 \text{ Watt (W)} = 1 \text{ N m/s}. \tag{5.14}$$

K5.5. Genauer der Differentialquotient $dW/dt = \dot{W}$.

Bei stundenlanger Arbeit (Kurbelantrieb, Tretmühle usw.) leistet ein Mensch rund 0,1 Kilowatt (kW). Während etlicher Sekunden kann seine Leistung 1 kW übersteigen: Man kann z. B. in 3 s eine 6 m hohe Treppe hinaufspringen. Dabei ist die Leistung 70 kg $\cdot$ 9,81 m/s^2 $\cdot$ 6 m/3 s $\approx$ 1,4 kW. Weiteres in Abschn. 5.11.

5.3 Energie und Energiesatz

In Abschn. 5.2 haben wir das Integral $\int F dx$ gebildet und Arbeit genannt. Diese Arbeit haben wir für drei Fälle berechnet und Zahlenbeispiele für ihre Größe angegeben.

In allen drei Fällen wird durch die Arbeit eine *Arbeitsfähigkeit* geschaffen oder, anders ausgedrückt, eine Arbeit in eine Arbeitsfähigkeit *umgewandelt*: Ein gehobener Körper und eine gespannte Feder können ihrerseits Arbeit verrichten. Sie können z. B. einen Körper anheben (Abb. 5.8 und 5.9) oder beschleunigen (z. B. Abb. 5.7). Man nennt die in Arbeitsfähigkeit umgewandelte

Hubarbeit mgh $\left\{ \begin{array}{l} \text{die potentielle} \\ \text{Energie } E_{\text{pot}} \end{array} \right.$ $\left. \begin{array}{l} \text{des gehobenen Körpers} \\ \text{der gespannten Feder.} \end{array} \right\}$ (5.4)

Spannarbeit $\frac{1}{2}Dx^2$ (5.8)

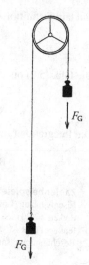

Abb. 5.8 Ein angehobener Körper kann Arbeit verrichten: Er vermag einen Körper von gleicher Masse in die Höhe zu heben, ohne ihn dabei zu beschleunigen

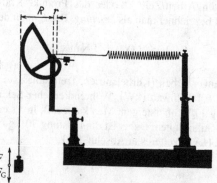

Abb. 5.9 Eine gespannte Feder kann einen Körper anheben und dabei ausschließlich Hubarbeit, also keine Beschleunigungsarbeit, verrichten. Durch eine stetig veränderliche Hebelübersetzung hält in jedem Augenblick die Hubkraft F dem Gewicht F_G das Gleichgewicht, r ist der konstante, R der während der Drehung veränderliche Hebelarm.

Ebenso bekommt ein Körper durch eine Beschleunigung außer einer Geschwindigkeit eine Arbeitsfähigkeit, er kann z. B. einen Körper verformen und dabei Spannarbeit verrichten. Man nennt die in Arbeitsfähigkeit umgewandelte

> Beschleunigungsarbeit $\frac{1}{2}mu^2$ die kinetische Energie E_{kin} des Körpers. (5.13)

In den eben genannten Beispielen ist die Summe beider Energieformen eine unveränderliche Größe, also

$$E_{pot} + E_{kin} = \text{const.} \tag{5.15}$$

Das ist der fundamentale *Energieerhaltungssatz* (kurz: *Energiesatz*) der Mechanik.

Erläuterung: In Abb. 5.7 möge sich die Feder um den Weg dx entspannen. Dabei verrichtet die Federkraft F_D eine Arbeit dW. Diese Arbeit kann in zweierlei Weise beschrieben werden: Erstens als eine die kinetische Energie E_{kin} *vergrößernde* Beschleunigungsarbeit, also

$$dW = +dE_{kin}. \tag{5.16}$$

Zweitens als eine die potentielle Energie der Feder *verkleinernde* Spannarbeit, also

$$dW = -dE_{pot}. \tag{5.17}$$

Die Gln. (5.16) und (5.17) zusammen ergeben

$$dE_{pot} + dE_{kin} = 0$$

oder

$$E_{pot} + E_{kin} = \text{const}. \tag{5.15}$$

Ebenso heißt es beim freien Fall eines Körpers: Das Gewicht F_G verrichtet längs des Weges $dh^{K5.6}$ die Arbeit $dW = +F_G dh$. Diese ist $= +dE_{kin}$ und $= -dE_{pot}$. Also auch hier $dE_{pot} + dE_{kin} = 0$ und $E_{pot} + E_{kin} = \text{const.}$

K5.6. dh ist hier nach unten gerichtet.

Damit haben wir den Energiesatz in der Mechanik nur für zwei Sorten von Kräften behandelt, nämlich für die Federkraft und für das Gewicht. Diese Kräfte werden *konservative* genannt. Bei ihnen wird die Energie „konserviert". Die Reibung und Muskelkraft genannten Kräfte sind *nichtkonservativ*. Für sie gilt der mechanische Energiesatz, also Gl. (5.15) nicht. Sie werden erst später durch eine großartige Erweiterung des Energiesatzes einbezogen (Kap. 14).

Nichtkonservative Kräfte: **„Sie werden erst später durch eine großartige Erweiterung des Energiesatzes einbezogen."**

5.4 Erste Anwendungen des mechanischen Energiesatzes

1. *Sinusschwingungen* (Abschn. 4.3) bestehen in einer periodischen Umwandlung der beiden mechanischen Energieformen ineinander. Für jeden Ausschlag x gilt

$$\tfrac{1}{2}Dx^2 + \tfrac{1}{2}mu^2 = \text{const}. \tag{5.18}$$

Beim Passieren der Ruhelage ist die gesamte Energie in kinetische Energie umgewandelt, es gilt

$$\tfrac{1}{2}mu_0^2 = \text{const} = E_{\text{kin}}. \tag{5.19}$$

In den Umkehrpunkten ist die gesamte Energie potentiell, es gilt

$$\tfrac{1}{2}Dx_0^2 = \text{const} = E_{\text{pot}}. \tag{5.20}$$

In Worten: *Die Energie einer Sinusschwingung ist proportional zum Quadrat ihrer Amplitude x_0.*

Gleichsetzen von Gl. (5.19) und Gl. (5.20) führt mit Gl. (4.7) auf die wichtige, uns schon bekannte Gleichung

$$u_0 = \omega x_0. \tag{4.12}$$

2. *Schwingungen mit stark amplitudenabhängiger Frequenz.* Beim freien Fall verrichtet das Gewicht $F_G = mg$ eines Körpers die Beschleunigungsarbeit $\tfrac{1}{2}mu^2 = F_G h = mgh$. Also ist die Endgeschwindigkeit eines Körpers nach Durchfallen der senkrechten Höhe h

$$u = \sqrt{2gh}. \tag{5.21}$$

Mit der zugehörigen kinetischen Energie vermag der Körper beim Aufprall auf eine Unterlage (z. B. Abb. 5.10) sich selbst und die Unterlage elastisch zu verformen und seine kinetische in potentielle Energie umzuwandeln. Diese wird durch Entspannen der verformten Körper in kinetische zurückverwandelt. Der Körper steigt, bekommt abermals potentielle Energie und so fort. So entsteht der *Kugeltanz:* Ein gutes Beispiel für einen Schwingungsvorgang mit einem *nichtlinearen* Kraftgesetz: der Ausschlag hängt nicht sinusförmig von der Zeit ab; seine Amplituden sinken stark mit wachsender Frequenz (wie bei den dem Kugeltanz verwandten Wackelschwingungen, Abschn. 11.16).

3. Definition von *elastisch.* Man nennt Verformungen dann elastisch, wenn der mechanische Energiesatz erfüllt ist. Praktisch ist das nur als Grenzfall zu verwirklichen. Stets wird ein Bruchteil der sichtbaren mechanischen Energie in die Energie unsichtbarer Bewegungsvorgänge der Moleküle, d. h. in *Wärme* umgewandelt. Beim Kugeltanz erreicht die Kugel nie ganz die Ausgangshöhe.

Abb. 5.10 Zum Energiesatz. Eine Stahlkugel tanzt über einer Stahlplatte. Man kann die Stahlplatte durch eine berußte Glasplatte ersetzen. Dann lässt sich die Abplattung der Kugel beim Aufprall gut erkennen. Unten: zeitlicher Verlauf des Kugeltanzes. **(Videofilm 5.1)**

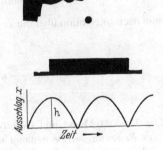

Videofilm 5.1:
„Kugeltanz"
http://tiny.cc/34hkdy
Die Stahlkugel wird magnetisch ausgelöst, damit sie ohne Drehung senkrecht herunterfällt.

5.5 Kraftstoß und Impuls

Das Wegintegral der Kraft, also die Arbeit $\int F\,dx$, führte uns auf einen grundlegend wichtigen Begriff, nämlich den der Energie. Das Entsprechende tut das Zeitintegral der Kraft, also $\int F\,dt$.[K5.7] Es wird Kraftstoß genannt und führt zum Begriff Impuls.

Sehr viele Bewegungen verlaufen ruck- oder stoßartig. Es sind Kräfte rasch wechselnder Größe am Werk. Abb. 5.11 möge den zeitlichen Verlauf einer solchen Kraft veranschaulichen. – Von derartigen Vorgängen ausgehend, kommt man zum Begriff des Kraftstoßes:

K5.7. Im Gegensatz zum Wegintegral der Kraft, $W = \int \boldsymbol{F} \cdot d\boldsymbol{s}$, ist das Zeitintegral der Kraft, $\int \boldsymbol{F}\,dt$, und damit auch der Impuls, ein Vektor.

$$\text{Kraftstoß} = \int \boldsymbol{F}\,dt \qquad (5.22)$$

Als Einheit des Kraftstoßes benutzt man z. B. die Newtonsekunde.[2]

Durch Arbeit wird einem Körper eine Energie erteilt. Was ist das Ergebnis eines Kraftstoßes? Die Antwort gibt uns die Anwendung der Grundgleichung. Vor Beginn des Kraftstoßes habe der Körper die Geschwindigkeit $\boldsymbol{u}_1$. Während jedes Zeitabschnittes dt_i hat die Beschleunigung die Größe $\boldsymbol{a}_i = \boldsymbol{F}_i/m$. Sie erzeugt innerhalb eines Zeitabschnittes dt_i einen Geschwindigkeitszuwachs

$$d\boldsymbol{u}_i = \boldsymbol{a}_i\,dt_i = \frac{1}{m}\boldsymbol{F}_i\,dt_i \qquad (5.23)$$

Abb. 5.11 Zeitintegral der Kraft oder Kraftstoß

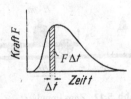

---

[2] Entsprechend in der Elektrizitätslehre: Stromstoß $\int I\,dt$, gemessen in Amperesekunden, Spannungsstoß $\int U\,dt$, gemessen in Voltsekunden.

oder

$$m\mathrm{d}u_i = F_i\,\mathrm{d}t_i$$

und nach Integration über die Zeit

$$m(u_2 - u_1) = \int F\mathrm{d}t \qquad (5.24)$$

„Das Produkt Masse mal Geschwindigkeit ist von NEWTON *Bewegungsgröße* genannt worden. In den letzten Jahrzehnten ist dieser gute Name durch das Wort *Impuls* verdrängt worden, und auch wir müssen uns diesem Gebrauch anschließen."

Das Produkt Masse mal Geschwindigkeit, also mu ist von NEWTON *Bewegungsgröße* genannt worden. In den letzten Jahrzehnten ist dieser gute Name durch das Wort *Impuls* verdrängt worden, und auch wir müssen uns diesem Gebrauch anschließen. So heißt also Gl. (5.24) in Worten: *Ein Kraftstoß $\int F\mathrm{d}t$ ändert den Impuls eines Körpers vom Anfangswert mu_1 auf den Endwert mu_2.*

Der Impuls wird in den meisten Lehrbüchern mit p bezeichnet:

$$\text{Impuls } p = m \cdot u\,. \qquad (5.25)$$

Damit heißt Gl. (5.24)

$$\Delta p = p_2 - p_1 = \int F\,\mathrm{d}t\,. \qquad (5.26)$$

5.6 Der Impulssatz

Die in Abschn. 5.5 gegebenen Definitionen kombinieren wir mit dem Erfahrungssatz „actio = reactio": Kräfte treten stets paarweise auf; sie greifen stets in gleicher Größe, aber entgegengesetzter Richtung an zwei Körpern an. Abb. 5.12 bringt das einfachste Beispiel: Zwischen zwei ruhenden Wagen mit den Massen M und m befindet sich eine gespannte Feder. Der Gesamtimpuls dieses „Systems" ist gleich null. Dann gibt eine Auslösevorrichtung die Feder frei. Beide Wagen erhalten Kraftstöße gleicher Größe, aber entgegengesetzter Richtung. Infolgedessen erhalten auch beide Wagen Impulse gleicher Größe, aber entgegengesetzter Richtung. Oder in Formelsprache:

$$Mu_1 = -mu_2; \quad Mu_1 + mu_2 = 0\,. \qquad (5.27)$$

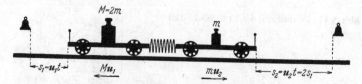

Abb. 5.12 Zum Impulssatz. Zwei Wagen mit den Massen $2m$ und m legen in gleichen Zeiten Wege zurück, die sich wie $1:2$ verhalten. Folglich verhalten sich die Geschwindigkeiten wie $1:2$.

Abb. 5.13 Zur Definition des Massenmittelpunktes oder Schwerpunktes S

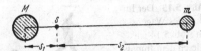

Die Summe beider Impulse ist null geblieben. Das heißt in sinngemäßer Verallgemeinerung: *Ohne Einwirkung „äußerer" Kräfte bleibt in irgendeinem System beliebig bewegter Körper die Summe aller Impulse konstant.* Das ist der Satz von der Erhaltung des Impulses. Dieser Impulssatz ist nicht minder wichtig als der Energiesatz.

> Der Impulssatz wird oft „Satz von der Erhaltung des Schwerpunktes" genannt. Der Grund geht aus Abb. 5.12 hervor. Es gilt für die in gleichen Zeiten zurückgelegten Wege $Ms_1 = ms_2$.
> Mit derselben Gleichung definiert man bei ruhenden Körpern (Abb. 5.13) den Massenmittelpunkt oder Schwerpunkt.[K5.8]

5.7 Erste Anwendungen des Impulssatzes

Ebenso wie der Energiesatz soll auch der Impulssatz durch ein paar einfache Beispiele erläutert werden.

1. Gegeben ein flacher, etwa 2 m langer, stillstehender Wagen. An seinem rechten Ende steht ein Mann (Abb. 5.14). Wagen und Mann bilden ein System. Der Mann beginnt nach links zu laufen. Dadurch erhält er einen nach links gerichteten Impuls. Gleichzeitig rollt der Wagen nach rechts. Der Wagen hat nach dem Impulssatz einen Impuls gleicher Größe, aber entgegengesetzter Richtung erhalten. – Der Mann setzt seinen Lauf fort und verlässt den Wagen am linken Ende. Dabei nimmt er seinen Impuls mit. Der Wagen rollt mit konstanter Geschwindigkeit nach rechts, denn er besitzt, vom Vorzeichen abgesehen, einen ebenso großen Impuls wie der Mann.

2. Zum Beleg dieser quantitativen Aussage lassen wir den leer rollenden Wagen einem zweiten laufenden Mann begegnen (Abb. 5.15). Masse und Geschwindigkeit dieses zweiten Mannes waren gleich der

„Dieser Impulssatz ist nicht minder wichtig als der Energiesatz."

K5.8. Der Schwerpunkt wird hier über den Impulssatz definiert, also mithilfe der *trägen* Masse. Der Name rührt allerdings von der häufiger verwendeten Definition mithilfe der *schweren* Masse her: Danach entspricht er dem Aufhängepunkt eines Körpers, für den die Summe aller durch die Schwerkraft hervorgerufenen Drehmomente verschwindet (s. Abschn. 6.2).

Abb. 5.14 Zum Impulssatz. Ein Mann beschleunigt sich auf einem Wagen und erteilt dabei dem Wagen einen Impuls entgegengesetzter Richtung. **(Videofilm 5.2)**

Videofilm 5.2: „Impulserhaltungssatz" http://tiny.cc/f5hkdy

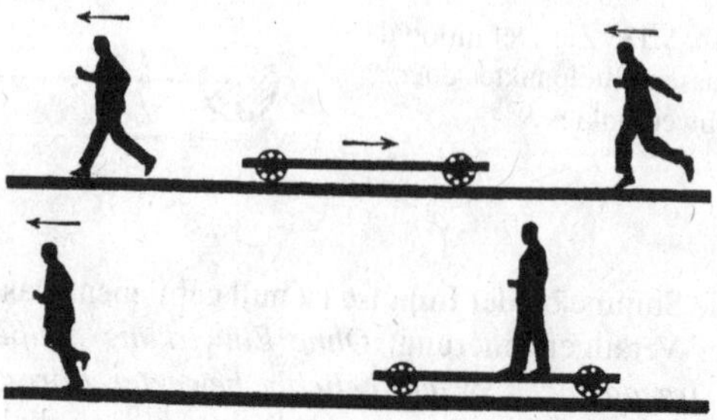

Abb. 5.15 Der Impuls des Wagens in Abb. 5.14 ist gleich dem Impuls des Mannes

Abb. 5.16 Zum Impulssatz. Der Läufer hat seinen Impuls beim Passieren des Wagens nicht in merklichem Betrag geändert. (**Videofilm 5.2**)

des ersten gewählt. Der zweite Mann betritt den Wagen und bleibt auf ihm stehen. Sofort steht auch der Wagen still. Der vom Mann mitgebrachte und abgelieferte Impuls war entgegengesetzt gleich dem des leer heranrollenden Wagens.

3. Der flache Wagen steht ruhig da. Von rechts kommt im Laufschritt konstanter Geschwindigkeit ein Mann. Er betritt den Wagen rechts und verlässt ihn links (Abb. 5.16). Der Wagen bleibt ruhig stehen. Der Mann hatte seinen ganzen Impulsvorrat mitgebracht und ihn auf dem Wagen nicht merklich geändert. Infolgedessen kann auch der Impuls des Wagens nicht gegenüber seinem Anfangswert null geändert sein.

K5.9. Diese eindrucksvollen Demonstrationen des Impulssatzes haben gegenüber den heute sehr oft verwendeten Experimenten auf einer Luftkissenschiene den Vorteil, auch die Vektornatur des Impulses zeigen zu können.

4. Der flache Wagen hat Gummiräder. Quer zu seiner Längsrichtung ist er praktisch unverschiebbar. Er kann nur in seiner Längsrichtung rollen. Infolgedessen erlaubt er, die Vektornatur des Impulses p zu zeigen:[K5.9] Der Mann laufe unter einem Winkel α schräg auf den Wagen herauf und stoppe auf dem Wagen ab. Dann fällt in die Längsrichtung des Wagens nur die Impulskomponente $p \cos \alpha$. Bei $\alpha = 60°$ reagiert der Wagen nur noch mit halber Geschwindigkeit ($\cos 60° = 0{,}5$); bei $\alpha = 90°$ bleibt die Geschwindigkeit des Wagens null ($\cos 90° = 0$).

5.8 Impuls- und Energiesatz beim elastischen Stoß von Körpern

Abb. 5.17 zeigt zwei belastete Wagen mit weichen Federpuffern. Beide Wagen haben die gleiche Masse. Der rechte ruht, der linke kommt mit der Geschwindigkeit u heran. Beim Zusammenstoß tauschen die Wagen ihre Geschwindigkeit aus. Der rechte fährt mit der Geschwindigkeit u davon, der linke bleibt genau in dem Augenblick stehen, in dem die Pufferfedern wieder entspannt sind. – Zur Deutung dieses Vorganges braucht man sowohl den Impuls- als auch den Energiesatz. Das wollen wir gleich für den Fall ungleicher Massen zeigen.

Der Impulssatz verlangt

linker Wagen	linker Wagen	rechter Wagen
mu	$=$ mu_1	$+$ Mu_2
vor dem Stoß	nach dem Stoß	

oder

$$m(u - u_1) = Mu_2 . \qquad (5.28)$$

Der Energiesatz verlangt

$$\tfrac{1}{2}mu^2 = \tfrac{1}{2}mu_1^2 + \tfrac{1}{2}Mu_2^2$$

oder

$$m(u + u_1)(u - u_1) = Mu_2^2 . \qquad (5.29)$$

Die Gln. (5.28) und (5.29) zusammen ergeben

$$u_2 = (u + u_1) . \qquad (5.30)$$

Mithilfe von Gl. (5.30) kann man aus Gl. (5.28) entweder u_1 oder u_2 entfernen. Man bekommt als Geschwindigkeit

des stoßenden Körpers $\qquad u_1 = u\,\dfrac{m - M}{M + m} , \qquad (5.31)$

(mit der Masse m)

des gestoßenen Körpers $\qquad u_2 = u\,\dfrac{2m}{M + m} . \qquad (5.32)$

(mit der Masse M)

Abb. 5.17 Zur Vorführung eines langsam ablaufenden elastischen Stoßes. Die Schraubenfedern F sind bei a mit den Wagen, bei b mit den Stielen der Puffer fest verbunden. Sie werden daher beim Zusammenstoß der Puffer gedehnt. Dabei greift am *linken Wagen* eine nach links, am *rechten Wagen* eine nach rechts gerichtete Kraft an. Beide Kräfte sind bei der Dehnung der Federn in jedem Augenblick gleich groß. Sie bremsen den linken und beschleunigen den rechten Wagen. (**Videofilm 5.3**)

Videofilm 5.3:
„Langsam ablaufender elastischer Stoß"
http://tiny.cc/04hkdy
Der wesentliche Vorteil dieser Anordnung ist der *langsame* Ablauf. Kräfte und Energieumwandlungen lassen sich klar verfolgen. Zur Verlängerung des zeitlichen Ablaufs dient auch die Erhöhung der Massen durch die Experimentatoren, wobei die jeweilige Gesamtmasse der Wagen aber gleich gehalten wird.

Abb. 5.18 Zur Vorführung von Folgen elastischer Stöße zwischen Körpern gleicher Masse. Die Kugeln sind bifilar aufgehängt. (**Videofilm 5.4**)

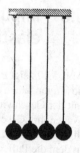

Im Sonderfall $M = m$ folgt also für die Geschwindigkeit nach dem Stoß: u_1 (stoßender Wagen) $= 0$; u_2 (gestoßener Wagen) $= u$. Für $M > m$ wird u_1 negativ, d. h. der Geschwindigkeit u entgegengerichtet.

Der in Abb. 5.17 skizzierte Versuch lässt sich mit einer größeren Anzahl von Wagen fortführen. Man sieht ihn gelegentlich auf einem Rangierbahnhof. Im Hörsaal ersetzt man die Wagen meist durch eine Reihe gleicher, als Pendel aufgehängter Stahlkugeln, Abb. 5.18. Die links befindliche wird angehoben und stößt gegen ihre Nachbarin. Dann übernimmt diese und jede folgende nacheinander in winzigem zeitlichem Abstand die Rolle einer gestoßenen und einer stoßenden Kugel. Erst die ganz rechts befindliche Kugel fliegt ab.

5.9 Der Impulssatz beim unelastischen Stoß zweier Körper und das Stoßpendel

Wenn sich nach dem Stoß beide Körper mit der gemeinsamen Geschwindigkeit u_2 bewegen, spricht man von einem (vollständig) unelastischen Stoß. Zur Vorführung ersetzt man die Federpuffer in Abb. 5.17 durch Blei oder einen noch mehr verformbaren Stoff, so dass die beiden Körper aneinander „kleben". Für diesen Fall gilt der mechanische Energiesatz *nicht*. Man kann aber bereits mit dem Impulssatz allein eine Vorhersage erhalten. Der Impulssatz verlangt

linker Wagen		beide Wagen zusammen	
mu	$=$	$u_2(m + M)$	(5.33)
vor dem Stoß		nach dem Stoß	

oder

$$u_2 = u \frac{m}{M + m}. \qquad (5.34)$$

Die Geschwindigkeit u_2 des gestoßenen Körpers ist also nur halb so groß wie beim elastischen Stoß, Gl. (5.32). Das bedeutet, dass beim

Abb. 5.19 Das Schwerependel als Kraftstoßmesser. Messung der Geschwindigkeit einer Pistolenkugel (Bifilar-Aufhängung, Fadenlänge etwa 4,2 m, Schwingungsdauer $T = 4,1$ s). (Videofilm 5.5)

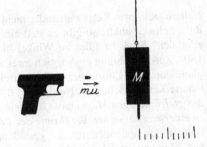

Videofilm 5.5: „Bestimmung einer Geschossgeschwindigkeit" http://tiny.cc/h5hkdy Zur Sicherheit schwingt das Pendel an zwei leichten Metallstangen. Seine Periode ist 2 s, seine Masse 2,2 kg. Die Masse des Geschosses ist 2,6 g. Das Pendel schlägt um 12 cm aus (6 Striche auf der Skala, im Schattenriss zu betrachten). Daraus ergibt sich für die Kugelgeschwindigkeit 320 m/s.

elastischen Stoß doppelt so viel Impuls übertragen wird, wie beim unelastischen.

Als Anwendungsbeispiel bringen wir die Messung der Mündungsgeschwindigkeit einer Pistolenkugel. In Abb. 5.19 fliegt das Geschoss mit seiner Geschwindigkeit u in einen Klotz der Masse M hinein und bleibt in ihm stecken. Beide zusammen fliegen mit der Geschwindigkeit u_2 nach rechts. Diese misst man und berechnet u nach Gl. (5.34).

Die Messung von u_2 lässt sich mithilfe einer einfachen Stoppuhr durchführen. Zu diesem Zweck baut man sich ein *Stoßpendel*. Das heißt, man ordnet den Körper M irgendwie schwingungsfähig an, z. B. zwischen zwei Federn oder als Körper eines Schwerependels aufgehängt (Abb. 5.19). In beiden Fällen sorgt man für ein lineares Kraftgesetz: Man macht die Feder oder den Pendelfaden lang genug. Beim linearen Kraftgesetz gilt die wichtige Gleichung

$$u_0 = \omega x_0 . \tag{4.12}$$

In Worten: Die Geschwindigkeit u_0, hier u_2, mit der ein schwingungsfähiger Körper seine Ruhelage verlässt, ergibt sich in einfacher Weise aus dem Stoßausschlag x_0: Man braucht diesen nur mit der Kreisfrequenz $\omega = 2\pi/T$ zu multiplizieren ($T =$ Schwingungsdauer des Pendels).

Welche Vereinfachung hat uns der Impulsbegriff gebracht! Früher (in Abschn. 2.2) brauchten wir einen Schreiber mit Zeitmarken, einen Elektromotor, Regelwiderstand und Drehfrequenzmesser und überdies einen Kugelfang. Im Besitz des Impulssatzes benötigen wir für die gleiche Messung nur noch eine sandgefüllte Zigarrenkiste, etwas Bindfaden, eine Waage und eine Stoppuhr.

> Anfänger versuchen gelegentlich bei der Messung der Geschossgeschwindigkeit mit dem Stoßpendel den Energiesatz zu benutzen. Sie setzen die kinetische Energie $\frac{1}{2}mu^2$ des Geschosses gleich der kinetischen Energie $\frac{1}{2}M(\omega x_0)^2$ des Stoßpendels. Das ist völlig unzulässig. Der Aufprall des Geschosses erfolgt ja nicht elastisch (Abschn. 5.4). Vielmehr wird die kinetische Energie des Geschosses während des Einschlages bis auf etwa 0,16 % in Wärme umgewandelt.

5.10 Nichtzentraler Stoß

Nähern sich zwei Körper einander nicht längs der Verbindungslinie ihrer Schwerpunkte, so gibt es statt eines „zentralen" einen „nichtzentralen" Stoß. Er führt zu Winkelablenkungen zwischen 0° und 180°. Zur Vorführung eignen sich zwei auf einer horizontalen Glasplatte durch ein Luftpolster „reibungsfrei" bewegliche, axial magnetisierte Keramikscheiben, Nordpole z. B. oben. *Durch die Abstoßung der gleichnamigen Magnetpole kann ein Stoß erfolgen, ohne dass es zu einer mechanischen Berührung der Körper kommt.* Man kann die Bahnen des stoßenden und des gestoßenen Körpers bequem verfolgen. Man variiert dabei die Massen der beiden Stoßpartner und (nach Größe und Richtung) die Geschwindigkeit des stoßenden Körpers. So zeigt man im Modell die Stoßvorgänge, wie sie in der Atom- und in der Kern-Physik eine so überragende Rolle spielen. (**Videofilm 5.6**)

Videofilm 5.6:
„**Nichtzentraler Stoß**"
http://tiny.cc/u5hkdy
Im Film werden die Stoßexperimente mit einer anderen Technik vorgeführt. Auf der mit Bärlappsamen bestäubten Glasplatte eines Overhead-Projektors werden die Spuren runder Stahlscheiben sichtbar gemacht, die praktisch reibungsfrei auf der Platte gleiten können. Es werden Stöße zwischen Scheiben gleicher und ungleicher Massen gezeigt. (Aufg. 5.8)

5.11 Bewegungen gegen energieverzehrende Widerstände

Der unelastische Stoß fiel aus dem Rahmen der sonst von uns behandelten Bewegungen heraus: Zu ihm gehört *grundsätzlich* ein „Verlust" an mechanischer Energie. So bezeichnen wir kurz ihre Umwandlung in Wärme, oder besser gesagt, in innere Energie. Bei allen übrigen Bewegungen war ein derartiger Verlust eine unwesentliche Nebenerscheinung. Sie wurde bei den Experimenten durch geschickt gewählte Versuchsanordnungen weitgehend ausgeschaltet und bei den Überlegungen und Rechnungen überhaupt vernachlässigt.

Nun aber spielen auch viele Bewegungen mit ständigem, unvermeidlichem Energieverlust eine wichtige Rolle. So zeigt zunächst Abb. 5.20 den Fall eines Menschen aus großer Höhe: Anfänglich verläuft die Bewegung *beschleunigt*: Nach einer Sekunde hat die Geschwindigkeit fast den Wert 9,8 m/s erreicht. Bald aber steigt sie merklich langsamer als im luftleeren Raum, schließlich erreicht sie

Abb. 5.20 Einfluss der Luftreibung auf den Fall eines Menschen. Um die konstante Sinkgeschwindigkeit von rund 60 m/s für einen Menschen mit 70 kg Masse aufrechtzuerhalten, muss sein Gewicht rund 40 kW(!) leisten, und zwar auf Kosten der potentiellen Energie.

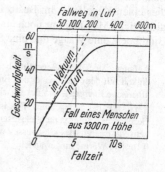

Abb. 5.21 Konstante Sinkgeschwindigkeit von Kugeln in Flüssigkeiten

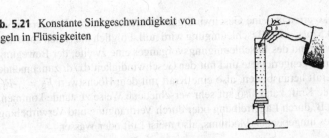

einen *konstanten Wert u* ≈ 55 m/s. – Deutung: Während der Beschleunigung entsteht eine der Bewegung entgegengerichtete Kraft F_2. Diese wächst mit zunehmender Geschwindigkeit, und schließlich wird ihr Höchstwert $F_2 = -F_G$, also dem Gewicht F_G entgegengesetzt gleich. Dann ist die Summe der am Körper angreifenden Kräfte, also $F_2 + F_G$, gleich null geworden. Infolgedessen kann keine weitere Beschleunigung stattfinden, die Geschwindigkeit hat ihren konstanten *Grenz- oder Sättigungswert* erreicht: der Körper *fällt* nicht mehr, sondern *sinkt* mit der konstanten *Sinkgeschwindigkeit u*.

> Das Wesentliche, den Anstieg der Geschwindigkeit bis zu einer konstanten Sinkgeschwindigkeit u, kann man bequem im Schauversuch vorführen, z. B. beim Fall kleiner Kugeln in einer zähen Flüssigkeit (Abb. 5.21). Näheres in Abschn. 10.3.

Weiter denke man an unsere sämtlichen Verkehrsmittel, an Autos, Eisenbahnen, Schiffe und Flugzeuge. Selbst auf waagerechter Bahn braucht man nicht nur zur *Beschleunigung* des Fahrzeuges eine Kraft, sondern auch zur Aufrechterhaltung einer *konstanten* Geschwindigkeit! – In Abb. 5.22 sehen wir einen Wagen mit etwa 50 kg Masse auf dem waagerechten Hörsaalboden. Er wird mithilfe eines Schnurzuges von einer Kraft $F_1 = 9,81$ N gezogen. Nach etwa 1 m Fahrstre-

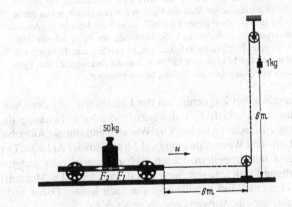

Abb. 5.22 Infolge einer „energievernichtenden" Kraft F_2 erfordert schon eine konstante Fahrgeschwindigkeit u eine Antriebskraft F_1. Die Antriebskraft F_1 verrichtet Arbeit, gegen die Kraft F_2 wird Arbeit verrichtet. F_2 wächst mit zunehmender Geschwindigkeit.

cke erreicht seine Geschwindigkeit einen *konstanten* Wert von etwa 0,5 m/s, seine Beschleunigung wird null. Folglich muss sich auch hier während des Beschleunigungsvorganges eine zweite, der Bewegung entgegengerichtete und mit der Geschwindigkeit dx/dt zunehmende Kraft herausbilden, also eine Kraft mit dem Höchstwert $F_2 = -F_1$. Die Kraft kann also auf sehr verschiedene Weise zustande kommen, z. B. durch Lagerreibung oder durch Verdrängung und Verwirbelung des umgebenden Mediums, also meist Luft oder Wasser.

> Deswegen lässt sich auch kein allgemein gültiger Zusammenhang zwischen Kraft und Geschwindigkeit angeben. Im einfachsten Fall, so z. B. in Abb. 5.21, steigt die Kraft proportional zur Geschwindigkeit. Für Schiffe und Flugzeuge steigt sie in roher Näherung proportional zum Quadrat der Geschwindigkeit usw.

Wie auch immer die Kraft F_2 zustande kommt, stets muss die Antriebskraft F_1 gegen F_2 eine Arbeit verrichten, nämlich längs des Weges x die Arbeit $F_1 x$. Der Quotient Arbeit W/Zeit t ergibt die *Leistung* $\dot{W}$, also $\dot{W} = F_1 x/t = F_1 u$. Folglich muss irgendein Motor zur Aufrechterhaltung einer konstanten Fahrgeschwindigkeit u die Leistung

$$\dot{W} = F_1 u \qquad (5.35)$$

zur Verfügung stellen.

Beispiele

Automotoren etwa 10 bis 200 kW, Lokomotiven und Flugzeugmotoren meist einige 10^3 kW, Maschinen von großen Schiffen bis über 10^5 kW. Sehr bescheiden sind daneben die Leistungen bei der natürlichen Fortbewegungsart des Menschen, beim Gehen. Bei normalem Gang mit 5 km/h = 1,4 m/s braucht man auf horizontaler Bahn eine Leistung von etwa 60 W, bei hetzendem Gang mit 7 km/h aber sind es bereits 200 W. – Die Geharbeit setzt sich in der Hauptsache aus zwei Anteilen zusammen: 1. einem periodischen Anheben des Schwerpunktes (man gehe, ein Stück Kreide gegen die Flanke haltend, an einer Wand entlang und beobachte die entstehende Wellenlinie!), und 2. aus der Arbeit zur Beschleunigung unserer Beine. Beim unelastischen Stoß der Füße gegen den Boden gehen große Teile dieser Energie als Wärme verloren. – Beim Radfahren ist der Anhub des Schwerpunktes geringer, auch die Hubarbeit der Beine kleiner. Man braucht bei einer Fahrgeschwindigkeit von 9 km/h nur eine Leistung von etwa 30 W und bei 18 km/h erst 120 W. – Anhand derartiger Zahlen kann man die Leistungsangaben der Technik besser bewerten.

Beim Menschen, bei Zugtieren, bei der Lokomotive und dem Auto kommt die Antriebskraft F_1 unter entscheidender Mitwirkung der Haftreibung zustande[3] (Abschn. 8.9). Wie aber entsteht die Antriebskraft für Luft- und Wasserfahrzeuge mit Motorantrieb? Antwort: Der Motor packt mit Propellern, Düsen, Schaufelrädern oder anderen gleichwertigen Einrichtungen einen Teil des umgebenden Mediums (Wasser oder Luft) und beschleunigt ihn nach hinten. Dabei wirkt auf das Fahrzeug eine vorwärts gerichtete Kraft F_1.

---

[3] Will man den Impulssatz auf den Gang des Menschen anwenden, so nehme man Abb. 5.14 zur Hand und denke sich den Wagen durch den Erdkörper mit seiner ungeheuren Masse ersetzt.

Abb. 5.23 Zur Erzeugung der Antriebskraft für Wasser- und Luftfahrzeuge

Als Beispiel ist in Abb. 5.23 ein Boot dargestellt, es fährt gegenüber dem Ufer mit der konstanten Geschwindigkeit u nach rechts. Als Motor dient ein Mann. Er beschleunigt mit einem Paddel Wasser nach links und erteilt dem Wasser damit gegenüber dem Ufer die Geschwindigkeit u' nach links. In der Zeit t soll Wasser der Masse M beschleunigt werden. Es führt den Impuls Mu' nach links. In der gleichen Zeit bekommt das Boot in der Fahrtrichtung, also nach rechts, den Kraftstoß

$$F_1 t = Mu'. \qquad (5.36)$$

Die Kraft

$$F_1 = \frac{Mu'}{t} \qquad (5.37)$$

ist die Antriebskraft. Sie wird gebraucht, um die Fahrgeschwindigkeit trotz der Widerstände konstant zu halten. Dabei verrichtet die Kraft F_1 in der Zeit t längs des Weges $t\,u$ die Arbeit $W_1 = F_1 t\,u$ oder nach Gl. (5.37)

$$W_1 = M\,u\,u'. \qquad (5.38)$$

Gleichzeitig bekommt das nach links beschleunigte Wasser die kinetische Energie $W_2 = \frac{1}{2}Mu'^2$. Der Motor muss die Summe beider Energien, also W_1 und W_2, liefern, als Nutzarbeit aber wird nur der Anteil W_1 verwertet.[K5.10] Damit ergibt sich als Wirkungsgrad

$$\eta = \frac{W_1}{W_1 + W_2} = \frac{M u u'}{M u u' + \frac{1}{2}Mu'^2} = \frac{1}{1 + \frac{1}{2}\frac{u'}{u}}. \qquad (5.39)$$

K5.10. Diese Überlegung ist nicht nur für Wassersportler, sondern für alle Schiffs- und Flugantriebe wichtig. In gängigen Lehrbüchern oder Vorlesungen wird nur selten darauf hingewiesen.

Man muss also die Geschwindigkeit u' des nach hinten abströmenden Wassers klein machen, um einen guten Wirkungsgrad zu erreichen. Dann aber muss nach Gl. (5.37) M, die Masse des nach hinten beschleunigten Wassers, groß werden, um die erforderliche Antriebskraft F_1 zu erhalten. Bei Schrauben- und Raddampfern ist das rückwärts beschleunigte Wasser als deutlich abgegrenzter, quirlender Strahl gut zu sehen.

Für Flugzeuge gilt das Gleiche. Früher wurde der rückwärts gerichtete Luftstrahl nur mit Propellern hergestellt, doch benutzt man heute für diesen Zweck „Düsenantriebe" verschiedener Bauart (s. Abschn. 10.11).

Ein Raketenantrieb bringt nichts grundsätzlich Neues, nur werden die nach hinten beschleunigten Stoffe nicht aus der Umgebung geschöpft, sondern als Ladung mitgeschleppt. Daher besitzt die Ladung für einen ruhenden Beobachter schon bei konstanter Fluggeschwindigkeit u Impuls und Energie. Das muss man bei der quantitativen Behandlung berücksichtigen. Man findet dann als Wirkungsgrad

$$\eta = \frac{u(u + 2u')}{(u + u')^2}.$$

Weltraumraketen fliegen allerdings nicht mit konstanter Geschwindigkeit, sondern beschleunigt. Die Widerstandskräfte sind klein im Vergleich zu den Beschleunigungskräften. Um unter dieser Bedingung die Raketengeschwindigkeit u zu berechnen, gehen wir vom Impulssatz (Gl. (5.27)) aus. Danach ist

$$Mu = (M + \Delta M)(u + \Delta u) - \Delta M(u - u_\mathrm{r}).$$

Links steht der Impuls zum Zeitpunkt t und rechts zum Zeitpunkt $t + \Delta t$, nachdem die Rakete Treibstoff der Masse $-\Delta M$ (ΔM ist negativ) mit der Relativgeschwindigkeit $-u_\mathrm{r}$ (u entgegengerichtet) ausgestoßen hat. Daraus folgt

$$(M + \Delta M)\Delta u = -\Delta M u_\mathrm{r}$$

und für $\Delta t \to 0$

$$\mathrm{d}u = -u_\mathrm{r}\frac{\mathrm{d}M}{M}.$$

Integration von der Anfangsmasse M_0 bis zur Masse M ergibt dann

$$u = u_\mathrm{r} \ln \frac{M_0}{M}, \tag{5.40}$$

die *Raketengleichung*. Bei konstantem u_r ist u also nur durch das Verhältnis M_0/M bestimmt. u ist unabhängig von dem ausgestoßenen Massenstrom $\mathrm{d}M/\mathrm{d}t$, lautet das erstaunlich einfache Resultat!

5.12 Erzeugung von Kräften ohne und mit Leistungsaufwand

Wir haben soeben in Abschn. 5.11 die Bewegung von Fahrzeugen auf waagerechter Bahn betrachtet. Dabei musste das Gewicht des Fahrzeuges auf irgendeine Weise durch eine *aufwärts* gerichtete Kraft ausgeglichen werden. Bei Straßen- und Schienenfahrzeugen entsteht diese Kraft durch eine elastische Verformung der Fahrbahn, bei Schiffen und Luftschiffen durch den statischen Auftrieb (Abschn. 9.4). Für Flugzeuge hingegen muss die aufwärts gerichtete Kraft auf dynamischem Weg erzeugt werden, und zwar mit Tragflächen oder Flügeln (s. Abschn. 10.10). Dieser dynamische Auftrieb ersetzt lediglich eine Aufhängung des Flugzeuges nach dem Schema der Schwebebahn. Er bewirkt letzten Endes nichts anderes als ein Haken in der Zimmerdecke. Ein solcher Haken oder auch ein permanenter Stahlmagnet kann jahrein, jahraus ohne jede Leistungszufuhr eine aufwärts gerichtete Kraft erzeugen. Anders die Tragfläche: sie erfordert eine dauernde Leistungszufuhr. Es ist also bei der Krafterzeugung mit Tragflächen grundsätzlich ebenso wie bei der Krafterzeugung mit einem Elektromagneten oder mit einem Muskel: Ein Elektromagnet erschöpft seine Stromquelle, ein Muskel erfordert Zufuhr chemischer Energie in den Nährstoffen, er ermüdet schon bei reiner „Haltebetätigung", d. h. ohne Arbeit im physikalischen oder technischen Sinn zu verrichten. Denn *Arbeit verlangt stets nicht nur eine Kraft, sondern auch einen Weg in Richtung der Kraft.* – Allen Arten einer Leistung erfordernden Krafterzeugung ist ein Merkmal gemeinsam: Sie gelingen nicht ohne „Verlust" mechanischer, chemischer oder elektrischer Energie, d. h. es wird stets ein Teil dieser Energie in Wärme (besser gesagt: innere Energie) umgewandelt. Stromwärme und Muskelwärme sind allgemein bekannt. Bei den Tragflächen entsteht die Wärme durch verschiedene Ursachen, eine von ihnen ist die Wirbelbildung an den seitlichen Enden der Flügel. – Der Physiker ist leicht geneigt, bei wirtschaftlichen Überlegungen nur Arbeit verrichtende Kräfte zu berücksichtigen. Das ist verfehlt. Oft erfordert schon die Erzeugung von Kräften, die keine Arbeit verrichten, einen fatalen wirtschaftlichen Aufwand.

„Der Physiker ist leicht geneigt, bei wirtschaftlichen Überlegungen nur Arbeit verrichtende Kräfte zu berücksichtigen. Das ist verfehlt."

Beispiel

Ein Fahrzeug darf ein zweites nur mit kurzem Seil schleppen. Sonst bekommt man bei Krümmungen des Weges erhebliche, quer zur Schlepprichtung gerichtete Kraftkomponenten. Diese verrichten keine Arbeit, erfordern aber trotzdem Aufwand an Treibstoff.

5.13 Schlussbemerkung

Unser Weg führte uns von der Grundgleichung (3.3) zur Impulsgleichung (5.24). Selbstverständlich ist der umgekehrte Weg genau so berechtigt (und in der Tat zuerst von NEWTON begangen).[K5.11] Man stellt die Definition des Impulses $m\boldsymbol{u}$ an den Anfang und sagt: *Die zeitliche Änderung des Impulses ist proportional zur wirkenden Kraft*, oder in Formelsprache

$$\frac{\mathrm{d}}{\mathrm{d}t}(m\boldsymbol{u}) = \frac{\mathrm{d}\boldsymbol{p}}{\mathrm{d}t} = \boldsymbol{F}. \qquad (5.41)$$

Für konstante Masse m darf man dann im Grenzfall der Bahnbeschleunigung schreiben

$$m\frac{\mathrm{d}\boldsymbol{u}}{\mathrm{d}t} = \boldsymbol{F} \quad \text{oder} \quad \boldsymbol{a} = \frac{\boldsymbol{F}}{m} \qquad (3.3)$$

und im Grenzfall der Radialbeschleunigung

$$m\,\boldsymbol{\omega} \times \boldsymbol{u} = \boldsymbol{F} \quad \text{oder} \quad \boldsymbol{a}_{\mathrm{r}} = \frac{\boldsymbol{F}}{m} = \boldsymbol{\omega} \times \boldsymbol{u}. \qquad (2.6)$$

Für *konstante* Masse sind beide Wege gleichberechtigt. Der von uns begangene passt sich besser den Bedürfnissen des *experimentellen* Unterrichts an.

Die Annahme einer *konstanten* Masse m ist jedoch nur eine, wenn auch in weitesten Grenzen bewährte *Näherung*. Ihre Zulässigkeit begrenzt den Bereich der „klassischen Mechanik". Allgemein muss die relativistische Geschwindigkeitsabhängigkeit der Masse berücksichtigt werden und man hat statt m zu schreiben

$$m = \frac{m_0}{\sqrt{1 - u^2/c^2}}. \qquad (5.42)$$

K5.11. Dieser umgekehrte Weg, anstelle des Kraftbegriffs den Impuls, oder allgemeiner, anstelle der Grundgleichung die Erhaltungssätze an den Anfang zu stellen, wird tatsächlich in der Lehre selten behandelt. Das entspricht sicher nicht allein didaktischen Überlegungen, sondern mag auch an historisch bedingten Gewohnheiten der Lehrenden liegen.

Dabei bedeutet m_0 die Masse bei der Geschwindigkeit null (Ruhemasse) und c die Lichtgeschwindigkeit $= 3 \cdot 10^8$ m/s. Bei Berücksichtigung dieser Korrektur bleibt die Impulsgleichung (5.41) richtig, nicht aber die Grundgleichung (3.3). Im Gebiet extrem hoher Geschwindigkeiten u erreicht die so überaus einfache Grundgleichung die Grenze ihrer Gültigkeit.

Aufgaben

5.1   Zwei identische zylindrische Behälter, deren Böden (jeweilige Fläche A) sich auf gleichem Niveau befinden, sind mit Wasser (Dichte ϱ), bis zur Höhe h bzw. H gefüllt. Welche Arbeit W verrichtet die Gravitationskraft, wenn sich durch eine Verbindung der beiden Gefäße die Wasserhöhen angleichen? (Abschn. 5.2)

5.2   Ein Auto der Masse $m = 1$ t fährt 1 km eine Steigung von $1 : 25$ hinauf. Zusätzlich zur Erdanziehungskraft sind Reibungskräfte zu überwinden. Diese betragen 1 % des Gewichts. Wie viel Arbeit W wird dabei verrichtet? Welcher Leistung L entspricht das, wenn das Auto mit 60 km/h fährt? (Abschn. 5.2 und 8.9)

5.3   Ein Körper der Masse m rutscht reibungsfrei auf einer schiefen Ebene. Er startet bei der Höhe h mit der Geschwindigkeit null. Bei der Höhe h_1 erhält er einen seiner Bewegung entgegengerichteten Kraftstoß $\Delta p = \int F dt$, der so groß ist, dass er sich die Ebene wieder hinauf bewegt. Welche Höhe h_2 erreicht er und mit welcher Geschwindigkeit u kommt er danach am unteren Ende der Ebene an? (Abschn. 5.5)

5.4   Ein Wasserstrahl mit dem Massenstrom 1,2 kg/min trifft horizontal auf eine senkrechte Platte. Man berechne die Geschwindigkeit des Wasserstrahls, wenn die Kraft auf die Platte 0,2 N beträgt und zwar für die beiden Fälle, dass das Wasser a) vollkommen zur Ruhe kommt und b) mit entgegengesetzt gleicher Geschwindigkeit von der Platte zurückströmt. (Abschn. 5.5)

5.5   Im Videofilm 5.4, „Elastische Stöße" werden u. a. Stöße einer großen Kugel (Durchmesser 55 mm) und einer kleinen Kugel (Durchmesser 11 mm) gezeigt. a) Wenn die kleine Kugel (Masse m) mit der Geschwindigkeit u_{10} von rechts auf die ruhende große Kugel (Masse M) stößt, bewegt sich diese mit der Geschwindigkeit u_2 nach links, während sich die kleine Kugel mit der Geschwindigkeit $u_1 = u_{10} - \Delta u$ nach rechts bewegt. Man berechne u_2 und Δu. b) Nach dem zweiten Stoß ist die große Kugel wieder in Ruhe. Versuchen Sie dies ohne weitere Rechnung plausibel zu machen. c) Stößt die große Kugel mit der Geschwindigkeit u_{20} von links auf die ruhende kleine Kugel, bewegt sich diese mit der Geschwindigkeit u_1 nach rechts. Man vergleiche die beiden Geschwindigkeiten durch Messung der Schwingungsamplituden und vergleiche mit der Rechnung. (Abschn. 5.8)

5.6 Ein ballistisches Pendel bestehe aus einem an einer Schnur hängenden Sandsack der Masse M. Er erhält von einem kleinen Körper der Masse m und der Geschwindigkeit u einen unelastischen Stoß. Auf welche Höhe h wird der Sandsack angehoben? (Abschn. 5.9)

5.7 Eine Gewehrkugel der Masse $m_1 = 30\,\text{g}$ wird mit einer horizontalen Geschwindigkeit von $u_1 = 300\,\text{m/s}$ in einen großen Holzklotz der Masse $m_2 = 3\,\text{kg}$, der an leichten Fäden hängt, geschossen. Mit welcher Geschwindigkeit u bewegt er sich nach dem Einschuss (ohne Drehung)? Wie viel der ursprünglich vorhandenen kinetischen Energie wird dabei verbraucht? (Abschn. 5.9)

5.8 Man zeige, dass beim nichtzentralen Stoß zweier Körper gleicher Masse der Winkel zwischen den beiden Bahnen nach dem Stoß 90° beträgt, wenn der Stoß elastisch ist und Drehungen vernachlässigt werden. (Abschn. 5.10)

5.9 Eine Rakete startet mit der Gesamtmasse $(M_r + M_b)$. M_b ist die Masse des Brennstoffs, der mit der Relativgeschwindigkeit u_b die Rakete verlässt. Man bestimme die Masse M_b, die benötigt wird, um die Rakete auf die Geschwindigkeit u_b zu beschleunigen. (Die Gravitationsbeschleunigung werde vernachlässigt.) (Abschn. 5.11)

5.10 Eine Rakete soll mit der Beschleunigung a_r senkrecht von der Erde nach oben beschleunigt werden. Sie hat die Gesamtmasse M_s beim Start, und die Brenngase verlassen die Rakete mit der Relativgeschwindigkeit u_b. Man bestimme den Massenstrom dM/dt, der die Rakete verlassen muss, um beim Start diese Beschleunigung zu erzeugen. (Abschn. 5.11)

Zu Abschn. 5.2 s. auch Aufg. 4.4, zu Abschn. 5.3 s. auch Aufg. 3.3.

Elektronisches Zusatzmaterial Die Online-Version dieses Kapitels (doi:10.1007/978-3-662-48663-4_5) enthält Zusatzmaterial, das für autorisierte Nutzer zugänglich ist.

Drehbewegungen fester Körper

6

6.1 Vorbemerkung

Bei einem beliebig bewegten Körper sehen wir im Allgemeinen zwei Bewegungen überlagert, nämlich eine *fortschreitende* und eine *drehende*. Unsere ganze bisherige Darstellung hat sich auf fortschreitende Bewegungen beschränkt. *Formal* haben wir die Körper als punktförmig oder kurz als Massenpunkte behandelt. *Experimentell* haben wir die Drehbewegungen durch zwei Kunstgriffe ausgeschaltet: Bei Bewegung auf gerader Bahn ließen wir die beschleunigende Kraft in einer durch den *Schwerpunkt* des Körpers gehenden Richtung angreifen. Bei Bewegungen auf gekrümmter Bahn wählten wir alle Abmessungen des Körpers klein gegen den Krümmungsradius seiner Bahn. Gewiss macht auch dann beispielsweise ein Schleuderstein während eines vollen Kreisbahnumlaufes noch eine volle *Drehung* um seinen Schwerpunkt. Aber die kinetische Energie dieser Drehbewegung (Abschn. 6.4) ist klein gegen die kinetische Energie der fortschreitenden Bewegung. Deswegen dürfen wir die Drehbewegung neben der fortschreitenden Bewegung vernachlässigen. – In diesem Kapitel betrachten wir jetzt den anderen Grenzfall: ein Körper schreitet als Ganzes nicht fort, seine Bewegung beschränkt sich ausschließlich auf Drehungen. *Die Achse dieser Drehbewegungen soll zunächst durch feste Lager gegeben sein.*

6.2 Definition des Drehmomentes

Abb. 6.1 zeigt einen plattenförmigen starren Körper mit einer durch Lager gehaltenen Achse A. Bei einer Drehung des Körpers bewegt sich jedes seiner Teilstücke der Masse Δm in einer zur Achse senkrechten Ebene, genannt *Drehebene*. Der Körper soll in jeder beliebigen Winkelstellung in Ruhe verharren können. Zu diesem Zweck muss der Einfluss des Gewichtes ausgeschaltet werden. Wir haben die Drehachse genau vertikal zu stellen. Dann liegt die Drehebene jedes Punktes horizontal.

Zur Einleitung einer Drehbewegung genügt nicht eine ganz beliebige Kraft. Die Kraft muss vielmehr ein für die gegebene Achse wirksames *Drehmoment* besitzen. Das heißt, die Kraft muss eine zur

Abb. 6.1 Zur Definition eines Drehmomentes M, das zur Drehachse parallel gerichtet ist

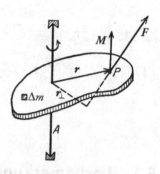

K6.1. Gl. (6.1) enthält ein *Vektorprodukt*, dessen Definition kurz angegeben sei: Das Ergebnis c des Vektorproduktes $a \times b = c$ ist ein Vektor, der sowohl auf a als auch auf b senkrecht steht. a, b und c bilden ein Rechtssystem, d. h., in Richtung von c blickend kommt man durch eine Rechtsdrehung von der Richtung von a zu der von b. Der Betrag von c ist durch $c = ab \sin\varphi$ gegeben, wobei φ der von a und b eingeschlossene Winkel ist. Das Vektorprodukt ist nicht kommutativ, es gilt vielmehr: $a \times b = -b \times a$. (Weiteres s. Lehrbücher der Mathematik.)

Drehebene parallele Komponente haben, und ihre Richtung darf nicht durch die Drehachse hindurchgehen.

Quantitativ definieren wir das Drehmoment M nur für eine zur Drehebene parallele Kraft F, und zwar durch die Gleichung[K6.1]

$$M = r \times F \tag{6.1}$$

Dabei ist r der Ortsvektor, der von der Drehachse zum Angriffspunkt der Kraft zeigt. Der Betrag von M entspricht dem Produkt $r_\perp F$, wobei $r_\perp$ der senkrechte (oder kürzeste) Abstand der Linie, in der die Kraft wirkt, von der Drehachse oder der „Hebelarm" der Kraft ist. Als Einheit benutzen wir 1 Newtonmeter (N m).

Ein Drehmoment M drehe einen Körper (Abb. 6.1) um den Winkel $d\beta$. Dann verrichtet es die Arbeit $dW = F dx = F r_\perp d\beta = M d\beta$ oder $M = dW/d\beta$. Seine Einheit ist also eine Arbeitseinheit/Winkeleinheit, z. B. Newtonmeter/rad. Die Einheit rad ist die Zahl 1, und darum wird sie oft fortgelassen. Aus diesem Grund hat ein Drehmoment die gleichen Einheiten wie eine Arbeit.

Auch das Drehmoment M ist ein Vektor. Er steht sowohl auf F als auch auf r senkrecht. Er liegt also in Abb. 6.1 parallel zur Drehachse. In seine Richtung blickend sehen wir einen Drehsinn mit dem Uhrzeiger.

Drehmomente können auch durch andere, zur Drehebene nicht parallele Kräfte erzeugt werden. Die Richtung eines solchen Drehmomentes ist dann nicht mehr zur Drehachse parallel (s. Gl. (6.1)). Wirksam für die Drehachse ist dann nur die zur Drehachse parallele Komponente des Drehmomentes.

Meist wirken auf einen drehbaren Körper gleichzeitig viele Kräfte mit ganz verschiedenen Drehmomenten. Alle Drehmomente setzen sich zu einem resultierenden zusammen. Das gilt z. B. für einen *Elektromotor*. Um dies Drehmoment des Motors auch während des Betriebes messen zu können, bestimmen wir das entgegengesetzt gleiche, das am Motorgehäuse angreift. Näheres in Abb. 6.2.

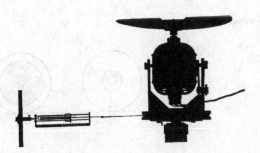

Abb. 6.2 Messung des Drehmomentes eines Elektromotors, *während* er mit einer Leistung $\dot{W} \approx 0,5\,\text{kW}$ einen vertikalen Luftstrom erzeugt. Der Kraftmesser (Abb. 3.9) greift mit einer Schnur tangential an der Peripherie eines kreisrunden Tisches an ($2r = 0,25\,\text{m}$), und dieser Tisch ist in Kugellagern um eine vertikale Achse drehbar gelagert. Das Stativ des Drehtisches ist das gleiche wie in Abb. 6.17. Das Produkt aus dem Drehmoment M und der Winkelgeschwindigkeit ω (Abschn. 2.5) des Motors ergibt die Leistung $\dot{W}$, z. B. in N m/s = Watt.

Abb. 6.3 Zum Schwerpunkt

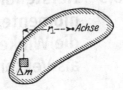

In Abb. 6.1 war die Drehachse senkrecht angeordnet. Bei diesem Grenzfall konnte das Gewicht des Körpers oder seiner einzelnen Teilchen der Masse Δm kein *zur Achse paralleles*, also wirksames Drehmoment liefern. Anders im zweiten Grenzfall, dem der waagerechten Achse. Hier liefert das Gewicht jedes einzelnen Masseteilchens Δm gemäß Abb. 6.3 ein Drehmoment proportional zu $r_\perp \Delta m$. Der Körper wird im Allgemeinen aus einer beliebigen Anfangsstellung herausgedreht. Nur in einem Sonderfall bleibt er in jeder Stellung in Ruhe. In diesem Sonderfall geht die Achse durch seinen Schwerpunkt. Also muss für eine Achse durch den Schwerpunkt das resultierende Drehmoment und folglich auch die Summe $\sum r_\perp \Delta m$ gleich null sein. Diese Gleichung enthält eine Definition des Schwerpunktes.[K6.2] Wir werden sie später benutzen. Im Übrigen betrachten wir nach wie vor den Schwerpunkt eines Körpers und seine Bestimmung als bekannt. Er wird ja im Zusammenhang mit Hebeln, Waagen und einfachen Maschinen im Schulunterricht ausgiebig behandelt.

> Bei einer durch *feste Lager* gegebenen Achse wird über Richtung, Größe und Drehsinn eines Drehmomentes kaum je Unklarheit herrschen. In anderen Fällen stößt der Anfänger gelegentlich auf Schwierigkeiten. Dahin gehört z. B. der Kinderscherz von der „folgsamen" und der „unfolgsamen" Garnrolle. Eine Garnrolle ist auf den Boden gefallen und unter das Sofa gerollt. Man versucht, sie durch Zug am Faden zurückzuholen. Einige Rollen kommen folgsam hervor, andere verkriechen sich weiter in ihren Schlupfwinkel. Abb. 6.4 bringt die Deutung. Als Drehachse ist nicht die Symmetrieachse der Rolle zu betrachten, sondern ihre jeweilige Berüh-

K6.2. Als allgemeine Definition des Schwerpunktes ergibt sich für das resultierende Drehmoment
$$M = \int r \times g\, dm = 0$$
(g = Vektor der Erdbeschleunigung).

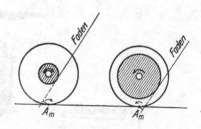

Abb. 6.4 Drehmoment bei Garnrollen

rungslinie mit dem Fußboden. Sie ist in Abb. 6.4 mit A_m angedeutet („Momentanachse"). Durch hinreichend „flache" Fadenhaltung lässt sich auch die widerspenstigste Rolle zur Folgsamkeit zwingen. Wie so manchmal im Leben, hilft auch hier ein wenig Physik weiter als lebhafte Temperamentausbrüche.

6.3 Herstellung bekannter Drehmomente, die Winkelrichtgröße D^*, die Winkelgeschwindigkeit ω als Vektor

Kräfte bekannter Größe und Richtung stellt man sich besonders übersichtlich mithilfe von *Schrauben*federn her (Abb. 5.5). Bei geeigneten Abmessungen (hinreichender Federlänge) sind die Kräfte zum Ausschlag x des Federendes proportional. Es gilt das lineare Kraftgesetz

$$F = -Dx. \tag{4.15}$$

Der Quotient der Beträge

$$\frac{\text{Kraft } F}{\text{Ausschlag } x} = D$$

wird Richtgröße oder Federkonstante genannt.

Ganz entsprechend stellt man sich *Drehmomente M* bekannter Größe und Richtung besonders übersichtlich mithilfe einer *Schnecken*feder an einer Achse her. Abb. 6.5 zeigt eine solche *Drillachse*. Bei geeigneten Abmessungen (hinreichender Federlänge) sind die Drehmomente proportional zum Drehwinkel. Es gilt wieder eine lineare Beziehung

$$M = -D^*\beta. \tag{6.2}$$

Der Quotient der Beträge

$$\frac{\text{Drehmoment } M}{\text{Drehwinkel } \beta} = D^* \tag{6.3}$$

soll „Winkelrichtgröße" genannt werden.

Abb. 6.5 Kleine Drillachse, vertikal gestellt, mit aufgesetzter Kugel, Drehpendel. Die Drillachse benutzt die Biegungselastizität einer Schneckenfeder. Ihre Winkelrichtgröße ist $D^* = 0{,}055$ N m/rad.

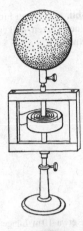

Abb. 6.6 Eichung der aus Abb. 6.5 bekannten Drillachse in waagerechter Lage. Zum Beispiel: $r = 0{,}1$ m, $\beta = 180° = \pi = 3{,}14$; $F = 1{,}71$ N; $rF = 0{,}171$ N m; $D^* = 0{,}055$ N m/rad

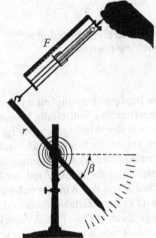

Zahlenbeispiele

unter den Abb. 6.5 und 6.6. Radiant (rad) ist dabei ein anderer Name für die Zahl 1, die Einheit des Winkels (s. Abschn. 1.5).

Genau wie Schraubenfedern bekannter *Richtgröße D* werden wir in Zukunft häufig eine Schneckenfeder (plus Achse) mit bekannter *Winkelrichtgröße D** benötigen. Deswegen *eichen* wir uns gleich die in Abb. 6.5 skizzierte Drillachse nach dem leichtverständlichen Schema der Abb. 6.6. Ein Zahlenbeispiel ist beigefügt. Achse und Schneckenfeder werden oft durch einen verdrillbaren Metalldraht ersetzt. Doch sind Drillachsen mit Schneckenfedern besonders übersichtlich.

Anfänger unterschätzen leicht die Verdrillungsfähigkeit selbst dicker Stahlstäbe. Abb. 6.7 zeigt einen Stahlstab von 1 cm Dicke und nur 10 cm Länge in einen Schraubstock eingeklemmt. Diesen anscheinend so starren Körper vermögen wir schon mit den Fingerspitzen in sichtbarer Weise zu verdrillen. Zum Nachweis hat man lediglich einen Lichtzeiger von

Videofilm 6.1:
„Verdrillung eines Stabes"
http://tiny.cc/a8hkdy

Abb. 6.7 Zwei Finger verdrillen einen kurzen, dicken Stahlstab. (**Videofilm 6.1**)

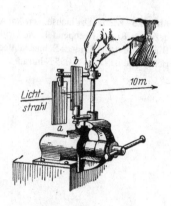

etwa 10 m Länge zu benutzen. Man lässt ihn an den Spiegeln a und b reflektieren (vgl. Abb. 3.1).

K6.3. Analog zur Bahngeschwindigkeit u, mit der fortschreitende Bewegungen beschrieben werden, eignet sich die Winkelgeschwindigkeit ω zur Beschreibung von Drehbewegungen. Da sich bei der Drehung eines starren Körpers alle Massenpunkte auf Kreisbahnen um die Drehachse bewegen, besitzen sie alle die gleiche Winkelgeschwindigkeit $\omega = u/r$ (Gl. (2.11)), die daher dem Körper als Ganzes zugeordnet werden kann.

Die Winkelgeschwindigkeit[K6.3] haben wir schon früher definiert durch die Gleichung

$$\omega = \frac{d\beta}{dt}. \qquad (2.5)$$

Die Bahngeschwindigkeit u ist erst durch Angabe ihres Betrages *und* ihrer Richtung vollständig bestimmt, sie ist ein Vektor. Das Gleiche gilt von der Winkelgeschwindigkeit ω. Gl. (2.5) gibt den Betrag an. Der Vektor der Winkelgeschwindigkeit ist in Richtung der Drehachse zu zeichnen. Zur Erläuterung dient Abb. 6.8. Ein Punkt P umkreist gleichzeitig die Achse I mit der Winkelgeschwindigkeit ω_1 und die Achse II mit der Winkelgeschwindigkeit ω_2. Innerhalb eines hinreichend kleinen Zeitabschnittes Δt legt der Punkt die praktisch geradlinige Bahn $\Delta s = P \ldots 3$ zurück. Diese Bahn Δs erhalten wir als Resultierende der beiden vektoriell addierten Einzelbahnen

$$\Delta s_1 = \omega_1 r \Delta t \quad \text{und} \quad \Delta s_2 = \omega_2 r \Delta t.$$

K6.4. Erfahrungsgemäß bereitet die Vektoraddition von Winkelgeschwindigkeiten (bzw. allgemein von axialen Vektoren) im Anfängerunterricht oft Schwierigkeiten. Zu ihrer Überwindung ist die hier gegebene anschauliche Darstellung sehr hilfreich.

Abb. 6.8 Die Winkelgeschwindigkeit als Vektor.[K6.4] In der Pfeilrichtung blickend, sieht man eine Drehung im Uhrzeigersinn. (vgl. Abb. 6.31)

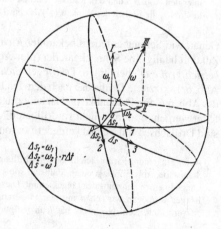

Auf die Bahn $P \ldots 3$ führt uns aber noch ein zweiter Weg. Wir zeichnen in den Achsen I und II je einen Vektor von der Größe der Winkelgeschwindigkeit ω_1 bzw. ω_2. Diese beiden Vektoren ergeben vektoriell addiert die resultierende Winkelgeschwindigkeit ω. Sie bestimmt eine neue Achse III, und um diese lassen wir den Körper sich mit der Winkelgeschwindigkeit ω drehen. Er legt dann in der Zeit Δt die Bahn $\Delta s = \omega r \Delta t$ zurück. Die Vektoraddition zweier Winkelgeschwindigkeiten ist so ohne Weiteres zu übersehen. Man braucht nur die Ähnlichkeit der bei der Konstruktion entstandenen Dreiecke zu beachten.

6.4 Trägheitsmoment, Grundgleichung für Drehbewegungen, Drehschwingungen

Im Besitz der Begriffe Drehmoment M und Winkelrichtgröße D^* ist der Übergang von der fortschreitenden zur Drehbewegung leicht zu vollziehen. Wir bedienen uns dabei der Tab. 6.1. Ihre beiden oberen Querzeilen enthalten die beiden kinematischen Begriffe Geschwindigkeit und Beschleunigung (links) und daneben die entsprechenden Begriffe für die Drehbewegung: Winkelgeschwindigkeit ω und Winkelbeschleunigung $\dot{\omega}$. Daran anschließend haben wir in der *linken* Längsspalte die uns bekannten Definitionen und Sätze für *fortschreitende* Bewegungen eingetragen, und zwar in der Reihenfolge ihrer Einführung.

Dann berechnen wir die entsprechenden Größen für Drehbewegungen, zunächst die *kinetische Energie* eines seine Achse umkreisenden Körpers. Diese Energie muss sich additiv aus den kinetischen Energien aller einzelnen, den Körper aufbauenden Teilchen mit den Massen Δm zusammensetzen. Ein beliebiges dieser Teilchen bewege sich im Abstand r_i von der Drehachse mit der Bahngeschwindigkeit u_i. Dann ist die kinetische Energie dieses Teilchens

$$\Delta(E_{\text{kin}})_i = \tfrac{1}{2}\Delta m_i u_i^2 \,.$$

Nach Gl. (2.11) führen wir die für alle Teilchen gleiche Winkelgeschwindigkeit $\omega = u/r$ ein und erhalten

$$\Delta(E_{\text{kin}})_i = \tfrac{1}{2}\Delta m_i r_i^2 \omega^2 \,.$$

Eine Summenbildung über alle Teilchen ergibt die kinetische Energie des ganzen die Achse umkreisenden Körpers, also

$$E_{\text{kin}} = \tfrac{1}{2}\sum (\Delta m_i r_i^2)\omega^2 \,.$$

Tab. 6.1 Gegenüberstellung der sich entsprechenden Größen für fortschreitende Bewegung und Drehbewegung

Fortschreitende Bewegung			Drehbewegung	
Geschwindigkeit $u = \dfrac{dx}{dt}$	(2.2)	1	Winkelgeschwindigkeit $\omega = \dfrac{d\beta}{dt}$	(2.5)
Beschleunigung $a = \dfrac{du}{dt}$		2	Winkelbeschleunigung $\dot{\omega} = \dfrac{d\omega}{dt}$	
Masse m		3	Trägheitsmoment $\Theta = \int r^2 dm$	(6.4)
Grundgleichung $a = \dfrac{\text{Kraft } F}{\text{Masse } m}$	(3.3)	4	Grundgleichung für Drehbewegungen $\dot{\omega} = \dfrac{\text{Drehmoment } M}{\text{Trägheitsmoment } \Theta}$	(6.7)
$\dfrac{\text{Kraft } F}{\text{Ausschlag } x} = $ Richtgröße D	(4.15)	5	$\dfrac{\text{Drehmoment } M}{\text{Winkel } \beta} = $ Winkelrichtgröße D^*	(6.3)
Schwingungsfrequenz $\nu = \dfrac{1}{2\pi}\sqrt{\dfrac{D}{m}}$	(4.16)	6	Schwingungsfrequenz $\nu = \dfrac{1}{2\pi}\sqrt{\dfrac{D^*}{\Theta}}$	(6.13)
Arbeit $W = \int F_x dx$	(5.1)	7	Arbeit $W = \int M d\beta$	
Kinetische Energie $E_{kin} = \dfrac{1}{2}mu^2$	(5.13)	8	Kinetische Energie $E_{kin} = \dfrac{1}{2}\Theta\omega^2$	(6.5)
Impuls $\boldsymbol{p} = m\boldsymbol{u}$	(5.25)	9	Drehimpuls $\boldsymbol{L} = \Theta\boldsymbol{\omega}$	(6.14)
Leistung $\dot{W} = Fu$	(5.35)	10	Leistung $\dot{W} = M\omega$	
Kraft $\boldsymbol{F} = \dfrac{d\boldsymbol{p}}{dt}$	(5.41)	11	Drehmoment $\boldsymbol{M} = \dfrac{d\boldsymbol{L}}{dt}$	(6.15)

K6.5. r ist also der senkrechte Abstand des Massenelementes dm von der Drehachse. Daher schreibt man oft auch $\Theta = \int r_\perp^2 \, dm$.

Die rechts vor ω^2 stehende Summe erhält einen besonderen Namen, nämlich[K6.5]

$$\textit{Trägheitsmoment} \qquad \Theta = \sum(\Delta m_i r_i^2) = \int dm\, r^2 \qquad (6.4)$$

Mit dieser Größe ist *die kinetische Energie eines mit der Winkelgeschwindigkeit ω rotierenden Körpers*

$$E_{kin} = \tfrac{1}{2}\Theta\omega^2. \qquad (6.5)$$

Wir gelangen in Tab. 6.1 rechts zur achten Zeile. Für die fortschreitende Bewegung hieß die entsprechende Gleichung links

$$E_{kin} = \tfrac{1}{2}mu^2, \qquad (5.13)$$

Teil I

in Worten: Bei Drehbewegungen tritt an die Stelle der Bahngeschwindigkeit u die Winkelgeschwindigkeit ω, an die Stelle der Masse m das Trägheitsmoment Θ. Das vermerken wir in der dritten Zeile der Tab. 6.1 rechts.

Auch die Grundgleichung („Bewegungsgleichung") (Zeile 4 in Tab. 6.1) lässt sich entsprechend umformen. Zu diesem Zweck denke man sich den starren Körper aus Massenelementen dm zusammengesetzt, jedes Element in einem senkrechten Abstand r von der Drehachse. Dann sind bei einer beschleunigten Drehung die *Bahn*beschleunigungen a der einzelnen Massenelemente *verschieden groß*, gleich groß hingegen die Winkelbeschleunigungen $\dot{\omega} = a/r$. Nach der Grundgleichung verlangt die Bahnbeschleunigung a jedes Massenelementes eine in der *Bahn*richtung angreifende Kraft

$$dF = a\,dm = \dot{\omega}r\,dm.$$

Multiplikation mit r ergibt

$$r\,dF = \dot{\omega}r^2\,dm$$

oder in Vektorschreibweise

$$\boldsymbol{r} \times d\boldsymbol{F} = \dot{\omega}r^2 dm$$

und nach Integration über alle Massenelemente

$$\int \boldsymbol{r} \times d\boldsymbol{F} = \boldsymbol{M} = \dot{\omega} \int r^2\,dm = \dot{\omega}\Theta. \qquad (6.6)$$

Die beiden Integrale definieren die beiden neuen abgeleiteten Größen, das Drehmoment $\boldsymbol{M}$ und das Trägheitsmoment Θ. Zur experimentellen Herstellung des links stehenden Drehmomentes genügt bereits eine einzige Kraft $\boldsymbol{F}$, die an dem starren Körper in einem bekannten Abstand r von der Drehachse angreift (Gl. (6.1)). Die entstehende Winkelbeschleunigung ist zum Betrag des Drehmomentes $\boldsymbol{M}$ direkt und zum Trägheitsmoment Θ umgekehrt proportional, also heißt die Grundgleichung für Drehbewegungen (Zeile 4 in Tab. 6.1 rechts)

$$\dot{\omega} = \frac{\boldsymbol{M}}{\Theta}. \qquad (6.7)$$

Bei geometrisch einfach gebauten Körpern bereitet die *Berechnung des Trägheitsmomentes* keine Schwierigkeiten. Die erforderliche Integration ist meist mit wenigen Zeilen durchführbar. Einige Ergebnisse:

1. *Homogener*[K6.6] *Kreisring*. Masse m, Radien R und r, Dicke d, Dichte ϱ, Achse im Mittelpunkt[K6.7]

senkrecht zur Fläche: $\Theta = \dfrac{\pi}{2}\varrho d(R^4 - r^4) = \dfrac{1}{2}m(R^2 + r^2)$,

$$(6.8)$$

als ein Durchmesser: $\Theta = \dfrac{m}{12}d^2 + \dfrac{\pi}{4}d\varrho(R^4 - r^4)$. (6.9)

K6.6. *Homogen* bedeutet gleichmäßige Massenverteilung, also $\varrho = $ const.

K6.7. Zur Ergänzung sei gesagt, dass die Ausdrücke (6.8) und (6.9) ganz allgemein für einen homogenen Hohlzylinder gelten. Gl. (6.9) reduziert sich für die beiden Grenzfälle $d \ll R$ (flache Lochscheibe) auf
$\Theta = \frac{\pi}{4}d\varrho(R^4 - r^4)$
$= \frac{1}{4}m(R^2 + r^2)$,
also gerade die Hälfte des Ausdrucks (6.8), und $d \gg R$ (langer Stab) auf Gl. (6.11).

2. *Homogene Kugel,* Achse den Mittelpunkt durchsetzend:

$$\Theta = \frac{8}{15}\pi\varrho R^5 = \frac{2}{5}mR^2 \,. \tag{6.10}$$

3. *Homogener langer Stab* der Länge l und der Querschnittsfläche A, Achse senkrecht zur Längsrichtung durch den Schwerpunkt gelegt:

$$\Theta = \frac{1}{12}\varrho Al^3 = \frac{1}{12}ml^2 \,. \tag{6.11}$$

4. STEINER'*scher Satz.* Man kennt das Trägheitsmoment Θ_S eines beliebigen Körpers der Masse m für eine durch seinen *Schwerpunkt S* gehende Achse. Wie groß ist das Trägheitsmoment Θ_A für eine beliebige andere, in einem Punkt A parallel zur ersten im Abstand a verlaufende Achse? Antwort:

$$\Theta_A = \Theta_S + ma^2 \,. \tag{6.12}$$

Herleitung

Bei einer Rotation um die S-Achse enthält der Körper die kinetische Energie $\frac{1}{2}\Theta_S\omega^2$. – In Abb. 6.9 ist eine Rotation um die A-Achse skizziert. Dabei ist, vom Schwerpunkt S ausgehend, ein kleiner Pfeil auf dem Körper gezeichnet. Vollführt der Körper um die A-Achse eine volle Drehung, so vollführt auch der Pfeil und damit der ganze Körper eine volle Drehung um die S-Achse. Folglich bleibt der oben genannte Energiebetrag $\frac{1}{2}\Theta_S\omega^2$ erhalten. Gleichzeitig durchläuft aber der Schwerpunkt S die gestrichelte *Kreis*bahn. Wir können die Masse m des Körpers im Schwerpunkt lokalisieren und erhalten dann für die kinetische Energie dieser Kreisbewegung $\frac{1}{2}mu^2 = \frac{1}{2}m(\omega a)^2$. Dieser zweite Energiebetrag addiert sich zum ersten. Damit liefert die Rotation des Körpers um die A-Achse insgesamt die kinetische Energie

$$\tfrac{1}{2}\Theta_A\omega^2 = \tfrac{1}{2}\Theta_S\omega^2 + \tfrac{1}{2}m\omega^2a^2 \,.$$

Division durch $\frac{1}{2}\omega^2$ ergibt Gl. (6.12).

Viel wichtiger jedoch als die Berechnung von Trägheitsmomenten ist ihre Messung. Denn bei komplizierter Gestalt des Körpers macht die Integration unnütze Schwierigkeiten.

Zur Messung von Trägheitsmomenten benutzt man allgemein Drehschwingungen. Wir müssen in Zeile 6 der Tab. 6.1 nur die Masse m durch das Trägheitsmoment Θ und die Richtgröße D einer Schraubenfeder durch die Winkelrichtgröße D^* einer Schneckenfeder ersetzen. Unsere aus Abb. 6.5 bekannte *Drillachse* liefert uns ein bekanntes D^*. Am oberen Ende dieser Drillachse befestigen wir den zu

Abb. 6.9 Zur anschaulichen Herleitung des STEINER'schen Satzes, S = Schwerpunkt

untersuchenden Körper (vgl. Abb. 6.5). Dabei muss die Drehachse dieses Körpers mit der Verlängerung der Drillachse zusammenfallen. Wir drehen den Körper um etwa 90° aus seiner Ruhelage heraus und beobachten die Schwingungsdauer T mit der Stoppuhr. Es gilt[K6.8]

$$\Theta = \frac{T^2}{4\pi^2}D^* .\qquad(6.13)$$

Die Winkelrichtgröße D^* unserer kleinen Drillachse war schon in Abb. 6.6 als $5,5 \cdot 10^{-2}\,\mathrm{N\,m}$ ermittelt worden. Also haben wir

$$\Theta = 1,4 \cdot 10^{-3}\frac{T^2}{s^2}\,\mathrm{kg\,m^2} .$$

K6.8. Analog zur geradlinigen Schwingung (Abb. 4.13) erhält man auch hier den Ausdruck für die Schwingungsdauer (6.13), indem man das „lineare Momentengesetz" (6.2) in die Grundgleichung (Bewegungsgleichung) für Drehbewegungen (6.7) einsetzt. (s. Kommentar K4.5)

Beispiele

1. *Nachprüfung eines berechneten Trägheitsmomentes.* Für eine Kreisscheibe aus Holz mit $m = 0,8\,\mathrm{kg}$ und $0,2\,\mathrm{m}$ Radius berechnen wir aus Gl. (6.8) mit $r = 0$ ein Trägheitsmoment Θ_S von $1,6 \cdot 10^{-2}\,\mathrm{kg\,m^2}$ für eine im Mittelpunkt senkrechte Achse. Wir beobachten $T = 3,37\,\mathrm{s}$, also $\Theta_S = 1,58 \cdot 10^{-2}\,\mathrm{kg\,m^2}$.

2. *Scheibe und Kugel von gleichem Trägheitsmoment.* Abb. 6.10 zeigt im gleichen Maßstab eine Scheibe und eine Kugel aus gleichem Material. Ihre Massen verhalten sich wie $1 : 2,9$. Ihre Trägheitsmomente sollen nach den Gln. (6.8) und (6.10) gleich sein. In der Tat zeigen beide auf der Drillachse die gleiche Schwingungsdauer.

3. *Trägheitsmomente von Hohl- und Vollwalze gleicher Masse.* Abb. 6.11 zeigt eine hohle Metallwalze und eine volle Holzwalze von gleicher Masse m, gleichem Durchmesser und gleicher Länge. Mit den Achsen parallel zur Drillachse finden wir für die Hohlwalze ein erheblich größeres Trägheitsmoment.

Das erklärt eine oft überraschende Beobachtung: Wir legen beide Walzen nebeneinander auf eine Rampe, z. B. ein geneigtes Brett. Die Achsen beider Walzen sollen auf einer Geraden liegen. Dann lassen wir beide Walzen zu gleicher Zeit los. Die massive Holzwalze kommt viel früher als die hohle Metallwalze unten an. – Deutung: Zum Abrollen werden beide Walzen durch gleich große Drehmomente rF_G beschleunigt (Abb. 6.12). Denn

Abb. 6.10 Scheibe und Kugel von gleichem Trägheitsmoment

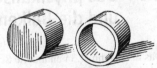

Abb. 6.11 Voll- und Hohlwalze von gleicher Masse (Holz und Metall), aber ungleichem Trägheitsmoment

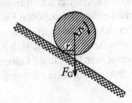

Abb. 6.12 Drehmoment $M = rF_G$ bei einer Walze auf einer Rampe

Abb. 6.13 Große Drillachse zur Messung der Trägheitsmomente eines Menschen in verschiedenen Stellungen. F eine kräftige Schneckenfeder. Ihre Winkelrichtgröße D^* beträgt rund 2,5 N m/rad. Das Trägheitsmoment Θ des liegenden Mannes ist rund 17 kg m². **(Videofilm 6.2)**

Videofilm 6.2:
„Trägheitsmomente"
http://tiny.cc/k6hkdy
Im Bild: R. HILSCH
(Dr. rer. nat. 1927)

Abb. 6.14 Trägheitsmomente eines Menschen in drei verschiedenen Stellungen. Die Pfeile markieren die Drehachsenrichtung. Die Trägheitsmomente (von *links* nach *rechts*) sind 1,2 kg m², 8 kg m² und 2,3 kg m². **(Videofilm 6.2)**

K6.9. Wer dieser Frage nachgeht, wird auch eine Erklärung für die ebenfalls oft überraschende Beobachtung finden, dass die Masse gar keine Rolle spielt! (Aufg. 6.2)

die Massen und Radien sind für beide Walzen die gleichen. Infolgedessen erhält die Hohlwalze mit größerem Trägheitsmoment eine kleinere Winkelbeschleunigung $\dot\omega$ und Winkelgeschwindigkeit ω (Zeile 4 in Tab. 6.1). – (Warum ist hier der STEINER'sche Satz zu beachten?[K6.9])

4. *Trägheitsmomente des menschlichen Körpers*. Wir bestimmen das Trägheitsmoment des menschlichen Körpers für einige verschiedene Körperstellungen und Achsenlagen. Dazu benutzen wir eine große Drillachse gemäß Abb. 6.13. Einige Messergebnisse sind in Abb. 6.14 zusammengestellt. Sie werden uns später nützlich sein.

6.5 Das physikalische Pendel und die Balkenwaage

Das in Abschn. 4.3 behandelte Schwerependel heißt das „mathematische". Es ist der Idealfall eines punktförmigen Körpers mit der Masse m an einem masselosen Faden. Die wirklichen oder „physikalischen" Pendel weichen oft weit von dieser Idealform ab. Für jedes physikalische Pendel lässt sich eine „reduzierte" Pendellänge angeben: So nennt man die Länge l eines mathematischen Pendels, das die gleiche Schwingungsdauer hat wie das physikalische.

Abb. 6.15 Das physikalische Schwerependel (Achsen in O oder P senkrecht zur Papierebene)

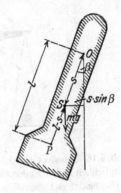

Als Beispiel zeigt Abb. 6.15 ein Brett beliebiger Gestalt als Schwerependel aufgehängt. O bezeichnet die Achse, S den Schwerpunkt, s den Abstand beider. Für die Schwingungsdauer dieses physikalischen Pendels gilt die für jede Drehschwingung gültige Formel

$$T = 2\pi \sqrt{\frac{\Theta_0}{D^*}} \qquad (6.13)$$

Θ_0 ist das für die Drehachse O geltende Trägheitsmoment. D^* ist wieder die Winkelrichtgröße, also $D^* = M/\beta$ (Gl. (6.3)). Die Größe des Drehmomentes M entnimmt man der Abb. 6.15:

$$M = mgs \sin\beta. \qquad (6.1)$$

Für kleine Winkel β dürfen wir wieder $\sin\beta = \beta$ setzen. Wir erhalten also

$$D^* = \frac{M}{\beta} = mgs \qquad (6.3)$$

und aus Gl. (6.13)

$$T = 2\pi \sqrt{\frac{\Theta_0}{mgs}}.$$

Für ein „mathematisches" Schwerependel, d. h. einen punktförmigen Körper an einem masselosen Faden, fanden wir in Gl. (4.17)

$$T = 2\pi \sqrt{\frac{l}{g}} \qquad (4.17)$$

Beim physikalischen Pendel tritt an die Stelle der Pendellänge l des mathematischen Pendels die Größe Θ_0/ms. Das ist die reduzierte Pendellänge. Sie ist als Länge $l = \Theta_0/ms$ in Abb. 6.15 eingezeichnet.[K6.10] Ihr unterer Endpunkt heißt Schwingungsmittelpunkt P. In ihm könnten wir die gesamte Masse m vereinigen, ohne die Schwingungsdauer des Pendels zu verändern.
Die Schwingungsdauer eines beliebigen Pendels bleibt unverändert, wenn man die Achse in den Schwingungsmittelpunkt P verlegt.[K6.11] Darauf gründet sich ein beliebtes experimentelles Verfahren zur Messung der reduzierten Pendellänge (Reversionspendel).

K6.10. l ist größer als s: Mithilfe des STEINER'schen Satzes (Gl. (6.12)) folgt
$$l = \frac{\Theta_0}{ms} = \frac{\Theta_S + ms^2}{ms},$$
$$l = s + \frac{\Theta_S}{ms} > s.$$
(Θ_S = Trägheitsmoment in Bezug auf den Schwerpunkt.)

K6.11. Um sich von dieser Aussage zu überzeugen, setze man die Winkelrichtgrößen für s und $(l - s)$, $D_0^* = mgs$ und $D_P^* = mg(l - s)$ sowie unter Zuhilfenahme des STEINER'schen Satzes die zugehörigen Trägheitsmomente $\Theta_0 = \Theta_S + ms^2$ und $\Theta_P = \Theta_S + m(l - s)^2$, in Gl. (6.13) ein und löse jeweils nach der reduzierten Pendellänge l auf.

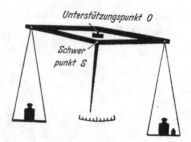

Abb. 6.16 Schema einer Balkenwaage als physikalisches Pendel. Der Übersichtlichkeit halber ist der Abstand des Schwerpunktes S von der Drehachse O (Schneide) viel zu groß gezeichnet. Bis zu Winkelausschlägen von wenigen Grad sind die Ausschläge zur Differenz der Belastungen der Waagschalen proportional.

K6.12. Die Balkenwaage als Messinstrument (s. z. B. H.R. Jenemann, Phys. Bl. 38 (1982) Nr. 10, S. 316) ist heute weitgehend aus den präparativen Laboratorien verschwunden und durch hochempfindliche elektronische Waagen ersetzt worden. Sie ist aber nach wie vor ein sehr lehrreiches Beispiel eines Drehpendels. (Aufg. 6.7)

Auch eines unserer allerwichtigsten Messinstrumente, die *Balkenwaage*,[K6.12] ist ein physikalisches Pendel. – Wir betrachten zunächst die beiden Waagschalen als nicht vorhanden. Dann weicht ihr Schema in Abb. 6.16 nur in seiner äußeren Form von dem Schema in Abb. 6.15 ab.

Die Schwingungsdauer einer Präzisionswaage ohne Schalen sei beispielsweise 12 s, entsprechend einer reduzierten Pendellänge von 36 m.

Durch Anfügung der Waagschalen und ihrer Last wird das effektive Trägheitsmoment des Waagebalkens vergrößert. Dadurch vergrößert sich z. B. die Schwingungsdauer auf 18 s. Eine beiderseitige Belastung mit 100 g erhöht sie sogar auf etwa 24 s.

6.6 Der Drehimpuls

Bei der fortschreitenden Bewegung war der Impuls als $p = mu$ definiert. Der Impuls ist ein Vektor, und für den Impuls eines abgeschlossenen „Systems" gilt ein Erhaltungssatz.

K6.13. Der so eingeführte Drehimpuls hängt wie das Trägheitsmoment von der Lage der Drehachse ab. Geht diese durch den Schwerpunkt des Körpers, spricht man vom „Eigendrehimpuls". Im anderen Fall kann man Gl. (6.12) in Gl. (6.14) einsetzen und erhält $L = \Theta_s \omega + ma^2 \omega$. Der erste Term ist wieder der Eigendrehimpuls. Den zweiten nennt man „Bahndrehimpuls", den der Körper aufgrund seiner Bewegung auf der Kreisbahn mit dem Radius a besitzt (s. Abb. 6.9). Allgemein wird der Bahndrehimpuls durch die Vektorgleichung $L = r \times u$ definiert (r = Ortsvektor, u = Bahngeschwindigkeit). (s. auch Aufg. 4.3)

Bei der Drehbewegung tritt an die Stelle der Masse m das Trägheitsmoment Θ, an die Stelle der Bahngeschwindigkeit u die Winkelgeschwindigkeit ω. Damit erhalten wir die Größe, die dem Impuls entspricht (Zeile 9 in Tab. 6.1), den Drehimpuls[K6.13]

$$L = \Theta\omega \qquad (6.14)$$

Auch der Drehimpuls ist ein Vektor. Er gibt den Drehsinn an. Ein Blick in Richtung des Drehimpulsvektors zeigt eine Drehung im Uhrzeigersinn. *Im Text gelten die Drehsinnangaben für einen von oben blickenden Beobachter.*

Abb. 6.17 Zur Erhaltung des Drehimpulses. Die Pfeile zeigen die Drehimpulse von Rad und Experimentator an. (Bei *kleinen* Winkelgeschwindigkeiten wird man durch Reibung gestört.) (**Videofilm 6.3**)

Videofilm 6.3:
„Drehstuhlexperimente zur Erhaltung des Drehimpulses"
http://tiny.cc/55hkdy
Im Bild: R. HILSCH
(Dr. rer. nat. 1927)

Auch für den Drehimpuls gilt ein Erhaltungssatz, d. h. ohne Einwirkung äußerer Drehmomente bleibt der Drehimpuls nach Betrag und Richtung konstant ($M = 0$ in der Grundgleichung für Drehbewegungen (6.7)). Wir bringen, genau wie seinerzeit bei der fortschreitenden Bewegung, einige experimentelle Beispiele. Als Hilfsmittel tritt an die Stelle des flachen *Wagens* bei der fortschreitenden Bewegung (Abb. 5.14) ein *Drehstuhl* (Abb. 6.17). Er kann sich um eine genau vertikale Achse mit winziger Reibung drehen (Kugellager). Er reagiert also nur auf vertikal gerichtete Drehimpulse. Von schräg liegenden Drehimpulsvektoren nimmt er nur die vertikale *Komponente* auf.

1. Ein Mann sitzt auf dem ruhenden Drehstuhl. In der linken Hand hält er etwa in Augenhöhe einen ruhenden Kreisel mit vertikaler Achse (Fahrradfelge mit Bleieinlage). Der Drehimpuls ist anfänglich null. Der Mann greift mit der rechten Hand von unten in die Speichen und versetzt den Kreisel in Drehung. Der Kreisel erhält einen Drehimpuls $\Theta_1\omega_1$ gegen den Uhrzeiger. Wegen der Drehimpulserhaltung muss der Mann einen Drehimpuls $\Theta_2\omega_2$ gleicher Größe, aber entgegengesetzten Drehsinns erhalten. In der Tat beginnt der Mann mit dem Uhrzeiger zu kreisen. Seine Winkelgeschwindigkeit ω_2 ist erheblich kleiner als die des Kreisels, denn sein Trägheitsmoment ist viel größer als das des Kreisels.

2. Der Mann drückt die Felge des laufenden Kreisels gegen seine Brust und bremst den Kreisel. Die Drehung von Kreisel und Mann hört gleichzeitig auf. Es werden wieder beide Drehimpulse gleichzeitig null.

3. Der Mann hält auf dem ruhenden Drehstuhl den ruhenden Kreisel mit horizontaler Achse. Er versetzt den Kreisel in Drehung, der Drehimpulsvektor des Kreisels liegt horizontal. Drehstuhl und Mann bleiben in Ruhe, denn sie reagieren nicht auf einen Drehimpuls mit horizontaler Richtung.

4. Der anfänglich ruhende Kreisel wird mit seiner Achse unter 60° gegen die Vertikale geneigt und dann in Gang gesetzt. Mann und Stuhl beginnen sich zu drehen, jedoch nur mit kleiner Winkelge-

Abb. 6.18 Mit einem Holzklotz an einem langen Stiel lassen sich Drehimpulse mit verschiedenen Achsenrichtungen erzeugen **(Videofilm 6.3)**

Videofilm 6.3:
„Drehstuhlexperimente zur Erhaltung des Drehimpulses"
http://tiny.cc/55hkdy

schwindigkeit. Sie erhalten nur einen Drehimpuls gleich der vertikalen Komponente des Kreiseldrehimpulses.

5. Wir geben dem ruhenden Mann den laufenden Kreisel in die Hand. Der Kreisel läuft im Uhrzeigersinn. Der Mann bleibt in Ruhe. Wir haben ihm ja den Kreisel mit seinem Drehimpuls geliefert. Dann kippt der Mann die Kreiselachse um 180°. Er nimmt ihr unteres Ende nach oben. Damit ändert er den Drehimpuls von $+L$ auf $-L$, insgesamt also um $-2L$. Der Mann selbst dreht sich mit dem Drehimpuls $2L$ mit dem Uhrzeiger. Dann kippt der Mann den Kreisel wieder in die Ausgangsstellung und gibt ihn uns zurück. Drehstuhl und Mann sind wieder in Ruhe. – Man kann also eine Zeitlang mit einem geliehenen Drehimpuls spielen und ihn dann wieder abliefern.

6. Der Mann sitzt auf dem ruhenden Drehstuhl. In der Hand hält er einen Hammer (Abb. 6.18). Der Mann soll sich durch Schwingbewegungen des Hammers in horizontaler Richtung einmal ganz um die vertikale Achse herumdrehen. – Während des Schwunges dreht sich der Mann, wenn auch mit kleinerer Winkelgeschwindigkeit als die von Arm und Hammer. Hammer und Arm können nur um etwa 180° geschwenkt werden. Gleichzeitig mit der Hammerbewegung kommt auch die Körperdrehung zur Ruhe, denn Mann und Hammer können nur zu gleicher Zeit einen Drehimpuls haben. Für einen zweiten Schwung muss der Mann den Hammer in die Ausgangsstellung zurückbringen. Das kann er auf dem gleichen Weg tun. Aber dann verliert er seinen ganzen vorherigen Winkelgewinn. Daher muss er zur Wiederholung der Schwingbewegung einen *anderen Rückweg* wählen. Er muss den Hammer aus der Endstellung in der *vertikalen* Ebene nach oben führen und dann abermals in einer *vertikalen* Ebene in die Ausgangsstellung zurückbringen. Auf die Drehimpulse dieser Drehbewegung reagiert der vertikal gelagerte Körper nicht. Von der Ausgangsstellung aus kann der Versuch wiederholt werden, der Winkelgewinn verdoppelt sich usf. Selbstverständlich lassen sich die drei einzelnen Bewegungen zu einer einzigen Bewegung vereinigen. Man lässt Arm und Hammer einen Kegelmantel umfahren, dessen Achse z. B. 45° gegen die Vertikale geneigt ist.

7. Die Vektornatur des Drehimpulses lässt sich gut mit einem um eine vertikale Achse drehbaren Ventilator vorführen (Abb. 6.19). Propeller und Luftstrahl bekommen einen Drehimpuls L. Dabei bekommt der Ventilator den gleichen Drehimpuls mit umgekehrtem Drehsinn.

Abb. 6.19 Zur Vektornatur des Drehimpulses
(α zwischen 30° und 100° verstellbar) (**Video-film 6.4**)

Videofilm 6.4:
„**Zur Vektornatur des Drehimpulses**"
http://tiny.cc/c7hkdy

Die vertikale Komponente, also $L\cos\alpha$, lässt den Ventilator um die vertikale Achse rotieren. (s. auch Abb. 6.2)

Beispiele

Die Flügel des Ventilators sollen im Uhrzeigersinn kreisen, dabei sei unser Blick durch die Flügel auf das Gehäuse des Motors gerichtet. – Zunächst blase der Ventilator in horizontaler Richtung, es sei also $\alpha = 90°$: Die Stativachse bleibt in Ruhe, denn cos 90° ist gleich null.

Dann blase der Ventilator schräg aufwärts, z. B. mit $\alpha = 45°$: Die Stativachse rotiert, von oben gesehen, langsam gegen den Uhrzeiger. Grund: Es ist cos 45° $\approx$ 0,7; $\cos\alpha$ hat also einen positiven Wert. (Die Reibungsverluste in den Lagern der Stativachse stören nicht, weil Motor und Propeller der zuströmenden Luft dauernd neuen Drehimpuls zuführen.)

Nach Abschalten des Stromes verschwindet diese Rotation zunächst, und dann beginnt sie von neuem mit dem Drehsinn des Propellers. Grund: Motorläufer und Propeller werden durch *Lagerreibung* abgebremst. Ihr Drehimpuls wird an das Gehäuse abgegeben, und seine vertikale Komponente wird beobachtet.

8. Wir ersetzen den Drehstuhl durch die große, aus Abb. 6.13 bekannte *Drillachse*. Auf ihr liegt in gestreckter Stellung ein Mann, sich beiderseits an zwei Handgriffen haltend (Abb. 6.20). Der Mann wird angestoßen und vollführt Drehschwingungen kleiner Amplitude. *Aufgabe*: Der Mann soll ohne Hilfe von außen seine Schwingungsamplitude bis zu vollen Kreisschwingungen von 360° aufschaukeln. *Lösung*: Der Mann hat in periodischer Folge sein Trägheitsmoment um die vertikale Achse zu ändern. Beim Durchlaufen der Nulllage zieht er die Beine an und richtet den Oberkörper auf. Dadurch verkleinert er sein Trägheitsmoment Θ und vergrößert seine Winkelgeschwin-

Abb. 6.20 Zur Technik des Turnens mit Schwüngen
(**Videofilm 6.5**)

Videofilm 6.5:
„**Zur Physik des Turnens mit Schwüngen**"
http://tiny.cc/i7hkdy

digkeit ω[1]. In der Umkehrstellung streckt er sich wieder und kehrt zum großen Trägheitsmoment zurück. Beim Durchlaufen der Ruhelage wiederholt er das Spiel. In kurzer Zeit vollführt er Drehschwingungen mit 180° Amplitude. – Dieser Versuch erläutert vorzüglich die ganze *Technik des Reckturnens*. Nur ist die Achse der horizontalen Reckstange durch die vertikale Drillachse ersetzt und das Drehmoment wird nicht, wie beim Reck, durch das Gewicht, sondern durch die Schneckenfeder an der Drillachse erzeugt. Dadurch erreichen wir den Vorteil eines langsameren zeitlichen Verlaufs und daher leichterer Beobachtung. Der eben gezeigte Versuch war, in die Sprache des Reckturners übersetzt, der *Riesenschwung*.

Der Turner am Reck weiß sein Trägheitsmoment im richtigen Augenblick auf mancherlei Weise zu verkleinern. Zum Beispiel beim Riesenschwung durch Einknicken der Arme oder Einknicken der Beine oder Spreizen der Beine.[K6.14]

K6.14. Die Schaukel auf dem Kinderspielplatz bietet eine andere gute Gelegenheit zum Studium dieser Technik, die der Physiker auch eine „parametrische Schwingungserzeugung" nennt, bei der ein Parameter des Oszillators verändert wird (s. auch Abb. 11.20).

9. Auch der Flächensatz bei Zentralbewegungen (Abschn. 4.4 und 4.5) ist nur ein Sonderfall des Drehimpulserhaltungssatzes. An allen Stellen der Bahn ist in Abb. 4.17 die Dreiecksfläche $Oac = Oce = r^2\omega\Delta t/2 = L\Delta t/2m$ konstant.

6.7 Freie Achsen

Bei allen bisher betrachteten Drehbewegungen war die Drehachse des Körpers durch eine wirkliche Achse in Zylinder- oder Schneidenform in Lagern *festgelegt*. Diese Beschränkung lassen wir jetzt fallen. So gelangen wir zu den Drehbewegungen der Körper um *freie* Achsen. Zur Erläuterung dieses Wortes bringen wir etliche experimentelle Beispiele:

a) Abb. 6.21 zeigt einen bekannten Zirkusscherz: Ein flacher Teller rotiert oben auf der Spitze eines Bambusstäbchens. Seine Symmetrieachse dient ihm als freie Achse.

b) Ein flacher Teller kann, geschickt in Gang gesetzt, auch um einen Durchmesser als freie Achse rotieren (Abb. 6.22).

c) Wir bringen eine kleine Variante dieser beiden Versuche. Wir hängen an die vertikale Achse eines schnell laufenden Elektromotors einen zylindrischen Stab an seinem einen Ende auf. Als freie Achse kann entweder seine Längsachse dienen oder aber wie in Abb. 6.23 seine Querachse.

d) Technisch verwertet man freie Achsen als „schwanke" Achsen. In Abb. 6.24 wird eine Schmirgelscheibe von einem Elektromotor in Drehung versetzt ($\nu \approx 50\,\text{Hz}$). Die Scheibe sitzt am Ende eines etwa 20 cm langen und nur wenige Millimeter starken Drahtes. Sie dreht

---

[1] Der Energiezuwachs entstammt der Arbeit der Muskeln gegen Trägheitskräfte (Abschn. 7.3).

Abb. 6.21 Die Figurenachse eines Tellers als freie Achse[K6.15]

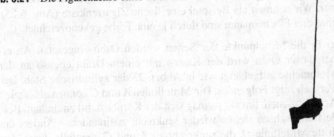

K6.15. Der Autor als Zirkus-artist (Aufnahme von einem seiner Hörer).

Abb. 6.22 Tellerdurchmesser als freie Achse

Abb. 6.23 Ein Stab rotiert um die Achse sei-nes größten Trägheitsmomentes als freie Achse **(Videofilm 6.6)**

Videofilm 6.6:
„Rotation um freie Achsen"
http://tiny.cc/06hkdy

Abb. 6.24 Schwanke Achse einer Schmirgelscheibe (Ach-se für praktische Zwecke etwas zu dünn) **(Video-film 6.7)**

Videofilm 6.7:
„Schwanke Achse"
http://tiny.cc/u7hkdy

sich stabil um die Achse ihres größten Trägheitsmomentes und legt sich federnd gegen das angepresste Werkstück.[K6.16]

Allen diesen Beispielen war zweierlei gemeinsam:

1. Die benutzten Körper hatten *Drehsymmetrie*. Alle waren sie im Prinzip auf einer *Drehbank* herstellbar. Bei allen war eine *Symmetrie-oder Figurenachse* ausgezeichnet.

2. Die eine freie Achse fiel mit der Figurenachse zusammen, die an-dere stand stets zu ihr senkrecht.

K6.16. Praktische Anwen-dung:
Die unvermeidlichen Rich-tungsunterschiede von geo-metrischer Achse und Dreh-impulsachse, die bei einem schnell laufenden Kreisel dazu führen, dass dieser „schlägt", werden durch schwanke Achsen aufge-fangen.

In den jetzt folgenden Versuchen fehlt eine Drehsymmetrie der Körper. Wir nehmen als Beispiel eine flache Zigarrenkiste (Abb. 6.25). Ihre drei Flächenpaare sind durch je eine Farbe gekennzeichnet.

e) In die Mittelpunkte der Seiten werden Ösen eingesetzt. An einer dieser Ösen wird der Kasten mit einem Draht ebenso an der Motorachse aufgehängt wie in Abb. 6.23 der zylindrische Stab. Der Versuch zeigt Folgendes: Die Mittellinien A und C können als „freie" Achsen dienen, um sie vermag sich der Körper stabil zu drehen. Beide freie Achsen stehen wieder senkrecht zueinander. – Anders die dritte Mittellinie B, die senkrecht zu A und C ebenfalls durch den Schwerpunkt geht. Sie lässt sich in keiner Weise als freie Achse verwenden. Der Körper kehrt stets in eine der beiden stabilen Lagen zurück.[K6.17]

K6.17. Die stabilste Rotation erfolgt um die Achse des größten Trägheitsmomentes (hier Achse A).

f) Mit dem gleichen Ergebnis wiederholen wir den Versuch in einer Variante. Wir schleudern die Kiste in die Luft, ihr durch geeignete Fingerhaltung (Abb. 6.26) eine Drehung erteilend. Wieder können A und C als freie Achsen dienen. Dem Beschauer bleibt ein und dieselbe Kistenfläche zugewandt, kenntlich an ihrer Farbe. Drehversuche um die Achse B führen stets zu Torkelbewegungen, der Beschauer sieht wechselnde Farben.

Mit diesen oder ähnlichen Versuchen gelangt man zu dem Ergebnis: *Als freie Achse eines Körpers kann die Achse seines größten oder kleinsten Trägheitsmomentes dienen.*

Bei den einfach gewählten Beispielen a) bis f) sind diese Achsen wohl in jedem Einzelfall rein geometrisch ersichtlich. In anderen Fällen kann man jederzeit die Drillachse (Abb. 6.5 und 6.13) zu Hilfe nehmen und die Trägheitsmomente für die verschiedenen Achsenrichtungen *messen*. Der Sicherheit halber haben wir derartige Messungen für unsere flache Zigarrenkiste ausgeführt und die Messergebnisse in Abb. 6.25 vermerkt.

Abb. 6.25 Die Achse A des größten, B des mittleren und C des kleinsten Trägheitsmomentes einer Kiste
$$\left.\begin{array}{l} \Theta_A = 6{,}5 \\ \Theta_B = 5{,}6 \\ \Theta_C = 1{,}4 \end{array}\right\} \cdot 10^{-3}\,\mathrm{kg\,m^2}$$

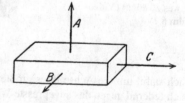

Abb. 6.26 Abschleudern einer Kiste zur Drehung um ihre freie Achse A mit größtem Trägheitsmoment (**Videofilm 6.8**)

Videofilm 6.8:
„Freie Rotation eines quaderförmigen Körpers"
http://tiny.cc/57hkdy

6.8 Freie Achsen bei Mensch und Tier

Freie Achsen setzen keineswegs Drehsymmetrie des Körpers voraus. Das zeigt der Versuch mit der bemalten, flachen Zigarrenkiste. Noch besser zeigt es aber die Anwendung der freien Achsen durch Mensch und Tier.

Beispiele

a) *Ein Springer macht einen Salto.* Leicht vornübergekrümmt, meist mit erhobenen Händen, erteilt er sich einen Drehimpuls. Die zugehörige Achse ist in Abb. 6.27a angedeutet. Es ist nahezu eine freie Achse *größten* Trägheitsmomentes. Die Winkelgeschwindigkeit ist noch klein. Einen Augenblick später reißt der Springer seinen Körper in die Kauerstellung der Abb. 6.27b zusammen. Auch für diese Körperstellung bleibt die Achse die seines *größten* Trägheitsmomentes. Aber dies selbst ist rund dreimal kleiner. Folglich ist die Winkelgeschwindigkeit nach dem Drehimpulserhaltungssatz auf das Dreifache erhöht. Mit dieser großen Winkelgeschwindigkeit werden ein oder zwei, ja gelegentlich sogar drei ganze Drehungen ausgeführt. Dann vergrößert der Springer im gegebenen Augenblick wieder sein Trägheitsmoment durch Streckung des Körpers. Er landet mit wieder kleiner Winkelgeschwindigkeit auf dem Boden. Die Sprungtechnik guter Zirkuskünstler ist physikalisch recht lehrreich. Zum Springen gehört in erster Linie Mut. Springen ist Nervensache. Für die nötigen Drehungen sorgt schon automatisch der Erhaltungssatz des Drehimpulses.

> „Springen ist Nervensache. Für die nötigen Drehungen sorgt schon automatisch der Erhaltungssatz des Drehimpulses."

b) *Eine Balletttänzerin macht eine Pirouette* auf einer Fußspitze. Sie dreht sich dabei um ihre Körperlängsachse. Sie benutzt die Achse ihres *kleinsten* Trägheitsmomentes als *freie* Achse. Um diese dreht sie sich mit großer Winkelgeschwindigkeit ω und dem Drehimpuls $\Theta\omega$. Zum Abstoppen vergrößert sie im gegebenen Augenblick ihr Trägheitsmoment durch Übergang in die Körperstellung in Abb. 6.14 Mitte. Dies neue Trägheitsmoment ist rund siebenmal so groß wie das vorangegangene. Folglich ist ihre Drehgeschwindigkeit auf den siebten Teil verkleinert. Die Fußsohle wird auf den Boden gesetzt, die Drehung gebremst und der Unterstützungspunkt unter den Schwerpunkt gebracht.

Abb. 6.27 Veränderung des Trägheitsmomentes beim Salto[K6.18]

K6.18. Im Bild: R. HILSCH (Dr. rer. nat. 1927)

c) Eine an den Füßen aufgehängte und dann losgelassene Katze fällt stets auf ihre Füße. Dabei dreht sich das Tier um seine freie Achse kleinsten Trägheitsmomentes. Es benutzt sie als Ersatz für die durch Lager gehaltene Achse des Drehstuhls in Abb. 6.18. Statt des *Hammers* werden die *hinteren Extremitäten* und der Schwanz herumgeschwungen. Der Mensch kann diesen Trick der Katze in *seiner* Art leicht nachmachen. Auch er kann während des Springens Drehbewegungen um seine Achse kleinsten Trägheitsmomentes, d. h. seine Längsachse, einleiten.

6.9 Definition des Kreisels und seiner drei Achsen

Bei den zuerst von uns betrachteten Drehungen lag die Drehachse im Körper fest, und außerdem wurde sie außerhalb des Körpers von Lagern gehalten. Bei den dann folgenden Drehungen um freie Achsen lag die Drehachse noch immer im Körper fest, doch fehlten die Lager. Im allgemeinsten Fall der Drehung fehlen sowohl die Lager als auch eine feste Lage der Drehachse im Körper. Die Drehachse geht im Körper zwar dauernd durch dessen Schwerpunkt, doch wechselt sie ständig ihre Richtung im Körper. Die letztgenannte allgemeine Drehung heißt *Kreiselbewegung*. Drehungen um freie Achsen oder um gelagerte Achsen sind Sonderfälle dieser allgemeinen Kreiselbewegung.

In ihrer allgemeinsten Form bieten die Kreiselbewegungen die schwierigsten Aufgaben der ganzen Mechanik. Man gelangt selbst mit großem mathematischen Aufwand nur zu Näherungslösungen. Doch lassen sich alle wesentlichen Kreiselerscheinungen bereits an dem Sonderfall eines drehsymmetrischen Kreisels erläutern. Dieser Sonderfall wird durch Abb. 6.28 festgelegt. In den dort dargestellten Beispielen ist die Figurenachse stets die Achse des *größten* Trägheitsmomentes. Es handelt sich im physikalischen Sinn um *abgeplattete* Kreisel oder einfach um *Kreisel* im Sinn des täglichen Sprachgebrauchs.

Entscheidend für die Darstellung und das Verständnis aller Kreiselerscheinungen ist die strenge Unterscheidung dreier verschiedener, durch den Kreiselschwerpunkt gehender Achsen. Es sind

1. die Figurenachse, also in unseren Kreiseln die Achse des größten Trägheitsmomentes,

2. die momentane Drehachse, die Achse, um die in einem bestimmten Augenblick die Drehung erfolgt, und

Abb. 6.28 Zwei „abgeplattete" Kreisel. Die Figurenachse ist die Achse des größten Trägheitsmomentes.

3. die Drehimpulsachse. Sie liegt zwischen Figuren- und Drehachse in der durch beide festgelegten Ebene.

Die Figurenachse ist ohne Weiteres an jedem unserer Kreisel erkennbar, zur Sichtbarmachung der beiden anderen Achsen bedarf es besonderer Kunstgriffe. Für ihre Anwendung eignet sich der in Abb. 6.29 dargestellte Kreisel. Er ist in seinem Schwerpunkt mit Pfanne und Spitze kräftefrei gelagert, also in jeder Stellung seiner Figurenachse im Gleichgewicht. – Die Figurenachse trägt oben einen leichten Tisch. Auf ihm können Papierblätter mit verschiedenen Mustern befestigt werden.

Zunächst soll die momentane Drehachse vorgeführt werden. Zu diesem Zweck wählen wir ein Papierblatt mit gedrucktem Text, setzen den Kreisel in Gang und geben der Figurenachse einen seitlichen Stoß. Durch ihn gerät der Kreisel in eine torkelnde Bewegung, und dabei beobachtet man Folgendes: Durch die Rotation verschwimmt der Text zu einem einheitlichen Grau. Nur in einem engen, ständig wandernden Fleck bleibt der Text kurz in Ruhe und als Druckschrift erkennbar. Der Mittelpunkt dieses Flecks ist die *momentane Drehachse*. Diese momentane Drehachse und die Figurenachse umfahren mit derselben Winkelgeschwindigkeit ω_N je einen Kegel, und diese beiden Kegel haben eine gemeinsame raumfeste Achse. Diese zunächst noch unsichtbare Achse ist die *Drehimpulsachse*.

Um die Drehimpulsachse sichtbar zu machen, beginnen wir mit einem Vorversuch. Wir befestigen ein Papierblatt mit konzentrischen Kreisen auf einer rotierenden Scheibe, und zwar das Zentrum der Kreise auf der Drehachse. Wir sehen die rotierende Scheibe ebenso wie die ruhende, Abb. 6.30 oben. – Dann verschieben wir das Zentrum der Kreise seitlich gegen die Drehachse der Scheibe, lassen also während der Rotation das Zentrum der Kreise um die Drehachse der Scheibe herumlaufen. Dabei ergibt sich Abb. 6.30 unten, also wieder ein System konzentrischer Kreise. Der Abstand zwischen den einzelnen Kreisen ist der gleiche wie zuvor, ihre Konturen sind verwaschen,

Abb. 6.29 Kreisel zur Vorführung der drei Achsen. Um ihn in Gang zu setzen, klemmt man die Figurenachse zwischen die flachen Handflächen und bewegt die Hände in einander entgegengesetzter Richtung. **(Videofilm 6.9)**

Videofilm 6.9:
„Die drei Kreiselachsen"
http://tiny.cc/l7hkdy

Abb. 6.30 Zur Sichtbarmachung der Drehimpulsachse, etwa 1/10 natürl. Größe (R. Hagedorn, Z. Phys. **125**, 542 (1949))

das gemeinsame Zentrum dieser verwaschenen Kreise liegt über der Drehachse und zeigt uns deren Lage. – So weit der Vorversuch.

Im Hauptversuch legen wir die Scheibe mit den konzentrischen Kreisen auf den Tisch des Kreisels (Abb. 6.29), das gemeinsame Zentrum in der Figurenachse. Durch einen seitlichen Stoß trennen wir wieder die drei Kreiselachsen voneinander: Die Figurenachse, also auch das Zentrum der konzentrischen Kreise, läuft um die Drehimpulsachse herum. Dabei wird die Drehimpulsachse genauso sichtbar wie die Achse in Abb. 6.30.

Der ganze Vorgang, der gemeinsame Umlauf der Figurenachse und der momentanen Drehachse um die Drehimpulsachse herum, heißt *Nutation* (Winkelgeschwindigkeit ω_N).

Näheres über die Nutation bringt der folgende Abschnitt. – Hier entnehmen wir dem Experiment lediglich noch eine für später nützliche Feststellung: Die Nutationen klingen in einiger Zeit ab. Das ist eine Folge der unvermeidlichen Lagerreibung, in unserem Beispiel also zwischen Spitze und Pfanne.

6.10 Die Nutation des kräftefreien Kreisels und sein raumfester Drehimpuls

Die soeben experimentell beobachtete *Nutation ist eine unmittelbare Folge des Drehimpulserhaltungssatzes.* Man denke sich in Abb. 6.31 die Zeichenebene durch die Figurenachse A des Kreisels und durch seine momentane Drehachse Ω hindurchgelegt. Um diese momentane Drehachse dreht sich der Kreisel mit der Winkelgeschwindigkeit ω, dargestellt durch den Vektorpfeil in Richtung der Drehachse Ω. Diese Winkelgeschwindigkeit ω können wir in zwei Komponenten

Abb. 6.31 Die drei Kreisel-achsen

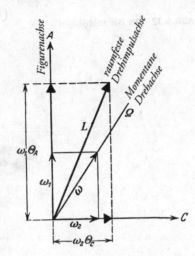

ω_1 und ω_2 zerlegen. ω_1 ist die Winkelgeschwindigkeit um die Achse A des größten Trägheitsmomentes Θ_A. – ω_2 ist die Winkelgeschwindigkeit um eine zu ihr senkrechte Achse C mit dem Trägheitsmoment Θ_C. Der Drehimpuls beträgt demnach $L_A = \Theta_A \omega_1$ in Richtung der Figurenachse A und $L_C = \Theta_C \omega_2$ in Richtung der zur Figurenachse senkrechten Achse C.

Diese beiden Drehimpulse sind durch Vektorpfeile mit dicken Spitzen eingezeichnet. Sie setzen sich zu einem resultierenden Drehimpuls L zusammen. Die Richtung dieses Drehimpulses liegt also zwischen der Figurenachse A und der augenblicklichen Drehachse Ω in der beiden gemeinsamen Ebene.

Jetzt ist der Kreisel voraussetzungsgemäß „kräftefrei". Er ist in seinem Schwerpunkt auf einer Spitze gelagert. Es wirken keinerlei Drehmomente auf ihn ein. Infolgedessen muss sein Drehimpuls nach Betrag und Richtung erhalten bleiben (s. Abschn. 6.6). Die Drehimpulsachse muss dauernd ein und dieselbe feste Richtung im Raum behalten. Sowohl die Figurenachse A als auch die augenblickliche Drehachse Ω müssen die raumfeste Drehimpulsachse umkreisen (ω_N). Zur Veranschaulichung bilden wir die drei Achsen in Abb. 6.31 aus starren Drähten nach und lassen sie gemeinsam um den mittleren Draht, also die Drehimpulsachse, rotieren. Dann sehen wir um die Drehimpulsachse herum zwei Kegel entstehen. Der eine entsteht durch den Draht der Figurenachse: Es ist der uns schon bekannte Nutationskegel. Der andere Kegel entsteht durch den Draht der momentanen Drehachse: Man nennt ihn den Rastpolkegel. Der Zusammenhang dieser beiden ersten Kegel lässt sich nun in Abb. 6.32 mit einem dritten Kegel, dem Gangpolkegel darstellen. Dieser ist starr mit der Figurenachse verbunden, er umfasst als Hohlkegel den raumfesten Rastpolkegel und rollt („perizykloidisch") auf diesem ab. Die jeweilige Berührungslinie dieser Kegel mit gemeinsamer Spitze ergibt die Richtung der momentanen Drehachse Ω.

Abb. 6.32 Der Nutationskegel

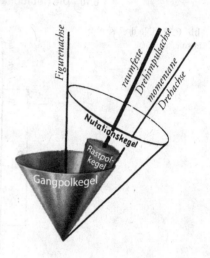

Auf den Inhalt dieses Abschnitts muss man etwas Mühe verwenden. Es lohnt aber. Das Wort Nutation kommt sehr häufig in physikalischen und technischen Arbeiten vor. Man muss mit ihm einen Sinn verbinden können.

In Sonderfällen kann die Drehimpulsachse eines Kreisels mit seiner Figurenachse zusammenfallen: Der flache Kreisel entartet zu einem Kugelkreisel, oder die Drehachse eines flachen Kreisels wird in seine Figurenachse gelegt. – Diesen zweiten Fall können wir auf verschiedene Weise verwirklichen, z. B. mit dem Kreisel aus Abb. 6.29. Man setzt den Kreisel auf dem Spitzenlager im Schwerpunkt recht behutsam in Bewegung, jeden seitlichen Stoß gegen die Figurenachse vermeidend. Dann bleibt die Kreiselachse raumfest stehen. Das ist eine bereits vielen Laien geläufige Erscheinung. – Varianten:

a) Man schleudert eine Diskusscheibe, sie durch die bekannte Handbewegung als Kreisel in Drehung versetzend. Die Richtung der Figurenachse bleibt als Drehimpulsachse raumfest (Abb. 6.33). Der Diskus fliegt auf dem *absteigenden Ast* seiner Bahnkurve wie die Tragfläche eines Flugzeuges mit festem Anstellwinkel α durch die Luft. Dabei erfährt der Diskus den Auftrieb eines Flügels (Abschn. 10.10). Er sinkt langsamer zu Boden als ein Stein und fliegt daher weiter, als es der punktierten Wurfparabel entspricht. – Selbstverständlich ist das Wort „kräftefrei" in diesem Fall nur im Sinn einer Näherung anwendbar. Denn die anströmende Luft lässt in Wirklichkeit nicht nur eine Auftriebskraft, sondern außerdem ein kleines Drehmoment auf den Kreisel wirken; beides wird hier aber vernachlässigt.
b) Der Diabolokreisel gemäß Abb. 6.34. Er behält auch bei großer Wurfhöhe eine feste Richtung seiner Figurenachse bei.

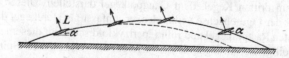

Abb. 6.33 Flugbahn eines Diskuskreisels

Abb. 6.34 Diabolo-Spielkreisel

6.11   Kreisel unter Einwirkung von Drehmomenten, die Präzession der Drehimpulsachse

Nach Einführung des Impulses $p = mu$ haben wir die Grundgleichung in die Form gebracht:

$$F = \frac{\mathrm{d}}{\mathrm{d}t}(mu) = \frac{\mathrm{d}p}{\mathrm{d}t}. \tag{5.41}$$

Ferner hatten wir bei der fortschreitenden Bewegung zwei Grenzfälle zu unterscheiden. Im ersten Grenzfall lag die Richtung der Kraft F parallel zu dem schon vorhandenen Impuls p: Es wurde nur der *Betrag*, nicht die Richtung des Impulses geändert (gerade Bahn). – Im zweiten Grenzfall stand die Richtung der Kraft in jedem Augenblick senkrecht zu der des schon vorhandenen Impulses: Es wurde nur die *Richtung* des Impulses geändert (Kreisbahn).

In entsprechender Weise wollen wir jetzt die Einwirkung eines Drehmomentes M auf einen *Kreisel* behandeln. Wir schreiben also die Grundgleichung für Drehbewegungen (6.7) in der Form (Zeile 11 in Tab. 6.1)

$$M = \frac{\mathrm{d}}{\mathrm{d}t}(\Theta\omega) = \frac{\mathrm{d}L}{\mathrm{d}t} \tag{6.15}$$

und unterscheiden wieder zwei Grenzfälle. Im ersten Grenzfall liegt die Richtung des Drehmomentvektors *parallel* zur Richtung des Drehimpulses: Dann erfährt der Kreisel eine Winkelbeschleunigung $\dot{\omega}$. Es wird nur der *Betrag* seines Drehimpulses L geändert, nicht aber dessen Richtung.

> Eine für Messungen brauchbare Anordnung findet sich in Abb. 4.4 (MAXWELL'sche Scheibe). Das wirksame Drehmoment M ist gleich F_G mal dem Radius der Kreiselachse.

Im zweiten Grenzfall steht der Vektor des Drehmomentes M *senkrecht* zur Richtung des schon vorhandenen Kreiseldrehimpulses L. Dann bleibt der Betrag des Drehimpulses ungeändert, geändert wird nur seine *Richtung*.

Das zur Drehimpulsachse senkrechte *Drehmoment* veranlasst eine *Präzessionsbewegung der Drehimpulsachse*. Die Drehimpulsachse bleibt nicht mehr raumfest. *Sie beginnt ihrerseits einen im Raum fes-ten Präzessionskegel zu umfahren.* Dabei bleibt die Drehimpulsachse nach wie vor die Mittellinie des Nutationskegels. Der Kreisel ist jetzt durch drei Kreisfrequenzen oder Winkelgeschwindigkeiten gekenn-zeichnet:

1. seine Winkelgeschwindigkeit ω um die Figurenachse,

2. die Winkelgeschwindigkeit ω_N der Figurenachse beim Umfahren der Drehimpulsachse auf dem *Nutationskegel*, und

3. die Winkelgeschwindigkeit ω_p der Drehimpulsachse beim Umfah-ren des raumfesten *Präzessionskegels*.

Kreiselbewegungen mit gleichzeitiger Nutation und Präzession sind recht kompliziert. Darum muss man für Vorführungszwecke eine möglichst weitgehende Trennung von Nutation und Präzession an-streben. Zu diesem Zweck beginnt man in der Regel mit einem möglichst *nutationsfreien* Kreisel. Man nimmt also einen Kreisel, bei dem ausnahmsweise Drehimpuls- und Figurenachse praktisch zusammenfallen.

Es genügt der in Abb. 6.29 gezeigte Kreisel. Man braucht nur sei-nen Schwerpunkt durch Verschieben des Klotzes A über oder unter den Unterstützungspunkt zu verlegen. Übersichtlicher aber ist die in Abb. 6.35 gezeigte Anordnung. Sie enthält einen Kreisel mit hori-zontaler Achse ($\alpha = 90°$). Der Kreiselträger ist im Schwerpunkt des ganzen Systems mit Spitze und Pfanne gelagert. Um senkrecht zum Drehimpuls L ein Drehmoment $Fl \sin \alpha$ herzustellen, hängen wir ein kleines Gewicht an den Kreiselträger. Dies Drehmoment hat für $\alpha = 90°$ seinen größten Wert $M = Fl$. Es bewirkt zweierlei, nämlich erstens eine geringfügige Nutation und zweitens eine sehr auffällige *Präzession*: Die Drehimpulsachse umfährt einen, hier sehr stumpfen *Präzessionskegel* mit vertikaler Achse.

Die geringfügigen Nutationen lassen wir außer Acht und erklären nur das Zustandekommen der Präzession: Das konstante Drehmoment M erzeugt jeweils innerhalb der Zeit dt einen zusätzlichen Drehimpuls dL (Abb. 6.35). Er steht senkrecht auf dem ursprünglichen Drehim-puls L und setzt sich mit diesem zu einem resultierenden mit der Richtung R zusammen. Die Drehimpulsachse durchfährt in der Zeit dt den Winkel dβ in der durch M und L bestimmten Ebene. Dabei gilt

$$M = \frac{dL}{dt} \qquad (6.15)$$

und nach Abb. 6.35 d$L = L$dβ. So erhalten wir

$$M = L\frac{d\beta}{dt}, \quad M = \omega_p L, \quad \omega_p = \frac{M}{\Theta\omega}$$

oder, mit Berücksichtigung der Richtungen in Vektorschreibweise

$$M = \omega_p \times L. \qquad (6.16)$$

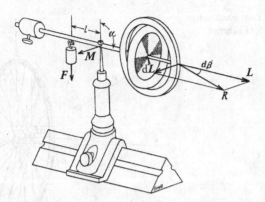

Abb. 6.35 Präzession eines rotierenden Kreisels unter Einwirkung eines konstanten Drehmomentes (**Videofilme 6.10** und **6.11**) (Aufg. 6.10)

Diese Gleichungen werden vom Experiment bestätigt: Eine Vergrößerung des Drehmomentes in Abb. 6.35 (größeres Gewicht) erhöht die Winkelgeschwindigkeit ω_p der Präzession.

Ist $\alpha < 90°$, so wirkt das Drehmoment $Fl \sin \alpha = M \sin \alpha$ auf die horizontale Komponente $\Theta\omega \sin \alpha$ des Drehimpulses. Daraus folgt, dass die Winkelgeschwindigkeit der Präzession ω_p unabhängig vom Winkel α ist!

Diese primitive Darstellung der Präzession hat, wie betont, die Nutation außer Acht gelassen. Sie genügt aber schon zum Verständnis mancher praktischer Anwendungen der Präzession. Wir beschränken uns auf drei Beispiele:

1. *Das Freihändigfahren mit dem Fahrrad.* Abb. 6.36 zeigt das Vorderrad eines Fahrrades. Der Fahrer kippe ein wenig nach rechts. Dadurch erfährt die Achse des Vorderrades ein Drehmoment um die waagerechte Fahrtrichtung *B*. Gleichzeitig macht das Vorderrad als Kreisel eine Präzessionsbewegung um die Vertikale *C* und läuft in einer Rechtskurve. Die Verbindungslinie zwischen den Berührungspunkten von Vorder- und Hinterrad mit dem Boden gelangt wieder unter den Schwerpunkt des Fahrers. Damit ist der Unterstützungspunkt wieder unter den Schwerpunkt gebracht. – Die Vorzeichen aller Drehungen und Drehimpulse sind in Abb. 6.36 eingezeichnet.

Sehr anschaulich ist ein Schauversuch mit einem kleinen Fahrradmodell. Man bringt seine Räder durch kurzes Andrücken gegen eine laufende Kreisscheibe (Abb. 6.37) auf hohe Drehfrequenz und stellt dann die Fahrradlängsachse frei in der Luft waagerecht. Um diese Längsachse kippt man das Fahrrad vorsichtig. Eine Rechtskippung lässt das Vorderrad sofort in eine Rechtskurvenstellung übergehen und umgekehrt. Auf den Boden gesetzt, läuft das kleine Modell einwandfrei auf gerader Bahn davon. Der Fahrer ist ganz entbehrlich. Seine Leistung beim Freihändigfahren ist recht bescheiden: Er hat nur zu lernen, die automatisch erfolgenden Präzessionsbewegungen

Videofilm 6.10:
„**Präzession eines rotierenden Kreisels"**
http://tiny.cc/g8hkdy

Videofilm 6.11:
„**Präzession eines rotierenden Rades"**
http://tiny.cc/n6hkdy
Es wird ein analoges Experiment mit einem an einem Seil aufgehängten Speichenrad eines Fahrrades gezeigt. Eine einfache Variante dieses Experimentes ist der Kinderkreisel, der tanzt, ohne umzufallen.

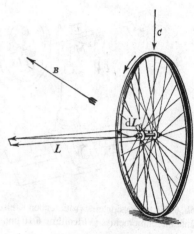

Abb. 6.36 Zum Freihändigfahren mit dem Fahrrad

Abb. 6.37 Ein Fahrradmodell wird durch An-
pressen an eine Scheibe auf der Achse eines
Elektromotors in Gang gesetzt (**Videofilm 6.12**)

Videofilm 6.12:
„**Physik des Freihändigfahrens mit einem Fahrrad**"
http://tiny.cc/65hkdy

K6.19. Einzelheiten der Physik des Freihändigfahrens
sind allerdings etwas komplizierter, s. F. Klein und
A. Sommerfeld: „Über die
Theorie des Kreisels", Teub-
ner 1910, S. 863. Über den
Einfluss der Struktur des
Fahrrades s. z. B. J.D.G.
Kooijman et al., Science **332**,
339 (2011).

des Vorderrades nicht zu stören.[K6.19] – Der Spielreifen der Kinder
benutzt ersichtlich die gleichen physikalischen Vorgänge.

2. *Der Bierfilz als Diskus.* Man schleudere einen fast waagerecht gehaltenen Bierfilz mit der rechten Hand etwas schräg nach oben. Dann
fliegt der Bierfilz nur anfänglich wie ein guter Diskus als „Tragfläche" dahin (Abb. 6.33). Bald vergrößert sich der Anstellwinkel seiner
Scheibe: Die zunächst nur flach ansteigende Flugbahn geht steil in
die Höhe. Gleichzeitig bäumt sich der Bierfilz mit seiner rechten Seite auf, er fliegt etwas nach links und verliert beim starken Steigen
seine ganze Bahngeschwindigkeit. Vom Gipfel der Bahn fällt er jäh
herab.

Deutung: Der Drehimpuls des Bierfilzes ist viel kleiner als der der
schweren Diskusscheibe mit großem Trägheitsmoment. Das von der
anströmenden Luft auf die Kreiselscheibe ausgeübte Drehmoment
ruft eine große Präzession der Kreiselachse hervor, und durch sie
wird der Anstellwinkel vergrößert und verdreht.

Eine nichtrotierende Scheibe würde durch das Drehmoment mit dem Vor-
derende hochgekippt (vgl. Abb. 10.16). Die anströmende Luft erteilt der
Scheibe also einen Drehimpuls in Richtung der Achse *C* quer zur Flugbahn
(Abb. 6.38). Beim rotierenden Bierfilz ist schon vorher der Drehimpuls *L*
vorhanden. Beide Drehimpulse addieren sich, und die Figurenachse des
Bierfilzes macht die durch den krummen gefiederten Pfeil angedeutete Präzessionsbewegung.

Abb. 6.38 Bierfilz als Diskus, mit der rechten Hand geworfen

3. *Der Bumerang.* Man kann das Trägheitsmoment des Bierfilzes vergrößern und die störende Präzession vermindern, ohne das Gewicht des Bierfilzes und seinen Tragflächenauftrieb zu verändern. Man braucht nur den Rand des Bierfilzes auf Kosten der Mitte zu verstärken.

> Man nehme einen Pappring von etwa 20 cm Durchmesser und 4 × 20 mm Profil und überklebe die Oberfläche mit einem Blatt Schreibpapier.

Solch ein Bierfilz mit vergrößertem Trägheitsmoment vollführt nach Gl. (6.16) nur noch eine kleine Kreiselpräzession. Auch er steigt mit zunehmendem Anstellwinkel und verliert dabei seine Bahngeschwindigkeit, hat aber am Gipfel der Bahn noch einen brauchbaren Anstellwinkel. Mit diesem kehrt er, ständig weiter rotierend, im Gleitflug zum Werfenden zurück. Er zeigt die typische Eigenschaft des als *Bumerang* bekannten Sportgerätes. *Die herkömmliche Hakenform dieses Wurfgeschosses ist also für die Rückkehr durchaus nicht wesentlich.*

Allerdings ist eine Kreisscheibe keine gute Tragfläche. Eine längliche rechteckige Scheibe mit schwacher Rückenwölbung ist eine erheblich bessere Tragfläche und ein schon recht guter Bumerang (dabei ein nicht drehsymmetrischer Kreisel). Für Vorführungszwecke nehme man einen Kartonstreifen von etwa 5 × 12 cm Größe und 0,5 mm Dicke und knicke ihn in der Mitte entlang der Längsrichtung.

> Kleine Bumerange schleudert man nicht aus freier Hand. Man legt sie auf ein etwas schräg gehaltenes Buch, lässt ein Ende überstehen und schlägt gegen dies Ende parallel zur Buchkante mit einem Stab. Durch kleine Seitenkippungen dieser Abflugrampe kann man nach Belieben links oder rechts durchlaufene Bahnen erzeugen oder auch den Hin- und Rückweg praktisch in die gleiche vertikale Ebene verlegen. Man kann das Geschoss mehrfach um die Lotrechte des Ausgangspunktes hin und her pendeln lassen usf. Durch Übergang zur Hakenform und propellerartiges Verdrillen der Schenkel kann man die Flugbahn noch weiter umgestalten („Schraubenflug") und die Zahl der netten Spielereien erheblich vergrößern.

6.12 Präzessionskegel mit Nutationen

Unter geeigneten Versuchsbedingungen führt die Präzession der Kreiseldrehimpulsachse, die durch Einwirkung eines Drehmomentes entsteht, zu einem wohl ausgebildeten Präzessionskegel. Wir bringen zwei Beispiele.

1. *Das Kreiselpendel.* Ein Kreisel ist gemäß Abb. 6.39 stabil, aber allseitig schwenkbar aufgehängt („Kardan-Gelenk"). Er ist aus einer Fahrradfelge (evtl. mit Bleieinlage) hergestellt. Außerhalb der Senkrechten wirkt auf ihn das Drehmoment M, herrührend von dem Gewicht F_G, angreifend an dem Hebelarm r. Der Drehmomentvektor ist eingezeichnet, ebenfalls der durch das Drehmoment erzeugte Zusatzdrehimpuls dL. In der gezeichneten Stellung losgelassen, beginnt der Kreisel einen wohl ausgebildeten Präzessionskegel mit einer kleinen Winkelgeschwindigkeit zu umlaufen. Gleichzeitig zeigt er eine kleine Nutation: Die untere Spitze der Kreiselfigurenachse zeichnet keinen glatten Kreis, sondern einen Kreis mit Wellenlinien (Abb. 6.40 links). Je größer der Drehimpuls des Kreisels, desto kleiner die Nutation. Die Nutation kann praktisch unmerklich werden. Dann nennt man die Präzession *pseudoregulär.* Der Gegensatz der pseudoregulären Präzession ist die echte reguläre Präzession. Bei dieser unterdrückt man die kleine vom äußeren Drehmoment ausgelöste Nutation. Das geschieht durch bestimmte Anfangsbedingungen. Man erteilt dem Kreisel im Augenblick des Loslassens durch einen Stoß eine Nutation gerade entgegengesetzt gleicher Größe, wie sie das Drehmoment allein erzeugen würde. Der Stoß muss in Richtung des Vektors dL erfolgen. Seine richtige Größe findet man leicht durch Probieren. Eine Berechnung führt hier zu weit.

Abb. 6.39 Pendelnd aufgehängter Kreisel mit drei Freiheitsgraden (am oberen Ende ein kleines Glühlämpchen zur fotografischen Aufnahme der in Abb. 6.40 folgenden Bilder)

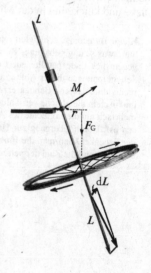

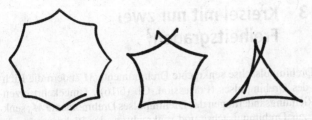

Abb. 6.40 Kleine Nutation eines aufgehängten Kreisels, Annäherung an die pseudoreguläre Präzession, *Mitte und rechts*: Zunahme der Nutation mit abnehmendem Drehimpuls des Kreisels (fotografische Negative)

Stattdessen wollen wir durch Verkleinerungen des Drehimpulses, d.h. praktisch Verminderung der Winkelgeschwindigkeit um die Figurenachse, die Nutation mehr und mehr hervortreten lassen. Die Spitze der Figurenachse beschreibt Bahnen, wie sie in Abb. 6.40 fotografiert sind. – Durch geeignete Anfangsbedingungen lässt sich sogar die Präzession ganz unterdrücken. Dann verbleiben trotz des Drehmomentes nur Nutationen, aber auch das führt im Einzelnen zu weit.

2. *Die Erde als Kreisel.* Ein sehr berühmtes Beispiel einer Präzessionsbewegung bietet unsere Erde. Die Erde ist keine Kugel, sondern ein wenig abgeplattet. Der Durchmesser des Äquators ist um etwa 0,34 % größer als die Figurenachse der Erde, die Verbindungslinie von Nord- und Südpol. Man kann sich im groben Bild auf die streng kugelförmige Erde längs des Äquators einen Wulst aufgesetzt denken. Die Anziehung dieses Wulstes durch Sonne und Mond erzeugt ein Drehmoment auf den Erdkreisel. Die Figurenachse beschreibt einen Präzessionskegel von 23,5° halber Öffnung. Er wird in etwa 26 000 Jahren einmal umlaufen. Gleichzeitig erzeugt das Drehmoment winzige Nutationen. Infolgedessen weicht in jedem Augenblick die Drehachse ein wenig von der Figurenachse der Erde ab. Doch sind die Durchstoßpunkte beider Achsen an der Erdoberfläche nur um etwa 10 m voneinander entfernt.

6.13 Kreisel mit nur zwei Freiheitsgraden[2]

Zur Drehimpulsachse senkrechte Drehmomente M ändern die Richtung des Drehimpulses (Präzession, Gl. (6.16)). Umgekehrt erzeugen Richtungsänderungen des Drehimpulses Drehmomente M_p senkrecht zur Drehimpulsachse und senkrecht zu der Richtung, um die die Drehimpulsachse gedreht wird. M_p und M unterscheiden sich nur durch das Vorzeichen, und damit gilt

$$M_p = L \times \omega_p . \tag{6.17}$$

Die durch erzwungene Präzessionen entstehenden Drehmomente spielen in der Technik eine große Rolle. Als erstes Beispiel eines an eine Ebene gebundenen Kreisels nennen wir den Kollergang, eine schon den Römern bekannte Form der Mühle (Abb. 6.41). Während des Umlaufes bilden beide Mühlsteine einen Kreisel mit erzwungener Präzession. Das durch sie erzeugte Drehmoment ist in diesem Fall dem vom Gewicht herrührenden *gleich*gerichtet. Es presst die Mühlsteine fester auf die Mahlfläche und erhöht den Mahldruck. Im Modell kann das mit einer Schraubenfeder unter dem Mahltisch und einem Zeiger weithin sichtbar gemacht werden. Eindrucksvoll ist auch das folgende Beispiel.

Abb. 6.42 zeigt eine in Kugellagern KK gelagerte Reckstange. Sie trägt oben einen Motorkreisel und einen Sitz. Der Kreisel kann in einem U-förmigen Rahmen R in der Längsrichtung dieser Stange pendeln (in der Abb. also in der Papierebene). Die Lager des Kreisels sind durch einen weißen Kreis markiert, und der Rahmen ist starr mit der Reckstange verbunden. Auf den Sitz setzt sich ein Mann. Der Schwerpunkt des ganzen Systems (Stange, Kreisel, Mann) liegt weit oberhalb der Stange, das System ist völlig labil. Es kippt beispielsweise nach rechts. Diese Kippung übt ein Drehmoment auf die

---

[2] Als *Freiheitsgrad* bezeichnet man eine räumliche Dimension, in der die Bewegung eines Körpers erfolgen kann. Beispiele: Ein punktförmiger Körper (Massenpunkt) kann im allgemeinen Fall eine geradlinige Bewegung in beliebiger Richtung ausführen. Seine Geschwindigkeit lässt sich in einem rechtwinkligen Koordinatensystem in drei Komponenten zerlegen. Der Massenpunkt hat dann drei Freiheitsgrade. – Ein an eine ebene Bahn gebundener Massenpunkt hat nur zwei Freiheitsgrade, ein an eine gerade Schiene gebundener nur einen Freiheitsgrad. – Ein Körper endlicher Ausdehnung kann außer fortschreitenden Bewegungen auch Drehungen ausführen. Seine Winkelgeschwindigkeit kann im allgemeinen Fall eine beliebige Richtung haben, sie lässt sich dann in drei zueinander senkrecht stehende Komponenten zerlegen: Zu den drei Freiheitsgraden der fortschreitenden Bewegung (Translation) sind drei Freiheitsgrade der Rotation hinzugekommen. Ist die Drehachse an eine Ebene gebunden, so sind nur noch zwei Freiheitsgrade der Rotation vorhanden. Ein gelagertes Schwungrad hat für seine Drehung nur noch einen Freiheitsgrad. – Der fortschreitende und sich dabei drehende Körper kann überdies mit seinen einzelnen Teilen gegeneinander schwingen. Bei einem hantelförmigen Körper können z. B. die beiden Teilstücke während der Bewegung längs ihrer Verbindungslinie hin und her schwingen. Dann kommt zu den sechs Freiheitsgraden noch ein siebenter hinzu, usw.

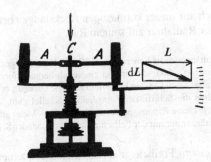

Abb. 6.41 Vorführungsmodell eines Kollerganges. Der Pfeil über C zeigt die Winkelgeschwindigkeit ω_p der erzwungenen Präzession und dL den durch sie innerhalb der Zeit dt entstehenden Zusatzdrehimpuls. Ohne die Behinderung durch den Mahltisch müsste sich die Achse A in der Richtung des dicken Pfeiles einstellen. Es muss also ein Drehmoment auftreten, das senkrecht zur Papierebene vom Beschauer fort gerichtet ist.

Abb. 6.42 Stabilisierung durch negativ gedämpfte Kreiselpräzessionsschwingungen (Einschienenbahn). Zwischen Kreisel und Brust befindet sich ein Schutzblech und rechts unten am Kreiselhalter ein Ausgleichkörper. (**Videofilm 6.13**)

Videofilm 6.13: „Stabilisierung mithilfe eines Kreisels (*Einschienenbahn*)" http://tiny.cc/d6hkdy Der U-förmige Rahmen R, der an seinen Enden die Lager trägt, ist am Anfang des Videofilms gut zu sehen. Im Bild: der Autor.

Kreiselachse aus. Der Kreisel antwortet mit einer Präzession: Gesetzt, er läuft von oben betrachtet gegen den Uhrzeiger. In diesem Fall entfernt sich das obere Ende des Kreisels vom Mann. Jetzt kommt der wesentliche Punkt: Der Mann drückt das obere Kreiselende noch etwas weiter von sich weg. Dabei spürt er praktisch nicht mehr als beim ruhenden Kreisel. Trotzdem tritt durch diese erzwungene Präzession ein großes Drehmoment auf. Es wirkt auf die Pendellager und damit auf die Stange. Die Stange kehrt in ihre Ausgangslage zurück. Bei einer anfänglichen Linkskippung verläuft alles ebenso mit umgekehrtem Drehsinn. Die obere Kreiselachse nähert sich dem Mann. Der Mann zieht sie noch ein wenig mehr an sich heran usf. Auf diese Weise kann man mühelos balancieren. Der Kreisel pendelt mit kleinen Amplituden in seiner durch die Lager vorgeschriebenen Pendelebene. Der Mann hat lediglich für *negative Dämpfung* oder *Anfachung* dieser Kreiselpräzessionsschwingungen zu sorgen. Das heißt, er hat die jeweils vorhandene Amplitude zu vergrößern.

Erstaunlich rasch lernt unser Organismus diese „negative Dämpfung" rein reflektorisch auszuüben. Bei geeigneter Wahl der Kreiselabmessungen bleibt zum Nachdenken keine Zeit. Aber das Muskelgefühl erfasst die physikalische Situation sehr rasch. Nach wenigen Minuten fühlt man sich auf dieser kopflastigen Reckstange ebenso sicher wie ein gewandter Radfahrer auf seinem Rad.

> Chinesische Seiltänzerinnen haben dies Hilfsmittel negativ gedämpfter Kreiselschwingungen schon seit langem empirisch herausgefunden. Sie benutzen als Kreisel einen von den Fingern in lebhafte Drehung versetzten Schirm. Sie halten die Schirmstange angenähert parallel zum Seil und balancieren durch kleine Kippungen der Kreiselachse. – Meist allerdings arbeiten die Seiltänzer nur mit der Fallschirmwirkung ruhender Schirme.

Kreisel mit nur einem Freiheitsgrad lassen sich bequemer mit den Methoden des folgenden Kapitels behandeln.

Aufgaben

6.1   Ein Körper der Masse $m_1 = 15\,\text{kg}$ befindet sich auf einem Ende eines gleichmäßig geformten Balkens der Masse 5 kg. a) Der Balken ist im Abstand von 1/5 seiner Länge von m_1 drehbar aufgehängt. Welche Masse muss am anderen Ende angebracht werden, damit er sich im Gleichgewicht befindet? b) Wo muss sich der Drehpunkt befinden, wenn am anderen Ende ein Körper der Masse $m_2 = 25\,\text{kg}$ aufgelegt wird und der Balken damit im Gleichgewicht sein soll. Welche Gesamtbelastung F erfährt dann der Drehpunkt? (Abschn. 6.2)

6.2   Zwei Vollwalzen mit den Radien r_1 und $r_2 > r_1$ und den Dichten ϱ_1 und $\varrho_2 > \varrho_1$ rollen unter gleichen Anfangsbedingungen eine Rampe hinunter, die gegen die Horizontale um den Winkel α geneigt ist. Welche der beiden Walzen wird als erste unten ankommen? (Abschn. 6.4)

6.3   Wie viel Arbeit W ist aufzubringen, um eine Messingkugel von 1 m Durchmesser in Rotation mit 20 Umdrehungen pro Minute zu versetzen? (Dichte von Messing: $8,5\,\text{g/cm}^3$) (Abschn. 6.4)

6.4   Ein homogener, dünner Stab der Länge a und Masse m schwingt um einen Aufhängepunkt O an seinem Ende. Man finde die reduzierte Pendellänge l. (Abschn. 6.4 und 6.5)

6.5   An welchem Punkt seiner Länge müsste der Stab aus der vorhergehenden Aufgabe aufgehängt sein, a) um eine minimale Schwingungsdauer zu erreichen und b) damit die Schwingungsdauer die gleiche ist wie bei Aufhängung an einem Ende? (Abschn. 6.4 und 6.5)

6.6   Ein physikalisches Pendel mit der Masse $m = 0,5\,\text{kg}$ führt unter dem Einfluss der Erdziehung kleine Oszillationen um eine horizontale Achse aus, die den Abstand $s = 20$ cm von seinem Schwerpunkt besitzt (Abb. 6.15). Seine reduzierte Pendellänge ist $l = 50$ cm. Man berechne das Trägheitsmoment Θ_0 um die Drehachse und Θ_s um die dazu parallel durch den Schwerpunkt verlaufende Achse. (Abschn. 6.5)

6.7   Abb. 6.16 zeigt das Schema einer Balkenwaage als physikalisches Pendel. a) Man berechne das Trägheitsmoment Θ des Waagebalkens, wenn bei 100-g-Zusatzgewichten auf jeder Waagschale sich die Schwingungsdauer, wie im Text angegeben, von $T_0 = 18$ s auf $T = 24$ s erhöht. (Die Aufhängepunkte der Waagschalen liegen mit dem Unterstützungspunkt O des Waagebalkens auf einer Geraden und ihr Abstand von O betrage $l = 15$ cm.) b) Um welche Strecke d müsste man die Aufhängepunkte der Waagschalen erniedrigen, damit sich T_0 bei Auflage der beiden 100-g-Zusatzgewichte nicht ändert? (Die Erdbeschleunigung ist $g = 9{,}81$ m/s².) (Abschn. 6.5)

6.8   Eine Person der Masse m befindet sich auf einer symmetrisch konstruierten, reibungslos um eine vertikale Achse durch ihre Mitte drehbaren Platte. Sie hat das Trägheitsmoment Θ und ist in Ruhe. Die Person bewegt sich zunächst vom Zentrum radial um die Strecke r, läuft dann auf der Platte einen vollen Kreis mit dem Radius r und kehrt schließlich in radialer Richtung zum Zentrum zurück. Um welchen Winkel φ hat sich dabei die Platte gedreht? (Abschn. 6.6)

6.9   Ein Bleistift der Länge $l = 20$ cm fällt in horizontaler Lage frei nach unten. Nach einer Fallstrecke von $h = 1$ m schlägt er mit einem Ende auf einer Tischkante auf. Wie fällt er danach weiter und welche Winkelgeschwindigkeit hat er? (Abschn. 6.6)

6.10   Zum Videofilm 6.10, „Präzession eines rotierenden Kreisels" (Abb. 6.35): Man bestimme die Winkelgeschwindigkeiten der Präzession bei dem kleinen und bei dem dreimal größeren Drehmoment (erzeugt durch das kleine (15 g) und das große (45 g) angehängte Gewichtsstück, und erkläre die Ursache der verschiedenen Winkelgeschwindigkeiten. (Abschn. 6.11)

6.11   Ein rotierender Kreisel mit horizontaler Achse ist in seinem Schwerpunkt auf einer scharfen Spitze gelagert (Abb. 6.35). Unter dem Einfluss eines Drehmomentes M, das das angehängte Gewicht ausübt, präzediert der Kreisel mit der Winkelgeschwindigkeit ω_P. Betrachtet man das Experiment in einem Bezugssystem, das sich mit dieser Winkelgeschwindigkeit dreht, bewirkt auch in diesem Bezugssystem das Gewicht das Drehmoment M, ohne dass die Achse nach unten kippt. Warum? Eine qualitative Antwort genügt. (Abschn. 6.11 und 7.3)

Zu Abschn. 6.6 s. auch Aufg. 4.3.

Elektronisches Zusatzmaterial Die Online-Version dieses Kapitels (doi:10.1007/978-3-662-48663-4_6) enthält Zusatzmaterial, das für autorisierte Nutzer zugänglich ist.

Beschleunigte Bezugssysteme

7

7.1 Vorbemerkung, Trägheitskräfte

Bislang haben wir die physikalischen Vorgänge vom Standpunkt des festen Erd- oder Hörsaalbodens aus betrachtet. Unser Bezugssystem war die als starr und ruhend angenommene Erde. Gelegentliche Ausnahmen sind wohl stets deutlich als solche gekennzeichnet worden.

Der Übergang zu einem anderen Bezugssystem kann in Sonderfällen belanglos sein. In diesen Sonderfällen muss sich das neue Bezugssystem gegenüber dem Erdboden mit *konstanter* Geschwindigkeit bewegen. Seine Geschwindigkeit darf sich weder nach Größe noch nach Richtung ändern. Experimentell finden wir diese Bedingung gelegentlich bei einem sehr „ruhig" fahrenden Fahrzeug verwirklicht, z. B. einem Schiff oder einem Eisenbahnwagen. In diesen Fällen „spüren" wir im Inneren des Fahrzeugs nichts von der Bewegung unseres Bezugssystems. Alle Vorgänge spielen sich im Fahrzeug genauso ab wie im ruhenden Hörsaal. Aber das sind ganz selten verwirklichte Ausnahmefälle.[K7.1]

Im Allgemeinen sind Fahrzeuge aller Art *beschleunigte* Bezugssysteme: Ihre Geschwindigkeit ändert sich nach Größe und Richtung. Diese Beschleunigung des Bezugssystems führt zu tiefgreifenden Änderungen im Ablauf unserer physikalischen Beobachtungen. Unser Beobachtungsstandpunkt im beschleunigten Bezugssystem verlangt zur einfachen Darstellung des physikalischen Geschehens neue Begriffe. Für den beschleunigten Beobachter treten neue Kräfte auf. Ihr Sammelname ist „Trägheitskräfte"[1]. Einzelne von ihnen haben außerdem noch Sondernamen (Zentrifugalkraft, CORIOLIS-Kraft) erhalten. Die Darstellung dieser Trägheitskräfte bildet den Inhalt dieses Kapitels.

Wir haben in unserer Darstellung durchweg zwei Grenzfälle der Beschleunigung auseinandergehalten: reine Bahnbeschleunigung und reine Radialbeschleunigung, d. h. Änderung der Geschwindigkeit nur nach *Größe* oder nach *Richtung*. In entsprechender Weise wollen wir auch jetzt beschleunigte Bezugssysteme mit reiner Bahnbeschleunigung und beschleunigte Bezugssysteme mit reiner Radialbeschleunigung getrennt als zwei Grenzfälle behandeln.

K7.1. Diese werden in der Speziellen Relativitätstheorie behandelt (s. Bd. 2).

---

[1] Bei der Wahl dieses Namens wird ein Wissen des Beobachters um die eigene Beschleunigung vorausgesetzt. Ein farbloserer Name oder eine eigene Wortbildung, entsprechend dem Wort „Gewicht", wäre zweckmäßiger gewesen.

© Springer-Verlag Berlin Heidelberg 2017
K. Lüders, R. O. Pohl (Hrsg.), *Pohls Einführung in die Physik*, DOI 10.1007/978-3-662-48663-4_7

Bezugssysteme mit reiner *Bahnbeschleunigung* begegnen uns zwar häufig. Man denke an Fahrzeuge aller Art beim *Anfahren* und *Bremsen* auf gerader Bahn. Aber die Zeitdauer dieser Beschleunigung ist im Allgemeinen gering, die Größe der Beschleunigung höchstens für wenige Sekunden konstant. Wir können diesen Grenzfall daher verhältnismäßig kurz abtun. Das geschieht in Abschn. 7.2.

Ganz anders die Bezugssysteme mit reiner *Radialbeschleunigung*. Jedes Karussell mit konstanter Winkelgeschwindigkeit ω lässt die Radialbeschleunigung beliebig lange Zeit konstant erhalten. Vor allem aber ist unsere Erde selbst ein großes Karussell. Daher haben wir das *Karussellsystem* mit Gründlichkeit zu studieren. Das geschieht in allen übrigen Abschnitten dieses Kapitels.

Zur Erleichterung wird zuerst der jeweilige Vorgang kurz in unserer bisherigen Weise vom ruhenden Bezugssystem des Erd- oder Hörsaalbodens aus dargestellt. Danach folgt die Darstellung vom Standpunkt des beschleunigten Beobachters. *Beide Beobachter stellen die Grundgleichung $a = F/m$ an die Spitze ihrer Darstellung* und betrachten Kräfte als Ursache der beobachteten Beschleunigungen.

7.2 Bezugssystem mit reiner Bahnbeschleunigung

Wir bringen Beispiele:

1. Der eine Beobachter sitzt fest auf einem Wagen, und vor ihm liegt eine Kugel auf einer reibungsfreien Tischplatte (Abb. 7.1). Durch diese soll das Gewicht der Kugel ausgeschaltet werden. Tisch und Stuhl sind auf den Wagen aufgeschraubt. Der Wagen wird in seiner Längsrichtung nach links beschleunigt (Fußtritt!). Dabei nähern sich die Kugel und der Mann auf dem Wagen einander. – Jetzt ergeben sich folgende zwei Darstellungsmöglichkeiten.

Ruhender Beobachter

Die Kugel bleibt in Ruhe. Es greift keine Kraft an ihr an, denn sie ist reibungslos gelagert. Hingegen werden der Wagen und der auf ihm sitzende Mann nach links beschleunigt. Der Mann nähert sich der Kugel.

Abb. 7.1 Experimentieren im beschleunigten Bezugssystem

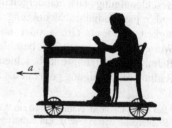

Abb. 7.2 Messung der Trägheitskraft

Beschleunigter Beobachter
Die Kugel bewegt sich beschleunigt nach rechts. Folglich greift an ihr
eine nach rechts gerichtete Kraft $F = -ma$ an. Sie erhält den Namen
Trägheitskraft.[K7.2]

2. Der Beobachter auf dem Wagen hält die Kugel unter Zwischenschaltung eines Kraftmessers fest (Abb. 7.2). Der Wagen wird wieder nach links beschleunigt. Während der Beschleunigung spürt der
Beobachter auf dem Wagen in seinen Hand- und Armmuskeln ein
Kraftgefühl. Der Kraftmesser zeigt den Betrag der Kraft F.

Ruhender Beobachter
Die Kugel wird nach links beschleunigt. Es greift an ihr eine nach
links drückende Kraft F an. Für die Beschleunigung gilt $a = F/m$.

Beschleunigter Beobachter
Die Kugel bleibt in Ruhe. Sie wird nicht beschleunigt. Also ist die
Summe der beiden an ihr angreifenden Kräfte gleich null. Die nach
rechts ziehende Trägheitskraft $F = -ma$ und die nach links drückende Muskelkraft sind einander entgegengesetzt gleich. Ihr Betrag ist
am Kraftmesser abzulesen.

3. In Abb. 7.3 wird ein Wagen nach links beschleunigt. Der auf dem
Wagen stehende Beobachter muss während des Anfahrens die ge-
zeigte Schrägstellung einnehmen. Andernfalls fällt er hintenüber. –
Nun folgen beide Darstellungen.

Ruhender Beobachter
Der Schwerpunkt S des Mannes muss in gleicher Größe und Richtung wie der Wagen *beschleunigt* werden. Die zur Beschleunigung
des Schwerpunktes erforderliche, nach links gerichtete Kraft F
(Abb. 7.4) erzeugt der Mann mithilfe seines Gewichtes F_G und einer

K7.2. Bei der Trägheitskraft
$F = -ma$ ist a die Beschleunigung des *Bezugssystems*.

Abb. 7.3 Mann auf nach links beschleunigtem
Wagen

Abb. 7.4 Kräfte im ruhenden System

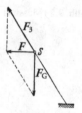

Abb. 7.5 Kräfte im beschleunigten System

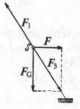

elastischen Verformung des Wagens (Kraft F_3). Zu diesem Zweck neigt er sich schräg vornüber.

Beschleunigter Beobachter

Der Schwerpunkt S des Mannes bleibt in *Ruhe*. Die Summe der an ihm angreifenden Kräfte (Abb. 7.5) ist null. Nach unten zieht das Gewicht F_G, nach hinten rechts die Trägheitskraft $F = -ma$. Beide setzen sich zu der Resultierenden F_3 zusammen. Diese verformt den Wagen unter den Füßen des Mannes und erzeugt dadurch die der Kraft F_3 entgegengesetzt gleiche Kraft F_1.

4. Der eine Beobachter befindet sich in einem Fahrstuhl. Vor ihm steht auf einem Tisch eine Federwaage und auf dieser ein Körper mit der Masse m. Der Ausschlag der Waage zeigt den Betrag einer dem Gewicht F_G entgegengesetzt gleichen Kraft. Dann beginnt der Fahrstuhl eine beschleunigte *Abwärts*bewegung. Die Waage zeigt nun den kleineren Ausschlag F_1.

Ruhender Beobachter

Der Körper wird abwärts beschleunigt. Es wirken zwei Kräfte ungleicher Größe und entgegengesetzter Richtung auf ihn ein. Das Gewicht F_G zieht den Körper nach unten, die kleinere Federkraft F_1 drückt ihn nach oben. Die Resultierende erteilt dem Körper die abwärts gerichtete Beschleunigung $a = (F_G + F_1)/m$ mit dem Betrag $a = (F_G - F_1)/m$.

Beschleunigter Beobachter

Der Körper ruht, die Summe der an ihm angreifenden Kräfte ist null. Die aufwärts gerichtete Federkraft F_1 der Waage ist kleiner als das Gewicht F_G des Körpers. Folglich ist noch eine zweite aufwärts gerichtete Kraft vorhanden, nämlich die Trägheitskraft $F = -ma$, so dass $F_G + F_1 + F = 0$ ist.

5. Der eine Beobachter springt mit der Federwaage in der Hand von einem hohen Tisch zur Erde. Oben auf der Federwaage steht ein Ge-

Abb. 7.6 Frei fallendes Bezugssystem (**Videofilm 7.1**)

Videofilm 7.1:
„Frei fallendes Bezugssystem"
http://tiny.cc/y8hkdy
Im ersten Teil springt
S. KÖSTER (Dr. rer. nat.
2007) mit der Waage von
einem Tisch, gefilmt von
T. BECKER (Dr. rer. nat.
2004). Im zweiten Teil
wird der gleiche Sprung in
Zeitlupe von H. GRÜNDIG
ausgeführt (1929–2003, Dr.
rer. nat. in Göttingen 1959).
Dieser Teil entstand um das
Jahr 1960.

wichtsklotz mit der Masse m. Unmittelbar nach dem Absprung geht der Ausschlag der Waage vom Wert F_G auf null zurück (Abb. 7.6). Die Waage zeigt also für den Klotz kein Gewicht an.

Leider sind für diesen Versuch nur Bruchteile einer Sekunde verfügbar. Dieser Nachteil entfällt bei den in Abschn. 7.3, Pkt. 4 behandelten Beschleunigungen.[K7.3]

Ruhender Beobachter
Der Klotz wird beschleunigt. Er fällt ebenso wie der Mann mit der Erdbeschleunigung g. Als einzige Kraft greift am Klotz nur noch die nach unten ziehende Kraft F_G an, die wir sein Gewicht nennen. Weder Muskel- noch Federkraft drücken nach oben.

Beschleunigter Beobachter
Der Klotz ruht, die Summe der an ihm angreifenden Kräfte ist null. Das nach unten ziehende Gewicht F_G ist durch die nach oben ziehende Trägheitskraft F aufgehoben. Ihre Beträge mg sind gleich. Der Klotz ist „schwerelos".

Mit diesen Beispielen dürfte der Sinn des Wortes Trägheitskraft zur Genüge erläutert sein. *Die Trägheitskraft existiert nur für einen beschleunigten Beobachter. Der Beobachter muss – zumindest in Gedanken! – an der Beschleunigung seines Bezugssystems teilnehmen.* Eine Hand, die eine Kegelkugel beschleunigt, ist ein beschleunigtes Bezugssystem. Daher spürt die Hand eine Trägheitskraft.

K7.3. POHL weist hier
auf „Schwerelosigkeits-
Experimente" in Raumsta-
tionen hin. Es seien auch
die Mikrogravitations-
Experimente im *Fallturm
der Universität Bremen*
erwähnt. In einem 120 m langen Vakuumrohr kann eine
Experimentierkapsel (0,8 m
Durchmesser, 1,6 bis 2,4 m
lang) knapp 5 s frei fallen,
bevor sie durch Schaumstoff
wieder abgebremst wird. (s.
z. B. H. Dittus u. H. J. Rath,
Phys. Bl. 49 (1993) Nr. 4,
S. 307 oder www.zarm.uni-
bremen.de)

7.3 Bezugssystem mit reiner Radialbeschleunigung, Zentrifugalkraft und CORIOLIS-Kraft

1. Der eine Beobachter sitzt auf einem rotierenden Drehstuhl mit vertikaler Achse und großem Trägheitsmoment (Abb. 7.7, vgl. auch Abb. 7.16). Vorn trägt der Drehstuhl eine horizontale glatte Tischplatte. Auf diese legt der auf dem Stuhl sitzende Beobachter eine Kugel. Sie fliegt ihm von der Platte nach außen herunter.

K7.4. Im Bild: Der Autor.

Abb. 7.7 Experimentieren in einem rotierenden Bezugssystem[K7.4]

Ruhender Beobachter

Die Kugel wird nicht beschleunigt. Es wirkt auf sie keine Kraft. Folglich kann sie nicht an der Kreisbahn teilnehmen. Sie fliegt tangential mit der konstanten Geschwindigkeit $u = \omega r$ ab (ω = Winkelgeschwindigkeit des Drehstuhls, r = Abstand der Kugel von der Drehachse im Moment des Hinlegens).

Beschleunigter Beobachter

Die hingelegte Kugel entfernt sich beschleunigt aus ihrer Ruhelage. Sie entfernt sich dabei vom Drehzentrum der Tischfläche. Folglich greift an der *ruhig* daliegenden Kugel eine *Trägheitskraft* an. Sie erhält den Sondernamen *Zentrifugalkraft.* Für sie gilt $F = m\omega^2 r$.

2. Der Beobachter auf dem Drehstuhl schaltet zwischen die Kugel und seine Handmuskeln einen Kraftmesser ein. Die horizontale Längsachse dieses Kraftmessers ist auf die Achse des Drehstuhls hin gerichtet. Der Kraftmesser zeigt während der Drehung des Stuhls den Betrag der Kraft $F = m\omega^2 r$ an.

Ruhender Beobachter

Die Kugel bewegt sich auf einer Kreisbahn vom Radius r (Radiusvektor r), sie wird *beschleunigt*. Das verlangt die radial zur Drehachse hin gerichtete, an der Kugel angreifende Kraft $F = -m\omega^2 r$ („Radialkraft"), Gl. (4.1).

Beschleunigter Beobachter

Die Kugel bleibt in Ruhe. Sie wird nicht beschleunigt. Folglich ist die Summe der beiden an ihr angreifenden Kräfte null. Die radial nach außen ziehende Zentrifugalkraft und die radial nach innen ziehende Muskelkraft sind einander entgegengesetzt gleich. Der Betrag beider Kräfte ist $m\omega^2 r$.

3. Der Beobachter auf dem Drehstuhl hängt vor sich über seinem Tisch ein Schwerependel auf, z. B. eine Kugel an einem Faden. Dies Pendel stellt sich nicht lotrecht ein (Abb. 7.8). Es weicht in der durch Radius und Drehachse festgelegten Ebene um den Winkel α nach außen hin von der Vertikalen ab. Der Winkel α wächst mit steigender Drehfrequenz des Stuhls.

Ruhender Beobachter

Die Pendelkugel bewegt sich auf einer Kreisbahn vom Radius r, *sie wird beschleunigt.* Dazu ist die horizontal zur Drehachse hin gerichtete Radialkraft $F = -m\omega^2 r$ erforderlich (Abb. 7.9). Sie wird vom

Abb. 7.8 Wirkung der Zentrifugalkraft auf ein Schwerependel

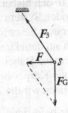

Abb. 7.9 Kräfte im ruhenden System

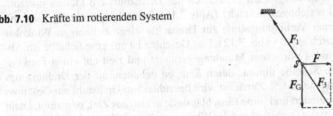

Abb. 7.10 Kräfte im rotierenden System

Gewicht F_G und einer elastischen Verspannung des Fadens (Kraft F_3) erzeugt.

Beschleunigter Beobachter

Die Pendelkugel ruht, die Summe der an ihrem Schwerpunkt S angreifenden Kräfte (Abb. 7.10) ist null. Nach unten zieht das Gewicht F_G, nach außen rechts die Zentrifugalkraft $F = m\omega^2 r$. Beide setzen sich zu der Resultierenden F_3 zusammen. Diese spannt den Faden und erzeugt dadurch die der Kraft F_3 entgegengesetzt gleiche Kraft F_1.

4. Ein künstlicher Satellit (Raumstation) umläuft die Erde in einigen 100 km Höhe auf einer Kreisbahn (Abb. 4.25). In seinem Inneren fehlen alle Erscheinungen, die normalerweise von den Gewichte genannten Kräften herrühren. Dabei hat man (im Gegensatz zur Bahnbeschleunigung in Abb. 7.6) beliebig viel Zeit, um das Fehlen dieser Kräfte zu beobachten. Stellt man z. B. einen Metallklotz auf eine Federwaage, so zeigt die Waage keinen Ausschlag.

Ruhender Beobachter

Wie der Satellit selbst werden alle Körper in seinem Inneren dauernd zum Erdmittelpunkt hin, also in Richtung des Bahnradius, *beschleunigt*. Sonst könnten sie nicht an der Kreisbewegung teilnehmen. Zur Beschleunigung des Klotzes dient sein Gewicht $F_G = mg$. Dies Gewicht muss als einzige Kraft am Klotz angreifen, sie darf nicht durch die entgegengerichtete Kraft einer verformten Feder aufgehoben werden.

Beschleunigter Beobachter

Der Metallklotz *ruht*. Folglich ist die Summe der am Klotz angreifenden Kräfte gleich null. Die den Klotz zum Erdmittelpunkt hin ziehende, Gewicht genannte Kraft wird durch die vom Erdmittelpunkt fort ziehende Zentrifugalkraft aufgehoben. Beide Kräfte sind einander entgegengerichtet, beide haben den gleichen Betrag mg. (g in 300 km Höhe = 8,9 m/s².)

5. In den bisherigen Versuchen galt die Beobachtung einem im rotierenden System *ruhenden* Körper. Es kam nur darauf an, ob der Körper aus dieser Ruhelage fortbeschleunigt wurde oder nicht. Jetzt soll ein auf dem Drehstuhl *bewegter* Körper Gegenstand der Beobachtung werden. Dabei beschränken wir uns auf einen Grenzfall, nämlich einen Körper hoher Geschwindigkeit, und zwar ein Geschoss. Dann können wir die Zentrifugalkraft als unerheblich vernachlässigen.

Wir befestigen auf dem Tisch des Drehstuhls ein kleines horizontal gerichtetes Geschütz (Abb. 7.11). Seine Längsrichtung kann mit seiner Verbindungslinie zur Drehachse einen beliebigen Winkel α einschließen (Abb. 7.12). Das Geschütz ist auf eine Scheibe im Abstand A vor seiner Mündung gerichtet und zielt auf einen Punkt a. Die Scheibe nimmt, durch Stangen gehalten, an der Drehung des Drehstuhls teil. Zunächst wird bei ruhendem Drehstuhl ein Geschoss abgefeuert und seine Einschlagstelle a, also das Ziel, bestimmt. Dann wird der Drehstuhl mit der Winkelgeschwindigkeit ω in Drehung versetzt. *Der Drehstuhl soll von nun an immer von oben gesehen gegen*

K7.5. Im Bild: Der Autor.

Abb. 7.11 Zur CORIOLIS-Kraft[K7.5]

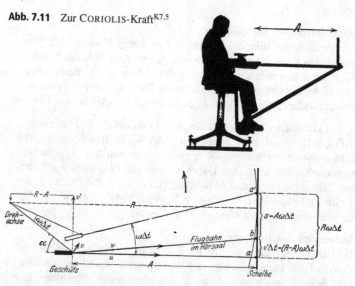

Abb. 7.12 $v' = v \cos \alpha = (R - A)\omega$ ist die zur Scheibe parallele Komponente der Geschossgeschwindigkeit w, wobei v die Geschwindigkeit der Geschützmündung ist. Der Deutlichkeit halber ist der Winkel $\omega \Delta t$ zu groß gezeichnet. Dadurch entsteht ein Schönheitsfehler. Die Visierlinie scheint bei a' nicht mehr senkrecht auf die Scheibe zu treffen.

den Uhrzeiger kreisen. Nun wird der zweite Schuss abgefeuert. Seine Einschlagstelle *b* ist gegen das Ziel, das sich inzwischen nach *a'* bewegt hat, um die Strecke *s* nach rechts versetzt.

Zahlenbeispiel
Eine Drehung in 2 Sekunden. Geschossgeschwindigkeit $u = 60\,\text{m/s}$ (Luftpistole). Scheibenabstand $A = 1,2\,\text{m}$, Rechtsabweichung $s = 0,075\,\text{m} = 7,5\,\text{cm}$ (vgl. Abb. 7.12).

Ruhender Beobachter

Bei ruhendem Drehstuhl trifft das Geschoss das anvisierte Ziel *a*. Beim Anhalten des Drehstuhls unmittelbar nach dem Abschuss liegt die Einschlagstelle *b* links vom Ziel. Denn in diesem Fall hat sich die Geschwindigkeit *v* der Geschützmündung zur Geschwindigkeit *u* des Geschosses addiert. Infolgedessen ist das Geschoss in Richtung *w* durch den Hörsaal geflogen.

Im tatsächlich vorgeführten Versuch dreht sich der Drehstuhl auch nach dem Abschuss weiter. Das Geschoss hingegen fliegt nach Verlassen der Mündung kräftefrei auf gerader Bahn in Richtung *w* durch den Hörsaal. *Folglich dreht sich die Visierlinie gegenüber der Flugbahn.* Am Schluss der Flugzeit Δt liegt das anvisierte Ziel bei *a'*. Also ist die Einschlagstelle *b* auf der Scheibe jetzt gegenüber dem Ziel um die Strecke *s* nach rechts versetzt. Wir entnehmen Abb. 7.12 die Beziehung

$$s = A\omega\Delta t.$$

Für beide Flugwege (also in Richtung von *u* und *w*) ist die Flugzeit des Geschosses bis zur Scheibe die gleiche, nämlich

$$\Delta t = \frac{A}{u}.$$

Folglich ist

$$s = u\omega(\Delta t)^2.$$

Beschleunigter Beobachter

Während des Fluges wird das Geschoss quer zu seiner Bahn beschleunigt. Seine Bahn wird nach rechts gekrümmt. Innerhalb der Flugzeit Δt wird das Geschoss um den Weg $s = \frac{1}{2}a(\Delta t)^2$ nach rechts abgelenkt. *s* ist nach der Angabe des ruhenden Beobachters $= u\omega(\Delta t)^2$. Daraus folgt für die beobachtete Beschleunigung $a = 2u\omega$. Sie heißt nach ihrem Entdecker CORIOLIS-*Beschleunigung*[K7.6]. Keine Beschleunigung *a* ohne Kraft $F = ma$. Folglich wirkt auf das bewegte Geschoss quer zu seiner Bahn die CORIOLIS-Kraft $F = 2mu\omega$ oder allgemein

$$F = 2\,m\mathbf{u} \times \boldsymbol{\omega} \qquad (7.1)$$

K7.6. Für eine einfache Herleitung der CORIOLIS-Beschleunigung befinde sich die Geschützmündung auf der Drehachse und der Schuss erfolge zur Zeit ($t_0 = 0$). Dann ist der Weg $s = R\omega t$ (Abb. 7.12). Mit $R = ut$ ergibt sich
$$s = u\omega t^2,$$
woraus durch zweimalige Ableitung nach der Zeit folgt:
$$a = \frac{d^2 s}{dt^2} = 2u\omega.$$

Die CORIOLIS-Kraft ist also eine auf einen *bewegten* Körper wirkende *Trägheitskraft*. Sie steht senkrecht auf den Vektoren der Winkelgeschwindigkeit und der Bahngeschwindigkeit. *Ein Bezugssystem drehe sich z. B. mit der Winkelgeschwindigkeit ω. Innerhalb dieses Systems bewege sich ein Körper mit einer zur Drehachse senkrechten Bahngeschwindigkeit u. Dann wirkt auf den bewegten Körper quer zu seiner Bahn die* CORIOLIS-*Kraft F = 2muω.*

Die von beiden Beobachtern anerkannte Gleichung $s = A\omega\Delta t = A^2\omega/u$ gibt eine sehr einfache Methode zur Messung einer Geschossgeschwindigkeit u.

6. Das vorige Beispiel hat uns die seitliche Ablenkung eines im beschleunigten Bezugssystem *bewegten* Körpers nur für eine einzige Anfangsrichtung seiner Bahn gezeigt. Der Betrag der Ablenkung sollte von der gewählten Anfangsrichtung (Geschützrichtung) unabhängig sein. Aber das wurde absichtlich nicht vorgeführt. Denn es lässt sich mit einer kleinen experimentellen Abänderung viel schneller und einfacher machen: Man ersetzt das Geschoss durch den Körper eines Schwerependels. Das Pendel ist in der uns geläufigen Weise über dem Tisch des Drehstuhls aufgehängt (Abb. 7.13). Zur Erleichterung der Beobachtung soll der bewegte Pendelkörper selbst seine Bahn aufzeichnen. Zu diesem Zweck wird in den Pendelkörper ein kleines Tintenfass eingebaut. Es hat am Boden eine feine Ausflussdüse. Auf dem Tisch des Drehstuhls wird ein Bogen weißen Fließpapiers ausgespannt und der Drehstuhl mit der Winkelgeschwindigkeit ω in Drehung versetzt. Der Beobachter auf dem Drehstuhl hält zunächst den Pendelkörper fest und die Düse zu. Dabei ist der Pendelfaden in einer beliebigen vertikalen Ebene aus seiner Ruhelage herausgekippt. Losgelassen schwingt das Pendel mit langsam abnehmender Amplitude um seine *nicht* vertikale Ruhelage (Abb. 7.8!). Dabei zeichnet es in fortlaufendem Kurvenzug die in Abb. 7.14 links wiedergegebene Rosettenbahn. In einem zweiten Experiment wird das Pendel aus seiner Ruhestellung heraus angestoßen, wodurch die in Abb. 7.14 rechts wiedergegebene Rosettenbahn entsteht.

K7.7. Im Bild: Mechanikermeister W. SPERBER

Videofilm 7.2:
„Pendelbewegung im rotierenden Bezugssystem"
http://tiny.cc/m9hkdy

Abb. 7.13 Schwerependel im rotierenden Bezugssystem[K7.7] **(Videofilm 7.2)**

Nun kommen wieder die beiden Beobachter zu Wort:

Ruhender Beobachter

Das Pendel schwingt um seine Ruhelage. Im Fall der Abb. 7.14 links ist die Bahn eine Ellipse, da beim Loslassen aus ausgelenkter Position eine tangentiale Geschwindigkeitskomponente mitwirkt. Es schwingt „elliptisch polarisiert" auf einer raumfesten Bahn. Die Papierebene dreht sich unter dem so schwingenden Pendel und es entsteht die Rosette, bei der die Mitte frei bleibt.

Im zweiten Fall (Abb. 7.14 rechts) existiert beim Anstoßen keine Tangentialkomponente. Das Pendel schwingt „linear polarisiert" andauernd parallel in einer raumfesten senkrechten Ebene.

Die Abweichung der Pendelruhelage von der Vertikalen ist bereits oben unter Pkt. 3 erklärt worden.

> (Bei der Vorführung gebe man dem Drehstuhl nur eine kleine Winkelgeschwindigkeit ω. Andernfalls vermag das Auge die Lage der Pendelschwingungsebene nicht zu erkennen.)

Beschleunigter Beobachter

Während der Bewegung wird der Pendelkörper in jedem Punkt seiner Bahn quer zur Richtung seiner Geschwindigkeit nach rechts durch eine CORIOLIS-Kraft abgelenkt. Alle Einzelbögen der Rosette zeigen trotz ihrer verschiedenen Orientierung auf dem Drehstuhl die gleiche Gestalt. Folglich *ist die Bahnrichtung im beschleunigten System für die Größe der CORIOLIS-Kraft ohne Belang.*

Die *Abweichung* der Pendelruhelage von der Vertikalen ist eine Folge der Zentrifugalkraft (s. Pkt. 3!). *Auf einen bewegten Körper wirken*

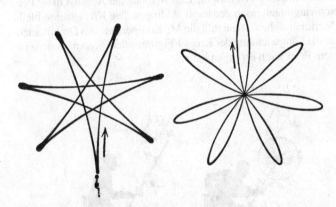

Abb. 7.14 Rosettenbahnen eines Pendels auf einem Karussell. Im *linken Bild* ist das Pendel oberhalb der Tintenkleckse in der Stellung seines Maximalausschlages losgelassen worden und zunächst nach rechts gelaufen. Der Endpunkt der Rosette fällt zufällig mit der Ausgangsstellung zusammen. Im *rechten Bild* ist das Pendel aus seiner Ruhestellung herausgestoßen worden. **(Videofilm 7.2)**

Videofilm 7.2:
„Pendelbewegung im rotierenden Bezugssystem"
http://tiny.cc/m9hkdy

also in einem rotierenden Bezugssystem sowohl CORIOLIS-*Kraft als auch Zentrifugalkraft.*

7. Ein Kreisel im beschleunigten Bezugssystem (zugleich Modell eines Kreiselkompasses auf einem Globus). Abb. 7.15 zeigt auf dem Drehstuhl einen Kreisel in einem Rahmen. Kurzer Ausdrucksweise halber wollen wir den Drehstuhl als *Globus* bezeichnen. Er soll, von oben gesehen, sich gegen den Uhrzeiger drehen. Der Rahmen des Kreisels ist seinerseits um die zur Kreiselfigurenachse F senkrechte Achse A drehbar. Die Achse A liegt in einer *Meridianebene* des Globus. Außerdem lässt sich die Achse A auf verschiedene Breiten einstellen. Sie kann also mit der Drehebene des Drehstuhls einen beliebigen Winkel φ zwischen 0° (Äquator) und 90° (Pol) einnehmen. Den Horizont des Kreiselstandortes hat man sich senkrecht zur A-Achse zu denken. Der Beobachter auf dem sich drehenden Drehstuhl setzt den Kreisel durch einige Griffe in seine Speichen in Gang (Abb. 7.15 links). Dann überlässt er den Kreisel sich selbst: Die Figurenachse des Kreisels stellt sich nach einigen Drehschwingungen um die Achse A wie eine Kompassnadel in die Meridianebene ein (Abb. 7.15 rechts).

Beide Beobachter nehmen der Einfachheit halber die gleiche Ausgangsstellung der Kreiselfigurenachse an: Sie soll zu einem *Breitenkreis* parallel liegen.

Ruhender Beobachter

Die Drehung um die Stuhl- oder Globusachse lässt auf die Figurenachse des Kreisels das Drehmoment M wirken. Dies hat eine zur A-Achse senkrechte Komponente M_1. Dies Drehmoment M_1 ruft eine Präzessionsbewegung der Kreiselfigurenachse F um die Rahmenachse A hervor. Dabei pendelt die Figurenachse F zunächst über den Meridian hinaus. Doch lässt die Lagerreibung der Achse A diese Pendelschwingungen rasch gedämpft abklingen. Die Kreiselachse bleibt im Meridian stehen. Dann fällt die M_1-Komponente des Drehmomentes in die Längsrichtung der Kreisel-Figurenachse F, so dass sie keine weitere Präzession erzeugen kann.

Videofilm 7.3:
„Kreiselkompass"
http://tiny.cc/38hkdy

Abb. 7.15 Modell eines Kreiselkompasses (**Videofilm 7.3**)

Beschleunigter Beobachter

CORIOLIS-Kräfte lenken die bei β befindlichen Teile der Kreisel-radfelge in ihrer Bahn im Sinn einer Rechtsabweichung ab. Die für den Leser rechts befindliche Kreiselhälfte tritt aus der Papierebene heraus auf den Leser zu. Dadurch gelangt die Kreiselachse in die Me-ridianebene. Dann wirken zwar weiterhin CORIOLIS-Kräfte auf die bewegte Radfelge ein. Aber sie liefern für die A-Achse kein Drehmo-ment mehr.

So weit die Versuche zur Definition der Begriffe *Zentrifugalkraft und* CORIOLIS*-Kraft. Beide Kräfte existieren nur für einen radial beschleunigten Beobachter.* Der Beobachter muss, zumindest in Ge-danken, an der Rotation seines Bezugssystems teilnehmen. Mit den neuen Kräften kann er auch im radial beschleunigten Bezugssystem an der Gleichung $a = F/m$ festhalten.

Das Auftreten oder Verschwinden von *Trägheitskräften* wird also durch die jeweilige Wahl des Bezugssystems bestimmt. Sie sind für den mitbewegten Beobachter nicht weniger „real" als die für den ru-henden Beobachter „wirklichen" Kräfte. Die Bezeichnung „Schein-kräfte" ist daher zu vermeiden.

Wie steht es für den beschleunigten Beobachter mit dem Satz „actio = reactio"? – Antwort: Es ergeht ihm ebenso wie dem Beobachter auf der Erde mit der Gegenkraft zum Gewicht. Der Beobachter kann während der freien *Bewegung* von Körpern im beschleunigten Be-zugssystem keine den Trägheitskräften entsprechenden Gegenkräfte nachweisen.

7.4 Fahrzeuge als beschleunigte Bezugssysteme

Die Wahl zwischen unbeschleunigtem und beschleunigtem Bezugs-system ist in manchen Fällen lediglich Geschmacksache, z. B. bei Kreisbewegungen von Körpern um gelagerte Achsen. Wesentlich ist nur eine klare Angabe des benutzten Bezugssystems (vgl. Ab-schn. 4.2, Anfang). – In anderen Fällen ist jedoch unzweifelhaft das beschleunigte Bezugssystem vorzuziehen. Dahin gehört meistens die Physik in unseren technischen Fahrzeugen. Die Beschleunigung dieser Bezugssysteme ist oft recht kompliziert, weil sich Bahnbe-schleunigung (Anfahren und Bremsen) und Radialbeschleunigung (Kurvenfahren) überlagern.

Unsere alltäglichen Erfahrungen über die Trägheitskräfte in Fahrzeu-gen waren bereits alle in den Beispielen der Abschn. 7.2 und 7.3 enthalten. Zum Beispiel:

a) Schrägstellung im Zug beim Anfahren und Bremsen sowie in jeder Kurve. Andernfalls Umkippen.

b) Schrägstellung von Rad und Fahrer, Reiter und Pferd, Flugzeug und Pilot in jeder Kurve.

c) Die seitliche Ablenkung durch CORIOLIS-Kräfte an Deck eines kursändernden Schiffes. Nur mit „Übersetzen" der Füße erreicht man sein Ziel auf gerader Bahn.

d) Besonders deutlich „fühlt" man die CORIOLIS-Kräfte auf einem Drehstuhl von hohem Trägheitsmoment und daher gut konstanter Winkelgeschwindigkeit. Man versucht einen Gewichtsklotz (z. B. 2 kg) *rasch* auf einer beliebigen geraden Bahn zu bewegen (Abb. 7.16). Der Erfolg ist verblüffend. Man glaubt mit dem Arm in einen Strom einer zähen Flüssigkeit geraten zu sein. Es ist ein ganz besonders wichtiger Versuch.[K7.8]

Zahlenbeispiel

Eine Umdrehung in 2 Sekunden, also $\nu = 0,5\,\mathrm{s}^{-1}$, $\omega = 2\pi\nu = 3,14\,\mathrm{s}^{-1}$, Metallklotz Masse $m = 2\,\mathrm{kg}$, Geschwindigkeit $u = 2\,\mathrm{m/s}$, CORIOLIS-Kraft $= 2mu\omega = 2 \cdot 2\,\mathrm{kg} \cdot 2\,\mathrm{m/s} \cdot 3,14\,\mathrm{s}^{-1} = 25\,\mathrm{kg\,m/s^2} = 25\,\mathrm{N}$, also größer als das Gewicht des bewegten Metallklotzes ($F_G = 2\,\mathrm{kg} \cdot 9,81\,\mathrm{m/s}^2 \approx 20\,\mathrm{N}$)!

Die Zahl derartiger qualitativer Beispiele lässt sich erheblich vermehren. Lehrreicher ist jedoch die quantitative Behandlung eines zunächst seltsam anmutenden Sonderfalles. Er betrifft *ein horizontales Drehpendel auf einem Karussell*. Abb. 7.17 zeigt in Seitenansicht ein Karussell. Auf ihm steht ein Drehpendel mit stabförmigem Pendelkörper in einem beliebigen Abstand von der Karussellachse. Unter welchen Bedingungen kann das Drehpendel unabhängig von allen Beschleunigungen des Karussells mit seiner Längsrichtung dauernd zur Drehachse des Karussells weisen?

K7.8. Dieser „besonders wichtige Versuch" lässt sich leider nicht als Schauversuch vorführen, da nur der Experimentator selbst die CORIOLIS-Kraft „fühlen" kann. Es sei aber auf die vielfältigen Möglichkeiten hingewiesen, auf Jahrmarktkarussells entsprechende Erfahrungen zu sammeln.

K7.9. Im Bild: Mechanikermeister W. NABEL.

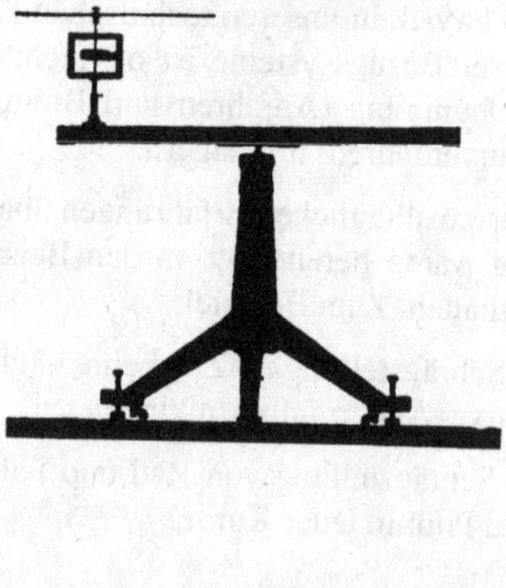

Videofilm 7.4:
„Drehpendel auf einem Karussell"
http://tiny.cc/c9hkdy

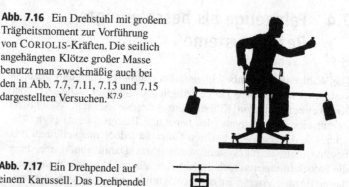

Abb. 7.16 Ein Drehstuhl mit großem Trägheitsmoment zur Vorführung von CORIOLIS-Kräften. Die seitlich angehängten Klötze großer Masse benutzt man zweckmäßig auch bei den in Abb. 7.7, 7.11, 7.13 und 7.15 dargestellten Versuchen.[K7.9]

Abb. 7.17 Ein Drehpendel auf einem Karussell. Das Drehpendel besteht aus einem Holzstab auf der aus Abb. 6.5 bekannten kleinen Drillachse. (**Videofilm 7.4**)

Bei konstanter Winkelgeschwindigkeit ω_1 des Karussells bleibt das Pendel in Ruhestellung. Denn die rein *radiale* Beschleunigung dieser Kreisbewegung erfolgt genau in der *Längsrichtung* des Pendelkörpers. Derartige Beschleunigungen aber können nie ein Drehmoment ergeben.

> Zur Nachprüfung kann man die Pendelachse auf einer Schiene radial verschiebbar machen und seine Längsrichtung zur Schiene parallel stellen. Das Pendel reagiert dann auf keinerlei Beschleunigungen in Richtung der Schiene.

Jede Änderung der Winkelgeschwindigkeit ω_1 hingegen, also jede Winkelbeschleunigung $\dot{\omega}_1$ des Karussells, wirft das Pendel aus seiner Ruhelage heraus. Die Ausschläge erreichen gleich erhebliche Größen. Denn jetzt liegen die Beschleunigungen *a quer* zur Pendellängsrichtung. Die oben gestellte Aufgabe erscheint zunächst hoffnungslos. Trotzdem ist sie ganz einfach zu lösen. Man kann das Pendel allein durch eine *passende Wahl seines Trägheitsmomentes Θ_0 gegen jede Winkelbeschleunigung $\dot{\omega}_1$ vollständig unempfindlich machen!* Es muss sein (Herleitung folgt gleich!)

$$\Theta_0 = msR \qquad (7.2)$$

oder nach dem STEINER'schen Satz (Gl. (6.12)) für Rechnungen bequemer

$$\Theta_S = m(sR - s^2) \qquad (7.3)$$

(Θ_0 = Trägheitsmoment des Pendels, bezogen auf seine Drehachse, Θ_S = desgleichen, bezogen auf seinen Schwerpunkt, m = Masse des Pendels, s = Abstand Schwerpunkt – Pendelachse, R = Abstand Pendelachse – Karussellachse).

Die Winkelrichtgröße D^* der Schneckenfeder dieses Pendels ist völlig belanglos. Sie geht überhaupt nicht in die Rechnung ein. Der Schattenriss zeigt einen derart berechneten Pendelkörper in Stabform (Maße siehe unten). Dies Pendel verharrt tatsächlich bei jeder noch so starken Winkelbeschleunigung des Karussells in Ruhe. Der Versuch wirkt sehr verblüffend. Kleine Änderungen von R oder s stellen die alte Empfindlichkeit gegen Winkelbeschleunigungen wieder her.

Zur *Herleitung* der Gl. (7.3) betrachten wir den Vorgang von einem Standpunkt im ruhenden Bezugssystem, Abb. 7.18. Bei der Beschleunigung des Karussells greift an der *Drehachse O* des Pendels eine Kraft mit dem Betrag F (Richtung 1) an. Wir ergänzen sie durch zwei Kräfte von gleichem Betrag, die einander entgegengerichtet im *Schwerpunkt S* angreifen (Richtung 2 und 3). Die Kraft in Richtung 3 beschleunigt den Schwerpunkt S. Dabei gilt

$$F = ma = m(R - s)\dot{\omega}_1 \qquad (7.4)$$

($\dot{\omega}_1$ = Winkelbeschleunigung des Karussells).

Abb. 7.18 Unempfindlichkeit eines Pendels gegen Winkelbeschleunigung seines Drehpunktes O (Videofilm 7.4)

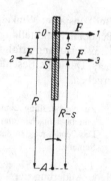

Gleichzeitig bilden die Kräfte in den Richtungen 1 und 2 ein *Drehmoment* $F \cdot s$. Es bewirkt eine Drehung um den *Schwerpunkt S*. Das tut jedes auf einen sonst freien Körper wirkende Drehmoment. Quantitativ gilt

$$F \cdot s = \Theta_S \dot{\omega}_2 \tag{7.5}$$

($\dot{\omega}_2$ = Winkelbeschleunigung des Körpers).

Verlangt wird $\dot{\omega}_1 = \dot{\omega}_2$. Das lässt sich durch passende Wahl des Abstandes s zwischen Pendelschwerpunkt und -drehpunkt erreichen. Man fasst die Gln. (7.4) und (7.5) zusammen und erhält für s die Beziehung

$$\frac{F}{m(R-s)} = \frac{F \cdot s}{\Theta_S} \quad \text{oder} \quad \Theta_S = ms(R-s). \tag{7.3}$$

Für den im Schauversuch gewählten Pendelstab der Masse m und der Länge l gilt

$$\Theta_S = \frac{1}{12}ml^2. \tag{6.11}$$

Diese Größe in Gl. (7.3) eingesetzt ergibt $l^2 = 12s(R-s)$. – *Zahlenbeispiel zu Abb. 7.18*: $R = 50\,\text{cm}$, $s = 5\,\text{cm}$, $l = 52\,\text{cm}$.

„Dieser seltsame Versuch spielt im Verkehrswesen eine Rolle."

Dieser seltsame Versuch spielt im Verkehrswesen eine Rolle (Abschn. 7.5).

7.5 Das Schwerependel als Lot in beschleunigten Fahrzeugen

Die Navigation eines Flugzeuges ohne Bodensicht verlangt jederzeit eine sichere Kenntnis der Vertikalen oder der zu ihr senkrechten Horizontalebene. Ohne sie kann ein Pilot ohne Bodensicht nicht einmal die gerade Bahn von Kurven unterscheiden, Muskelgefühl und Körperstellung lassen ihn völlig im Stich. Sie geben ihm nur die Resultierende von Gewicht und Zentrifugalkraft, nie aber die wahre, mit dem jeweiligen Erdkugelradius zusammenfallende Vertikale.

Auf dem ruhenden Erdboden ermittelt man die Vertikale mit dem Schwerependel als Lot. In beschleunigten Fahrzeugen erscheint diese Benutzung des Schwerependels zunächst als sinnlos. Denn jeder hat Schwerependel in technischen Fahrzeugen beobachtet. Man denke an einen im Eisenbahnwagen aus dem Gepäcknetz hängenden Riemen. Widerstandslos baumelt er im Spiel der Trägheitskräfte. Trotzdem kann man grundsätzlich ein Schwerependel auch in beliebig beschleunigten Fahrzeugen als Lot benutzen! Das macht man sich zunächst mit einem Gedankenexperiment klar.

Dazu ändern wir das in Abb. 7.17 beschriebene Experiment so, dass sich der Drehpunkt statt auf einem feststehenden Kreis auf einer Kugeloberfläche mit dem Radius R bewegen kann. Jede Bewegung des Drehpunktes O erfolgt also *momentan* auf einem Großkreis, und in diesen verlegen wir in Gedanken *momentan* den Kreis aus Abb. 7.17 (mit der Drillachse senkrecht dazu). Wenn in dieser Anordnung Gl. (7.3) erfüllt ist, zeigt der Pendelstab ständig auf das Kugelzentrum hin, auch wenn sich im Lauf der Bewegung die Richtung des Großkreises verändert.

Um nun dies Gedankenexperiment in die Tat umzusetzen, verlegen wir den Punkt O in das Fahrzeug und befestigen in ihm ein physikalisches Schwerependel wie in Abb. 6.15 gezeigt, das aber nur an einem Punkt unterstützt wird, so dass es in der horizontalen Ebene schwingen kann. Jede Bewegung des Fahrzeugs erfolgt nun *momentan* auf einem Großkreis, dessen Radius R der Erdradius ($= 6{,}4 \cdot 10^6$ m) ist. Dies Schwerependel kann sich immer frei in der Ebene des Großkreises bewegen. Um es in Ruhe zu halten, muss wiederum nur Gl. (7.3) erfüllt sein. Dann zeigt das Schwerependel ständig auf den Erdmittelpunkt hin, auch wenn das Fahrzeug um scharfe Kurven fährt! Damit wäre das Ziel erreicht.

Bei einem Schwerependel ist im Gegensatz zum Federpendel das Trägheitsmoment fest mit der Winkelrichtgröße D^* verknüpft. Die Wahl von D^* ist nicht mehr frei. Sie wird durch die an ihm angreifende, Gewicht genannte Kraft mg bestimmt. Es ist nach Abschn. 6.5

$$D^* = mgs \quad \left(g = 9{,}81 \, \frac{\text{m}}{\text{s}^2} \right). \tag{6.3}$$

Folglich beträgt die Schwingungsdauer dieses Pendels nach Gl. (6.13)

$$T = 2\pi \sqrt{\frac{\Theta_0}{D^*}} = 2\pi \sqrt{\frac{msR}{mgs}} = 2\pi \sqrt{\frac{R}{g}} = 84{,}6\,\text{min}, \tag{7.6}$$

genannt die SCHULER-*Periode*, entsprechend einem mathematischen Pendel (Abschn. 6.5) von der Länge des Erdradius R! (Aufg. 2.7) Bei einem physikalischen Pendel mit Abmessungen, wie man es in Flugzeugen unterbringen kann, also von der Größenordnung 0,1 m, würde eine solche Periode einen Abstand von $s = 1\,\text{nm}$ erfordern (Aufg. 7.4), was praktisch nicht erreichbar ist. Aber auch physikalische Pendel, die durch Rückkopplung zu Schwingungen mit der

K7.10. Siehe z. B. K. Magnus, „Kreisel", Springer Berlin 1971, Kap. 16 oder R. P. G. Collinson, „Introduction to Avionics Systems", Kluwer Academic Boston, 2. Aufl. 2003, Kap. 5 und 6.

SCHULER-Frequenz angeregt werden, sind von Beschleunigungen unabhängig und können also als Lot verwendet werden. Dies ist entscheidend für die „Trägheitsnavigation".[K7.10]

7.6 Die Erde als beschleunigtes Bezugssystem: Zentrifugalbeschleunigung ruhender Körper

Als letztes beschleunigtes Bezugssystem wollen wir das Erdkarussell behandeln. Wir wollen die tägliche Drehung der Erde gegenüber dem Fixsternsystem berücksichtigen. Eine volle Drehung um $360° = 2\pi$ erfolgt in 86 164 s. Die Winkelgeschwindigkeit der Erdkugel ist also klein. Es ist

$$\omega = \frac{2\pi}{86\,164\,\text{s}} = 7{,}3 \cdot 10^{-5}\,\text{s}^{-1}\,.$$

Diese Winkelgeschwindigkeit ω erzeugt für jeden auf der Erdoberfläche ruhenden Körper eine von der Erdachse fort gerichtete Zentrifugalkraft $F = ma_z$ oder Zentrifugalbeschleunigung a_z.

Der Körper befinde sich auf der geographischen Breite φ (Abb. 7.19). $r = R\cos\varphi$ sei der Radius des zugehörigen *Breitenkreises*. Dann beträgt die Zentrifugalbeschleunigung

$$a_z = \omega^2 r = \omega^2 R \cos\varphi = 0{,}03 \cos\varphi \,\frac{\text{m}}{\text{s}^2} \qquad (7.7)$$

(abgerundet!).

Diese Zentrifugalbeschleunigung ist in Richtung des Breitenkreisradius r nach außen gerichtet. In die Vertikale, also die Richtung des Erdkugelradius R, fällt nur eine Komponente dieser Zentrifugalbeschleunigung, nämlich

$$a_R = a_z \cos\varphi = 0{,}03 \cos^2\varphi \,\frac{\text{m}}{\text{s}^2}\,. \qquad (7.8)$$

Abb. 7.19 Anziehung und Zentrifugalkraft auf der Erdoberfläche unter der geographischen Breite φ

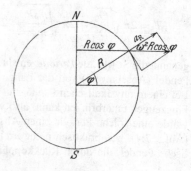

Sie ist vom Erdmittelpunkt fort nach außen gerichtet, sie ist entgegengesetzt der allein von der Anziehung herrührenden „Erdbeschleunigung g". Auf der *rotierenden* Erde muss daher die Erdbeschleunigung unter der geographischen Breite φ ein wenig kleiner sein als auf einer ruhenden Erde. Wir erhalten

$$g_\varphi = g - 0{,}03 \cos^2 \varphi \, \frac{\mathrm{m}}{\mathrm{s}^2} \,. \tag{7.9}$$

Dabei gilt g, der Wert der Erdbeschleunigung, für die *ruhende* Erde. Jetzt kommt eine Schwierigkeit hinzu. Die Zentrifugalkraft greift keineswegs nur an Körpern *auf* der Erdoberfläche an. Tatsächlich erfährt auch jedes Teilchen der Erde selbst eine im Breitenkreis radial nach außen gerichtete Zentrifugalkraft. Die Gesamtheit all dieser Kräfte erzeugt eine elastische Verformung des Erdkörpers. Die Erde ist ein wenig abgeplattet, ihre Achse um rund 1/300 kürzer als der Äquatordurchmesser. Infolge dieser Abplattung der Erde ist die Änderung der Erdbeschleunigung g_φ, mit der geographischen Breite φ noch größer, als man nach Gl. (7.9) berechnet. Die experimentell gemessene Erdbeschleunigung wird beschrieben durch

$$g_\varphi = (9{,}832 - 0{,}052 \cos^2 \varphi) \, \frac{\mathrm{m}}{\mathrm{s}^2} \,. \tag{7.10}$$

Für Meereshöhe und 45° geographische Breite findet man $g = 9{,}806 \, \mathrm{m/s^2}$. Das Korrekturglied erreicht für $\varphi = 0°$, d. h. am Äquator, seinen Höchstwert. Die Korrektur beträgt dann 5 Promille, sie ist also bei vielen Messungen ohne Schaden zu vernachlässigen. Doch bleibt eine Pendeluhr am Äquator gegen eine gleich gebaute am Pol am Tag immerhin um rund 3,5 Minuten zurück.

Die oben erwähnte Abplattung von rund 1/300 gilt für den festen Erdkörper. Viel stärker ist die Verformung seiner flüssigen Hülle, der Ozeane, durch die Zentrifugalkräfte. Doch tritt diese Verformung nie allein in Erscheinung. Ihr überlagert sich die periodisch während jedes Tages wechselnde Anziehung des Wassers durch Mond und Sonne. Die Wasserhülle wird auch durch diese Kräfte viel stärker verformt als der feste Erdkörper. Die Überlagerung von Zentrifugalkräften und Anziehung ergibt die komplizierte Erscheinung von *Ebbe und Flut*. Es handelt sich um ein Problem „erzwungener Schwingungen" (Abschn. 11.10). Hier kann es nur angedeutet werden.

Das Entsprechende gilt von unserer Atmosphäre, dem Luftozean. Ebbe und Flut des Luftozeans rufen zwar an seinem Boden, also der Erdoberfläche, nur kleine *Druck*änderungen hervor, genau wie Ebbe und Flut des Wasserozeans am Meeresboden. Aber etwa 100 km über dem Erdboden erzeugen Ebbe und Flut Vertikalbewegungen der Luft in der Größenordnung von Kilometern! Dort oben sind also die Flutwellen der Luft viel höher als die des Wassers an der Meeresoberfläche.

7.7 Die Erde als beschleunigtes Bezugssystem: CORIOLIS-Beschleunigung bewegter Körper

Die Erde dreht sich für einen auf den Nordpol blickenden Beobachter gegen den Uhrzeiger. Wir haben also den gleichen Drehsinn wie bei der Achse unseres Drehstuhls in Abschn. 7.3. Die Winkelgeschwindigkeit ω_0 der Erde ist uns aus Abschn. 7.6 bekannt. Es ist $\omega_0 = 7,3 \cdot 10^{-5}\,\mathrm{s}^{-1}$.

In Abb. 7.20 befindet sich ein Beobachter an einem Ort der geographischen Breite φ. HH soll seine Horizontalebene bedeuten. An diesem Standort lässt sich die Winkelgeschwindigkeit der Erde in zwei Komponenten zerlegen, eine zum Erdradius R parallele, *vertikale* Komponente

$$\omega_{\mathrm{v}} = \omega_0 \sin \varphi \tag{7.11}$$

und eine zur Horizontalebene parallele, *horizontale* Komponente

$$\omega_{\mathrm{h}} = \omega_0 \cos \varphi \,. \tag{7.12}$$

Beide Komponenten der Winkelgeschwindigkeit erteilen *bewegten* Körpern CORIOLIS-Beschleunigungen. Wir beginnen mit dem Einfluss der vertikalen Komponente ω_{v}. Sie führt auf der Nordhalbkugel stets zu einer *Rechts*abweichung der bewegten Körper. Das bekannteste Beispiel liefert das FOUCAULT'*sche Pendel*. Sein Prinzip ist schon in Abschn. 7.3, Pkt. 6 mit einem Pendel auf einem Drehstuhl erläutert worden: Das Pendel durchlief eine ständig nach rechts gekrümmte Rosettenbahn (Abb. 7.14).

Eine ganz entsprechende Rosette beschreibt jedes lange aus Faden und Kugel bestehende Schwerependel an der Erdoberfläche. Die Endpunkte der Rosette rücken, von der Ruhelage des Pendels aus gesehen, je Stunde um einen Winkel $\alpha = \sin \varphi \frac{360°}{24}$ vor. In Göttingen ($\varphi = 51{,}5°$) ist $\alpha \approx 12°$.

Videofilm 7.5:
„FOUCAULT'scher Pendelversuch"
http://tiny.cc/l8hkdy

Abb. 7.20 Die beiden Komponenten der Winkelgeschwindigkeit der Erde auf der Erdoberfläche, zur Bestimmung der CORIOLIS-Beschleunigungen (**Videofilm 7.5**)

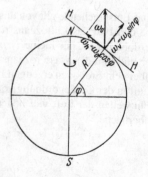

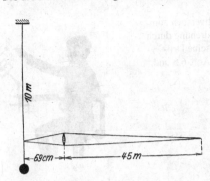

Abb. 7.21 FOUCAULT'scher Pendelversuch (**Videofilm 7.5**)

Die experimentelle Vorführung bietet in keinem Hörsaal Schwierigkeiten. Abb. 7.21 zeigt eine bewährte Anordnung. Ihr wesentlicher Teil ist ein gutes astronomisches Objektiv. Es entwirft von dem dünnen Pendelfaden in den Wendepunkten der Rosettenschleifen ein stark vergrößertes Bild. Die Figur enthält die nötigen Zahlenangaben. Man sieht mit den gewählten Abmessungen in dem vergrößerten Bild die einzelnen Rosettenschleifen mit ihren Umkehrpunkten in je etwa 2 cm Abstand aufeinanderfolgen. *So kann man mit einem einzigen Hin- und Hergang des Pendels die Achsendrehung der Erde nachweisen!* (Aufg. 7.5)

Noch durchsichtiger, aber leider schwierig in der Ausführung, ist ein von J. G. HAGEN S. J. zum Nachweis der Erddrehung durchgeführter Versuch.[K7.11] Wir erläutern ihn in Abb. 7.22 mithilfe des Drehstuhls. Eine schräg gelagerte Achse R trägt einen hantelförmigen Körper vom Trägheitsmoment Θ_1. (Die Schneckenfeder denke man sich zunächst nicht vorhanden.) Der Körper befindet sich auf dem Karussell in Ruhe, hat also die Winkelgeschwindigkeit $\omega_0 \sin\varphi$. Beim Durchbrennen des Fadens F ziehen zwei Schraubenfedern S die beiden Hantelkörper dicht an die Achse R heran und verkleinern dadurch das Trägheitsmoment auf den Wert Θ_2. *Während* der Bewegung erfahren beide Körper eine CORIOLIS-Beschleunigung und werden nach rechts abgelenkt. Dadurch gerät die Hantel in Bewegung, sie dreht sich gegenüber dem Drehstuhl mit der Winkelgeschwindigkeit ω_2. Die Größe von ω_2 berechnen wir vom Standpunkt des Hörsaalbodens mithilfe des Erhaltungssatzes für den Drehimpuls. Es muss gelten

$$\Theta_1 \omega_0 \sin\varphi = \Theta_2(\omega_0 \sin\varphi + \omega_2)$$

oder

$$\omega_2 = \omega_0 \frac{\Theta_1 - \Theta_2}{\Theta_2} \sin\varphi . \qquad (7.13)$$

ω_2 erreicht seinen Höchstwert für $\varphi = 90°$, also „am Pol".
Zur Verbesserung der Ruhelage bringt man wie in Abb. 7.22 an der Achse R eine Schneckenfeder an. Dann führt die Winkelgeschwindigkeit ω_2 nur zu einem Ausschlag, nicht zu andauernder Drehung. Im Originalversuch wurden Achse und Schneckenfeder durch eine lange Bandaufhängung ersetzt, der „hantelförmige Körper" allein war schon 9 m lang.

K7.11. J.G. Hagen: „La rotation de la terre, ses preuves mécaniques anciennes et nouvelles", Tipografia Poliglotta Vaticana, Roma 1912. J.G. HAGEN S.J. (1847–1930) war von 1907–1930 Direktor des Observatoriums des Vatikans. (Die Buchstaben S. J. (Societa Jesu) zeigen, dass er Jesuit war.)

Die beiden genannten Versuche lassen sich quantitativ sauber durchführen. Daneben seien noch einige qualitative Beobachtungen ge-

K7.12. Der Schattenriss der
kleinen Apparatur erforderte
eine kleine Person als Experimentator. Im Bild: der Sohn
des Autors, R. O. POHL.

Abb. 7.22 Modellversuch zum
Nachweis der Erddrehung durch
J. G. HAGEN. Dieselbe Drillachse wie in den Abb. 6.5 und
Abb. 6.6.[K7.12]

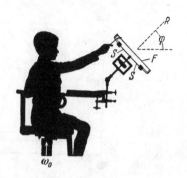

nannt. Auch bei ihnen ist die *vertikale* Komponente der Winkelgeschwindigkeit unserer Erde wirksam. Sie erzeugt also auf der Nordhalbkugel eine Rechtsabweichung bewegter Körper durch CORIOLIS-Kräfte:

a) Die Luft der Atmosphäre strömt aus den subtropischen Hochdruckgebieten in die äquatoriale Tiefdruckrinne. Diese Strömung erfolgt auf der Nordhalbkugel aus nordöstlicher Richtung. So entsteht der für Segelschiffe und Flugzeuge wichtige Nordostpassat.

b) Geschosse weichen stets nach rechts ab.

c) Für die Abnutzung von Eisenbahnschienen und das Unterwaschen von Flussufern spielen die CORIOLIS-Kräfte der Erddrehung keine Rolle. Diese früher oft genannten Beispiele sind zu streichen. (Aufg. 7.3)

CORIOLIS-Beschleunigungen durch die *horizontale* Komponente der Winkelgeschwindigkeit ω_0 unserer Erde, also $\omega_h = \omega_0 \cos \varphi$, lassen sich ebenfalls experimentell nachweisen. Doch fehlt ein Versuch von der Einfachheit des FOUCAULT'schen Pendelversuches.

Von qualitativen Beispielen erwähnen wir die Ostabweichung eines fallenden Steines. Doch verlangt dieser Versuch erhebliche Fallhöhen, am besten im Schacht eines Bergwerkes.[K7.13]

K7.13. Oder im Fallturm der
Universität Bremen (s. Kommentar K7.3).

Zu den wichtigsten Anwendungen der CORIOLIS-Kraft auf der rotierenden Erde gehört heute der Kreiselkompass (Abb. 7.15). Für Schiffe und Flugzeuge ist er nur brauchbar, wenn man ihn gegen Schlingern und Stampfen sowie Beschleunigungen beim Anfahren, Bremsen und Kurvenfahren unempfindlich macht. Das erreicht man durch den Einbau von drei Kreiseln, deren horizontal gelagerte Achsen Winkel von je 120° miteinander bilden, und durch lange Perioden der richtig gedämpften Präzessionsschwingungen (Idealfall $T = 84$ min, Abschn. 7.5). Aber selbst einwandfrei gebaute Kreiselkompasse besitzen eine von der Fahrrichtung und -geschwindigkeit abhängige Missweisung. Grund: Alle Fahrzeuge fahren momentan auf einem Großkreis der Erdkugel. Sie besitzen daher momentan eine Winkelgeschwindigkeit ω_2, die sich zur Winkelgeschwindigkeit ω_1 der Erde vektoriell addiert. Die Kreiselachse stellt sich daher nicht in eine Meridianebene ein, sondern in eine Ebene, in der sich der aus ω_1 und ω_2 resultierende Vektor der Winkelgeschwindigkeit befindet. Diese Ebene fällt nur dann mit einer Meridianebene zusammen, wenn das Fahrzeug längs des Äquators fährt (s. auch Kommentar K7.10).

Aufgaben

7.1 Eine Pistole ist auf einer Drehscheibe befestigt, deren Drehfrequenz $v = 10\,\text{s}^{-1}$ ist. Der Lauf der Pistole zeigt von der Scheibenmitte in radialer Richtung. Die Drehscheibe kreist, von oben betrachtet, gegen den Uhrzeiger (also wie in Abschn. 7.3, Pkt. 5). Die Masse des Geschosses ist $m = 4\,\text{g}$ und seine Geschwindigkeit $u = 100\,\text{m/s}$, der Einfachheit halber als konstant angenommen. a) Man bestimme die CORIOLIS-Kraft F_C, die das Geschoss auf den Pistolenlauf ausübt. b) Man bestimme im ruhenden Bezugssystem des Hörsaals die Kraft F_H, die der Pistolenlauf auf das Geschoss ausübt. (Abschn. 7.3)

7.2 Ein Pendel hängt bewegungslos an einem an der Hörsaaldecke befestigten Faden und wird von einem Beobachter auf einem Drehstuhl beobachtet, der sich mit der Winkelgeschwindigkeit ω dreht. Wie beschreibt der Beobachter die Pendelbewegung und die Kräfte, die auf das Pendel in der horizontalen Ebene wirken? (Abschn. 7.3)

7.3 Man bestimme die Horizontalkomponente a_C der CORIOLIS-Beschleunigung eines Eisenbahnzuges, der mit der Geschwindigkeit $u = 60\,\text{km/h}$ in Richtung des Längenkreises durch London fährt (London liegt auf dem Breitenkreis $\varphi = 51{,}4°$). (Abschn. 7.3 und 7.7)

7.4 Ein physikalisches Schwerependel soll so aufgehängt werden, dass es mit der SCHULER-Periode schwingt. Wie groß muss s, der Abstand zwischen Unterstützungspunkt O und Schwerpunkt S (s. Abb. 6.15), gewählt werden? Um nicht Einzelheiten der Form des Pendels berücksichtigen zu müssen, soll seine Größe durch den *Trägheitsradius* ϱ beschrieben werden, definiert durch die Gleichung: Trägheitsmoment $\Theta = \int r^2 \mathrm{d}m = m\varrho^2$ (s. K. Magnus, „Kreisel", Springer 1971, S. 12). Es sei: $\varrho = 0{,}1\,\text{m}$. (Abschn. 7.5)

7.5 Das im Videofilm 7.5, „FOUCAULT'scher Pendelversuch" gezeigte Pendel schwingt mit der Amplitude $A = 1\,\text{m}$ (gemessen an dem Punkt des Pendeldrahtes, der im Experiment auf der Skala an der Hörsaalwand abgebildet wird). Der Pendeldraht hat den Durchmesser $d = 0{,}4\,\text{mm}$. Göttingen liegt auf der geographischen Breite $\varphi = 51{,}5°$. Mit diesen drei Angaben und den Messergebnissen, die dem Videofilm zu entnehmen sind, leite man die Winkelgeschwindigkeit der Erde ab. (Abschn. 7.7)

Zu Abschn. 7.3 s. auch Aufg. 6.11, zu Abschn. 7.5 s. auch Aufg. 2.7.

Elektronisches Zusatzmaterial Die Online-Version dieses Kapitels (doi:10.1007/978-3-662-48663-4_7) enthält Zusatzmaterial, das für autorisierte Nutzer zugänglich ist.

Einige Eigenschaften fester Körper

8

8.1 Vorbemerkung

Schon früh unterscheiden Kinder feste und flüssige Körper, der Sinn des Wortes gasförmig wird erst viel später erfasst. In der Physik ist das Verständnis der Gase weit fortgeschritten. Hingegen stößt schon die Unterscheidung fester und flüssiger Körper auf Schwierigkeiten. Dabei handelt es sich nicht etwa um Grenzfälle wie in der Biologie bei der begrifflichen Trennung von Tier und Pflanze: Große Gruppen alltäglicher Stoffe, wie die pech- und glasartigen, lassen sich zwar wie spröde feste Körper zerbrechen. Gleichzeitig aber bemerkt schon der Laie ihre Ähnlichkeit mit sehr zähen, langsam fließenden Flüssigkeiten. Bei steigender Temperatur treten die Eigenschaften einer Flüssigkeit mehr und mehr hervor, ohne dass sich ein Schmelzpunkt feststellen ließe.[K8.1]

„Schon früh unterscheiden Kinder feste und flüssige Körper, der Sinn des Wortes gasförmig wird erst viel später erfasst."

8.2 Elastische Verformung, Fließen und Verfestigung

Wir wiederholen einiges aus dem Inhalt der früheren Kapitel: Jeder feste Körper lässt sich durch Kräfte verformen. In einfachen Fällen ist die Verformung keine dauernde. Sie verschwindet mit dem Aufhören der „Beanspruchung". Die Verformung heißt dann elastisch. – Nun soll die Verformung fester Körper etwas eingehender besprochen und quantitativ behandelt werden.

Wir beginnen mit der einfachen, in Abb. 8.1 dargestellten Anordnung. Ein etliche Meter langer, 0,4 mm dicker, weicher Kupferdraht wird mit konstanten Kräften beansprucht und die zugehörige Dehnung gemessen.

K8.1. Ein anderes Beispiel ist das als Kinderspielzeug bekannte *silly putty*: Auf den Boden geworfen, springt es wie ein elastischer Ball. Hingegen fließt es auf dem Boden langsam, unter seinem eigenen Gewicht, wie eine Flüssigkeit.

Abb. 8.1 Zur Dehnung eines Metalldrahtes durch Zug. Die mit dem unteren Ende des einige Meter langen Drahtes verbundene Skala wird etwa 15-fach vergrößert auf einem Wandschirm abgebildet. **(Videofilm 8.1)**

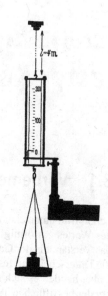

Videofilm 8.1:
„Elastische Verformung:
HOOKE'sches Gesetz"
http://tiny.cc/w9hkdy
(Aufg. 8.1)

Für die Darstellung dieser und ähnlicher Messungen definiert man das Verhältnis

$$\frac{\text{Längenänderung } \Delta l}{\text{ursprüngliche Länge } l} = \varepsilon \qquad (8.1)$$

$= Dehnung$ (für $\varepsilon > 0$) oder $Stauchung$ (für $\varepsilon < 0$).

Ferner heißt der Quotient[K8.2]

K8.2. Wie ε kann auch σ negativ sein, d. h. dass die Kraft und der Flächenvektor entgegengesetzte Richtung haben. In diesem Fall nennt man σ *Druck*. In diesem Kapitel werden aber hauptsächlich Zugbelastungen betrachtet. Gl. (8.2) heißt in Vektorschreibweise

$F = \sigma A,$

wobei σ allgemein ein Tensor sein kann. (Weiterführende Literatur z. B.: K.-H. Hellwege, Einführung in die Festkörperphysik, Springer-Verlag Berlin Heidelberg New York, 3. Aufl. 1988, Kap. 7.)

$$\sigma = \frac{\text{zur Querschnittsfläche } A \text{ senkrechte Kraft } F}{\text{Draht- oder Stabquerschnittsfläche } A} \qquad (8.2)$$

Zugspannung (kurz *Zug*, allgemein Normalspannung, s. Abschn. 8.5).

Langsam und sorgfältig ausgeführte Beobachtungen sollen erst in Abschn. 8.7 folgen. Zunächst beobachten wir rasch und ohne besondere Genauigkeit. Dann bekommen wir ein noch leidlich einfaches, in Abb. 8.2 dargestelltes Ergebnis. Anfänglich wächst die Dehnung ε *proportional* mit der Zugspannung σ, später, ungefähr ab β, *mehr* als proportional. Bis hier, d. h. bis zu einer Dehnung von etwa 1/1000 bleibt die Verformung elastisch, d. h. *umkehrbar*, sie verschwindet mit dem Aufhören der Beanspruchung. Jenseits β wächst die Dehnung rasch mit weiter zunehmender Belastung. Diese Verformung ist nicht mehr umkehrbar, bei β wird die *Streck- oder Fließgrenze* überschritten. Durch die Streckung wird der zuvor weiche Draht *verfestigt* und hart. Erst durch Erwärmung lässt sich der harte Draht wieder in einen weichen zurückverwandeln.

Abb. 8.2 Zusammenhang von Dehnung und Zugspannung für einen Cu-Draht (Durchmesser $d = 0{,}4$ mm, Querschnittsfläche $A = 0{,}126$ mm^2, Elastizitätsmodul $E = \sigma/\varepsilon \approx 10^5$ N/mm^2)$^{K8.3}$

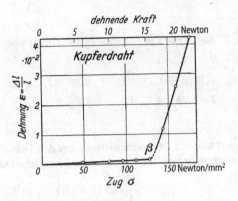

K8.3. Oft wird in solchen „Spannungs-Dehnungs-Diagrammen" die Spannung über der Dehnung aufgetragen.

8.3 HOOKE'sches Gesetz und POISSON'sche Beziehung

Für kleine Beanspruchungen findet man Dehnung ε und Zugspannung σ proportional zueinander. Es gilt das HOOKE'sche Gesetz

$$\varepsilon = \frac{1}{E}\sigma \qquad (8.3)$$

Der Proportionalitätsfaktor E heißt *Elastizitätsmodul* (englisch „Youngs modulus") (Beispiele in Tab. 8.1).

Bei dicken Drähten oder besser Stäben kann man zugleich mit der Dehnung die *Querkontraktion* bestimmen, definiert durch das Verhältnis

$$\varepsilon_q = -\frac{\text{Änderung des Durchmessers } \Delta d}{\text{ursprünglicher Durchmesser } d}. \qquad (8.4)$$

Für Schauversuche eignet sich ein Kautschukstab von einigen cm Dicke. Außerdem kann man bei genügender Dicke der Versuchsstücke die Messungen nicht nur mit Zugbelastung für Dehnungen und Querkontraktionen ausführen, sondern auch mit Druck für Stauchungen und gleichzeitige Querschnittsvergrößerungen ($\varepsilon_q < 0$). In gewissen Grenzen findet man Querkontraktion ε_q und Dehnung ε proportional zueinander, es gilt

$$\varepsilon_q = \mu\varepsilon \qquad (8.5)$$

(Beziehung von S. D. POISSON, 1781–1840).

Der Proportionalitätsfaktor μ heißt *Querzahl* oder POISSON'sche Zahl (Beispiele in Tab. 8.1).

Dehnung und Querkontraktion ergeben eine Änderung des Volumens, ebenso Stauchung und Querschnittsvergrößerung. Bei einem würfelförmigen Körper wird die Höhe um den Faktor $(1 + \varepsilon)$ geän-

Tab. 8.1 Elastische Konstanten

Material	Al	Pb	Cu	Messing	Stahl	Glas	Granit	Eichenholz	
Elastizitätsmodul E	7,3	1,7	12	10	20	7	2,4	10	$10^4\,\dfrac{\text{N}}{\text{mm}^2}$
Querzahl μ	0,34	0,45	0,35	0,35	0,27	0,2	–	–	–
Schubmodul G	2,6	0,8	4,5	4,2	8,1	2	–	–	$10^4\,\dfrac{\text{N}}{\text{mm}^2}$

dert und die Querschnittsfläche um den Faktor $(1 - \mu\varepsilon)^2$. Folglich ergibt sich eine *Volumendehnung* („kubische Dilatation")

$$\frac{\Delta V}{V} = (1 + \varepsilon)(1 - \mu\varepsilon)^2 - 1 \tag{8.6}$$

oder bei Vernachlässigung kleiner quadratischer Glieder

$$\frac{\Delta V}{V} = (1 - 2\mu)\varepsilon. \tag{8.7}$$

2μ, das Doppelte der Querzahl, ist laut Tab. 8.1 immer kleiner als 1. Folglich wird das Volumen durch Dehnung ($\varepsilon > 0$) stets vergrößert, durch Stauchung ($\varepsilon < 0$) stets verkleinert. Bei *allseitiger* Belastung ist die Volumendehnung dreimal so groß wie bei einer Belastung in nur *einer* Richtung, also ergibt Gl. (8.7) mit dem HOOKE'schen Gesetz (8.3) zusammengefasst

$$\frac{\Delta V}{V} = 3(1 - 2\mu)\frac{1}{E}\,\sigma = \kappa\sigma. \tag{8.8}$$

Der konstante Faktor

$$\kappa = 3(1 - 2\mu)\frac{1}{E} \tag{8.9}$$

wird „Kompressibilität" und dessen Kehrwert $K = 1/\kappa$ „Kompressionsmodul" (englisch „bulk modulus") des Materials genannt.

Der Grenzfall $\mu = 0,5$ bedeutet Fehlen einer Volumenänderung bei Belastung. Dieser Grenzfall findet sich sehr weitgehend bei Flüssigkeiten verwirklicht. Vgl. Abschn. 9.3.

8.4 Scherung

Bisher haben wir die verformende Kraft F *senkrecht* zur Querschnittsfläche A des Körpers (Draht oder Stab) angreifen lassen. In diesem Fall nannte man den Quotienten F/A Zugspannung ($\sigma > 0$) oder Druck ($\sigma < 0$). – In Abb. 8.3 hingegen soll die Kraft F *parallel* zur Querschnittsfläche A eines Körpers angreifen. (Man denke sich diesen Körper modellmäßig ähnlich einem Packen Spielkarten zusammengesetzt!) Dann wird der Körper durch die Kraft F *geschert*, seine zuvor senkrechten Kanten werden um den Winkel γ gekippt. In diesem Fall definiert man als *Scherung* den Quotienten

$$\frac{x}{l} = \tan\gamma \approx \gamma. \tag{8.10}$$

Abb. 8.3 Zur Definition der Schubspannung

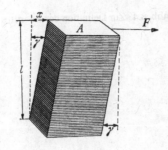

Der Quotient

$$\tau = \frac{\text{zur Querschnittsfläche } A \text{ parallele Kraft } F}{\text{Querschnittsfläche } A \text{ des Körpers}} \qquad (8.11)$$

heißt *Schubspannung* (s. Abschn. 8.5).

Für *kleine* Belastungen findet man experimentell die Scherung γ zur
Schubspannung τ proportional, also

$$\gamma = \frac{1}{G}\tau. \qquad (8.12)$$

Der Proportionalitätsfaktor G heißt *Schubmodul* (englisch „shear modulus"). Auch dieser ist eine das Material kennzeichnende Größe
(Beispiele in Tab. 8.1).

Damit haben wir für isotrope Körper insgesamt drei elastische Konstanten gefunden, nämlich den Elastizitätsmodul E durch Gl. (8.3),
den Schubmodul G durch Gl. (8.12) und die Querzahl μ durch
Gl. (8.5). Diese drei Konstanten sind jedoch durch die Beziehung

$$G = E\frac{1}{2(1+\mu)} \qquad (8.13)$$

miteinander verknüpft. Also genügen für einen isotropen Körper *zwei*
elastische Konstanten, die dritte ist dann durch die Gl. (8.13) bestimmt. Ihre Herleitung folgt am Ende von Abschn. 8.5.

8.5 Normal-, Schub- und Hauptspannung

Durch jede Beanspruchung, z. B. durch Zug, wird der Zustand im Inneren eines Körpers geändert. Man beschreibt den Zustand mit dem
Begriff *Spannung*. Im Inneren eines durchsichtigen Körpers seien
vor der Beanspruchung etliche *kleine kugel*förmige Bereiche durch

Abb. 8.4 Zur Definition des Begriffes Spannung

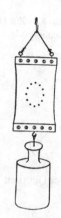

einen Farbstoff sichtbar gemacht. Während der Beanspruchung wird jede dieser Kugeln in ein kleines dreiachsiges *Ellipsoid* verformt. Zur Veranschaulichung kann ein Schauversuch (Abb. 8.4) dienen. Er beschränkt sich auf den Sonderfall des *ebenen* Spannungszustandes: In der Papierebene liegt ein breites Kautschukband. Auf die Oberfläche des unbeanspruchten Bandes ist mit 12 Punkten ein Kreis gezeichnet. Beide Enden des Bandes sind in eine Fassung eingeklemmt. Zur Beanspruchung dient ein Zug in der Papierebene. Während der Beanspruchung wird der Kreis in eine Ellipse verformt. Beim Übergang des Kreises in die Ellipse haben sich die 12 gezeichneten Punkte längs der Pfeile bewegt (Abb. 8.5). Das Entsprechende gilt für den allgemeinen Fall, also beim Übergang von der Kugel zu einem dreiachsigen „Verformungsellipsoid".

Zum Begriff *Spannung* gelangt man nun mit folgendem Gedankenexperiment: Man trennt das Ellipsoid aus seiner Umgebung heraus, bringt aber gleichzeitig an seiner Oberfläche Kräfte an, die die Gestalt des Ellipsoides aufrechterhalten, also den Einfluss der zuvor wirksamen Umgebung ersetzen. Oder anders ausgedrückt: Man verwandelt die „inneren", von der Umgebung herrührenden Kräfte in „äußere" und macht sie dadurch (wenigstens grundsätzlich) der Messung zugänglich. Die Richtungen dieser Kräfte fallen *nur* in den drei Hauptachsen des Ellipsoides mit den Richtungen der Übergangspfeile in Abb. 8.5 zusammen. Außerdem ist ihre Größe *nicht* zu den Längen dieser Übergangspfeile proportional. – Dann definiert man für jedes Oberflächenelement dA des Verformungsellipsoides als *Spannung* den Quotienten Kraft dF/Oberfläche dA. Die Kraft steht im All-

Abb. 8.5 Zur Entstehung der Ellipse in Abb. 8.4

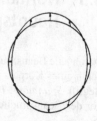

Abb. 8.6 Verformung einer Gummiplatte durch vier gleiche, je eine Schubspannung τ erzeugende Kräfte (Kantenlänge a, Plattendicke d, also $\tau = F/A = F/ad$). Die Abbildung zeigt die Verknüpfung von Schub- und Normalspannung und dient zur Herleitung der Gl. (8.13).

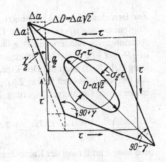

gemeinen *schräg* auf dem zugehörigen Flächenelement dA. Deswegen zerlegt man die Spannung in zwei Komponenten, eine senkrecht und eine parallel zur Oberfläche. Die zur Fläche senkrecht stehende Komponente bekommt den Namen *Normalspannung*. Die zur Oberfläche parallele Komponente ist die *Schubspannung*.

Die drei Achsen des Ellipsoides sind ausgezeichnete Richtungen: In ihnen steht die Kraft senkrecht zur Ellipsoidoberfläche. Es sind also nur Normalspannungen vorhanden, und diese nennt man die drei *Hauptspannungen*.

Man kann Schubspannungen nicht unabhängig von Normalspannungen herstellen. Das zeigt eine einfache Beobachtung: In Abb. 8.6 versuchen wir, eine quadratische Platte der Dicke d allein durch Schub zu verformen. Dazu benutzen wir vier gleiche, parallel zu den Seiten a angreifende Kräfte F. Jede von ihnen erzeugt eine Schubspannung $\tau = F/ad$. Der Erfolg ist aber der gleiche wie in Abb. 8.4 bei der Beanspruchung durch Zug: Ein Kreis wird in eine Ellipse verformt. Es entstehen also auch Normalspannungen. Ihr größter und kleinster Wert, die Hauptspannungen σ_1 und σ_2, fallen in die Richtung der Diagonale. In den Diagonalrichtungen setzen sich je zwei der Kräfte F zu einer resultierenden $F\sqrt{2}$ zusammen. Diese Kräfte $F\sqrt{2}$ stehen senkrecht auf je einer diagonalen Schnittfläche $ad\sqrt{2}$. Folglich sind die Normalspannungen σ_1 und σ_2 ebenfalls F/ad, also ebenso groß wie die Schubspannungen τ. Folglich lässt sich die Verformung der Platte auf zwei Weisen beschreiben: entweder durch eine *Verschiebung* der Quadratseiten a um Beträge Δa oder durch eine *Verlängerung* der Quadrat*diagonale D* um Beträge ΔD.

Zur Berechnung von Δa benutzt man die *Schub*spannung τ. Diese erzeugt eine Scherung

$$\gamma = \frac{1}{G}\tau. \qquad (8.12)$$

Das heißt anschaulich: Die 90°-Winkel werden in Winkel $(90° \pm \gamma)$ umgewandelt, und die Quadratseiten werden um Winkel $\gamma/2$ gegen die Diagonale D gekippt. Dabei entnimmt man Abb. 8.6 die geometrische Beziehung $\tan \gamma/2 = 2\Delta a/a \approx \gamma/2$ oder mit Gl. (8.12)

$$\frac{2\Delta a}{a} = \frac{1}{2}\frac{1}{G}\tau. \qquad (8.14)$$

Zur Berechnung von ΔD benutzt man *Normal*spannungen, nämlich die Zugspannungen $\sigma_1 = \tau$ und die Druckspannungen $-\sigma_2 = \tau$. Die Zugspannungen verlängern die Diagonale um den Betrag $2\Delta D_{\text{Zug}} = \varepsilon D = \sigma_1 \frac{1}{E} D = \tau \frac{1}{E} D$. Außerdem erzeugen aber nach der POISSON'schen Beziehung (Gl. (8.5)) auch die Druckspannungen zusätzlich eine Verlängerung der Diagonale um den Betrag $2\Delta D_{\text{Druck}} = \mu \varepsilon D = \mu \sigma_1 \frac{1}{E} D = \mu \tau \frac{1}{E} D$. Als beiderseitige Gesamtverlängerung der Diagonale erhalten wir also

$$2\Delta D = 2\Delta D_{\text{Zug}} + 2\Delta D_{\text{Druck}} = \tau \frac{1}{E}(1 + \mu)D \qquad (8.15)$$

und nach Einführung der Kantenlänge a

$$2\Delta a \sqrt{2} = \tau \frac{1}{E}(1 + \mu)a\sqrt{2}$$

oder

$$\frac{2\Delta a}{a} = \tau \frac{1}{E}(1 + \mu). \qquad (8.16)$$

Die Zusammenfassung von Gl. (8.14) und Gl. (8.16) ergibt

$$\frac{1}{G} = 2\frac{1}{E}(1 + \mu).$$

Das ist die ohne Ableitung angegebene Gl. (8.13).

Zum Schluss entnehmen wir der Abb. 8.6 noch eine für Späteres wichtige Tatsache: Die Richtungen der Hauptspannungen (Diagonalen) und die Richtungen der größten Schubspannungen (Kantenlängen) sind um 45° gegeneinander geneigt.

8.6 Biegung und Verdrillung (Torsion)

Bei der Anwendung der Begriffe Normalspannung σ und Schubspannung τ beschränken wir uns auf die allereinfachsten Beispiele. Als Erstes bringen wir die Biegung eines Stabes durch ein äußeres Drehmoment M.

Man nehme ein quaderförmiges Radiergummi zwischen Daumen und Zeigefinger und biege es zusammen: Die Seitenflächen werden nicht nur gekrümmt, sondern auch gewölbt. Von diesen Wölbungen wollen wir absehen, also nur den Grenzfall eines „ebenen" Spannungszustandes betrachten. In Abb. 8.7 werde ein schlanker Stab mit konstanter Querschnittsfläche A von einem konstanten Drehmoment $M = mg \cdot s$ (m = Masse eines Gewichtsklotzes) gekrümmt. Man beobachtet einen Kreisbogen.

Wir wollen den Krümmungsradius r berechnen. Dazu benutzen wir Abb. 8.8, sie zeigt den Längsschnitt des Stabes. Die Verformung erzeugt auf der Oberseite Zugspannungen und auf der Unterseite Druckspannungen. Beide stehen als Normalspannungen senkrecht auf der Querschnittsfläche A.

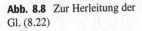

Abb. 8.7 Biegungsbeanspruchung eines schlanken flachen Stabes durch ein längs der ganzen Stablänge konstantes Drehmoment M (**Videofilm 8.2**) (s. auch das Zahlenbeispiel in Aufg. 8.2)

Videofilm 8.2:
„Biegung eines Stabes"
http://tiny.cc/39hkdy

Abb. 8.8 Zur Herleitung der Gl. (8.22)

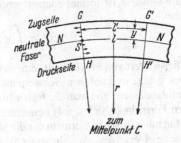

Nach der oben gemachten, bei dünnen Stäben gut erfüllten Annahme sollen die durch GH, $G'H'$ usw. gekennzeichneten Querschnittsflächen auch während der Biegung *eben* bleiben, d. h. sie sollen sich infolge der Beanspruchung um ihren Schwerpunkt S *drehen*. Dann erfolgt der Übergang von der Zug- zur Druckspannung in einer nur gekrümmten, aber nicht gewölbten Schicht. Sie ist frei von Spannung, sie steht zur Papierfläche senkrecht und schneidet sie in der Linie NN. Man nennt diese Schicht die *neutrale Faser* (vgl. Bd. 2, Abschn. 24.9, Spannungsdoppelbrechung).

Unter diesen Umständen gilt in Abb. 8.8 für die beiden Krümmungsradien r und $(r + y)$

$$\frac{r + y}{r} = \frac{l'}{l} \,. \tag{8.17}$$

Ferner ist

$$\frac{l' - l}{l} = \text{Dehnung } \varepsilon \,. \tag{8.18}$$

Zu dieser Dehnung gehört nach dem HOOKE'schen Gesetz der Elastizitätsmodul

$$E = \frac{\sigma}{\varepsilon} \,. \tag{8.3}$$

Zusammenfassung der Gln. (8.3), (8.17) und (8.18) liefert

$$\sigma = E \frac{y}{r} \,. \tag{8.19}$$

Das Integral $\int \sigma y \, dA$ muss gleich dem einwirkenden Drehmoment M sein, also

$$M = \int E \frac{y^2}{r} dA \tag{8.20}$$

oder mit der Abkürzung

$$\int y^2 \, dA = J \tag{8.21}$$

$$r = E\frac{J}{M} . \tag{8.22}$$

Die Größe J ist formal ebenso gebildet wie das Trägheitsmoment, also

$$\Theta = \int y^2 \, dm . \tag{6.4}$$

Dieser Wert von Θ würde für eine Schicht vom Querschnitt des Stabes gelten und auf den Schwerpunkt S der Schicht bezogen sein. Infolgedessen kann man die früher für Trägheitsmomente aufgestellten Formeln (Abschn. 6.4) benutzen, um zu J-Werten zu gelangen: Man muss in diesen Formeln nur die Masse m durch die Querschnittsfläche A ersetzen. Aus diesem Grund hat sich für J der ziemlich unglückliche Name *Flächenträgheitsmoment* eingebürgert.

Beispiele

1. Rechteckige Querschnittsfläche $A = hd$ (Abb. 8.9a)

$$J = \frac{1}{12}dh^3 . \tag{8.23}$$

2. Doppel-T-Träger (Abb. 8.9b)

$$J = \frac{1}{12}(DH^3 - dh^3) . \tag{8.24}$$

3. Kreisringförmige Querschnittsfläche (Abb. 8.9c,d)

$$J = \frac{\pi}{4}(R^4 - r^4) . \tag{8.25}$$

4. Desgleichen für eine *Drillung um die Längsachse* eines Rohres, dessen kleine Wandstärke $d = R - r$ ist (Abb. 8.11)

$$J = \frac{\pi}{2}(R^4 - r^4) \approx 2\pi R^3 d . \tag{8.26}$$

Für den Stab in Abb. 8.7 waren E, J und M längs der Stablänge konstant. Folglich ist nach Gl. (8.22) auch r konstant, d. h. der Stab nimmt die Form eines Kreisbogens an. Der nach Gl. (8.22) berechnete Radius r stimmt gut mit dem beobachteten überein. (**Videofilm 8.2**)

Videofilm 8.2:
„Biegung eines Stabes"
http://tiny.cc/39hkdy

Die große Bedeutung des Flächenträgheitsmomentes J wird durch Abb. 8.9 erläutert. Sie zeigt Profile mit gleichem Flächenträgheitsmoment J, also gleicher Kreiskrümmung bei gleicher Beanspruchung. Unter jedem Profil ist sein Flächeninhalt in einer willkürlichen Einheit angegeben. Kleiner Flächeninhalt bedeutet geringen Bedarf an Material. In dieser Hinsicht ist ein Rohr einem Vollstab überlegen. Demgemäß sind die langen Knochen unserer Gliedmaßen als Röhrenknochen gebaut.

Abb. 8.9 Querschnittsflächen mit gleichem Flächenträgheitsmoment J können recht verschiedene Flächeninhalte A besitzen (A ist hier jeweils auf die Rechteckfläche (a) normiert). Die in Abb. 8.8 senkrecht zur Papierebene durch S gehende neutrale Faser ist strichpunktiert.

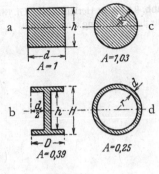

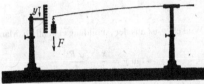

Abb. 8.10 Biegungsbeanspruchung eines einseitig eingespannten Stabes der Länge l durch eine am Ende angreifende Kraft F

Das Flächenträgheitsmoment spielt auch für viele andere Verformungsfragen eine entscheidende Rolle. Wir bringen zwei Beispiele, das erste ohne Ableitung. In Abb. 8.10 ist ein *Stab einseitig eingespannt*, an seinem freien Ende greift senkrecht die Kraft F an. Dann gilt für eine mäßige Ablenkung y des Stabendes

$$y = F \frac{l^3}{3EJ} \, . \tag{8.27}$$

Weiter soll kurz die *Verdrillung (Torsion) eines zylindrischen Stabes* behandelt werden.[K8.4] Auch sie wird durch ein Flächenträgheitsmoment bestimmt. Man findet den Quotienten

$$\frac{\text{Drehmoment } M}{\text{Verdrillungswinkel } \alpha'} = D^* = \frac{GJ}{l} \tag{8.28}$$

(J = Flächenträgheitsmoment des Stabes (Gl. (8.26) für $r = 0$), l seine Länge, G der Schubmodul des Materials, Tab. 8.1).

D^* ist die in Abschn. 6.3 eingeführte „Winkelrichtgröße". Sie ist leicht zu messen, entweder unmittelbar oder mithilfe von Drehschwingungen. Gl. (8.28) gibt daher ein bequemes Verfahren zur Bestimmung des Schubmoduls G, also einer für die Materialkunde wichtigen Größe (Tab. 8.1).

Zur Herleitung der Gl. (8.28) benutzen wir in Abb. 8.11 einen *Sonderfall*, nämlich den eines dünnwandigen Rohres. Das Drehmoment wird mit zwei Schnurzügen hergestellt. Wir denken uns dies Rohr in flache Kreisringschichten aufgeteilt. Diese erfahren gegeneinander eine Scherung γ. Die

K8.4. Siehe auch das Verdrillungsexperiment in Abb. 6.7. (**Videofilm 6.1**, http://tiny.cc/a8hkdy) (Aufg. 8.3)

Abb. 8.11 Zur Herleitung der Gl. (8.28) für die Verdrillung eines Rohres

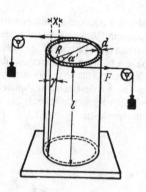

Bedeutung des Winkels γ ist aus der Abbildung ersichtlich. Man findet

$$\gamma \approx \tan \gamma = \frac{x}{l} = \frac{\alpha' R}{l} . \tag{8.29}$$

Die Scherung entsteht durch die Schubspannung τ, es gilt

$$\gamma = \frac{1}{G}\tau . \tag{8.12}$$

Die Schubspannung ergibt sich aus dem einwirkenden Drehmoment M. Dies erzeugt tangential zu den Ringflächen eine Kraft $F = M/2R$ und mit ihr die Schubspannung

$$\tau = \frac{2F}{\text{Ringfläche}} = \frac{M}{2\pi R^2 d} . \tag{8.30}$$

Die Gln. (8.29), (8.12) und (8.30) ergeben zusammen mit Gl. (8.26)

$$\frac{\alpha'}{l} = \frac{M}{G\,2\pi d R^3} = \frac{M}{GJ} . \tag{8.31}$$

Zum Schluss noch eine technische Anwendung der Gl. (8.28). Zur Übertragung oder Fortleitung von Leistung („Kilowatt") auf mechanischem Weg bedient man sich sehr oft einer *Welle*. Das ist nichts weiter als ein auf Torsion beanspruchter zylindrischer Stab. Für die übertragene Leistung $\dot{W}$ gilt bei fortschreitender Bewegung

$$\dot{W} = Fu \tag{5.35}$$

(u = Bahngeschwindigkeit),

also bei Drehbewegungen (Zeile 10 der Tab. 6.1)

$$\dot{W} = M\omega = M2\pi\nu \tag{8.32}$$

(ω = Winkelgeschwindigkeit, ν = Drehfrequenz = (Anzahl der Drehungen/Zeit).

Wir können also statt Gl. (8.31) schreiben:

$$\text{Torsionswinkel } \alpha' = \frac{\dot{W}}{2\pi\nu}\frac{l}{GJ} . \tag{8.33}$$

In Worten: *Bei gegebener Drehfrequenz ν ist der Torsionswinkel α' ein Maß für die durch die Welle fortgeleitete Leistung.*

Zahlenbeispiel

Hohle Schraubenwelle eines Schiffes. $l = 62$ m, Durchmesser außen $2R = 0{,}625$ m, innen $2r = 0{,}480$ m, Flächenträgheitsmoment J (nach Gl. (8.26)) $= 9{,}77 \cdot 10^{-3}$ m^4, Material Stahl, also Schubmodul $G = 8{,}1 \cdot 10^4$ N/mm^2. Zur Schraube übertragene Leistung $\dot{W} = 2{,}4 \cdot 10^4$ kW, Drehfrequenz $\nu = 3{,}4/$s. – Einsetzen dieser Werte in Gl. (8.33) ergibt als Torsionswinkel $\alpha' = 8{,}8 \cdot 10^{-2} = 5°$. Das heißt, das vordere und das hintere Ende der 62 m langen Welle werden um 0,014 ihres Umfanges gegeneinander verdreht. Bohrgestänge für senkrechte Tiefbohrungen können Längen von mehreren Kilometern haben. Sie brauchen dann Verdrillungen um viele Umläufe, um die Bohrleistung in die Tiefe zu übertragen![K8.5]

8.7 Zeitabhängigkeit der Verformung, elastische Nachwirkung und Hysterese

Für quantitative Beobachtungen der elastischen Verformung haben wir Metalle benutzt, so in den Abb. 8.1, 8.7 und 8.10. Auch Gläser sind geeignet. Für Schauversuche ist oft ein polymerer Kunststoff bequemer, vor allem Kautschuk. Mit Kautschuk wollen wir daher auch zwei wichtige Begleiterscheinungen der elastischen Verformung vorführen, nämlich die elastische Nachwirkung und die Hysterese. Wir haben sie bei unseren ersten *flüchtigen* Schauversuchen außer Acht gelassen.

Wir beanspruchen einen etwa 0,3 m langen und etwa 5 mm dicken Kautschukschlauch abwechselnd mit etwa 1 und 6 N (einem 100-g-Klotz und einem zusätzlichen 500-g-Klotz) und verfolgen seine Dehnung in Abhängigkeit von der Zeit. Das Ergebnis findet sich in Abb. 8.12: Die Verformung erfolgt zwar zum großen Teil gleichzeitig

K8.5. Bei Tiefbohrprojekten, wie z. B. dem Tiefbohrprogramm KTB in der Oberpfalz mit über 9 km Bohrtiefe, treten tatsächlich Mehrfachverdrillungen auf. Es werden aber auch hydraulisch angetriebene, direkt über dem Bohrmeißel montierte Motoren eingesetzt, wobei keine Verdrillung des Bohrgestänges auftritt. (siehe z. B.: KTB-Report 95-3, Bohrtechnische Dokumentation, Schweizerbartsche Verlagsbuchhandlung 1996 oder Physik in unserer Zeit **16**, 161 (1985))

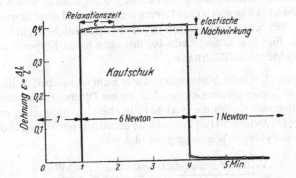

Abb. 8.12 Elastische Nachwirkung bei der Dehnung eines Kautschukschlauches (Durchmesser: außen ≈ 5 mm, innen ≈ 3 mm)

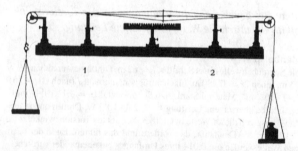

Abb. 8.13 Zur Vorführung einer mechanischen Hysterese. Ein gedehnter Kautschukschlauch ist bei *1* und *2* befestigt. In der Mitte ist er durch eine Metallscheibe unterteilt. An dieser Scheibe greifen mithilfe je eines Fadenpaares die Kräfte an, die man durch Belastung der beiden Waagschalen herstellen kann.

mit der Belastung oder Entlastung. Ein Rest aber, genannt *elastische Nachwirkung*, erfordert für seine Ausbildung und Rückbildung eine endliche Zeit. Die neuen Gleichgewichtswerte werden angenähert exponentiell mit der Zeit erreicht. Bei Belastung fehlen nach der *Relaxationszeit* τ noch $1/e \approx 37\%$ vom vollen Wert der elastischen Nachwirkung. Bei Entlastung sind nach der Zeit τ noch $1/e \approx 37\%$ der elastischen Nachwirkung vorhanden.

Leider ist die Trennung von Verformung mit und ohne Nachwirkung selbst bei *kleinen* Verformungen eine zu weit gehende Idealisierung. Bei der Entlastung bleibt stets ein Bruchteil der vorangehenden Dehnung als *bleibende* Verformung bestehen. Sie kann erst durch eine Beanspruchung von *entgegengesetzter* Richtung beseitigt werden. Das ist die *Hysterese*. Für ihre Vorführung dient der in Abb. 8.13 skizzierte Apparat. Ein beiderseits festgehaltener und schon rund auf die doppelte Länge gedehnter Gummischlauch kann mit einem in Schritten zu- und abnehmenden Zug nach rechts und nach links beansprucht werden. Zwischen zwei Messungen liegt eine Pause von mindestens einer Minute. Die Messergebnisse sind in Abb. 8.14 dargestellt. Der Zusammenhang von Dehnung und Spannung wird beim Hin- und Rückweg durch zwei Kurven dargestellt, und diese umgrenzen in Abb. 8.14 eine schmale Fläche, die mechanische *Hystereseschleife*. Eine solche findet sich bei fast allen festen Körpern, also auch bei Metallen, Gläsern usw.[K8.6]

K8.6. Hysterese tritt auch bei elektrischen und magnetischen Materialeigenschaften auf (s. Bd. 2, Materie im elektrischen und magnetischen Feld, Abschn. 13.4 und 14.4).

Ein kleiner Teil *jeder* Verformung ist also nicht umkehrbar, ist nicht elastisch. Immer geht ein kleiner Teil der zur Dehnung aufgewandten Spannarbeit als Wärme „verloren". In einer ε-σ-Auftragung entspricht die Fläche der Hystereseschleife der Arbeit pro Volumen, die bei einem Zyklus in Wärme umgewandelt wird:

$$\frac{\text{Verlust je Beanspruchungszyklus}}{\text{Volumen des verformten Körpers}} = \frac{-\Delta W}{V}$$

(Das Produkt $\varepsilon \cdot \sigma$, also $(\Delta l/l) \cdot (F/A)$ ergibt Arbeit/Volumen).

Abb. 8.14 Eine mit der Anordnung von Abb. 8.13 gemessene Hysterese-schleife. Nach rechts gerichtete Kräfte werden positiv gezählt. Die Messungen beginnen *rechts in der oberen Ecke.*

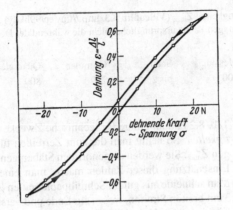

Die Entstehung der elastischen Nachwirkung und der Hysterese[K8.7] hängt mit der Struktur des Materials zusammen. Bei der elastischen Verformung können sich einzelne Volumenbereiche gegeneinander verschieben oder verdrehen und dann wie *Sperrklinken* wirken. Die Lösung der Sperrklinken erfolgt entweder durch die Wärmebewegung allein (Nachwirkung), oder erst dann, wenn eine Belastung in entgegengesetzter Richtung hinzukommt (Hysterese).

8.8   Zerreißfestigkeit und spezifische Oberflächenarbeit fester Körper

Bei hinreichend hoher Beanspruchung wird jeder feste Körper in Teile zerrissen (**Videofilm 8.3**). In idealisierten Grenzfällen können die Rissflächen („Sprünge") entweder auf einer Richtung größter Normalspannung senkrecht stehen oder parallel zu einer Ebene größter Schubspannung liegen. Deswegen unterscheidet man *Zugfestigkeit* und *Schubfestigkeit*, ihre Überschreitung führt zu *Trennungsbrüchen* und zu *Verschiebungsbrüchen*. Die Richtungen größter Zug- und Schubspannungen sind um $\pm 45°$ gegeneinander geneigt (s. Abb. 8.6). Daher findet man beim Pressen spröder Körper ungefähr um 45° gegen die Druckrichtung geneigte Rissflächen.

Zwischen der elastischen Verformung und dem Zerreißen sind bei vielen Körpern noch weitere Vorgänge eingeschaltet, nämlich das *Fließen oder Gleiten* seiner einzelnen Teile und die damit verknüpfte *Verfestigung*. Manche Metalle kann man schon bei Zimmertemperatur zu Blech auswalzen oder durch die Löcher eines Zieheisens in Drahtform bringen (Kaltverformung). Die allmählich mit der „plastischen Verformung" verknüpfte Gestaltsänderung macht den Zerreißvorgang noch komplizierter als bei spröden, d. h. ohne plastische Formänderung zerreißbaren Körpern (z. B. Glas und Gusseisen). – Plastizität und Sprödigkeit sind keine festen Eigenschaften eines Stoffes, durch Temperaturvergrößerung kann man jedes Material mehr oder weniger plastisch machen.

K8.7. Eine ganz andere Art von Hysterese zeigen die „Formgedächtnislegierungen", wie z. B. NiTi, wenn sie bei Temperaturänderung einen strukturellen Phasenübergang durchlaufen. Dieser kann auch durch Verformung erreicht werden. Sie lassen sich z. B. bei Zimmertemperatur plastisch verformen, kehren aber bei Erwärmung in ihre Ausgangsform zurück. Sie werden u. a. in der Medizintechnik eingesetzt. (siehe z. B.: P. Gümpel, Formgedächtnislegierungen, Expert-Verlag 2008)

Videofilm 8.3: „Plastische Verformung und Zerreißfestigkeit"
http://tiny.cc/99hkdy
Ein 40 cm langer Cu-Draht (Durchmesser = 0,4 mm) wird durch nacheinander angehängte Gewichte zugbelastet, bis er reißt. Für das verwendete Kupfer ergibt sich als Zerreißfestigkeit $Z_{max} \approx 240\,\text{N/mm}^2$.

Tab. 8.2 Technische Zerreißfestigkeiten Z_{max} (**Videofilm 8.3**, http://tiny.cc/99hkdy)
(Zur Bestimmung der Zugspannungen ist die ursprüngliche, nicht die während der Dehnung verminderte Querschnittsfläche benutzt worden.)

Material	Al	Pb	Cu	Messing	Stahl	Glimmer	Quarzglas	Holzfaser
Z_{max}	300	20	400	600	bis 2000	750	800	bis 120 N/mm²

Tab. 8.2 enthält einige für technische Zwecke bestimmte *Zerreißfestigkeiten*. So nennt man die zum Zerreißen führenden Zugspannungen Z_{max}. Sie werden an genormten Stäben gemessen. – Zur richtigen Einschätzung dieser Zahlen mache man einen einfachen Versuch. Man schneide aus gutem Schreibpapier einen etwa 20 cm langen und 3 cm breiten Streifen, fasse sein Ende und versuche ihn zu zerreißen. Es wird nur selten gelingen. Dann mache man an einem Längsrand eine kleine, kaum 1 mm tiefe Kerbe. Jetzt kann man den Papierstreifen ohne Anstrengung zerreißen: Im „Kerbgrund" wird durch eine Art Hebelwirkung lokal eine sehr große Zugspannung erzeugt, und durch sie reißt die Kerbe weiter ein. Selbst winzige Kerben spielen schon eine entscheidende Rolle.

In manchen Fällen kann man den störenden Nebeneinfluss einer Kerbwirkung ausschalten. Man kann z. B. bei Glimmer die Spaltebenen parallel zur Zugrichtung stellen und außerdem die durch Kerben gefährdeten Ränder mit einer geeigneten Einspannvorrichtung entlasten. So ist man bei Glimmerkristallen bis zu $Z_{max} = 3180\,\text{N/mm}^2$ gelangt.

Mit sehr dünnen (Durchmesser wenige μm), frischen, bei hoher Temperatur hergestellten Fäden aus Glas oder Quarzglas hat man sogar Zerreißfestigkeiten $Z_{max} > 10\,000\,\text{N/mm}^2$ erreicht.[K8.8]

K8.8. Der Wert stammt aus einer Veröffentlichung von E. Orowan (Z. Physik **82**, 235 (1933)), die seinerzeit an der TH Berlin-Charlottenburg entstand.

Für Schauversuche beansprucht man derartige Fäden auf Biegung,[K8.9] man nimmt ein etliche Zentimeter langes Stück zwischen die Fingerspitzen. Es lassen sich überraschend kleine Krümmungsradien herstellen. Die kleinsten Verletzungen der Oberfläche führen jedoch zum Bruch. Es genügt, den gebogenen Glasfaden mit einem anderen Glasfaden zu berühren.

K8.9. Durch Biegung treten im Außenbereich Zugspannungen auf, die umgekehrt proportional zum Krümmungsradius sind (Abschn. 8.6) und deshalb besonders groß werden können.

Im Inneren eines Körpers sind die Moleküle allseitig von ihren Nachbarn umgeben, an der Oberfläche hingegen fehlen die Nachbarn auf der einen Seite. Infolgedessen ist eine Arbeit erforderlich, um die Moleküle aus der Innen- in die Oberflächenlage zu überführen. Der Quotient

$$\zeta = \frac{\text{für einen Oberflächenzuwachs erforderliche Arbeit } \Delta W}{\text{Größe } \Delta A \text{ der neugebildeten Oberfläche}}$$

$$(8.34)$$

wird spezifische Oberflächenarbeit genannt. Sie lässt sich aus der ohne Kerbwirkung gemessenen Zerreißfestigkeit eines Körpers abschätzen.

Abb. 8.15 Zur Herleitung der Gl. (8.35)

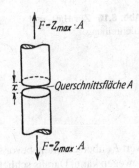

In der schematischen Abb. 8.15 werde ein Draht der Querschnittsfläche A mit einem Trennungsbruch zerrissen. Dabei werden zwei Flächen der Größe A gebildet, und das erfordert die Arbeit $W = 2A\zeta$. Diese Arbeit wird von der Kraft $F = Z_{max}A$ längs eines kleinen Weges x verrichtet. Also gilt

$$2\zeta A = Z_{max}Ax \quad \text{oder} \quad \zeta = \tfrac{1}{2}Z_{max}x. \qquad (8.35)$$

Der Weg x muss die gleiche Größenordnung haben wie die Reichweite der atomaren Anziehung oder der Abstand benachbarter Atome. Dieser liegt in der Größenordnung 10^{-10} m. So folgt aus Gl. (8.35) die spezifische Oberflächenarbeit von Glas mit $Z_{max} \approx$ 10 000 N/mm²

$$\zeta \approx 5 \cdot 10^9 \, \frac{\text{N}}{\text{m}^2} \cdot 10^{-10} \, \text{m} = 0{,}5 \, \frac{\text{W s}}{\text{m}^2}.$$

Die hohen, mit Gl. (8.35) verträglichen Zerreißfestigkeiten fester Körper nennt man die *theoretischen*. Sie können die gemessene *technische* Zerreißfestigkeit um mehr als das Zehnfache übertreffen.[K8.10] Die technische Festigkeit wird im Wesentlichen durch störende Nebeneinflüsse bedingt. „Kerbwirkung" ist ein zwar stark vereinfachender, aber recht treffender Sammelname.

K8.10. Auch Flüssigkeiten können große Zerreißfestigkeiten aufweisen (s. Abschn. 9.5).

8.9 Haft- und Gleitreibung

Äußere Reibung (Abschn. 3.1) entsteht in der Berührungsfläche zweier fester Körper. Sie spielt im täglichen Leben und in der Technik eine fundamentale Rolle. Bei physikalischen Experimenten kennt man sie vor allem als eine störende Fehlerquelle. Die quantitativen Befunde hängen stark davon ab, wie die Oberfläche der einander berührenden Körper beschaffen ist. – Man hat drei verschiedene Formen äußerer Reibung zu unterscheiden, nämlich Haftreibung, Gleitreibung und Rollreibung.

In Abb. 8.16 wird ein glatter, kistenförmiger Klotz durch sein Gewicht, also eine Kraft F_n, mit einem horizontalen glatten Brett in Berührung gebracht. Ein Schnurzug lässt parallel zur Grenzfläche eine Kraft F auf den Klotz einwirken. Diese Kraft muss einen Schwellen-

Abb. 8.16 Zur Haft- und Gleitreibung

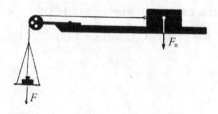

wert F_h überschreiten, bevor sich der Klotz auf der Unterlage gleitend bewegen kann. Daraus schließt man: Die beiden Körper *haften* aneinander; auf beide wirkt in entgegengesetzter Richtung eine Kraft mit dem Betrag F_h. Man nennt sie *Haftreibung*. Sie ist von der Größe der Berührungsfläche unabhängig. Sie ist durch die Beschaffenheit der Körper bedingt und proportional zum Betrag der die beiden Körper zusammenpressenden, auf der Berührungsfläche senkrecht stehenden Kraft F_n. Die Gleichung

$$F_h = \mu_h F_n$$

definiert den Koeffizienten μ_h der Haftreibung (eine Zahl meist zwischen 0,2 und 0,7). Die Haftreibung spielt technisch eine bedeutende Rolle. Sie bestimmt bei den Antriebsrädern der Lokomotiven und Autos sowie bei den Sohlen der Fußgänger den Höchstwert der erzielbaren Antriebskraft. An der Berührungsstelle befindet sich auch ein laufendes Rad und die abrollende Fußsohle gegenüber dem Boden in Ruhe. Daher ist hier die *Haft*reibung wirksam.

Die Haftreibung genannte Kraft entsteht erst durch winzige Verschiebungen beider Körper gegeneinander. Im einfachsten Bild kann man die *glatte* Oberfläche jedes festen Körpers mit der einer Feile oder Bürste vergleichen. Die vorspringenden Teile verhaken sich miteinander, und daher werden sie bei Verschiebungen verformt. – Ein verfeinertes Bild muss oberflächlich adsorbierte Schichten fremder Moleküle berücksichtigen. Ohne diese kann die Haftreibung zwischen polierten Oberflächen verschwindend klein werden. Beispiel: Glasklotz und Glasplatte im Hochvakuum. Das Wort Haftreibung ist bedenklich: Haften besagt etwas zu viel, es schließt oft den Begriff des *Klebens* ein. Außerdem sollte man erst während einer *Bewegung* und nicht vor ihrem Beginn von *Reibung* sprechen.

Weiter beobachtend machen wir in Abb. 8.16 die Zugkraft F größer als die Haftreibung F_h. Dann beginnt der Klotz beschleunigt zu gleiten. Die Beschleunigung a entspricht aber nicht der Zugkraft F, sondern sie ist kleiner. Also muss während des Gleitens außer der Kraft F eine ihr entgegengesetzte kleinere Kraft F_{gl} am Klotz angreifen. Diese Kraft F_{gl} nennt man die *Gleitreibung*.

Die Gleitreibung F_{gl} ist immer kleiner als die Haftreibung F_h. Sie ist, ebenso wie diese, proportional zu der die beiden Körper zusammenpressenden Kraft F_n, und unabhängig von der Größe der Berührungsfläche, also

$$F_{gl} = \mu_{gl} F_n$$

(μ_{gl} = Koeffizient der Gleitreibung, eine Zahl meist zwischen 0,2 und 0,5).

Die Gleitreibung ist nur in erster Näherung unabhängig von der Größe der bereits erreichten Geschwindigkeit. Sie kann mit wachsender Geschwindigkeit bis auf etwa 20 % des anfänglichen, für kleine Geschwindigkeit geltenden Wertes abnehmen.[K8.11]
Derartige Messungen muss man bei konstanter Geschwindigkeit ausführen. Zu diesem Zweck ersetzt man die Zugvorrichtung in Abb. 8.16 durch einen Elektromotor mit einer Seiltrommel und schaltet in das Zugseil einen Kraftmesser.

In Maschinen versucht man *äußere Reibung* nach Möglichkeit zu vermeiden und durch *innere Reibung* von Flüssigkeit zu ersetzen. Das nennt man *Schmierung*.

In manchen Fällen muss man sich damit begnügen, die äußere Reibung weitgehend herabzusetzen. Das gelingt jeweils nur für eine bestimmte Bewegungsrichtung (Abb. 8.17). Man muss senkrecht zu dieser Richtung mit einer Hilfskraft F_2 eine konstante Geschwindigkeit aufrechterhalten. Während dieser Hilfsbewegung ist der Kraft F_1 nur die kleine Komponente F'_{gl} der Reibung entgegengerichtet. – Abb. 8.18 zeigt einen Schauversuch.

Auf die Frage, warum man beim *Schneiden*, z. B. von Brot, ein Messer nicht nur drückt, sondern auch in seiner Längsrichtung bewegt, geben selbst Physiker oft eine falsche Auskunft: Man wolle durch die Längsbewegung die große Haftreibung in die kleinere Gleitreibung umwandeln. In Wirklichkeit wird durch die Längsbewegung zweierlei erreicht: Erstens erhält man eine Sägewirkung und zweitens verkleinert man die Gleitreibung in der Schnittrichtung[1] durch eine zu ihr senkrechte Hilfskraft. Man benutzt also das Schema der Abb. 8.17. Beim Beginn des Schneidens, wenn sich die Messerschneide auf der Brotrinde befindet, ist die Sägewirkung allein vorhanden.

K8.11. Die hier auftretende Geschwindigkeitsabhängigkeit der Reibungskraft weicht von der, die man bei der Bewegung von Körpern in Flüssigkeiten oder Gasen beobachtet, erheblich ab (s. Kap. 10). Dort *wächst* die Reibungskraft proportional zur Geschwindigkeit, eine Abhängigkeit, die auch im Anfängerunterricht bei der Behandlung gedämpfter Schwingungen immer angenommen wird. Man beachte in diesem Zusammenhang auch das in Abb. 5.22 beschriebene Experiment.

„Auf die Frage, warum man beim Schneiden, z. B. von Brot, ein Messer nicht nur drückt, sondern auch in seiner Längsrichtung bewegt, geben selbst Physiker oft eine falsche Auskunft."

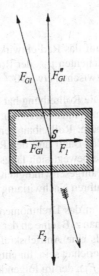

Abb. 8.17 Ein Körper soll in der Papierebene auf der horizontalen Unterlage nach rechts bewegt werden. Für eine Bewegung mit konstanter Geschwindigkeit schaltet eine Hilfskraft F_2 die Komponente F''_{gl} der Gleitreibung F_{gl} aus. Infolgedessen braucht die Zugkraft F_1 nur gleich der kleinen Komponente F'_{gl} der Gleitreibung zu sein.

[1] Schnittrichtung ist die Richtung, in der das Messer wie ein Keil in den zu schneidenden Körper eindringt.

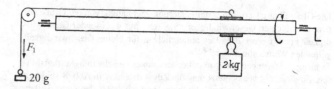

Abb. 8.18 Schauversuch zur. Verminderung einer Gleitreibung durch eine *Arbeit verrichtende Hilfskraft*: Die Zugkraft F_1 ist viel kleiner als die Gleitreibung $F_{gl} \approx 4\,\text{N}$ oder die noch größere Haftreibung F_h. Trotzdem gleitet der Klotz bei Dreh- oder Schwingbewegungen der Kurbel, also bei Herstellung einer zum Stab tangentialen Hilfskraft F_2. (Stablänge 1 m, Durchmesser 2 cm.) Für einen Freihandversuch genügt als drehbarer Zylinder ein etwas schräg gehaltener Bleistift und statt des verschiebbaren Klotzes ein Fingerring. (**Videofilm 8.4**)

Videofilm 8.4:
„Verminderung der Gleitreibung"
http://tiny.cc/x9hkdy

Ein anderes Beispiel bietet das Herausziehen eines Keiles aus einem Spalt: Man bewegt den Keil in der Längsrichtung des Spaltes hin und her. Ungewollte, bei Erschütterungen aber unvermeidliche, Relativbewegungen zwischen Keilbacken und Spaltbacken bewirken die oft so fatale *Lockerung von Schrauben*. Schrauben sind ja lediglich „aufgerollte Keile".

8.10 Rollreibung

Ein Rad (Radius r) werde gegen eine horizontale Bahn mit einer zur Bahn senkrechten Kraft F_n gepresst. Um dieses Rad mit konstanter Geschwindigkeit *rollen* zu lassen, muss man praktisch unabhängig von der Geschwindigkeit dauernd ein Drehmoment

$$M = \mu_{Ro} F_n$$

auf das Rad einwirken lassen. Diese Gleichung definiert den Koeffizienten μ_{Ro} der Rollreibung. Man findet ihn stets als kleine *Länge* zwischen etwa 10^{-2} mm und 1 mm.

Die Rollreibung hat im Gegensatz zur Haft- und Gleitreibung nichts mit Adhäsion zu tun. Sie lässt sich nicht durch „Schmierung" verkleinern. Rollreibung entsteht allein durch eine elastische Verformung der Bahn und des Rades an der jeweiligen Berührungsstelle. Diese bewegt sich längs der Bahn und längs des Radumfanges mit der Fahrgeschwindigkeit. Da es keine ideal elastische Verformung gibt, führen Nachwirkung und Hysterese stets zu Energieverlusten.

Um das Drehmoment M für die Rollbewegung[2] herzustellen, kann man z. B. eine an der Radachse angreifende Kraft benutzen. Sie muss als eine Antriebskraft F_1 parallel zu der Bahn (z. B. den Schienen) gerichtet sein. Ihr entgegengerichtet ist ein Widerstand F_2 (also $F_2 = -F_1$), der im folgenden Rollwiderstand genannt wird.

---

[2] Um momentane Drehachsen (A_m in Abb. 6.4).

Der Rollwiderstand ist für alle Fahrzeuge auf Rädern wichtig. Bei diesen Fahrzeugen, gleichgültig ob Auto, Lokomotive, Zugmaschine oder gezogener Wagen, verrichtet der Motor (Maschine, Zugtier) Arbeit gegen den Rollwiderstand F_2 aller Räder (auch der Antriebsräder). Wagen sind den vor der Erfindung des Rades vor etwa 5000 Jahren verwendeten Schlitten weit überlegen: Man braucht zum Ziehen eines Wagens eine wesentlich kleinere Kraft als zum Ziehen eines Schlittens von gleichem Gewicht F_G. Ein Wagen erfordert die Kraft $F_{Wa} = M/r = \mu_{Ro} F_G / r$, ein Schlitten die Kraft $F_{Schl} = \mu_{gl} F_G$. Damit erhalten wir das Verhältnis

$$\frac{F_{Wa}}{F_{Schl}} = \frac{\mu_{Ro}}{\mu_{gl} \cdot r}.$$

Beispiel:
$\mu_{Ro} = 1\,\text{mm}$, $\mu_{gl} = 0{,}5$, $r = 50\,\text{cm}$, $F_{Wa}/F_{Schl} = 1/250$.

Dies Verhältnis ist also bei Benutzung großer Räder ein sehr kleiner Bruch. Daher war der Ersatz des Schlittens durch einen Wagen mit *großen* Rädern eine ungeheuer wichtige Erfindung.

Aufgaben

8.1 Im Videofilm 8.1, „Elastische Verformung: HOOKE'sches Gesetz" wird ein Kupferdraht von 0,4 mm Durchmesser und 4 m Länge mit 400 g belastet und dadurch um 1 mm reversibel verlängert. Man bestimme den Elastizitätsmodul E des Drahtes. (Abschn. 8.2)

8.2 Im Videofilm 8.2, „Biegung eines Stabes" liegt der Messingstab (Querschnittsfläche: 12 mm breit und 4 mm hoch) auf einem Tisch der Länge $L = 0{,}65$ m. Wenn er an den beiden überstehenden Enden mit einem Gewichtsklotz von je 1 kg belastet wird, verformt er sich reversibel in eine Kreisform, wie im Videofilm gezeigt wird. Dabei hebt sich die Stabmitte um die Höhe H. Man messe H und die Länge s. (s wird für die Bestimmung des Drehmoments gebraucht, wie in Abb. 8.7 angedeutet). Aus den Größen L und H bestimme man den Krümmungsradius r. Aus diesen Messwerten berechne man den Elastizitätsmodul des Messings. Für die Längenmessungen in den Filmaufnahmen benutzt man die Kenntnis, dass der Tisch 0,65 m lang ist. (Abschn. 8.6)

8.3 Im Videofilm 6.1, „Verdrillung eines Stabes" ist die Länge l des Rundstabes aus Stahl (genauer der Abstand der Klammern, an denen die Spiegel befestigt sind) $l = 9$ cm. Der Durchmesser d des Stabes ist $d = 1$ cm. Die Länge L des Lichtzeigers, nahezu gleich der Diagonalen der Experimentierfläche des Hörsaals, ist $L = 10$ m. Der Verdrillungswinkel α lässt sich durch einen Vergleich mit einem

Stab mit dem Durchmesser $d_s = 1,4\,\text{cm}$ bestimmen, der nahe vor der Projektionswand steht, auf der der Lichtzeiger zu sehen ist. Das vom Experimentator ausgeübte Drehmoment M, das dieser mithilfe eines Drehmomentschlüssels bestimmte (nicht gefilmt), ist $M = 0,6\,\text{N m}$. Aus den hier angegebenen Größen und dem zu messenden Verdrillungswinkel δ bestimme man den Schubmodul G des Stahlstabes. (Abschn. 8.6)

8.4 Ein Holzklotz der Masse $m = 5\,\text{kg}$ wird auf einer horizontalen flachen Ebene mit einer horizontalen Kraft $F = 25\,\text{N}$ gezogen. Der Koeffizient der Gleitreibung zwischen Holzklotz und Ebene ist $\mu_{\text{gl}} = 0,25$ und unabhängig von der Geschwindigkeit. Man berechne den Weg s, den der Klotz in 3 s zurücklegt, wenn die Anfangsgeschwindigkeit null ist. (Abschn. 8.9)

Zu Abschn. 8.9 s. auch Aufg. 3.2 u. 5.2.

Elektronisches Zusatzmaterial Die Online-Version dieses Kapitels (doi:10.1007/978-3-662-48663-4_8) enthält Zusatzmaterial, das für autorisierte Nutzer zugänglich ist.

Ruhende Flüssigkeiten und Gase

9

9.1 Die freie Verschiebbarkeit der Flüssigkeitsmoleküle

Die Unterscheidung fester und flüssiger Körper beruht auf ihrem Verhalten bei Änderungen der Gestalt. Für eine Verformung fester Körper muss man *immer* Kräfte anwenden. Bei Flüssigkeiten hingegen werden die erforderlichen Kräfte bei konstantem Volumen umso kleiner, je *langsamer* der Vorgang abläuft. Im idealisierten Grenzfall braucht man zur Gestaltsänderung einer Flüssigkeit bei konstantem Volumen überhaupt keine Kräfte. – Daraus schließt man: In festen Körpern sind die kleinsten Bausteine, die Moleküle, ganz überwiegend an Ruhelagen gebunden. In Flüssigkeiten hingegen fehlen solche Ruhelagen, alle Moleküle sind frei gegeneinander verschiebbar.

In festen Körpern bestehen die unsichtbaren „ungeordneten" Bewegungen, die meist kurz als „Wärmebewegung" bezeichnet werden, ganz überwiegend aus Schwingungen der Moleküle um ihre *Ruhelage*. In Flüssigkeiten kommen jedoch nur fortschreitende und Drehbewegungen der Moleküle in Betracht. Wir besitzen ein stark vergrößertes, aber sicher getreues Abbild dieser Wärmebewegung in Flüssigkeiten. Es ist die Erscheinung der BROWN'*schen Bewegung*.[K9.1] (Videofilm 9.1)

Das Grundsätzliche trifft man schon mit einem Bild von geradezu kindlicher Einfachheit. Gegeben eine mit lebenden Ameisen gefüllte Schüssel. Unser Auge sei kurzsichtig oder zu weit entfernt. Es vermag die einzelnen wimmelnden Tierchen nicht zu erkennen. Es sieht lediglich eine strukturlose braunschwarze Fläche. Da hilft uns ein einfacher Kunstgriff weiter. Wir werfen auf die Schüssel einige größere, bequem sichtbare, leichte Körper, z. B. Flaumfedern, Papierschnitzel oder dergleichen. Diese Teilchen bleiben nicht ruhig liegen. Von unsichtbaren Individuen gezogen und geschoben, vollführen sie regellose Bewegungen und Drehungen. Wir sehen die Bewegung der rastlos wimmelnden Tierchen in stark vergrößertem Bild.

Ganz entsprechend verfährt man bei der Vorführung der BROWN'schen Bewegung. Nur nimmt man ein Mikroskop nicht gar zu bescheidener Ausführung zu Hilfe. Man bringt zwischen Objektträger und Deckglas einen Tropfen einer beliebigen Flüssigkeit, am einfachsten Wasser. Dieser Flüssigkeit ist zuvor ein nicht lösliches, fei-

Videofilm 9.1:
„BROWN'sche Bewegung"
http://tiny.cc/hbikdy
(siehe auch **Videofilm 16.1**,
http://tiny.cc/qoayey)

K9.1. ROBERT BROWN, Botaniker (1773–1858), entdeckte diese Bewegung zunächst an in Wasser suspendierten Pollen, stellte aber im Weiteren fest, dass sich auch hundertjährige Pollen noch bewegen, und schließlich auch anorganische Staubkörner! Die Beschreibung ist enthalten in einem Artikel mit dem Titel „A brief account of microscopical observations made in the months of June, July, and August 1827, on the particles contained in the pollen of plants; and on the general existence of active molecules in organic and inorganic bodies". Dieser Artikel ist leicht zugänglich in: R. Hardwicke, „The Miscellaneous Botanical Works of Robert Brown", London 1865, Vol. 1.

„**Das Grundsätzliche trifft man schon mit einem Bild von geradezu kindlicher Einfachheit.**"

© Springer-Verlag Berlin Heidelberg 2017
K. Lüders, R.O. Pohl (Hrsg.), *Pohls Einführung in die Physik*, DOI 10.1007/978-3-662-48663-4_9

nes Pulver beigefügt worden. Bequem ist z. B. ein winziger Zusatz von chinesischer Tusche, d. h. von feinstem Kohlestaub (Durchmesser $\approx 0,5\,\mu$m).

Zur Vorführung in großem Kreis sollte man ein Pulver von hoher optischer Brechzahl nehmen, z. B. das Mineral Rutil (TiO_2). Die hohe Brechzahl ergibt helle Bilder.

Nur wenige physikalische Erscheinungen vermögen den Beobachter so zu fesseln wie die BROWN'sche Bewegung. Hier ist dem Beobachter einmal ein Blick hinter die Kulissen des Naturgeschehens vergönnt. Es erschließt sich ihm eine neue Welt, das rastlose, sinnverwirrende Getriebe einer völlig unübersehbaren Individuenzahl. Pfeilschnell schießen die kleinsten Teilchen durch das Gesichtsfeld, in wildem Zickzackkurs ihre Richtung verändernd. Behäbig und langsam rücken die größeren Teile vorwärts, auch sie in ständigem Wechsel der Richtung. Die größten Teile torkeln praktisch nur auf einem Fleck hin und her. Ihre Zacken und Ecken zeigen uns deutlich Drehbewegungen um ständig wechselnde Achsenrichtungen. Nirgends offenbart sich noch eine Spur von System und Ordnung. Herrschaft des regellosen, blinden Zufalls, das ist der zwingende und überwältigende Eindruck auf jeden unbefangenen Beobachter. – Die BROWN'sche Bewegung gehört zu den bedeutsamsten Erscheinungen im Bereich der Naturwissenschaft. Keine Schilderung mit Worten vermag auch nur angenähert die Wirkung der eigenen Beobachtung zu ersetzen.

Eine wirkungsvolle Vorführung der BROWN'schen Bewegung verlangt eine mehrhundertfache Vergrößerung durch das Mikroskop. Diese Vergrößerung verführt leicht zu einer Überschätzung der beobachteten Geschwindigkeiten. Vor diesem Irrtum bewahrt uns ein anderes Beobachtungsverfahren. Es zeigt die in der Flüssigkeit schwebenden Teilchen nur noch in ihrer Gesamtheit als *Schwarm* oder *Wolke*, lässt aber nicht mehr die einzelnen Teilchen erkennen. Wir sehen in Abb. 9.1 staubhaltiges Wasser, z. B. wieder stark verdünnte chinesische Tusche, von reinem Wasser überschichtet. Die Grenzfläche beider Flüssigkeiten ist anfänglich scharf, doch wird sie im Lauf der Zeit verwaschen. Ganz langsam, im Lauf von Wochen, „diffundiert" der Schwarm der Kohleteilchen in das zuvor klare Wasser hinein. Als *Diffusion* definiert man allgemein jeden durch die molekulare Wärmebewegung bedingten Ortswechsel von Molekülen. *Diffusion und* BROWN*'sche Bewegung sind zwei Namen für den gleichen Vorgang.* Das Wort BROWN*'sche Bewegung* setzt *mikroskopische* Beobachtung einzelner durch besondere Größe ausgezeichneter Individuen voraus. Bei *makroskopischer* Beobachtung sprechen wir von *Diffusion*, ganz unabhängig von der Größe der Individuen. Das heißt, die als Schwarm oder Wolke sichtbaren Gebilde können aus *Staubteilchen* oder winzigen, für jedes Mikroskop unerreichbaren „gelösten" *Molekülen* bestehen.

In unserem Zusammenhang ist die *Geschwindigkeit* der Diffusion der wesentliche Punkt. Verblüffend langsam rückt die Grenze des

Abb. 9.1 Vorrücken einer Grenzschicht durch Diffusion. Zur Herstellung der anfänglich scharfen Grenzschicht setzt man auf die untere Flüssigkeit eine dünne, flache Korkscheibe. Auf diese lässt man klares Wasser vorsichtig in feinem Strahl aufströmen.

Schwarmes vor. Je nach Größe der Teilchen werden erst in Tagen oder Wochen messbare Wege zurückgelegt.

Der Grund für die Langsamkeit der Diffusion ist die enge Packung der wimmelnden Flüssigkeitsmoleküle. Der mittlere Abstand der Moleküle ist in der Flüssigkeit von der gleichen Größenordnung wie für den zugehörigen festen Körper. Das folgt aus zwei Tatsachen: Die *Dichte* jedes Stoffes ist im flüssigen und im festen Zustand angenähert gleich groß. Außerdem haben die Flüssigkeiten eine sehr *geringe Kompressibilität*. Diese Erfahrung des täglichen Lebens wird in Abschn. 9.3, Pkt. 3 zahlenmäßig belegt werden.

Nach diesen Darlegungen können wir eine wirkliche Flüssigkeit durch eine *Modell*flüssigkeit ersetzen und an ihr Eigenschaften der Flüssigkeiten studieren. Am besten wäre ein Gefäß voll lebender Ameisen oder rundlicher Käfer mit harten Flügeldecken. Aber es genügt schon ein Gefäß mit kleinen glatten Stahlkugeln.[K9.2] Nur muss man dann die ungeordnete Bewegung dieser Modellmoleküle („Wärmebewegung") ein wenig zu plump durch Schütteln des ganzen Gefäßes ersetzen. Dies Schütteln werden wir in Zukunft nicht jedesmal erwähnen.

Die freie Verschiebbarkeit der Flüssigkeitsmoleküle macht etliche Eigenschaften ruhender oder im Gleichgewicht befindlicher Flüssigkeiten verständlich. Sie werden im Schulunterricht ausgiebig behandelt und hier sowie in den folgenden Abschn. 9.2 und 9.3 kurz wiederholt. Wir beginnen mit der Einstellung der Flüssigkeitsoberfläche.

Eine Flüssigkeitsoberfläche stellt sich stets senkrecht zur Richtung der an ihren Molekülen angreifenden Kraft ein. – In einer flachen, weiten Schale ist nur das *Gewicht* der einzelnen Flüssigkeitsmoleküle wirksam. Die Oberfläche stellt sich als horizontale Ebene ein. In den weiten Meeres- und Seebecken darf man die Richtung des Gewichtes an verschiedenen Stellen nicht mehr als parallel betrachten. Das Gewicht weist überall *radial* zum Erdmittelpunkt. Folglich bildet die Flüssigkeitsoberfläche ein Stück einer Kugeloberfläche.

In einem um eine vertikale Achse rotierenden Gefäß nimmt die Flüssigkeitsoberfläche die Gestalt eines *Paraboloids* an (Abb. 9.2). Die Deutung geben wir vom Standpunkt des beschleunigten Bezugssystems. An jedem einzelnen Teilchen (Molekül) greifen zwei Kräfte an:

K9.2. Modellvorstellungen in der Physik besitzen nicht nur didaktischen Wert, sie stellen vielmehr ein ganz grundlegendes Prinzip physikalischer Vorgehensweise dar. Man versucht, komplizierte Zusammenhänge durch vereinfachende Annahmen auf schon bekannte Gesetzmäßigkeiten zurückzuführen (zu „verstehen"). Physikalische Modelle reichen vom punktförmigen Körper in der Mechanik bis hin zu rein mathematischen Formalismen in der Theorie. Neben der hier erwähnten Modellflüssigkeit aus Stahlkugeln folgt ein weiteres Beispiel einer Modellüberlegung in Abschn. 9.8 (Grundgleichung der kinetischen Gastheorie).

Abb. 9.2 Parabelquerschnitt einer rotierenden Stahlkugelmodellflüssigkeit in einer flachen Glasküvette mit
rechteckiger Querschnittsfläche (Momentfotografie)

Abb. 9.3 Parabolische Oberfläche einer rotierenden Flüssigkeit.
$\tan \alpha = \frac{mg}{m\omega^2 r} = \frac{dr}{dz}$,
$\frac{g}{\omega^2} dz = r\, dr$
und integriert $z = \text{const} \cdot r^2$

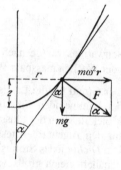

senkrecht nach unten ziehend das Gewicht mg des Teilchens, radial
nach außen ziehend die Zentrifugalkraft $m\omega^2 r$. Beide Kräfte addieren
sich vektoriell zu der Gesamtkraft **F**. Senkrecht zu dieser Gesamtkraft
stellt sich die Oberfläche ein. Quantitativ gilt nach Abb. 9.3

$$z = \text{const} \cdot r^2 . \tag{9.1}$$

9.2 Druck in Flüssigkeiten, Manometer

Krafteinwirkungen erzeugen nicht nur in festen Körpern (Abschn. 8.5), sondern auch in Flüssigkeiten Spannungen. Man benutzt
aber in Flüssigkeiten nicht diesen Namen, sondern nennt die Spannung *Druck p. Beim Druck in Flüssigkeiten steht die Kraft immer
senkrecht auf der zugehörigen Fläche*[1]. Das folgt aus der allseitig
freien Verschiebbarkeit. Oder anders ausgedrückt: Der Druck in einer ruhenden Flüssigkeit ist immer eine Normalspannung, es gibt
in ruhenden Flüssigkeiten keine Schubspannung. Ein im Inneren einer ruhenden Flüssigkeit kugelförmig abgegrenztes, z. B. angefärbtes
Gebiet bleibt bei jeder Krafteinwirkung kugelförmig. Die Kugel wird
nicht in ein Ellipsoid verzerrt, sondern verändert nur ihren Radius.

---

[1] Bei festen Körpern zählt man die aus einem geschlossenen Bereich herauswei-
senden Richtungen positiv. Man gibt also der Zugspannung positives und dem
Druck negatives Vorzeichen. In Flüssigkeiten ist meistens die entgegengesetzte
Vereinbarung üblich: positives p verkleinert als Druck, negatives p vergrößert als
Zugspannung das Volumen einer Flüssigkeit.

Abb. 9.4 Schema eines Kolben- und eines Membran- manometers

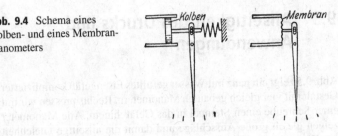

Die Einheit des Drucks $p = F/A$ ist

$$1 \text{ Newton/m}^2 = 1 \text{ Pascal (Pa)}.^{K9.3}$$

Zur Messung des Drucks ersetzt man die drückenden Moleküle durch eine drückende Wand, d. h. man wandelt wie beim festen Körper „innere" Kräfte in „äußere" um. Das geschieht in den Druckmessern oder Manometern. – Wir sehen in Abb. 9.4 links einen recht reibungsfrei verschiebbaren Kolben in einem an das Flüssigkeitsgefäß angeschlossenen Hohlzylinder. Der Kolben ist an eine Federwaage mit Zeiger und Skala angeschlossen. – Kolben und Feder lassen sich beim Bau zusammenfassen. So gelangen wir zu einer gewellten oder auch glatten Membran (Abb. 9.4, rechts). Ihre Durchwölbung durch den Druck betätigt den Zeiger. Die auswölbbare Membran lässt sich durch ein Rohr mit elliptischer Querschnittsfläche ersetzen (Abb. 9.6, links). Das Rohr streckt sich beim Einpressen der Flüssigkeit. (Man denke an den als Kinderspielzeug beliebten, im Ruhezustand aufgerollten Papierrüssel!) *Ohne Eichung lassen diese Instrumente zunächst nur räumlich oder zeitlich getrennte Drücke als gleich erkennen.* Doch werden wir schon im nächsten Abschnitt ein Eichverfahren beschreiben.

Im Besitz dieser wenn auch noch ungeeichten Manometer wollen wir jetzt die Druckverteilung in Flüssigkeiten betrachten. Dabei halten wir der Einfachheit halber zwei Grenzfälle auseinander:

1. Der Druck rührt lediglich vom eigenen Gewicht der Flüssigkeit her. Kennwort: *Schweredruck.*

2. Die Flüssigkeit befindet sich in einem allseitig geschlossenen Gefäß. Ein angeschlossener Zylinder mit eingepasstem Kolben erzeugt einen Druck, neben dessen Größe der Schweredruck als unerheblich vernachlässigt werden kann. Kennwort: *Stempeldruck.* Wir beginnen mit dem zweiten Grenzfall.

K9.3. POHL hat bereits in der 12. Aufl. (1953) die Druckeinheit Newton/m² eingeführt, allerdings den Namen Pascal dafür nicht mehr verwendet. Der Luftdruck (Abschn. 9.9 und 9.10) wird in Hektopascal angegeben (1 hPa = 100 Pa). In dieser Einheit beträgt er etwa 10^3 hPa = 10^5 Pa. Daneben wird auch das Bar verwendet:
1 bar = 10^5 Pa,
1 mbar = 1 hPa.
Für die frühere Einheit Atmosphäre gilt:
1 atm = $1,013 \cdot 10^5$ Pa ≈ 1 bar.
In der Medizin wird, z. B. bei der Blutdruckmessung, noch die Einheit mmHg (Torr) benutzt (obwohl die World Health Organization bereits 1977 empfohlen hatte, diese Einheit ab 1983 nicht mehr zu verwenden!):
1 mmHg ≈ 1,33 hPa.
Dies ist der Schweredruck (Abschn. 9.4) einer 1 mm hohen Hg-Säule.

9.3 Allseitigkeit des Drucks und Anwendungen

Abb. 9.5 zeigt ein ganz mit Wasser gefülltes Eisengefäß komplizierter Gestalt mit vier gleich gebauten Manometern. Rechts pressen wir mit einer Schraube einen Stempel in das Gefäß hinein. Alle Manometer zeigen gleich große Ausschläge und damit die allseitige Gleichheit des Drucks. – Zur Erläuterung denken wir uns die Modellflüssigkeit (Stahlkugeln) in einen Sack gefüllt und durch ein geeignetes Loch einen Kolben hineingepresst. Der Sack bläht sich allseitig auf. Die freie Verschiebbarkeit der Stahlkugeln lässt keine Bevorzugung einer Richtung zustande kommen.[K9.4]

Als Nächstes bringen wir drei wichtige Anwendungen dieser Allseitigkeit des Stempeldrucks.

1. *Eichung eines technischen Manometers* (Abb. 9.6). Vom Manometer *R* führt irgendeine Rohrleitung zum Zylinder *Z* mit eingepasstem Kolben *K*. Die gesamten Hohlräume sind mit einer beliebigen Flüs-

K9.4. Oder man denke sich in die Flüssigkeit Kugeln eingezeichnet, die sich berühren und so eine Verbindung zwischen dem drückenden Stempel und dem gewünschten Manometer herstellen. An jeder Berührungsfläche zwischen zwei dieser gedachten Kugeln muss nun aber der Druck derselbe sein (actio = reactio), und genauso groß wie im Inneren der Kugeln. Also ist der Druck am Stempel gleich dem am Manometer gemessenen. – Für eine mathematisch einwandfreie Herleitung dieser auch als PASCAL'sches Gesetz bekannten Tatsache siehe A. Sommerfeld, Mechanik der deformierbaren Medien, Akademische Verlagsgesellschaft Leipzig, 4. Aufl. 1957, Kap. 2, § 6.

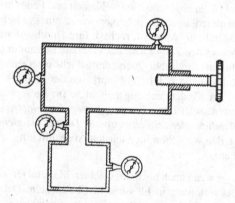

Abb. 9.5 Zur Druckverteilung in einer Flüssigkeit bei überwiegendem Stempeldruck

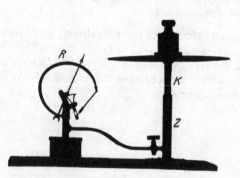

Abb. 9.6 Eichung eines technischen Manometers *R* mit rotierendem Kolben *K*

sigkeit, z. B. einem Öl, gefüllt. Druck ist Kraft durch Fläche. Der Stempeldruck des Kolbens ist also gleich dem Gewicht des Kolbens und des aufgesetzten Klotzes dividiert durch die Querschnittsfläche A des Kolbens. Nun kommt das Wesentliche: Die Reibung zwischen Kolben und Zylinderwand muss ausgeschaltet werden. Sonst wäre die Kraft kleiner als das eben genannte Gewicht. Die Ausschaltung der Reibung erfolgt durch einen Kunstgriff: Der Kolben wird dauernd von einer feinen Flüssigkeitshaut umhüllt. Das erreicht man durch eine gleichförmige Drehung des Kolbens um seine vertikale Längsachse[2].[K9.5] Zu diesem Zweck ist das obere Ende des Kolbens als Schwungrad ausgestaltet worden. Einmal in Drehung versetzt, dreht sich der Kolben lange Zeit. Man stoße kräftig von oben auf das laufende Schwungrad: Der Manometerzeiger kehrt jedesmal zum gleichen Ausschlag zurück. Die Einstellung des Manometerzeigers wird also in der Tat nur durch das Gewicht des Kolbens und seine Belastung bestimmt.

2. *Die hydraulische Presse.* Dies wichtige Hilfsmittel dient zur Herstellung großer Kräfte mithilfe kleiner Drücke. Das ist heute aus technischen Anwendungen allgemein bekannt. Als Beispiel sei die Hebevorrichtung für Autos in Reparaturwerkstätten genannt.

Wir zeigen eine hydraulische Presse (Abb. 9.7) in einer improvisierten Ausführung. Ihre wesentlichen Einzelteile sind ein zylindrischer Kochtopf A, eine dünnwandige Gummiblase B, ein hölzener Kolben K und ein festgefügter rechteckiger Rahmen R. Der Füllstutzen der Gummiblase wird an die Wasserleitung angeschlossen. Eine Ledermanschette M am Kolbenrand verhindert die Bildung von Blindsäcken zwischen Kolben und Topfwand.

> K9.5. Bei tiefen Temperaturen, wie z. B. in den Expansionsmaschinen der Heliumverflüssiger, versagt die Schmierung mit Flüssigkeiten, da diese fest werden. Man verwendet hier Heliumgas als „Schmiermittel", das ebenfalls den Kolben laminar umströmt.

Zahlenbeispiel

Die Wasserleitung im Göttinger Hörsaal hat einen Druck von ungefähr $4 \cdot 10^5$ Pa. Der benutzte Kochtopf hat einen lichten Durchmesser von 30 cm, der Kolben also rund 710 cm^2 Querschnittsfläche. Die Presse gibt daher eine Kraft F von rund $3 \cdot 10^4$ N. Sie zerbricht z. B. Eichenklötze von 4×5 cm^2 Querschnittsfläche und 40 cm Länge.

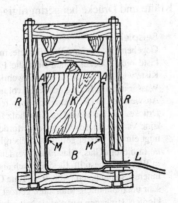

Abb. 9.7 Improvisierte hydraulische Presse

---

[2] Dieser Versuch erläutert zugleich die Lagerschmierung als eine laminare Flüssigkeitsströmung im Sinn des Abschn. 10.3.

Abb. 9.8 Kompressibilität des Wassers.
Der dickwandige Glaszylinder ist ebenso
wie das dünnwandige Messgefäß M mit
Wasser gefüllt. Das Handrad H dient zum
Einpressen des Stempels. – Hg : Queck-
silber als Sperrflüssigkeit mit Kapillarrohr
(Querschnittsfläche A). – Der Hg-Faden
steigt bei einer Druckzunahme Δp um
Δh. Das bedeutet eine Volumenabnah-
me des in M eingesperrten Wassers von
$\Delta V = \Delta h \cdot A$.

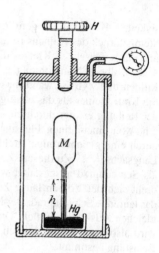

3. *Die Kompressibilität des Wassers.* Die geringe Kompressibilität
der Flüssigkeiten kann dank der Allseitigkeit des Flüssigkeitsdrucks
einwandfrei gemessen werden. Das Prinzip ist das folgende: Man
presst eine Flüssigkeit mit hohem Druck in ein Messgefäß, verhindert jedoch dabei ein blasenartiges Aufblähen des Messgefäßes. Zu
diesem Zweck umgibt man das Messgefäß von außen mit einer Flüssigkeit gleichen Drucks wie innen. So gelangt man zu der in Abb. 9.8
skizzierten Anordnung. Man findet anfänglich die Volumenabnahme
ΔV proportional zur Druckzunahme Δp und zum Volumen V, also
$\Delta V = \kappa V \Delta p$, und misst für den Proportionalitätsfaktor κ, Kompressibilität genannt,[K9.6]

$$\kappa \approx 5 \cdot 10^{-10}\,\text{Pa}^{-1}\,.$$

Also beträgt die Volumenabnahme $\Delta V/V$ gepressten Wassers bei
10^8 Pa (etwa 1000-facher Atmosphärendruck) erst rund 5 %. – Diese geringe Kompressibilität des Wassers führt zu mancherlei überraschenden Schauversuchen. Sie zeigen stets das Auftreten großer
Kräfte und Drücke bei geringfügiger Kompression.

K9.6. Die Kompressibilität
$\kappa = (1/V)\,(\mathrm{d}V/\mathrm{d}p)$, die
hier für Flüssigkeiten ein-
geführt wird, und ebenso
ihr Kehrwert, der Kom-
pressionsmodul $K = 1/\kappa$,
wurde bereits für feste Körper als Materialkonstante
(Abschn. 8.3) eingeführt
und wird im Folgenden auch
für Gase verwendet (Ab-
schn. 14.10). Man beachte,
dass für Flüssigkeiten und
Gase wegen der Allseitigkeit
des Drucks kein Elastizitätsmodul definiert werden kann.

Beispiel
Gegeben eine passend abgedichtete, mit Wasser gefüllte rechteckige Holz-
kiste ohne Deckel. Oben liegt die Flüssigkeit frei zutage. Durch diese
Kiste wird von der Seite eine Gewehrkugel geschossen. Dadurch wird das
Wasser um den Betrag des Kugelvolumens zusammengepresst. Denn zum
Ausweichen des Wassers nach oben fehlt die Zeit. Es entstehen erhebliche
Drücke. Die Kiste wird zu Kleinholz zerfetzt (Blasenschuss!).
Eine Variante dieses Versuches erfordert bescheideneren Aufwand. Es genügt ein mit Wasser gefülltes Becherglas und die Explosion einer *Glasträne* in diesem Glas. Glastränen werden durch Eintropfen flüssigen Glases
in Wasser hergestellt. Es sind rasch erstarrte feste Glastropfen mit großen
inneren Spannungen (Abb. 9.9). Eine Glasträne ist gegen Schlag und Stoß
sehr unempfindlich. Man kann getrost mit einem Hammer auf ihr herum-
klopfen. Hingegen verträgt sie keinerlei Beschädigungen ihres fadenförmi-
gen Schwanzes. Beim Abbrechen der Schwanzspitze zerfällt sie knallend
in Splitter. Man lasse eine Glasträne in dieser Weise in der geschlossenen

Abb. 9.9 Zwei Glastränen (**Videofilm 9.2**)

Videofilm 9.2:
„**Kompressibilität von Wasser**"
http://tiny.cc/nbikdy
Der Film zeigt als Mitschnitt eines Hausseminars im 1. Physikalischen Institut der Universität Göttingen die Eigenschaften einer Glasträne. Ein ähnliches Experiment wurde bereits von LICHTENBERG in Göttingen vorgeführt (G.H. de Rogier, „Verstreute Aufzeichnungen aus Georg Christoph Lichtenbergs Vorlesungen über die Experimentalphysik 1781", Wallstein-Verlag Göttingen 2004, S. 48). Die Glastränen sind auch unter den Namen Bologneser oder Batavische Glastränen bekannt. Ihr Verhalten ist auch die Grundlage für das Zerspringen von Sicherheitsglas.

Faust explodieren. Man fühlt dann deutlich, aber ohne jeden Schmerz und Schaden, das Auseinanderfliegen der Bruchstücke (wie beim Sicherheitsglas der Autos!). Die Harmlosigkeit dieses Versuches in der Hand steht in überraschendem Gegensatz zu der völligen Zerstörung eines mit Wasser gefüllten Becherglases.

9.4 Druckverteilung im Schwerefeld und Auftrieb[3]

Gegeben ist ein zylindrisches, senkrecht stehendes Gefäß der Querschnittsfläche A (Abb. 9.10). Es ist bis zur Höhe h mit einer Flüssigkeit der Dichte ϱ gefüllt. Das Gewicht dieser Flüssigkeitssäule ist

$$F_G = mg = Ah\varrho g. \tag{9.2}$$

Gewicht durch Fläche ergibt den am Gefäßboden herrschenden, allseitig gleichen Druck p

$$p = \frac{F_G}{A} = h\varrho g. \tag{9.3}$$

Zahlenbeispiel für Wasser
$h = 10^3$ m, $\varrho = 10^3$ kg/m^3, $g = 9{,}81$ m/s^2, $p = 10^3$ m $\cdot 10^3$ kg/m$^3 \cdot$ 9,81 m/s$^2 = 9{,}81 \cdot 10^6$ N/m^2, d. h. etwa 100-facher Luftdruck.[K9.7] – Dieser Druck presst die unterste Wasserschicht erst um 1/2 % ihres Volumens zusammen (s. oben). Folglich darf man die Dichte ϱ in Gl. (9.3) in sehr guter Näherung als von h unabhängig betrachten.

K9.7. Der Druck am Boden einer 10 m hohen Wassersäule ist also etwa gleich dem normalen Atmosphärendruck (s. auch Abb. 9.31).

Abb. 9.10 Zum Schweredruck einer Flüssigkeit

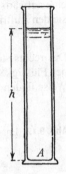

---

[3] Der allseitige Luftdruck (Abschn. 9.9), wird in diesem Abschnitt außer Acht gelassen.

Abb. 9.11 Flüssigkeitsmanometer

Gestalt und Querschnittsfläche des Gefäßes gehen nicht in Gl. (9.3) ein. Infolgedessen kann man sich die seltsamsten Gefäßformen durch vertikale Rohre mit konstanter Querschnittsfläche ersetzt denken. *Maßgebend für den Schweredruck an einem Punkt einer gegebenen Flüssigkeit ist nur der senkrechte Abstand h des Punktes von der Flüssigkeitsoberfläche. Quantitativ gilt Gl.* (9.3).[K9.8]

K9.8. BLAISE PASCAL (1623–1662). Veröffentlicht in „Traité de l'Équilibre des Liqueurs" (1663), auszugs-weise ins Englische übersetzt in W.F. Magie, A Source Book in Physics, Harvard U. Press 1963, S. 75.

> Von den mancherlei im Schulunterricht erläuterten Anwendungen dieses Satzes erinnern wir an die bekannten Flüssigkeitsmanometer zur Messung von Gas- und Dampfdrücken. Die einfachste Ausführungsform besteht aus einem U-förmigen Glasrohr mit Wasser oder Quecksilber als Sperrflüssig-keit (Abb. 9.11). Diese Manometer lassen sich mit Gl. (9.3) eichen (z. B. 1 mmHg ≈ 1,33 hPa, s. Abschn. 9.2).

Die bekannteste Folgerung der Druckverteilung im Schwerefeld ist der *statische Auftrieb* von Körpern in einer Flüssigkeit. Wir betrach-ten den Auftrieb eines in die Flüssigkeit eingetauchten Körpers. Er habe der Einfachheit halber die Form eines flachen Zylinders (Abb. 9.12). Der Druck der Flüssigkeit hat keine Richtung. Das ist eine Folge der freien Verschiebbarkeit aller Flüssigkeitsmoleküle. Folglich drückt gegen die untere Zylinderfläche A eine aufwärts ge-richtete Kraft $F_1 = p_1 A = h_1 \varrho g A$, gegen die obere eine kleinere abwärts gerichtete Kraft $F_2 = p_2 A = h_2 \varrho g A$. Alle Kräfte gegen die Seitenfläche des Zylinders heben sich gegenseitig paarweise auf. Es verbleibt nur die Differenz der beiden Kräfte F_1 und F_2. Sie liefert eine aufwärts gerichtete, am Körper angreifende Kraft F. Man nennt sie den Auftrieb

$$F = \varrho g A (h_1 - h_2). \tag{9.4}$$

Das rechts stehende Produkt ist nichts anderes als das Gewicht ei-ner Flüssigkeit vom Volumen des eingetauchten Körpers. In dieser Weise finden wir allgemein: *Der Auftrieb eines eingetauchten festen*

Abb. 9.12 Entstehung des statischen Auftriebs

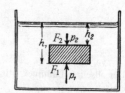

Abb. 9.13 Auftrieb in einer Stahlkugelmodellflüssigkeit (Videofilm 9.3)

Videofilm 9.3: „Modellversuch zum Auftrieb" http://tiny.cc/3bikdy

Körpers ist gleich dem Gewicht des von ihm verdrängten Flüssigkeitsvolumens (Archimedisches Prinzip).[K9.9]

K9.9. Hierauf beruht eine sehr empfindliche Methode, die Massendichte ϱ eines Körpers zu bestimmen. Man muss ihn nur einmal innerhalb und einmal außerhalb einer Flüssigkeit bekannter Dichte wiegen.

Man kann mancherlei quantitative Versuche über den Auftrieb bringen. Stattdessen veranschaulichen wir die Entstehung des Auftriebs mithilfe unserer *Modellflüssigkeit.* Abb. 9.13 zeigt im Schattenbild ein Glasgefäß mit Stahlkugeln. In diesen Stahlkugeln haben wir zuvor zwei große Kugeln vergraben, die eine aus Holz, die andere aus Aluminium. Wir ersetzen die fehlende Wärmebewegung unserer Modellflüssigkeit wieder durch Schütteln. Sofort bringt der Auftrieb die beiden großen Kugeln an die Oberfläche. Sie *schwimmen,* die Holzkugel hoch herausragend, die Aluminiumkugel noch bis etwa zur Hälfte eintauchend.

Selbstverständlich kann man von diesem Versuch keine quantitative Nachprüfung des Auftriebs verlangen. Dazu ist der Ersatz der Wärmebewegung durch Schütteln zu primitiv.

Das Gewicht eines Körpers und sein Auftrieb in einer Flüssigkeit wirken einander entgegen. Bei Überwiegen des *Gewichtes* sinkt der Körper in der Flüssigkeit zu Boden. Bei Überwiegen des *Auftriebs* steigt er zur Oberfläche. Den Übergang zwischen beiden Möglichkeiten vermittelt ein Sonderfall: Der Körper und die von ihm verdrängte Flüssigkeit haben gleich großes Gewicht. In diesem Sonderfall schwebt der Körper in beliebiger Höhenlage in der Flüssigkeit. Dieser Sonderfall lässt sich auf viele Weisen verwirklichen. Wir nennen als einziges Beispiel eine Bernsteinkugel in einer Zinksulfatlösung passend gewählter Konzentration.[K9.10]

Bei überwiegendem Auftrieb tritt ein Teil des Körpers aus der Flüssigkeitsoberfläche heraus. Der Körper kommt zur Ruhe, sobald das von ihm noch verdrängte Wasser das gleiche Gewicht wie er selbst hat. Dann spricht man vom *Schwimmen* eines Körpers. Für praktische Zwecke (Schiffe) ist eine *Stabilität der Schwimmstellung* sehr wichtig. Sie wird durch die Lage des *Metazentrums* bestimmt. Man denke sich in Abb. 9.14 ein Schiff um den Winkel α aus seiner Ruhelage herausgedreht. S_2 sei der Schwerpunkt des in *dieser Schräglage* von ihm verdrängten Wasservolumens, also der Angriffspunkt des *Auftriebs* in dieser *Schräglage.* Durch diesen Punkt S_2

Abb. 9.14 Metazentrum

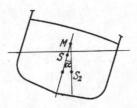

K9.10. Als einfache Demonstration sei der als Spielzeug verwendete „kartesianische Taucher" erwähnt. Ein mit Luft gefülltes Glasteufelchen befindet sich in einem mit Wasser gefüllten Reagenzglas, das oben mit einer Gummimembran verschlossen ist. Die Position der Figur kann leicht auf die Hörsaalwand projiziert werden. Da das Schwanzende ein kleines Loch besitzt, lässt sich durch Druck auf die Membran etwas Wasser ins Innere der Figur drücken und damit ihre Gesamtdichte verändern. Die drei Fälle Steigen, Schweben und Sinken lassen sich so eindrucksvoll demonstrieren.

ziehen wir eine Vertikale. Ihr Schnittpunkt mit der punktierten Mittellinie des Schiffes heißt das *Metazentrum*. Dies Metazentrum darf bei keiner Schräglage unter den Schwerpunkt *S* des Schiffes geraten. Nur so richtet das Drehmoment des Auftriebs das Schiff wieder auf. *Nur mit einem Metazentrum oberhalb seines Schwerpunktes schwimmt ein Schiff stabil.*

9.5 Der Zusammenhalt der Flüssigkeiten, ihre Zerreißfestigkeit, spezifische Oberflächenarbeit und Oberflächenspannung

Die Modellflüssigkeit (Stahlkugeln) lässt bisher noch zwei bekannte Eigenschaften wirklicher Flüssigkeiten vermissen. Die Moleküle einer wirklichen Flüssigkeit zeigen einen Zusammenhalt. Sie bewegen sich beim Ausgießen nicht nach allen Richtungen auseinander, sondern sie ballen sich zu Tropfen von verschiedener Größe und Gestalt zusammen. Außerdem *haften* wirkliche Flüssigkeiten an festen Körpern. Dies Haften kann bis zu einer *Benetzung* führen: d. h., man kann die Flüssigkeit nicht vom festen Körper ablösen, ein Versuch führt nur zur Zerteilung der Flüssigkeit. Im Fall der Benetzung ist also der Zusammenhalt zwischen den Molekülen der *Flüssigkeit* und denen des *festen* Körpers größer als der Zusammenhalt zwischen den Molekülen der *Flüssigkeit*. – Diese Unzulänglichkeit der Modellflüssigkeit lässt sich beheben. Man braucht nur magnetische Stahlkugeln zu verwenden. Dann haften sie sowohl aneinander als auch an den Wänden eines eisernen Behälters.

Die so vervollkommnete Modellflüssigkeit führt uns auf eine wichtige, aber aus der alltäglichen Erfahrung nicht bekannte Tatsache: Flüssigkeiten besitzen eine erhebliche *Zerreißfestigkeit* (d. h. die zum Zerreißen führende Zugspannung, Abschn. 8.8).

Abb. 9.15 zeigt im Längsschnitt ein oben verschlossenes Eisenrohr, angefüllt mit der Modellflüssigkeit. Die magnetischen Moleküle haften an den Wänden. Sie bilden einen zusammenhängenden *Faden*.

Abb. 9.15 Zur Zerreißfestigkeit einer Modellflüssigkeit

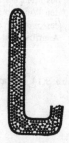

Abb. 9.16 Zur Zerreißfestigkeit eines Wasserfadens. Das Wasser ist durch Auskochen im Vakuum luftfrei gemacht. Das Volumen B enthält also gasförmiges Wasser, wobei sich der entsprechende Dampfdruck einstellt (Abschn. 15.7). Bei 20 °C beträgt er 23,2 hPa. Daraus ergibt sich unter der Annahme eines idealen Gases eine Dichte von $\varrho = 1{,}7 \cdot 10^{-2}$ kg/m^3 (Abb. 15.11). **(Videofilm 9.4)**

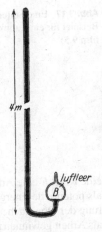

4 m

luftleer

B

Videofilm 9.4:
„Zerreißfestigkeit von Wasser"
http://tiny.cc/ybikdy
Zur Vermeidung von Gasblasen an der Rohrwand muss man das Rohr einige Male in waagerechter Position hin und her schwenken, um restliche Gasblasen zu beseitigen. – Eine weitere interessante Beobachtung ist die folgende: Beim Aufeinanderschlagen der Flüssigkeitsbereiche hört man, wenn man nicht sehr vorsichtig schwenkt, einen lauten Knall, so als ob man mit einem Hammer auf das Glas schlägt. So etwas tritt in Luft nicht auf, da ein Wasserstrahl beim Auftreffen, z. B. in einem Waschbecken, durch die Luft gebremst wird. Offenbar wirkt das gasförmige Wasser in den Blasen nicht in ähnlicher Weise. Es verflüssigt sich augenblicklich, wenn die Blasen schrumpfen. Zur Geschwindigkeit dieser Phasenumwandlung von Gas in Flüssigkeit siehe auch Kommentar K16.2.

Dieser trägt sich selbst, hat also zusätzlich zur Adhäsion an den Wänden eine Zerreißfestigkeit. Abb. 9.16 zeigt den gleichen Versuch mit einer wirklichen Flüssigkeit ausgeführt, und zwar einem Wasserfaden. Der zweite Schenkel B ist luftleer gepumpt. Man kann auf diese Weise Wasserfäden von vielen Metern Länge aufhängen. Sie haben eine den Beobachter oft überraschende Zerreißfestigkeit. Man befestigt das lange Glasrohr zweckmäßig auf einem Brett. Man kann das Brett hart auf den Boden aufstoßen und so den Wasserfaden starken, nach unten ziehenden *Trägheitskräften* aussetzen. Oft reißt der Faden erst nach mehreren vergeblichen Versuchen.

Für diesen Nachweis der Zerreißfestigkeit ist, genauso wie bei der Modellflüssigkeit, ein Punkt wesentlich: Die Flüssigkeitsmoleküle müssen fest an den Wänden des Rohres *haften* (Adhäsion). Nur dadurch kann man eine *seitliche Einschnürung des Fadens verhindern.* Darum dürfen an der Rohrwand keine Gasblasen sitzen. Sie würden sofort den Ausgangspunkt einer Einschnürung bilden.

Bei Wasser hat man eine Zerreißfestigkeit $Z_{max} = 3{,}4$ N/mm^2 erreicht, bei Äthyläther $Z_{max} = 7$ N/mm^2 (Vergleichswerte für Festkörper finden sich in Tab. 8.2). Nach Überlegungen, die in Abschn. 15.9 folgen werden, sollte man mindestens 10-mal höhere Werte erwarten. Wahrscheinlich wird die Zerreißfestigkeit durch die in Abschn. 15.9 behandelten *Kerne,* d. h. kleine in der Flüssigkeit oder an den Gefäßwänden vorhandenen Fremdkörper, z. B. winzige Gasblasen aus Stickstoff, herabgesetzt.

Bei den festen Körpern haben wir den grundsätzlichen Zusammenhang der Zerreißfestigkeit Z_{max} mit der spezifischen Oberflächenarbeit ζ behandelt, also mit dem Quotienten

$$\zeta = \frac{\text{für einen Oberflächenzuwachs erforderliche Arbeit } \Delta W}{\text{Größe } \Delta A \text{ der neugebildeten Oberfläche}}.$$

$$(8.34)$$

Dabei können ΔA und ΔW entweder beide positiv oder beide negativ sein. Positiv bedeutet eine Vergrößerung der Oberfläche. Dann muss

Videofilm 9.5:
„Oberflächenarbeit"
http://tiny.cc/qaikdy

Abb. 9.17 Eine Seifenlamelle im Gleichgewicht, zugleich Beispiel für eine „umkehrbare" Oberflächenarbeit (**Videofilm 9.5**)

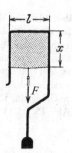

eine Kraft F eine Arbeit verrichten, und diese wird in der Oberfläche als potentielle Energie gespeichert. Negativ bedeutet eine Verkleinerung der Oberfläche. Dann lässt sich die zuvor gespeicherte Energie als Arbeit gewinnen und zur Erzeugung einer Kraft benutzen. Bei den festen Körpern haben wir nur den ersten Fall behandelt, zur Vorführung des zweiten braucht man hohe Temperaturen oder sehr lange Zeiten. Anders bei Flüssigkeiten: Die freie Verschiebbarkeit ihrer Moleküle erlaubt es, beide Fälle bequem zu verwirklichen.

Ein bekanntes Beispiel zeigt Abb. 9.17. Eine Flüssigkeitshaut (z. B. Seifenlösung) wird oben und an beiden Seiten von einem benetzten ⊓-förmigen Bügel begrenzt, unten von einem an beiden Seiten mit Ösen geführten Draht. Dieser „Läufer" lässt sich bei richtiger Belastung (Kraft F) in jeder beliebigen Höhenlage einstellen. Durch eine Verschiebung um $\pm \Delta x$ wird die Oberfläche $\Delta A = \pm 2l\Delta x$ (vorn und hinten!) geschaffen und von F die Arbeit

$$\pm \Delta W = \pm F\Delta x = \pm 2\Delta x l\zeta$$

verrichtet. Der Weg $\pm \Delta x$ hebt sich heraus. Es verbleibt

$$F = 2l\zeta. \tag{9.5}$$

Die Größe der Kraft F ist also von Δx, d. h. vom Betrag der schon erfolgten Dehnung, *unabhängig*. Dadurch unterscheidet sich eine Flüssigkeitsoberfläche sehr wesentlich von einer gespannten Gummihaut. Der beliebte Vergleich von Oberfläche und Gummihaut darf also nur mit Vorsicht angewandt werden.

Eine Umstellung der Gl. (9.5) ergibt

$$\zeta = \frac{\text{zum Dehnen der Oberfläche erforderliche, zu ihr parallele Kraft } F}{\text{Länge } 2l \text{ der beweglichen Oberflächenbegrenzung}}. \tag{9.6}$$

Aus diesem Grund wird ζ oft auch als *Oberflächenspannung* bezeichnet. Für Flüssigkeiten sind beide Namen gleichberechtigt.

Bei Messungen von ζ stört die Reibung des Läufers in seinen seitlichen Führungen. Man benutzt deswegen besser statt einer ebenen

Abb. 9.18 Zur Messung der spezifischen Oberflächenarbeit mithilfe einer Schneckenfederwaage. *Zahlenbeispiel* für Wasser: Ringdurchmesser 5 cm, Umfang $2l = 0,31$ m, $F = 2,26 \cdot 10^{-2}$ N, $\zeta = 0,072$ W s/m²

eine *zylindrische* Flüssigkeitshaut (Abb. 9.18). Man lässt einen Ring mit *scharfer* Schneide in die Oberfläche der Flüssigkeit eintauchen. Bei langsamem Senken des Flüssigkeitsspiegels entsteht die zylindrische Haut, vergleichbar einem kurzen, dünnwandigen Rohr. Man misst F mit einer Waage. l ist gleich dem Ringumfang $2\pi r$. Tab. 9.1 enthält einige Zahlenwerte. Sie beziehen sich auf Oberflächen in Luft.[K9.11] Bei einer Begrenzung der Flüssigkeiten durch andere Stoffe sind die Werte von ζ kleiner. Daher wäre die Bezeichnung spezifische *Grenz*flächenarbeit oder *Grenz*flächenspannung vorzuziehen.

K9.11. Außer beim flüssigen Wasserstoff.

Ohne äußere Eingriffe bilden Flüssigkeiten oft kugelförmige Oberflächen. Man denke an einen Hg-Tropfen oder an eine kleine Gasblase im Inneren einer Flüssigkeit. In beiden Fällen, sowohl bei der vollen als auch bei der hohlen Kugel, erzeugt die Oberflächenspannung im Inneren der Kugel den Druck

$$p = \frac{2\zeta}{r}. \tag{9.7}$$

Herleitung

Der Radius r der Kugel vergrößere sich um den Betrag dr. Dann vergrößert sich die Kugeloberfläche um den Betrag $dA = 8\pi r dr$ und das Kugelvolu-

Tab. 9.1 Spezifische Oberflächenarbeit (Oberflächenspannung) einiger Flüssigkeiten

Flüssigkeit	Temperatur in °C	Spezifische Oberflächenarbeit oder Oberflächenspannung in 10^{-3} W s/m² = 10^{-3} N/m
Quecksilber	18	500,1
Wasser	0	75,5
	20	72,5
	80	62,3
Benzol	18	29,2
Flüssige Luft	−190	12,1
Flüssiger Wasserstoff	−254	2,5

men um den Betrag $dV = 4\pi r^2 dr$. Bei dieser Volumendehnung verrichtet der Druck die Arbeit

$$dW = pdV = p4\pi r^2 dr.$$ (9.8)

Die Schaffung der neuen Oberfläche dA erfordert die Arbeit

$$dW = dA\zeta = 8\pi rdr\zeta.$$ (9.9)

Gleichsetzen beider Arbeitsbeträge liefert die Gl. (9.7).

Die wichtige Gl. (9.7) wird oft streng und oft für Näherungen angewandt.

Beispiele

1. Ein Hg-Tropfen an der Grenze der mikroskopischen Sichtbarkeit hat einen Radius $r = 0,1\,\mu m = 10^{-7}$ m. ζ ist für Hg = 0,5 W s/m², also ist

$$p = \frac{2 \cdot 0,5\,W\,s/m^2}{10^{-7}m} = 10^7\,Pa\ (d.\,h.\ 100\text{-facher Luftdruck!})$$

2. Jedermann kennt den in Abb. 9.19 skizzierten Versuch. Zwischen zwei ebenen Glasplatten befindet sich eine benetzende Flüssigkeit. Diese bekommt eine *hohle* Oberfläche. Ihr kleinster Krümmungsradius r ist $\approx d/2$. Die Oberflächenspannung erzeugt einen Druck p, seine Größenordnung wird durch Gl. (9.7) bestimmt. Die Richtung von p ist durch Pfeile markiert[4]. Derart mit Wasser „verklebte" Platten kann man mit Kräften F nicht trennen, ohne sie zu beschädigen. Man kann sie nur ganz langsam unter Wasser auseinanderschieben.

3. Eine vollkommen benetzende Flüssigkeit wird in ein Kapillarrohr (Radius r) bis zur Höhe h hineingesaugt (Abb. 9.20). – Deutung: Die Flüssigkeit hat oben eine *hohle* Oberfläche (Meniskus). Ihr kleinster Krümmungsradius ist $\approx r$. Also ergibt der nach Gl. (9.7) berechnete Druck $p = 2\zeta/r$ eine aufwärts gerichtete Kraft $F = A2\zeta/r$. Ihr entgegengesetzt gleich muss das abwärts gerichtete Gewicht der Flüssigkeitssäule sein, also $F_G = Ah\varrho g$. Das Gleichgewicht beider Kräfte ergibt als *kapillare Steighöhe*

$$h = \frac{2\zeta}{r\varrho g}.$$ (9.10)

Bei einer nicht benetzenden Flüssigkeit, z. B. Hg in Glas, ist der Meniskus nach oben hinaus *gewölbt*. Folglich ergibt der nach Gl. (9.10) entstehende Druck eine abwärts gerichtete Kraft. Ein in Hg getauchtes Rohr erzeugt in seinem Inneren eine *Kapillardepression* um die Höhe h. – Gl. (9.10) wird oft zur Messung von ζ benutzt, auch ist sie für das Saftsteigen in Pflanzen wichtig.

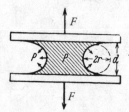

Abb. 9.19 Eine – absichtlich viel zu dick eingezeichnete – Wasserschicht zwischen zwei Glasplatten. (Zu Gl. (9.7)).
Zahlenbeispiel: Benetzte Fläche $A = 10\,cm^2$, $d = 0,2\,\mu m, r = 10^{-7}$ m, $\zeta \approx 8 \cdot 10^{-2}$ W s/m², $p = 16 \cdot 10^5$ Pa ($\approx$ 16-facher Atmosphärendruck), $F = 1,6 \cdot 10^3$ N

„Das ist eine bequeme, aber laxe Ausdrucksweise. Nicht der Druck hat eine Richtung, sondern die dazugehörige Kraft."

---

[4] Das ist eine bequeme, aber laxe Ausdrucksweise. Nicht der Druck hat eine Richtung, sondern die dazugehörige Kraft.

Abb. 9.20 Zur Anwendung der Gl. (9.10), „kapillare Steighöhe" h, Durchmesser $d = 2r$

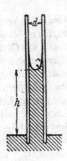

4. Große Trägheitskräfte vermögen im Inneren von Flüssigkeiten blasenförmige Hohlräume zu erzeugen. Dieser *Kavitation* genannte Vorgang findet sich z. B. hinter zu schnell laufenden Schiffsschrauben. – Wasser hat eine Oberflächenspannung von $\zeta \approx 0{,}08$ W s/m^2. Folglich enthält jeder cm^2 Blasenoberfläche eine potentielle Energie von $8 \cdot 10^{-6}$ W s. Der Druck p lässt die Blasen sehr rasch zusammenfallen und drängt die Energie ihrer Oberflächen auf den Bereich weniger Moleküle zusammen. Diese Energieanhäufungen wirken wie sehr große lokale Temperatursteigerungen. Infolgedessen wird die Schiffsschraube vom Wasser „zerfressen", sie bekommt tiefe Löcher. – Eine Kavitation kann auch durch hochfrequente Schallwellen erzeugt werden. Die lokale Energieanhäufung kann dann kleine, in der Flüssigkeit schwimmende Lebewesen zerstören und gashaltiges Wasser zum Leuchten bringen[K9.12].

K9.12. Dieses Phänomen der sogenannten *Sonolumineszenz* ist in letzter Zeit ausführlicher untersucht worden, gibt aber noch etliche Rätsel auf (siehe z. B. Phys. Bl. **51**, 1087 (1995)).

Aus der Fülle weiterer Beispiele zur Oberflächenspannung bringen wir noch eine ganz kleine Auswahl. Im ersten erscheint uns die Flüssigkeitsoberfläche als leicht gespannte Hülle oder Haut.

1. Wasser vermag leicht eingefettete Körper nicht zu benetzen. Solche Körper können auf der Wasseroberfläche wie auf einem lose gestopften Kissen, etwa einem Luftkissen, ruhen. Die Oberfläche zeigt eine deutliche Einbeulung. So kann man beispielsweise eine nicht ganz fettfreie Nähnadel ohne Weiteres auf eine Wasserfläche legen und die Laufbeine des Wasserläufers nachahmen.

> Flüssige Brennstoffe benetzen alle Körper. Infolgedessen findet man nie Staub auf ihrer Oberfläche. Außerdem entweichen sie sehr langsam, am äußeren Boden abtropfend, aus einem aufgehängten Gefäß. Die vollkommen benetzten Gefäßwände wirken als *Heber*. Sehr rasch verläuft dieser Vorgang bei dem von innerer Reibung völlig freien ^{4}He-Isotop in seiner *superfluiden* (bei Temperaturen unter 2,17 Kelvin auftretenden) *Phase*.[K9.13]

K9.13. Zu dem faszinierenden Phänomen der *Superfluidität* von flüssigem Helium siehe z. B. K. Lüders, „Superflüssigkeiten", in Bergmann/Schaefer, Lehrbuch der Experimentalphysik, Bd. 5, Kap. 5, Verlag de Gruyter 2. Aufl. 2006.

In den weiteren Beispielen bewirkt die Oberflächenspannung die größte mit den Versuchsbedingungen verträgliche *Verkleinerung* der Flüssigkeitsoberfläche.

2. In ein flaches, mit Flüssigkeit gefülltes Uhrglas wird Quecksilber in feinem Strahl eingeleitet. Es bildet am Boden des Glases zunächst zahllose feine Tropfen von etwa 1 mm Durchmesser (Abb. 9.21). Die gesamte Oberfläche des Quecksilbers ist also sehr groß. Doch tritt ruckweise eine Vereinigung der Tropfen ein. Bald hier, bald dort wird ein kleiner Tropfen von einem größeren aufgenommen und dadurch

Abb. 9.21 Vereinigung von Quecksilbertropfen in Alkohol mit einem sehr kleinen Zusatz von Glyzerin. Ein gutes Beispiel für einen statistisch ablaufenden Vorgang: Bei ausreichender Anzahl (wie in den *drei oberen Teilbildern*) kann man für die Tropfen eine mittlere Lebensdauer von $\tau = 10$ s angeben, d. h. nach je 10 s vermindert sich der Bestand auf $1/e \approx 37\,\%$ des vorangegangenen Bestandes (Fotografische Aufnahmen mit je $4 \cdot 10^{-3}$ s Belichtungszeit). Die großen Tropfen sind zum Teil verzerrt, weil sie durch die Aufnahme kleinerer Tropfen in Schwingungen geraten waren. (**Videofilm 9.6**) (Aufg. 9.8)

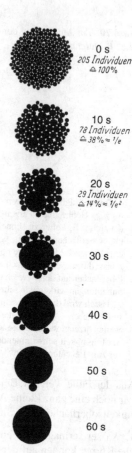

0 s
205 Individuen
≙ *100 %*

10 s
78 Individuen
≙ *38 % ≈ 1/e*

20 s
29 Individuen
≙ *14 % ≈ 1/e²*

30 s

40 s

50 s

60 s

Videofilm 9.6:
„Vereinigung von Hg-Tropfen"
http://tiny.cc/zaikdy
Es wird die Vereinigung von Quecksilbertropfen in Wasser gezeigt.

seine Lebensdauer begrenzt[5]. Nach etwa 1 Minute ist nur noch ein einziger großer Tropfen vorhanden. Die Oberfläche des Quecksilbers hat sich unter der Einwirkung der Oberflächenspannung auf das erreichbare Minimum zusammengezogen. Es ist ein besonders lehrreicher Versuch:

„Es ist ein besonders lehrreicher Versuch."

Die kleinen Tropfen sind „physikalische Individuen". Über das Schicksal eines einzelnen Individuums vermag man mit physikalischen Methoden keinerlei Voraussagen zu machen: Man kann nie sagen, welcher der Tropfen als nächster verschwinden wird. Trotzdem kann man für die Gesamtheit der Individuen eine klare Gesetzmäßigkeit angeben: Ihre Anzahl vermindert sich nach einem Exponentialgesetz[K9.14] mit einer bestimmten *mittleren Lebensdauer* τ (in Abb. 9.21 $\tau = 10$ s). *Man vermag also über das Schicksal einer großen Gesamtheit von Individuen selbst dann ganz präzise Aussagen zu machen, wenn das für das einzelne Individuum völlig unmöglich ist.* Diese Tatsache spielt auch in der Atomphysik (z. B. bei den radioaktiven Zerfallsvorgängen) eine wichtige Rolle.

K9.14. Es handelt sich um ein Beispiel der häufig in der Physik auftretenden Exponentialfunktion mit negativem Exponenten: $N(t) = N_0 e^{-t/\tau}$.
N ist hier die Anzahl der Individuen und t die Zeit. Weitere Beispiele sind die „barometrische Höhenformel" (Abschn. 9.10) und die Dämpfung harmonischer Schwingungen (Abschn. 11.10).

---

[5] Stellenweise werden durch Lichtreflexe Brücken zwischen benachbarten Tropfen vorgetäuscht.

3. Man bestreut eine Wasseroberfläche mit einem nicht benetzbaren Pulver. Dann bringt man mit einer Nadel etwa in die Mitte der Fläche eine winzige Menge einer Fettsäure. Sofort reißt die Oberfläche des Wassers auseinander, und es entsteht ein klarer, von Pulver freier kreisrunder Fleck. – Deutung: Die Oberflächenspannung des Wassers ist größer als die der Fettsäure. Folglich wird diese bis auf eine Schicht von Moleküldicke ausgezogen. N aufgebrachte Fettsäuremoleküle mit der Querschnittsfläche a bedecken die Kreisfläche $A = Na$. So kann man mit einer bekannten Molekülanzahl N die Molekülquerschnittsfläche a bestimmen. Der unscheinbare Versuch ist also höchst wichtig. – Für Messungen benutzt man eine rechteckig begrenzte Wasserfläche und ersetzt den Staub durch eine als Floß bewegliche Rechteckseite (AGNES POCKELS 1891).[K9.15]

K9.15. AGNES POCKELS (1862–1935): Nature **43**, 437 (1891), Autodidaktin, grundlegende Arbeiten über Filme auf Oberflächen von Flüssigkeiten, Dr.-Ing. E.h. der TH Braunschweig 1932.

4. Das Eindringen fremder Moleküle verändert die Oberflächenspannung. Das zeigt man mit einem Körnchen Kampfer und Wasser. Die einzelnen Teile seiner Oberfläche gehen verschieden rasch in Lösung. Infolgedessen schwankt die Oberflächenspannung in verschiedenen Richtungen. Das Körnchen bewegt sich tanzend auf der Wasserfläche herum. Derartige Vorgänge spielen bei der Fortbewegung kleiner Lebewesen eine Rolle.

5. Das „Ölen der See". Es verwandelt die „Brecher" mit den sich überschlagenden Schaumkronen in glatte Dünungswogen. Für die dazu erforderliche Änderung der Oberflächenspannung braucht ein Schiff nur winzige Ölmengen in Form einzelner Tropfen auf die Meeresoberfläche gelangen zu lassen.

Bei Anwesenheit von Fremdmolekülen verlieren die Erscheinungen der Oberflächenspannung an Einfachheit. Die Oberflächenspannung wird *anomal*. Das heißt, ihre Größe wird ähnlich der Spannung einer Gummimembran von der bereits erfolgten Vergrößerung der Oberfläche abhängig. Außerdem geht die Oberflächenvergrößerung unter Erwärmung vor sich. Es wird kinetische Energie als „Wärme" vernichtet. Diese zum Teil sehr interessanten Dinge gehören in die Wärmelehre.

9.6 Gase als Flüssigkeiten geringer Dichte ohne Oberfläche, BOYLE-MARIOTTE'sches Gesetz

Die Massendichte ϱ von Gasen ist erheblich kleiner als die von Flüssigkeiten. Als Beispiel messen wir in Abb. 9.22 links für Zimmerluft die Massendichte $\varrho = 1{,}29 \, \text{kg/m}^3$. Sie ist also rund 1/800 von der des Wassers.

Die Moleküle sind in einem Gas und in der zugehörigen Flüssigkeit dieselben. Folglich kann die kleine Dichte eines Gases lediglich durch große Abstände zwischen den einzelnen Molekülen entstehen.

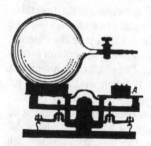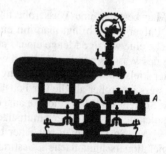

Abb. 9.22 Zur Abhängigkeit der Luftdichte ϱ vom Druck p. *Linkes Bild*: $p = 10^5$ Pa (normaler Luftdruck), der Glasballon mit $V = 7$ Liter wird luftleer gepumpt und die Waage ausgeglichen (Ausgleichsklötze *A*). Dann lässt man Zimmerluft einströmen. Um das Gleichgewicht wiederherzustellen, muss man rechts 9 Gramm auflegen. Also $\varrho = M/V = 9\,\text{g}/7$ Liter $= 1{,}29\,\text{kg/m}^3$. *Rechtes Bild*: $p = 160 \cdot 10^5$ Pa, Stahlflasche mit $V = 1$ Liter. Nach Ausströmen der Luft muss man rechts 205 Gramm abheben, also $\varrho = 205\,\text{g/Liter} = 205\,\text{kg/m}^3$.

Für große Abstände zwischen den Molekülen in Gasen sprechen ferner hin folgende Tatsachen:

1. Gase haben im Gegensatz zu Flüssigkeiten eine sehr große Kompressibilität (Fahrradpumpe!). Infolgedessen wächst die Dichte der Gase mit steigendem Druck. Bei $p = 160 \cdot 10^5$ Pa messen wir z. B. für Luft $\varrho \approx 200\,\text{kg/m}^3$, also etwa 1/5 von der des Wassers (Abb. 9.22, rechts).

2. Die BROWN'sche Molekularbewegung ist in Gasen bei viel geringerer Vergrößerung zu beobachten als in Flüssigkeiten. Als sichtbare Staubpartikelchen nimmt man am einfachsten Tabakqualm.

3. Die Moleküle eines Gases fliegen völlig zusammenhanglos nach allen Richtungen auseinander. Sie verteilen sich in jedem sich ihnen darbietenden Raum. Man denke an etwas im Zimmer ausströmendes Gas oder an die gasförmigen Duftstoffe eines Parfüms. Im Gegensatz zu Flüssigkeiten ist in Gasen ohne verfeinerte Beobachtungen keinerlei Zusammenhalt der Moleküle mehr erkennbar. Auf jeden Fall kommt es bei Gasen nicht mehr zur Bildung einer Oberfläche. Die Anziehung zwischen den einzelnen Molekülen kommt offenbar bei großen Abständen nicht mehr zur vollen Wirkung.

So weit die erste Übersicht. – Der *Zusammenhang von Druck und Dichte,* also von Druck, Masse und Volumen, ist für Gase eingehend untersucht worden (Abb. 9.22), und zwar bei sorgfältig konstant gehaltener Temperatur. Die Messergebnisse führen in weiten Bereichen auf eine einfache Beziehung, das BOYLE-MARIOTTE'*sche Gesetz*

$$p = \frac{M}{V} \cdot \text{const} \qquad (9.11)$$

In Worten: *Der Druck p ist direkt proportional zur Masse M des eingesperrten Gases und umgekehrt proportional zum Volumen V des Behälters.* Etwas kürzer sind zwei andere Schreibweisen:

$$p = \varrho \cdot \text{const} \tag{9.12}$$

und

$$p V_s = \text{const} \tag{9.13}$$

($\varrho = M/V$ = Massendichte und $V_s = V/M$ = spezifisches Volumen des Gases).

Das Boyle-Mariotte'*sche Gesetz wird bei hinreichend großen Temperaturen und hinreichend kleinen Drücken von allen Gasen in guter und oft sogar sehr guter Näherung erfüllt.* Das zeigen die in Abb. 9.23 zusammengestellten Beispiele: Das Produkt pV/M wird in weiten Bereichen von Druck und Temperatur durch horizontale, zur Abszisse parallele Geraden dargestellt, ist also in diesen Bereichen vom Druck unabhängig. In diesen Bereichen von Druck und Temperatur nennt man die Stoffe *ideale Gase.*[K9.16] Treten merkliche Abweichungen vom Boyle-Mariotte'schen Gesetz auf, so spricht

K9.16. Bei Berücksichtigung der Temperaturabhängigkeit führt das Boyle-Mariotte'sche Gesetz (in der Form von Gl. (9.13)) direkt zur Zustandsgleichung idealer Gase (Gl. (14.19) in der Wärmelehre).

Abb. 9.23 Die horizontal verlaufenden geradlinigen Kurvenstücke sind Beispiele für den Gültigkeitsbereich des Boyle-Mariotte'schen Gesetzes idealer Gase. Die außerhalb dieser Bereiche auftretenden Abweichungen werden erst in Abschn. 15.1 behandelt. Die vertikalen Kurvenstücke treten auf, wenn ein Teil des Gases flüssig wird.

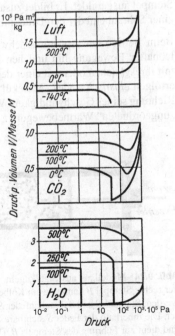

man von *realen* Gasen. Bei den alltäglichen Werten von Druck und Temperatur verhalten sich z. B. Luft, Wasserstoff, Edelgase usw. wie *ideale* Gase und CO_2, NO_2 und Chlor wie *reale* Gase. Diese Unterscheidungen verlieren bei hinreichend kleinen Drücken und hinreichend hohen Temperaturen ihren Sinn: Bei ihnen verhalten sich alle Stoffe wie *ideale* Gase. Das BOYLE-MARIOTTE'sche Gesetz ist also ein typisches *Grenzgesetz*. Seiner Wichtigkeit halber bringen wir seinen Inhalt noch einmal in Worten: Für ein ideales Gas sind Druck und *Massendichte* proportional zueinander oder das Produkt aus Druck und *spezifischem* Volumen ist konstant.

9.7 Modell eines Gases, der Gasdruck als Folge der ungeordneten Bewegung („Wärmebewegung")

Die obigen Tatsachen lassen sich gut durch ein Modellgas veranschaulichen. Das soll in diesem und den folgenden Abschnitten gezeigt werden. – Als Moleküle nehmen wir wieder die schon beim Flüssigkeitsmodell bewährten Stahlkugeln. Nur geben wir diesen Molekülen diesmal einen vielfach größeren Spielraum in einem weiten „Gasbehälter". Es ist ein flacher Kasten mit großen Glasfenstern (Abb. 9.24). Außerdem erzeugen wir diesmal die ungeordnete Bewegung der Modellmoleküle („Wärmebewegung") durch einen vibrierenden Stahlstempel A. Er bildet den einen Seitenabschluss des Gasbehälters. Eine zweite Seitenwand B ist als leicht verschiebbarer Stempel ausgebildet. Er bildet zusammen mit einer Schubstange und einer Schraubenfeder den Druckmesser.

Beim Betrieb des Apparates schwirren alle Stahlkugelmoleküle in lebhafter Bewegung hin und her. Die Moleküle stoßen fortgesetzt mit ihresgleichen oder mit einer der Wände zusammen. Diese Stöße erfolgen *elastisch*. Jedes „Molekül" wechselt fortgesetzt Größe und Richtung seiner Geschwindigkeit. Wir haben das Bild einer wahrhaft „ungeordneten" Wärmebewegung.

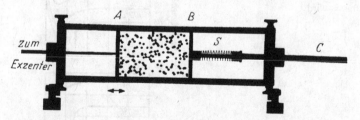

Videofilm 9.7:
„Modellgas und barometrische Dichteverteilung"
http://tiny.cc/gaikdy
(s. auch **Videofilm 16.1,**
http://tiny.cc/qoayey)

Abb. 9.24 Modellgas aus Stahlkugeln. Der Stempel A vibriert als Kolben, der rechte Stempel B kann wie ein Kolben mithilfe des Rohres C verschoben werden. Stempel B und Schraubenfeder S bilden zusammen einen Druckmesser. Die innerhalb der Feder S sichtbare Stange ist im Rohr C frei beweglich und dient zur Führung des Stempels B. (**Videofilm 9.7**)

Diese ungeordnete Bewegung der Moleküle erzeugt einen Druck des Modellgases gegen die Behälterwände. Wir stellen diesen Druck zunächst einmal experimentell mithilfe des Druckmessers fest. *Dieser Druck eines Gases gegen die Gefäßwände kommt also in anderer Weise zustande als der einer Flüssigkeit.* Bei einer Flüssigkeit entsteht der Druck durch „Beanspruchung", z. B. durch das Gewicht der Flüssigkeit (Schweredruck) oder durch das Eintreiben eines Stempels in einen abgeschlossenen Flüssigkeitsbehälter (Stempeldruck). Von einem von der ungeordneten Bewegung der Moleküle herrührenden Druck gegen die Gefäßwände war bei den Flüssigkeiten keine Rede. *Hier zeigen Gase eine durchaus neue, durch den Fortfall des Zusammenhaltes und der Oberfläche bedingte Erscheinung.* Die Moleküle prasseln fortgesetzt gegen die Wände. Jede Reflexion eines Moleküls bedeutet einen Kraftstoß ($\int F dt$) gegen die getroffene Wand. Die Gesamtheit dieser Stöße wirkt wie eine dauernd angreifende Kraft der Größe pA (A = Fläche der Wand). Die Wand kann nur in Ruhe bleiben, wenn auf sie eine gleich große, ins Innere des Gases gerichtete Kraft wirkt, erzeugt z. B. durch die Feder S.

9.8 Grundgleichung der kinetischen Gastheorie, Geschwindigkeit der Gasmoleküle

Die eben geschilderte Entstehung des Gasdrucks lässt sich quantitativ erfassen. Dazu bedarf es nur einer *Voraussetzung*: Alle N Moleküle sollen im zeitlichen Mittel die gleiche, vom Behältervolumen unabhängige kinetische Energie $E_{\text{kin}} = \frac{1}{2}mu^2$ besitzen. Dann gelangt man mit kurzer, gleich in Kleindruck folgender Rechnung zur Grundgleichung der kinetischen Gastheorie

$$p = \frac{1}{3}\varrho\overline{u^2} \quad \text{oder} \quad p = \frac{1}{3}\frac{\overline{u^2}}{V_s} \qquad (9.14)$$

(p = Druck, ϱ = Dichte und V_s = spezifisches Volumen des Gases, $\overline{u^2}$ = Mittelwert des Quadrates der Geschwindigkeit der Moleküle).

Herleitung
In Abb. 9.25 soll der Gasbehälter in seinem Volumen V insgesamt N Moleküle der Masse m enthalten. Also ist die Dichte des in ihm eingeschlos-

Abb. 9.25 Zur Herleitung des Gasdrucks eines Modellgases

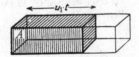

senen Modellgases

$$\varrho = \frac{Nm}{V} = \frac{M}{V}.$$ (9.15)

Wir wollen den Druck gegen die linke Seitenwand des Behälters (Fläche A) berechnen. Ein Molekül der Geschwindigkeit u_1 durchläuft in der Zeit t einen Weg $s = u_1 t$. Infolgedessen können innerhalb der Zeit t nur solche Moleküle die linke Seitenwand erreichen, die sich innerhalb des schraffierten Behälterabschnittes vom Volumen $As = Au_1 t$ befinden. Im ganzen Volumen befinden sich N_1 Moleküle mit der Geschwindigkeit u_1, folglich in dem kleineren schraffierten Teil nur eine Anzahl $Au_1 t N_1 / V$. Die Moleküle fliegen ungeordnet. Sie bevorzugen keine der sechs Richtungen des Raumes. Daher fliegt nur 1/6 von ihnen in die nach A weisende Richtung. Folglich werden von den Molekülen des schraffierten Bereiches innerhalb der Zeit t nur 1/6 auf die Fläche A aufprasseln, also $\frac{1}{6}\frac{N_1}{V}Au_1 t$ Moleküle. Zur Vereinfachung der Rechnung sollen diese Moleküle senkrecht auf die Wand auftreffen. Dann erteilt *jedes einzelne* dieser Moleküle der Wand einen Kraftstoß $\int F_1 \mathrm{d}t = 2mu_1$ (Abschn. 5.5), denn der Stoß erfolgt *elastisch*. Die Summe aller dieser Kraftstöße innerhalb der Zeit t ist

$$2mu_1 \frac{1}{6}\frac{N_1}{V}Au_1 t = \frac{1}{3}\frac{N_1 m}{V}Au_1^2 t.$$ (9.16)

Diese Summe können wir durch einen Kraftstoß $F_1' t$ ersetzen, der während der Zeit t mit der *konstanten* Kraft F_1' wirkt. Daraus ergibt sich der von den N_1 Molekülen mit der Geschwindigkeit u_1 herrührende Druck

$$p_1 = \frac{F_1'}{A} = \frac{1}{3}\frac{N_1 m}{V}u_1^2.$$

Entsprechende Werte finden wir für den Druck p_2 der N_2 Moleküle mit der Geschwindigkeit u_2 und so fort. Schließlich addieren wir die Teildrücke $p_1, p_2, p_3 \ldots$ der $N_1, N_2, N_3 \ldots$ Moleküle mit den Geschwindigkeiten u_1, $u_2, u_3 \ldots$ Wir setzen $p = p_1 + p_2 + p_3 \ldots$ und $N = N_1 + N_2 + N_3 \ldots$ und bezeichnen mit $\overline{u^2}$ das arithmetische Mittel der Geschwindigkeitsquadrate, also

$$\overline{u^2} = \frac{(N_1 u_1^2 + N_2 u_2^2 + N_3 u_3^2 + \cdots)}{N}.$$

Dann erhalten wir

$$p = \frac{1}{3}\frac{Nm}{V}\overline{u^2}.$$ (9.17)

Laut Voraussetzung soll die kinetische Energie eines Moleküls im zeitlichen Mittel konstant sein und folglich auch $\overline{u^2}$, der Mittelwert des Geschwindigkeitsquadrates. Ferner ist $Nm = M$, d. h. gleich der Masse der eingesperrten Gasmenge, und $Nm/V = M/V = \varrho$, also gleich der Dichte des Gases. Damit ergibt sich aus Gl. (9.17)

$$p = \varrho \cdot \mathrm{const}$$ (9.12)

Das heißt, das einfache Modell führt quantitativ auf das BOYLE-MARIOTTE'sche Gesetz! Die Konstante folgt ebenfalls aus Gl. (9.17), man erhält die oben stehende Gl. (9.14) (A.K. KRÖNIG, 1856, Gymnasiallehrer in Berlin).

Gl. (9.14) ermöglicht es, die quadratisch gemittelte Geschwindigkeit der Gasmoleküle, definiert als $u_{rms} = \sqrt{\overline{u^2}}$, aus zusammengehörigen Werten von Druck p und Dichte ϱ zu berechnen. Für Zimmerluft gilt z. B.

$$p \approx 10^5 \, Pa, \quad \varrho \approx 1,3 \, kg/m^3 \,.$$

Einsetzen dieser Werte in Gl. (9.14) ergibt als Geschwindigkeit der Luftmoleküle bei Zimmertemperatur $u_{rms} = 480 \, m/s$. Ebenso finden wir für Wasserstoff von Zimmertemperatur eine Molekülgeschwindigkeit $u_{rms} \approx 2 \, km/s$. Der Größenordnung nach ist diese Rechnung sicher einwandfrei. Wie betont ergibt sie Mittelwerte. Die wahren Geschwindigkeiten der Moleküle gruppieren sich in weitem Spielraum um sie herum (Näheres in Abschn. 16.3).

9.9 Die Lufthülle der Erde, der Luftdruck in Schauversuchen

Die Luft verteilt sich ebenso wie unser Modellgas in jedem sich ihr darbietenden Raum. Ihr fehlt der durch eine Oberfläche gegebene Zusammenhang. Wie kann da unserer Erde die Lufthülle, die Atmosphäre, erhalten bleiben? Warum fliegen die Luftmoleküle nicht in den Weltraum hinaus? – Antwort: Wie alle Körper werden auch die Luftmoleküle durch ihr *Gewicht* zum Erdmittelpunkt hingezogen. Für jedes Luftmolekül gilt das Gleiche wie für ein Geschoss (Abschn. 4.9): Zum Verlassen der Erde ist eine Geschwindigkeit von mindestens 11,2 km/s erforderlich. Die *mittlere* Geschwindigkeit der Luftmoleküle bleibt weit hinter diesem Grenzwert zurück. Infolgedessen wird die ganz überwiegende Mehrzahl aller Luftmoleküle durch ihr Gewicht an die Erde gefesselt.

Ohne ihre *Wärmebewegung* würden sämtliche Luftmoleküle wie Steine auf die Erde herunterfallen und – beiläufig erwähnt – auf dem Boden eine Schicht von rund 10 m Dicke bilden. Ohne ihr *Gewicht* würden sie die Erde sofort auf Nimmerwiedersehen verlassen. Der Wettstreit zwischen Wärmebewegung und Gewicht hält jedoch die Luftmoleküle schwebend und führt zur Ausbildung der freien Lufthülle, der Atmosphäre. Die feste Erdoberfläche verhindert ihre Annäherung an den Erdmittelpunkt. Folglich hat die Erdoberfläche das volle *Gewicht* der in der Atmosphäre enthaltenen Luft zu tragen. Der Quotient Gewicht durch Bodenfläche ergibt den normalen *Schweredruck der Luft, kurz Luftdruck* genannt. Er beträgt ungefähr 1000 hPa $= 10^5$ Pa (das entspricht dem Schweredruck am Boden einer 76 cm hohen Quecksilbersäule).

„Wir Menschen führen ein Tiefseeleben auf dem Boden des riesigen Luftozeans." Heutigentags weiß das jedes Schulkind. Die vor wenigen Jahrhunderten sensationellen Versuche zum Nachweis ei-

„Heutigentags weiß das jedes Schulkind."

Videofilm 9.8:
„Magdeburger Halbku-
geln"
http://tiny.cc/5aikdy
Ausschnitt aus einem Vor-
trag von G. Beuermann
(http://lichtenberg.physik.
uni-goettingen.de)

Abb. 9.26 Zwei Magdeburger Halbkugeln werden von 8 (nicht 16!) Pferden auseinandergerissen (**Videofilm 9.8**)

K9.17. POHL erwähnt häufig
die Schulphysik. Das lässt
erkennen, welches Maß an
Vorkenntnissen zu seiner Zeit
erwartet wurde, und zwar von
allen Studenten. Seine Vorlesung wandte sich ja nicht nur
an Physiker, sondern auch an
alle Nebenfach-Hörer ein-
schließlich der Mediziner.
Damit wird eine Problema-
tik deutlich, mit der heutige
Physik-Dozenten fertig werden müssen, nämlich der
schulisch bedingten oft sehr
unterschiedlichen Kenntnisse
physikalischen Elementar-
wissens, selbst bei Studenten
der Naturwissenschaften.

„Denn schon damals war
Kraft = Gegenkraft."

nes „Luftdrucks" gehören heute zur elementarsten Schulphysik.[K9.17]
Trotzdem beschreiben wir aus historischer Pietät noch einen klassischen Schauversuch. Der Magdeburger Bürgermeister OTTO VON
GUERICKE[6] (1602–1686) hat zwei kupferne Halbkugeln von 42 cm
Durchmesser mit einer gefetteten Lederdichtung aufeinandergesetzt
und die Luft durch einen Ansatzstutzen herausgesaugt. Dann press-
te der Luftdruck die Halbkugeln fest aufeinander. Wir berechnen
die Kraft als Produkt von Kugelquerschnittsfläche ($A \approx 1400\,\mathrm{cm^2}$)
und Luftdruck ($p \approx 10^5\,\mathrm{N/m^2}$): $F = 1{,}4 \cdot 10^4\,\mathrm{N}$. Daher brauchte
GUERICKE 8 Pferde, um die Halbkugeln voneinander zu trennen.
Der in Abb. 9.26 stark verkleinert abgedruckte Holzschnitt zeigt eine
Vorführung dieses berühmten Versuches. Das Bild zeigt sogar 16
statt 8 Pferde. Das war natürlich ein auf Laienzuschauer berechne-
ter Bluff. 8 der Pferde hätten sich sehr gut durch eine feste Wand
ersetzen lassen. Denn schon damals war Kraft = Gegenkraft.

Heute führen die Magdeburger Halbkugeln in einer Kümmerform ein be-
scheidenes, aber nützliches Dasein. Es sind die bekannten, aus Glastopf,
Gummiring und Glasdeckel bestehenden Einmachgläser. Man macht sie
nicht mit einer Pumpe luftleer, sondern verdrängt die Luft durch heißen
Wasserdampf (anaerobe Bakterien!). Nach Abkühlung und Kondensation
des Wasserdampfes entsteht ein „Vakuum".

Im Elementarunterricht führt man häufig auch den bekannten *Flüs-*
sigkeitsheber als eine Wirkung des Luftdrucks vor. Das ist jedoch nur
sehr bedingt zutreffend. *Das Prinzip des Hebers hat nichts mit dem*
Luftdruck zu tun. Es wird durch Abb. 9.27 erläutert. Eine Kette hängt
über einer reibungslosen Rolle. Beide Enden liegen zusammengerollt
in je einem Glas. Beim Heben und Senken eines der Gläser läuft die
Kette jedesmal in das tiefer gelegene hinab. Sie wird durch das Gewicht des überhängenden Endes *H* gezogen.

---

[6] Ein guter Auszug aus seinem Hauptwerk „Nova experimenta (ut vocantur)
Magdeburgica" ist 1912 im Verlag von R. Voigtländer, Leipzig, in deutscher Übersetzung erschienen. Kein angehender Physiker sollte die Lektüre dieses Buches
versäumen. Die Experimentierkunst GUERICKES und seine einfachste Klarheit
erstrebende Darstellungsweise sind vorbildlich.

Abb. 9.27 Kettenheber

Abb. 9.28 *Links:* Ein Flüssig-
keitsheber läuft im Vakuum.
Rechts: Eine Belastung der
Flüssigkeitsspiegel hält auch
Gasblasen enthaltende Flüssig-
keitsfäden zusammen.

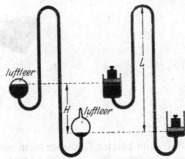

Genau das Gleiche gilt für Flüssigkeiten. Denn auch Flüssigkeiten
haben ebenso wie feste Körper eine Zerreißfestigkeit (Abschn. 9.5).
Infolgedessen läuft ein Wasserheber ganz einwandfrei im Vakuum,
wenn an den Rohrwänden keine noch sichtbaren Gasblasen sitzen.
Ein solcher Vakuumheber ist in Abb. 9.28 links dargestellt. Das über-
hängende Ende des Wasserfadens ist durch die Länge H markiert.
*Grundsätzlich arbeitet also auch ein Flüssigkeitsheber vollständig
ohne den Luftdruck.*

Die Flüssigkeiten im täglichen Leben, vor allem also Wasser, sind
aber nie frei von kleinen Luftblasen. Infolgedessen reißen bei ge-
wöhnlichem lufthaltigem Wasser die Wasserfäden auseinander. Diese
Schwierigkeit lässt sich dadurch beheben, dass man die Flüssigkeitsspiegel beiderseits gleich belastet, z. B. im Prinzip mithilfe reibungslos beweglicher Kolben, Abb. 9.28 rechts. Praktisch erhält man die
Belastungen am einfachsten mit dem Druck der Erdatmosphäre. Er
vermag Wasserfäden der Länge $L \approx 10$ m selbst dann noch zusam-
menzuhalten, wenn einige Blasen den ganzen Rohrquerschnitt un-
terbrechen. 10 m sind allerdings nur wenige Prozent der Fadenlänge,
die der Zerreißfestigkeit gasfreien Wassers ($Z_{max} = 3{,}4$ N/mm^2) entspricht. Das zeigt recht deutlich, dass der Luftdruck beim Heber nur
eine bescheidene, wenn auch für die Technik wichtige Nebenrolle zu
spielen vermag.

Anders der *Gasheber.* Gase haben keine Zerreißfestigkeit. Im Gegensatz zu Flüssigkeiten können Gase für sich allein nie einen *Faden* bil-

Abb. 9.29 Gasheber, *rechts* Kohlendioxidflasche mit Reduzierventil und Schlauchleitung zum Füllen des Becherglases

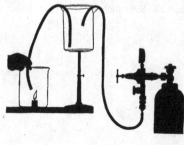

Abb. 9.30 Ein Strahl von Ätherdampf im Schattenbild

den. Darum können Gasheber nicht im Vakuum arbeiten. Abb. 9.29 zeigt einen Gasheber im Betrieb. Er lässt das unsichtbare Gas Kohlendioxid durch einen Schlauchheber aus dem oberen in das untere Becherglas überströmen. Die Ankunft des Gases im unteren Becherglas wird mit einer Kerzenflamme sichtbar gemacht. Das Kohlendioxid bringt die Flamme zum Verlöschen.

Mit dem Gasheber berühren wir eine bei vielen Schauversuchen nützliche Hilfsrolle unserer Atmosphäre: *Gase haben keine Oberfläche, aber die Anwesenheit der Atmosphäre schafft uns einen gewissen Ersatz!* An die Stelle der fehlenden Oberfläche tritt die *Diffusionsgrenze* des Gases gegen die umgebende Luft. Infolgedessen können wir beispielsweise Ätherdampf ebenso handhaben wie eine Flüssigkeit. Wir neigen eine etwas Schwefeläther enthaltende Flasche. An ein Auslaufen der Flüssigkeit ist noch nicht zu denken. Wohl aber sehen wir den Ätherdampf wie einen Flüssigkeitsstrahl aus der Flasche abfließen. Der Strahl ist besonders gut im Schattenwurf sichtbar.

Wir können diesen Ätherdampf mit einem Becherglas auf einer ausgeglichenen Waage auffangen (Abb. 9.30). Das Becherglas füllt sich, und die Waage schlägt im Sinn von „schwer" aus. Denn Ätherdampf hat eine größere Dichte als die aus dem Becher verdrängte Luft. Nach Schluss des Versuches entleeren wir das Gefäß durch Umkippen. Wieder sehen wir den Ätherdampf wie einen breiten Flüssigkeitsstrahl auslaufen und zu Boden fallen.

Teil I

9.10 Druckverteilung der Gase im Schwerefeld, barometrische Höhenformel

Bisher haben wir nur den Schweredruck der Luft am Erdboden behandelt. Er ist in Meereshöhe, von geringen Änderungen durch die Wetterlage abgesehen, praktisch konstant gleich 10^3 hPa. Er ist ebenso groß wie der Wasserdruck am Boden eines Teiches von 10,33 m Wassertiefe.

In jeder Flüssigkeit nimmt der Druck beim Übergang vom Boden zu höheren Schichten ab. Bei Flüssigkeiten erfolgt diese Druckabnahme *linear*. In Wasser sinkt der Druck beispielsweise je Meter Anstieg um etwa 100 hPa (Abb. 9.31). Grund: Die unteren Schichten werden nicht merklich durch das Gewicht der auf ihnen lastenden oberen Schichten zusammengedrückt. Daher liefert jede Wasserschicht der Dicke dh einen *gleichen* Beitrag d$p = -\varrho g$dh zum Gesamtdruck.

Ganz anders in Gasen. Gase sind stark kompressibel. Die unteren Schichten werden durch das Gewicht der oberen zusammengedrückt. Die Dichte ϱ jeder einzelnen Schicht ist proportional zu dem in ihr herrschenden Druck p. Wir haben

$$\frac{\varrho}{\varrho_0} = \frac{p}{p_0} \quad \text{oder} \quad \varrho = \varrho_0 \frac{p}{p_0}. \tag{9.18}$$

Dabei ist ϱ_0 die Dichte des Gases für den normalen Luftdruck p_0. Demnach ist der Druckbeitrag jeder einzelnen Gasschicht der vertikal gemessenen Dicke dh

$$\mathrm{d}p = -\varrho_0 \frac{p}{p_0} g \mathrm{d}h \tag{9.19}$$

$$(g = 9,81 \text{ m/s}^2).$$

Abb. 9.31 Verteilung des Schweredrucks in Wasser

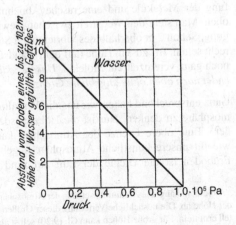

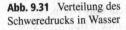

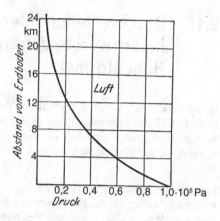

Abb. 9.32 Verteilung des Schweredrucks in Luft bei einer einheitlichen Temperatur von 0 °C

Das ergibt bis zur Höhe h integriert

$$p_h = p_0 e^{-\frac{\varrho_0 g h}{p_0}} = p_0 e^{-\text{const}\cdot h} \qquad (9.20)$$

Durch Einsetzen der für eine Temperatur von 0 °C geltenden Größen erhält man für den Luftdruck in der Höhe h

$$p_h = p_0 e^{-\frac{0{,}127 h}{\text{km}}} .$$

Diese *barometrische Höhenformel* ist graphisch in Abb. 9.32 dargestellt. Es ist ein Gegenstück zu der in Abb. 9.31 dargestellten Verteilung des Schweredrucks in Wasser.

Den Sinn dieser „barometrischen Höhenformel" erlaubt unser Modellgas mit Stahlkugeln sehr anschaulich klarzumachen. Zu diesem Zweck stellen wir den aus Abb. 9.24 bekannten Apparat vertikal und betrachten ihn in intermittierendem Licht. Man erhält dann auf dem Projektionsschirm wechselnde Momentbilder der in Abb. 9.33 wiedergegebenen Art. Man sieht in den untersten Schichten eine Häufung der Moleküle und eine rasche Abnahme beim Anstieg nach oben. Man sieht den Wettstreit zwischen Gewicht und Wärmebewegung. Schon 2 m oberhalb des vibrierenden Stempels sind Moleküle recht selten. Bis zu 3 m Höhe (auf dem Wandschirm!) verirrt sich nur noch ganz vereinzelt ein Molekül. *Unsere „künstliche Atmosphäre" endet nach oben ohne angebbare Grenze.*

Ganz entsprechend haben wir uns die Verhältnisse in unserer Erdatmosphäre zu denken. Nur ist die Höhenausdehnung erheblich größer[7]. Eine obere Grenze der Atmosphäre kann man ebensowenig wie für unsere künstliche Atmosphäre angeben. 5,4 km über dem Erdboden ist die Dichte der Luft auf rund die Hälfte gesunken

---

[7] Außerdem hängt die Zusammensetzung der Atmosphäre und die Temperatur von der Höhe ab. Die tatsächliche Verteilung dieser Größen lässt sich nur experimentell ermitteln. Für große Höhen kann Gl. (9.20) selbst als Näherung versagen.

Abb. 9.33 Momentbild eines Stahlkugelmodellgases zur Veranschaulichung der barometrischen Höhenformel (Belichtungszeit $\approx 10^{-5}$ s) **(Videofilm 9.7)**

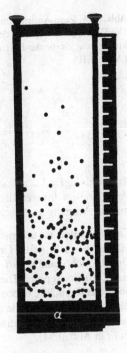

Videofilm 9.7:
„Modellgas und barometrische Dichteverteilung"
http://tiny.cc/gaikdy

($e^{-0,69} = 0,5$), in rund 11 km auf 1/4 usw. (Abb. 9.32). Aber selbst in mehreren 100 km oberhalb des Erdbodens treiben sich noch immer Gasmoleküle unserer Atmosphäre herum.[K9.18] Denn noch in diesen Höhen beobachtet man das Aufleuchten von Meteoriten. Diese geraten beim Eindringen in die Atmosphäre ins Glühen. Auch Nordlichter werden schon in ähnlichen Höhen gefunden. Sie entstehen durch das Eindringen elektrischer Korpuskularstrahlen von der Sonne in unsere Atmosphäre.

Zum Schluss fügen wir unserer künstlichen Atmosphäre noch einige größere Körper, z. B. Holzsplitter, hinzu. Sie markieren uns Staub in der Luft. Wir sehen den Staub in lebhafter „BROWN'scher Molekularbewegung" herumtanzen. Doch treibt er sich stets nahe dem „Erdboden" herum. Denn das Gewicht eines Holzteilchens ist viel größer als das eines Stahlkugelmoleküls.

„Aber selbst in mehreren 100 km oberhalb des Erdbodens treiben sich noch immer Gasmoleküle unserer Atmosphäre herum."

K9.18. Tatsächlich gilt das Exponentialgesetz gut bis zu einer Höhe von ca. 100 km, wo der Druck auf etwa 0,03 Pa abgesunken ist bei einer Anzahldichte der Moleküle von etwa $10^{19}/m^3$. In noch größeren Höhen nimmt der Druck dann langsamer ab. In 300 km Höhe ist er ungefähr 10^{-5} Pa bei einer Anzahldichte der Größenordnung $10^{15}/m^3$ (CRC Handbook, 83. Ausgabe (2002), S. 14–19).

9.11 Der statische Auftrieb in Gasen

Nach den Ergebnissen des vorigen Abschnitts nimmt ebenso wie in Flüssigkeiten auch in Gasen der Schweredruck nach oben hin ab. Daher gibt es auch in Gasen einen „Auftrieb". Als Beispiel wollen wir uns die Wirkungsweise des Freiballons klarmachen. Ein solcher Ballon ist in Abb. 9.34 schematisch gezeichnet.

Formal kann man wieder den in Abschn. 9.4 hergeleiteten Satz anwenden: Der Auftrieb des Ballons ist gleich dem Gewicht der von

Abb. 9.34 Zum Auftrieb eines Freiballons. Die Dichte ϱ_0 (Gl. (9.20)) des Füllgases muss kleiner sein als die der Luft. (Vgl. Abb. 9.12) (Aufg. 9.10)

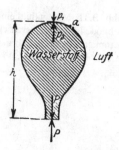

ihm verdrängten Luft. Doch macht man sich zweckmäßig die Druckverteilung im Inneren der Ballonhülle klar. Dadurch gewinnt auch hier der Vorgang an Anschaulichkeit:

Ein Freiballon ist unten offen. An der Grenzschicht von Luft und Füllgas herrscht keine Druckdifferenz. Selbstverständlich ist diese Grenze nicht ganz scharf. Sie ist zwischen zwei Gasen ja lediglich eine Diffusionsgrenze. Die wirksame Druckdifferenz lässt sich in der oberen Ballonhälfte beobachten. Dort ist der Druck des Füllgases an der Innenfläche der Hülle größer als der Druck der Luft an deren Außenfläche. Dort bringt man auch das Entleerungsventil des Ballons an (*a* in Abb. 9.34).

Die aufwärts gerichtete, an der Ballonhülle angreifende Kraft ist proportional zur Dichtedifferenz zwischen Luft und Füllgas. Mit steigender Höhe nehmen beide Dichten ab. Für das Füllgas erfolgt diese Abnahme beim unprallen Ballon unter allmählicher Aufblähung der unteren Teile. Beim Überschreiten der Prallgrenze entweicht das Füllgas aus der unteren Öffnung. Mit sinkendem Wert der Dichten nimmt auch der Betrag ihrer *Differenz* ab. Bei einem bestimmten Grenzwert der Dichte wird die aufwärts gerichtete Kraft gleich dem Gewicht, und in diesem Fall schwebt der Ballon in konstanter Höhenlage. Weiteres Steigen verlangt Verminderung des Gewichtes, also Ballastabgabe.

Die gleiche Druckverteilung wie im Freiballon haben wir in den Gasleitungen unserer Wohnhäuser. Diese sind, wie der Freiballon, von der Luft umgeben. Normalerweise soll das Gas in den Rohrleitungen unter einem gewissen Stempeldruck stehen. Gelegentlich ist aber dieser Druck zu gering. Dann „will" das Gas aus einem Hahn im Keller nicht ausströmen. Im vierten Stock des Hauses aber merkt man nichts von der Störung. Einem dort oben geöffneten Hahn entströmt das Gas noch als kräftiger Strahl.

Diese Verhältnisse lassen sich mit einem Schauversuch vorführen: Abb. 9.35 zeigt das Rohrsystem als ein Glasrohr. Dieses Glasrohr trägt an beiden Enden eine kleine Brenneröffnung. Die rechte Brennstelle soll 10 cm tiefer liegen als die linke. Durch einen beliebigen Ansatzstutzen führt man diesem Rohr Erdgas (vorwiegend CH_4) zu, drosselt aber den Zufluss mit einem Hahn. Dann kann man an der oben befindlichen Öffnung *a* leicht ein Flämmchen entzünden, nicht hingegen an der gleich großen unteren Öffnung *b*. Bei der unteren Öffnung *b* herrscht zwischen Luft und Erdgas keine Druckdiffe-

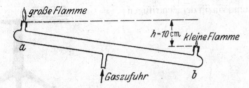

K9.19. U. Behn, Phil. Mag. 13, 607 (1907).

Videofilm 9.9: „BEHN'sches Rohr" http://tiny.cc/bbikdy

Abb. 9.35 Mit wachsender Höhe sinkt der Schweredruck von Erdgas langsamer als der von Luft (BEHN'sches Rohr)[K9.19] **(Videofilm 9.9)** (Aufg. 9.11)

renz. 10 cm höher ist jedoch schon eine merkliche Druckdifferenz vorhanden. Man kann eine hell leuchtende Flamme erhalten. Bei waagerechter Lage des Glasrohres lassen sich an beiden Öffnungen Flammen gleicher Brennhöhe entzünden. Bei umgekehrter Schräglage kann nur bei *b* eine Flamme brennen. Die Anordnung ist also erstaunlich empfindlich. Sie zeigt nicht etwa die Abnahme des Luftdrucks mit der Höhe. Sie zeigt nur die *Differenz* in der Abnahme des Schweredrucks in einer Luft- und einer Erdgasatmosphäre.

Endlich erwähnen wir in diesem Zusammenhang die Schornsteine unserer Wohnhäuser und Fabriken. Sie enthalten in ihrem Inneren warme Luft geringerer Dichte als die der umgebenden Atmosphäre. Je höher der Schornstein, desto größer die Druckdifferenz an seiner unteren Öffnung, desto besser der „Zug". (Aufg. 9.9)

9.12 Gase und Flüssigkeiten in beschleunigten Bezugssystemen

Nach den ausführlichen Darlegungen des 7. Kapitels können wir uns hier kurzfassen. Wir bringen zunächst etliche Beispiele für ein radial beschleunigtes Bezugssystem. Wir lassen also in diesem ganzen Abschnitt einen Beobachter auf einem Karussell oder Drehstuhl sprechen. Der Drehstuhl soll wieder von oben gesehen gegen den Uhrzeiger kreisen.

1. *Statischer Auftrieb durch Zentrifugalkraft. Prinzip der technischen Zentrifugen.* Auf dem Karussell liegt in radialer Richtung ein horizontaler, allseitig verschlossener, mit Wasser gefüllter Kasten (Abb. 9.36). Unter seinem Deckel schwimmt eine Kugel, ihre Dichte ist also kleiner als die des Wassers. Bei Drehung des Karussells läuft die Kugel auf die Drehachse zu. Umgekehrt läuft eine auf dem Boden des Kastens liegende Kugel größerer Dichte zur Peripherie.[K9.20]

Deutung: Das Gewicht der Kugeln und ihr Auftrieb durch das Gewicht des Wassers sind durch den Boden und den Deckel des Kastens, die CORIOLIS-Kräfte durch seine *seitlichen* Wände ausgeschaltet. Es verbleiben nur die Zentrifugalkräfte. Diese wirken innerhalb des *horizontalen* Kastens genauso wie das Gewicht innerhalb eines *vertikalen* Kastens. Für die Zentrifugalkräfte ist die Drehachse „oben",

K9.20. Ein weiteres Beispiel für den Auftrieb in einem beschleunigten Bezugssystem ist ein Kinderballon in einem Flugzeug beim Start oder bei der Landung.

Abb. 9.36 Zum Prinzip der Zentrifugen

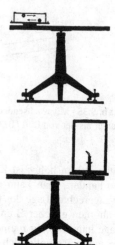

Abb. 9.37 Eine Flamme unter dem Einfluss von Trägheitskräften

der Rand des Karussells „unten". Ein Körper in der Flüssigkeit erfährt einen Auftrieb nach „oben", also zur Drehachse hin. Dieser Auftrieb kann größer oder kleiner sein als die am Körper angreifende Zentrifugalkraft. Beim Überwiegen der letzteren bewegt sich der Körper zum Rand, d. h. bildlich, „er sinkt zu Boden". Beim Überwiegen des Auftriebs gilt das Umgekehrte.

Dieser statische Auftrieb in radial beschleunigten Flüssigkeiten bildet die Grundlage technischer Zentrifugen, z. B. zur Trennung von Butterfett und Milch. Das Fett bewegt sich wegen seiner geringen Dichte zur Drehachse. (vgl. Abschn. 16.6 Schluss.)

2. *Ablenkung und Krümmung einer Kerzenflamme durch Zentrifugal- und* CORIOLIS-*Kräfte.* Auf dem Karussell steht, sorgsam gegen alle Zugluft geschützt, eine Kerzenflamme in einem großen Glaskasten. Die Flamme neigt sich der Drehachse zu (Abb. 9.37). Außerdem bekommt sie, von oben betrachtet, eine Rechtskrümmung.

Deutung: Die Vektoraddition von Gewicht und Zentrifugalkraft führt zu einer schräg nach *unten-außen* gerichteten Kraft. Die Flammengase haben eine geringere Dichte als Luft, folglich treibt der *Auftrieb* sie schräg nach *innen-oben*. Dieser Auftrieb erteilt den Flammengasen eine *Geschwindigkeit*, und folglich gesellen sich den Zentrifugalkräften CORIOLIS-Kräfte hinzu. Sie krümmen den Flammenstrahl nach rechts.

3. *Radialer Umlauf in Flüssigkeiten bei verschiedenen Winkelgeschwindigkeiten ihrer einzelnen Schichten.* In die Mitte unseres Drehtisches stellen wir eine flache, mit Wasser gefüllte Schale (Abb. 9.38). Dann erteilen wir dem Drehtisch eine konstante Winkelgeschwindigkeit und beobachten die langsame Einstellung des stationären Zustandes. Das Wasser bekommt, durch Reibung mitgenommen, erst allmählich eine Winkelgeschwindigkeit, und zwar zunächst in der Nähe des Bodens und der Seitenwand. Infolgedessen können zunächst nur bodennahe Wasserteilchen u, durch die

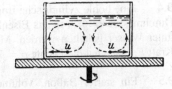

Abb. 9.38 Radialer Umlauf in einer
Flüssigkeitsschale

Zentrifugalkraft (dicke Pfeile) getrieben, zum Rand strömen. Diese
Strömung setzt den gestrichelten Umlauf in Gang. Man kann ihn
bequem mit einigen Papierschnitzeln auf dem Boden nachweisen.

Nach einiger Zeit erhalten auch die oberen Teilchen eine Winkelgeschwindigkeit, und dann strömen auch sie zur Außenwand. Dadurch wird
der gestrichelte Umlauf verlangsamt, der Wasserspiegel sinkt in der Mitte
und steigt am Rand, bis endlich die stationäre Parabelform erreicht ist (s.
Abb. 9.2 und 9.3).

Eine Umkehr des Versuches ist bekannt. In einer Teetasse erteilt der
umrührende Löffel anfänglich dem gesamten Tasseninhalt die gleiche Winkelgeschwindigkeit. Aber der ruhende Tassenboden vermindert sofort nach Schluss des Rührens die Winkelgeschwindigkeit der
unteren Flüssigkeitsschichten. Es beginnt ein radialer Umlauf, jedoch
diesmal entgegen dem Sinn der Abb. 9.38. Er führt die auf dem Boden liegenden Teeblätter zur Mitte.

Mit dem Umlauf des Wassers haben wir bereits das Gebiet der ruhenden Flüssigkeiten und Gase verlassen. Er bildet schon den Übergang
zum folgenden Kapitel: Bewegungen in Flüssigkeiten und Gasen.

Aufgaben

9.1 Die zwei Zylinder einer hydraulischen Presse haben die
Durchmesser $d_1 = 4\,\text{cm}$ und $d_2 = 75\,\text{cm}$. Eine Kraft $F_1 = 10^{-1}\,\text{N}$
wirkt auf den kleineren Zylinder. Man bestimme die Kraft F_2, die auf
den größeren Zylinder wirken muss, um Gleichgewicht zu erhalten.
(Abschn. 9.3)

9.2 Der kleine Kolben einer hydraulischen Presse hat die Querschnittsfläche A_1, der große die Querschnittsfläche A_2. Das kurze
Ende eines Hebels ist mit dem kleinen Kolben verbunden. Am zehn-
mal längeren Ende des anderen Hebelarms greift die Kraft $F_1 =$
$200\,\text{N}$ an. Man bestimme die Fläche A_2, wenn diese einen Klotz mit
der Masse $10^3\,\text{kg}$ tragen soll. (Abschn. 9.3)

9.3 Man bestimme den Auftrieb F, den eine Bleikugel mit dem
Durchmesser d in Wasser erfährt. (Abschn. 9.4)

9.4 Eine hohle zylindrische Boje der Höhe $l = 2\,\text{m}$ und mit dem Durchmesser $2r = 1\,\text{m}$ aus Eisenblech der Dicke $d = 0{,}5\,\text{cm}$ soll unter Wasser gehalten werden. Man bestimme die dazu benötigte Kraft F. Eisen hat die Dichte $\varrho = 7{,}8\,\text{g/cm}^3$. (Abschn. 9.4)

9.5 Ein starrer Ballon, Volumen $1000\,\text{m}^3$, ist mit Wasserstoff gefüllt. Die Masse der leeren Ballonhülle und des Korbes ist $m = 200\,\text{kg}$. Man bestimme die Kraft F, die benötigt wird, um den Ballon am Boden zu halten. (Dichten: Luft: $1{,}3\,\text{kg/m}^3$, Wasserstoff: $0{,}09\,\text{kg/m}^3$.) (Abschn. 9.4)

9.6 Ein mit Wasserstoff gefüllter, verschlossener starrer Ballon mit dem Volumen 10 Liter hängt an einer Waage, die eine Masse von 7 g (Gewicht 0,0687 N) anzeigt, bei einem Luftdruck von $1{,}013 \cdot 10^5\,\text{Pa}$ (= 1 bar). Welche Masse m wird die Waage anzeigen, wenn der Luftdruck bei gleichbleibender Temperatur um 2,6 % auf $0{,}986 \cdot 10^5\,\text{Pa}$ abnimmt? (Die Dichte bei dem höheren Druck ist $\varrho = 1{,}3\,\text{kg/m}^3$.) (Abschn. 9.4)

9.7 Man vergleiche die Energie, die nötig ist, um ein Wassermolekül aus dem Inneren der flüssigen Phase an die Oberfläche zu bringen (Oberflächenarbeit), mit der Energie, die nötig ist, um das Molekül aus der Flüssigkeit in die Gasphase zu bringen, es also zu verdampfen. Die spezifische Verdampfungswärme (s. Abschn. 13.4) für Wasser ist $r = 2{,}5 \cdot 10^6\,\text{W s/kg}$ (Abb. 14.3), die Anzahldichte der Wassermoleküle in der flüssigen Phase ist $N_V = 3{,}3 \cdot 10^{22}\,\text{cm}^{-3}$. (Abschn. 9.5)

9.8 Im Videofilm 9.6, „Vereinigung von Hg-Tropfen" bestimme man die Anzahl $N(t)$ der Tropfen als Funktion der Zeit. Man zeige, dass $N(t)$ eine Exponentialfunktion ist und bestimme die mittlere Lebensdauer τ (man beachte, dass im Videofilm die Flüssigkeit nicht Alkohol, wie im Text angegeben, sondern Wasser ist). (Abschn. 9.5)

9.9 In einem Schornstein der Länge $l = 30\,\text{m}$ befindet sich Luft mit der Temperatur $t_k = 200\,°\text{C}$. Die Luft außerhalb des Schornsteins hat die Temperatur $t_a = 0\,°\text{C}$ und den Druck $p_a = 1{,}013 \cdot 10^5\,\text{Pa}$. Man berechne die Druckdifferenz $p_a - p_k$, wobei p_k der Druck im Inneren des Schornsteins am Boden ist. (Durch diese Druckdifferenz wird das Gas im Schornstein nach oben getrieben. Der Einfachheit halber soll in der Rechnung angenommen werden, dass das Gas im Schornstein auch Luft ist und dass Effekte, die durch die Strömung des Gases entstehen, vernachlässigbar sind.) Hinweis: Man entnehme der Abb. 9.23 den Wert der Konstante des BOYLE-MARIOTTE'schen Gesetzes (Gl. (9.13)) bei beiden Temperaturen. (Abschn. 9.6 und 9.11)

9.10 In Abb. 9.34 wird die aufwärts gerichtete Kraft, die den Freiballon nach oben zieht, durch den Unterschied zwischen der Abnahme des barometrischen Drucks der den Ballon umgebenden Luft und dem Füllgas im Inneren des Ballons erklärt. Man berechne diese Druckdifferenz ($p_2 - p_1$ in Abb. 9.34), und vergleiche die dadurch entstehende Kraft mit dem statischen Auftrieb (Abb. 9.12). Um die Rechnung zu vereinfachen, wähle man die Form des Ballons als einen Zylinder mit senkrechter Achse, dessen unterer Boden offen ist. Seine Querschnittsfläche sei A und seine Höhe h. Man vernachlässige das Gewicht des leeren Ballons. Hinweis: Man entwickle die e-Funktion in eine Reihe und breche nach dem 2. Glied ab. (Abschn. 9.11)

9.11 Wenn das BEHN'sche Rohr (Abb. 9.35) so weit gekippt wird, dass die untere Flamme fast erlischt, ist dort die Druckdifferenz zwischen Luft und Erdgas praktisch null, der Druck also $p_0 = 10^3$ hPa ($= 1$ bar). Man berechne die Druckdifferenz Δp zwischen dem Gas und der umgebenden Luft an der oberen Öffnung. Die Höhendifferenz sei $h = 0,1$ m und das Gas reines Methan (CH_4). Die Dichten von Luft und Methan sind $\varrho_{Luft} = 1,3$ kg/m^3 und $\varrho_{Methan} = 0,72$ kg/m^3 (das sind die Werte bei 0 °C, die wir hier der Einfachheit halber verwenden wollen). (Abschn. 9.11)

Elektronisches Zusatzmaterial Die Online-Version dieses Kapitels (doi:10.1007/978-3-662-48663-4_9) enthält Zusatzmaterial, das für autorisierte Nutzer zugänglich ist.

Bewegungen in Flüssigkeiten und Gasen

10

10.1 Drei Vorbemerkungen

1. Zwischen Flüssigkeiten und Gasen besteht ein durch die Ausbildung der Oberfläche bedingter Unterschied. Trotzdem ließen sich die Erscheinungen in ruhenden Flüssigkeiten und Gasen in vielem gleichartig behandeln. – Bei der Bewegung in Flüssigkeiten und Gasen kann man in der einheitlichen Behandlung noch weiter gehen. Bis zu Geschwindigkeiten von etwa 70 m/s kann man beispielsweise Luft getrost als eine nicht kompressible Flüssigkeit betrachten, denn diese Geschwindigkeit ist noch klein gegen die Schallgeschwindigkeit in Luft (340 m/s, vgl. Abschn. 14.10). *Wir werden in diesem Kapitel der Kürze halber das Wort Flüssigkeit als Sammelbegriff benutzen.*[K10.1] *Es soll Flüssigkeiten mit und ohne Oberfläche umfassen.*

2. Bei hohen Geschwindigkeiten werden die Gase zusammengedrückt, und dabei wird ihre *Temperatur* geändert. Vorgänge dieser Art lassen sich nicht ohne die Begriffe der Wärmelehre behandeln. Sie folgen daher erst in Abschn. 18.7.

3. In der Mechanik fester Körper werden die Bewegungen in den grundlegenden Experimenten zwar quantitativ durch Reibung mehr oder weniger gestört, aber nicht qualitativ geändert. Daher haben wir die Reibung anfänglich als eine Nebenerscheinung beiseitegelassen und erst in den Abschn. 8.9 und 8.10 quantitative Angaben über Reibung gebracht. – Bei der Bewegung von Flüssigkeiten und Gasen hingegen wird selbst der qualitative Ablauf der Erscheinungen ganz entscheidend durch die Reibung beeinflusst. Infolgedessen verfahren wir anders als bei den festen Körpern. Wir stellen eine quantitative Behandlung der Reibung an den Anfang und behandeln zunächst Bewegungen unter entscheidender Mitwirkung der Reibung.

K10.1. In der Literatur wird oft das Wort „Fluid" als Sammelbegriff für Flüssigkeiten und Gase verwendet.

© Springer-Verlag Berlin Heidelberg 2017
K. Lüders, R.O. Pohl (Hrsg.), *Pohls Einführung in die Physik*, DOI 10.1007/978-3-662-48663-4_10

10.2 Innere Reibung und Grenzschicht

Die Reibung zwischen festen Körpern, die *äußere* Reibung, ist physikalisch schlecht zu fassen. Die in Flüssigkeiten auftretende Reibung hingegen, die *innere* Reibung, ist ziemlich klar zu übersehen. Wir zeigen das Wesentliche mit zwei Versuchen.

In Abb. 10.1 wird ein flaches Blech B in einem mit Glyzerin gefüllten Glastrog langsam nach oben gezogen. Vor Beginn des Versuches war die untere Hälfte des Glyzerins bunt gefärbt (z. B. mit KMnO$_4$) und dadurch wenigstens *eine* horizontale Fläche sichtbar gemacht worden. Man denke sich durch passende Färbung noch etliche andere horizontale Flächen markiert. Während der Bewegung werden alle diese Flächen beiderseits der Platte innerhalb eines breiten Gebietes verzerrt. Man nennt ein solches Gebiet eine *Grenzschicht*. Ihre Dicke D nimmt während der Bewegung zu. Der innerste Teil einer Grenzschicht haftet am festen Körper, er bewegt sich mit dessen Geschwindigkeit u. Die nächsten, nach außen folgenden Teile werden ebenfalls in Bewegung gesetzt, doch wird die erteilte Geschwindigkeit mit wachsendem Abstand kleiner. Es besteht also in einer Grenzschicht ein Geschwindigkeitsgefälle $\partial u/\partial x$.

Ist bei einer Bewegung Reibung beteiligt, so braucht man eine Kraft nicht nur zur Beschleunigung bis zur Endgeschwindigkeit u, sondern auch zur Aufrechterhaltung dieser konstanten Endgeschwindigkeit u (Abschn. 5.11). In einfachen Fällen ist diese erforderliche Kraft F proportional zur Geschwindigkeit u, also

$$F = k\,u.\qquad(10.1)$$

Eine gleich große, der Geschwindigkeit u entgegengerichtete Kraft $F_2 = -F$ ist der Reibungswiderstand. Die Summe der beiden Kräfte $F + F_2$ ist gleich null und die Endgeschwindigkeit u daher konstant. Den Proportionalitätsfaktor k kann man unter geometrisch einfachen Verhältnissen als Formel angeben. Wir bringen hier und im nächsten Abschnitt einige Beispiele.

In Abb. 10.2 erreicht die Grenzschicht der aufwärts bewegten Platte die Trogwände, so dass schließlich deren Abstand x kleiner ist als die Dicke D, die die Grenzschicht bei größeren Trogabmessungen erreichen würde. In diesem Fall wird das Gefälle der Geschwindigkeit

Abb. 10.1 Zwischen den beiden *gestrichelten Linien* ist zu beiden Seiten einer bewegten Platte B je eine Grenzschicht der Dicke D entstanden (Momentaufnahme)

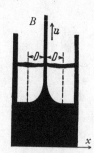

Abb. 10.2 Zur Definition der Zähigkeitskonstante η mit einer ebenen Strömung. Das heißt, die Strömung soll in allen zur Papierebene parallelen, also zur z-Richtung senkrechten Ebenen, den gleichen Verlauf haben.

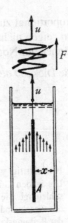

praktisch linear, es wird beiderseits durch Pfeile gleichmäßig abnehmender Länge angedeutet. Man findet, dass k proportional zu A und umgekehrt proportional zu x ist, also $k = \eta A/x$. Der Proportionalitätsfaktor η hängt von der jeweiligen Flüssigkeit ab, ist also eine Stoff-Konstante und wird als *Zähigkeitskonstante* oder *Viskositätskonstante* (meist kurz nur „Viskosität") bezeichnet (Tab. 10.1). Damit ergibt sich

$$F = ku = \eta \frac{A}{x} u. \qquad (10.2)$$

Die Reibung in Flüssigkeiten lässt sich mit dem *Schub* oder der *Scherung* in festen Körpern vergleichen. Man kann F/A als Schubspannung τ bezeichnen. Doch ist ein grundsätzlicher Unterschied vorhanden: Die Schubspannung wächst in festen Körpern mit zunehmender Verformung. Die innere Reibung in Flüssigkeiten hingegen ist

Tab. 10.1 Viskosität einiger Flüssigkeiten

Substanz	Temperatur in °C	Zähigkeitskonstante oder Viskosität η in N s/m^2
Luft	20	$1{,}7 \cdot 10^{-5}$
CO$_2$, flüssig	20	$7 \cdot 10^{-5}$
Benzol	20	$6{,}4 \cdot 10^{-4}$
Wasser	0	$1{,}8 \cdot 10^{-3}$
	20	$1{,}0 \cdot 10^{-3}$
	98	$0{,}3 \cdot 10^{-3}$
Quecksilber	−21,4	$1{,}9 \cdot 10^{-3}$
	0	$1{,}6 \cdot 10^{-3}$
	100	$1{,}2 \cdot 10^{-3}$
	300	$1{,}0 \cdot 10^{-3}$
Glyzerin	0	4,6
	20	$8{,}5 \cdot 10^{-1}$
Pech	20	10^7

proportional zur Verformungs*geschwindigkeit*. Ruhende Flüssigkeiten zeigen nichts mit einer Schubspannung Vergleichbares. In ihnen können nur Normalspannungen auftreten (Abschn. 9.2).

Die Dicke D der Grenzschicht lässt sich abschätzen. Man findet

$$D \approx \sqrt{\frac{\eta l}{\varrho u}} \qquad (10.3)$$

(l = Länge des Körpers, ϱ = Dichte der Flüssigkeit).

Herleitung

Die in den Grenzschichten enthaltene Flüssigkeit (Abb. 10.1) wird beschleunigt. Sie bekommt die kinetische Energie $E \approx \frac{1}{2}mu^2$ (wenn man die Geschwindigkeitsverteilung außer Acht lässt). Die beschleunigende, der Reibungskraft aus Gl. (10.2) entgegengesetzt gleiche Kraft F verrichtet längs des Weges l die Arbeit $W \approx \eta \frac{A}{D}ul$. Gleichsetzen von E und W ergibt

$$\frac{1}{2}mu = \eta \frac{A}{D} l.$$

Wir ersetzen die Masse m der beschleunigten Flüssigkeit durch das Produkt aus ihrem Volumen AD und ihrer Dichte ϱ und erhalten

$$\frac{1}{2}\varrho ADu = \frac{\eta Al}{D}$$

oder für die Dicke der Grenzschicht (mit dem Vorfaktor $\sqrt{2}$) die Gl. (10.3). – Zahlenbeispiel für Wasser: $\eta \approx 10^{-3}$ N s/m^2, $\varrho = 10^3$ kg/m^3, $l = 0,1$ m, $u = 10^{-2}$ m/s, $D \approx 3$ mm.

10.3 Laminare, unter entscheidender Mitwirkung der Reibung entstehende Flüssigkeitsbewegung

Die in Abb. 10.2 beobachtete Flüssigkeitsbewegung ist ein Beispiel einer „laminaren" Strömung. Sie ist allgemein durch eine zeitlich konstante Geschwindigkeitsverteilung gekennzeichnet und tritt bei genügend kleinen Geschwindigkeiten u auf. Wir bringen drei weitere Beispiele.

Zunächst soll die Flüssigkeit durch ein *enges Rohr* mit kreisförmigem Querschnitt der Länge l strömen. Aufgrund der Reibung variiert auch hier die Verteilung der Strömungsgeschwindigkeit. Sie ist am Rand des Rohres gleich null und wächst bis zur Rohrmitte auf ihren größten Wert an. Abb. 10.3 zeigt ein Beispiel. So wie die ebenen Flüssigkeitsschichten in Abb. 10.2 schieben sich im Rohr die koaxialen Flüssigkeitsschichten aneinander vorbei. Für die zur Überwindung des Reibungswiderstandes notwendige Kraft findet man hier

$$F = k u_{\mathrm{m}} = 8\pi \eta l u_{\mathrm{m}}. \qquad (10.4)$$

Abb. 10.3 Geschwindigkeitsverteilung bei laminarer Strömung durch ein Rohr, 6 mm × 6 mm lichte Weite[K10.2]

K10.2. In einem Rohr mit kreisförmigem Querschnitt und auch in einem aus zwei planparallelen Platten gebildeten Kanal wird im stationären Zustand ein parabelförmiges Geschwindigkeitsprofil erwartet (s. z. B. H. Schlichting, Grenzschicht-Theorie, Verlag G. Braun, Karlsruhe 1982, Kap. VI). Dieses zeigt sich in Abb. 10.3 nur näherungsweise. Eine denkbare Erklärung dafür kann die Schwierigkeit einer genauen Einstellung der Anfangsbedingungen der Strömung sein.

u_m bedeutet einen Mittelwert der Strömungsgeschwindigkeit, definiert mithilfe der Gleichungen

$$\text{Strömungsgeschwindigkeit } u_m = \frac{\text{Volumenstrom } \dot{V}}{\text{Querschnittsfläche des Rohres } \pi R^2}$$

und

$$\text{Volumenstrom } \dot{V} = \frac{\text{durch die Fläche } \pi R^2 \text{ fließendes Volumen } V}{\text{Flusszeit } t}.$$

Die Kraft F erzeugt man oft durch zwei ungleiche Drücke p_1 und p_2 an den Enden des Rohres. Es gilt dann $F = \pi R^2 (p_1 - p_2)$ und man erhält für den *Volumenstrom*

$$\dot{V} = \frac{\pi}{8} \frac{R^4}{\eta} \frac{p_1 - p_2}{l} \qquad (10.5)$$

K10.3. Entdeckt unabhängig voneinander von G. HAGEN (1797–1884), Königsberg, Ingenieur für Wasserbau (Poggendorff's Annalen der Physik und Chemie **46**, 423 (1839)), und von J.-L.-M. POISEUILLE (1799–1869), Paris, Arzt (Comptes Rendus des Séances de l'Académie des Sciences **11**, 961 u. 1041 (1840)).

Diese HAGEN-POISEUILLE'sche[K10.3] Gleichung spielt in der Physiologie unseres Kreislaufes eine bedeutsame Rolle.

Das Kapillarsystem eines Menschen hat eine Länge von $\approx 3 \cdot 10^4$ km (also die Größenordnung des Erdumfangs!). Steigerung der Muskelbetätigung verlangt eine Zunahme des Blutstromes $\dot{V}$. Das wird höchst wirksam durch eine Erweiterung der Kapillaren (R^4!) erreicht. Das erweiterte Rohrnetz muss nachgefüllt werden. Die erforderliche Blutmenge wird den *Blutspeichern* (im Splanchnikusgebiet) entnommen (vgl. H. REIN, Physiologie).[K10.4]

K10.4. POHL verweist hier auf das Physiologie-Buch von H. REIN, heute: R.F. Schmidt, G. Thews, F. Lang (Hrsg.), Physiologie des Menschen, Springer-Verlag, 28. Aufl. 2000, Kap. 24.

An zweiter Stelle ersetzen wir das Rohr durch einen sehr *flachen*, aus zwei ebenen Glasplatten gebildeten *Kanal* der Länge l (Breite der

K10.5. Zur Herleitung dieser Gleichung, wie auch der anderen Gleichungen in diesem Abschnitt, s. z. B.: A. Sommerfeld, Mechanik der deformierbaren Medien, Akademische Verlagsgesellschaft, Leipzig 1957.

Platten B, Plattenabstand d). In einem solchen lässt sich die Bahn einzelner Flüssigkeitsteilchen bequem sichtbar machen. Man färbt die Teilchen und bekommt das eindrucksvolle Bild der *Stromfäden* (Abb. 10.4). Quantitativ gilt[K10.5]

$$F = k\,u_{\mathrm{m}} = \eta 3 \frac{Bl}{d} u_{\mathrm{m}}. \qquad (10.6)$$

An dritter Stelle bringen wir in diese laminare Flüssigkeitsströmung ein kreisförmiges Hindernis. Die Stromfäden ergeben das in Abb. 10.5 wiedergegebene Bild. Räumlich ergänzt, veranschaulicht es die laminare *Umströmung einer Kugel* in einer Flüssigkeit (s. Abb. 5.21). Bewegt sich die Kugel (Radius R) genügend langsam mit der Geschwindigkeit u relativ zur Flüssigkeit, so gilt für die erforderliche Kraft die STOKES'sche Formel

$$F = k\,u = 6\pi\eta Ru \qquad (10.7)$$

Bei ruhender Flüssigkeit ist F z. B. das Gewicht der Kugel, vermindert um ihren statischen Auftrieb. Gl. (10.7) wird oft angewandt.

K10.6. Bei den Flüssigkeitsbewegungen im „Stromfädenapparat" (Abb. 10.4) handelt es sich um sog. HELE-SHAW-Strömungen, die in flachen Kanälen laminar und praktisch zweidimensional auftreten. Die damit erhaltenen „Stromfädenbilder" (Abb. 10.5 und später Abb. 10.10, 10.14, 10.16, 10.17 und 10.35) stimmen mit den Stromlinienbildern der Potentialströmung (d. h. der idealen reibungsfreien Strömung) überein. (s. z. B. H. Schlichting, Grenzschicht-Theorie, Verlag G. Braun, Karlsruhe 1982, Kap. VI)

Videofilm 10.1:
„Stromlinien-Modellversuche"
http://tiny.cc/icikdy

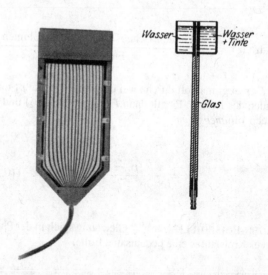

Abb. 10.4 Stromfädenapparat zur Vorführung ebener Strömungsfelder,[K10.6] links in Aufsicht und rechts im Längsschnitt. Die oberen Kammern stehen durch Löcher mit dem Inneren des flachen Kanals in Verbindung (Abstand der Glasplatten 1 mm). Die Löcher beider Kammern sind um den halben Lochabstand gegeneinander versetzt. – Zunächst werden beide Kammern mit Wasser gefüllt, dann der rechten etwas Tinte zugesetzt. – *Links* ein Beispiel für parallele Stromfäden. Bei Beobachtungen auf dem Wandschirm kann man die Strömung bequem horizontal verlaufen lassen. Zur Umlenkung des optischen Strahlenganges genügen zwei rechtwinklige Prismen. (**Videofilm 10.1**)

Abb. 10.5 Laminare Umströmung einer Kugel oder eines Zylinders (Fotografisches Positiv in Hellfeldbeleuchtung) **(Videofilm 10.1)**

Videofilm 10.1:
„Stromlinien-
Modellversuche"
http://tiny.cc/icikdy

Beispiele

1. Zur Messung der Zähigkeitskonstante η.
2. Zur Messung der Radien kleiner, in Luft schwebender Kugeln (Tröpfchen). Dies Verfahren ist manchmal bequemer als die mikroskopische Ausmessung.
3. Ohne den Reibungswiderstand ihrer winzigen Wassertropfen würden uns die Wolken auf den Kopf fallen. So aber sinken sie nur ganz langsam, unten verdunsten sie, und oben werden sie meistens wieder nachgebildet.

„Ohne den Reibungswiderstand ihrer winzigen Wassertropfen würden uns die Wolken auf den Kopf fallen."

10.4 Die REYNOLDS'sche Zahl

Die im vorigen Abschnitt beschriebenen Bewegungen erhält man nur bei hinreichend kleinen Geschwindigkeiten und/oder Abmessungen. Bei großen wird die Strömung turbulent. – Als *Turbulenz* bezeichnet man eine stark wirbelnde oder quirlende *Durchmischung der Flüssigkeit*[K10.7]. Man beobachtet sie am einfachsten mit einem gefärbten Wasserfaden in einem durchsichtigen Rohr. Abb. 10.6 zeigt eine solche Flüssigkeitsströmung vor und nach Einsatz der Turbulenz. Durch die turbulente Bewegung entsteht eine zusätzliche Zähigkeit, auch *Scheinzähigkeit* genannt, die die viskose Zähigkeit (Gl. (10.2)) um Größenordnungen übersteigt. Gl. (10.4) ist nicht mehr anwendbar, die erforderliche Kraft *F* steigt angenähert mit dem Quadrat der Geschwindigkeit.

K10.7. Siehe z. B. S.B. Pope, Turbulent Flows, Cambridge University Press 2000.

Sehr eindrucksvoll ist die Turbulenz eines Gasstrahles, der als „empfindliche Flamme" brennt (Abb. 10.7).

Allgemein bekannt ist die turbulente Bewegung in der Grenzschicht zwischen der Erde und der Atmosphäre. Man nennt sie dort *Wind*. Bei starker Turbulenz spricht man von *Böen*. Die Höhe der Grenzschicht kann etliche Kilometer betragen. Im *Schneetreiben* ist die Turbulenz besonders anschaulich.[1]

---

[1] Abends „schläft der Wind ein" (aber nur in Bodennähe!). – Grund: Die turbulente Bewegung hebt kältere und daher dichtere bodennahe Luft nach oben und verdrängt dabei wärmere Luft kleinerer Dichte nach unten. Beides erfordert Arbeit. Sie wird auf Kosten der kinetischen Energie der Luft verrichtet.

Teil I

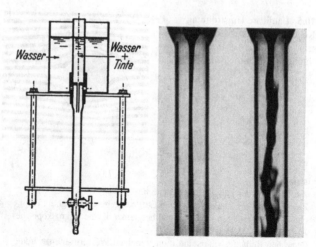

Abb. 10.6 Zur Entstehung der Turbulenz eines Wasserstromes in einem Rohr und zur Messung einer REYNOLDS'schen Zahl im Schauversuch, *links* der für Projektion geeignete Apparat (Rohr: 15 mm × 15 mm lichte Weite), in der *Mitte* eine laminare und *rechts* eine turbulente Strömung. Die Strömungsgeschwindigkeit wird aus der ausgeflossenen Wassermenge, der Flusszeit und der Querschnittsfläche berechnet. (**Videofilm 10.2**)

Videofilm 10.2:
„Turbulenz eines Wasserstromes"
http://tiny.cc/5jayey

Abb. 10.7 „Empfindliche Flamme",
links laminar, *rechts* turbulent und rauschend. Zur Auslösung der Turbulenz genügt leises Zischen oder Schütteln eines Schlüsselbundes (im Abstand einiger Meter).

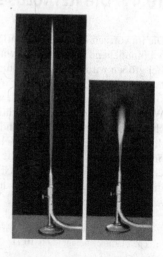

Bei der Turbulenz ballen sich nach Größe und Zusammensetzung statistisch wechselnde Flüssigkeitsgebiete zu „Individuen höherer Ordnung" zusammen. Diese vollführen während ihrer – stark von der Größe abhängigen – Lebensdauer gemeinsam fortschreitende Bewegungen und Drehungen. Bei Zerfall oder Abtrennung von Bruchstücken vereinigen sich die Bruchstücke wiederum zu neuen, unbeständigen Individuen.

Der Übergang von laminarer zu turbulenter Strömung wird durch einen „kritischen" Wert des Verhältnisses

$$Re = \frac{\text{Beschleunigungsarbeit}}{\text{Reibungsarbeit}} = \frac{lu\varrho}{\eta} \qquad (10.8)$$

(l = eine die Körpergröße bestimmende Länge, z. B. Rohrradius, Grenzschichtdicke usw., u = Geschwindigkeit der Flüssigkeit relativ zum festen Körper, in einem Rohr z. B. der in Abschn. 10.3 definierte Mittelwert der Strömungsgeschwindigkeit, ϱ = Dichte der Flüssigkeit, η = Viskosität der Flüssigkeit. Das Verhältnis η/ϱ wird häufig als kinematische Viskosität bezeichnet und zur Unterscheidung η als die dynamische.)

bestimmt. Das wurde 1883 von O. REYNOLDS entdeckt, und deswegen heißt Re die REYNOLDS'sche Zahl.

Herleitung

Zur Herleitung der Gl. (10.8) benutzt man eine „Dimensionsbetrachtung".[K10.8] Das heißt, man setzt alle vorkommenden Längen proportional zu einer die Größe des Körpers bestimmenden Länge l. Außerdem werden Zahlen als Faktoren fortgelassen. Für die Beschleunigungsarbeit gilt nach Abschn. 5.2

$$W_a = \tfrac{1}{2} m u^2 = l^3 \varrho u^2 . \qquad (10.9)$$

Als Reibungsarbeit finden wir mithilfe von Gl. (10.2)

$$W_r = F l = \eta A \frac{u}{l} l = \eta l^2 u . \qquad (10.10)$$

Division der beiden Ausdrücke ergibt dann Gl. (10.8).

Kleine REYNOLDS'sche Zahlen bedeuten Überwiegen der Reibungsarbeit, große Überwiegen der Beschleunigungsarbeit. Der idealen reibungsfreien Flüssigkeit entspricht die REYNOLDS'sche Zahl ∞. – Die Turbulenz erzeugenden, „kritischen" Werte der REYNOLDS'schen Zahl lassen sich nur experimentell bestimmen.[K10.9] In glatten Rohren muss Re größer als 1160 werden.

Für kleine Kugeln in Luft muss $Re < 1$ bleiben, wenn Turbulenz vermieden und die STOKES'sche Gl. (10.7) gültig bleiben soll. – Im Stromfädenapparat (Abb. 10.4) arbeiten wir mit REYNOLDS'schen Zahlen von etwa 10.
Die Atemluft durchströmt die Kanäle unserer Nase turbulenzfrei. In abnorm erweiterten Nasen kann jedoch die REYNOLDS'sche Zahl die kritischen Werte überschreiten, und dann kommt es zu starken, den Reibungswiderstand erhöhenden Turbulenzen. Innen abnorm erweiterte Nasen erscheinen daher dauernd verstopft.

Die REYNOLDS'sche Zahl spielt für alle quantitativen Behandlungen von Flüssigkeitsströmungen eine große Rolle. Man kann Versuche für bestimmte geometrische Formen zunächst in experimentell bequemen Abmessungen ausführen und die Ergebnisse dann hinterher auf größere Abmessungen übertragen. Man hat für diesen Zweck

K10.8. Einzelheiten zur Herleitung der REYNOLDS'schen Zahl finden sich in Lehrbüchern der Hydrodynamik, z. B. H. Schlichting, Grenzschicht-Theorie, Verlag G. Braun, Karlsruhe 1982, Kap. I.

K10.9. Auch die zu Beginn dieses Abschnitts erwähnten „hinreichend kleinen Geschwindigkeiten" lassen sich also nur experimentell bestimmen.

K10.10. Dies gilt, solange man die Flüssigkeit als inkompressibel betrachten darf, also die Geschwindigkeit klein gegen die Schallgeschwindigkeit ist.

nur in beiden Fällen durch passende Wahl von Geschwindigkeit, Dichte und Abmessung für die gleiche REYNOLDS'sche Zahl zu sorgen.[K10.10] Bei Flugzeugen liegen die REYNOLDS'schen Zahlen in der Größenordnung von einigen 10^7. Das hat messtechnisch eine lästige Folge. Es erschwert das Studium technisch wichtiger Fragen an kleinen Modellen. Durch Absenken der Temperatur auf die des flüssigen Stickstoffs (77 K) und Erhöhung des Arbeitsdrucks bis auf das zehnfache können gleichzeitig die Zähigkeit der Luft verkleinert und die Dichte vergrößert werden. Damit kann dann bei etwa gleichen Geschwindigkeiten wie im Original, aber mit kleineren Abmessungen gearbeitet werden.

10.5 Reibungsfreie Flüssigkeitsbewegung, BERNOULLI'sche Gleichung

Von nun an gehen wir den in der Mechanik fester Körper befolgten Weg: Wir versuchen, Bewegungen möglichst frei von Einflüssen der Reibung zu beobachten, also Einflüsse der Grenzschicht auszuschalten. Zu diesem Zweck benutzen wir einen Flüssigkeitsbehälter, dessen Abmessungen groß gegen die Dicke der entstehenden Grenzschichten sind.

Ein geeigneter „Strömungsapparat" ist in Abb. 10.8 dargestellt. Er besteht aus einem 1 cm weiten mit Wasser gefüllten Trog. Dem Wasser sind Al-Flitter als Schwebeteilchen zugefügt. In dem Trog können, die Glaswände lose berührend, Körper der verschiedensten Umrisse (Profile) bewegt werden. In Abb. 10.8 ist es ein Körper von

Videofilm 10.3:
„Ausweichströmungen"
http://tiny.cc/ekayey

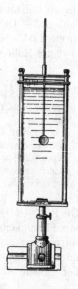

Abb. 10.8 Strömungsapparat. Auch bei ihm empfiehlt sich häufig in der Projektion eine Drehung des Bildes um 90°, z. B. in Abb. 10.9, 10.26 und 10.34. (**Videofilm 10.3**)

Abb. 10.9 Stromlinien in einem Engpass, Beobachter (Kamera) und Taille in Ruhe, die Flüssigkeit strömt

kreisförmigem Umriss, in Abb. 10.9 hingegen sind es zwei Körper *a* und *b*, die von unsichtbaren Stangen gehalten werden und gemeinsam einen Engpass bilden. Für fotografische Aufnahmen bewegt man den Trog in einer vertikalen Schienenführung mit konstanter Geschwindigkeit.[2] Die Flitter zeigen auf dem Wandschirm in jedem Augenblick Größe und Richtung der Geschwindigkeit der einzelnen Wasserteilchen innerhalb des ganzen Troges. In einer Zeitaufnahme von etwa 0,1 s Belichtungsdauer erscheint die Bahn jedes Flitterteilchens als kurzer Strich. Jeder dieser Striche ist praktisch noch gerade und bedeutet, kurz gesagt, den Geschwindigkeitsvektor eines einzelnen Wasserteilchens. Bei längerer Belichtung vereinigen sich die Striche zu *Stromlinien*. Diese zeigen die Gesamtheit der vorhandenen Geschwindigkeitsrichtungen, oder kurz ein *Strömungsfeld*. – Das Bild der Strömung kann stationär, d. h. zeitunabhängig oder ortsfest werden. Dann zeigen die Stromlinien außerdem die ganze von einem einzelnen Flüssigkeitsteilchen *nacheinander* durchlaufene Bahn.

Die Zeitaufnahme gibt das Strömungsfeld in der klaren, aus Abb. 10.9 ersichtlichen Gestalt. Lebendiger ist das Bild auf dem Wandschirm. Oft aber wird man ein Bild ohne viel Einzelheiten, mit wenigen klaren Strichen erstreben. In diesem Fall kommt uns ein seltsamer Umstand zu Hilfe: Wir können das Feld einer von Reibung praktisch unbeeinflussten stationären Flüssigkeitsströmung vorzüglich mit einem *Modellversuch* nachahmen. Dazu dient uns der aus Abb. 10.4 bekannte Stromfädenapparat mit seiner laminaren Flüssigkeitsströmung. Trotz der so gänzlich anderen Entstehungsbedingungen stimmt der formale Verlauf der Stromfäden mit den Stromlinien der idealen reibungsfreien Flüssigkeitsbewegung überein. Abb. 10.10 zeigt ein so gewonnenes Bild. Es entspricht der Abb. 10.9. Es handelt sich jedoch im Gegensatz zu Abb. 10.9 nur um einen *Modell*versuch. Das soll noch einmal betont werden. Aber formal ist das Bild richtig, und in seiner Einfachheit ist es klar und einprägsam.

Die so veranschaulichte, von Reibung praktisch unbeeinflusste Flüssigkeitsströmung lässt sich nur für ganz kurze Zeit aufrechterhalten.

---

[2] Für Beobachtungen auf dem Wandschirm genügt die feste, in Abb. 10.8 skizzierte Aufstellung des Troges. Das Auge *folgt* dem Körper, und daher sieht es die Flüssigkeit am Körper vorbeiströmen.

Videofilm 10.1:
„Stromlinien-
Modellversuche"
http://tiny.cc/icikdy

Abb. 10.10 Stromlinien im Modellversuch (fotografisches Positiv in Hellfeldbeleuchtung, ebenso Abb. 10.14, 10.16, 10.17 und 10.35) (Videofilm 10.1)

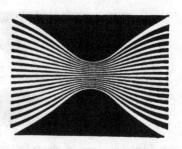

Sie entspricht etwa dem Beispiel einer kräftefrei mit konstanter Geschwindigkeit laufenden Kugel in der Mechanik fester Körper. Sie ist ein idealisierter Grenzfall. Aber es gilt für sie ein wichtiger, für alles Weitere grundlegender Satz. Er betrifft den „statischen" Druck, d. h. den Druck der Flüssigkeit gegen eine zu ihren Stromlinien parallele Fläche. Der Satz lautet in zunächst qualitativer Form:

In Gebieten zusammengedrängter Stromlinien oder erhöhter Strömungsgeschwindigkeit ist der statische Druck p der Flüssigkeit kleiner als in der Umgebung.

Zur Veranschaulichung dieses Satzes dienen die beiden in Abb. 10.11 und Abb. 10.12 dargestellten Versuche.[K10.11] Abb. 10.11 zeigt den statischen Druck der strömenden Flüssigkeit *vor, in* und *hinter* dem Engpass. Die Figur ist nicht schematisiert. Die Rohrweite ist noch nicht groß gegenüber der Dicke der Grenzschicht (Abschn. 10.2), der Einfluss der Reibung also erst teilweise ausgeschaltet. Infolgedessen erreicht der statische Druck hinter dem Engpass nicht ganz den gleichen Wert wie vor ihm. – In Abb. 10.12 ist eine erheblich höhere Strömungsgeschwindigkeit gewählt. Bei ihr wird der statische Druck des Wassers im Engpass kleiner als der Druck der umgebenden Luft. Das Wasser vermag Quecksilber in einem Manometer „anzusaugen" und eine „Quecksilbersäule" von etlichen Zentimetern Höhe zu heben.

K10.11. Hier, und bei den folgenden Experimenten in diesem Abschnitt handelt es sich um laminare und stationäre Strömungen.

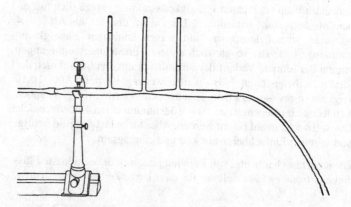

Abb. 10.11 Verteilung des statischen Drucks beim Durchströmen einer Taille. Die drei vertikal angesetzten Glasrohre dienen als Wassermanometer.

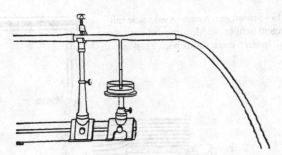

Abb. 10.12 Zum statischen Druck in einer Taille. Er ist kleiner als der Atmosphärendruck. Als Manometer dient eine Quecksilbersäule.

Der quantitative Zusammenhang von Druck und Geschwindigkeit ergibt sich aus dem Energieerhaltungssatz. Wir denken uns eine Flüssigkeitsmenge mit der Masse m, dem Volumen V und der Massendichte ϱ. Ihr statischer Druck und ihre Geschwindigkeit seien vor dem Engpass p_0 und u_0, im Engpass p und u. Die Flüssigkeit muss zum Eindringen in den Engpass von u_0 auf u *beschleunigt* werden. Das erfordert die Arbeit

$$V(p_0 - p) = \tfrac{1}{2}m(u^2 - u_0^2) \qquad (10.11)$$

oder nach Division durch das Volumen V

$$p + \tfrac{1}{2}\varrho u^2 = p_0 + \tfrac{1}{2}\varrho u_0^2 = \text{const.} \qquad (10.12)$$

$\tfrac{1}{2}\varrho u^2$ wird zum Druck p addiert, muss also selbst einen Druck darstellen. Man nennt ihn den dynamischen oder Staudruck. Die rechts stehende Summe ist konstant. Sie muss ebenfalls einen Druck darstellen, und man nennt diesen Druck den Gesamtdruck p_1. So erhält man die wichtige BERNOULLI'*sche Gleichung*

$$\underset{\text{statischer Druck}}{p} \quad + \quad \underset{\text{Staudruck}}{\tfrac{1}{2}\varrho u^2} \quad = \quad \underset{\text{Gesamtdruck}}{p_1} \qquad (10.13)$$

Zur Messung des statischen Drucks p in der strömenden Flüssigkeit dient die aus Abb. 10.12 ersichtliche Anordnung. Die zum Manometer führende Öffnung liegt *parallel* zu den Stromlinien. Für Messungen im *Inneren* weiter Strombahnen verlegt man die Öffnung, meist siebartig unterteilt oder als Schlitz, in die Flanke einer *Drucksonde*. Sie steht durch eine Schlauchleitung mit einem Manometer in Verbindung. Das wird in Abb. 10.13 erläutert.

Den Gesamtdruck p_1 ermittelt man in einem *Staugebiet*. Ein solches wird im Modellversuch in Abb. 10.14 veranschaulicht: *Im Mittelpunkt des Staugebietes* (Staupunkt) *trifft eine Stromlinie senkrecht*

Abb. 10.13 Schnitt durch eine Drucksonde mit ringförmigem Schlitz zur Messung des statischen Drucks im Inneren einer strömenden Flüssigkeit

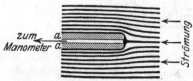

Abb. 10.14 Ein PITOT-Rohr zur Messung des Gesamtdrucks in einem Staugebiet, in natura ein rechtwinklig gebogenes Rohr von meist nur 2 bis 3 mm äußerem Durchmesser (Modellversuch mit dem Stromfädenapparat (Abb. 10.4), Konturen des Rohres nachträglich schraffiert)

Abb. 10.15 Schnitt durch ein PRANDTL-Rohr, eine Kombination von PITOT-Rohr und Drucksonde. Das mit seinen beiden Schenkeln an die Rohre *1* und *2* angeschlossene Flüssigkeitsmanometer gibt direkt den Staudruck als Differenz von Gesamtdruck p_1 und statischem Druck p.

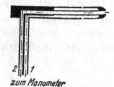

auf das Hindernis. Dort bringt man die Zuleitung zum Manometer an (PITOT-Rohr). An dieser Stelle ist die Flüssigkeit in Ruhe, also $u = 0$. Der statische Druck wird nach Gl. (10.13) gleich dem Gesamtdruck p_1. Das Manometer zeigt den Gesamtdruck p_1.

Den Staudruck misst man als Differenz des Gesamtdrucks p_1 und des statischen Drucks p. Der gesuchte Staudruck ist nach Gl. (10.13)

$$\tfrac{1}{2}\varrho u^2 = (p_1 - p)\,.$$

Man hat für den Gesamtdruck p_1 ein PITOT-Rohr, für den statischen Druck p eine Drucksonde zu verwenden. Für technische Messungen vereinigt man zweckmäßig beide Geräte („PRANDTL-Rohr", Abb. 10.15). Staurohrmessungen sind ein beliebtes Mittel zur Geschwindigkeitsmessung in strömenden Flüssigkeiten.

Die Abb. 10.11 und 10.12 erläutern die Abnahme des statischen Drucks p mit wachsender Strömungsgeschwindigkeit u. Das Gleiche leisten zahlreiche weitere Schauversuche. Wir bringen zwei Beispiele: Bei jedem wird das Strömungsfeld modellmäßig mithilfe des Stromfädenapparates (Abb. 10.4, HELE-SHAW-Strömung) nachgeahmt.

1. Abb. 10.16 zeigt in Modellversuchen eine ebene Scheibe in dreierlei Stellungen umströmt. Bei jeder, also auch schon bei der geringsten Schrägstellung entsteht eine Unsymmetrie in der Verteilung des sta-

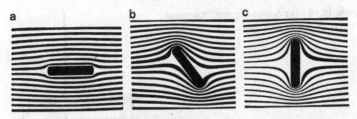

Abb. 10.16 Drei Modellversuche zur Umströmung einer Platte. Platte und Beobachter ruhen, die Flüssigkeit strömt. Im *mittleren* Bild beachte man die Lage der beiden Staupunkte. Sie veranschaulicht die Entstehung eines *Drehmomentes* um den Schwerpunkt der Platte. **(Videofilm 10.1)**

tischen Drucks, und diese erzeugt ein Drehmoment.[K10.12] Das ist bei stärkerer Kippung (Abb. 10.16b) ohne Weiteres zu übersehen: Die Gebiete erweiterter Stromlinien drücken einseitig gegen die Scheibe, die Gebiete zusammengedrängter Stromlinien ziehen einseitig an der Scheibe. Im wirklichen Experiment wird infolgedessen die Scheibe in Abb. 10.16b mit dem Uhrzeiger gedreht. Die erste Stellung (Abb. 10.16a) erweist sich als labil, die Scheibe stellt sich unter Pendelungen quer zur Strömung (Abb. 10.16c). Das sehen wir an jedem steifen, zu Boden fallenden Papierblatt.

2. Zwei Kugeln bewegen sich in einer Flüssigkeit. Die Verbindungslinie ihrer Mittelpunkte steht senkrecht zur Richtung der ungestörten Stromlinien. Der Modellversuch zeigt in Abb. 10.17 zwischen den Kugeln eine gesteigerte Strömungsgeschwindigkeit u. Daher ist der statische Druck p zwischen den beiden Kugeln verkleinert, und die Kugeln „ziehen einander an" („hydrodynamische Kräfte"). Abb. 10.18 zeigt einen ähnlichen Versuch. Eine Holzkugel hängt, um ein Gelenk drehbar, als umgekehrtes Schwerependel in einem Wassertrog. Eine zweite Kugel wird an ihr in etlichem Abstand mit einer Führungsstange vorbeibewegt. Die Anziehung der Holzkugel ist weithin sichtbar. Ein Anschlag verhindert den Zusammenstoß beider Kugeln. – In großem Maßstab haben wir uns statt der beiden Kugeln zwei Schiffe zu denken. In engen Fahrwässern, z. B. Kanälen, besteht stets die Gefahr der gegenseitigen Anziehung.[K10.13] Sie lässt sich nur durch sehr langsame Fahrt vermindern. Denn nach Gl. (10.13) steigt der Staudruck $\frac{1}{2}\varrho u^2$ mit dem Quadrat der Geschwindigkeit und damit auch die Anziehungskraft zwischen den Kugeln.

Videofilm 10.1:
„Stromlinien-Modellversuche"
http://tiny.cc/icikdy
(s. auch Kommentar K10.6 zu Abb. 10.4)

K10.12. Ein Anwendungsbeispiel ist die RAYLEIGH'sche Scheibe (Abschn. 12.24).

K10.13. Die gleiche Anziehung erfährt ein Schiff, wenn es zu nahe an eine der Kanalwände kommt.

Abb. 10.17 Stromlinien zwischen Kugeln oder Zylindern, Modellversuch

Abb. 10.18 Zur Anziehung einer ruhenden und einer bewegten Kugel

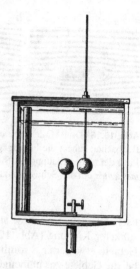

10.6 Ausweichströmung, Quellen und Senken, drehungsfreie oder Potentialströmung

In unseren bisherigen Strömungsfeldern überlagern sich offensichtlich zwei verschiedene Strömungen. Es ist erstens die *Parallelströmung* der Flüssigkeit ohne den eingeschalteten Körper (wie modellmäßig in Abb. 10.4), zweitens die nach Einschaltung des Körpers hinzukommende Strömung, mit der die Flüssigkeit dem Körper ausweicht. Diese zusätzliche *Ausweichströmung* kann man *allein* beobachten. Man muss nur die Beobachtungsart ändern: Bisher ruhten Körper und Beobachter (Kamera), die Flüssigkeit strömte. Jetzt nehmen wir die andere Möglichkeit: Flüssigkeit (Trog) und Beobachter ruhen, der Körper bewegt sich. (Für Beobachtungen auf dem Wandschirm benutzt man kleine Hin- und Herbewegungen.) – Bei dieser zweiten Beobachtungsart tritt beispielsweise das linke Teilbild von Abb. 10.19 an die Stelle von Abb. 10.16c und das rechte an die Stelle von Abb. 10.16b. Entsprechende Bilder für die Ausweichströmung von Kugel und Stab finden sich in den Abb. 10.20 und Abb. 10.21. In der Bewegungsrichtung werden die Grenzen der Körper im Lichtbild verwaschen, sie erscheinen als Halbtöne. Für die Abbildung sind sie nachträglich durch eine Schraffierung ersetzt. Die Stromlinien entstammen dem *einen* schraffierten Gebiet, dort befinden sich *Quellen*. Sie enden in dem anderen, dort befinden sich *Senken.* Die Strömungsfelder bewegen sich zugleich mit dem Körper. Sie sind also nicht mehr stationär.

Das Strömungsfeld einer einzelnen Punktquelle (+) oder Senke (−) ist kugelsymmetrisch, ein Schnitt ist in Abb. 10.22 skizziert. Die beiden schraffierten Flächen bedeuten das gleiche kleine Volumen in zwei zeitlich aufeinanderfolgenden Lagen. Die Flüssigkeit strömt al-

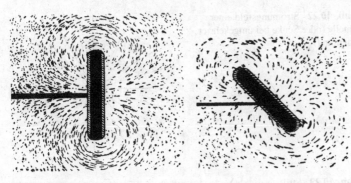

Abb. 10.19 Ausweichströmung einer senkrecht und einer schräg zur Parallelströmung stehenden Platte, Beobachter und Flüssigkeit in Ruhe, Platte bewegt (**Videofilm 10.3**)

Videofilm 10.3:
„Ausweichströmungen"
http://tiny.cc/ekayey

Abb. 10.20 Ausweichströmung beim Umströmen einer Kugel, Beobachter und Flüssigkeit (Trog) in Ruhe, Kugel bewegt

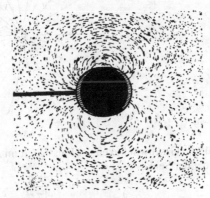

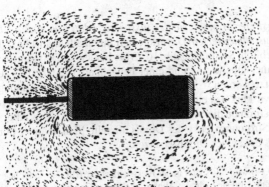

Abb. 10.21 Ausweichströmung beim Umströmen eines zur Parallelströmung parallelen Zylinders, Beobachter und Flüssigkeit (Trog) in Ruhe, Zylinder bewegt

so in radialer Richtung und *ohne sich dabei zu drehen.* – Die Quelle liefere während der Zeit *t* ein Flüssigkeitsvolumen *V*. Der Quotient $V/t = q$ wird ihre *Ergiebigkeit* genannt.[K10.14] Sie bekommt für eine Quelle positives, für eine Senke negatives Vorzeichen. Dann gilt

K10.14. Bei der hier erwähnten Ergiebigkeit *q* handelt es sich wieder um einen Volumenstrom, wie er in Abschn. 10.3 schon verwendet wurde. Sein Zusammenhang mit der Strömungsgeschwindigkeit *u* führt direkt auf Gl. (10.14).

Abb. 10.22 Strömungsfeld einer Quelle (oder Senke bei umgekehrter Richtung)

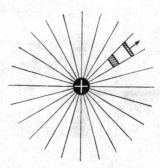

Abb. 10.23 Strömungsfeld einer Quelle und einer eng benachbarten Senke („Dipol")

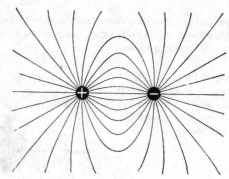

für die Geschwindigkeit der Flüssigkeit im Abstand r von der Quelle oder der Senke

$$u = \frac{\pm q}{4\pi r^2}. \tag{10.14}$$

K10.15. Da die Geschwindigkeit ein Vektor ist, sind Strömungsfelder Vektorfelder, bei deren Überlagerung die Regeln der Vektoraddition anzuwenden sind. So entsteht z. B. das Feldlinienbild des Dipols in Abb. 10.23 aus der Überlagerung der Felder einer Quelle und einer Senke.

Drehungsfreie Strömungsfelder lassen sich durch einfache Überlagerung zusammensetzen. Das erleichtert ihre mathematische Behandlung erheblich. So sind in Abb. 10.23 die beiden radialsymmetrischen Felder einer Quelle (+) und einer benachbarten Senke (−) zusammengesetzt worden.[K10.15] Das dadurch entstandene Strömungsfeld nennen wir kurz das eines *Dipols*. Es wird oft gebraucht. In großem Abstand stimmen die Strömungsfelder der Abb. 10.19 bis Abb. 10.21 mit dem Strömungsfeld eines Dipols überein. Man kann sie dort alle durch das Feld eines Dipols ersetzen.

Gl. (10.14) wird uns später in der Elektrizitätslehre (Bd. 2) wieder begegnen. Dann wird sie nicht die Abhängigkeit einer Geschwindigkeit u, sondern eines elektrischen oder magnetischen Feldes vom Abstand r darstellen. An die Stelle der Ergiebigkeit $\pm q$ (m³/s) wird die elektrische Ladung $\pm Q$ (Amperesekunde) treten oder der magnetische Fluss $\pm \Phi$ (Voltsekunde). Demgemäß stimmen auch die Stromlinienbilder der Ausweichströmung formal genau mit den Feldlinienbildern der Elektrizitätslehre überein. So gleicht Abb. 10.21 den magnetischen Feldlinien einer gestreckten, von einem elektrischen Strom durchflossenen Spule und Abb. 10.19 (links) dem elektrischen Streufeld eines Plattenkondensators (s. Bd. 2, Kap. 2, Abb. 2.5). Ebenso gleicht Abb. 10.20 dem Feld einer elektrisch oder magnetisch polarisierten Kugel.

Alle diese Vektorfelder sind dadurch gekennzeichnet, dass zu ihnen ein Potentialfeld gehört, aus dem sie durch Gradientenbildung abgeleitet werden können. Das Strömungsfeld einer reibungsfreien Flüssigkeit gehört dazu, man spricht deshalb von *Potentialströmung*.[K10.16]

K10.16. Eine gute Einführung in die Theorie der Potentialströmung, mit der die Strömung reibungsfreier Flüssigkeiten beschrieben wird, findet sich z. B. in R. P. Feynman et al., Lectures on Physics, Addison-Wesley, Reading, Massachusetts, U.S.A. 1964, Bd. II, Kap. 40.

10.7 Drehungen von Flüssigkeiten und ihre Messung, das drehungsfreie Wirbelfeld

In einem festen Körper sind alle Teile starr miteinander verbunden. Das hat dreierlei Folgen: Erstens bleibt die Gestalt eines beliebig eingegrenzten Teilgebietes während der Bewegung *ungeändert*. Zweitens haben alle Punkte innerhalb des Teilgebietes die *gleiche* Winkelgeschwindigkeit ω. Drittens wird die Drehung jedes Teilgebietes durch die allen *gemeinsame* Winkelgeschwindigkeit ω eindeutig definiert.

In einer Flüssigkeit hingegen sind alle Teile frei gegeneinander verschiebbar. Das führt zu ganz anderen Folgen als bei festen Körpern: Erstens *ändern* abgegrenzte (z. B. gefärbte) Teilgebiete einer Flüssigkeit während der Bewegung die Gestalt[3], man denke z. B. an Abb. 10.1. Zweitens können Punkte innerhalb eines Teilgebietes *verschiedene* Winkelgeschwindigkeiten besitzen. Daher lässt sich drittens die Drehung eines Teilgebietes *nicht* wie beim festen Körper durch Angabe einer gemeinsamen Winkelgeschwindigkeit definieren. Man muss stattdessen ein *neues* Maß für die Drehung des flüssigen Teilgebietes einführen. Es muss durch eine sinnvolle Mittelbildung die verschiedenen Winkelgeschwindigkeiten innerhalb des Teilgebietes zusammenfassen. Das für Flüssigkeiten verwendete Maß der Drehung heißt *Rotation der Bahngeschwindigkeit u* oder kürzer „rot u".

Die *experimentelle* Definition der Rotation ist einfach: Man bringt auf oder in die Flüssigkeit einen *Schwimmer* mit einer Pfeilmarke und wählt den Durchmesser des Schwimmers *klein* gegenüber dem Krümmungsradius seiner Bahn. Während der Bewegung ändert die Pfeilmarke des Schwimmers ihre Richtung mit der Winkelgeschwindigkeit ω_{schw}. Dann definiert man[K10.17]

K10.17. Der Faktor 2 in Gl. (10.15) hat keine physikalische Bedeutung. Er ergibt sich lediglich aus der mathematischen Definition der Rotation.

$$2\,\omega_{schw} = \mathrm{rot}\,u \qquad (10.15)$$

Für die *mathematische* Definition geht man von der *Zirkulation Γ* aus. So nennt man das längs eines beliebigen geschlossenen Weges

---

[3] Abgesehen von dem in Gl. (10.20) behandelten Sonderfall.

Abb. 10.24 Zur Herleitung der Gl. (10.17), z-Richtung von der Papierfläche zum Auge

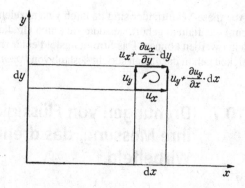

gebildete Linienintegral der Bahngeschwindigkeit u, also

$$\Gamma = \oint u \cdot ds \qquad (10.16)$$

(der Kreis im Integralzeichen soll eine geschlossene Bahn andeuten).

Dann lässt man den Weg ein Flächenelement dA eingrenzen und bildet den Quotienten dΓ/dA für diesen Grenzfall. Damit erhält man die auf dem Flächenelement senkrecht stehende Komponente eines neuen *Vektors*, den man die Rotation der Bahngeschwindigkeit u nennt: rot u. Sie beschreibt die Drehung der Flüssigkeit innerhalb dieses Flächenelementes. Liegt dieses z. B. in der xy-Ebene, gilt für die z-Komponente der Rotation

$$(\operatorname{rot} u)_z = \left(\frac{\partial u_y}{\partial x} - \frac{\partial u_x}{\partial y} \right). \qquad (10.17)$$

Herleitung

Anhand der Abb. 10.24 berechnen wir die Zirkulation um die z-Achse längs der vier Seiten eines rechteckigen Flächenelementes dA = dx dy. Die Reihenfolge der Summierung stimmt für einen parallel zur z-Achse blickenden Beobachter mit der Uhrzeigerdrehung überein. Die Zirkulation setzt sich dann aus vier einzelnen Termen zusammen, nämlich

$$d\Gamma = u_x dx + \left(u_y + \frac{\partial u_y}{\partial x} dx \right) dy - \left(u_x + \frac{\partial u_x}{\partial y} dy \right) dx - u_y dy$$

$$= dx dy \left(\frac{\partial u_y}{\partial x} - \frac{\partial u_x}{\partial y} \right) = (\operatorname{rot} u)_z dA .$$

Die Rotation der Bahngeschwindigkeit ist in seiner allgemeinen Form ein etwas schwieriger Begriff. Darum bringen wir einige Anwendungsbeispiele:

In Abb. 10.2 ist die *Grenzschicht* einer ebenen Strömung dargestellt, die Flüssigkeitsteile bewegen sich auf *geraden* Bahnen. u_y ist ihre aufwärts gerichtete (in der Abbildung u genannte) Geschwindigkeit, ihre horizontale Komponente u_x ist $= 0$. Folglich liefert Gl. (10.17)

$$(\operatorname{rot} u)_z = \frac{\partial u_y}{\partial x} . \qquad (10.18)$$

Abb. 10.25 Zur Herleitung der Gl. (10.19)

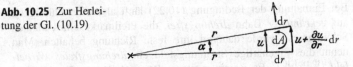

In diesem Fall ist also die Rotation nichts anderes als das *Gefälle* der Geschwindigkeit *u*, und zwar in einer zu *u* *senkrechten* Richtung. (Der Vektor rot *u* zeigt in Abb. 10.2 links der Platte auf den Beschauer zu, rechts von ihm weg.)

Im Allgemeinen bewegen sich die Flüssigkeitsteilchen auf *gekrümmten* Bahnen. Abb. 10.25 soll für eine ebene Kreisströmung in der *xy*-Ebene gelten. Dann ist

$$(\text{rot}\,\boldsymbol{u})_z = \frac{u}{r} + \frac{\partial u}{\partial r}.\qquad(10.19)$$

Herleitung
Wir berechnen die Zirkulation längs des dick gezeichneten Weges. Sie setzt sich wieder aus vier Termen zusammen. Es ist

$$\mathrm{d}\Gamma = -u r \mathrm{d}\alpha + 0\,\mathrm{d}r + \left(u + \frac{\partial u}{\partial r}\mathrm{d}r\right)(r + \mathrm{d}r)\mathrm{d}\alpha - 0\,\mathrm{d}r = \left(u + r\frac{\partial u}{\partial r}\right)\mathrm{d}r\mathrm{d}\alpha.$$

Ferner ist $\mathrm{d}A = r\mathrm{d}r\mathrm{d}\alpha$. Also ergibt der Quotient $\dfrac{\mathrm{d}\Gamma}{\mathrm{d}A} = (\text{rot}\,\boldsymbol{u})_z = \dfrac{u}{r} + \dfrac{\partial u}{\partial r}$.

Gl. (10.19) wenden wir auf zwei Grenzfälle an. Im ersten soll die Flüssigkeit auf einer rotierenden festen Scheibe haften und ebenso wie diese in allen Teilgebieten die *gleiche* Winkelgeschwindigkeit ω besitzen. Dann ist

$$u = \omega r \quad \text{und} \quad \frac{\partial u}{\partial r} = \omega.\qquad(10.20)$$

Damit erhalten wir aus Gl. (10.19) für die ganze Flüssigkeit einen *konstanten* Wert der Rotation, nämlich

$$(\text{rot}\,\boldsymbol{u})_z = 2\,\omega.\qquad(10.21)$$

Dies ist also der Grenzfall der „Festkörperrotation".

In Flüssigkeiten ist ein anderer Grenzfall von großer Bedeutung, gekennzeichnet durch die Bedingung

$$u\,r = \text{const}.\qquad(10.22)$$

Dann ist $\dfrac{\partial u}{\partial r} = -\dfrac{\text{const}}{r^2} = -\dfrac{u}{r}$, und Gl. (10.19) ergibt

$$(\text{rot}\,\boldsymbol{u})_z = 0.\qquad(10.23)$$

K10.18. Auch das Magnetfeld im Außenraum eines stromdurchflossenen geraden Drahtes ist ein solches Wirbelfeld (s. Bd. 2, Kap. 6, Gl. (6.14)).

K10.19. Diese drehungsfreien Wirbelfelder, die mathematisch Potentialströmungen für den Idealfall reibungsfreier Flüssigkeiten beschreiben, treten auch in wirklichen Flüssigkeiten mit innerer Reibung auf, solange diese nicht zu stark ist und vernachlässigt werden kann. In jedem Fall ist für die *Erzeugung* der Wirbel aber Reibung notwendig. Der nächste Absatz bringt schon Beispiele und die Beobachtung solcher Wirbelfelder bildet den Stoff für den Rest dieses Kapitels.

K10.20. Die flüssigen Wirbelkerne der Wirbel, wie sie in Abschn. 10.8 beschrieben werden, sind also Bereiche, in denen auch ohne Reibung rot $u \neq 0$ sein kann.

Bei Einhaltung der Bedingung (10.22) läuft also eine Flüssigkeit auf *gekrümmter* Bahn *drehungsfrei*, die Pfeilmarke eines kleinen Schwimmers würde dauernd ihre feste Richtung behalten. Man nennt dies eigenartige Strömungsfeld ein *drehungsfreies Wirbelfeld*.[K10.18, K10.19] Es ist ein weiteres Beispiel für ein Potentialfeld (s. Abschn. 10.6).

Ein solches Strömungsfeld kann allerdings nur existieren, wenn die Flüssigkeit einen *Kern* umkreist. Ein bekanntes Beispiel liefert der *Hohlwirbel* über der Abflussöffnung einer Badewanne. Der *Kern* besteht hier aus einer sich wie ein Rohr um seine Achse *drehenden* Flüssigkeits*oberfläche*. Diese umhüllt die am Umlauf unbeteiligte, sich nach unten verjüngende Luftsäule. – Als Kern eines drehungsfreien Wirbelfeldes ist auch eine Grenzschicht an der Oberfläche eines rotierenden Zylinders geeignet.[4]

Man denke sich den Durchmesser des Kernes ständig abnehmend. Dann muss die Strömungsgeschwindigkeit in seiner unmittelbaren Nähe ständig zunehmen und im Grenzfall ∞ werden. Das tritt natürlich nicht ein. Statt dessen geraten die zentralen Teile der Flüssigkeit in *Drehung*. So bilden sie einen *flüssigen* Kern, eine *Wirbelröhre* oder bei sehr kleinem Querschnitt einen *Wirbelfaden*. Beispiele dieser Art folgen in Abschn. 10.8.

Stärke des Wirbels oder *Wirbelstärke* nennt man die Zirkulation Γ längs eines beliebigen, den Kern einmal *umfassenden* Weges. – Beispiel: Ein drehungsfreies Wirbelfeld umgibt einen rotierenden Zylinder und die an ihm haftende *Grenzschicht*. Die Querschnittsfläche des Zylinders sei A, seine Winkelgeschwindigkeit ω. Dann hat der Wirbel die Wirbelstärke $\Gamma = \oint \boldsymbol{u} \cdot \mathrm{d}\boldsymbol{s} = 2\pi\, ru = 2\pi\, r\omega r = 2\,\omega A$. Man findet sie auf jedem geschlossenen Weg, sofern er den Kern *einmal* umfasst. *Ohne* diese Umfassung ergibt sich $\Gamma = 0$, das Wirbelfeld ist ja drehungsfrei, (rot $\boldsymbol{u} = 0$).

Ein drehungsfreies Wirbelfeld und ein Kern, in dem die Flüssigkeit eine Drehung vollführt, bilden zusammen einen „Wirbel". Jeder Wirbel enthält also zwei Bestandteile.[K10.20]

---

[4] Zum Herstellen und Aufrechterhalten eines Wirbels in Wasser genügt es, den Zylinder um seine Längsachse in Rotation zu versetzen. Die Dicke seiner Grenzschicht wächst unbegrenzt mit der Zeit (Gl. (10.3)). Dabei nähert sich die Geschwindigkeitsverteilung mit wachsendem Abstand von der Oberfläche des Zylinders mehr und mehr der eines drehungsfreien Wirbelfeldes (also rot $\boldsymbol{u} = 0$). – In Luft mit ihrer sehr kleinen dynamischen Viskosität werden Wirbel mit dem in der Bildunterschrift von Abb. 10.36 beschriebenen Verfahren hergestellt (s. Abb. 10.37).

10.8 Wirbel und Trennungsflächen in praktisch reibungsfreien Flüssigkeiten

Wir haben die Bewegungen in Flüssigkeiten bisher auf zwei Grenzfälle beschränkt. Im ersten Grenzfall handelte es sich um Bewegungen innerhalb der Grenzschicht. Bei ihnen spielte die innere Reibung der Flüssigkeit die entscheidende Rolle (Abschn. 10.2 bis Abschn. 10.4). Im zweiten Grenzfall haben wir von Reibung und Grenzschicht unbeeinflusste Bewegungen in Flüssigkeiten zu verwirklichen versucht (Potentialströmungen, Abschn. 10.5 und Abschn. 10.6). Das erreichten wir mit einem Strömungsapparat hinreichender, d. h. gegen die Grenzschichtdicken großer Weite. Vor allem aber mussten wir die Beobachtungen auf kurze Zeiten am Beginn der Bewegung beschränken.

Bei längerer Dauer kommt es in allen Flüssigkeiten, auch in denen mit winziger innerer Reibung (Gasen!), zu wichtigen neuartigen Erscheinungen: *Es bilden sich Wirbel und Trennungsschichten.*[K10.21] Beide zeigen wir im Folgenden experimentell. – Wir benutzen wieder den weiten, aus Abb. 10.8 bekannten Strömungsapparat und wählen wieder, wie in Abb. 10.9, das Durchströmen eines Engpasses. Anfänglich ist das Strömungsfeld vor und hinter dem Engpass symmetrisch, und zwar sowohl für die Ausweichströmung als auch für die gesamte Strömung. Diese symmetrischen Strömungsfelder erhält man aber nur unmittelbar nach Beginn der Bewegung, gleich darauf geht die Symmetrie verloren. Hinter dem Engpass entstehen zwei große, nach außen drehende Wirbel (Abb. 10.26). Diese *Anfahrwirbel* entfernen sich rasch in Richtung der Strömung, und es verbleibt ein Strahl (Abb. 10.27). Dieser ist beiderseits durch *eine Trennungsschicht* gegen die ruhende Umgebung abgegrenzt. In der Trennungsschicht finden sich mehrere deutlich erkennbare kleine Wirbel. Eine solche Trennungsschicht kann man im Grenzfall als *Trennungsfläche* idealisieren. Alle in ihr enthaltenen Flüssigkeitsteile müssen sich drehen. Das ist schematisch in Abb. 10.28 skizziert.

K10.21. Das Ende des vorigen Abschnitts brachte schon Beispiele, dort Grenzschichten genannt.

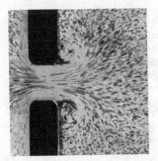
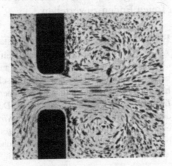

Abb. 10.26 Anfahrwirbel bei Beginn der Strahlbildung

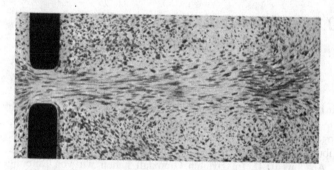

Abb. 10.27 Durch Trennungsflächen begrenzter Flüssigkeitsstrahl

Abb. 10.28 Zur Definition der Trennungsfläche zwischen zwei mit verschiedenen Geschwindigkeiten nebeneinander strömenden Flüssigkeiten. Im Text ist die Geschwindigkeit in der einen Richtung gleich null.

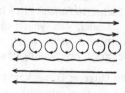

Abb. 10.29 Zur Vorführung ringförmig geschlossener Anfahrwirbel in Luft (**Videofilm 10.4**)

Videofilm 10.4:
„**Rauchringe**"
http://tiny.cc/ocikdy

Wirbel können nur an den *Wänden* eines Behälters, am *Boden* oder an der *Oberfläche* der Flüssigkeit *Enden* haben. *Im Inneren einer Flüssigkeit gibt es nur Wirbel mit geschlossenen Kernen*, im einfachsten Fall kreisförmigen. Man kann sie mit der Anordnung der Abb. 10.29 vorführen. Der Boden einer trommelförmigen Dose besteht aus einer gespannten Membran M. Die Luft im Inneren der Trommel wird mit irgendeinem Qualm gefärbt. Ein Schlag gegen die Membran treibt für *kurze Zeit* einen Strahl gefärbter Luft aus der Öffnung heraus. Seine Randschicht wird sofort umgebördelt. Es entsteht, wie gelegentlich bei Rauchern, ein Wirbelring. Vergeblich versucht man, einen Wirbelring längs eines Durchmessers in zwei halbkreisförmige Stücke mit freien Enden zu zerteilen.

K10.22. Es ist bemerkenswert, dass auch diese Wirbel in hinreichender Entfernung von der Grenzschicht, in der sie entstanden sind, sich als Potentialströmung beschreiben lassen. Diese Tatsache ist bei der Besprechung der Querkraft (Flugzeug, Segel, s. Abschn. 10.10 und 10.11) besonders wichtig.

Ein Wirbelring ist überhaupt ein recht stabiles Gebilde.[K10.22] Er kann nach Aufhören des Strahles etliche Meter weit fliegen und dank seiner Energie[5] ein Kartenblatt umwerfen, eine Kerze ausblasen usw. – Der durch Qualm gefärbte (einem aufgeblasenen Reifenschlauch ähnliche) Wirbelring enthält innen den ringförmig geschlossenen *Kern* des Wirbels. Im Kern ist *Drehung* vorhanden (also rot $u \neq 0$). Der zweite Anteil des Wirbels, das den Kern umfassende *drehungsfreie Wirbelfeld*, erstreckt sich weit nach außen. Das zeigt man mit einer gegenseitigen Beeinflussung zweier Wirbelringe. Man erzeugt sie z. B. kurz nacheinander: Der zweite holt, seinen

---

[5] Der Rückstoß ausgestoßener Wasserwirbel dient den Glockenquallen zum Antrieb.

Durchmesser verkleinernd, den ersten ein, der erste erweitert sich und lässt den zweiten durch seine Ringfläche hindurchtreten. Dann wiederholt sich das Spiel noch ein- oder zweimal mit vertauschten Rollen. – Zwei gegeneinander mit gleicher Achse laufende Wirbelringe verzögern und erweitern einander.

So weit die Tatsachen. – Trennungsfläche und Wirbel entstehen hier wie überall durch die gleiche Ursache, nämlich durch das *Haften* der Flüssigkeit an dem umströmten Körper und die dadurch bedingte Bildung der Grenzschicht. – Eine ideale Flüssigkeit (Potentialströmung) sollte die Ränder des Engpasses mit großer Geschwindigkeit umfahren. Jede wirkliche Flüssigkeit aber wird durch die entstehende Grenzschicht behindert. Diese Behinderung wirkt sich vor und hinter dem Engpass verschieden aus. Auf dem Weg *zum* Engpass werden alle Teile des Stromes beschleunigt, im Engpass erreicht ja die Strömungsgeschwindigkeit ihren höchsten Wert. Die behinderte Randschicht wird von den unbehindert strömenden Nachbarn in der Vorwärtsbewegung unterstützt. Dadurch bleibt *vor* dem Engpass das ursprüngliche Strömungsfeld, also das der Potentialströmung, erhalten. Hinter dem Engpass hingegen werden alle Teile des Stromes verzögert. Dort können die behinderten randnahen Schichten von den Nachbarn keine Unterstützung mehr bekommen. Sie verlieren den Anschluss und bleiben zurück. Es bleibt ihnen nichts übrig, als umzukehren und sich zwischen Wand und Strömung zu schieben. Dadurch „löst sich die Strömung von den Wänden ab", und so entstehen Trennungsfläche und Wirbel.

10.9 Widerstand und Stromlinienprofil

Die eben behandelten Vorgänge, also die Bildung von Wirbeln und Trennungsflächen, führen uns zum Verständnis der Kräfte, die auch in praktisch reibungsfreien Flüssigkeiten beim Umströmen fester Körper auftreten. Es handelt sich um den *Strömungswiderstand* (dieser Abschnitt) und die *dynamische Querkraft* (Abschn. 10.10). Beide wollen wir mit dem Strömungsapparat (Abb. 10.8) untersuchen. Die gegen die Flüssigkeit bewegten und daher umströmten Körper sollen wieder beiderseits die Glaswände berühren. Es soll also in beiden Fällen eine ebene Strömung behandelt werden. Die Ergebnisse lassen sich dann sinngemäß auf den Fall räumlicher Strömungen übertragen.

Wir beginnen mit den Stromlinienprofilen, wie sie mit dem Modellexperiment für die Umströmung einer Platte bestimmt wurden, Abb. 10.16 (Potentialströmung). In diesen Beispielen ist die Strömung auf der Vorder- und auf der Rückseite völlig symmetrisch. Das bedeutet nach Gl. (10.13) eine Symmetrie der Drücke und Kräfte auf der Vorder- und Rückseite. Die Summe der auf den Körper wirkenden Kräfte ist also null. Demnach sollte die Bewegung des Körpers widerstandslos erfolgen. Das ist aber im Widerspruch zu alltäglichen Erfahrungen. Man denke nur an das Rudern oder an das Umrühren

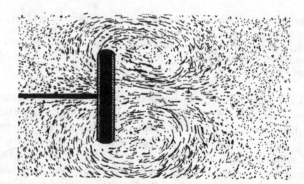

Abb. 10.30 Verzerrung der Ausweichströme hinter einer quer zur Bewegungsrichtung stehenden Platte, Beobachter und Flüssigkeit in Ruhe, Platte nach links bewegt (**Videofilm 10.3**)

Videofilm 10.3:
„Ausweichströmungen"
http://tiny.cc/ekayey

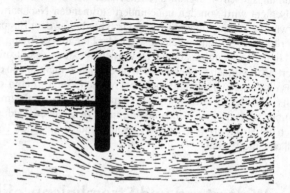

Abb. 10.31 Zur Entstehung des Widerstandes durch Wirbel innerhalb einer glockenförmigen Trennungsfläche, Beobachter und Platte in Ruhe, Flüssigkeit strömt nach rechts. Der Widerstand ist für REYNOLDS'sche Zahlen Re zwischen $4 \cdot 10^3$ und 10^5 etwas größer als das Produkt aus Staudruck und Scheibenfläche. Man findet experimentell für den Betrag $F = 1{,}1 \cdot \frac{1}{2}\varrho u^2 A$.[K10.23]

K10.23. Der Vergleich der Abb. 10.31 und Abb. 10.16c zeigt besonders eindrucksvoll den Einfluss der Zähigkeit: In beiden Abbildungen ruht der Körper. In Abb. 10.31 fließt die Flüssigkeit nach rechts. In Abb. 10.16 möge sie auch nach rechts fließen (wegen der Symmetrie der Stromlinien hat man die Wahl). Das Fehlen der Wirbel in Abb. 10.16 ist eine Besonderheit der benutzten Strömung in dem Modellversuch (HELE-SHAW-Strömung).

Videofilm 10.3:
„Ausweichströmungen"
http://tiny.cc/ekayey

einer Suppe. – Tatsächlich wird die Symmetrie, wie sie auch in den Experimenten der Abb. 10.19–10.21 beobachtet wird, sehr bald nach Beginn der Bewegung zerstört. Zur Vorführung nehmen wir eine quer zur Strömung stehende Platte. Ganz am Anfang gibt es die symmetrische Ausweichströmung, vorgeführt durch wiederholte Hin- und Herbewegung (Abb. 10.19). Bei Fortführung der Bewegung wird die Strömung verzerrt. Es entstehen aus ihr zwei große, nach innen drehende Anfahrwirbel (Abb. 10.30). Diese entfernen sich rasch mit der Strömung, und im stationären Zustand findet sich hinter der Platte beiderseits eine deutliche *Trennungsfläche*. Diese trennt einen erst hinter dem rechten Bildrand geschlossenen Bereich von der übrigen Strömung (Abb. 10.31). Innerhalb dieses Bereiches befindet sich die Flüssigkeit in lebhafter Drehung. Es sind etliche Wirbel vorhanden (**Videofilm 10.3**).

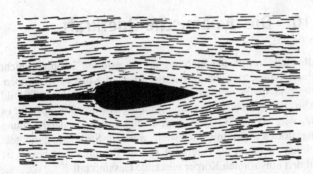

Abb. 10.32 Stromlinienprofil (Strömungsapparat der Abb. 10.8), Beobachter und Körper in Ruhe, die Flüssigkeit strömt nach rechts (s. auch **Videofilm 10.3**, in dem sich der Körper bewegt)

Jetzt übersehen wir die Entstehung des Widerstandes umströmter Körper in wirklichen Flüssigkeiten. Er wird durch *Drehbewegungen* der Flüssigkeit auf der Rückseite des umströmten Körpers erzeugt. Es werden ständig neue Teilgebiete der Flüssigkeit in Drehung versetzt. Das Andrehen dieser Wirbel, die Herstellung ihrer kinetischen Energie, verlangt Verrichtung von Arbeit. Die für diese Arbeit erforderliche Kraft ist dem Widerstand entgegengesetzt gleich. *Der Widerstand eines von einer Flüssigkeit umströmten Körpers wird durch Dreh- oder Wirbelbewegungen auf seiner Rückseite bedingt.* Das ist der überraschende experimentelle Befund.

Der Widerstand umströmter Körper wird technisch häufig ausgenutzt. Wir nennen als Beispiel den Fallschirm (er vermindert die Sinkgeschwindigkeit eines Mannes von etwa 55 m/s auf etwa 5,5 m/s, vgl. Abb. 5.20), die Riemen der Ruderboote und die Schaufelräder der Raddampfer. Ferner die Windräder mit vertikaler Achse; diese haben meist ein S-förmiges Profil oder halbkugelförmige Schalen an den Enden eines Kreuzes: „Schalenkreuz" der Windgeschwindigkeitsmesser oder „Anemometer". (Der Widerstand der konkaven Schalenseite ist viermal größer als der der konvexen.)

In anderen Fällen ist der Widerstand lästig. Dann wird er durch geschickte Formgebung des umströmten Körpers ausgeschaltet. Es verbleibt nur der geringfügige, in der Grenzschicht zwischen Körper und Flüssigkeit entstehende *Reibungswiderstand*. Dafür hat uns die Natur zahllose Vorbilder gegeben. Ihr gemeinsames Merkmal ist das *Stromlinienprofil*, gemäß Abb. 10.32. Einen derart stromlinienförmigen Körper können wir mit großer Geschwindigkeit von Wasser umströmen lassen. Die Wirbelbildung bleibt aus. Eine Kugel von praktisch gleichem Durchmesser erzeugt bei gleicher Geschwindigkeit schon unmittelbar nach dem Anfahren eine starke Wirbelbildung. Das Stromlinienprofil spielt in Natur und Technik eine wichtige Rolle.

Videofilm 10.3:
„Ausweichströmungen"
http://tiny.cc/ekayey
Man sieht besonders deutlich den Einfluss, den die Strömungsrichtung auf die Ausbildung der Wirbel an der Randschicht hat: Wenn das Stromlinienprofil nach oben bewegt wird (nach links in Abb. 10.32, Flüssigkeit in Ruhe), bilden sich keine Wirbel (abgesehen von denen, die sich am Ende der Bewegung oberhalb des dicken Endes bilden, wenn die verdrängte Flüssigkeit nach oben zurückströmt). Wenn aber das Stromlinienprofil nach unten bewegt wird, bilden sich sofort Wirbel am dicken Ende.

10.10 Die dynamische Querkraft

Im Allgemeinen fällt die Richtung der ungestörten Strömung nicht mit einer Symmetrierichtung des umströmten Körpers zusammen. Ein Beispiel findet sich in Abb. 10.16b und im rechten Teilbild von Abb. 10.19. Dann liefert die Erfahrung einen neuen Befund: es kommt, wie Abb. 10.33 zeigt, zum Widerstand F_w in der Richtung der ungestörten Strömung eine zweite, *quer* zur Strömung gerichtete Kraft hinzu, genannt die Querkraft F_a. Die Resultierende beider ist die auf den umströmten Körper wirkende Gesamtkraft F.[6]

Man kann die Querkraft nicht völlig isolieren und, wie zuvor den Widerstand F_w, ganz für sich allein untersuchen. Wohl aber kann man den Widerstand F_w sehr klein gegen die gleichzeitig vorhandene Querkraft F_a machen. Man muss zu diesem Zweck Körper mit dem Profil einer Tragfläche oder eines Flügels nehmen, z. B. Abb. 10.34. Außerdem muss man ihn entweder „unendlich" lang machen oder ihn (wie in unserem Strömungsapparat, Abb. 10.8) durch Ebenen begrenzen.

An einer solchen Tragfläche ist die *Entstehung der Querkraft* gut zu übersehen. Man geht dabei von einem Vergleich der Abb. 10.16b und Abb. 10.34 aus: Beim Beginn der Bewegung entwickelt sich in Abb. 10.34 nur aus der hinten unten beginnenden Ausweichströmung ein zurückbleibender Anfahrwirbel. Sein Drehsinn ist rechts am oberen Bildrand mit dem Pfeil ⌒ vermerkt. Dieser treibt mit der Strömung davon. Aus der *vorne* unten beginnenden Ausweichströmung entwickelt sich statt eines Anfahrwirbels ein *drehungsfreies Wirbelfeld*, das die Tragfläche als Kern im Uhrzeigersinn (⌒) umkreist. Es hat oberhalb der Tragfläche die gleiche Richtung wie die gegen die Tragfläche anströmende Flüssigkeit, auf der Unterseite hingegen sind beide Strömungen einander entgegengesetzt. Infolgedessen strömt die Flüssigkeit oben rasch, unten langsam. Oben entsteht ein Gebiet verminderten statischen Drucks, die Tragfläche wird nach oben gesaugt, sie erfährt quer zur Richtung der ungestörten Strömung eine *dynamische Querkraft*.

Abb. 10.33 Querkraft und Widerstand bei einer nach links bewegten und daher schräg angeströmten Platte. (Die Resultierende steht nur bei dünnen Platten praktisch senkrecht zur Plattenfläche.)

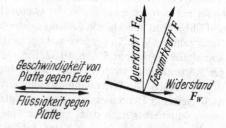

---

[6] Für Überschlagsrechnungen merke man sich als brauchbare Näherungen: Querkraft $F_a = \frac{1}{3}\varrho u^2 A$ und Widerstand $F_w \approx 1$ bis 10 % von F_a (A = Fläche von Platte oder Flügel).

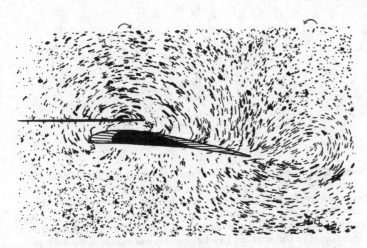

Abb. 10.34 Entstehung eines Anfahrwirbels aus der Ausweichströmung einer Tragfläche (man vergleiche mit Abb. 10.19), Flüssigkeit und Beobachter (Kamera) ruhen, Tragfläche bewegt sich nach links (im *gestrichelten Bereich*)[K10.24] **(Videofilm 10.3)**

Bei der Beobachtung der Ausweichströmung stören zweifellos die verwaschenen Umrisse der Tragfläche. Darum zeichnet man meist die gesamte Strömung, also Ausweichströmung und Parallelströmung, Abb. 10.35. Im ersten Augenblick entsteht eine Potentialströmung gemäß Abb. 10.35 oben. Dabei entsteht das in

Abb. 10.35 Zur Entstehung des Tragflächenauftriebes, *oben*: Potentialströmung ohne Wirbelfeld (Modellversuch), also die Stromlinien im Idealfall der Reibungslosigkeit **(Videofilm 10.1)**, *Mitte*: drehungsfreies Wirbelfeld, das durch die Anfahrwirbel im Realfall ($\eta > 0$) angeregt wird (schematisch), *unten*: Überlagerung beider. Das drehungsfreie Wirbelfeld lässt sich nicht allein beobachten, es ist aber in Abb. 10.34 deutlich zu erkennen. (s. auch **Videofilm 10.3** „Ausweichströmungen")

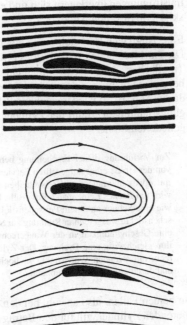

K10.24. Die von links in das Bild ragende Stange dient zur Halterung der Tragfläche. Ihr im Bild senkrechtes Verbindungsstück ist aufgrund der Bewegung nicht sichtbar.

Videofilm 10.3:
„Ausweichströmungen"
http://tiny.cc/ekayey

Videofilm 10.1:
„Stromlinien-Modellversuche"
http://tiny.cc/icikdy

Videofilm 10.3:
„Ausweichströmungen"
http://tiny.cc/ekayey

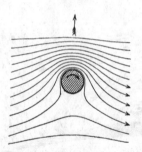

Abb. 10.36 Stromlinienverlauf um einen rotierenden Zylinder. Auf der Oberseite hat der Zylindermantel die gleiche Bewegungsrichtung wie die Ausweichströmung, dadurch wird oben die Bildung eines Anfahrwirbels verhindert. Auf der Unterseite sind beide Bewegungen einander entgegengerichtet, dadurch wird die Bildung eines sich ablösenden Anfahrwirbels begünstigt. Die Differenz der Drücke oberhalb und unterhalb der Rolle bewirkt die Auftriebskraft.

Abb. 10.37 Dynamische Querkraft eines rotierenden Zylinders (MAGNUS-Effekt) **(Videofilm 10.5)**

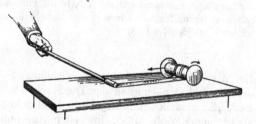

Videofilm 10.5: „MAGNUS-Effekt" http://tiny.cc/jkayey

Abb. 10.35 Mitte skizzierte drehungsfreie Wirbelfeld. Beide Potentialströmungen überlagern sich und ergeben das in Abb. 10.35 unten skizzierte Strömungsfeld.

Eine Tragfläche lässt sich durch einen rotierenden Zylinder ersetzen. Die Ausbildung des Wirbelfeldes erfolgt zeitlich ebenso wie bei den Tragflächen. Zunächst sieht man auf der Rückseite einen Anfahrwirbel entstehen und mit der Strömung wegtreiben. Schließlich verbleibt das in Abb. 10.36 wiedergegebene Bild. Bei den gezeichneten Bewegungsrichtungen erfährt der Zylinder eine Querkraft in Richtung des gefiederten Pfeils.

Zur Vorführung dieser Erscheinung benutzt man eine leichte Papprolle von der Größe einer aufgerollten Serviette (Abb. 10.37). Ihre Enden sind mit etwas überragenden Kreisscheiben abgeschlossen. Auf diese Rolle wird ein flaches Leinenband aufgerollt. Das freie Ende des Bandes wird wie eine Schnur an einem Peitschenstiel befestigt. Man schlägt den Peitschenstiel in waagerechter Richtung zur Seite. Dadurch erhält der Zylinder eine Geschwindigkeit in der Waagerechten. Das abrollende Band erteilt ihm gleichzeitig eine Drehung. Der Zylinder fliegt statt in einer waagerecht einsetzenden Wurfparabel in hochaufbäumender Flugbahn davon und durchläuft eine Schleifenbahn.

In beiden Fällen, also sowohl bei den Tragflächen als auch beim rotierenden Zylinder, gilt für den Betrag der dynamischen Querkraft F_a

die von M. W. KUTTA und N. J. JOUKOWSKI unabhängig voneinander entdeckte Beziehung

$$F_a = \varrho u \Gamma l \qquad (10.24)$$

(ϱ = Dichte, u = Geschwindigkeit der Parallelströmung, in Abb. 10.37 z. B. die Geschwindigkeit des Zylinders auf der Tischplatte, l = Länge der Tragfläche oder des rotierenden Zylinders, Γ = Stärke (Zirkulation) des die Tragfläche oder den rotierenden Zylinder der Länge l umgebenden Wirbels).[K10.25]

In Natur und Technik hat man es nie mit einer *ebenen* Umströmung von Tragflächen oder rotierenden Zylindern zu tun. Die Enden der Tragflächen oder Zylinder werden nicht beiderseits von ausgedehnten Ebenen, wie den Glaswänden des Strömungsapparates in Abb. 10.8, begrenzt. Auch kann man nicht unendlich lange Tragflächen oder Zylinder anwenden. – Die endlichen Längen bringen aber etwas grundsätzlich Neues. Das die Tragflächen umkreisende Wirbelfeld (Potentialwirbel) erzeugt nicht nur eine als Auftrieb verwertete Querkraft, sondern auch einen der Bewegung entgegengerichteten *Widerstand*. Man nennt ihn induzierten Widerstand. Seine Entstehung möge kurz angedeutet werden (Abb. 10.38): An den beiden seitlichen Enden der Tragflächen grenzen die Hochdruckgebiete der Bauchseite an die Tiefdruckgebiete des Rückens. Es strömt Luft vom Bauch zum Rücken. Es entstehen an beiden Enden Wirbel. Diese bilden zusammen mit dem Wirbelfeld um die Tragfläche als Kern und dem Anfahrwirbel einen einzigen geschlossenen Wirbel. Seine Länge nimmt dauernd zu, an den Tragflächenenden wird dauernd neue Luft in Drehung versetzt. Die dazu erforderliche Arbeit muss von einer Kraft verrichtet werden, und die zu ihr gehörige Gegenkraft ist der „induzierte Widerstand". – Ohne Widerstand brauchte

K10.25. Von A. FLETTNER (1885–1961) wurde der MAGNUS-Effekt zum Antrieb von Schiffen mit vertikal stehenden rotierenden Zylindern vorgeschlagen.

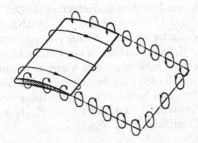

Abb. 10.38 Zur Entstehung des Tragflächenwiderstandes (induzierter Widerstand). Die *kleinen runden Pfeile* sollen nur den Sinn der Bewegung andeuten und nicht etwa den Bereich der Strömung abgrenzen (in Wirklichkeit sind es Spiralen). Die Luft strömt in einem weiten Bereich seitlich *neben* der von der Tragfläche überflogenen Fläche aufwärts. Darum fliegen manche Vögel, z. B. Enten und Gänse, gern seitlich hintereinander, „Keile" oder „Schnüre" bildend. Dann fliegt, vom Spitzentier abgesehen, jeder Vogel in aufwärts strömender Luft, und daher erreicht er seinen Auftrieb mit kleinerer Leistung. Nur dem Spitzentier fehlt diese Hilfe, daher muss es von Zeit zu Zeit abgelöst werden.

ein Flugzeug in reibungsfreier Luft keinen Motor, um eine konstante Höhenlage zu halten.

Zusammenfassung der Abschn. 10.9 und 10.10: Man kann außer durch *Reibung* in einer Grenzschicht noch auf zwei andere Arten Kräfte zwischen einer praktisch reibungsfreien Flüssigkeit und einem festen Körper herstellen. Erstens durch Wirbelbildung auf der Rückseite: Sie liefert (wie die Reibung in der Grenzschicht) einen *Widerstand* entgegen der Bewegungsrichtung. Zweitens durch ein drehungsfreies Wirbelfeld mit dem Körper als Kern: so entsteht die dynamische *Querkraft* (quer zur Richtung der ungestörten Strömung) und dabei, auch wenn der Körper gute Tragflächenform besitzt, infolge seiner endlichen Länge ein *induzierter Widerstand* (wie jeder Widerstand entgegen der Richtung, in der sich der Körper gegenüber der Flüssigkeit bewegt).

10.11 Anwendungen der Querkraft

Die auf rotierende Körper wirkende Querkraft (Auftriebskraft in Abb. 10.37) wird z. B. im Sport ausgenutzt. Beispiel: Ein „geschnittener", d. h. streifend geschlagener, Tennisball fliegt weiter als ein nicht rotierender, weil die Querkraft dem Gewicht des Balles entgegenwirkt. – Hingegen findet die auf Körper mit Flügelprofil wirkende Querkraft mannigfache Anwendungen: Als *Tragflächen* verwerten Flügel die zur Flugrichtung *senkrechte*, als *Segel* die *in* die Flugrichtung fallende Komponente der Querkraft. – Beispiele:

1. Ist für ein *Flugzeug* die Querkraft dem Gewicht des Flugzeuges entgegengesetzt gleich, so fliegt das Flugzeug horizontal, es genügt das in Abb. 10.33 gebrachte Schema. Die Geschwindigkeit wird normalerweise durch eine Maschine aufrechterhalten. Das Wesentliche ist schon in Abschn. 5.11 gesagt worden. – Nach Abstellen des Motors verzehren induzierter Widerstand (eine Folge der endlichen Flügellänge) und die Reibungsverluste in der Grenzschicht kinetische Energie. Diese Verluste müssen aus dem Vorrat an potentieller Energie ersetzt werden, d. h., das Flugzeug muss sich im Gleitflug langsam der Erde nähern. Der Neigungswinkel der Bahn wird durch das Verhältnis des Widerstandes zum Auftrieb, F_a/F_w, bestimmt, daher nennt man dieses Verhältnis die *Gleitzahl*.

Der Gleitflug bildet die Grundlage des Segelfluges, wie er von Sportfliegern und manchen Vögeln meisterhaft ausgeübt wird. – Beim Segelflug kann auf zweierlei Weise an Höhe gewonnen werden:

a) Durch den Gleitflug in aufwärtsströmender Luft.

Beispiele

Eine Möwe, die in dem schräg aufwärts gerichteten Luftstrom hinter dem Heck eines Schiffes schwebt. – Der Raubvogel, der am Rand eines Schlotes in der aufsteigenden warmen Luft seine Kreise zieht.

b) Durch Ausnutzung des vertikalen Gefälles der horizontalen Luftgeschwindigkeit. In der Grenzschicht der Luft über der Erdoberfläche (Boden oder Meer) wächst die horizontale Windgeschwindigkeit mit wachsender Höhe.

Beispiel

Der Albatros gleitet in der Windrichtung in flacher Bahn abwärts. Dabei sammelt er kinetische Energie. Dicht über der Meeresoberfläche macht er eine Schleife und richtet sich gegen den Wind. Dabei steigt er steil in die Höhe, weil er dank seinem Vorrat an kinetischer Energie in die Schichten zunehmender Windgeschwindigkeit eindringt und daher die auf seine Flügel wirkende Querkraft größer wird. Oben macht er abermals kehrt und gleitet mit dem Wind wieder abwärts, und so fort.

2. Ein *Kinderdrachen* wird im Wind vom Boden aus mit einem Bindfaden festgehalten. Dann kann die Luft diesen Drachen umströmen, ohne ihn in der Horizontalen fortzuführen. – Die Annäherung des Drachenprofils an eine gute Tragfläche ist zwar nur mäßig, aber völlig ausreichend.

3. Ein Schiff ist in seiner Längsrichtung leicht, in seiner Querrichtung schwer beweglich. Wie der Bindfaden einen Drachen, so vermag der Querwiderstand ein Schiff so im Wind zu halten, dass eine Umströmung des Segels zustande kommt. Das ermöglicht ein *Segeln* auch dann, wenn Wind- und Fahrtrichtung nicht zusammenfallen. In Abb. 10.39 segelt ein Schiff „am Wind", d. h., der Wind fällt schräg von vorne ein. Von der Geschwindigkeit des Windes gegen die Erde ist die Fahrgeschwindigkeit des Schiffes vektoriell zu subtrahieren. Infolgedessen strömt der Wind flach, d. h. unter kleinem Anstellwinkel, auf das Segel. Die *in* die Fahrtrichtung fallende Komponente F_v der Querkraft treibt das Schiff vorwärts. Die zur Fahrtrichtung senkrechte Komponente der Querkraft führt zu einem geringfügigen seitlichen Abtrieb.

4. Flügelrad der *Windmühle als Motor*. Abb. 10.40 gilt für einen kurzen Längenabschnitt eines Flügels. Der Wind fällt zwar senkrecht auf die Ebene des Flügelkreises, aber nur mit kleinem Anstellwinkel auf den Flügel. Die zum Flügelkreis parallele Komponente der Querkraft hält die Drehung des Flügelrades aufrecht. Dabei kann die Geschwindigkeit der Flügel in größerem Abstand von der Nabe die Windgeschwindigkeit um ein Mehrfaches übertreffen.

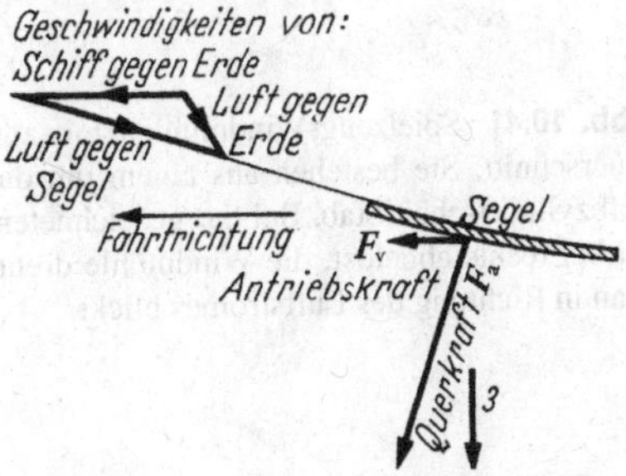

Abb. 10.39 Zum „Segeln am Wind". Der *Pfeil 3* zeigt die Richtung des seitlichen Abtriebes.

Abb. 10.40 Zur Wirkungsweise eines Windmühlenflügels. Die Komponente der Querkraft in Richtung des *Pfeils 3* beansprucht die vertikale Achse des Mühlengebäudes.

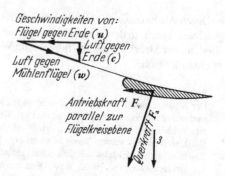

Um das ganz elementar verständlich zu machen, lege man einen glatten flachen Keil auf eine glatte horizontale Fläche und drücke den Keil in vertikaler Richtung mit einer Bleistiftspitze. Dann verschiebt sich der Keil horizontal um einen Weg, der länger ist als der von der Bleistiftspitze vertikal zurückgelegte.

Für ein Spielzeug kann man einem Windmühlenflügel einen symmetrischen, z. B. fast halbkreisförmigen Querschnitt geben (Abb. 10.41). Ein erster Anstoß gibt dem Flügel (an der Stelle des gezeichneten Querschnitts) eine Geschwindigkeit u gegen die Erde. Die Richtung von u bestimmt, ob der Anfahrwirbel an der linken oder an der rechten Kante des Flügels abgelöst wird. Davon hängt dann der Drehsinn der Zirkulation und des ganzen Flügels ab. Der Flügel wird von der Luft unter kleinem Anstellwinkel angeströmt. Alles Übrige wie in Abb. 10.40.

K10.26. In der ersten Auflage (1930) fügte POHL an dieser Stelle noch erläuternd hinzu: „Der Propeller eines Flugzeuges oder Dampfers bohrt sich ja keineswegs wie ein Korkenzieher in die Flüssigkeit hinein. Seine Flügel sind nichts weiter als rotierende Tragflächen." Diese Tatsache halte man sich auch bei der Besprechung der anderen Beispiele in diesem Abschnitt vor Augen!

5. *Flugzeugpropeller*.[K10.26] Die in Abb. 10.42 dargestellte Skizze gilt wieder für einen kurzen Längenabschnitt eines Flügels. Die zum Flügelkreis senkrechte Komponente der Querkraft hält als Antriebskraft die Geschwindigkeit des Flugzeuges aufrecht. Anders äußert sich ein im Flugzeug ruhender Beobachter, er sagt: Der Propeller ist ein Ventilator, er bläst einen *Luftstrahl* nach hinten. Bei der Erzeugung des Luftstrahls entsteht eine Gegenkraft. Sie wirkt auf das Flugzeug als Antrieb.

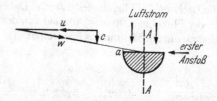

Abb. 10.41 Spielzeug-Windmühlen mit zwei Flügeln mit symmetrischem Querschnitt. Sie bestehen aus einem um die Achse *AA* drehbar gelagerten halbzylindrischen Stab. Bei der gezeichneten Stoßrichtung wird der Anfahrwirbel rechts abgelöst, die Windmühle dreht sich mit dem Uhrzeiger, wenn man in Richtung des Luftstromes blickt.

Abb. 10.42 Zur Wirkungsweise eines Propellerflügels

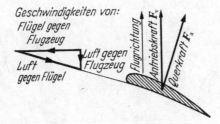

Natürlich lässt sich der Strahl statt mit einem freien Flügelrad auch mit einem eingekapselten Gebläse erzeugen. Moderne Düsenantriebe benötigen zum Antrieb nicht mehr eine Maschine mit hin- und hergehenden Kolben. Darin lag ein großer technischer Fortschritt.[K10.27]

K10.27. Die ersten Experimente zum Düsenantrieb wurden 1935 von HANS V. OHAIN (1911–1998) in Göttingen durchgeführt. Er war damals Doktorand und Assistent bei R.W. POHL. (s. z. B „The Jet Age", Smithsonian Institution, Washington, DC, 1979, S. 25, W.J. Boyne and D.S. Lopez, eds.)

Aufgaben

10.1 Zwei Kugeln mit den Radien R_1 und R_2, und den Dichten ϱ_1 und ϱ_2 sinken in Paraffinöl mit den konstanten Geschwindigkeiten u_1 und u_2. Man bestimme die Viskosität η und die Dichte ϱ des Öls. (Abschn. 10.3)

10.2 Ein zylindrisches Gefäß mit dem Radius R ist bis zur Höhe h mit Wasser gefüllt. Aus einer kleinen kreisrunden Öffnung am Boden soll das Wasser mit dem Volumenstrom $dV/dt = 1\ \text{cm}^3/\text{s}$ austreten. Wie groß muss der Radius r der Öffnung gewählt werden? (Abschn. 10.5)

Elektronisches Zusatzmaterial Die Online-Version dieses Kapitels (doi:10.1007/978-3-662-48663-4_10) enthält Zusatzmaterial, das für autorisierte Nutzer zugänglich ist.

Akustik

Schwingungslehre

11

11.1 Vorbemerkung

Die Kenntnis der Schwingungen und Wellen ist ursprünglich in engstem Zusammenhang mit dem Hören und mit musikalischen Fragen entwickelt worden. Unser Organismus besitzt ja in seinem Ohr einen überaus empfindlichen Indikator für mechanische Schwingungen und Wellen in einem erstaunlich weiten Frequenzbereich (ν etwa 20 Hz bis 20 000 Hz)[1]. Heute stellt man zweckmäßig allgemeine Fragen der Schwingungs- und Wellenlehre in den Vordergrund und bringt nur wenig aus der Akustik im engeren Sinn. Unter diesem Gesichtspunkt ist der Stoff dieses und des nächsten Kapitels ausgewählt und gegliedert.[K11.1]

K11.1. Die Akustik im engeren Sinn wird im nächsten Kapitel ab Abschn. 12.24 behandelt.

11.2 Erzeugung ungedämpfter Schwingungen

Bisher haben wir lediglich die Sinusschwingungen einfacher Pendel mit linearem Kraftgesetz behandelt. Das Schema derartiger Pendel fand sich in Abb. 4.13 und 4.14. Die Schwingungen dieser Pendel wurden durch Stoß gegen den Pendelkörper eingeleitet. Sie waren gedämpft, ihre Amplituden klangen zeitlich ab. Die Pendel verloren allmählich ihre anfänglich „durch Stoßanregung" zugeführte Energie, und zwar in der Hauptsache durch die unvermeidliche Reibung.

Nun braucht man jedoch für zahllose physikalische, technische und musikalische Zwecke *ungedämpfte* Schwingungen mit zeitlich konstant bleibender Amplitude. Die Herstellung derartiger ungedämpfter Schwingungen verlangt den ständigen Ersatz der oben genannten Energieverluste. Die für diesen Zweck ersonnenen Verfahren fasst man unter dem Namen der *Selbststeuerung* zusammen: Das Pendel betätigt selbst eine Vorrichtung, die es im richtigen Augenblick im Sinn seiner Bewegungsrichtung beschleunigt.

Das *klassische Vorbild jeder Selbststeuerung liefert die Pendeluhr*, Abb. 11.1. Sie entnimmt den Energieersatz der potentiellen Energie einer gehobenen Last M. Die Übertragung erfolgt durch ein „Steigrad" mit asymmetrisch geschnittenen Zähnen und durch einen mit dem Pendel starr verbundenen „Anker". Mit diesem Anker steuert das Pendel schrittweise ein Vorrücken des Steigrades und eine

---

[1] Die Frequenzeinheit ist 1 Hertz = $1\,\mathrm{s}^{-1}$ (Abkürzung Hz).

© Springer-Verlag Berlin Heidelberg 2017
K. Lüders, R.O. Pohl (Hrsg.), *Pohls Einführung in die Physik*, DOI 10.1007/978-3-662-48663-4_11

Abb. 11.1 Selbststeuerung eines Schwerependels mit Anker und Steigrad

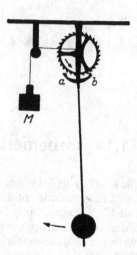

Energieabgabe durch die sinkende Last M. Dabei drückt in der gezeichneten Stellung ein Zahn gegen die Innenfläche des rechten
Ankerendes b und beschleunigt dabei den Pendelkörper im Pfeilsinn
nach links. Bald nach Passieren der Mittellage lässt das Pendel den
Zahn von b abrutschen und unmittelbar darauf fängt die Nase a das
Steigrad wieder auf. Der Zahn drückt gegen die Oberseite der Nase a,
der Pendelkörper wird nach rechts beschleunigt, und so fort.

Die Selbststeuerung wird praktisch in zahlreichen Varianten aus-
geführt, oft mit ausschließlicher Anwendung mechanischer Mittel.
Man kann z. B. den periodischen Anschluss eines schwingungsfä-
higen Gebildes an seine Energiequelle durch das „Verkleben" oder
„Verhaken" zweier relativ zueinander ruhender Körper erreichen.
Versuch:

> Wir sehen in Abb. 11.2 in Seitenansicht ein Schwerependel von der
> Größe eines mittleren Uhrpendels. Es ist mit zwei mit Leder gefütterten
> Klemmbacken an einer Achse von etwa 4 mm Dicke befestigt. Nach dem

Abb. 11.2 Selbststeuerung eines Schwerependels mit einer rotierenden reibenden Achse, Pendellänge etwa 30 cm,
Masse des Pendelkörpers etwa 200 g. Das Leder in den
Klemmbacken muss, wie bei einem Violinbogen, mit Kolo-
phonium bestrichen sein.

Abb. 11.3 Hydrodynamische Selbststeuerung einer Stimmgabel (**Videofilm 11.1**)

Abb. 11.4 Zur hydrodynamischen Selbststeuerung einer Stimmgabel (**Videofilm 11.1**)

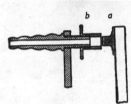

Videofilm 11.1: „Schwingungen einer Stimmgabel" http://tiny.cc/bmayey Der Film zeigt diese Stimmgabel. Man beachte darin auch die Einstellung der Selbststeuerung durch Verdrehung der Rändelschraube am Zylinder b in Abb. 11.4.

Ingangsetzen der Achse wird das Pendel nach vorn mitgenommen. Die Klemmbacken kleben oder haken an der Achse („Haftreibung"). Bei einer bestimmten Auslenkung wird das vom Gewicht des Pendels herrührende Drehmoment zu groß, die Klebeverbindung reißt. Die Backen gleiten, von Gleitreibung gebremst, auf der Achse. Das Pendel schwingt nach hinten. Bei dem dann folgenden Rücklauf des Pendels nach vorn wird in einem bestimmten Augenblick die Relativgeschwindigkeit zwischen Backenfutter und Achsenumfang gleich null. Beide Körper sind gegeneinander in Ruhe, die Backen kleben wieder fest, das Pendel wird bis zur Abreißstellung nach vorn mitgenommen. Es beginnt die zweite Schwingung mit der gleichen Amplitude wie die erste, und so fort.

Sehr verbreitet sind auch Selbststeuerungen mit strömender Luft. Abb. 11.3 zeigt eine solche für den Betrieb einer Stimmgabel.

Der wesentliche Teil ist in Abb. 11.4 im Schnitt dargestellt. Ein Kolben a passt mit kleinem Spielraum in den Zylinder b, berührt jedoch nirgends. Der Zylinder wird mit einer Druckluftleitung verbunden. Der Luftdruck treibt den Kolben aus seiner Ruhelage im Zylinder heraus und damit die Stimmgabelzinke nach rechts. Nach dem Austritt des Kolbens entsteht zwischen Kolben und Zylinderwand ein ringförmiger Spalt. Durch diesen Spalt entweicht die Luft mit eng zusammengedrängten Stromlinien. Folglich wird nach der BERNOULLI'schen Gleichung (Gl. (10.13)) der statische Druck der Luft gering und der Kolben zurückgesaugt.

Schon lange hat die Anwendung *elektrischer* Hilfsmittel für die Selbststeuerung *mechanischer* Schwingungen große Bedeutung gewonnen. Das älteste Beispiel liefert die heute schon Schulkindern geläufige Hausklingel (Abb. 11.5). Ein Pendel mit einer eisernen Pendelstange schwingt vor dem Pol eines Elektromagneten M. Die Pendelstange trägt die Kontaktfeder eines Stromunterbrechers S.

Bei der Wirkungsweise der Hausklingel wird der entscheidende Punkt häufig verkannt. Während des Stromschlusses wird der Pendelkörper vom Elektromagneten beschleunigt. Diese Beschleunigung erfolgt nicht nur während der Viertelschwingung 1 → 0, sondern ebenfalls während der Viertelschwingung 0 → 1. Aber auf dem Weg 0 → 1 hat die

Abb. 11.5 Selbststeuerung eines Schwerependels mit einem Elektromagneten

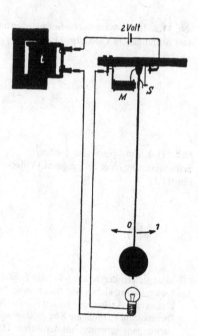

Beschleunigung ein falsches Vorzeichen. Sie ist der Pendelbewegung entgegengerichtet. Sie verzögert das Pendel und vermindert seine Energie. Folglich muss unbedingt eine Zusatzbedingung erfüllt werden: Der Energiegewinn auf dem Weg 1 → 0 muss größer sein als der Energieverlust auf dem Weg 0 → 1. Nur die Differenz dieser beiden Energiebeträge kommt dem Pendel zugute. Praktisch heißt das: Der Strom im Elektromagneten muss während des Weges 0 → 1 im zeitlichen Mittel kleiner sein als während des Weges 1 → 0. Der Strom im Elektromagneten muss also nach 0 → 1 zeitlich ansteigen.

Technisch ergibt sich dieser Stromanstieg durch die Selbstinduktion des Stromkreises. – Zur Vorführung benutzt man, wie in Abb. 11.5, ein *langsam* schwingendes Schwerependel ($\nu = 2$ Hz) und im Stromkreis eine Hilfsspule L mit großer Induktivität (s. Bd. 2, Kap. 10). Ein Glühlämpchen unter der Ruhestellung des Pendels lässt den langsamen Stromanstieg (Abb. 11.6) bequem verfolgen: Das Lämpchen beginnt während jeder Schwingung erst dann zu leuchten, wenn das Pendel beim Höchstausschlag 1 umkehrt.

Abb. 11.7 zeigt die Aufzeichnung der Klöppelschwingungen einer Hausklingel nach Entfernung der Glockenschale. Die Klöppelstange ist in bekannter Weise (Abb. 1.9) vor einen Spalt gesetzt und ihre Bewegung fotografisch aufgenommen worden.[K11.2] Der zeitliche Verlauf der Schwingungen lässt in diesem Fall deutlich Abweichungen vom Bild der einfachen Sinuskurven erkennen: Die Bögen erscheinen ein wenig zugespitzt. *Bei jeder Selbststeuerung leidet die Sinusform der Schwingung.* Man erkauft die Beseitigung der Dämpfung mit einem Verzicht auf strenge Sinusform der Schwingungen. Doch lassen sich die Abweichungen bei zweckmäßiger Bauart erheblich geringer machen als in dem absichtlich übertreibenden Schauversuch.

K11.2. Siehe auch im Folgenden Abb. 11.22 und 11.23.

Abb. 11.6 Der Stromverlauf bei der Selbststeuerung in Abb. 11.5 (Hausklingelschema)

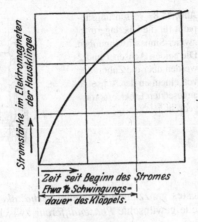

Abb. 11.7 Zeitlicher Verlauf der nichtsinusförmigen Schwingungen des Klöppels einer Hausklingel

Viele der heutigen Selbststeuerungen mechanischer Schwingungen mit elektrischen Mitteln verwenden Trioden (Elektronenröhren und Transistoren). Beispiele findet man in Bd. 2, Kap. 11.

11.3 Darstellung nichtsinusförmiger periodischer Vorgänge und Strukturen mithilfe von Sinuskurven

Ausschlag, Geschwindigkeit usw. der meisten periodischen Vorgänge verlaufen nicht sinusförmig. Ebenso zeigen die meisten periodischen Strukturen nicht das Profil einer einfachen Sinuskurve. Trotzdem spielen die Sinuskurven in der Physik eine große Rolle: Man kann nichtsinusförmige Kurven mithilfe einfacher Sinuskurven *darstellen, d. h. sowohl herstellen als auch beschreiben*. Das zeigen wir zunächst mit Schwingungen, die wir *kinematisch* erzeugen, und zwar anknüpfend an den bekannten Zusammenhang von Kreisbahn und Sinuskurve (Abschn. 1.7 und 4.3). Wir beginnen mit der Überlagerung zweier sinusförmiger Schwingungen verschiedener Frequenz. Wir bewegen einen Stab vor einem Spalt in einer Kreisbahn und betrachten die zeitliche Reihenfolge der Spaltbilder räumlich nebeneinander (Polygonspiegel im Strahlengang). Wir sehen den Stab und den Spalt oben im Fenster in Abb. 11.8. Der Stab ist beiderseits mit seinen Enden am Umfang zweier Kreisscheiben *I* und *II* gefasst. Diese werden durch einen Elektromotor gedreht. Die Zahnräder erlauben ein

K11.3. Sicherlich kann man
solche Überlagerungen heutzutage sehr viel einfacher mit
elektronischen Hilfsmitteln
vorführen. Die mechanischen
Geräte haben aber vielleicht
den Vorteil, dass alles „hand-
greiflich" ist!

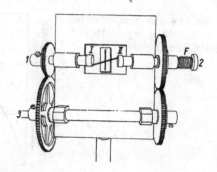

Abb. 11.8 Vorführungsap-
parat für die Überlagerung
zweier Sinusschwingungen.
Die beiden Achsen *1* und *2*
werden über die Zahnräder
von einem an der Achse *3*
angesetzten Elektromotor
gedreht.[K11.3]

festes ganzzahliges *Frequenzverhältnis* herzustellen und außerdem
jede gewünschte *Phasendifferenz* zwischen den beiden Schwingungen.

Dazu kann man das von der Schraubenfeder *F* gehaltene obere Zahnrad
rechts zur Seite ziehen, gegen das untere um einen gewünschten Winkel
verdrehen und dann wieder einklinken.

Der Spalt ist innerhalb des Fensters horizontal verschiebbar. Dadurch
kann das *Verhältnis der Amplituden* beider Schwingungen auf einen
gewünschten Wert eingestellt werden.

Schwingungen S, deren Frequenzen sich nach Herausheben gemeinsamer Teiler wie ganze Zahlen verhalten, unterscheiden wir fortan
mit diesen Zahlen in Indexstellung, also S_1, S_2, S_3 ... Die gleichen
Indizes benutzen wir für die Amplituden A. – Jetzt einige Beispiele:

In Abb. 11.9 sehen wir die Aufzeichnung zweier sinusförmiger
Schwingungen S_1 und S_5, d. h. also Schwingungen, deren Frequenzen
sich zueinander wie 1 : 5 verhalten. Für das Verhältnis der Amplituden A_1 : A_5 ist rund 3 : 1 gewählt worden. Das untere Teilbild zeigt

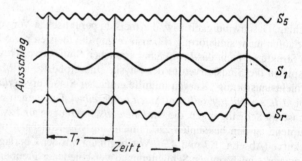

Abb. 11.9 Überlagerung zweier sinusförmiger Schwingungen S_1 und S_5,
also zweier Schwingungen, deren Frequenzen sich wie 1 : 5 verhalten,
Amplituden-Verhältnis A_1 : A_5 ≈ 3 : 1. Dieses Bild sowie die folgenden
Abb. 11.10 und 11.11 sind fotografische Aufzeichnungen, ausgeführt mit dem
in Abb. 11.8 gezeigten Apparat.

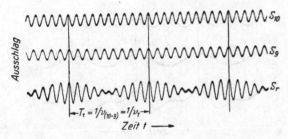

Abb. 11.10 Überlagerung zweier sinusförmiger Schwingungen S_{10} und S_9, also zweier Schwingungen, deren Frequenzen sich wie 10 : 9 verhalten und deren Amplituden angenähert gleich sind. Die resultierende Kurve S_r ist die einer Schwebung.

die Überlagerung: Die Aufzeichnung der Schwingung S_r gleicht einer Sinuskurve, die von einer stark zitternden Hand gezeichnet ist.

In Abb. 11.10 zeigen wir oben zwei Sinusschwingungen S_9 und S_{10} mit nahezu gleich großen Amplituden, $A_9 \approx A_{10}$. Die Überlagerung beider Sinuskurven findet sich in dem unteren Teilbild S_r. Es gleicht äußerlich einer Sinuskurve mit periodisch veränderlicher Amplitude. Man nennt eine solche Kurve eine *Schwebungskurve*. Die oft ν_s genannte Schwebungsfrequenz[K11.4] ist gleich der Differenz $\Delta \nu$ der beiden Frequenzen. In dem gewählten Beispiel kommt die Schwingung in jedem Schwebungsminimum zur Ruhe. Im Zeitpunkt eines Minimums sind die gleich großen Amplituden der beiden Teilschwingungen einander entgegengesetzt gerichtet, ihre Phasendifferenz beträgt 180°. Im Zeitpunkt eines Schwebungsmaximums hingegen addieren sich beide Amplituden mit der Phasendifferenz null zum doppelten Wert der Einzelamplituden. Für zwei Teilschwingungen ungleicher Amplituden werden die Schwebungsminima weniger vollkommen ausgebildet.

In Abb. 11.11 sehen wir oben die Aufzeichnungen zweier Schwingungen S_1 und S_2 mit dem Amplitudenverhältnis $A_1 : A_2 \approx 3 : 2$. Die Überlagerung ergibt eine zur Zeitachse symmetrisch verlaufende Kurve S_r.

In Abb. 11.11 unten benutzen wir die gleichen Schwingungen S_1 und S_2 wie im oberen Teilbild, jedoch beginnt die Schwingung S_2 zur Zeit $t = 0$ mit der Phase 90° oder ihrem Höchstausschlag, wohingegen S_1 den Ausschlag null hat. Die resultierende Schwingung S_r zeigt trotz gleicher Amplituden und Frequenzen ein erheblich anderes Aussehen. Sie verläuft unsymmetrisch zur Zeitachse. In diesem Beispiel zeigt sich deutlich der Einfluss der Phase auf die Gestalt der resultierenden Kurve.

So weit die Überlagerung von nur zwei Sinusschwingungen: Wir konnten in den Abb. 11.9 bis 11.11 die Kurven nichtsinusförmiger Gestalt schon durch zwei Sinuskurven „darstellen", also sowohl herstellen als auch beschreiben.

K11.4. Man beachte, dass diese Schwebungsfrequenz doppelt so groß ist wie die aus der trigonometrischen Summenformel
$$\sin \alpha + \sin \beta =$$
$$2 \sin \frac{\alpha + \beta}{2} \cdot \sin \frac{\alpha - \beta}{2}$$
hergeleitete Differenzfrequenz.

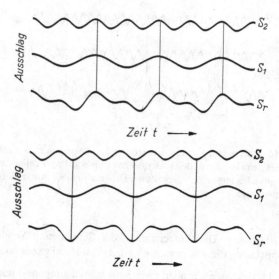

Abb. 11.11 Überlagerung zweier Schwingungen S_1 und S_2, also zweier Schwingungen, deren Frequenzen sich wie 1 : 2 verhalten. Der Vergleich der beiden resultierenden Kurven S_r zeigt den Einfluss der Phasen auf deren Gestalt.

Bei den nichtsinusförmigen Schwingungen der Abb. 11.9 bis 11.11 wiederholt sich nach je einer Periode T_1 ein bestimmter Schwingungsverlauf in allen Einzelheiten. Den Kehrwert $1/T_1$ nennt man die Grundfrequenz ν_1 des nichtsinusförmigen Schwingungsvorganges. Die Frequenzen der beiden Teilschwingungen sind ganzzahlige Vielfache dieser Grundfrequenz.

In entsprechender Weise lassen sich durch Hinzunahme weiterer Teilschwingungen auch kompliziertere Schwingungskurven „darstellen". Amplituden und Phasen der Teilschwingungen sind passend zu wählen. Ihre Frequenzen müssen ausnahmslos ganzzahlige Vielfache der Grundfrequenz des darzustellenden Kurvenzuges bilden. – Zwei Beispiele:

K11.5. Eine Apparatur zur mechanischen Überlagerung von *drei* Schwingungen wurde von G. BEUERMANN beschrieben (Praxis der Naturwissenschaften **27**, 227 (1978)).

In Abb. 11.12 haben wir oben eine Schwebungskurve aus zwei Teilschwingungen S_9 und S_{10} dargestellt. Dieser Schwebungskurve wollen wir jetzt eine dritte Sinuskurve $S_1 = S_{(10-9)}$ überlagern.[K11.5] Ihre Frequenz soll also gleich der Differenz der beiden anderen Frequenzen sein. Außerdem sollen ihre positiven Maxima mit denen der Schwebungskurve zusammenfallen. – Durch die Addition einer solchen Differenzschwingung entsteht aus der ursprünglich zur Abszissenachse symmetrischen Schwebungskurve eine asymmetrische. Der Betrag der Asymmetrie hängt in ersichtlicher Weise von der Amplitude der benutzten Differenzschwingung ab.

Im zweiten Beispiel wollen wir die in Abb. 11.13 oben skizzierte Schwingung I, eine periodische Folge von „Rechtecken" oder „Kästen", mithilfe von Sinusschwingungen darstellen. Das gelingt schon

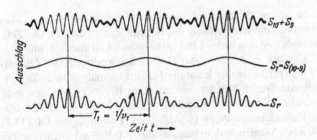

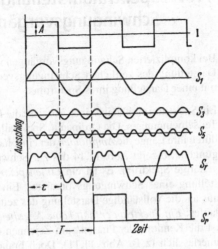

Abb. 11.12 Asymmetrischer Schwingungsverlauf S_r bei Überlagerung zweier Sinusschwingungen S_{10} und S_9 mit ihrer Differenzschwingung $S_1 = S_{(10-9)}$. Die Frequenz dieser Schwingung ist also gleich der Differenz der beiden anderen Frequenzen.

Abb. 11.13 Darstellung einer kastenförmigen Schwingung I mithilfe dreier Sinusschwingungen S_1, S_3 und S_5. S_r ist die resultierende Kurve. In der Kurve S'_r ist die Kurve I durch Anheben um die Höhe A ganz auf die Oberseite der Abszissenachse verschoben (s. Abb. 11.14).

dann mit leidlicher Näherung, wenn man nur drei Sinuskurven S_1, S_3 und S_5 graphisch addiert. Man erhält die Kurve S_r. Die Annäherung lässt sich beliebig verbessern, wenn man die Sinuskurven S_7, S_9... hinzunimmt.

Die in Abb. 11.13 skizzierte Schwingung I können wir also näherungsweise mithilfe der drei darunter abgedruckten Sinusschwingungen beschreiben. In analytischer Form hat die Beschreibung folgendes Aussehen:

$$x = \frac{4A}{\pi} \left(\sin \omega t + \frac{1}{3} \sin 3\omega t + \frac{1}{5} \sin 5\omega t + \cdots \right) \qquad (11.1)$$

(x = Ausschlag, A = Amplitude der Rechteckfunktion, $\omega = 2\pi/T$).

Dieses Beispiel einer „FOURIER-*Analyse*", d. h. der Beschreibung eines komplizierten Schwingungsvorganges durch eine Summe von Sinusschwingungen, deren Kreisfrequenzen ganzzahlige Vielfache der Grund-Kreisfrequenz ω sind, kann die große Wichtigkeit dieser Methode nur andeuten. Selbstverständlich kann die FOURIER-Analyse auch für räumlich variierende Strukturen verwendet werden. Man hat dann nur die Beschriftung der Koordinaten zu ändern. Die Zeit-Koordinate t ist durch eine Längen-Koordinate zu ersetzen, und $\omega = 2\pi/T$ durch $k = 2\pi/D$, wobei D, die Längenperiode, der Zeitperiode T entspricht. Ferner kann die FOURIER-Analyse auch für fortschreitende Wellen benutzt werden. Zum Beispiel kann eine nach rechts, also in positiver z-Richtung mit der Geschwindigkeit u laufende kastenförmige Welle (s. Abb. 11.13) mithilfe von Gl. (11.1) beschrieben werden, indem man ωt durch $(\omega t - kz)$ ersetzt, wobei $\omega/k = (2\pi/T)/(2\pi/D) = D/T = u$ ist.

11.4 Spektraldarstellung komplizierter Schwingungsvorgänge

Bei komplizierten Schwingungsvorgängen verzichtet man oft auf die Darstellung des zeitlichen Schwingungsverlaufes und begnügt sich mit einer Darstellung ihres Spektrums.

Ein Spektrum enthält in seiner Abszisse die *Frequenzen* der einzelnen Teilschwingungen. Die Ordinaten, Spektrallinien genannt, markieren durch ihre Länge die *Amplituden* der einzelnen benutzten Teilschwingungen. So zeigt Abb. 11.14 das zur Schwingung S_r' in Abb. 11.13 gehörige Spektrum. Es ist ein *Linienspektrum*, die einfachste Darstellung eines Schwingungsvorganges. Ein Spektrum sagt weniger aus als die vollständige Darstellung des zeitlichen Schwingungsverlaufes: *Ein Spektrum enthält keine Angaben über die Phasen.* Zwar ist die Kenntnis der Phasen zum Zeichnen der Schwingungskurven unerlässlich (z. B. Abb. 11.11). Doch braucht man diese Kenntnis nicht für eine Reihe physikalisch bedeutsamer, mit nichtsinusförmigen Schwingungen verknüpfter Aufgaben.

In Abb. 11.13 handelt es sich um einen Sonderfall. Es war $\tau/T = 1/2$. Wird das Verhältnis τ/T kleiner, so steigt die Anzahl der erfor-

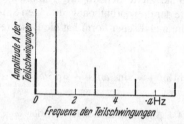

Abb. 11.14 Frequenzspektrum der unten in Abb. 11.13 dargestellten kastenförmigen Schwingung S_r', a ist eine beliebige Zahl, z. B. 10^3, die aus den benutzten Frequenzen als gemeinsamer Teiler herausgenommen ist. – Für das zur Abszissenachse symmetrische Schwingungsbild I in der obersten Zeile von Abb. 11.13 würde die Spektrallinie der Frequenz null wegfallen.

Abb. 11.15 *Kurve I*: Darstellung einer kastenförmigen Schwingung, bei der die Zeitdauer τ der Ausschläge (z. B. Ströme) sehr viel kleiner ist als die Periode *T*. *Kurve II* zeigt die ersten 20 Spektrallinien des zugehörigen Linienspektrums. Eine Spektrallinie bei der Frequenz null bedeutet einen „konstanten" Ausschlag, (z. B. einen zeitlich konstanten Gleichstrom). *Kurve III* ist die Resultierende der ersten 10 Teilschwingungen, *Kurve IV* die Resultierende der ersten 20 Teilschwingungen.

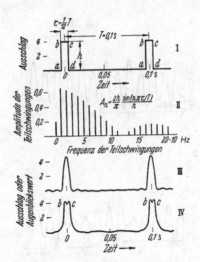

derlichen Sinusschwingungen. Als Beispiel wählen wir in Abb. 11.15 $\tau/T = 1/12$.

In Abb. 11.15 ist das Frequenzspektrum dieser kastenförmigen Schwingung mit den ersten 20 Spektrallinien dargestellt. Setzt man die ersten 10 dieser Teilschwingungen zusammen, so erhält man die periodische Kurve III, es fehlen also noch die scharfen oberen Ecken *b* und *c*. Im Teilbild IV sind die nächstfolgenden 10 Spektrallinien hinzugenommen worden. Dadurch hat wenigstens die Ausbildung der oberen Ecken *b* und *c* begonnen. Für die Ausbildung der unteren Ecken *a* und *d* muss man eine große Zahl weiterer Spektrallinien hinzunehmen. Gleiches gilt ganz allgemein für Kurvenstücke mit geraden, steil zur Zeitachse stehenden Teilstücken, z. B. dem einseitig steilen Sägezahnprofil.

Wir bringen noch zwei weitere Spektren wichtiger Schwingungsvorgänge.

1. *Frequenzspektren gedämpfter Sinusschwingungen bei periodischer Stoßanregung.* Wir nehmen der Kürze halber ein numerisches Beispiel: Irgendein schwingungsfähiges Gebilde soll *ohne* Dämpfung Sinusschwingungen der Frequenz $\nu = 400\,\text{Hz}$ ausführen. Einmal angestoßen, ergibt sich eine Sinuskurve von konstanter Amplitude und unbegrenzter Länge. Das Spektrum besteht aus nur einer einzigen Spektrallinie mit der Frequenz $400\,\text{Hz}$.

Dann werde dies schwingungsfähige Gebilde irgendwie gedämpft. Infolgedessen zeigt es jetzt nach einer *einmaligen Stoßanregung* eine Schwingung mit abklingender Amplitude und begrenzter Länge (Abb. 11.16g). Darüber sehen wir die Schwingungen des gleichen Gebildes bei *periodisch wiederholter Stoßanregung*. Im Teilbild e erfolgt ein neuer Anstoß nach jeweils 8, im Bild c nach jeweils 5, im Bild a schon nach jeweils 2 Schwingungen. Neben jeder dieser drei Zeitfunktionen finden wir das zugehörige Spektrum. Keines von ihnen zeigt noch das einfache Spektrum der ungedämpften Schwingung, also nur eine einzige Spektrallinie bei der Frequenz $400\,\text{Hz}$.

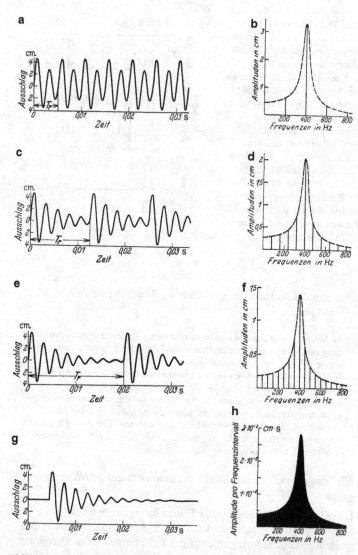

Abb. 11.16 Der zeitliche Verlauf der gleichen gedämpften Sinusschwingung mit Stoßanregung verschiedener Frequenz, **a**: Anstoß nach je 2 Schwingungen oder Stoßfrequenz 200 Hz, **c**: Anstoß nach je 5 Schwingungen oder Stoßfrequenz 80 Hz, **e**: Anstoß nach je 8 Schwingungen oder Stoßfrequenz 50 Hz, **g**: Anstoß erfolgt nur einmal, **b, d, f**: Frequenzspektren (FOURIER-Transformationen) der nebenstehenden Schwingungskurven (man beachte die Ordinatenmaßstäbe), **h**: Kontinuierliches Spektrum (FOURIER-Integral) der nebenstehenden, nur einmal angestoßenen gedämpften Schwingung

Zu der ursprünglichen Frequenz 400 Hz gesellt sich eine ganze Reihe weiterer Spektrallinien. In jedem der drei Spektren ist die niedrigste Frequenz die der Stoßfolge oder kurz *Stoßfrequenz*. Sie beträgt in den drei Spektren von oben beginnend 200, 80 und 50 Hz. Die

Stoßfrequenz ist die Grundfrequenz v_1 der drei nichtsinusförmigen Schwingungen. Alle übrigen Spektralfrequenzen müssen ganzzahlige Vielfache der jeweils benutzten Stoßfrequenz sein. Infolgedessen können die Spektrallinien bei verschiedenen Stoßfrequenzen nur in einzelnen Fällen zusammenfallen. Aber sie befinden sich – das ist wesentlich – stets im gleichen Frequenz*bereich*. Man nennt ihn *Formantbereich* (gestrichelte Kurven in den Teilbildern b, d und f).

Mit sinkender Stoßfrequenz nimmt die Zahl der zur Spektraldarstellung benötigten Teilschwingungen oder Spektrallinien dauernd zu. Man braucht eine immer größere Zahl von Sinusschwingungen, um durch gegenseitiges Wegheben ihrer Amplituden die weiten Lückenbereiche zwischen den gedämpften Schwingungen darzustellen. So gelangen wir endlich im Grenzübergang zu

2. *Kontinuierliches Spektrum einer gedämpften Schwingung bei einmaliger Stoßanregung*. Wir haben in Abb. 11.16g die gedämpft abklingende Schwingung nach einer einmaligen Stoßanregung und im Teilbild h ihr Spektrum aufgetragen. Die Spektrallinien sind jetzt unendlich dicht gehäuft. Sie erfüllen kontinuierlich den Bereich der oben punktierten umhüllenden Kurve. Diese Kurve ist demgemäß mit schwarzer Fläche gezeichnet worden. An die Stelle des Spektrums mit einzelnen separaten Linien ist ein *kontinuierliches Spektrum* getreten.

Diese wichtigen Zusammenhänge haben wir nur beschreibend mitgeteilt. Ihre analytische Herleitung wird in allen mathematischen Lehrgängen als FOURIER-Analyse ausgiebig behandelt.[K11.6]

K11.6. Zum Beispiel in H.J. Pain, „The Physics of Vibrations and Waves", John Wiley, New York, 4. Aufl. 1993, Kap. 9.

11.5   Elastische Transversalschwingungen gespannter linearer fester Körper

Schwingungsfähige Gebilde oder Pendel haben wir bisher stets auf ein einfaches *Schema* zurückgeführt, einen trägen Körper zur Aufnahme der kinetischen Energie und eine elastische Feder zur Aufnahme potentieller Energie. Die übersichtlichste Form dieses Schemas war die Kugel zwischen zwei gespannten Schraubenfedern (Abb. 4.13). Diese Anordnung heiße fortan ein *Elementarpendel*. Dies Schema war für die Mehrzahl der von uns bisher benutzten schwingungsfähigen Gebilde ausreichend, wenngleich manchmal etwas gewaltsam. Es reicht aber keineswegs für alle vorkommenden Fälle aus. Sehr häufig ist eine getrennte Lokalisierung von trägem Körper und Feder nicht möglich. Es können ja schließlich alle beliebig gestalteten Körper schwingen. Das sagt uns die Erfahrung des täglichen Lebens. Damit gelangen wir zu dem Problem der elastischen Eigenschwingungen beliebiger Körper.

Eine Schwingung des Elementarpendels in der Längsrichtung seiner Feder heißt *Longitudinalschwingung*, eine in Richtung quer zur

Abb. 11.17 Transversalschwingungen zweier gekoppelter Elementarpendel, beide Körper in Phase (Momentbilder)

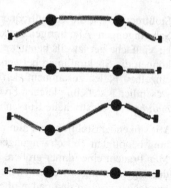

Abb. 11.18 Transversalschwingungen zweier gekoppelter Elementarpendel, die Körper gegeneinander um 180° phasenverschoben (Momentbilder)

Federlänge *Transversalschwingung*. Zunächst wollen wir Transversalschwingungen untersuchen.

In Abb. 11.17 und 11.18 sind zwei solcher Elementarpendel aneinandergefügt oder *gekoppelt*. Dies Gebilde kann in zweifacher Weise schwingen: Im ersten Fall schwingen beide Kugeln *gleichsinnig oder in Phase*. In Abb. 11.17 sind zwei Momentbilder dieser Schwingungen eingezeichnet. Im zweiten Fall schwingen beide Kugeln *gegensinnig oder um* 180° *phasenverschoben*. Auch hier sind wieder zwei Momentbilder skizziert (Abb. 11.18).

Die Frequenzen sind in beiden Fällen verschieden. In Abb. 11.18 beobachten wir mit der Stoppuhr eine höhere Frequenz als in Abb. 11.17. Bei zwei miteinander gekoppelten Elementarpendeln beobachten wir also zwei transversale Eigenschwingungen mit den Frequenzen ν_1 und ν_2.

In ganz entsprechender Weise sind in Abb. 11.19 drei Elementarpendel miteinander gekoppelt. Diesmal sind drei verschiedene Transversalschwingungen möglich, alle drei sind durch geeignete Momentbilder belegt. Ihre experimentelle Vorführung bietet keine Schwierigkeit. Bei drei gekoppelten Elementarpendeln erhalten wir also drei Eigenfrequenzen.

Abb. 11.19 Die drei möglichen Transversalschwingungen dreier gekoppelter Elementarpendel (Momentbilder)[K11.7]

K11.7. Bei der Nomenklatur muss man aufpassen: Die erste Eigenschwingung heißt auch Grundschwingung, die zweite Eigenschwingung erste Oberschwingung, usw.!

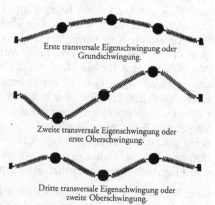

Erste transversale Eigenschwingung oder Grundschwingung.

Zweite transversale Eigenschwingung oder erste Oberschwingung.

Dritte transversale Eigenschwingung oder zweite Oberschwingung.

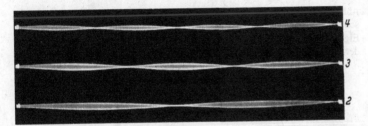

Abb. 11.20 Fotografische Zeitaufnahme (Seitenansicht) der zweiten bis vierten transversalen Eigenschwingung eines gespannten Gummizugbandes, *helles Band vor dunklem Grund.* Wo das Band *grau* erscheint, erreicht seine Geschwindigkeit quer zur Längsrichtung große Werte. Zur Anregung einer Eigenschwingung der Frequenz ν wird ein Ende des Bandes von einem Motor periodisch bewegt, und zwar entweder *quer* zur Bandrichtung mit der Frequenz ν oder *in* der Bandrichtung mit der Frequenz 2ν. Im zweiten Fall nennt die Technik die Anregung *parametrisch*, weil die Bandspannung als Parameter periodisch geändert wird. (Sie erreicht während *einer* Periode der Eigenschwingung *zweimal* einen Höchstwert.) (**Videofilm 11.2**, s. auch **Videofilm 1**)

Videofilm 11.2: „**Transversale Eigenschwingungen eines Gummibandes**" http://tiny.cc/gmayey Der Film zeigt transversale Eigenschwingungen (stehende Wellen) bis zur achten Eigenschwingung.

Videofilm 1: „**R.W. POHL in der Vorlesung**" http://tiny.cc/02hkdy

In dieser Weise kann man nun beliebig fortfahren. Für eine Kette von N gekoppelten Elementarpendeln erhält man N Eigenschwingungen. Im Grenzübergang gelangt man zu kontinuierlichen linearen Gebilden. Für ein solches ist also eine praktisch unbegrenzte Anzahl von transversalen Eigenschwingungen zu erwarten. Als erstes Beispiel bringen wir ungedämpfte Transversalschwingungen eines horizontal ausgespannten Gummizugbandes. Abb. 11.20 zeigt in Seitenansicht fotografische Zeitaufnahmen seiner zweiten bis vierten transversalen Eigenschwingung. In jedem dieser Beispiele sehen wir *drei* Größen längs des Bandes *periodisch* verteilt, nämlich die transversalen *Ausschläge*, die transversale *Geschwindigkeit* und die *Neigung* des Bandes gegen seine Ruhelage. Alle drei Größen zeigen *Knoten* und *Bäuche.* In ihren Knoten bleibt jede der drei Größen dauernd gleich null. In ihren Bäuchen erreichen die drei Größen ihre größten Werte. Die Bäuche der Ausschläge und die Bäuche der Geschwindigkeit liegen an den gleichen Stellen und ebenso die Knoten beider. Die Bäuche der Neigung hingegen liegen dort, wo Ausschlag und Geschwindigkeit Knoten haben, also z. B. an den beiden Enden des Bandes.

Für eine rein kinematische Veranschaulichung transversaler Eigenschwingungen genügt ein sinusförmig gebogener Draht mit einer Kurbel an einem Ende (Abb. 11.21). Diesen Draht versetzt man vor der Projektionslampe in Drehungen um seine Längsachse. Das Bild lässt dann die einzelnen Momentbilder der Schwingungen (oft kurz „Schwingungsphasen" genannt) nacheinander beobachten. Bei raschen Kurbeldrehungen kann man bequem den Übergang zu den aus Abb. 11.20 ersichtlichen Zeitaufnahmen erreichen. Diese primitive Vorrichtung ist recht nützlich.

Wir greifen noch einmal auf Abb. 11.20 zurück und denken uns gegen das in der vierten Eigenschwingung schwingende Band in der Pa-

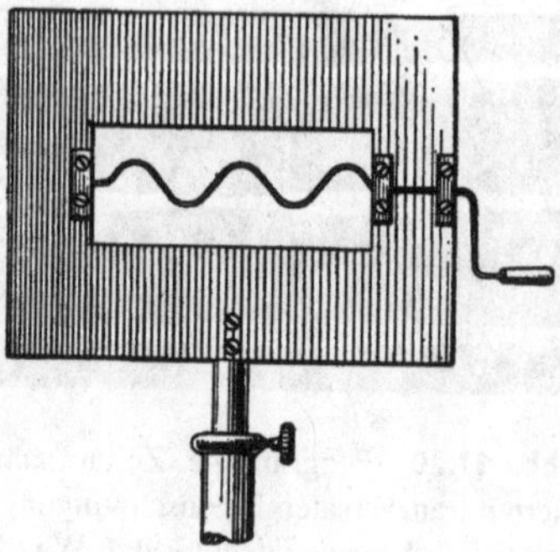

Abb. 11.21 Zur Veran-
schaulichung transversaler
Eigenschwingungen oder stehender Wellen

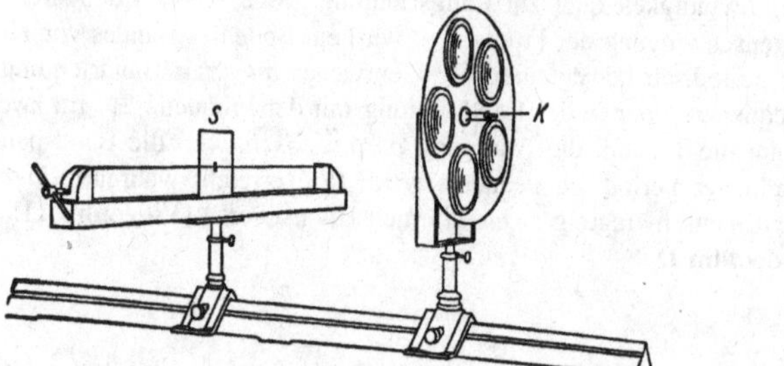

Abb. 11.22 Projektion von Schwingungskurven eines Punktes einer Saite
mithilfe einer rotierenden Linsenscheibe (**Videofilm 11.3**)

Videofilm 11.3:
„**Transversale Schwingung
einer Saite**"
http://tiny.cc/kkayey
Die Saite wird gezupft oder
gestrichen.

pierebene einen Schlag ausgeführt. Dann beginnt das Band als Ganzes zusätzlich in seiner ersten Eigenschwingung zu schwingen, und
die beiden Eigenschwingungen treten *gleichzeitig* auf. Ein solches
gleichzeitiges Auftreten von mehreren Eigenschwingungen benutzt
man sehr viel bei den Saiten der Musikinstrumente. Wir sehen in
Abb. 11.22 eine horizontale Saite aufgespannt. Sie wird durch einen
Violinbogen zu Schwingungen angeregt.

Mit einem senkrecht zur Saite stehenden Spalt kann man einen
„Punkt" der Saite ausblenden und seine Bewegungen fotografisch
aufnehmen. Abb. 11.23 zeigt einige Beispiele: Ein einzelner Punkt
der Saite, z. B. in Abb. 11.22 der Mittelpunkt, vollführt also auf seiner Bahn quer zur Längsrichtung der Saite keineswegs eine einfache

Abb. 11.23 Zeitlicher
Verlauf des Ausschlages
eines „Punktes" auf einer
transversal schwingenden
Violinsaite (**Video-
film 11.3**)

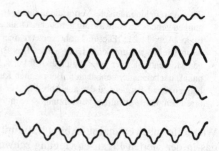

Sinusschwingung. Man sieht vielméhr meistens schon recht komplizierte nichtsinusförmige Schwingungskurven. Sie rühren von der Überlagerung einer größeren Anzahl von Eigenschwingungen her. Das alleinige Auftreten *einer* Eigenschwingung lässt sich nur durch eine besondere Bogenführung und auch dann nur mit Annäherung erreichen. Im Allgemeinen besitzen die Saiten der Musikinstrumente ein kompliziertes Schwingungsspektrum.[K11.8]

K11.8. Siehe z. B. das Frequenzspektrum eines Geigenklanges in Abb. 12.86.

> Für Schauversuche benutzt man statt der geradlinigen Linsenbewegung in der Horizontalen (wie in Abb. 1.9) die in Abb. 11.22 gezeigte *Linsenscheibe*. Bei der Rotation treten ihre einzelnen Linsen nacheinander in Tätigkeit. Der Antrieb erfolgt mit Daumen und Zeigefinger am Kordelknopf *K*. Die Zeitabszisse ist leicht gekrümmt. Das ist ein harmloser Schönheitsfehler.

11.6 Elastische Longitudinal- und Torsionsschwingungen gespannter linearer fester Körper

Als Longitudinalschwingungen eines Elementarpendels haben wir am Anfang von Abschn. 11.5 eine Schwingung des Pendelkörpers in Richtung der Schraubenfedern definiert.

In Abb. 11.24 sind die beiden Longitudinalschwingungen zweier aneinander gekoppelter Elementarpendel dargestellt. Links schwingen beide Pendel gleichsinnig oder „in Phase". Rechts schwingen sie gegenläufig oder „um 180° phasenverschoben". Wir fahren mit der kettenartigen Ankopplung weiterer Elementarpendel fort und finden für N Elementarpendel N Eigenschwingungen. So gelangen wir wiederum im Grenzübergang zu einem linearen Gebilde mit einer praktisch unbegrenzten Anzahl longitudinaler Eigenschwingungen. Als Beispiel bringen wir ungedämpfte Longitudinalschwingungen eines horizontal gespannten schwarzen Gummibandes mit weißen Querstreifen.

Abb. 11.25 zeigt in Aufsicht fotografische *Zeitaufnahmen* der ersten und der zweiten longitudinalen Eigenschwingung: In beiden Beispielen sehen wir sogleich zwei Größen längs des Bandes periodisch

Abb. 11.24 Je drei Momentbilder von Longitudinalschwingungen zweier gekoppelter Federpendel, *oben* und *unten* im Zeitpunkt großer Ausschläge, in der *Mitte* beim Passieren der Ruhelage. *Links* schwingen beide Körper mit gleicher Phase, *rechts* hingegen um 180° gegeneinander phasenverschoben.

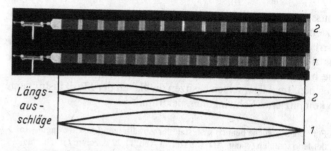

Abb. 11.25 Erste und zweite longitudinale Eigenschwingung eines Gummizugbandes mit *weißen Querstreifen auf schwarzem Grund*, Länge 1 m, Zeitaufnahmen in Aufsicht. Wo die *weißen Querstreifen* nur eine *graue Spur* ergeben, erreichen die Geschwindigkeiten in der Längsrichtung des Bandes große Werte. *Unten*: graphische Darstellungen der Verteilung der Höchstausschläge (und der longitudinalen Geschwindigkeiten) längs des Bandes. Zur Anregung einer Eigenschwingung wird hier das *linke Bandende* in der Bandrichtung mit der Frequenz ν der Eigenschwingung von einem Motor periodisch hin- und herbewegt. (Im **Videofilm 1** führt der Autor dies Experiment selbst vor.)

Videofilm 1:
„R.W. POHL
in der Vorlesung"
http://tiny.cc/02hkdy

K11.9. Diese Verformung entspricht der Neigung bei den transversalen Schwingungen (Abb. 11.20).

verteilt, nämlich die longitudinalen *Ausschläge* und die longitudinale *Geschwindigkeit*. Die Bäuche von Ausschlag und Geschwindigkeit fallen zusammen und ebenso ihre Knoten. Als dritte Größe ist die elastische Verformung[K11.9] (Dehnung und Stauchung) längs des Bandes periodisch verteilt. Die periodische Verteilung der elastischen Verformung bewirkt eine periodische Änderung ΔN_l, der Verteilung der *Streifendichte* N_l längs des Bandes. Als Streifendichte N_l definieren wir den Quotienten

$$N_l = \frac{\text{Anzahl der Streifen im Abschnitt } \Delta l}{\text{Länge } \Delta l} = \frac{1}{\text{Streifenabstand}}.$$
(11.2)

Die beiden *Momentaufnahmen* in Abb. 11.26 zeigen längs der Bandlänge l die Änderungen ΔN_l der Streifendichte N_l für die erste longitudinale Eigenschwingung, und zwar nahezu in den Phasen der Höchstausschläge. Die Maxima dieser Änderung, d. h. ihre Bäuche, liegen an den Enden. Sie liegen also an den Stellen, an denen die Ausschläge und die Geschwindigkeiten ihre Knoten haben (Abb. 11.25).

Zu den Transversal- und Longitudinalschwingungen linearer fester Körper gesellen sich *Torsionsschwingungen* hinzu. Man zeigt auch sie bequem mit einem gespannten, einige Zentimeter breiten gewebten Gummizugband. Abb. 11.27 zeigt Zeitaufnahmen für drei Eigenschwingungen.

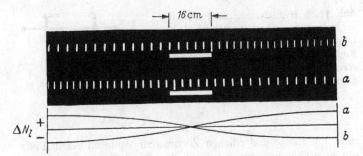

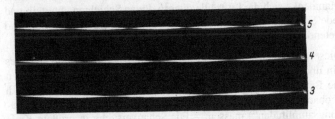

Abb. 11.26 Fotografische Momentaufnahmen (etwa 10^{-5} s) der ersten longitudinalen Eigenschwingung eines quer gestreiften Gummibandes in Phasen fast maximaler Längsausschläge (stroboskopisch betrachten!). Der maximale Ausschlag beträgt in der Mitte ± 8 cm. Die *etwas längeren senkrechten Striche* lassen die Schwingungsphasen erkennen. Die Bilder sind wegen Überdehnung des Bandes nur qualitativ korrekt.[K11.10]

Abb. 11.27 Dritte bis fünfte Torsionsschwingung eines 1 m langen und 3 cm breiten gespannten Gummizugbandes. Der Halter des einen Endes wird mithilfe eines Exzenters um eine zur Bandlänge parallele Achse hin- und hergedreht. Es genügen Winkel von einigen Grad.

K11.10. Der Zusammenhang zwischen dem in Abb. 11.26 gezeigten ΔN_1 und dem in Gl. (11.2) definierten N_1 ist gegeben durch
$\Delta N_1 = N_{1,\,\text{mittel}} - N_1$,
wobei $N_{1,\,\text{mittel}}$ der Reziprokwert des mittleren Streifenabstandes ist, gemittelt über die Gesamtlänge. Da an den Enden Bäuche von ΔN_1 liegen, gilt für die n-te Eigenschwingung, dass $(n + 1)$ Bäuche für ΔN_1 existieren. Siehe dazu im Folgenden Abb. 11.31.

11.7 Elastische Schwingungen in Säulen von Flüssigkeiten und Gasen

Wie stets behandeln wir auch hier Flüssigkeiten und Gase gemeinsam. Unsere Experimente werden wir meistens mit Luft ausführen.

Im Inneren von Flüssigkeiten und Gasen (Unterschied: Oberfläche) *sind* keine Transversal- und Torsionsschwingungen, sondern *nur Longitudinalschwingungen möglich.* Das folgt ohne Weiteres aus der freien Verschiebbarkeit aller Flüssigkeits- und Gasteilchen[2] gegeneinander.

Wie bei den festen Körpern wollen wir anfänglich auch bei den Flüssigkeiten und Gasen *lineare* Gebilde behandeln. Linear begrenzte Flüssigkeits- und Gassäulen stellen wir uns mithilfe von *Röhren* her.

Man kann Gassäulen sehr leicht zu Eigenschwingungen anregen. Man kann beispielsweise für einen Schauversuch ein Papprohr von

---

[2] Im Sinn kleiner Volumenelemente, nicht einzelner Moleküle.

Abb. 11.28 Hydrodynamischer Nachweis der Luftströme wechselnder Richtung in der Längsrichtung einer Pfeife. (Man kann auch die Kugeln hinter- statt nebeneinander stellen. Dann erzeugt der Luftstrom wechselnder Richtung eine gegenseitige Abstoßung der Kugeln.)

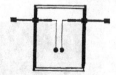

rund 1 m Länge und etlichen Zentimetern Weite an einem Ende mit einer Gummimembran verschließen. Durch Zupfen oder Schlagen der Membran erregt man diese „Luftsäule" zu laut hörbaren, aber rasch abklingenden Eigenschwingungen. Oder man gibt dem einen Rohrende einen festen Boden und zieht vom anderen Ende einen hülsenförmigen Deckel herunter. Bei diesen longitudinalen Schwingungen verläuft grundsätzlich alles ebenso wie bei den longitudinalen Schwingungen eines Gummizugbandes in Abschn. 11.6. Man denke sich die Luftsäule quer in dünne Schichten unterteilt und jede Schicht an die Stelle eines Querstreifens auf dem Gummiband tretend.

Diese Schichten strömen zwischen den Knoten des Ausschlages hin und her. Kleine in der Luft schwebende *Staubteilchen* machen die Bewegung der Luftschichten mit. Man kann sie mikroskopisch beobachten und so die beiderseitigen Maximalausschläge („Bewegungsamplituden") messen. – Für Schauversuche in großem Kreis zeigt man das Hin- und Herströmen der Luft in den Bäuchen der Geschwindigkeit mit hydrodynamischen, von der Bewegungsrichtung unabhängigen Kräften.

Beispiel

Man hängt im Inneren eines Rohres von quadratischem Querschnitt zwei kleine Holunderkugeln an dünnen Fäden auf (Abb. 11.28). Zwei Fenster erlauben, die Kugeln im Projektionsbild zu beobachten. Die Verbindungslinie der beiden Kugeln wird zunächst senkrecht zur Rohrachse gestellt. Dann gilt für eine zur Rohrachse parallele Strömung das aus Abb. 10.17 bekannte Stromlinienbild. Zwischen beiden Kugeln werden die Stromlinien zusammengedrängt. Beide Kugeln müssen sich beim Schwingen oder Tönen der Pfeife *einander nähern.* Das ist in der Tat der Fall.

Die Knoten der Längsbewegung lassen sich mit feinem, auf dem Boden des Rohres liegendem Pulver nachweisen. Die Pulverteilchen kommen in den Knoten der Längsbewegung zur Ruhe und bilden die KUNDT'schen Staubfiguren.

Wir zeigen sie für Eigenschwingungen der Frequenz $\nu \approx 3 \cdot 10^4$ Hz (Abb. 11.29). Als Erreger dient eine dicht vor der Rohröffnung stehende Pfeife (Abb. 11.35).

Die periodische Verteilung der Bäuche der Geschwindigkeit zeigt man mit dem RUBENS'schen Flammenrohr (Abb. 11.30).

Das Flammenrohr ist ein einige Meter langes mit Erdgas beschicktes Rohr. Es hat an seiner Oberfläche eine über die ganze Rohrlänge laufende Reihe

Abb. 11.29 KUNDT'sche Staubfiguren. Während der Schwingungen bildet der Staub feine zur Rohrachse senkrecht stehende kulissenartige Schleier. Sie wandern langsam in Richtung der Rohrachse. Sie zeigen, dass die Strömungen innerhalb der longitudinal schwingenden Gassäule mit komplizierten Nebenerscheinungen („Effekten zweiter Ordnung") verbunden sind. Diese entstehen durch die Ausbildung einer Grenzschicht zwischen der Rohrwand und den strömenden Teilen der Gassäule.

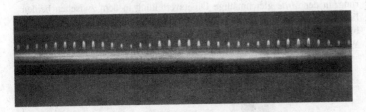

Abb. 11.30 Das RUBENS'sche Flammenrohr zeigt die Verteilung der Strömungsgeschwindigkeit in einer longitudinal schwingenden Gassäule. Die Flammenhöhen sind zeitlich konstant und ihre Maxima liegen über den Bäuchen der Strömungsgeschwindigkeit.[K11.11] (Der **Videofilm 1** zeigt W. SPERBER beim Entzünden des RUBENS'schen Flammenrohres.)

von Brenneröffnungen. Das eine Rohrende ist starr, das andere mit einer Membran verschlossen. Diese wird irgendwie zu ungedämpften Schwingungen angeregt. Ihre Frequenz muss mit der Frequenz einer der Eigenschwingungen der Gassäule übereinstimmen. – Beim Hin- und Herströmen des schwingenden Gases entsteht an der Rohrwand eine *Grenzschicht*, Abschn. 10.2. In ihr wird der statische Druck über den Bäuchen der Geschwindigkeit um *zeitlich konstante* Beträge erhöht und über den Knoten erniedrigt[3]. Das bewirkt die periodische Verteilung der zeitlich konstanten Flammenhöhe. Eine Anwendung dieser Erscheinung wird in Abb. 12.46 gezeigt.

Bei den Longitudinalschwingungen eines Gummizugbandes war die *Streifendichte* periodisch längs des Bandes verteilt. Die Bäuche der Streifendichte lagen dort, wo die Längsbewegung einen Knoten besaß, Abb. 11.26. Genau das Entsprechende gilt für longitudinal schwingende Gas- oder Flüssigkeitssäulen. Nur tritt an die Stelle der Streifendichte die *Anzahldichte* N_V der Moleküle (Abschn. 13.1).

---

[3] Drehungen des Gases in der Grenzschicht (Abschn. 10.2 und Gl. (10.18)) lassen zwischen jedem Bauch der Geschwindigkeit und den beiden ihm benachbarten Knoten je zwei ringförmig geschlossene ortsfeste Wirbel entstehen. Die Achse dieser Ringe ist die Rohrachse. Der Umlauf in zwei benachbarten Wirbelringen ist gegensinnig. An der Rohrwand laufen die stationären Strömungen der Wirbel in *den* Abschnitten des Rohres aufeinander zu, in denen Geschwindigkeits-Bäuche der longitudinal schwingenden Luftsäule liegen. Dort erhöht sich der statische Druck in der Grenzschicht. In *den* Abschnitten des Rohres, in denen Knoten der Geschwindigkeit liegen, laufen die stationären Strömungen einander entgegengerichtet. Dort erniedrigt sich der statische Druck in der Grenzschicht.

K11.11. H. Rubens und O. Krigar-Menzel, Ann. d. Physik **17**, 149 (1905). Diese Autoren berichten auch, dass dieser Effekt nur bei kleiner Schallamplitude beobachtet wird. Wächst diese, so erscheinen die Maxima an den Bewegungsknoten. Auch oszillieren diese Maxima dann mit der Frequenz der im Rohr stehenden Schallwelle. RUBENS und KRIGAR-MENZEL erklären die räumliche Oszillation bei kleiner Schallamplitude durch Effekte in der Grenzschicht, wenn auch nicht in den Einzelheiten, wie sie hier beschrieben sind. – In einem ähnlichen Experiment werden im 3. Physikalischen Institut in Göttingen (Dr. D. RONNEBERGER) stehende Schallwellen (Frequenz 2800 Hz) in Luft in einem Plexiglasrohr gezeigt, das unten etwas Wasser enthält. In diesem Experiment werden Druckamplituden der Größenordnung 10 N/m² ($\approx$ 1 mm Wassersäule) an den Knoten der Bewegung beobachtet, entsprechend dem Fall großer Schallamplitude bei RUBENS und KRIGAR-MENZEL.

Videofilm 1: „R.W. POHL in der Vorlesung" http://tiny.cc/02hkdy

Molekülzahldichte N_V

Abb. 11.31 Drei Momentbilder für die Verteilung der Anzahldichte N_V in einer geschlossenen Gassäule, die mit ihrer vierten Eigenfrequenz schwingt. *Oben* und *unten* in Zeitpunkten der größten Amplituden der Dichteänderung, in der *Mitte* gleichmäßige Dichteverteilung in dem zwischen beiden liegenden Zeitpunkt. Die Längenabschnitte *l* des *oberen* und des *unteren* Teilbildes entsprechen den Teilbildern *b* und *a* der Abb. 11.26, also einer halben Wellenlänge.[K11.12]

K11.12. Ganz analog zu den longitudinalen Schwingungen eines Gummibandes, bei denen N_l oszilliert (s. Abb. 11.26), oszilliert in einer Gassäule die Anzahldichte N_V (und damit also auch der Druck) um einen Mittelwert. Man beachte, dass dementsprechend in der *n*-ten Eigenschwingung für N_V und für N_l die Anzahl der Maxima ($n+1$) ist. Im beiderseitig offenen Rohr, in dem die Gassäule mit einer Eigenfrequenz schwingt, liegen an den Enden Knoten der Anzahldichte (des Drucks) und Bäuche der Strömungsgeschwindigkeit. (Aufg. 11.2)

Abb. 11.32 Die periodische Verteilung der Anzahldichte N_V in einer longitudinal schwingenden Luftsäule, Lippenpfeife wie in Abb. 11.35, in einem Dunkelfeld mit der TOEPLER'schen Schlierenmethode fotografierte stehende Welle (Bd. 2, Abschn. 21.11, Abb. 21.26). Im Bild sieht man *oben* und *unten* vertauscht (der Abstand zwischen dem Kondensor und der drahtförmigen Blende in der Austrittspupille, *b* in Abb. 21.26, betrug 4,8 m)

Man erhält also für eine longitudinal schwingende Gassäule die in Abb. 11.31 skizzierte Verteilung. Es sind drei Phasen für die vierte Eigenschwingung eines an den Enden geschlossenen Rohres dargestellt. Graue Tönung bedeutet die normale Anzahldichte, weiße Tönung Gebiete verminderter, schwarze Tönung Gebiete vergrößerter Anzahldichte. Diese in Abb. 11.31 schematisch skizzierte Verteilung lässt sich auch experimentell vorführen, am besten mit einer Schlierenmethode. Wir bringen in Abb. 11.32 ein Beispiel. Es zeigt longitudinale Eigenschwingungen einer Luftsäule. Sie werden mit einer kleinen Pfeife angeregt. Als Frequenz ist diesmal rund $4 \cdot 10^4$ Hz gewählt (entsprechend einer Wellenlänge $\lambda \approx 8$ mm). Schallwellen mit Frequenzen über rund $2 \cdot 10^4$ Hz werden *Ultraschall* genannt.

Technisch spielen Eigenschwingungen von Gassäulen beim Bau von Pfeifen aller Art eine große Rolle. Die gebräuchlichsten Ausführungsformen können äußerlich als bekannt gelten. Ihre Wirkungsweise ist im Einzelnen ziemlich kompliziert und nur qualitativ aufgeklärt. Bei der Lippenpfeife handelt es sich um einen peri-

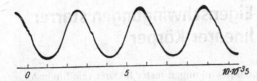

Abb. 11.33 Angenähert sinusförmige Schwingung einer Pfeife (Aufnahme von F. TRENDELENBURG)

Abb. 11.34 Das Spektrum der in Abb. 11.33 dargestellten Pfeifenschwingung

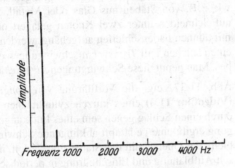

odischen Zerfall des gegen die Schneide blasenden Luftstrahls in einzelne Wirbel. Der Luftstrahl wird von den Schwingungen der Luftsäule in der Pfeife gesteuert. Entsprechendes gilt bei der Zungenpfeife für die Zunge und die Luftsäule. Dieser Mechanismus bedingt Abweichungen der Pfeifenschwingungen von der Sinusform. Die Abb. 11.33 und 11.34 zeigen eine noch recht einfache Pfeifenschwingung mit ihrem Linienspektrum.

Für die Physik sind Lippenpfeifen hoher Frequenz (Abb. 11.35) ein wichtiges Hilfsmittel. Das rechte Teilbild lässt Einzelheiten der Konstruktion erkennen.

Abb. 11.35 Lippenpfeife für Frequenzen von etwa 10^4 bis $6 \cdot 10^4$ Hz. Lippenspalt und Schneide sind als Rotationskörper ausgeführt. Der eigentliche Pfeifenhohlraum stellt nur noch eine sehr dürftige Annäherung an eine lineare Luftsäule dar.

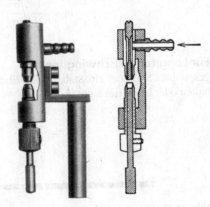

Videofilm 11.4:
„Longitudinale Schwingung
einer Spiralfeder"
http://tiny.cc/mmayey
Der Film zeigt als Ergänzung
zu diesem Abschnitt longitudinale Eigenschwingungen
bzw. stehende Wellen einer
kleinen Spiralfeder, die in
Projektion gut zu sehen sind,
ein Experiment, das bis zur
11. Aufl. im Buch enthalten
war.

K11.13. Die Form der
Schwingung des an den
Enden gelagerten (aber nicht
eingespannten) Stabes ist
gleich der des gespannten
Seiles, also sinusförmig mit
Knoten der Bewegung an den
Stabenden. Man beachte aber,
dass bei dieser Schwingung
die erste Eigenfrequenz
umgekehrt proportional zu l^2
ist (h ist die Stabdimension
in der Richtung der Schwingung). Biegeschwingungen
(s. auch Abb. 11.36) und
deren Eigenfrequenzen
sind recht kompliziert. Für
Einzelheiten siehe z. B.
S. Timoshenko, D.H. Young,
W. Weaver, Vibration Pro-
blems in Engineering, John
Wiley, N.Y. 4. Aufl. 1974,
Kap. 5.

K11.14. Bei dem gespannten
Seil und dem an den Enden
festgehaltenen Stab liegen die
Knoten der Bewegung an den
Enden. Beim freien Stab liegt
der Knoten in der Mitte. Man
denke an die Schwingungen
von Luftsäulen in beiderseits
geschlossenen oder beiderseits offenen Röhren. Zu
Longitudinalschwingungen
s. auch Abschn. 12.17.

11.8 Eigenschwingungen starrer linearer Körper

Für die Eigenschwingungen fester linearer (eindimensionaler) Körper hatten wir bisher nur schlaffe Körper benutzt, die von außen
gespannt werden mussten, wie z. B. ein Gummizugband. Schwieriger
ist die Vorführung der Eigenschwingungen *starrer* linearer Körper,
wie z. B. von Stäben aus Glas oder Metall. Solche Stäbe müssen
auf Schneiden unter zwei Knoten gelagert oder an diesen Stellen
mit dünnen Fadenschleifen aufgehängt werden. Abb. 11.36 zeigt für
einen solchen Fall *Transversal*schwingungen eines flachen Stahlstabes. Man nennt diese Schwingungen *Biegeschwingungen*.

Abb. 11.37 zeigt die Vorführung von *Longitudinal*schwingungen
(**Videofilm 11.4**) eines kurzen zylindrischen Stahlstabes. Er wird
durch einen Schlag gegen sein eines Ende angeregt. Diese Stoßanregung ergibt eine gedämpft abklingende Schwingung. In den Knoten
bleibt der Querschnitt des Stabes ungeändert, in den Bäuchen wechselt Aufblähung und Einschnürung in periodischer Folge. Unser Ohr
hört einen in etlichen Sekunden abklingenden Ton.

Für die Frequenzen der ersten Eigenschwingungen dieser Körper gelten die folgenden Beziehungen:

Für Transversalschwingungen:
an den Enden gelagerter Stab[K11.13]

$$\nu_1 = 0{,}453 \, \frac{h}{l^2} \sqrt{\frac{E}{\varrho}}, \tag{11.3}$$

zum Vergleich: gespanntes Seil

$$\nu_1 = \frac{1}{2l} \sqrt{\frac{\sigma}{\varrho}}. \tag{11.4}$$

Für Longitudinalschwingungen:
gespanntes Seil oder ein Stab, dessen Enden entweder beide festgehalten oder beide frei sind[K11.14]

$$\nu_1 = \frac{1}{2l} \sqrt{\frac{E}{\varrho}}. \tag{11.5}$$

Abb. 11.36 Biegeschwingungen eines flachen Stahlstabes (Länge 87 cm).
Zur Anregung hat ein kleiner unter dem linken Ende befindlicher Elektroma-
gnet gedient, der von Wechselstrom der Frequenz 252 Hz durchflossen war.
Die Knoten der Ausschläge sind mit aufgestreutem Sand sichtbar gemacht.

Abb. 11.37 Longitudinalschwingungen eines an Fäden aufgehängten Stabes (Länge $l = 25$ cm), Grundfrequenz $\nu = c/2l$ (c = Schallgeschwindigkeit im Stab)

Für Torsionsschwingungen:
an beiden Enden festgehaltener (keine Rotation) oder freier zylindrischer Stab[K11.15]

$$\nu_1 = \frac{1}{2l}\sqrt{\frac{G}{\varrho}}.\qquad(11.6)$$

(l = Länge, ϱ = Dichte, σ = Zugspannung, h = Dicke des Stabes, E = Elastizitätsmodul, G = Schubmodul, Tab. 8.1.)

Die Verwendung von Schwingungen kurzer Kristallstäbe, z. B. aus Quarz, hat eine sehr große technische Bedeutung gewonnen, vor allem auf dem weiten Gebiet der Fernmeldetechnik und beim Uhrenbau.

Auch eignen sich die Longitudinalschwingungen von Kristallstäben, um in Flüssigkeitssäulen stehende Wellen zu erzeugen. Zur Aufrechterhaltung der Kristallschwingungen benutzt man elektrische Hilfsmittel. Zum optischen Nachweis der Bäuche und Knoten genügt eine Schlierenbeobachtung mit Hellfeldbeleuchtung, wie z. B. in Abb. 9.30.

11.9 Eigenschwingungen flächenhaft und räumlich ausgedehnter Gebilde, Wärmeschwingungen

Wir fassen uns hier ganz kurz. Man kann auch hier das Zustandekommen der Eigenschwingungen auf die Aneinanderkopplung vieler Elementarpendel zurückführen. Doch handelt es sich, von wenigen Ausnahmen abgesehen, um mathematisch recht komplizierte Aufgaben.[K11.16] In der Mehrzahl aller praktisch wichtigen Fälle bleibt man auf die experimentelle Beobachtung angewiesen. Zum Nachweis der Knotenlinien benutzt man meist die Ansammlung von aufgestreutem Staub oder Sand. Abb. 11.38 zeigt die Knotenlinien einer quadratischen und einer kreisförmigen Metallplatte in verschiedenen Schwingungszuständen.

K11.15. Bei festgehaltenen Enden liegen die Knoten der Bewegung am Ende, beim freien Stab liegt der Knoten in der Mitte.

K11.16. Zu ihrer Lösung steht heute die sogenannte Finite-Element-Methode zur Verfügung.

Abb. 11.38 CHLADNI'sche Klangfiguren (fotografisches Positiv)[K11.17]

K11.17. Die erste Veröffentlichung dieser Forschung
enthält Zeichnungen von
über 100 Eigenschwingun-
gen runder und quadratischer
Platten (E.F.F. Chladni, „Ent-
deckungen über die Theorie
des Klanges", Weidmanns
Erben und Reich, Leipzig
1787).

Abb. 11.39 Hochfrequent schwingende Glaszylinder in linear polarisiertem
Licht zwischen gekreuzten NICOL'schen Prismen, Zylinderdurchmesser 30
und 44 mm, Anregungsfrequenzen 1,54 MHz (Aufnahmen von L. BERG-
MANN)[K11.18]

K11.18. L. Bergmann, „Der
Ultraschall", Verlag S. Hirzel,
Stuttgart, 6. Aufl. (1954),
S. 636ff.

Benutzt man nicht aufgestreuten Sand, sondern optische Hilfsmittel (pola-
risiertes Licht), so kann man auch wesentlich kompliziertere Eigenschwingungen beobachten (s. Bd. 2, Abschn. 24.9, Spannungsdoppelbrechung).
Abb. 11.39 zeigt zwei Beispiele für kurze Glaszylinder von kreisförmigem
Querschnitt.

Eine Wölbung der Platten führt zur Glas- oder Glockenform. Die
Schwingungen dieser geometrisch noch relativ einfachen Gebilde
sind schon unangenehm kompliziert. Im einfachsten Fall schwingt
ein Glas von oben betrachtet nach dem Schema der Abb. 11.40.
Bei K haben wir die Durchstoßpunkte von vier „als Meridiane"
verlaufenden Knotenlinien. So ungefähr haben wir uns auch die einfachsten Schwingungen unserer Schädelkapsel vorzustellen, die in
ihren Wänden unsere Gehörorgane beherbergt.

Abb. 11.40 Einfache Schwingungen eines Wein-
glases, von oben gesehen (schematisch)

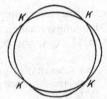

Im Gebiet extrem hoher Frequenzen bis zur Größenordnung 10^{13} Hz
besitzen alle festen Körper ganz unabhängig von ihrer Gestalt eine Unzahl elastischer Eigenfrequenzen. Schwingungen mit diesen
Frequenzen bilden die ungeordnete „Wärmebewegung" (Kap. 16) in
den festen Körpern oder Kristallen. Bei den höchsten der genannten Frequenzen schwingen die einzelnen Atome oder Moleküle der
Kristallgitter in einer grob durch die Abb. 11.18 und 11.24 (rechts)
veranschaulichten Weise.

Von den Eigenschwingungen gaserfüllter Hohlräume sind besonders
die Eigenschwingungen lufthaltiger kugel- oder flaschenförmiger
Gefäße mit kurzem, offenem Hals zu nennen. Es sind die messtechnisch wichtigen „HELMHOLTZ'schen Resonatoren". Sie stellen
in handlichen Formen Pfeifen von wohldefinierter Grundfrequenz
dar.[K11.19] **(Videofilm 11.5)**

Für Architekten sind die Eigenschwingungen großer Wohn- und Ver-
sammlungsräume wichtig. Sie werden beim Sprechen und Musizie-
ren angeregt.

11.10 Erzwungene Schwingungen

Nach einer Stoßanregung schwingt jedes schwingungsfähige Gebilde
in einer oder mehreren seiner *Eigen*frequenzen. Doch kann man jedes
schwingungsfähige Gebilde auch in beliebigen anderen, mit keiner
seiner Eigenfrequenzen zusammenfallenden Frequenzen schwingen
lassen. In diesem Fall vollführt das Gebilde *erzwungene Schwingungen*. Diese erzwungenen Schwingungen spielen im Gesamtgebiet der
Physik eine überaus wichtige Rolle.[K11.20]

Für ihre Darstellung müssen wir zunächst den Begriff der Dämpfung eines Pendels schärfer fassen als bisher. Infolge unvermeidli-
cher Energieverluste oder auch beabsichtigter Energieabgabe klingt
die Amplitude jedes Pendels nach einer Stoßanregung ab. Der zeitliche Verlauf der Schwingungen wird durch Kurven nach Art der
Abb. 11.42a dargestellt (Ausschlag α). In manchen Fällen zeigen
diese Kurven bei sinusförmig schwingenden Pendeln eine einfache
Gesetzmäßigkeit:

Das Verhältnis zweier auf der gleichen Seite aufeinanderfolgender
Höchstausschläge oder Amplituden bleibt längs des ganzen Kurvenzuges konstant. Man nennt es das *Dämpfungsverhältnis K*. Sein

K11.19. Siehe z. B. T.B.
Greenslade, „Experiments
with Helmholtz Resonators",
Physics Teach. Bd. 34 (1996),
S. 228.

Videofilm 11.5:
„HELMHOLTZ'sche Reso-
natoren"
http://tiny.cc/2kayey
Der Film wurde in der historischen Sammlung des
1. Physikalischen Instituts in
Göttingen gedreht.

K11.20. Das in diesem Ab-
schnitt beschriebene Drehpendel zur Vorführung er-
zwungener Schwingungen,
das „POHL'sche Rad", fin-
det sich heute wohl in jeder
Vorlesungssammlung und
in jedem Anfängerprak-
tikum. Siehe auch Bd. 2,
Abschn. 11.7 und 26.2. Eine
ausführliche mathematische
Behandlung findet sich in
H.J. Pain, „The Physics of
Vibrations and Waves", John
Wiley, New York, 5. Aufl.
1999, Kap. 2.

K11.21. Dies bedeutet, dass die Abnahme der Amplitude α exponentiell erfolgt:

$$\alpha(t) = \alpha_0 \cdot e^{-\delta t}$$

mit dem logarithmischen Dekrement Λ, definiert durch

$$\delta T = \Lambda = \ln K$$

(T = Schwingungsdauer). Dies folgt mathematisch aus der Grundgleichung für Drehbewegungen (Gl. (6.7) in Tab. 6.1) für ein zur Winkelgeschwindigkeit proportionales Reibungsdrehmoment. (Aufg. 11.5)

K11.22. Zur Erläuterung: Das gesamte auf die Achse wirkende Drehmoment M wird durch die Winkel-Auslenkung der Schneckenfeder bestimmt. Diese Auslenkung ist $\beta - \alpha$, wobei $\beta = \beta_0 \sin(2\pi\nu t)$ der Winkel ist, der die Bewegung der Schubstange um die Drehachse des Pendels beschreibt, und α die Auslenkung des Drehpendels. Damit folgt für M:

$$M(t) = D^*(\beta(t) - \alpha(t))$$

(D^* ist die Winkelrichtgröße der Schneckenfeder). Bei der mathematischen Behandlung des Drehpendels ist dies das Drehmoment, das in die Grundgleichung (6.7) einzusetzen ist. Man erhält

$$\Theta\dot{\omega} + D^*\alpha(t) = D^*\beta(t)$$

(Θ = Trägheitsmoment des Drehpendels). Auf der rechten Seite steht das zusätzlich von der Schubstange sinusförmig ausgeübte Drehmoment, wie im Text beschrieben. Für $\beta = 0$, also Schubstange in Ruhe, erhält man die Differentialgleichung, die die Bewegung des freien Drehpendels (ohne Dämpfung) beschreibt.

natürlicher Logarithmus heißt das *logarithmische Dekrement Λ*.[K11.21] Dämpfungsverhältnisse und logarithmische Dekremente sind in Abb. 11.42a vermerkt.

> Der Kehrwert des logarithmischen Dekrements ist gleich der Anzahl der Schwingungen, innerhalb derer die *Amplitude* des Ausschlages auf $1/e = 37\%$ absinkt.

Nach diesen Definitionen wollen wir jetzt das Wesen der erzwungenen Schwingungen an einem möglichst klaren und in allen Einzelheiten übersichtlichen Schauversuch erläutern. Wir benutzen für diesen Zweck Drehschwingungen sehr kleiner Frequenz: Auch hier erleichtert ein langsamer Ablauf die Beobachtungen. Abb. 11.41 zeigt ein geeignetes Drehpendel. Sein träger Körper besteht aus einem kupfernen Rad. An seiner Achse greift eine *Schneckenfeder* an. Das obere Federende A ist an einem um D drehbaren Hebel befestigt. Dieser Hebel kann mit der Schubstange S, einem Exzenter und einem langsam laufenden Motor (Zahnraduntersetzung) in jeder gewünschten Frequenz und Amplitude praktisch sinusförmig hin- und herbewegt werden. Auf diese Weise kann man also zusätzlich an der Achse des Drehpendels sinusförmig verlaufende Drehmomente von konstantem Höchstwert, aber beliebig einstellbarer Frequenz angreifen lassen.[K11.22] Die Ausschläge des Drehpendels werden an einer Winkelskala abgelesen. Links unten befindet sich bei M eine Hilfseinrichtung, mit der man die Dämpfung des Drehpendels nach Belieben einstellen kann.

> Es ist eine Wirbelstromdämpfung. Ein kleiner Elektromagnet umfasst mit seinen beiden Polen den Radkranz. Das schwingende Rad kann sich ohne Berührung der Pole durch das Magnetfeld zwischen ihnen bewegen. Je größer der Strom im Elektromagneten, desto größer die Dämpfung. Siehe Bd. 2, Kap. 8.

Vor Beginn des eigentlichen Versuches werden *Eigenfrequenz ν_e* und *Dämpfungsverhältnis K* des Drehpendels ermittelt. Für beide Zwecke stößt man das Pendel bei ruhender Schubstange an und beobachtet seine Umkehrpunkte.

Zahlenbeispiel

Schwingungszeit oder Periode $T_e = 2{,}39\,\text{s}$, folglich Eigenfrequenz $\nu_e = 1/T_e = 0{,}42\,\text{Hz}$. Das Verhältnis zweier auf der gleichen Seite aufeinanderfolgender Amplituden ergibt sich angenähert konstant = $1{,}285$. Das ist das Dämpfungsverhältnis K. Zur Veranschaulichung sind die nacheinander links und rechts abgelesenen Amplituden in je 1,2 s Abstand in Abb. 11.42a graphisch eingetragen und ihre Endpunkte freihändig verbunden worden.

Jetzt kommt der eigentliche Versuch. Man setzt den „Erreger", d. h. hier die Schubstange, in Gang, bestimmt ihre Frequenz ν, wartet den stationären Endzustand ab und beobachtet dann die dem Drehpendel aufgezwungene Amplitude α_0. Zusammengehörige Wertepaare von α_0 und ν sind in Abb. 11.42b eingetragen, und zwar für vier verschiedene Dämpfungsverhältnisse. Die Kurven A, B, C sind etwas

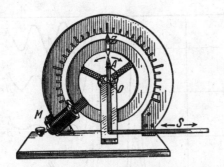

Abb. 11.41 Drehpendel zur Vorführung erzwungener Schwingungen, Winkelrichtgröße $D^* = 2{,}3$ N m/rad, Trägheitsmoment $\Theta = 3{,}3 \cdot 10^{-3}$ kg m^2, Eigenfrequenz $\nu_e = 0{,}42$ Hz. Die Schneckenfeder hat statt der einen gezeichneten in Wirklichkeit mehrere Windungen. (**Videofilm 11.6**, im **Videofilm 1** führt POHL sein Drehpendel selbst vor.)

Videofilm 11.6:
„Freie und erzwungene
Schwingungen eines Drehpendels (POHL'sches Rad)"
http://tiny.cc/9kayey

Videofilm 1:
„R.W. POHL
in der Vorlesung"
http://tiny.cc/02hkdy

unsymmetrische Glockenkurven. Man nennt sie die Ausschlagskurven der erzwungenen Schwingungen.

Im Fall kleiner Dämpfung, *aber nur dann,* ist der die Eigenfrequenz des Pendels umgebende Frequenzbereich durch besonders große Höchstausschläge α_0 vor den erzwungenen Schwingungen anderer Frequenz ausgezeichnet. Das Verhältnis

$$V = \frac{\text{Amplitude bei der Eigenfrequenz } \nu_e}{\text{Amplitude bei der Erregerfrequenz null}}, \qquad (11.7)$$

genannt Vergrößerung, erreicht bei Kurve A den Wert 12,5. Man nennt diesen ausgezeichneten Fall den der *Resonanz.* An dies Wort anknüpfend, nennt man häufig ein beliebiges, für erzwungene Schwingungen benutztes Pendel einen *Resonator,* und die Kurven A, B, C die Ausschlagsresonanzkurven.

> Bei extrem großer Dämpfung (Kurve D) treten Besonderheiten auf: Das Maximum ist kaum noch angedeutet und in Richtung kleiner Frequenzen verschoben.

Die so an einem Sonderfall experimentell für verschiedene Dämpfungsverhältnisse gefundenen Resonanzkurven gelten ganz allgemein. Deshalb ist für die Abb. 11.42b und c eine zweite, von den Zahlenwerten des Vorführungsapparates unabhängige Abszisse angefügt. Sie zählt die Frequenz des Erregers in Bruchteilen der Eigenfrequenz des ungedämpften Resonators. Dadurch werden die Kurven nicht nur für beliebige mechanische und akustische, sondern auch elektrische und optische erzwungene Schwingungen mit unterschiedlichen Resonanzfrequenzen brauchbar (s. auch Bd. 2, Abschn. 11.7 und 26.2).

Bei der universellen Bedeutung dieser Kurven erzwungener Schwingungen der verschiedenartigsten Amplituden (Längen, Winkel, Drücke, Ströme, Spannungen, Feldstärken usw.) soll man sich ihr

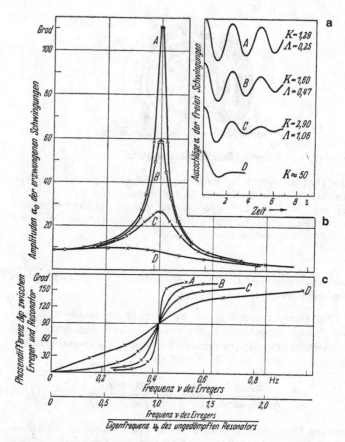

Abb. 11.42 a Zeitlicher Verlauf der freien Schwingungen des Drehpendels von Abb. 11.41 bei verschiedenen Dämpfungen, Kurve *D* nach einer Filmaufnahme. Die geringe Zunahme der Schwingungsdauer mit zunehmender Dämpfung (bei $\Lambda = 1$ nur 4 %) ist bei den hier verwendeten Messgenauigkeiten vernachlässigbar. Das rechtfertigt die Verwendung von nur einer Eigenfrequenz im Text, $\nu_e = \omega_e/2\pi$, unabhängig von Λ. **b** Die Ausschlagsamplituden erzwungener Schwingungen des Drehpendels bei konstanter Erregeramplitude in ihrer Abhängigkeit von Erregerfrequenz und Resonatordämpfung. Mit zunehmender Dämpfung nimmt der Höchstwert von α_0 bei der Resonanzfrequenz ν_e deutlich ab. Bei der Erregerfrequenz null ist α_0 durch die beiden Extremstellungen des Federendes *A* in Abb. 11.41 bestimmt. **c** Einfluss der Erregerfrequenz und der Resonatordämpfung auf die Phasendifferenz $\Delta\varphi$ zwischen Erreger und Resonator. Der Erreger eilt immer voraus. Die Messpunkte sind fotografischen Momentaufnahmen entnommen. Bei der Resonanzfrequenz ν_e ist die Phasendifferenz $\Delta\varphi = 90°$, unabhängig von der Dämpfung. Man beachte eine optische Täuschung am Schnittpunkt der Kurven (s. auch Abschn. 1.1). (**Videofilm 11.6**)

Videofilm 11.6:
„Freie und erzwungene Schwingungen eines Drehpendels (POHL'sches Rad)"
http://tiny.cc/9kayey

Zustandekommen recht anschaulich klarmachen. Diesem Zweck dient eine weitere experimentelle Beobachtung. Es handelt sich um den Einfluss der Erregerfrequenz auf die Phasenverschiebung, mit der die Amplitude des Erregers (Federende *A*) die Amplitude des

Resonators (Zeiger *Z*) vorauseilt. Wir haben dafür in Abb. 11.41 zugleich das Federende *A* und den Zeiger *Z* des Drehpendels zu beobachten. Abb. 11.42c enthält die Ergebnisse.

Für sehr kleine Frequenzen laufen der Zeiger *Z* und das Federende *A* gleichsinnig, und beide kehren im gleichen Augenblick um. Ihr Phasenunterschied ist null. Bei wachsender Erregerfrequenz eilt die Amplitude des Erregers der Amplitude des Drehpendels (Resonators) mehr und mehr *voraus*. Im Resonanzfall erreicht die Phasenverschiebung 90°. Sie bedeutet: Auf *dem ganzen Weg des Pendels verspannt der Erreger die Feder immer so, dass sie das Drehpendel zusätzlich beschleunigt.* Beim linken Höchstausschlag des Pendels verlässt das Federende *A* die Ruhelage nach rechts. Der Erreger erzeugt ein zusätzliches nach rechts drehendes Drehmoment.[K11.23] Dies erreicht seinen Höchstwert (Federende *A* ganz rechts) beim Durchgang des Pendels durch die Ruhelage. Es endet (Feder wieder in der Mittelstellung) im Augenblick der Pendelumkehr rechts. Für die Pendelschwingung von rechts nach links gilt das Gleiche mit umgekehrtem Vorzeichen. Im Resonanzfall führt also das dem Ausschlag *α* um den Phasenwinkel 90° vorauseilende Drehmoment dem Pendel auf seinem ganzen Hin- und Herweg dauernd Energie zu. Ohne die Dämpfungsverluste müssten die Amplituden im Resonanzfall über alle Grenzen ansteigen.

Abb. 11.43 zeigt für die Kurve *C* der Abb. 11.42b die maximale Winkelgeschwindigkeit ω_0, also die Amplitude der Winkelgeschwindigkeit, mit der das Pendel die Ruhelage passiert. Sie hängt mit dem maximalen Ausschlag α_0, also der Amplitude des Ausschlags, durch die einfache Gleichung[K11.24]

$$\omega_0 = \alpha_0 \cdot 2\pi\nu \qquad (11.8)$$

$$(\nu = \text{Anregungsfrequenz})$$

zusammen.

Das Pendel passiert die Ruhelage mit dem Höchstwert seiner kinetischen Energie E_0. Für diese gilt

$$E_0 = \frac{1}{2}\Theta\omega_0^2 \qquad (6.5)$$

$$(\Theta = \text{Trägheitsmoment des Drehpendels}).$$

Die Abhängigkeit der Größe E_0 von der Erregerfrequenz ist in Abb. 11.44 dargestellt. Man nennt eine solche Kurve die *Energieresonanzkurve*.[K11.25] Die kinetische Energie E_0 verschwindet bei der Erregerfrequenz null, im Gegensatz zum Höchstausschlag α_0, d. h. ein ruhendes Pendel enthält keine kinetische Energie.

Bei den verschiedenen Anwendungen erzwungener Schwingungen muss man sich immer darüber klar sein, für welche Größe die Ausschläge in der Resonanzkurve dargestellt werden.

K11.23. Dies ist das Drehmoment $D^*\beta$, siehe Kommentar K11.22.

K11.24. Man unterscheide hier die zeitabhängige Winkelgeschwindigkeit $\omega = \dfrac{d\alpha}{dt}$ von der konstanten Kreisfrequenz $2\pi\nu$, mit der der Resonator angeregt wird. Im eingeschwungenen Zustand gilt für den Ausschlag
$\alpha(t) = \alpha_0 \sin(2\pi\nu t)$
und für seine zeitabhängige Winkelgeschwindigkeit
$\dfrac{d\alpha}{dt} = \alpha_0(2\pi\nu)\cos(2\pi\nu t)$,
deren Amplitude in Gl. (11.8) ω_0 genannt wird.

K11.25. Außerhalb der Ruhelage besteht diese Energie aus der Summe von kinetischer und potentieller Energie. Die in Abb. 11.44 gezeigte Resonanzkurve ist also identisch mit der der gesamten Energie des Resonators.

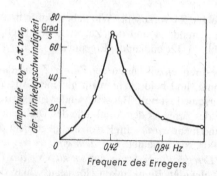

Abb. 11.43 Resonanzkurve der Winkelgeschwindigkeit, mit der das Drehpendel die Ruhelage passiert, für die Kurve C der Abb. 11.42b. Der Höchstwert der Winkelgeschwindigkeit ist im Resonanzfall $\omega_0 = 71$ Grad/s = 1,23/s. Diese Resonanzkurve hat ihren maximalen Wert immer bei ν_e, unabhängig von der Dämpfung. Damit gilt das Gleiche auch für die Resonanzkurve der Energie, da diese proportional zum Quadrat der Geschwindigkeit ist.

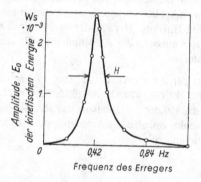

Abb. 11.44 Resonanzkurve der kinetischen Energie, die das Drehpendel beim Passieren der Ruhelage besitzt. Nach Schluss der Anregung wird sie gemäß der Kurve C in Abb. 11.42a in etwa 8 s verzehrt. Die Halbwertsbreite H ist derjenige Frequenzbereich, an dessen Grenzen die Amplituden der kinetischen Energie nur halb so groß sind wie ihr Höchstwert bei der Frequenz ν_e. Es gilt in guter Näherung $H = \Lambda \nu_e / \pi$.

K11.26. POHL meint den in früheren Auflagen beschriebenen Phasenschieber (s. Bild).

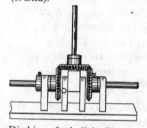

Die hier erforderliche Phasenverschiebung von 180° lässt sich auch dadurch erreichen, dass man den Exzenter für eine halbe Periode ausschaltet, z. B. vom Maximalausschlag des Pendels auf der einen Seite bis zum Maximalausschlag auf der anderen Seite.

11.11 Durch Resonanz stimulierte Energieabgabe

Im vorigen Abschnitt wurden erzwungene Schwingungen vorgeführt. Als Erreger diente eine Schubstange, ihre periodischen Bewegungen wurden von einem Elektromotor mithilfe eines Exzenters erzeugt. – Jetzt setzen wir zwischen den Motor und den Exzenter einen mechanischen Phasenschieber[K11.26], zunächst auf null gestellt. Dann stellen wir die Frequenz ν des Erregers so ein, dass sie gleich der Eigenfrequenz des Resonators ist. Damit ist der Fall der Resonanz gegeben: Der Erreger eilt dem Resonator mit einer Phasenverschiebung

$\varphi = 90°$ voraus. Die Energie des Resonators wird vom Anfangswert null auf den Höchstwert E_{max} gebracht.

Nun kommt das Neue: Die Phasenverschiebung wird bei laufendem Motor von 90° auf 270° erhöht. Infolgedessen wird der Resonator auf dem Hin- und Rückweg dauernd verzögert und die zuvor gespeicherte Energie abgegeben, bis das Drehpendel zur Ruhe kommt. Diesen Vorgang nennt man *stimulierte Energieabgabe*. Sie spielt in der Optik und Elektrizitätslehre eine große Rolle.[11.27]

K11.27. Zum Beispiel beim LASER (Light Amplification by Stimulated Emission of Radiation). Siehe z. B. R.W. Pohl, „Optik und Atomphysik", Springer-Verlag Berlin, 13. Aufl., Kap. 14, § 15, 1976 oder H.J. Eichler/J. Eichler, „Laser", Springer-Verlag Berlin, 2003.

11.12   Die Resonanz in ihrer Bedeutung für den Nachweis einzelner Sinusschwingungen, Spektralapparate

Nach den Darlegungen des Abschn. 11.10 können erzwungene Schwingungen eines Pendels oder Resonators auch bei kleinen periodisch einwirkenden Kräften sehr große Amplituden erreichen. Dazu muss das Pendel schwach gedämpft sein und seine Eigenfrequenz möglichst nahe mit der des Erregers übereinstimmen. Man hat für die auf diese Weise erzielbaren, verblüffend großen Amplituden viele Schauversuche ersonnen (s. auch **Videofilm 11.7**). Wir begnügen uns hier mit einem Beispiel, den erzwungenen Biegeschwingungen einer Blattfeder (Abb. 11.45). Wir haben ihre erzwungenen Schwingungen schon in Abschn. 1.8 benutzt, um die stroboskopische Zeitmessung zu erläutern. Als Erreger diente eine durch den Halter der Feder senkrecht hindurchgeführte Achse. Sie war durch einen seitlichen Ansatzstift zu leichtem *Schlagen* gebracht worden.

Videofilm 11.7: „**Erzwungene Schwingungen einer Taschenuhr**" http://tiny.cc/qkayey Dies Experiment hat POHL bis zur 11. Auflage (1947) beschrieben. Der Film zeigt, wie eine Taschenuhr (Eigenfrequenz 1,95 Hz) von ihrer Unruh, die bei ruhender Uhr mit der Frequenz 2,00 Hz schwingt, zu erzwungenen Schwingungen angeregt wird, wobei die Schwingung der Uhr die Frequenz der Unruh auf 1,95 Hz absenkt. So erzeugt die schwingende Uhr eine periodische Anregung mit ihrer eigenen Resonanzfrequenz, und damit einer großen Amplitude.

Aus einer Reihe derartiger Blattfedern oder Zungen auf einem gemeinsamen Träger entsteht ein wichtiges Messinstrument, der *Zungenfrequenzmesser* (Abb. 11.46 und 11.47). Die zu untersuchenden Schwingungen werden dem Träger der Zungen entweder mechanisch zugeführt (z. B. durch Anbringung am Fundament einer Maschine)

Abb. 11.45 Blattfeder oder Zunge, zu erzwungenen Biegeschwingungen angeregt (vgl. Abb. 1.13), Zeitaufnahme

Abb. 11.46 Skizze eines Zungenfrequenzmessers. Die Blattfedern haben passend
abgestufte Frequenzen und tragen oben
einen weißen quadratischen Kopf (siehe
Abb. 11.47)

Frequenz ⟶

Abb. 11.47 Ausschnitt aus der Skala
eines technischen Zungenfrequenzmessers, der die Frequenz eines technischen
Wechselstromes (50 Hz) anzeigt

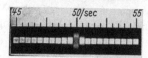

oder bequemer mithilfe eines Elektromagneten. Solche Zungenfrequenzmesser sind typische *Spektralapparate*. Sie zerlegen ohne Beachtung der Phasen einen beliebig komplizierten Schwingungsvorgang in ein Spektrum einfacher Sinusschwingungen. In diesem Spektrum kann man die Frequenzen der einzelnen Sinusschwingungen
und die Größe ihrer Amplituden ablesen. Das zeigt man am einfachsten mit Benutzung elektrischer Hilfsmittel. Wir bringen zwei
Beispiele:

1. Wir greifen auf Abb. 11.13 zurück und schicken durch den Elektromagneten des Zungenfrequenzmessers einen kastenförmigen oder
abgehackten Gleichstrom. Abb. 11.48a zeigt die ohne Erläuterung
verständliche Anordnung. Das rotierende Schaltwerk macht in der
Zeit $T = (1/20)$ s einen Umlauf, und die Dauer τ des einzelnen
Stromstoßes beträgt $(1/40)$ s. Der Spektralapparat zeigt klar die Frequenzen $\nu_1 = 20$ Hz und $\nu_3 = 60$ Hz. Die nächste Frequenz $\nu_5 =$
100 Hz ist gerade noch erkennbar.

2. Wir knüpfen an Abb. 11.12 an und ersetzen die Gleichstromquel-
le in Abb. 11.48a (Akkumulatoren) durch zwei in Reihe geschalte-
te Wechselstromgeneratoren mit den Frequenzen $\nu_7 = 70$ Hz und
$\nu_4 = 40$ Hz (Abb. 11.48b). Der Spektralapparat zeigt die beiden
Frequenzen an. – Dann wird ein Gleichrichter eingeschaltet und die
Schwebungskurve einseitig so beschnitten, dass sie der Kurve S_r in
Abb. 11.12 ähnlich wird. Sofort zeigt sich außer den beiden Frequen-
zen ν_7 und ν_4 die Differenzschwingung $\nu_7 - \nu_4 = 30$ Hz.

Differenzschwingungen treten allgemein auf, wenn an der Übertragung der
Schwingungen irgendein „nichtlinearer Vorgang" beteiligt ist, d. h., wenn
z. B. Kraft und Verformung oder (wie beim Gleichrichter) Strom und Spannung nicht proportional zueinander sind. Nur in seltenen Fällen tritt eine
Differenzschwingung allein auf. Meist sind noch andere sogenannte *Kom-
binationsschwingungen* vorhanden. Ihre Frequenzen berechnen sich nach
dem Schema $\nu_k = a\nu_1 \pm b\nu_2$ (*a* und *b* kleine ganze Zahlen).

Derartige Versuche sind sehr wichtig. Sie zeigen, dass sich ein nichtsinusförmiger Schwingungsvorgang wie ein physikalisches Gemisch
seiner einzelnen Teilschwingungen verhält. Jede einzelne Teil-
schwingung vermag ungestört von den anderen die Blattfedern des

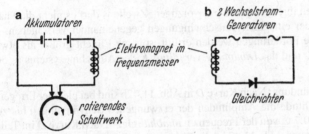

Abb. 11.48 a Herstellung eines kastenförmigen Gleichstromes mit einem rotierenden Schaltwerk, **b** Herstellung von Schwebungen zweier sinusförmiger Wechselströme und Verzerrung der Schwebungskurve durch einen Gleichrichter

Zungenfrequenzmessers zu erzwungenen Schwingungen anzuregen. Diese physikalische Selbständigkeit der einzelnen Teilschwingungen spielt bei allen Anwendungen erzwungener Schwingungen eine große Rolle. Ein wichtiges Beispiel bringt der nächste Abschnitt.

11.13 Die Bedeutung erzwungener Schwingungen für die verzerrungsfreie Aufzeichnung nichtsinusförmiger Schwingungen

Für den bloßen *Nachweis* mechanischer Schwingungen reichen in der Mehrzahl der Fälle unsere Sinnesorgane aus. Unser Körper spürt beispielsweise Schwingungen seiner Unterlage (ν etwa 10 Hz) schon bei Horizontalamplituden von nur 3 μm. Unsere Fingerspitzen spüren bei zarter Berührung Schwingungsamplituden von etwa 0,5 μm (bei $\nu = 50$ Hz). Über die ungeheure Empfindlichkeit des Ohres folgen Zahlenangaben in Abschn. 12.29. Im Allgemeinen ist es jedoch mit dem bloßen Nachweis von Schwingungen nicht getan. Man braucht vielmehr eine *formgetreue oder verzerrungsfreie Aufzeichnung ihres Verlaufes.*

Bei jeder Aufzeichnung setzen die zu untersuchenden Schwingungen irgendwelche *Tastorgane* (Hebel, Spiegel oder Mikrophone) in Bewegung. Diese Bewegung wird fortlaufend aufgezeichnet, z. B. (nach elektrischer Verstärkung) mit einem Oszillographen. Das Tastorgan vollführt erzwungene Schwingungen, es ist ein schwingungsfähiges Gebilde mit der Eigenfrequenz ν_e.

Für eine einwandfreie, den zeitlichen Ablauf des Vorganges richtig wiedergebende Aufzeichnung müssen zwei Fehler vermieden werden: Erstens darf das Aufnahmesystem nicht die Amplituden einzelner in dem aufzuzeichnenden Vorgang enthaltenen Teilschwingungen wegen ihrer Frequenz ν bevorzugen. Zweitens darf es nicht die Phasen der einzelnen Teilschwingungen gegeneinander verschieben. – Beide Forderungen werden erfüllt, solange ν nicht größer als etwa $0{,}7\,\nu_e$ und das *Dämpfungsverhältnis* K des Aufnahmesystems ≈ 50 ist[4].

Begründung: Nach Kurve D in Abb. 11.42b sind bei gleicher Erreger-Amplitude die Amplituden der erzwungenen Schwingungen bis zu $\nu \approx 0{,}7\,\nu_e$ von der Frequenz ν *unabhängig*. – Nach Kurve D im Teilbild c von Abb. 11.42 ist der Phasenwinkel $\Delta\varphi = 2\pi t/T = 2\pi t\nu$ bis zu $\nu \approx 0{,}7\,\nu_e$ *proportional* zu ν. Also ist $2\pi t = \mathrm{const}$ und daher $t = \mathrm{const}$. Das heißt, die Teilschwingungen aller Frequenzen werden um die *gleiche* Zeit t verspätet, also ohne Phasenverschiebungen relativ zueinander aufgezeichnet.

Die formgetreue Aufzeichnung von Schwingungskurven ist eine recht anspruchsvolle, aber für viele wissenschaftliche Zwecke unentbehrliche Aufgabe. Für akustisch-musikalische Zwecke, z. B. für die Herstellung von Tonträgern und ihre Wiedergabe, sind die Anforderungen glücklicherweise geringer (vgl. Abschn. 12.28).

11.14 Verstärkung von Schwingungen

Bei der Aufzeichnung von Schwingungen und zahllosen anderen Aufgaben der Schwingungstechnik spielt eine *Verstärkung* der Schwingungen eine große Rolle: Das Wesen einer Verstärkung besteht stets darin, dass die Schwingungen die Abgabe von Energie aus einer Quelle *steuern*. Dafür benutzt man fast ausschließlich elektronische Hilfsmittel. Trotzdem ist es nützlich, sich das Wesen einer Verstärkung an einem sehr übersichtlichen, rein mechanischen Beispiel klarzumachen. Bei dieser mechanischen Verstärkung wird die Energie nicht einem *elektrischen*, sondern einem *Wasser*strom entnommen. Dieser Wasserstrom wird durch die zu verstärkenden Schwingungen *gesteuert*. Das gelingt schon mit der primitiven, aus Abb. 11.49 ersichtlichen Anordnung. Ein Wasserstrahl fließt aus einer Glasdüse nahezu horizontal gegen eine stark gedämpfte gespannte Membran (z. B. Tamburin). Er bildet dabei einen ganz glatten Faden. Ein solcher fadenförmiger Strahl ist ein sehr *labiles* Gebilde (Abb. 10.6). Durch winzige Bewegungen der Düse entstehen an seinem Ende Querschnittsänderungen oder Unterbrechungen

---

[4] Das Gesagte gilt nicht für *Seismographen*. Bei ihnen muss die Eigenfrequenz des Instrumentes („Resonators") *klein* sein gegenüber der Frequenz der Erdbebenwellen. Das hat zwei Gründe. Erstens dient der Erdboden als beschleunigtes Bezugssystem. In ihm entstehen Trägheitskräfte. Mit ihnen wirkt der Boden als der *Erreger* erzwungener Schwingungen. Zweitens nimmt die Skala des Instrumentes (also Resonators) an den Bewegungen des Erregers teil. Infolgedessen werden bei gleichen Erregeramplituden die Ausschläge des Instrumentes (Resonators) klein bei kleiner und groß bei großer Erregerfrequenz, weil der Resonator dem Erreger (Erdboden) umso weniger folgen kann, je größer die Frequenz ist, im Gegensatz zu Kurve D in Abb. 11.42b.

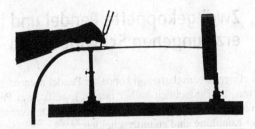

Abb. 11.49 Ein Wasserstrahl als Lautverstärker. (Im **Videofilm 1** führt POHL die Verstärkung, allerdings nur stumm, mit einer Stimmgabel vor, die er gegen die Wasserdüse presst.)

Videofilm 1:
„R.W. POHL
in der Vorlesung"
http://tiny.cc/02hkdy

Abb. 11.50 Ein Wasserstrahl erzeugt durch Selbststeuerung ungedämpfte Schwingungen (Rückkopplung). (Auch dies Experiment wird im **Videofilm 1** vom Autor (stumm) vorgeführt.)

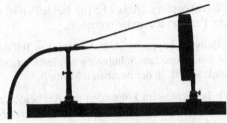

Videofilm 1:
„R.W. POHL
in der Vorlesung"
http://tiny.cc/02hkdy

des Strahls. Der daher wechselnde Aufschlag des Wassers erregt die Membran zu rasch abklingendem, weithin hörbarem Schwingen. So wird ein leiser Stoß gegen die Düse zu einem lauten Schlag verstärkt. Genauso werden die Schwingungen einer mit dem Stiel gegen die Düse gehaltenen kleinen Stimmgabel oder das Ticken einer Taschenuhr im größten Auditorium hörbar.

> Elektronische Verstärker werden von der Technik in größtem Umfang auch zur *Erzeugung ungedämpfter* elektrischer *Schwingungen* angewandt. Das Gleiche leistet unser mechanischer Verstärker für die Erzeugung ungedämpfter mechanischer Schwingungen. Man hat nur zwischen dem schwingungsfähigen Gebilde, hier also der Membran, und der Glasdüse eine *Rückkopplung* anzubringen. Man hat durch eine mechanische Verbindung die Schwingungen der Membran auf die Düse zu übertragen. Dann *steuert* die Membran den Zerfall des Wasserstrahls im Rhythmus ihrer Eigenfrequenz. Es genügt, auf die Membran und die Düse gemäß Abb. 11.50 einen Metallstab zu legen. Sofort treten weithin tönende ungedämpfte Schwingungen auf. Ihre Frequenz kann man nach Belieben verändern. Man hat dazu nur der Membran durch Änderung ihrer mechanischen Spannung eine andere Eigenfrequenz zu geben.

11.15 Zwei gekoppelte Pendel und ihre erzwungenen Schwingungen

K11.28. Eine mathematische Behandlung der hier besprochenen Beispiele findet man in Müller-Pouillet's Lehrbuch der Physik, 11. Aufl., Vieweg und Sohn, Braunschweig 1929, Bd. 1, § 55.

Jetzt sollen einige Eigenschaften gekoppelter Pendel untersucht werden, und zwar der Einfachheit halber nur an jeweils zwei Pendeln, die für sich allein die gleiche Eigenfrequenz haben. Drei verschiedene Arten der Kopplung sind zu unterscheiden:[K11.28]

1. Beschleunigungskopplung (Abb. 11.51a). Das eine Pendel hängt am anderen. Es befindet sich in einem beschleunigten Bezugssystem und ist daher Trägheitskräften unterworfen.

2. Kraftkopplung (Abb. 11.51b). Beide Pendel sind durch eine elastische Feder miteinander verknüpft.

3. Reibungskopplung (Abb. 11.51c). Ein Teil des einen Pendels, z. B. die um a drehbare Schubstange S, reibt an einem Teil des anderen Pendels, z. B. in der drehbaren Muffe b.

Wir betrachten im Folgenden nur die beiden ersten Fälle, also Beschleunigungskopplung und Kraftkopplung. Nach ihrer Kopplung sind in beiden Fällen die uns schon aus Abschn. 11.5 bekannten zwei Eigenfrequenzen vorhanden. Die niedrigere ν_1 erhält man beim gleichsinnigen, die höhere ν_2 beim gegensinnigen Schwingen beider Pendelkörper (analog zu den Schwingungen in Abb. 11.17, 11.18 und 11.24).

K11.29. Die an diesem Beispiel gefundene Tatsache gilt ganz allgemein für gekoppelte Pendel: Alle Schwingungen können durch Überlagerungen ihrer Eigenschwingungen beschrieben werden.

Jetzt kommt eine neue Beobachtung: Wir entfernen anfänglich nur das *eine* der beiden Pendel (Nr. 1) aus seiner Ruhelage und lassen es dann los (Abb. 11.52). Dabei tritt etwas Überraschendes ein. Pendel Nr. 1 gibt allmählich seine ganze Energie an das zuvor ruhende Pendel Nr. 2 ab und schaukelt dieses zu großen Amplituden auf. Pendel 1 kommt dabei selbst zur Ruhe. Darauf beginnt dasselbe Spiel mit vertauschten Rollen. (Aufg. 11.6)

Diesen Vorgang des Energietransports können wir in zweifacher Weise beschreiben: Erstens als *Schwebungen* der beiden überlagerten Eigenfrequenzen ν_1 und ν_2.[K11.29] Zweitens als *erzwungene Schwingun-*

Videofilm 11.8:
„Gekoppelte Pendel, Kraftkopplung"
http://tiny.cc/mlayey
Der Film zeigt die Eigenschwingungen von zwei gekoppelten Schwerependeln (Abb. 11.51b) sowie deren Schwebung und außerdem die Schwebungen eines Feder-Torsionspendels und eines Doppelschwerependels (Abb. 11.53).

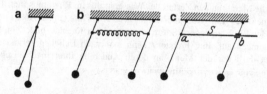

Abb. 11.51 **a** Beschleunigungskopplung, **b** Kraftkopplung, **c** Reibungskopplung. Bei der Reibungskopplung entsteht keine Schwebung. Das erste Pendel schaukelt das zweite auf, und fortan schwingen beide mit gleicher Amplitude und Phase. (**Videofilm 11.8**) (Aufg. 11.7)

Abb. 11.52 Zwei gekoppelte Schwerependel (**Videofilm 11.9**)

Videofilm 11.9:
„**Beschleunigungskopplung
und chaotische Schwingun-
gen**"
http://tiny.cc/3layey
An zwei gekoppelten Schwerependeln (Abb. 11.52)
werden die zwei Eigen-
schwingungen und deren
Schwebung beobachtet
(Aufg. 11.6). An zwei anders
zusammengesetzten ähnli-
chen Schwerependeln tritt bei
großen Amplituden eine neue
Form der Schwingung auf,
sog. chaotische Schwingungen (s. „Chaotic Vibrations,
an Introduction for Applied
Scientists and Engineers",
Francis C. Moon, John Wiley,
New York, 1987).

gen im Resonanzfall. Das anfänglich in einem Umkehrpunkt losgelassene Pendel Nr. 1 eilt als Erreger dem Pendel Nr. 2 als Resonator
um 90° phasenverschoben voraus. Es beschleunigt Nr. 2 längs seines
ganzen Weges mit richtigem Vorzeichen. Es selbst aber wird dabei
durch die nach „actio = reactio" auftretende Gegenkraft gebremst.
Wir haben erzwungene Schwingungen mit einer starken Rückwir-
kung des Resonators auf den Erreger.

Wir bringen noch weitere Beispiele gekoppelter Schwingungen:

In Abb. 11.53 sind zwei bifilare Schwerependel gleicher Schwingungsdauer aneinander gehängt. Der obere Pendelkörper hat eine
sehr viel größere Masse als der untere. Gibt man ihm einen kleinen,
kaum sichtbaren Anstoß, so beginnt der kleinere untere Pendelkörper
Schwebungen mit großer Amplitude. Die Schwebungen des großen
Körpers sind kaum zu sehen.

Abb. 11.53 Zwei bifilar aufgehängte, gekoppelte
Schwerependel mit Pendelkörpern sehr ungleicher
Masse. Die Schwingungen erfolgen senkrecht zur Pa-
pierebene. (**Videofilm 11.8**)

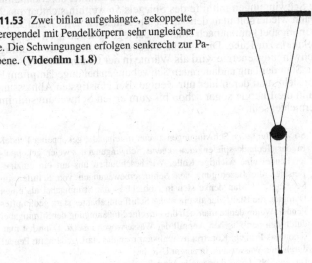

Videofilm 11.8:
„**Gekoppelte Pendel, Kraftkopplung**"
http://tiny.cc/mlayey

Abb. 11.54 Stimmgabel mit aufgesetzter stark gedämpfter Blattfeder (MAX WIEN'scher Versuch, Ann. d. Phys. **61**, 151 (1897)) (**Videofilm 11.10**)

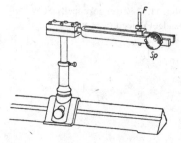

Videofilm 11.10: „Gekoppelte Schwingungen mit Dämpfung" http://tiny.cc/hlayey

Videofilm 11.11: „Schlingertank" http://tiny.cc/tlayey Durch Änderung der Drosselung wird die Frequenz der schwingenden Wassersäule der Frequenz des Schiffskörpers angepasst. Die Dämpfung erfolgt in der Drossel.

Abb. 11.55 Modell eines Schlingertanks (**Videofilm 11.11**)

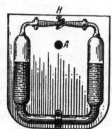

In den folgenden Beispielen kann eine der beiden Pendelschwingungen gedämpft werden. Eine stark gedämpfte Blattfeder sitzt als kleiner Reiter auf einer Stimmgabel. Die Anordnung ist aus Abb. 11.54 ersichtlich. Die Dämpfung der Blattfeder erfolgt in üblicher Weise durch ihre Fassung in Gummi. Feder und Gabel haben jede für sich die gleiche Frequenz.

Zunächst werde die Blattfeder durch eine aufgesetzte Fingerspitze am Schwingen gehindert. Dann klingt die Stimmgabel nach einer Stoßanregung sehr langsam, etwa in einer Minute, ab. Man kann ihre Schwingungen mithilfe des Spiegels Sp weithin sichtbar machen. Dann wiederholt man den Versuch bei unbehinderter Blattfeder. Die Stimmgabel kommt nach einer Stoßanregung schon nach knapp einer Sekunde zur Ruhe. Die auf die angekoppelte Blattfeder übertragene Schwingungsenergie wird als Wärme in der Gummifassung vernichtet. Statt der lang andauernden Schwebungen bei ungedämpftem Pendel sieht man deren hier nur wenige. Bei günstigsten Abmessungen kann die Energie sogar schon bis zum ersten Schwebungsminimum vernichtet sein.

K11.30. Ein weiteres Beispiel dazu sind die „Schwingungstilger" in hohen Bauwerken. Das sind große Pendel in ihrem Inneren, deren Frequenz gleich der Eigenfrequenz des Gebäudes ist, wodurch ein System gekoppelter Pendel gebildet wird. Wenn das Gebäude durch Wind zu Schwingungen angeregt wird, kann Energie an das Pendel im Gebäude weitergeleitet und dort durch Reibung gedämpft werden. Siehe dazu: Ch. Ucke und H.-J. Schlichting, „Schwingende Puppen und Wolkenkratzer", Phys. Unserer Zeit 3/2008(39), S. 139, und B. Breukelman und T. Haskett, „Good Vibrations", Civ Eng, ASCE 71/2001(12), S. 55.

So weit die *freien* Schwingungen zweier miteinander gekoppelter Pendel. In der Technik spielen *erzwungene* Schwingungen zweier gekoppelter Pendel eine wichtige Rolle. Wir beschränken uns auf ein einziges Beispiel, die Beseitigung von Schlingerbewegungen von Schiffen im Seegang.[K11.30]Man denke sich in Abb. 11.54 die Stimmgabel als einen Dampfer, die Blattfeder als ein in das Schiff eingebautes stark gedämpftes Pendel. Weiter denke man sich die einzelne Stoßanregung der Stimmgabel durch den periodischen Anprall der Wasserwogen ersetzt. Dann hat man schon das Prinzip. Konstruktiv realisiert man das stark gedämpfte Pendel durch eine Wassersäule in einem U-Rohr.

Das in Abb. 11.55 dargestelle Modell zeigt einen solchen *Schlingertank* auf einem in A pendelnd aufgehängten Brett mit dem Profil eines Dampferquerschnitts. Seine beiden Schenkel sind oben durch eine Luftleitung und den Drosselhahn H miteinander verbunden. Bei gesperrtem Hahn kann die Wassersäule nicht schwingen. Das Brett, also das Schiffsmodell, vollführt nach einer anfänglichen Kippung um 40° etwa 20 Schwingungen.

Durch Aufdrehen des Hahns kann man die Schwingungen der Wassersäule freigeben und zugleich in passender Weise dämpfen. Diesmal kommt
das Modell nach einer anfänglichen 40°-Kippung schon nach zwei bis drei
Schwingungen zur Ruhe.

11.16 Gedämpfte und ungedämpfte Wackelschwingungen

Feder- und Schwerependel ergeben für die Entstehung von Schwingungen ein einfaches Schema:

Es erfolgt ein periodischer Wechsel von potentieller und kinetischer
Energie. Dieser kann im idealisierten Grenzfall unabhängig von einer
dauernden Energiezufuhr aufrechterhalten bleiben und erfolgt rein
sinusförmig mit einer von der Amplitude unabhängigen Frequenz.
Dieser Einfachheit verdanken diese Vorgänge ihre bevorzugte Behandlung in allen Physikbüchern. – Sehr viele Schwingungsvorgänge
passen aber durchaus nicht in dieses einfache Schema, z. B. die im
täglichen Leben so häufig vorkommenden Wackelschwingungen. In
Abb. 11.56 links steht eine Säule mit zwei schneidenförmigen Füßen
auf einer ebenen Unterlage. Ein kleiner Kraftstoß in der Pfeilrichtung
hebt die rechte Schneide und erregt damit die Wackelschwingungen,
einen periodischen Wechsel von kinetischer und potentieller Energie
(letztere abwechselnd um zwei verschiedene Gleichgewichtslagen).
Schon eine flüchtige Beobachtung lässt das charakteristische Merkmal der Wackelschwingungen erkennen, nämlich die Abhängigkeit
ihrer Frequenz von der Amplitude. Je kleiner die Winkelamplitude
α_0, desto größer die Frequenz (Abb. 11.56, rechts).

Sinusschwingungen:
**„Dieser Einfachheit ver-
danken diese Vorgänge ihre
bevorzugte Behandlung in
allen Physikbüchern."**

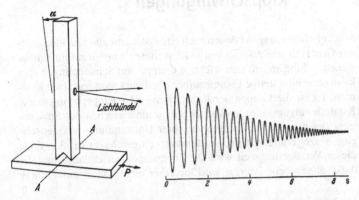

Videofilm 11.12:
„Wackelschwingungen"
http://tiny.cc/omayey
Im Film wird außer der
zwischen zwei Unterstüt-
zungslinien wackelnden
Säule auch eine kreisförmige Metallscheibe (mit einem
Plastik-Überzug wegen des
optischen Effektes) schräg
auf eine horizontale Glasplatte gestellt und mit einem
kleinen Schwung um ihre
Achse losgelassen. Danach
rollt die Scheibe auf ihrem
Umfang ab, wobei die Fre-
quenz im Lauf einer Minute
anwächst, bis sie auf der Unterlage zur Ruhe kommt.

Abb. 11.56 *Links*: Herstellung von Wackelschwingungen mit einer Holzsäu-
le von rechteckigem Querschnitt auf einer Stahlplatte, Länge der Säule rund
30 cm, *rechts*: nach einer Stoßanregung fotografisch registrierte Schwingung
dieser Säule. (**Videofilm 11.12**) – Zur Anregung erzwungener Wackelschwingungen eignen sich Trägheitskräfte: Man bewege die Unterlage mit Motor
und Exzenter periodisch in Richtung des Doppelpfeiles *P*.

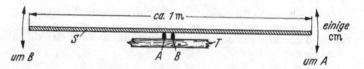

Abb. 11.57 Zur Herstellung von Wackelschwingungen konstanter Amplitude entweder mit einer Fremd- oder mit einer thermischen Selbststeuerung (TREVELYAN-Wackler)

Auch Wackelschwingungen können mit konstanter Amplitude, also ungedämpft, aufrecht erhalten werden. Für eine *Fremd*steuerung, also *erzwungene* Schwingungen, ist ein erstes Beispiel unter Abb. 11.56 beschrieben. Ein zweites werde mit Abb. 11.57 kurz erläutert: *A* und *B* seien zunächst zwei auf eine Tischkante *T* gelegte Zeigefinger. Auf ihnen liegt ein Metallstab *S*. Dann werden *A* und *B* periodisch, aber mit entgegengesetzter Phase als „Erreger" auf und nieder bewegt.

*Fremd*gesteuerte, also *erzwungene* Wackelschwingungen zeigen eine bemerkenswerte Besonderheit: Jeder Erregerfrequenz entspricht eine eigene Amplitude sowohl des Resonators als auch des Erregers. Daher besteht in Abb. 11.56 keine Gefahr des Umkippens, solange die Erregerfrequenz nicht eine untere Grenze unterschreitet[5].

Wackelschwingungen mit *Selbst*steuerung lassen sich ebenfalls mit Abb. 11.57 erläutern. Diesmal bedeuten *A* und *B* zwei an einem Metallklotz befestigte Bleche aus Blei (Abstand ca. 6 mm), *S* einen *heißen* Metallstab, z. B. aus Cu. Nach einem ersten Anstoß berührt der heiße Stab abwechselnd das linke und das rechte Bleiblech. Jeder Berührung folgt eine zeitlich zunehmende Ausdehnung des Bleis und durch sie wird der Stab in richtigem Sinn beschleunigt (TREVELYAN-Wackler).[K11.31]

K11.31. A. Trevelyan, Trans. Roy. Soc. Edinburgh, Bd. 12 (1834), S. 137. Eine Abbildung befindet sich vor der Seite 429 im selben Band. Siehe auch I.M. Freeman, „What is Trevelyans Rocker?", The Phys. Teach., Bd. 12 (1974), S. 382.

11.17 Relaxations- oder Kippschwingungen

Wackelschwingungen können nach einer Stoßanregung im idealisierten Grenzfall unabhängig von jeder weiteren Energiezufuhr fortbestehen. – Eine andere sehr wichtige Gruppe von Schwingungen aber kann ohne eine stetige Energiezufuhr überhaupt nicht zustande kommen: Es ist die Gruppe der Relaxations- oder Kippschwingungen. Kippschwingungen treten immer auf, wenn zwischen der Speicherung der potentiellen Energie und ihrer Umwandlung in kinetische eine Verzögerungszeit (Relaxationszeit) eingeschaltet ist. Am Ende dieser Verzögerungszeit wird der Energiespeicher entladen und die dabei abgegebene Energie wird hinterher nicht wieder zur Füllung

---

[5] In der St.-Gumbertus-Kirche in Ansbach sind die Türme nicht starr mit dem Langhaus verbunden. Sie wurden durch das Glockenläuten zu Wackelschwingungen angeregt, und zwar mit der festliegenden Amplitude von 20 cm. Sie gefährdeten das Gebäude in keiner Weise (E. MOLLWO). Trotzdem ist dies Beispiel erzwungener Wackelschwingungen leider beseitigt worden, und zwar mit einem einfachen Verfahren: Man hat lediglich die vertikale Schwingungsebene der Glocke um 90° gedreht.

Abb. 11.58 Mechanische Kippschwingungen. *a* und *b* sind
Anschläge.

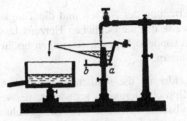

Abb. 11.59 Elektrische Kippschwingungen

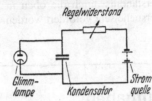

des Energiespeichers benutzt. Die neue Füllung wird der stetig fließenden Energiequelle entnommen.

Abb. 11.58 zeigt ein einfaches Beispiel. Ein Flüssigkeitsbehälter in
Form eines nicht gleichschenkligen Dreiecks ist als Wippe gelagert.
Er kann sich zwischen zwei Anschlägen *a* und *b* bewegen. Ein stetig fließender Wasserstrom füllt den Behälter und verschiebt seinen
Schwerpunkt nach links. Bei einem bestimmten Punkt wird die Wippe instabil, sie kippt nach links, entleert ihren Inhalt und richtet sich
wieder auf. Das Spiel beginnt von neuem.

> Abb. 11.59 zeigt den analogen Versuch in elektrischer Ausführung. Ein
> Kondensator wird durch eine Zuleitung mit großem Widerstand langsam
> aufgeladen, bis die Zündspannung einer parallel geschalteten Glimmlampe
> erreicht ist. Dann blitzt die Lampe auf und entlädt den Kondensator mit
> einem kurz dauernden Stromstoß. Kippschwingungen kleiner Frequenz,
> $\nu \approx 0{,}1$ Hz, zeigt die Funkenfolge jeder mit Leidener Flaschen versehenen
> Influenzmaschine.

Durch zwei Eigenschaften unterscheiden sich Kippschwingungen
sehr wesentlich von gewöhnlichen Schwingungen, also dem periodischen Wechsel zweier Energieformen:

1. Ohne konstruktive Änderungen (z. B. des Behälters in Abb. 11.58)
kann man nicht die *Amplitude*, sondern nur die *Frequenz* der Kippschwingungen ändern (in Abb. 11.58 durch Verstellen des Hahnes, in
Abb. 11.59 durch Änderung des Regelwiderstandes).

2. Kippschwingungen lassen sich leicht durch eine Hilfsschwingung
mit kleiner Amplitude steuern. Infolgedessen kann man Kippschwingungen leicht synchronisieren.

Im täglichen Leben sind Relaxations- oder Kippschwingungen außerordentlich häufig. Wir beobachten sie z. B. beim Quietschen einer Tür
oder von Kreide an der Wandtafel und beim Betrieb eines Pressluft-
hammers. Vor allem aber spielen die Kippschwingungen im Leben
der Organismen eine ganz überragende Rolle. Auf ihnen beruht die

Erregung der Nerven und die Tätigkeit der Muskeln. Die Arbeitsweise des menschlichen Herzens lässt sich durch drei miteinander gekoppelte Kippschwingungen bis in feine Einzelheiten hinein erläutern.

Leider ist die mathematische Behandlung der Relaxations- oder Kippschwingungen schwierig, deswegen finden sie in der physikalischen Literatur nicht die gebührende Beachtung. Doch ist ihr Verständnis durch die oben in Kleindruck genannten elektrischen Versuche sehr gefördert worden.

Aufgaben

11.1 Zwei sich überlagernde Schallwellen enthalten außer ihren Grundschwingungen mit den Frequenzen $\nu_1 = 225\,\text{Hz}$ und $\nu_2 = 336\,\text{Hz}$ auch ihre zwei Oberschwingungen 2ν und 3ν. Man zeige, dass zwei dieser Schwingungen zu einer Schwebung mit der Frequenz $\nu_s = 3\,\text{Hz}$ führen. (Abschn. 11.3 und 11.7)

11.2 Man bestimme die Länge d des kürzesten engen Rohrs, dessen Luftsäule durch eine Stimmgabel mit der Frequenz 520 Hz zur Eigenschwingung angeregt werden kann, wenn a) beide Enden offen sind, und wenn b) das eine Ende des Rohres geschlossen ist (Schallgeschwindigkeit in Luft: $c = 340\,\text{m/s}$). (Abschn. 11.7)

11.3 Mit einer Pfeife werden KUNDT'sche Staubfiguren erzeugt, deren Abstände 1,2 cm betragen. Man bestimme Wellenlänge und Frequenz des Schalls. (Abschn. 11.7)

11.4 Die longitudinale Grundschwingung eines Stabes der Länge $l = 2,4\,\text{m}$ beträgt 800 Hz. Man bestimme die Schallgeschwindigkeit c_l. (Abschn. 11.8)

11.5 Der Videofilm 11.6: „Freie und erzwungene Schwingungen eines Drehpendels (POHL'sches Rad)" beginnt mit der freien Schwingung des Drehpendels (Abb. 11.41). Man bestimme daraus die Größe δ^{-1} (die Zeitkonstante τ) des exponentiellen Abfalls der Amplitude und die Frequenz ν_e des Drehpendels, und leite daraus das logarithmische Dekrement Λ, das Dämpfungsverhältnis K und die Halbwertsbreite H der Resonanzkurve der Energie (Abb. 11.44) ab. (Abschn. 11.10)

11.6 Zum Videofilm 11.9: „Beschleunigungskopplung und chaotische Schwingungen": Für die beiden gekoppelten Schwerependel („Beschleunigungskopplung") bestimme man mithilfe einer Stoppuhr die Frequenzen der symmetrischen und der antisymmetrischen

Eigenschwingung sowie die Frequenz der Schwebung. Dann untersuche man den Zusammenhang dieser drei Frequenzen, der in Abb. 11.10 angedeutet ist. (s. auch den Kommentar K11.4) (Abschn. 11.15)

11.7 Abb. 11.24 zeigt die Longitudinalschwingungen zweier gekoppelter Pendel mit den Massen m und den Federkonstanten D. a) Man berechne die Frequenz ν_0 des einzelnen Pendels, wobei man das zweite Pendel festgehalten denkt, und außerdem die Frequenzen ν_1 und ν_2 der Schwingungen der gekoppelten Pendel. b) Man ersetze die mittlere Feder durch eine schwächere Feder, also $D' \ll D$, womit man einen Fall sehr ähnlich dem in Abb. 11.51b gezeigten erhält (man beachte, dass auch bei diesen gekoppelten Pendeln die Schwingung des einzelnen Pendels beobachtet werden soll, wenn das zweite Pendel festgehalten wird). Man bestimme die drei Frequenzen der Longitudinalschwingungen in diesem Fall. (Abschn. 11.15)

Elektronisches Zusatzmaterial Die Online-Version dieses Kapitels (doi:10.1007/978-3-662-48663-4_11) enthält Zusatzmaterial, das für autorisierte Nutzer zugänglich ist.

Fortschreitende Wellen und Strahlung 12

12.1 Fortschreitende Wellen

In Abb. 12.1 sieht man, durch ein Fenster blickend, eine Sinuskurve als Schattenriss. Er bewege sich mit der Geschwindigkeit c in der Richtung z: Dann ist dieser Schattenriss eine fortschreitende sinusförmige Welle. Abb. 12.1 zeigt ein Momentbild der Welle. Man unterscheidet Wellenberge und Wellentäler. Der Abstand zweier einander entsprechender Punkte, z. B. der Schnittpunkte α und β mit der z-Achse, oder zweier aufeinanderfolgender Wellenberge, heißt die *Wellenlänge* λ. Die Geschwindigkeit, mit der sich ein solcher Schnittpunkt oder mit der sich ein Wellenberg in Richtung der z-Achse bewegt, wird *Phasengeschwindigkeit c* genannt.

Eine solche fortschreitende Welle kann man experimentell dadurch herstellen, dass man einen sinusförmig gebogenen Draht mit der Geschwindigkeit c hinter dem Fenster vorbeizieht. Besser ist jedoch eine andere Anordnung, weil sie den Zusammenhang der Sinusschwingung mit der Kreisbahn erkennen lässt: Man stellt hinter das Fenster einen schraubenförmig gewundenen Draht (Abb. 12.2). Dort lässt man ihn um seine Längsachse rotieren (Kurbel), und zwar mit der Frequenz $\nu = N/t$, also N Umdrehungen in der Zeit t. Während N

Abb. 12.1 Momentbild einer sinusförmigen fortschreitenden Welle

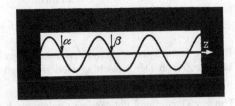

Abb. 12.2 Schraubenförmig gewundener und um die Längsachse der Schraube drehbarer Draht

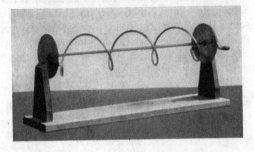

© Springer-Verlag Berlin Heidelberg 2017
K. Lüders, R.O. Pohl (Hrsg.), *Pohls Einführung in die Physik*, DOI 10.1007/978-3-662-48663-4_12

Videofilm 12.1:
„Modell einer fortschreitenden Welle"

http://tiny.cc/3mayey
Die im Text angegebene
Richtung, in der die Welle
fortschreitet, hängt davon ab,
wie die Schraube gewickelt
ist (rechts- oder linkshändig),
und vom Drehsinn, mit dem
der Experimentator die Kurbel dreht. Dies ist im Film
gut zu erkennen.

Abb. 12.3 Schraubenförmig angeordnete Kugeln (**Videofilm 12.1**)

Umdrehungen legt ein ins Auge gefasster Punkt, z. B. der Schnittpunkt α in Abb. 12.1, einen Weg $s = N\lambda$ zurück, und zwar mit der
Phasengeschwindigkeit $c = s/t = N\lambda/t$ oder

$$c = \nu\lambda \tag{12.1}$$

Das ist eine für jeden Wellenvorgang fundamentale Beziehung. –
Während der Rotation des Schraubendrahtes sieht jeder Beobachter die Welle wie eine schlängelnde Natter in der z-Richtung laufen.
Trotzdem aber bewegt sich kein Punkt der Schraube in der Laufrichtung z. Alle Punkte des Schraubendrahtes kreisen nur in Ebenen, die
zur Laufrichtung senkrecht stehen. Das zeigt man am besten, indem
man den Schraubendraht in eine schraubenförmige Folge einzelner
Punkte auflöst, wie in Abb. 12.3 (kleine Holzkugeln auf Fäden). Jeder Punkt vollführt eine Sinusschwingung mit der Periode T. Er hat
zu einer bestimmten Zeit t die Phase $\varphi = 2\pi t/T$. Sein nach rechts
folgender Nachbar bekommt die gleiche Phase erst später: Was beim
Laufen der Welle nach rechts vorrückt, ist eine *Phase*, und daher der
Name Phasengeschwindigkeit.

Zur quantitativen Darstellung betrachten wir zunächst die *Schwingung* eines einzelnen Punktes. Der Punkt α befinde sich zur Zeit
$t = 0$ gerade auf der z-Achse. Dann erreicht er nach Ablauf der Zeit
t den Ausschlag

$$x = x_0 \sin \omega t \tag{12.2}$$

(x_0 = Höchstwert des Ausschlages, $\omega = 2\pi\nu$ = Kreisfrequenz).

Bei den *Schwingungen* hängt der Ausschlag x und die Phase ωt nur
von der *Zeit* ab. Der Ausschlag wiederholt sich am gleichen *Ort* nach
je einer Periode T.

Um zur Darstellung der *Welle* zu gelangen, betrachten wir jetzt die
Schwingung eines Punktes, der im Abstand z weiter rechts liegt. Auf
seiner Bahn nach oben passiert er die Abszissenachse später als der
Punkt α. Seine *Schwingung* liegt um den Phasenwinkel

$$\varphi = 2\pi \frac{t}{T} = 2\pi \frac{ct}{cT} = 2\pi \frac{z}{\lambda}$$

gegenüber der des Punktes α zurück. Folglich gilt für ihn statt
Gl. (12.2)

$$x = x_0 \sin\left(\omega t - 2\pi \frac{z}{\lambda}\right)$$

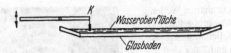

Abb. 12.4 Wanne zur Beobachtung flächenhafter Wellenfelder. Der am Ende eines Hebels befindliche Tauchkörper K wird mithilfe eines Exzenters auf- und abbewegt. (nach THOMAS YOUNG, s. Kommentar K12.3). Für Kreiswellen benutzt man als Tauchkörper einen zylindrischen Stift, für geradlinige Wellen eine Leiste. (**Videofilm 12.2**)

oder mit $\lambda = c/\nu$ und $2\pi\nu = \omega$

$$x = x_0 \sin \omega \left(t - \frac{z}{c} \right) . \qquad (12.3)$$

Das ist die Beschreibung einer fortschreitenden Welle durch eine Gleichung: Bei der *Welle* hängt der Ausschlag x und die Phase $\omega(t - z/c)$ nicht allein von der Zeit t, sondern auch vom Ort z ab. Der Ausschlag wiederholt sich am gleichen *Ort* nach je einer Periode T und zu gleicher *Zeit* an Orten, die in Abständen $z = \lambda$ aufeinanderfolgen.

Alle Zustände, die mit endlicher Geschwindigkeit fortschreiten, können Wellen bilden. Für die Beobachtung beginnt man zweckmäßig mit Zuständen, die mit kleiner Geschwindigkeit c fortschreiten. Dazu gehören an erster Stelle kleine Verformungen von Flüssigkeitsoberflächen. Durch sie entstehen flächenhafte Wellenfelder. Man beobachtet sie mit der Wellenwanne.

Eine solche ist in Abb. 12.4 im Schnitt skizziert.[K12.1] Zur Herstellung der Wellen dient als *Sender* ein sinusförmig auf und ab schwingender Tauchkörper. Seine Frequenz wählt man zwischen 10 und 20 Hz. Dann erhält man Wellenlängen zwischen 2,5 und 1,2 cm. Punktförmige Tauchkörper ergeben Wellen in Form konzentrischer Kreise (Abb. 12.5). Mit linienförmigen Tauchkörpern erhält man Wellenberge und -täler als gerade Linien, z. B. in Abb. 12.11.

> Die Ufer der Wanne müssen als flache Böschung ausgebildet sein, damit sich die Wellen totlaufen und keine störenden Reflexionen auftreten. – Ein von unten durchfallender Lichtkegel entwirft ein Bild an der Decke des Hörsaals oder, mit einem Spiegel umgelenkt, auf der Wand. Mit stroboskopischer Zeitdehnung kann man eine bestimmte Phase, z. B. die eines fixierten Wellenberges, bequem verfolgen.

12.2 Doppler-Effekt

In Abb. 12.5 denke man sich irgendwo einen Empfänger E, der auf die ankommenden Wellen reagiert und sie abzählen kann, wie z. B. das Auge des Beobachters. Sind Sender und Empfänger gegenüber dem Träger der Wellen, der Wasseroberfläche, in Ruhe, so ist die

Videofilm 12.2: „Wasserwellenexperimente" http://tiny.cc/smayey

K12.1. Mit dieser Wellenwanne sind viele der im Folgenden beschriebenen Experimente gefilmt worden (**Videofilm 12.2**, http://tiny.cc/smayey). Um beim Auffinden der einzelnen Experimente zu helfen, sind jeweils am Rand die Zeiten angegeben (in Minuten), zu denen sie im Film erscheinen (der ganze Film läuft etwas über 6 Minuten).

Abb. 12.5 Flächenhaftes Wellenfeld auf einer Wasseroberfläche, Momentbild (Belichtungszeit 0,002 s). Berge und Täler sind konzentrische Kreise. (**Videofilm 12.2**)

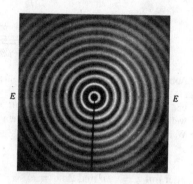

Videofilm 12.2:
„**Wasserwellenexperimente**"
http://tiny.cc/smayey
Kreiswelle (3:00). Man beachte, dass die Wellenlänge nicht nur von der Frequenz abhängt, sondern auch von der Phasengeschwindigkeit, die durch Verringerung der Wassertiefe verändert werden kann (ausgenützt zur Demonstration der Brechung in Abb. 12.19, 12.20, 12.22 und 12.23).

K12.2. Im Gegensatz zu Lichtwellen, bei denen es nur auf die Relativbewegung ankommt (s. Bd. 2, Abschn. 23.4).

vom Empfänger gemessene Frequenz gleich der des Senders. Bewegt sich der Sender oder der Empfänger, so tritt der DOPPLER-Effekt auf: Während der Wellenausbreitung erhöht eine Abstandsverkleinerung die vom Empfänger beobachtete Frequenz der Wellen, eine Abstandsvergrößerung erniedrigt sie. – Bei einer quantitativen Betrachtung muss man für *mechanische* Wellen den Fall des bewegten Senders (Abb. 12.6) und den des bewegten Empfängers auseinanderhalten.[K12.2]

Die Geschwindigkeit zwischen Sender und Empfänger sei u und die Phasengeschwindigkeit der Wellen sei c. Dann beobachtet

ein ruhender Empfänger bei bewegtem Sender
als Frequenz der Wellen statt der Senderfrequenz ν

$$\nu' = \frac{\nu}{1 \mp \frac{u}{c}} = \nu \left(1 \pm \frac{u}{c} + \cdots \right) \qquad (12.4)$$

In der Zeit t gehen von einem bewegten Sender, der sich dem Empfänger nähert, $N' = \nu t$ Einzelwellen (d. h. Berg + Tal) aus. Sie werden auf dem Weg $(ct - ut)$ zusammengedrängt. Der Empfänger misst daher die Wellenlänge $\lambda' = (c - u)t/N' = (c - u)/\nu$. Einsetzen von $\lambda' = c/\nu'$ ergibt Gl. (12.4).

Abb. 12.6 Dasselbe wie in Abb. 12.5, jedoch bei einem nach rechts bewegten Sender, oben ein Maßstab von 10 cm Länge. E bedeutet einen ruhenden „Empfänger".

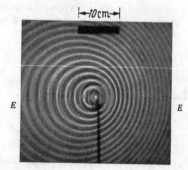

ein bewegter Empfänger bei ruhendem Sender
als Frequenz der Wellen statt der Senderfrequenz ν

$$\nu'' = \nu \left(1 \pm \frac{u}{c}\right) \qquad (12.5)$$

Treffen in der Zeit t auf einen ruhenden Empfänger νt Einzelwellen, so addieren sich für einen bewegten Empfänger, der sich in der Zeit t dem Empfänger um den Weg ut nähert, ut/λ Einzelwellen. Der bewegte Empfänger wird also in der Zeit t von $N'' = (\nu t + ut/\lambda)$ Einzelwellen getroffen. Er beobachtet die Frequenz $\nu'' = N''/t$ und erhält mit $\lambda = c/\nu$ Gl. (12.5).

In den Gln. (12.4) und (12.5) gilt das obere Vorzeichen, wenn sich Sender und Empfänger einander nähern.

12.3 Interferenz

Mit der Wellenwanne hat THOMAS YOUNG[K12.3] 1802 eine für das Verständnis aller Wellenvorgänge fundamentale Erscheinung entdeckt und benannt: Es ist die bei der Überlagerung von zwei Wellen auftretende *Interferenz*. – Um sie vorzuführen, benutzen wir in der Wellenwanne zwei mechanisch miteinander starr verbundene punktförmige Tauchkörper. Das Ergebnis zeigt eine Momentaufnahme in Abb. 12.7: Die beiden Wellen überlagern sich, und dabei wird das Wellenfeld durch Interferenz unterteilt.

In der Symmetrierichtung 00 finden sich fortschreitende Wellen. Beiderseits der Symmetrielinie 00 beobachtet man abwechselnd schmale wellenfreie und breite wellenhaltige Gebiete. In den – kurz *Interferenzstreifen* genannten – wellenfreien Gebieten ist für jeden Punkt ihrer Mittellinie der Gangunterschied, d. h. die Differenz seiner Abstände von den beiden Wellenzentren, konstant und ein ungeradzahliges Vielfaches von $\lambda/2$. Infolgedessen heben sich die beiden Wellen gegenseitig auf. Dafür ist der Wellenvorgang zwischen den Interferenzstreifen verstärkt. Auf den Mittellinien der wellenhaltigen Gebiete addieren sich die von beiden Zentren kommenden Wellen mit

Abb. 12.7 Momentbild eines flächenhaften Wellenfeldes mit Interferenzen zweier Wellen (Belichtungszeit 0,002 s). Dieses Lichtbild und alle bis Abb. 12.19 folgenden sind fotografische Positive. (**Videofilm 12.2**)

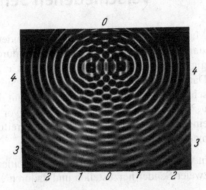

K12.3. THOMAS YOUNG, Arzt (1773–1829). Eine Würdigung seiner wissenschaftlichen Leistung findet man in R.W. Pohl, Phys. Bl. **5**, 208 (1961).

Videofilm 12.2:
„Wasserwellenexperimente"
http://tiny.cc/smayey
YOUNGs Experiment (3:30) ist gut zu sehen, besonders für lange Wellenlängen. Man erkennt deutlich zwei Richtungen negativer Interferenz. Bei Erhöhung der Frequenz (Verkürzung der Wellenlänge) nimmt die Zahl dieser Richtungen zu, allerdings werden die Bilder komplizierter. Der Grund dafür ist wohl, dass die vom harmonisch eintauchenden Körper erzeugten Wellen keineswegs einfache Wellen nur einer Wellenlänge sind, wie man bei vielen der Experimente in diesem Videofilm sehen kann. Deren Interferenzen sind dementsprechend komplizierter.

Abb. 12.8 Zur Herleitung der
Gln. (12.6) und (12.7)

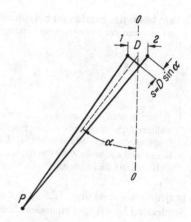

gleicher Phase, also mit Gangunterschieden von ganzzahligen Vielfachen von λ, wie am Bildrand von Abb. 12.7 mit den Zahlen angezeigt. – Die Kurven gleicher Gangunterschiede, also die Mittellinien sowohl der wellenfreien als auch der wellenhaltigen Gebiete, sind Hyperbeln. Der Winkel zwischen ihren Asymptoten und der Symmetrierichtung 00 ergibt sich für einen genügend großen Abstand von den Zentren ohne Weiteres aus Abb. 12.8. Für die Maxima gilt, wenn m eine ganze Zahl (*Ordnungszahl*) bedeutet,

$$\sin\alpha = \frac{m\lambda}{D}\,,\tag{12.6}$$

und für die Minima

$$\sin\alpha = \frac{(2m+1)\lambda/2}{D}\,.\tag{12.7}$$

Die Amplituden benachbarter Wellenzüge haben verschiedene Vorzeichen (Berg statt Tal und umgekehrt). Weiteres in Bd. 2, Abb. 12.35.

12.4 Interferenz bei zwei etwas verschiedenen Senderfrequenzen

Man denke sich in Abb. 12.7 die beiden Tauchkörper nicht mehr starr miteinander verbunden, sondern durch zwei Motoren unabhängig voneinander mit den Frequenzen ν und $\nu + \Delta\nu$ angetrieben. Dann *wandern* die Interferenzstreifen. Sie erreichen dabei in periodischer Folge (n-mal in der Zeit t oder mit der „Schwebungsfrequenz" $\nu_S = n/t = \Delta\nu$) die Lage, die zuvor ein benachbarter Streifen eingenommen hatte. Die Interferenzstreifen zeigen nur noch in Momentbildern ortsfeste Lagen.

In vielen Fällen ist es nicht möglich, einen strengen Synchronismus zweier Sender herzustellen und dadurch eine Frequenzdifferenz $\Delta\nu$

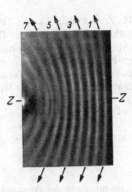

Abb. 12.9 Zwei flächenhafte Wellenfelder mit Interferenzen, bei denen die zweite Welle durch Reflexion der ersten an einer Wand hergestellt wird, *links:* Momentaufnahme, *rechts:* Zeitaufnahme und mit einem größeren Abstand der beiden Wellenzentren. Das linke Bild entspricht der linken Hälfte von Abb. 12.7. Dabei fällt der rechte Bildrand mit der Oberfläche der reflektierenden Wand und der Geraden *0–0* in Abb. 12.7 zusammen. Die Pfeile im rechten Bild zeigen die Laufrichtung der im Interferenzfeld fortschreitenden Wellen an. Außerdem fehlt rechts die Wand und die an sie angrenzende Welle mit dem Gangunterschied 0.

zu vermeiden. Dann hilft man sich oft mit einem Kunstgriff: Man ersetzt den zweiten Sender durch ein *Spiegelbild* des ersten. Das heißt, man lässt eine Welle an einer glatten Wand reflektieren und beobachtet die Überlagerung der reflektierten mit der einfallenden Welle. Abb. 12.9 zeigt links ein Beispiel.

12.5 Stehende Wellen

In Abb. 12.9 links ist die Interferenz zweier Wellen gleicher Frequenz in einem *Momentbild* gezeigt. Jetzt bringen wir ein solches Interferenzbild in einer *Zeitaufnahme* (Abb. 12.9 rechts). Dabei war ebenfalls das zweite Wellenzentrum durch ein Spiegelbild des ersten ersetzt. *In dieser Zeitaufnahme ist nichts mehr von den fortschreitenden Folgen von Berg und Tal zu sehen, man sieht nur noch die Hyperbeln gleicher Gangunterschiede.* Zwischen den dunklen Interferenzstreifen laufen die Wellen in den Richtungen der kurzen Pfeile, oberhalb der Geraden ZZ nach oben, unterhalb der Geraden ZZ nach unten. Auf der Geraden ZZ (und praktisch auch in ihrer Nachbarschaft) beobachtet man *stehende Wellen* mit *Knoten* und *Bäuchen*: In den Bäuchen wechseln Berge und Täler in zeitlich periodischer Folge, in den Knoten herrscht Ruhe.[1] Auf der Verbindungslinie ZZ beider Wellenzentren laufen die beiden Wellen einander genau entgegen. Im strengen Sinn darf man nur dann von stehenden Wellen

---

[1] In den Knoten ändert eine auf der Oberfläche des Wassers stehende Senkrechte nur ihre Neigung, ihr Fußpunkt steigt nicht auf und ab.

Abb. 12.10 Zeitaufnahme linearer stehender Wellen vor einer rechts stehenden Wand. Die hellen Streifen (Abstand = $\lambda/2$) entstehen über den Ausschlags-Bäuchen während der Auswölbung der Wasseroberfläche nach *oben*. Daher erscheinen sie *periodisch* mit der Frequenz der Wellen. (**Videofilm 12.2**)

Videofilm 12.2:
„Wasserwellenexperimente"
http://tiny.cc/smayey
Bei senkrechtem Einfall auf eine Wand bilden sich stehende Wellen aus (1:00). Bilder einzeln betrachten und Fußnote 1 beachten.

sprechen, da nur dann der Abstand zweier Interferenzminima seinen kleinsten Wert hat, nämlich $\lambda/2$. Man kann stehende Wellen auf einer Wasseroberfläche experimentell einfach erzeugen. Man hat nur geradlinige Wellen bei senkrechtem Einfall von einer ebenen Wand reflektieren zu lassen (Abb. 12.10).

Die Gleichung für die stehenden Wellen ist folgendermaßen herzuleiten: Für die nach rechts in der positiven z-Richtung laufende Welle gilt

$$x_r = x_0 \sin \omega \left(t - \frac{z}{c} \right). \tag{12.3}$$

Für die nach links laufende Welle gilt

$$x_l = x_0 \sin \omega \left(t + \frac{z}{c} \right). \tag{12.8}$$

Wir setzen abkürzend $\left(\omega t - \omega \frac{z}{c} \right) = \alpha$ und $\left(\omega t + \omega \frac{z}{c} \right) = \beta$ und erhalten für die resultierende Auslenkung der beiden gegenläufigen Wellen

$$x = x_r + x_l = x_0(\sin \alpha + \sin \beta). \tag{12.9}$$

Dann benutzen wir die trigonometrische Beziehung

$$\sin \alpha + \sin \beta = 2 \sin \frac{\alpha + \beta}{2} \cos \frac{\alpha - \beta}{2} \tag{12.10}$$

und bekommen

$$x = 2x_0 \sin \omega t \cos \omega \frac{z}{c} \tag{12.11}$$

oder

$$x = 2x_0 \cos 2\pi \frac{z}{\lambda} \sin \omega t. \tag{12.12}$$

Das ist die Gleichung einer Sinusschwingung, deren Amplitude $2x_0 \cos 2\pi \frac{z}{\lambda}$ sich längs der z-Richtung periodisch ändert.

K12.4. Siehe W. Eisenmenger, *Physikalische Blätter* **51**, 655 (1995).

Stehende Wellen auf der Oberfläche von Flüssigkeiten lassen sich („parametrisch") dadurch anregen, dass man den Behälter in vertikaler Richtung schwingen lässt. Die Wellenfrequenz ist gleich der halben Anregungsfrequenz (vgl. Bildunterschrift von Abb. 11.20). So hat man auf Wasserflächen $\lambda < 0,1$ mm beobachten können.[K12.4]

12.6 Ausbreitung fortschreitender Wellen

Wie breiten sich *fortschreitende* Wellen aus? Warum spricht man von einer Ausstrahlung von Wellen? – Als Hilfsmittel dient abermals die Wellenwanne. Wir bringen Hindernisse (Holz- oder Metallstücke) in die Bahn der Wellen.

Zunächst lassen wir in Abb. 12.11 geradlinige Wellen mit breiter Front auf eine lange Wand senkrecht auffallen, um die „Hälfte" der Wellen auszublenden. Aus Symmetriegründen erwartet man hinter dieser „Halbebene" die gestrichelte Gerade als Grenze der Wellen. Über dieser Geraden sollte der „Schatten" der Wand beginnen. Davon ist aber keine Rede. Die Wellen überschreiten diese geometrische Grenze und erstrecken sich mit „großen" Bögen in den Schattenbereich hinein. (Für Wellen ist die Wellenlänge λ die sinngemäße Bezugslänge. „groß" bedeutet daher hier: groß verglichen mit λ.) Diesen Lauf der Wellen beschreibt man sprachlich seltsamerweise in der Passivform, man sagt, die Wellen werden gebeugt. Die jenseits der Grenze erscheinenden Wellen nennt man gebeugte Wellen.

In Abb. 12.12 ist aus zwei Halbebenen ein Spalt für die Wellenbegrenzung gebildet. Wieder werden die gestrichelten geometrischen Grenzen durch gebeugte Wellen erheblich überschritten. Der Zusammenhang mit Abb. 12.11 ist ohne Weiteres ersichtlich. – In Abb. 12.13 ist der Spalt durch ein gleich breites Hindernis ersetzt. Hier treten die gebeugten Wellen noch deutlicher in Erscheinung:

Abb. 12.11 Begrenzung linearer Wellen durch eine Halbebene. Diese und die folgenden Abb. 12.12–12.20 und Abb. 12.22–12.24 sind Momentbilder (etwa 0,002 s). **(Videofilm 12.2)**

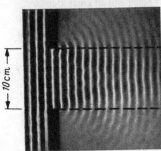

Abb. 12.12 Begrenzung linearer Wellen durch einen Spalt

10 cm

Videofilm 12.2: „**Wasserwellenexperimente**" http://tiny.cc/smayey Beugung (1:40). Hinter einer Halbebene breiten sich die Wellen in den optischen Schattenbereich aus.

Abb. 12.13 Von linearen Wellen erzeugter Schatten eines Hindernisses

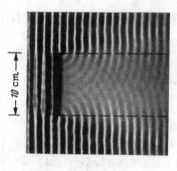

Die vom oberen und vom unteren Rand des Hindernisses kommenden gebeugten Wellen interferieren miteinander; der „Schatten" des Hindernisses wird mit wachsendem Abstand verwaschen. Längs der Achse des Schattens laufen stets Wellen![K12.5]

K12.5. In der Optik „POISSON'scher Fleck" genannt (Bd. 2, Abschn. 21.1).

Abb. 12.14 und 12.15 zeigen die entsprechenden Versuche für kleinere Abmessungen. Die Breite des Spaltes und des Hindernisses beträgt nur noch etwa 3λ. Hier versagt die geometrische Strahlenkonstruktion selbst als Näherung. Hinter dem Spalt fächert der Wellenzug weit auseinander, und im Beugungsgebiet sind beiderseits deutliche Maxima und Minima zu erkennen. Hinter dem Hindernis ist der Schatten selbst in kleinem Abstand nur recht unvollkommen ausgebildet, die gebeugten Wellen sind kaum schwächer als zu beiden Seiten im freien Wellenfeld.

Abb. 12.14 Begrenzung linearer Wellen durch einen Spalt, im Beugungsgebiet Nebenmaxima **(Videofilm 12.2)**

Videofilm 12.2: „**Wasserwellenexperimente**" http://tiny.cc/smayey Beugung am Spalt (2:00).

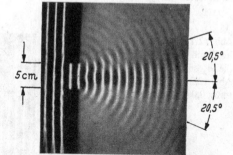

Abb. 12.15 Sehr unvollkommener Schattenwurf eines kleinen Hindernisses im Bereich linearer Wellen

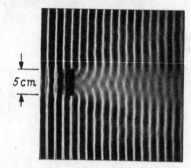

Abb. 12.16 Elementarwellen hinter einer kleinen Öffnung, die von linearen Wellen getroffen wird

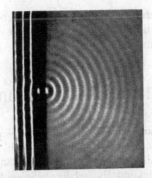

Abb. 12.17 Elementarwellen, die durch Streuung an einem kleinen Hindernis entstehen (**Videofilm 12.2**)

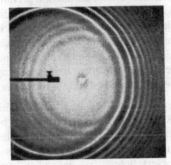

Videofilm 12.2:
„**Wasserwellenexperimente**"
http://tiny.cc/smayey
Man beachte hier die Welle begrenzter Länge, die durch einmaliges Eintauchen erzeugt wurde (2:30). Nach FOURIER besteht solch ein Puls aus Wellen mit einem breiten Frequenzspektrum (siehe Abb. 11.16). Die Wellen kleinerer Wellenlänge laufen schneller (siehe Abb. 12.74, Kapillarwellen), und so entsteht das charakteristische Wellenfeld, in dem die kurzen Wellen den längeren davonlaufen (spektrale Analyse durch Dispersion). Sehr gut auch beim Schwimmen in einem ruhigen See zu beobachten!

In Abb. 12.16 ist die Spaltöffnung kleiner als die Wellenlänge: Die hindurchkommenden Wellen breiten sich praktisch halbkreisförmig aus. – In Abb. 12.17 ist ein Hindernis ebenso kleiner Breite gewählt. Von ihm nehmen die einfallenden Wellen so wenig Notiz, dass man seine Wirkung auf dem Untergrund kontinuierlicher Wellen kaum sehen kann. Darum fällt in Abb. 12.17 eine Welle begrenzter Länge auf das Hindernis (erzeugt durch eine kurz dauernde Bewegung des Tauchkörpers). In dem festgehaltenen Momentbild hat diese begrenzte Welle das kleine Hindernis bereits passiert. Man sieht den Erfolg: Das Hindernis hat eine neue, kreissymmetrische Welle entstehen lassen. – Die Beobachtungen in Abb. 12.16 und 12.17 zusammenfassend können wir sagen: Der Spalt in Abb. 12.16 und das Hindernis in Abb. 12.17 werden zum Ausgangspunkt neuer Wellen. Vom Spalt aus breiten sie sich als Halbkreise, vom Hindernis aus als Vollkreise aus. Beide ergeben sich als Grenzfall der Beugung. Man nennt sie in diesem Grenzfall „durch Streuung entstanden" oder „gestreut". Auch der Name *Elementarwellen* ist gebräuchlich. Ihre Amplitude sinkt mit abnehmender Breite von Spalt und Hindernis. Vorhanden sind sie aber bei beliebig kleinen geometrischen Abmessungen. Bei hinreichender Amplitude der einfallenden Wellen sind sie unter allen Umständen nachweisbar. Durch eine Streuung der Wellen verraten selbst die kleinsten Gebilde ihre Existenz („ultramikroskopischer Nachweis").

Das Ergebnis der bisherigen Versuche lautet: Man kann die Ausbreitung der Wellen und ihre seitliche Begrenzung durch Hindernisse mithilfe einfacher *geometrischer Strahlen* wiedergeben. Doch geht das nur, sofern die geometrischen Dimensionen B (Spalt- und Hindernisbreite) groß gegenüber der verfügbaren Wellenlänge λ sind („geometrische Optik").

12.7 Reflexion und Brechung

In Abb. 12.18 laufen divergierende Wellen schräg gegen ein glattes ebenes Hindernis. Die Fehler seiner Oberfläche (Kratzer, Buckel) sind klein gegen die Wellenlänge. Die Wellen werden spiegelnd reflektiert. Es sind die am Spiegel umgelenkten Strahlen eingezeichnet. Sie stehen senkrecht auf den Kreisen der einfallenden und der reflektierten Wellen. Für die eingezeichneten Strahlen gilt das Reflexionsgesetz: *Einfallswinkel = Reflexionswinkel*. Oberhalb des Spiegels sieht man die Überlagerung und Interferenz der einfallenden und der reflektierten Wellen. Rechts sieht man den Schatten des Spiegels mit seinen durch Beugung verwaschenen Rändern.

Im flachen Wasser laufen Wellen langsamer als im tiefen (s. Gl. (12.36)). Diese Tatsache benutzen wir zur Vorführung der *Brechung*. In Abb. 12.19 trennt die Linie *00* in einer Wellenwanne einen Flachwasserbereich B (unten) von einem Tiefwasserbereich A (oben). Schräg von links oben laufen geradlinige Wellen gegen die Grenze und über sie hinweg. Eingezeichnet sind ein einfallender und ein gebrochener Strahl und außerdem das „Einfallslot" *NN*. Für den Übergang der Wellen von A nach B findet man das Brechungsgesetz

$$\frac{\sin \alpha}{\sin \beta} = \text{const} = n_{A \to B} . \tag{12.13}$$

Es definiert die Brechzahl (manchmal auch „Brechungsindex" genannt) $n_{A \to B}$ für den Übergang $A \to B$.[K12.6] Mit ihr erhält man für die Wellenlängen

$$\lambda_B = \frac{\lambda_A}{n_{A \to B}} \tag{12.14}$$

und für die Geschwindigkeit der Wellen

$$c_B = \frac{c_A}{n_{A \to B}} . \tag{12.15}$$

K12.6. Es handelt sich hier um die „relative" Brechzahl. Schreibt man sie als Verhältnis von zwei Brechzahlen, die jeweils nur einem Bereich bzw. Stoff zugeordnet sind, $n_{A \to B} = n_A / n_B$, und setzt für einen Bereich den Wert fest, so ist damit auch für alle anderen Bereiche die Brechzahl definiert. So geschieht es in der Optik, indem für den „Stoff" Vakuum die Brechzahl gleich 1 gesetzt wird. (s. auch Abschn. 12.11 und in Bd. 2, Abschn. 16.3.)

Videofilm 12.2:
„Wasserwellenexperimente"
http://tiny.cc/smayey
Reflexion ebener Wellen an einer Wand unter 45° (1:15).

Abb. 12.18 Reflexion divergierender Wellen an einem unter 45° getroffenen Spiegel. Die glatte Oberfläche des Spiegels erscheint durch die Kräuselung der Wasseroberfläche verzerrt. (**Videofilm 12.2**)

Abb. 12.19 Brechung geradliniger Wellen beim Übergang in ein Gebiet kleinerer Wellen-Geschwindigkeit, Momentbild. (Die an der Grenze *00* nach *rechts oben* reflektierten Wellen sind, weil zu schwach, nicht erkennbar.) **(Videofilm 12.2)**

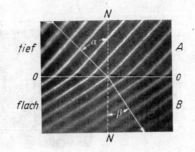

Videofilm 12.2: „Wasserwellenexperimente" http://tiny.cc/smayey Brechung (4:20). Im Film ist die Wassertiefe in *A* 8 mm, in *B* 2 mm. Die einfallenden Wellen werden genauso gebrochen wie Licht, das auf eine Glasplatte auftrifft (zum Einfallslot hin), weil die Phasengeschwindigkeit im Bereich *B* kleiner ist als in *A*.

12.8 Abbildung

Abb. 12.20 zeigt eine „Flachwasserlinse": Wir bringen einen flachen durchsichtigen linsenförmigen Körper in die Wanne. Zwischen seiner Oberfläche und der des Wassers verbleibt nur ein Zwischenraum von etwa 2 mm. Die „Linse" ist beiderseits in einem Schirm „gefasst". Die divergierenden Wellen werden beim Passieren der dicken Linsenmitte am meisten verzögert, zum Rand hin jedoch weniger, entsprechend der abnehmenden Linsendicke. Infolge dieser Verzögerung wechselt die Krümmung der Wellen ihr Vorzeichen. Die Wellen ziehen sich hinter der Linse konzentrisch auf den „Bildpunkt" zusammen und divergieren erst wieder hinter dem Bildpunkt. – Die Reflexion bewirkt das Gleiche mit Hohlspiegeln. Das zeigen wir in Abb. 12.21.

Diesmal liegt das Wellenzentrum (der „Dingpunkt") links in „unendlich" weiter Entfernung, d. h. wir benutzen geradlinige Wellen. In diesem Fall wird der Bildpunkt als „Brennpunkt" bezeichnet. Abb. 12.20 und 12.21 sind recht lehrreich: *Bildpunkte sind in Wirklichkeit keine Schnittpunkte gezeichneter Strahlen, sondern ausgedehnte Beugungsfiguren der Linsen- oder Spiegelfassungen.* Ihr Durchmesser hängt von der Wellenlänge der benutzten Strahlung ab und vom Durchmesser der Linse oder des Spiegels. Je größer der Durchmesser, desto kleiner die Beugungsfigur, der wirkliche Bildpunkt.

Abb. 12.20 Ein Wellenzentrum als Dingpunkt wird durch eine Flachwasserlinse in einem „Bildpunkt" abgebildet. Der Dingpunkt ist absichtlich nicht in die Symmetrieachse *Z* gelegt worden. **(Videofilm 12.2)**

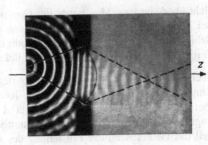

Videofilm 12.2: „Wasserwellenexperimente" http://tiny.cc/smayey Im Film ist der Bildpunkt eines „unendlich" fernen Objektes gezeigt (d. h. geradlinige Wellen) (4:50).

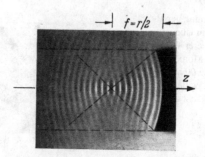

Abb. 12.21 Hervortreten des Brennpunktes im Interferenzfeld kurzer Oberflächenwellen auf Wasser vor einem zylindrischen Hohlspiegel (Krümmungsradius r, f heißt Brennweite, s. auch Bd. 2, Abschn. 16.7 und 18.2), Zeitaufnahme, Spiegeldurchmesser 14 cm. Vgl. Abb. 12.48

Zur Darstellung einer Welle genügt oft ein einziger Strich, nämlich die Wellennormale, auch *Hauptstrahl* genannt. An diese beliebte Zeichenart anknüpfend, nennt man oft ein parallel begrenztes Wellenfeld (Wellenbündel) einen *Strahl*. So spricht man z. B. von *Schallstrahlen* und von *Lichtstrahlen*.

12.9 Totalreflexion

Abb. 12.22 zeigt die Brechung für den Fall, dass die Wellen von rechts unten kommend auf die Grenzfläche auftreffen. Diesmal ist der Einfallswinkel α kleiner als der Brechungswinkel β. Man findet experimentell

$$\frac{\sin \alpha}{\sin \beta} = \text{const} = n_{B \to A} = \frac{1}{n_{A \to B}} < 1 . \tag{12.16}$$

α kann einen Höchstwert α_T, definiert durch $\sin \beta = 1$ ($\beta = 90°$), d. h.

$$\sin \alpha_\mathrm{T} = n_{B \to A} = \frac{1}{n_{A \to B}} \tag{12.17}$$

nicht überschreiten. Man nennt ihn *Grenzwinkel der Totalreflexion*. Bei Einfallswinkeln $\alpha > \alpha_\mathrm{T}$ kann keine gebrochene Welle in das Gebiet A der größeren Wellengeschwindigkeit eintreten. Statt dessen werden die einfallenden Wellen total reflektiert.

Nach dieser geometrisch-formalen Überlegung sollten beim Überschreiten des Grenzwinkels α_T der Totalreflexion (Gl. (12.17)) überhaupt keine Wellen in das Gebiet A mit der größeren Wellengeschwindigkeit eindringen. Das kann jedoch nicht richtig sein, weil das Gebiet A an der Entstehung der Brechzahl $n_{A \to B}$ beteiligt ist. Daher muss jetzt gezeigt werden, was bei der Totalreflexion wirklich geschieht. Dazu benutzen wir die gleiche Anordnung wie in

Abb. 12.22 Brechung geradliniger Wellen beim Übergang in ein Gebiet größerer Wellengeschwindigkeit

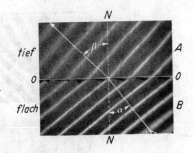

Abb. 12.22, lassen also wieder eine Welle *unter dem Einfallswinkel α von rechts unten* auf die Grenze einfallen, oberhalb derer ein Gebiet A mit größerer Wellengeschwindigkeit beginnt. In Abb. 12.23a sehen wir Brechung und Reflexion. Die Amplituden der reflektierten Wellen sind viel kleiner als die der einfallenden. In diesem Beispiel gilt für die Brechzahl $n_{B \to A} = \lambda_f / \lambda_t = 14{,}4 \text{ mm}/17{,}8 \text{ mm} = 0{,}81$. Bei $\sin \alpha = 0{,}81$ oder $\alpha = 54°$ beginnt die Totalreflexion. In Abb. 12.23b ist $\beta = 90°$ geworden. Die gebrochenen Wellen münden senkrecht auf der Grenze ein und gehen nach oben in gekrümmte „gebeugte" Wellen über. Die Amplituden der reflektierten Welle sind jetzt ebenso groß wie die der einfallenden.

In Abb. 12.23c ist der Einfallswinkel α bis auf 63° vergrößert worden. Damit befinden wir uns mitten im Winkelbereich der Totalreflexion, und dort beobachten wir folgende Tatsachen:

Nach wie vor verlaufen Wellen auch oberhalb der Grenze. Im Bild überschreiten die weißen Wellenberge die Grenze *00* um rund 1 mm. Ihre Richtung steht zur Grenze senkrecht. Die Amplitude dieser Wellen klingt nach oben, d.h. senkrecht zu ihrer Laufrichtung, sehr rasch ab. *Die Wellen sind quer zu ihrer Laufrichtung gedämpft.*

(Ihre Fortsetzung in gekrümmten gebeugten Wellen ist sehr deutlich. Sie kann sogar zunächst in störender Weise die Aufmerksamkeit vom Wesentlichen ablenken. Aber Beugung gehört nun einmal untrennbar zu einer jeden Bündelbegrenzung.)

Die quergedämpften Wellen im zweiten, nach geometrisch-formaler Überlegung wellenfreien Stoff, sind für das Zustandekommen der Totalreflexion unentbehrlich. Das zeigen die beiden nächsten Versuche. In Abb. 12.23d ist der Tiefwasserbereich oberhalb der Grenze *00* auf einen schmalen Streifen eingeengt worden. Oberhalb von *0'0'* folgt wieder ein Bereich flachen Wassers. Der Abstand *00'* ist gleich einem Viertel der Wellenlänge. Der Tiefwasserbereich ist also schmaler als vorher die seitliche Ausdehnung der quergedämpften Wellen in Abb. 12.23c. Erfolg: Die Reflexion ist nicht mehr total, es laufen deutlich Wellen nach oben über die Grenze *00* hinweg.

Und schließlich der Gegenversuch: In Abb. 12.23e ist der Abstand *00'* bis zur Größe einer Wellenlänge erweitert worden. Der Tiefwasserbereich bietet also genügend Raum zur Ausbildung der quergedämpften Wellen. Damit ist auch die Totalreflexion wiederhergestellt.

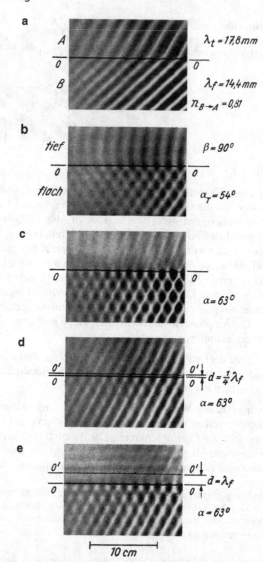

Videofilm 12.2:
„Wasserwellenexperimente"
http://tiny.cc/smayey
Totalreflexion (5:30): Die
Wellen werden im Flach-
wasserbereich erzeugt
(Wassertiefe 2 mm), und
fallen unter einem Winkel auf
die Trennlinie zum Tiefwasserbereich (8 mm), der größer
als der der Totalreflexion ist.
Außer der reflektierten Welle
sieht man eine quergedämpfte
Welle, die an der Trennlinie
entlangläuft. Ihre Eindringtie-
fe in den Tiefwasserbereich
ist von der Größenordnung
einer Wellenlänge. Wenn die
Breite des Tiefwasserberei-
ches verkleinert wird (5:30),
beobachtet man auch eine
Welle auf der anderen Seite
des Kanals: „Tunneleffekt",
(s. Schluss dieses Abschnitts
und Bd. 2, Abschn. 25.9).

Abb. 12.23 Vorführung der Totalreflexion von Wasserwellen. Die Welle läuft von *rechts unten* gegen die Grenze *00*. Während der Totalreflexion (**b** und **c**) laufen unterhalb von *00* sinusförmig modulierte Wellen von *rechts nach links*, d. h. die Wellen sind durch horizontale Interferenzminima unterteilt. (**Videofilm 12.2**)

Ergebnis: Totalreflexion kann nur eintreten, wenn die Dicke des Gebietes mit kleinerer Brechzahl (im Beispiel *00′*) nicht klein gegen die
Wellenlänge ist. Andernfalls bildet das Gebiet kleinerer Brechzahl
für die Wellen kein unüberwindbares Hindernis. Die Wellen vermögen es, wenn auch geschwächt, den verbotenen Bereich zu durch-

dringen, als sei ihnen durch einen Tunnel ein Weg gebahnt: *Tunneleffekt*.[K12.7]

12.10 Keilwellen beim Überschreiten der Wellengeschwindigkeit

Ein Körper tauche in eine Wasseroberfläche ein und bewege sich horizontal mit einer konstanten Geschwindigkeit u. Diese sei größer als die Phasengeschwindigkeit c, mit der sich Wellen auf der Oberfläche des Wassers ausbreiten. Dann entsteht eine Keilwelle, wie sie jedermann als Bugwelle eines Schiffes kennt. Räumlich entspricht ihr eine Kegelwelle, wie sie z. B. in Abb. 12.87 von einem Geschoss erzeugt wird.

Man kann ohne Schwierigkeit derartige Keilwellen auch in periodischer Folge herstellen. Abb. 12.24 zeigt eine geeignete Anordnung. In ihr wird ein Kanal mit den Grenzen 00 und $0'0'$ beiderseits von einem Flachwasserbereich umgeben. Außerhalb des linken Bildrandes werden im Kanal mit einem schwingenden Tauchkörper periodische Wellen erzeugt: Jeder im Kanal laufende Wellenberg wirkt wie ein bewegter Körper, der beiderseits im Flachwasserbereich eine Keilwelle erzeugt.

Der gleiche Vorgang lässt sich auch in ganz anderer Weise beschreiben, nämlich als ein Grenzfall der Brechung für den Einfallswinkel $\alpha = 90°$. Das soll Abb. 12.25 erläutern, und zwar für die untere Grenze 00, um den Vergleich mit Abb. 12.19 zu erleichtern[2]. Der

K12.7. So heißt dieser Effekt in der Wellenmechanik. Auch eine Materiewelle, z. B. von Elektronen, dringt als gedämpfte Welle in ein verbotenes Gebiet ein, also in einen Bereich, in dem seine potentielle Energie größer sein würde als seine Quantenenergie. Das kann auch bei senkrechtem Einfall passieren. Wird nun die Breite d des verbotenen Bereiches klein genug gewählt, so kann eine Materiewelle jenseits dieses Bereiches beobachtet werden, in Analogie zu Abb. 12.23d, d. h., die der Materiewelle entsprechenden Teilchen haben eine gewisse Wahrscheinlichkeit, die Potentialbarriere zu „durchtunneln".

Abb. 12.24 Herstellung einer periodischen Folge von Keilwellen

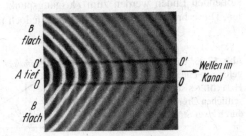

Abb. 12.25 Eine periodische Folge von Keilwellen lässt sich als Grenzfall der Brechung behandeln (eine in der Geophysik beliebte Darstellungsart)

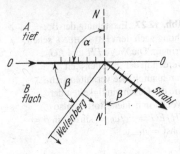

---

[2] In Abb. 12.19 fiel die Welle unter dem Einfallswinkel α von links oben ein.

Fußpunkt des Lotes *NN* ist willkürlich gewählt, da der einfallende Strahl parallel zur Grenze läuft und sie nicht, wie in Abb. 12.19, schneidet. Aus Gl. (12.13) folgt für $\alpha = 90°$ für den *Brechungswinkel* $\sin\beta = 1/n_{A\to B}$. β ist also ebenso groß, wie bei umgekehrter Strahlrichtung (Abb. 12.22) der *Einfalls*winkel α_T, den man Grenzwinkel der Totalreflexion nennt. Weiter in Abschn. 12.11.

12.11   Das HUYGHENS'sche Prinzip

Eine Deutung von Brechung und Reflexion liefert das HUYGHENS' sche Prinzip. In Abb. 12.26 sei *00* eine spiegelnde Grenzfläche. *I* sei ein Berg einer von links oben einfallenden geradlinigen Welle. Er trifft *nacheinander* die auf der Oberfläche völlig willkürlich markierten Punkte. Jeden einzelnen denke man sich als Ausgangspunkt einer Elementarwelle, wie wir sie in Abschn. 12.6 kennengelernt haben. Diese Elementarwellen sind durch kurze Kreisbögen angedeutet. Ihre Tangente ist ein Berg *II* der reflektierten Welle. Von den Wegen, die vom Berg *I* zum Berg *II* führen, ist einer gestrichelt gezeichnet. Alle diese Wege werden in gleichen Zeiten durchlaufen.

Abb. 12.27 und ihre Bildunterschrift erläutern in entsprechender Weise die *Brechung* an einer Grenze, die zwei Gebiete verschiedener Wellengeschwindigkeit *c* trennt.

Schließlich betrachten wir den in Abb. 12.25 behandelten Grenzfall der Brechung. Dabei benutzen wir Abb. 12.28. In ihr ist der Weg eines einzelnen Wellenberges *TT* skizziert. Dieser Wellenberg läuft mit der Geschwindigkeit c_A nach rechts. Seine an die Kanalwände stoßenden Enden werden zum Ausgangspunkt von Elementarwellen. Diese breiten sich kreisförmig aus, jedoch nur mit der kleinen,

Abb. 12.26 Entstehung der Spiegelung an einer Ebene nach dem HUYGHENS'schen Prinzip. Die seitlichen Grenzen der Welle sind durch zwei Strahlen dargestellt.

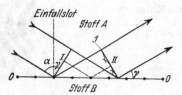

Abb. 12.27 Entstehung der Brechung nach dem HUYGHENS'schen Prinzip. Die Wege *FH* und *EG* werden in der gleichen Zeit durchlaufen. Sie verhalten sich wie die Geschwindigkeiten der Wellen in beiden Stoffen, also $FH/EG = c_A/c_B = \sin\alpha/\sin\beta =$ const $= n_{A\to B}$.

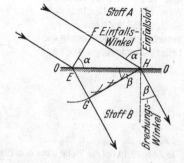

Abb. 12.28 Zur Entstehung des „MACH'schen Winkels" χ

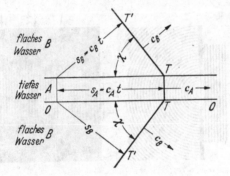

zum Flachwasser gehörenden Geschwindigkeit c_B. Die gemeinsame Tangente aller Elementarwellen liefert den neuen geradlinigen Wellenberg TT'. Man entnimmt der Skizze die Beziehung

$$\sin \chi = \frac{c_B}{c_A} \qquad (12.18)$$

und nennt χ den *Mach'schen Winkel*.

12.12 Modellversuche zur Wellenausbreitung

In Abb. 12.26 und 12.27 wurde weder die seitliche Begrenzung der einfallenden Welle noch eine Struktur der getroffenen Grenze *00* berücksichtigt. Ist das nicht zulässig, so genügt nicht mehr die gemeinsame Tangente der Elementarwellen. Man muss die bei der Überlagerung der Elementarwellen auftretende Interferenz berücksichtigen. Diese Interferenz behandelt man am anschaulichsten in Modellversuchen. Zunächst soll auf diese Weise der Fall der Abb. 12.12, also die Begrenzung linearer Wellen durch einen *breiten* Spalt behandelt werden.

In Abb. 12.29 bedeutet der Doppelpfeil einen in der Öffnung angelangten Wellenberg, seine Länge also zugleich die Breite *B* der Öffnung. Ferner bedeutet das System konzentrischer Kreise einen einzigen elementaren Wellenzug, ausgehend von einem Punkt dieser Öffnung. – Dies Wellenbild denken wir uns auf Glas übertragen und auf einen Schirm projiziert, den Doppelpfeil auf den Schirm gezeichnet. Dann denken wir uns mithilfe weiterer Projektionsapparate eine stetige Folge derartiger Glasbilder nebeneinander auf den Schirm projiziert. Praktisch wird geschickter verfahren: Wir benutzen nur das *eine* Glasbild der Abb. 12.29 links und bewegen sein Wellenzentrum mit irgendeiner mechanischen Vorrichtung rasch in der Richtung des Doppelpfeiles hin und her, etwa 20-mal je Sekunde. Auge und fotografische Platte vermögen die räumlich und zeitlich aufeinanderfolgenden Bilder nicht mehr zu trennen, sie verzeichnen

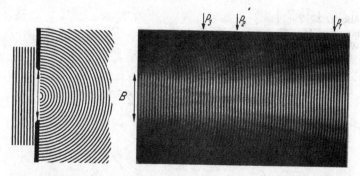

Abb. 12.29 Zur Wellenbegrenzung durch einen weiten Spalt (FRESNEL'sche Beobachtungsart). *Links* ist das Wellenbild auf eine Glasplatte übertragen. Das Wellenprofil ist nicht sinus-, sondern kastenförmig gewählt, weil die Feinheiten doch im Druck verloren gehen. Man besehe das *rechte Bild* und später Abb. 12.31 auch in ihrer Längsrichtung blickend. Die Pfeile zeigen auf Punkte P_1, P_2 und P_3, die man sich auf der Symmetrieachse des Wellenfeldes denke. Diese Punkte werden in Abschn. 12.14 als Aufpunkte der *Zonenkonstruktion* gebraucht.

nur die Überlagerung sämtlicher Elementarwellenzüge. So entsteht das in Abb. 12.29 rechts abgedruckte Wellenbild. Es zeigt die Struktur des Wellenfeldes noch deutlicher, als früher die Abb. 12.12. Längs der Bündelachse werden die Wellen anfänglich durch praktisch wellenfreie Strecken unterbrochen, auf die die Pfeile P hinweisen. Das Wellenfeld wird erst dann einfach, wenn der Abstand groß gegen die Spaltweite ist, z. B. rechts vom Pfeil P_1.

Lässt man im Modellversuch der Abb. 12.29 die obere Spaltkante an ihrem Ort und entfernt die andere beliebig weit nach unten, so gelangt man zur Beugung an einer Halbebene (Abb. 12.30). Sie entspricht der Abb. 12.11.

In Abb. 12.29 divergieren die ausgeblendeten Wellen. Diesen Fall bezeichnet man kurz als *Fresnel'sche Beugung*. Durch Einschaltung einer Sammellinse kann man die bei der Beugung divergierenden Wellen in konvergierende umwandeln. Dann spricht man kurz von *Fraunhofer'scher Beugung*.

Abb. 12.30 Modellversuch zur Beugung an einer Halbebene

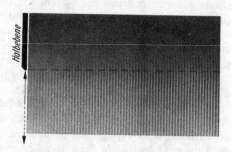

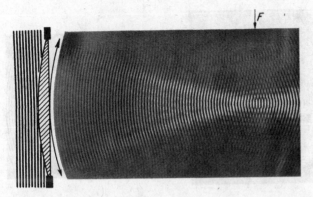

Abb. 12.31 Modellversuch zur FRAUNHOFER'schen Beugung an einer weiten Öffnung und zur Entstehung eines „Bildpunktes", hier „Brennpunktes" *F*. In seiner Nähe sind die Wellen eben. Man vergleiche die Umgebung des Brennpunktes in Abb. 12.21 und 12.48.

Die Wellen sollen in der Linse langsamer laufen als in ihrer Umgebung. Infolgedessen bleibt ihre Mitte gegenüber dem Rand zurück. Die Wellenfläche wird hohl gewölbt, der in Abb. 12.29 *gerade* Doppelpfeil ist durch einen *kreisförmig gekrümmten* zu ersetzen. Alles Übrige verläuft dann genau wie oben. Wir bewegen (mit irgendeiner mechanischen Vorrichtung) das Wellenzentrum längs des gekrümmten Doppelpfeiles. Das Ergebnis zeigt eine Fotografie in Abb. 12.31.

Die FRAUNHOFER'sche Beobachtungsart liefert in der Brennebene einer Sammellinse eine Beugungsfigur in der Einfachheit, die man bei der FRESNEL'schen Beobachtungsart erst in großem Abstand von der begrenzenden Öffnung erhalten kann. Aus diesem Grund wird die FRAUNHOFER'sche Beobachtungsart mit Vorliebe angewandt.

Zum Schluss zwei Modellversuche über die FRESNEL'sche Beugung an schmalen Spalten (Abb. 12.32). Beide Beugungsfiguren zeigen schon dicht hinter dem Spalt die Einfachheit, die man bei weiten Spalten erst in großem Abstand findet.

12.13 Quantitatives zur Beugung an einem Spalt

Zunächst wollen wir uns mit Abb. 12.33 klarmachen, wie die Minima beiderseits des zentralen Wellenfeldes in Abb. 12.32 zustande kommen. Zu diesem Zweck denken wir uns den Beobachtungspunkt *P* sehr weit entfernt, also die beiden von den Spalträndern zu *P* führenden Geraden als praktisch parallel. Ferner zerlegen wir den Spalt (Breite *B*) in eine größere Anzahl *N*, beispielsweise 12, gleichartige Teilabschnitte 1, 2, 3 usw. Jeden dieser Teilabschnitte betrachten wir als Ausgangspunkt einer Elementarwelle mit gleicher Nummer. Alle diese *N* Elementarwellen durchschneiden oder überlagern sich im

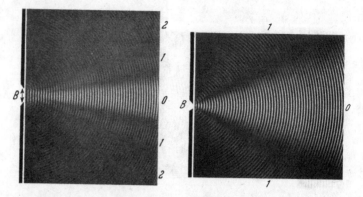

Abb. 12.32 Zwei Modellversuche zur Wellenbegrenzung durch schmale Spalte mit unterschiedlicher Breite B. Im Schauversuch befestigt man die Glasplatte mit den Halbwellen (Abb. 12.29 links) am Ende einer Blattfeder, die man mit elektromagnetischem Antrieb wie den Klöppel einer Hausglocke hin und her schwingen lässt.

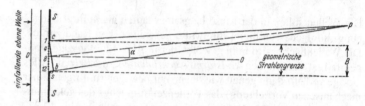

Abb. 12.33 Zur Berechnung der Beugungsfigur eines Spaltes

Beobachtungspunkt P. Dabei addieren sich die Amplituden der Elementarwellen zu der im Punkt P auftretenden Gesamtamplitude. Bei dieser Addition ist das Wesentliche der Gangunterschied zwischen den einzelnen Elementarwellen.

Es sei der maximale Gangunterschied s zwischen der ersten und der zwölften Elementarwelle gleich λ. Dann ist der Gangunterschied zwischen der ersten und der sechsten, zwischen der zweiten und der siebenten usw. Elementarwelle je gleich $\lambda/2$. Das heißt, die Amplituden jedes dieser Paare heben sich auf. Folglich kommt in der betrachteten Richtung α keine Welle zustande, wir haben ein Minimum, und für seine Richtung α gilt nach Abb. 12.33

$$\sin \alpha = \frac{\lambda}{B} \qquad (12.19)$$

Diese Gleichung gibt die Beobachtungen richtig wieder. Sie ermöglicht die Berechnung von λ, wenn man die Spaltbreite B und die Richtung des ersten Minimums misst. – Für andere Richtungen führen wir die Addition der einzelnen Elementarwellen graphisch aus.

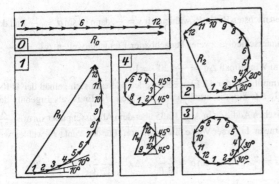

Abb. 12.34 Zur graphischen Konstruktion der Abb. 12.35

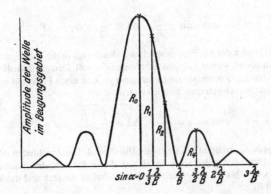

Abb. 12.35 Das Amplitudengebirge bei Begrenzung einer ebenen Welle durch einen Spalt. Abb. 12.34 enthält die zur Konstruktion benötigten Hilfsfiguren. Die Strahlungsleistung (Energiestrom, d. h. die pro Zeit transportierte Energie) der Welle ist proportional zum Quadrat der Amplituden. Man hat daher für einen Vergleich mit den Messungen (z. B. Abb. 12.62) die Ordinaten dieses Amplitudengebirges zu quadrieren. Hier sind die Vorzeichen der Amplitude (Anmerkung am Ende von Abschn. 12.3) nicht berücksichtigt.

Dadurch erhalten wir das für Wellen aller Art gleich wichtige „Amplitudengebirge" (Abb. 12.35). Es zeigt die Verteilung der Wellenamplitude für die verschiedenen Beobachtungsrichtungen hinter einem Spalt der Breite B.

Der Gangunterschied zwischen je zwei benachbarten der N Elementarwellen ist

$$\Delta\lambda = \frac{s}{N} = B\frac{\sin\alpha}{N}. \qquad (12.20)$$

Für den Punkt P_0 auf der Symmetrielinie 0-0 des Spaltes sind

$$s = 0, \quad \alpha = 0, \quad \sin\alpha = 0, \quad \Delta\lambda = 0.$$

Also addieren sich alle 12 Amplituden in Abb. 12.34 *ohne* Phasendifferenz nach dem Schema der Hilfsfigur *0*. Ihre Summe ist als dicker Pfeil R_0 darunter gezeichnet und als Ergebnis in die Abb. 12.35 über dem Abszissenpunkt $\sin\alpha = 0$ eingetragen.

Für den nächsten Punkt P_1 wählen wir $s = \dfrac{\lambda}{3}$, dann ist $\sin\alpha = \dfrac{\lambda}{3B}$ und der

Gangunterschied je zweier benachbarter Elementarwellen $\Delta\lambda = \dfrac{1}{12}\dfrac{\lambda}{3}$

oder im Winkelmaß $\Delta\varphi = \dfrac{1}{12}120° = 10°$.

Die Amplituden der 12 Elementarwellen addieren sich gemäß der Hilfs-figur 1. Als Summe erhalten wir den Pfeil R_1. Er ist als Ergebnis der

graphischen Addition in Abb. 12.35 über dem Abszissenpunkt $\sin\alpha = \dfrac{\lambda}{3B}$

eingetragen. In dieser Weise fahren wir fort. Für den Punkt P_2 wählen wir

$$s = \frac{2}{3}\lambda, \quad \text{also } \sin\alpha = \frac{2}{3}\frac{\lambda}{B}, \quad \Delta\lambda = \frac{1}{12}\frac{2}{3}\lambda, \quad \Delta\varphi = 20°.$$

Die Hilfsfigur 2 liefert als Ergebnis den Pfeil R_2. Für den nächsten Punkt wählen wir

$$s = \lambda, \quad \text{also } \sin\alpha = \frac{\lambda}{B}, \quad \Delta\lambda = \frac{\lambda}{12}, \quad \Delta\varphi = 30°.$$

Die Amplituden der 12 Elementarwellen addieren sich in der Hilfsfigur 3 zu einem geschlossenen Polygon. Ihre Summe ist null. Demgemäß haben wir in Abb. 12.35 beim Abszissenwert $\sin\alpha = \lambda/B$ einen Punkt auf der Abszissenachse einzutragen. Endlich setzen wir

$$s = \frac{3}{2}\lambda, \quad \text{also } \sin\alpha = \frac{3}{2}\frac{\lambda}{B}, \quad \Delta\lambda = \frac{1}{12}\frac{3}{2}\lambda, \quad \Delta\varphi = 45°.$$

Die graphische Addition erfolgt in der Hilfsfigur 4. Die Amplituden der ersten 8 Elementarwellen schließen sich zu einem Achteck, ihre Summe ist null. Die 9. bis 12. Amplitude ergeben ein halbes Achteck und damit den Pfeil R_4.

Für $s = 2\lambda$ oder $\Delta\varphi = 60°$ ergeben sowohl die Amplituden der Elementarwellen 1 bis 6 als auch 7 bis 12 null, der Punkt bei $\sin\alpha = 2\lambda/B$ liegt in Abb. 12.35 wieder auf der Abszisse. Das mag genügen. Wir können Abb. 12.35 jetzt ohne Weiteres ergänzen, und zwar symmetrisch nach beiden Seiten.

Wir haben in den Abb. 12.14 und 12.33 den Grenzfall einer *Fraunho-fer'schen Beugung* behandelt. Die einfallenden Wellenberge sind praktisch gerade Linien. Die Aufpunkte P in der Beobachtungsebene liegen rechts „unendlich" weit entfernt oder in der Brennebene einer Linse.

12.14 Fresnel'sche Zonenkonstruktion

Abschn. 12.13 behandelte einen Sonderfall des allgemeinen, jetzt zu erläuternden Verfahrens, bekannt als Fresnel'sche Zonenkonstruk-tion. In Abb. 12.36 sei S das Wellenzentrum, P der Beobachtungsort (*Aufpunkt*). Um P als Zentrum zeichnen wir ein System von Kugel-wellen mit der Wellenlänge der benutzten Strahlung (Wellenberge schwarz, -täler weiß). Außerdem schlagen wir um das Wellenzen-trum S eine Kugelfläche mit dem Radius a. Sie schneidet aus den gezeichneten Wellen ringförmige, abwechselnd weiße und schwarze *Zonen*. Man sieht von P aus eine Kugelfläche mit einem System kon-zentrischer Ringe, ähnlich wie später in Abb. 12.38. Für den Radius

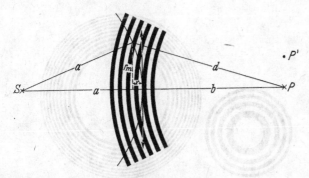

Abb. 12.36 Zur FRESNEL'schen Zonenkonstruktion. m ist die Nummer der gemeinsam fortlaufend nummerierten *schwarz und weiß* gezeichneten Zonen. Es ist $r_m^2 = a^2 - (a - x)^2$, $r_m^2 = d^2 - (b + x)^2$, $d = b + m\lambda/2$, aus diesen drei Gleichungen berechnet man r_m^2, indem man Glieder mit $\lambda^2/4$ und x^2 als klein vernachlässigt.

r_m der m-ten Zone auf der Kugelfläche gilt die einfache geometrische Beziehung

$$r_m^2 = m\lambda \frac{ab}{a + b} \qquad (12.21)$$

(Herleitung siehe Abb. 12.36).

Der Weg der Wellen über die m-te Zone ist um $\Delta = m\lambda/2$ länger als auf der Verbindungslinie zwischen Wellenzentrum S und Aufpunkt P, deren Länge $(a + b)$ ist. Alle Zonen haben angenähert gleich große Flächen, nämlich

$$A = \pi(r_{m+1}^2 - r_m^2) = \pi\lambda \frac{ab}{a + b}. \qquad (12.22)$$

Jetzt fügen wir in Abb. 12.36 den Gegenstand ein, entweder eine Lochblende oder eine Scheibe, beide kreisförmig begrenzt: Der Doppelpfeil soll ihren Durchmesser bedeuten. Dann bleibt nur noch ein Teil der Zonen vom Aufpunkt P aus sichtbar. Man sieht von P aus die (kugelförmig gewölbten) Zonenflächen der Abb. 12.37. Die Zahl der „verbleibenden" Zonen ändert sich bei Änderungen der Abstände a und b. Weiter betrachtet man jede der verbleibenden Zonen als Ausgangsgebiet neuer Elementarwellen. Diese interferieren miteinander. Die Resultierende aller ankommenden Elementarwellen ergibt die Amplitude im Aufpunkt P. – Beispiele:

1. Die Zahl der von einer *Öffnung* durchgelassenen Zonen ist *gerade*. Je eine schwarze und eine weiße Zone heben sich in ihrer Wirkung weitgehend (aber nicht gänzlich!) auf. Der Aufpunkt liegt in einem praktisch wellenfreien Abschnitt der Bündelachse. Das sieht man z. B. in Abb. 12.29 rechts für den Aufpunkt P_2. Für ihn lässt die Öffnung B nur die zwei innersten Zonen frei (mit $m = 1$ und $m = 2$),

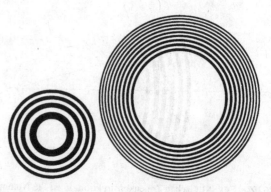

Abb. 12.37 Die von einer Kreisöffnung (*links*) und von einer gleich großen Kreisscheibe (*rechts*) nicht abgeblendeten Zonen, gegenüber Abb. 12.36 auf zwei Drittel verkleinert. Das *rechte Teilbild* muss man sich außen durch weitere Ringe mit abnehmender Strichdicke ergänzt denken.

also eine *gerade* Anzahl. Bei der Zonenkonstruktion beachte man, dass in diesem Fall, einer einfallenden ebenen Welle, die Größe a in Gl. (12.21) sehr groß (∞) ist.

2. Die Zahl der von einer *Öffnung* durchgelassenen Zonen ist *ungerade*. Die Wirkung der bei der Paarbildung *überzähligen* Zone bleibt ungeschwächt. Der Aufpunkt liegt in einem Wellen enthaltenden Abschnitt der Bündelachse. – Das sieht man z. B. in Abb. 12.29 rechts für den Aufpunkt P_3. Für ihn lässt die Öffnung die *drei* innersten Zonen frei (mit $m = 1$, 2 und 3), also eine *ungerade* Anzahl.

3. Eine experimentelle Untersuchung der oben genannten Beispiele, aber mit einem punktförmigen Wellenzentrum (Schallwelle), folgt in Abschn. 12.20.

4. Ersetzt man das kreisförmige Loch durch ein kreisförmig begrenztes *Hindernis*, so vereinigen sich im Aufpunkt alle Zonen mit höherer Ordnungszahl m. Auf eine mehr oder weniger kommt es nicht an. Die Resultierende aller Elementarwellen hat im Aufpunkt praktisch stets denselben Wert, im Aufpunkt sind immer Wellen vorhanden, z. B. auf der Mittellinie der „Schatten" in Abb. 12.13 und 12.15 und in Bd. 2, Abschn. 21.1.[K12.8]

K12.8. Das Verständnis dieser Tatsache ist keineswegs trivial. Eine Herleitung findet sich z. B. in P. Drude, „Lehrbuch der Optik", Verlag Hirzel, 2. Aufl. 1906, S. 155 oder auch in M. Born, „Optik", Springer-Verlag, 3. Aufl. 1933, Nachdruck 1972, S. 144–147.

5. Man kann die Zonenkonstruktion auch für Aufpunkte außerhalb der Symmetrielinie ausführen. Man denkt sich zu diesem Zweck die Zonenfläche auf einem schwenkbaren Arm ($a + b$ in Abb. 12.36) befestigt. Sein Drehpunkt liegt im Wellenzentrum, sein freies Ende im Aufpunkt. So verschiebt man mit einer Seitenbewegung des Aufpunktes von P nach P' zugleich die ganze Zonenfläche: Dadurch werden nun *durch* die Öffnung oder *neben* der Scheibe (feststehender Doppelpfeil in Abb. 12.36!) andere Zonen als zuvor freigelassen. Die Resultierende ihrer Elementarwellen ergibt die Maxima und Minima außerhalb der Bildmitte.

Abb. 12.38 Zonenplatte für Lichtwellen (Rotfilterlicht) und einen Aufpunkt *P* in 2,7 m Abstand (natürliche Größe). Sie wirkt wie eine Linse mit mehreren Brennweiten. Die größte ist *f* = 2,7 m, von den kürzeren sind etwa 10 bequem zu beobachten.

6. Für große Werte von *a* werden die Zonenflächen praktisch eben. Dann kann man das Zonenbild einer Kreisöffnung ohne nennenswerten Fehler auf eine Glasplatte übertragen. Die schwarzen Ringe macht man undurchsichtig, die weißen klar durchsichtig. Eine solche *Zonenplatte* kann zur Abbildung verwendet werden. Als ein Beispiel ist eine Zonenplatte für Lichtwellen ($\lambda = 0.6\,\mu$m) und einen Aufpunkt in 2,7 m Abstand in Abb. 12.38 in natürlicher Größe wiedergegeben. Ihre Brennweite *b* ist durch Gl. (12.21) gegeben. Weitere Brennpunkte befinden sich bei *b*/3, *b*/5, usw. (s. auch Bd. 2, Abschn. 21.8).

12.15 Verschärfung der Interferenzstreifen durch gitterförmige Anordnung der Wellenzentren

Abb. 12.7 hat den Versuch gezeigt, den THOMAS YOUNG für die Interferenz angegeben hat. In Abb. 12.39a wiederholen wir ihn als Modellversuch durch Überlagerung zweier durchsichtiger Wellenbilder. Dabei stellen wir diesmal die beiden Wellenzentren nicht neben-, sondern übereinander. Eine Fortführung dieses Modellversuches führt zur gitterförmigen Anordnung von *N* auf einer Geraden gelegenen äquidistanten Wellenzentren. In Abb. 12.39b sind es drei Wellenzentren, in Abb. 12.39c vier und so fort. – Dieser Modellversuch zeigt klar *zwei für alle Interferenzerscheinungen fundamentale Tatsachen*[3]:

1. Mit wachsender Anzahl *N* der Wellenzentren bleiben die schon bei zwei interferierenden Wellenzügen vorhandenen Maxima erhalten, doch wird jedes einzelne auf einen engeren Winkelbereich zusammengedrängt: Die Interferenzstreifen werden *verschärft*.

2. Zwischen je zwei benachbarten Maxima erscheinen ($N - 2$) *Nebenmaxima*, also eins in Abb. 12.39b, zwei in Abb. 12.39c usw. Bei großem *N* bilden die Nebenmaxima schließlich einen praktisch kontinuierlichen Grund. Es gilt das in Abb. 12.40 skizzierte Schema.

---

[3] Beide lassen sich nach dem gleichen Schema wie in Abschn. 12.13 auch graphisch herleiten.

Abb. 12.39 Modellversuch für Interferenz von zwei, drei und vier Wellenzügen mit äquidistanten, durch Punkte markierten Zentren. Es werden zwei, drei oder vier Glasbilder (vgl. Abb. 12.29) aufeinander projiziert. Die Ziffern bedeuten die Ordnungszahlen m.

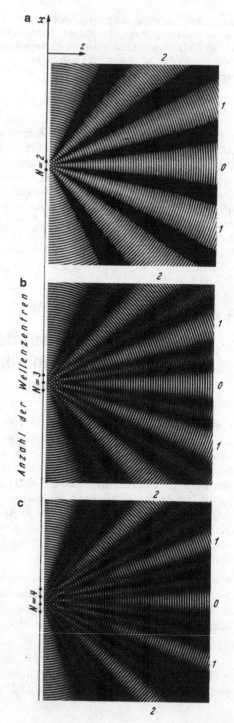

Abb. 12.40 Die Interferenzmaxima eines linearen Gitters in schematischer Darstellung. Die Ziffern bedeuten die Ordnungszahlen *m*.

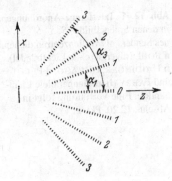

Die hier mit Modellversuchen gefundenen Tatsachen spielen eine große Rolle für die genaue Messung von Wellenlängen, insbesondere in allen Spektralbereichen der Optik. Deswegen werden wir sie in Abschn. 12.20 experimentell ausführlich behandeln.

Zunächst werden wir dort als Wellenzentren äquidistante enge Spalte benutzen und die Wellen wie in Abb. 12.40 in der *z*-Richtung einfallen lassen. Die aus den Spalten austretenden Wellen fächern infolge der Beugung über so große Winkel (vgl. Abb. 12.32 rechts), dass sie sich fast so gut wie Elementarwellen überschneiden und miteinander interferieren. Dieser experimentelle Kunstgriff, also im Grunde etwas Nebensächliches, hat zum Namen *Beugungsgitter* geführt.

Für die Winkelabhängigkeit der Maxima *m*-ter Ordnung, also Interferenzmaxima mit dem Gangunterschied $\Delta = m\lambda$, gilt, wenn die Wellen senkrecht auf die Gitterebene einfallen,

$$\sin\alpha_{m} = \frac{m\lambda}{D} \qquad (12.6)$$

(m = Ordnungszahl, D = Abstand benachbarter Wellenzentren, Gitterkonstante genannt).

An zweiter Stelle werden wir dann in Abschn. 12.20 Spiegelbilder des Senders als Wellenzentren benutzen. – Man denke sich in Abb. 12.39 den Wellensender als einen Punkt der *x*-Achse und die zwei, drei, vier ... Wellenzentren als seine Spiegelbilder. So wird in Abb. 12.41a ein Wellensender *S* mithilfe von zwei ebenen durchlässigen und reflektierenden Flächen durch zwei Spiegelbilder *S'* und *S''* ersetzt. Die Wellen erreichen den Empfänger auf zwei, den kleinen Winkel 2δ einschließenden Wegen. Ihr Gangunterschied Δ ist in Abb. 12.41a eingezeichnet.

In Abb. 12.41b ist der Empfänger in sehr großem Abstand verlegt und daher der Winkel $2\delta = 0$ geworden. Die Wellen erreichen die beiden reflektierenden Flächen auf dem gleichen Weg. Maxima der reflektierten oder Minima der durchgelassenen Wellen treten auf, wenn der

Teil II

Abb. 12.41 Interferenz-Anordnungen, in denen Spiegelbilder S', S'', S''', ... eines Senders als Wellenzentren dienen. **a** POHL (divergierende Lichtbündel), **b** HAIDINGER, **c** BRAGG, **d** PÉROT und FABRY (**b–d** planparallele Lichtbündel). Eine Vorführung folgt in Abschn. 12.20, Pkt. 8.

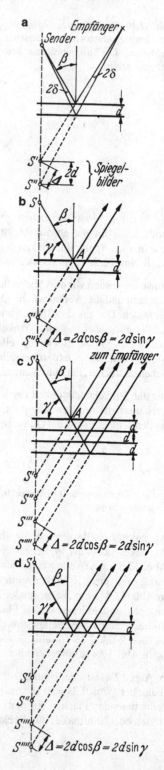

Gangunterschied

$$\Delta = 2d \cos \beta = 2d \sin \gamma = m\lambda \qquad (12.23)$$

(m = ganze Zahl, γ wird oft Glanzwinkel genannt)

wird.

In Abb. 12.41c sind vier durchlässige reflektierende Flächen in gleichen Abständen d hintereinander gestellt. In Abb. 12.41d erfolgen
zwischen zwei stark reflektierenden, aber noch etwas durchlässigen
Flächen mehrfache Reflexionen. In beiden Fällen wird die Anzahl
N der Wellenzentren vergrößert (S', S'', S''', . . .) und damit die Bedingung erfüllt, die zur Verschärfung der Interferenzmaxima führt. Dreht
man z. B. in Abb. 12.41c die übereinandergeschichteten durchlässigen Platten um eine im Punkt A zur Papierfläche senkrechte Achse,
so erscheinen in der Richtung der Pfeile nacheinander *scharfe* hohe
Maxima, getrennt durch *breite* flache Minima.

12.16 Interferenz von Wellenzügen begrenzter Länge

Bisher haben wir bei der Behandlung der Wellenausbreitung still-
schweigend zwei Voraussetzungen gemacht: 1. Die Wellenzüge werden mit konstanter Amplitude angeregt und haben unbegrenzte Länge, 2. die Wellenzentren sind punktförmig, d. h. der Durchmesser der
Wellensender sollte klein gegenüber der Wellenlänge sein. – Sind
diese beiden Voraussetzungen nicht erfüllt, so treten Besonderheiten
auf. Sie spielen vor allem bei Lichtwellen eine Rolle, und zwar eine
sehr wichtige. Es ist daher zweckmäßig, diese Dinge erst in der Optik
zu bringen (Bd. 2, Kap. 20).

12.17 Entstehung von Longitudinalwellen, ihre Geschwindigkeit

Die in diesem Kapitel gewonnenen Erkenntnisse sollen nun auf
die Ausbreitung *räumlicher* Wellen angewandt werden. Für diesen
Zweck eignen sich sehr gut *hochfrequente Longitudinalwellen in
Luft*, also kurze Schallwellen.

Zunächst etwas über die Entstehung von Longitudinalwellen. – Ein
Zustand kann sich nur dann in Wellenform ausbreiten, wenn er mit
endlicher Geschwindigkeit fortschreitet. Für die transversalen Oberflächenwellen auf Wasser haben wir diese Tatsache einstweilen als
experimentell gegeben betrachtet. Ihre eingehende Behandlung wird

Abb. 12.42 Zur Berechnung der longitudinalen Schallgeschwindigkeit in einem Stab

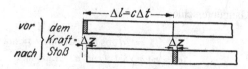

erst in Abschn. 12.21 folgen. – Longitudinale Wellen entstehen dadurch, dass sich elastische Störungen mit endlicher Geschwindigkeit ausbreiten. In diesem Fall soll gleich mit einer quantitativen Behandlung begonnen werden.

Auf den Stab in Abb. 12.42 wirke ein Kraftstoß $F\Delta t$ während der Zeit Δt mit der Kraft F. Er erzeugt eine elastische Störung. Diese rückt mit der Geschwindigkeit c nach rechts vor und erfasst innerhalb der Zeit Δt ein Stück des Stabes mit der Länge $\Delta l = c\Delta t$. Es hat die Masse

$$\Delta m = c\Delta t \cdot A\varrho \qquad (12.24)$$

(ϱ = Dichte, A = Querschnittsfläche des Stabes).

Dabei bewirkt der Kraftstoß $F\Delta t$ auf das Stück zweierlei: Erstens staucht er es um die kleine Länge Δz zusammen, oberes Teilbild. Nach dem HOOKE'schen Gesetz ist dabei

$$\Delta z = \frac{1}{E}\Delta l \frac{F}{A} \qquad (12.25)$$

(E = Elastizitätsmodul des Stabmaterials, Abschn. 8.3).

Zweitens erteilt er dem Stück einen nach rechts gerichteten Impuls

$$\Delta m \frac{\Delta z}{\Delta t} = F\Delta t . \qquad (12.26)$$

Das Stück der Länge Δl rückt also in der Zeit Δt um Δz nach rechts vor, unteres Teilbild. In der dort skizzierten Stellung wiederholt sich dann der entsprechende Vorgang innerhalb des nächsten Zeit- und Längenabschnittes.

Die Zusammenfassung der Gln. (12.24) bis (12.26) ergibt

$$c\Delta t A\varrho \frac{\Delta z}{\Delta t} = \frac{\Delta z}{\Delta l} AE\Delta t \qquad (12.27)$$

und daraus folgt für die Geschwindigkeit $c = \Delta l / \Delta t$, mit der die longitudinale elastische Störung vorrückt, meist Schallgeschwindigkeit genannt,[K12.9]

$$c = \sqrt{\frac{E}{\varrho}} \qquad (12.28)$$

K12.9. Gl. (12.28) gilt nur für *dünne* Stäbe. Bei anderen Geometrien darf man die Kräfte nicht vernachlässigen, die durch die Querschnittsveränderungen entstehen (gemessen durch die Querzahl μ, Abschn. 8.3). Dadurch wird die longitudinale Schallgeschwindigkeit in einem unbegrenzten Medium

$$c_l = \sqrt{\frac{E}{\varrho}\frac{1-\mu}{(1+\mu)(1-2\mu)}} .$$

Bei transversalen Wellen entfällt diese Komplikation. Im unbegrenzten Medium ist

$$c_t = \sqrt{\frac{G}{\varrho}},$$

also gleich der der Torsionswelle in einem Stab (entsprechend Gl. (11.6)), die man sich als eine Überlagerung zweier linear polarisierter Transversalwellen mit einer Phasenverschiebung von 90° vorstellen kann.
Zum *Zahlenbeispiel*: In einem unbegrenzten Stahlkörper ($\mu = 0{,}27$, Tab. 8.1) ist die longitudinale Schallgeschwindigkeit $c_l = 5{,}6\,\mathrm{km/s}$.

Zahlenbeispiel

Für Stahl ist $E = 2{,}0 \cdot 10^{11} \mathrm{N/m^2}$, $\varrho = 7850\,\mathrm{kg/m^3}$. Also ist die longitudinale Geschwindigkeit in einem Stahlstab

$$c = \sqrt{2{,}0 \cdot 10^{11}\,\frac{\mathrm{kg}}{\mathrm{m\,s^2}} \Big/ 7{,}85 \cdot 10^3\,\frac{\mathrm{kg}}{\mathrm{m^3}}} = 5{,}05\,\frac{\mathrm{km}}{\mathrm{s}}\,.$$

12.18 Hochfrequente Longitudinalwellen in Luft, Schallabdruckverfahren[K12.10]

Als Sender für hochfrequente Schallwellen benutzen wir die aus Abb. 11.35 bekannte Lippenpfeife. Von ihr werden Longitudinalwellen kugelsymmetrisch ausgestrahlt. Zur Veranschaulichung dient Abb. 12.43. Sie zeigt einen Ausschnitt aus einer Meridianebene als Momentbild. Man sieht eine periodische Verteilung von Luftdruck und -dichte. In den dunkel skizzierten Wellenbergen sind Luftdruck und -dichte größer, in den heller skizzierten Wellentälern kleiner als in der ruhenden Luft. Die unten schräg angefügte Sinuslinie stellt das Gleiche dar. Die Gerade bedeutet den normalen Luftdruck p, die Sinuslinie zeigt die Abweichungen Δp nach oben und unten. Absolutwerte der Amplituden Δp_0 folgen später in Abschn. 12.24. Die ganze durch das Momentbild in Abb. 12.43 veranschaulichte Verteilung bewegt sich kugelsymmetrisch nach außen mit einer Geschwindigkeit von rund 340 m/s.

Die Dichteänderung der Luft kann man direkt sichtbar machen, wenn man die fortschreitenden Schallwellen in stehende umwandelt. Das geschieht in Abb. 12.44 (nach dem Vorbild der Abb. 12.9 rechts). Die

K12.10. Abschn. 12.18 und 12.19 waren das Thema von POHLs Abschiedsvorlesung, gehalten am 31. Juli 1952. Eine Audioaufnahme davon ist im Biographie-Film „Einfachheit ist das Zeichen des Wahren" enthalten (Bd. 2, unter „Zusatzmaterial").

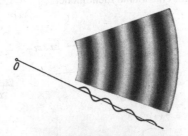

Abb. 12.43 Zur kugelsymmetrischen Ausbreitung fortschreitender Schallwellen in Luft (Momentaufnahme). Ein *mittleres Grau* bedeutet die normale Luftdichte.

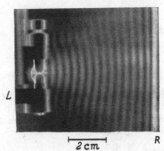

Abb. 12.44 Stehende Schallwellen in Luft im Interferenzfeld vor einer bei R befindlichen Wand ($\lambda = 8$ mm, Zeitaufnahme nach dem Schlierenverfahren (s. Bd. 2, Abschn. 21.11), L: Zuleitungsschlauch für die Druckluft). Im Bild sieht man oben und unten vertauscht.

2 cm

Abb. 12.45 Schallsender in der Stellung, in der er in Abb. 12.46 benutzt wird, Pfeife wie in Abb. 11.35 u. 12.44

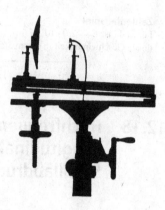

Gebiete der konstant bleibenden Dichte und der sich periodisch ändernden Dichte, also die Knoten und die Bäuche, werden mit einem Schlierenbild im Dunkelfeld beobachtet.

Eine Abbildung im Dunkelfeld setzt elementare Kenntnisse aus der geometrischen Optik voraus. Man muss die Rolle der Pupillen kennen. Für das *Schallabdruckverfahren* ist das nicht erforderlich.

Beim Schallabdruckverfahren läuft ein parallel begrenztes Wellenbündel (Abb. 12.45) streifend über eine Flüssigkeitsoberfläche (Wasser oder Petroleum) hinweg (Abb. 12.46). Am rechten Ende wird es an einer Platte *R*, d. h. einem „Spiegel", reflektiert. Die reflektierten Wellen überlagern sich den einfallenden, und dadurch entstehen vor dem Spiegel in der Luft stehende Wellen. Unter ihren Bäuchen wird die Flüssigkeitsoberfläche etwas verformt[4], es entsteht eine Riefelung wie in Abb. 12.47. Sie ist bei schräger Aufsicht ohne Weiteres zu sehen. Einem großen Kreis zeigt man sie mit Schlieren im Hellfeld: Man nimmt eine Schüssel mit durchsichtigem Boden und unter ihr eine kleine Lichtquelle.

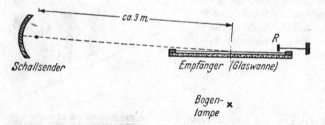

Abb. 12.46 Schallabdruckverfahren zum Nachweis stehender Wellen in Luft im freien Schallfeld

---

[4] Infolge einer Druckverteilung in der stehenden Welle, wie sie beim RUBENS'schen Flammenrohr (Abb. 11.30) beobachtet wird, entsteht auf der Oberfläche eine Riefelung (zu unterscheiden von den transversalen Oberflächenwellen, wie z. B. in Abb. 12.5).

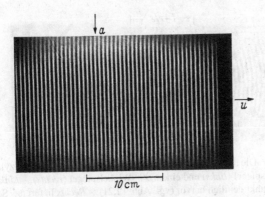

Abb. 12.47 Interferenzfeld ebener Schallwellen vor einem ebenen Spiegel, stehende Wellen (Zeitaufnahme mit dem Schallabdruckverfahren, $\lambda = 1{,}15$ cm, $\nu = 3 \cdot 10^4$ Hz)

Bewegt man den Reflektor in Richtung der einfallenden Wellen, oder ihr entgegen mit der Geschwindigkeit u ($\ll c$), so bewegt sich das Interferenzfeld. Die Knoten seiner stehenden Wellen passieren einen beliebigen, z. B. mit dem Pfeil a markierten Beobachtungsort mit der „Schwebungsfrequenz" $\nu_S = 2u/\lambda$. Das ist eine Folge des zweimal wirkenden DOPPLER-Effektes.[K12.11]

Trifft eine Welle mit der Frequenz ν auf den bewegten Reflektor, so *empfängt* der Reflektor die Welle mit der Frequenz $\nu'' = \nu(1 \pm u/c)$. Die von ihm reflektierte, also ausgesandte Welle hat die Frequenz $\nu' = \nu''(1 \pm u/c) = \nu(1 \pm u/c)^2$, und für $u \ll c$ wird $\nu' = \nu(1 \pm 2u/c)$. Es interferieren also zwei einander entgegenlaufende Wellen mit der Frequenzdifferenz $\nu' - \nu = \Delta\nu = 2u/\lambda$. Diese Frequenzdifferenz lässt die Interferenzstreifen *wandern* (Abschn. 12.4), also hier die Knoten der stehenden Welle. Sie passieren einen Beobachtungsort, z. B. a mit der Schwebungsfrequenz $\nu_S = \Delta\nu = 2u/\lambda$. Daraus folgt $\nu_S\lambda/2 = u$, in Worten: Man kann mithilfe der leicht messbaren Schwebungsfrequenz ν_S (z. B. kurzer elektrischer Wellen) die Geschwindigkeit u des Reflektors (z. B. eines fahrenden Autos!) bestimmen. (Aufg. 12.7)

K12.11. Eine besonders eindrucksvolle und zunächst vielleicht verblüffende Demonstration des DOPPLER-Effektes (Abschn. 12.2)!

Beim Schallabdruckverfahren kann die Gestalt des Reflektors R mannigfach abgewandelt werden. Abb. 12.48 zeigt Beispiele (Zeitaufnahmen!).

Recht lehrreich ist auch Abb. 12.49. In ihr wird als Reflektor für das Schalldruckverfahren eine Hand benutzt. Bei der Vorführung wird ihre Gestalt verändert. Im Sprachgebrauch der Optik heißt es: Die Hand ist ein „Nichtselbstleuchter", man sieht die von ihm ausgehende „Sekundärstrahlung". Akustisch heißt es: Wir sehen die hochfrequente Schallstrahlung, mit der die Fledermäuse in völligem Dunkel oder der Augen beraubt Hindernisse erkennen und Beute finden. Es ist das uralte akustische Vorbild der Radartechnik zur Lokalisierung von Flugzeugen.

„Es ist das uralte akustische Vorbild der Radartechnik zur Lokalisierung von Flugzeugen."

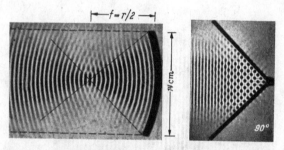

$\longmapsto f = r/2 \longrightarrow$

Abb. 12.48 Die Interferenzfelder kurzer Schallwellen vor einem zylindrischen Hohlspiegel (*links*) und einem 90°-Winkelspiegel (*rechts*). – *Links* tritt der Brennpunkt deutlich hervor (vgl. Abb. 12.21). – *Rechts* liefert das Schallabdruckverfahren ein besonders ausgeprägtes Interferenzbild. Es eignet sich für einen ebenso bequemen wie billigen Nachweis hochfrequenter Schallwellen.

Abb. 12.49 Das Schallabdruckverfahren macht das Interferenzfeld hochfrequenter Schallwellen vor einer ihre Gestalt ändernden Hand sichtbar (Momentaufnahme, d. h. Hand während der Aufnahme in Ruhe).

12.19 Strahlungsdruck des Schalls, Schallradiometer

Zur quantitativen Untersuchung der Schallfelder eignet sich vor allem das Schallradiometer. Dieses Instrument beruht auf einer wenig bekannten, aber bedeutsamen Tatsache: Jede von Schallwellen getroffene Fläche erfährt in Richtung der Schallwellen einen einseitigen Druck. Man nennt ihn den *Strahlungsdruck* der Schallwellen, und zwar in Analogie zum Strahlungsdruck des Lichtes. Dieser konstante einseitige Strahlungsdruck darf nicht mit dem sinusförmig schwankenden Druck der Schallwellen (s. Abschn. 12.24) verwechselt werden. (Eine dünne, von Schallwellen getroffene Membran schwingt also nicht nur mit der Frequenz der Schallwellen, sondern sie wird außerdem in Richtung der Schallwellen einseitig ausgebeult!)

Zur qualitativen Vorführung des Strahlungsdrucks eignet sich das kleine in Abb. 12.50 skizzierte Flügelrad. Man stellt es so vor einen Hohlspiegel, dass der Brennpunkt einen Flügel trifft. Je höher die Strahlungsleistung, desto höher die Drehfrequenz des Flügelrades.

Abb. 12.50 Ein Flügelrad als Indikator für kurze Schallwellen

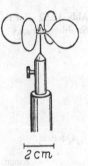

$\overline{2\,cm}$

Abb. 12.51 Ein Schallradiometer. *Rechts* sieht man hinter einem schrägen Glasfenster die kreisförmige Flügelscheibe und hinter ihr am Gehäuse den Rand der Eintrittsöffnung. Zum Empfang parallel gebündelter Wellen stellt man diese Öffnung in den Brennpunkt eines die Schallwellen auffangenden Hohlspiegels. (Videofilm 12.3)

Videofilm 12.3: „Schallradiometer" http://tiny.cc/fnayey

$\overline{5\,cm}$

Das ist schon ein recht brauchbarer Empfänger für hochfrequente Schallwellen.

Nimmt man nur *einen* Flügel und ersetzt das aus einem Glashütchen und einer Nadel gebildete Lager durch ein feines, beiderseits gespanntes Metallband, so entsteht das *Schallradiometer* genannte Messinstrument. Man hat heute kleine handliche Ausführungsformen mit magnetischer Dämpfung und kurzer, aperiodischer Einstellzeit (etwa 2 s). Abb. 12.51 zeigt ein solches Instrument. Seine Ausschläge werden mit Spiegel und Lichtzeiger abgelesen.

Die Entstehung des Strahlungsdrucks der Schallwellen und seine Größe erläutern wir anhand der Abb. 12.52. Die beiden geraden Linien bedeuten die Umrisse eines parallel begrenzten Bündels fortschreitender Wellen. In ihm strömen die Luftteilchen in Richtung der Doppelpfeile mit der Maximalgeschwindigkeit u_0 sinusförmig hin und her. Dadurch vermindert sich der statische Druck p im Inneren des Bündels nach der BERNOULLI'schen Gleichung um den Betrag $\frac{1}{2}\varrho u_0^2$ (ϱ = Luftdichte). Infolgedessen strömt von außen Luft in das Wellenbündel ein. Fällt nun dies Bündel rechts senkrecht auf eine absorbierende Wand, so wird in ihr die Geschwindigkeit der Luftteilchen null, und daher steigt der Druck um den Betrag $p_{St} = \frac{1}{2}\varrho u_0^2$. Das ist der Strahlungsdruck. – Die Größe $\frac{1}{2}\varrho u_0^2$ ist aber gleichzeitig der

Abb. 12.52 Zur Entstehung des Strahlungsdrucks

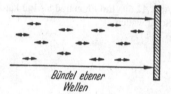

Bündel ebener Wellen

Quotient

$$\frac{\text{Kinetische Energie im Volumen } V \text{ des Schallfeldes}}{\text{Volumen } V \text{ des Schallfeldes}},$$

d. h. die räumliche Dichte δ der Schallenergie. Für diesen Fall gilt Gl. (12.42) aus Abschn. 12.24, also $\delta = b/c$. Damit ist der Strahlungsdruck des Schalls

$$p_{\text{St}} = \delta = \frac{\text{Bestrahlungsstärke } b}{\text{Schallgeschwindigkeit } c} \qquad (12.29)$$

Er verdoppelt sich, falls die bestrahlte Fläche vollkommen *reflektiert*.

12.20 Reflexion, Brechung, Beugung und Interferenz von räumlichen Wellen

Räumliche Wellen, deren Wellenlänge die Größenordnung 1 cm hat, eignen sich vortrefflich, um die wichtigsten Tatsachen der Wellenlehre experimentell vorzuführen. Wir benutzen *hochfrequente Schallwellen in Luft*, meist mit paralleler Bündelung (Abb. 12.45). Als Empfänger dient ein Schallradiometer (Abb. 12.51).

Die Mehrzahl der Experimente lässt sich ebenso bequem mit elektrischen Wellen vorführen. Oft genügen sogar dieselben Hilfsmittel. Man hat nur die Pfeife durch einen der kleinen handelsüblichen Sender für elektrische Wellen zu ersetzen und das Schallradiometer durch eine kleine Empfangsantenne nebst Zubehör.

Aus der großen Anzahl eindrucksvoller Versuche bringen wir im Folgenden nur eine kleine Auswahl.

1. *Schattenwurf.* Man richtet den Schallsender (Abb. 12.45) auf den Empfänger und bringt ein Hindernis, z. B. den eigenen Körper, in den Lauf des Schallwellenbündels.

Der Schattenwurf der Schallwellen lässt sich übrigens sehr schön ohne alle instrumentellen Hilfsmittel vorführen. Man reibe Daumen und Zeigefinger der rechten Hand gegeneinander in etwa 20 cm Abstand vor dem rechten

Ohr. Man hört einen hohen, dem unserer Pfeife ähnlichen Ton. Dann halte man mit der linken Hand das rechte Ohr zu. Man hört nicht mehr das geringste, denn das linke Ohr liegt vollständig im Schallschatten.

2. Reflexion, Netzebenen als Spiegel. Die Reflexion von Schallwellen war schon in einigen der früheren Versuche vorgeführt worden (z. B. Abb. 12.44–12.49). Es genügen ein paar Ergänzungen: Die reflektierenden Flächen brauchen nicht glatt zu sein, man kann sie durch *Netzebenen* ersetzen. Zwei Beispiele sind in Abb. 12.53 dargestellt. In ihnen muss der Abstand der Kugeln oder der Öffnungen von ihren Nachbarn von der Größenordnung der Wellenlänge sein. Dann zeigt man die spiegelnde Reflexion dieser Netzebenen bequem mit der in Abb. 12.54 skizzierten Anordnung.

In ihr kann der Einfallswinkel β dadurch verändert werden, dass der ganze Sender mit einem schwenkbaren Arm bewegt wird. Eine kleine Hilfseinrichtung (eine Parallelogrammführung) dreht gleichzeitig die reflektierende Fläche *Sp* um den Winkel $\beta/2$. Dann behält das reflektierte Bündel eine feste Richtung. Infolgedessen kann man einen feststehenden Empfänger benutzen. – Man findet mit den Netzebenen (Abb. 12.53) bei jedem beliebigen Einfallswinkel eine starke Spiegelung.

Recht eindrucksvoll ist auch die Reflexion der Schallwellen an der Grenze warmer und kalter Luft. Abb. 12.56 zeigt eine geeignete Anordnung. In ihr wird mithilfe eines kammförmigen Gasbrenners (Abb. 12.55) eine leidlich ebene vertikale Wand heißer Luft geringer Dichte hergestellt. Sie reflektiert das Parallelwellenbündel des Sen-

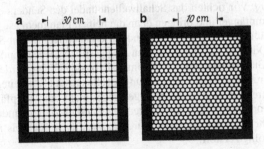

Abb. 12.53 Netzebenen zur Spiegelung von Schallwellen

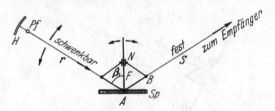

Abb. 12.54 Zur Vorführung des Reflexionsgesetzes bei konstanter Richtung des gespiegelten Bündels, Schallquelle wie in Abb. 12.45. Empfänger ist ein Hohlspiegel, in dessen Brennpunkt sich das Fenster des Schallradiometers (oder Mikrophons) befindet.

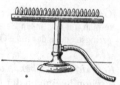

Abb. 12.55 Der zur Herstellung einer vertikalen Heißluftschicht in Abb. 12.56 gebrauchte Gasbrenner

Abb. 12.56 Spiegelung eines ebenen Schallwellenbündels an einer heißen Luftschicht[K12.12]

K12.12. Luft an einer See-oberfläche ist manchmal kühler als weiter oben. Dann werden Stimmen auf dem Wasser an der wärmeren Schicht reflektiert und wie in einem zweidimensionalen Sprachrohr an der Oberfläche geleitet, so dass der Schall „weiter trägt".

ders sehr deutlich, wenn auch nicht so präzise wie ein Holz- oder Metallspiegel.

3. *Brechung.* Zur Vorführung der Brechung der Schallwellen benutzt man ein mit Kohlendioxid gefülltes Prisma (Abb. 12.57). Seine durchlässigen Wände bestehen am besten aus Seidenstoff (Papier, Cellophan, Plastik sind praktisch undurchlässig). Nach Einfüllen des Kohlendioxids findet man einen Ablenkungswinkel von $\delta = 9{,}8°$.

Für die zweite Grenzfläche sind der Einfallswinkel α und der Brechungswinkel β skizziert. α beträgt bei der üblichen Prismenform 30°. Man entnimmt der Skizze $\beta = \alpha + \delta$, also $\beta = 39{,}8°$. Daraus folgt für die relative Brechzahl

$$n_{CO_2 \rightarrow Luft} = \frac{\sin 30°}{\sin 39{,}8°} = \frac{0{,}5}{0{,}64} = 0{,}78.$$

4. *Streuung.* Wir richten das Schallwellenbündel des Senders direkt auf den Empfänger und bringen dann die heißen Flammengase eines unregelmäßig hin- und hergeschwenkten Gasbrenners in den Strahlengang. Oder wir lassen im Strahlengang gasförmiges Kohlendioxid aus einer Gießkannenbrause ausströmen. In beiden Fällen werden die Wellen durch Reflexion und Brechung regellos nach allen Seiten gestreut („Streureflexion"), sie gelangen nicht mehr zum Empfänger. Von dem ursprünglich scharf begrenzten Parallel-Wellenbündel ist nichts mehr zu erkennen. Es ist durch *Luftschlieren* oder das *trübe Medium* völlig zerstört.

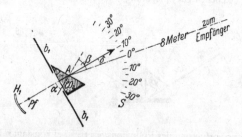

Abb. 12.57 Brechung eines Bündels ebener Schallwellen in einem mit CO_2 gefüllten Prisma. α ist der spitze Winkel des Prismas. Skala und Empfänger ruhen, Prisma und Pfeife werden gedreht. (s. auch Abb. 12.60)

5. *Fresnel'sche Zonen.* Wir knüpfen an Abschn. 12.14 an. – In Abb. 12.58 sei S die kleine Pfeife als Wellenzentrum, der Aufpunkt P das Eintrittsfenster des Empfängers (Schallradiometers). In der Mitte zwischen beiden steht eine große Irisblende, eingerahmt von einem Blendschirm. Die Abstände a und b werden auf 50 cm eingestellt und als Wellenlänge des Senders $\lambda \approx 1$ cm gewählt. Dann ergibt Gl. (12.21)

für die	erste	zweite	dritte Zone usw.
den Durchmesser $2r_m$ =	10 cm	14,1 cm	17,3 cm usw.

Die Ausschläge des Radiometers sind proportional zur von der Iris zum Aufpunkt P gelangenden Strahlungsleistung. Wählt man z. B. $2r_1 = 10$ cm, so beobachtet man $\alpha = 16$ Skalenteile. *Erweitert* man die Iris von 10 cm auf 14 cm, so wird die zu P gelangende Leistung *kleiner*, man findet z. B. nur $\alpha_2 = 3$ Skalenteile. Eine Erweiterung auf 17 cm vergrößert sie wieder, etwa 15 Skalenteile, und so fort. Abb. 12.59 zeigt eine vollständige Messreihe.

6. *Beugung an einem Spalt.* Es soll die aus Abb. 12.14 und 12.32 bekannte Erscheinung gebracht werden. Die Anordnung ist in

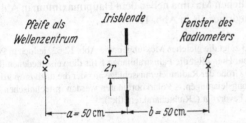

Abb. 12.58 Zur Ausblendung Fresnel'scher Zonen für kurze Schallwellen (Videofilm 12.4)

Videofilm 12.4:
„Fresnel'sche Zonen"
http://tiny.cc/8mayey

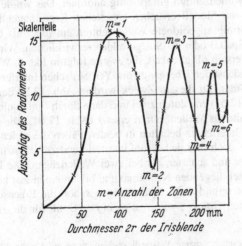

Abb. 12.59 Die von der Irisblende in Abb. 12.58 bei verschiedenem Durchmesser $2r$ zum Aufpunkt P gelangende Strahlungsleistung

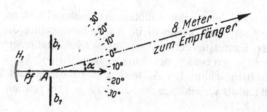

Abb. 12.60 Begrenzung ebener Schallwellen durch einen Spalt

Abb. 12.61 Der in Abb. 12.60 benutzte Beugungsspalt der Breite $B = 11,5$ cm

Abb. 12.60 skizziert, Abb. 12.61 zeigt ein Bild des Spaltes und Abb. 12.62 das Messergebnis.

Man vergleiche es mit Abb. 12.35: Die Ausschläge des Schallradiometers sind proportional zum Quadrat der Amplituden, und daher sind die seitlichen Maxima neben dem Hauptmaximum in Abb. 12.62 erheblich niedriger als in Abb. 12.35.

Abb. 12.63 zeigt die gleichen Messungen wie Abb. 12.62, jedoch in Polarkoordinaten. Hier zeigt die Fahrstrahllänge r für die verschiedenen Richtungen die Größe der Radiometerausschläge an oder die dazu proportionalen Strahlungsleistungen. – Polarkoordinaten werden in technischen Darstellungen bevorzugt („Richtcharakteristik").

7. Verschärfung von Interferenzstreifen mit gitterförmig angeordneten Spalten als Wellenzentren. Interferenzstreifen werden schärfer, wenn man Wellenzentren gitterförmig anordnet. Das wurde in Abschn. 12.15 mit Modellversuchen hergeleitet. Experimentell lassen sich gitterförmig angeordnete Wellenzentren entweder als Öffnungen (meist Spalte) oder als Spiegelbilder verwirklichen. Wir beginnen mit der ersten Möglichkeit, die zweite folgt in Pkt. 8. Wir bringen also zunächst den Übergang vom YOUNG'schen Interferenzversuch zum Gitter. Zu diesem Zweck wird in Abb. 12.60 der breite Spalt (Abb. 12.61) erst durch zwei und dann durch fünf äquidistante *schmale* Spalte als Wellenzentren ersetzt (Abb. 12.64). Die Hauptmaxima der Interferenz behalten in beiden Fällen die gleiche Lage (Abb. 12.65), doch sind sie bei fünf interferierenden Wellenzügen erheblich höher und schärfer, als bei zwei Wellenzügen. Die kleinen zwischen ihnen liegenden Nebenmaxima bilden einen fast kontinuierlichen Untergrund. Fünf Spalte zeigen schon die Eigenschaften eines typischen *Gitters*[5], wie man es in der Optik für die Herstel-

---

[5] Auch Beugungsgitter genannt. Wegen dieses Namens sei auf Abschn. 12.15 verwiesen.

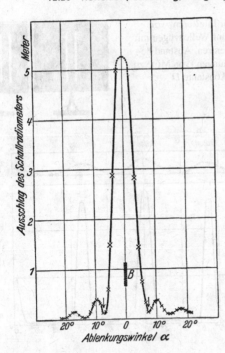

Abb. 12.62 Das Beugungsbild des in Abb. 12.61 dargestellten Spaltes für eine Wellenlänge von 1,45 cm. Der schraffierte Bereich B markiert die geometrischen Strahlgrenzen.

Abb. 12.63 Das Beugungsbild der Abb. 12.62, dargestellt in Polarkoordinaten

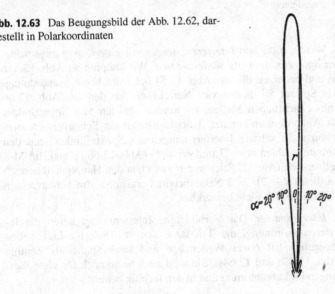

lung von Spektren verwendet. In der Optik werden die Eigenschaften der Gitter näher behandelt (Bd. 2, Kap. 21 und 22).

Abb. 12.64 Zur Interferenz von zwei und von fünf Wellenzügen mit äquidistanten Zentren, Abstand benachbarter Öffnungen (von Mitte zu Mitte) = Gitterkonstante D

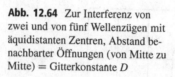
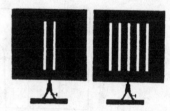

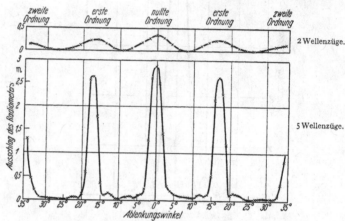

Abb. 12.65 Zum Übergang vom YOUNG'schen Doppelspalt zum Gitter (Abb. 12.64), d. h. gitterförmig angeordnete Spalte als Wellenzentren: Verschärfung der Interferenzstreifen durch Überlagerung von mehr als zwei Wellenzügen

8. *Verschärfung von Interferenzstreifen mit gitterförmig angeordneten Spiegelbildern als Wellenzentren.* Wir knüpfen an Abb. 12.41c an und benutzen die aus Abb. 12.54 bekannte Versuchsanordnung. Als Spiegel *Sp* dienen vier Netzebenen mit den aus Abb. 12.66 links ersichtlichen Maßen. Es werden also nur vier Spiegelbilder als Wellenzentren benutzt. Trotzdem liefert der Schauversuch zwei schon recht scharfe Interferenzmaxima („Spektrallinien" mit den Ordnungszahlen $m = 3$ und $m = 4$) (Abb. 12.66 rechts). Im Modellversuch (Abb. 12.39c) waren zwischen den Hauptmaxima noch deutlich $(N - 2) = 2$ Nebenmaxima erkennbar. Im Schauversuch machen sie sich nicht bemerkbar.

9. *Interferometer.* Das Vorbild aller Interferometer liefert die Interferenzanordnung, die THOMAS YOUNG 1807 für Lichtwellen angegeben hat (zwei Wellenzüge und zwei Spalte als Zentren (Abb. 12.39a und 12.64)). Sie wird auch heute noch für viele Messungen im Laboratorium und in der Technik benutzt.

Die von den beiden engen Spalten durchgelassene Strahlungsleistung ist nur klein. Darum hat man später andere Verfahren ersonnen, mit denen man parallel begrenzte Wellenbündel von großem Querschnitt zur Interferenz bringen kann. Sie alle teilen mithilfe von Spiegelung oder Brechung ein Wellenbündel in zwei Wellenbündel

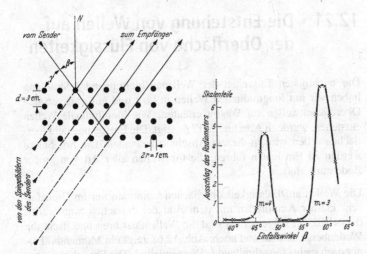

Abb. 12.66 Zur Reflexion von Schallwellen ($\lambda = 1,03$ cm) an vier äquidistanten Netzebenen. Diese erzeugen gemäß Abb. 12.41c vier gitterförmig angeordnete Spiegelbilder als Wellenzentren. Für die Winkel β, unter denen die reflektierte Strahlung Maxima, die durchgelassene Minima aufweist, gilt Gl. (12.23). γ wird oft Glanzwinkel genannt.

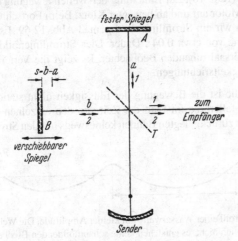

Abb. 12.67 Interferometer-Anordnung von A.A. MICHELSON

auf. Wir bringen aus der Fülle der Ausführungen nur eine physikalisch besonders wichtige, die Interferometer-Anordnung von MICHELSON (Abb. 12.67). In ihr stehen die beiden reflektierenden Flächen senkrecht zueinander, *T* ist eine „Teilerplatte", eine reflektierende, aber teilweise wellendurchlässige Fläche, der Gangunterschied beider Wellenzüge wird durch die Wegdifferenz *s* bestimmt.

12.21 Die Entstehung von Wellen auf der Oberfläche von Flüssigkeiten

Die wichtigsten Tatsachen der Wellenausbreitung oder Strahlung haben wir mit longitudinalen Wellen in Luft und mit transversalen Oberflächenwellen auf Wasser erläutert. Wie longitudinale Wellen entstehen, wurde in Abschn. 12.17 gezeigt. Die Entstehung der Oberflächenwellen wird in diesem Abschnitt behandelt. Die Ergebnisse werden zu Einsichten führen, die für Wellen aller Art von großer Bedeutung sind.

Die Wellen auf Flüssigkeitsoberflächen kann man nur im Grenzfall sehr kleiner Amplituden mit dem Bild der einfachen Sinuswellen darstellen. Im Allgemeinen sind die Wellentäler breit und flach, die Wellenberge schmal und hoch. Abb. 12.68 zeigt ein Momentbild einer nach rechts fortschreitenden Wasserwelle. – Die Entstehung einer solchen Welle beobachtet man mit einer Wellenrinne. Sie ist ein langer, schmaler Blechkasten mit seitlichen Glasfenstern (etwa 150 × 30 × 5 cm). Er wird etwa zur Hälfte mit Wasser gefüllt. Dem Wasser werden in bekannter Weise Aluminiumflitter als Schwebeteilchen beigemengt (Kap. 10). Zur Einleitung der Wellenbewegung dient ein von einem Motor auf und ab bewegter Klotz. Beim Fortschreiten der Welle sehen wir ein Stromlinienbild gemäß Abb. 12.69. Es ist eine Zeitaufnahme von etwa 0,04 s Dauer. Dies Stromlinienbild gilt für einen im Hörsaal ruhenden Beobachter. Es zeigt die Verteilung der Geschwindigkeitsrichtungen.

In einer Welle ist die Bewegung der Flüssigkeit nicht stationär. Infolgedessen fallen die im Lauf der Zeit von den einzelnen Flüssigkeitsteilchen zurückgelegten Bahnen keineswegs mit den Stromlinien

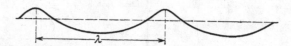

Abb. 12.68 Profil einer Wasserwelle mit kleiner Amplitude. Die Wellenberge überschlagen sich nicht, es entstehen keine schaumbildenden Brecher.

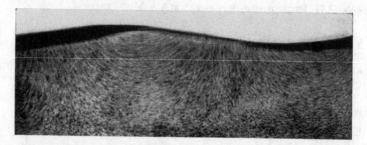

Abb. 12.69 Stromlinien in einer fortschreitenden Wasserwelle (fotografisches Positiv mit Hellfeldbeleuchtung)

Abb. 12.70 Kreisbahnbewegung einzelner Flüssigkeitsteilchen (Orbitalbewegung) in einer fortschreitenden Wasserwelle (fotografisches Negativ mit Dunkelfeldbeleuchtung). Die obere Bildgrenze ist nicht etwa durch den Umriss einer Welle, sondern durch die zufällige Verteilung der Al-Flitter bedingt.

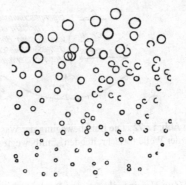

zusammen (vgl. Abschn. 10.5). Diese Bahnen sehen ganz anders aus. Sie sind bei mäßigen Wellenamplituden in guter Näherung Kreise. Man findet diese Kreisbahnen sowohl an der Oberfläche als auch in größeren Tiefen. Doch ist der Kreisbahndurchmesser für die Wasserteilchen in den obersten Schichten am größten.

Zur Vorführung dieser Kreisbahnen einzelner Wasserteilchen („Orbitalbewegung") setzen wir dem Wasser nur einige wenige Aluminiumflitter als Schwebekörper zu. Außerdem machen wir die Dauer der fotografischen Zeitaufnahme gleich einer Wellenperiode. So gelangen wir zu dem in Abb. 12.70 abgedruckten Bild.

Aufgrund unserer experimentellen Befunde gelangen wir zu dem in Abb. 12.71 skizzierten Schema. Es enthält die Kreisbahnen einiger an der Oberfläche befindlicher Flüssigkeitsteilchen. Ihr Durchmesser $2r$ ist gleich dem Höhenunterschied zwischen Bergrücken und Talsohle.

Die Umlaufgeschwindigkeit auf der Kreisbahn nennen wir w, also

$$w = \frac{2\pi r}{T}.$$

Die Zeit T eines vollen Umlaufes entspricht dem Vorrücken der Welle um eine volle Wellenlänge λ.

Abb. 12.71 Zusammenhang von Stromlinien und Kreisbahnbewegung in fortschreitenden Wasserwellen. Die horizontale Punktreihe zeigt Teilchen der Wasseroberfläche in ihrer Ruhelage, die anschließenden Kreisbögen die von ihnen im Uhrzeigersinn durchlaufenen Wege. Bei einer Verbindung der kleinen *Pfeilspitzen* erhält man das Profil der nach rechts fortschreitenden Welle am Schluss des nächsten Zeitintervalls. Es sind lediglich für jeden zweiten Geschwindigkeitspfeil die Kreisbahnbewegungen eingezeichnet.

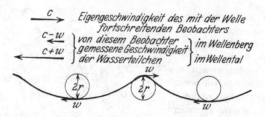

Abb. 12.72 Die Bahnbewegung der Wasserteilchen betrachtet von einem mit der Welle fortschreitenden, „mitbewegten" Beobachter

Zur Vereinfachung der Rechnung nehmen wir eine Oberfläche von Wasser gegen Luft an. Wir wollen zunächst Dichte und Bewegung der Luft gegen die des Wassers vernachlässigen. Ferner soll fortan ein Beobachter mit der Phasengeschwindigkeit c nach rechts fortschreiten. Für diesen „mitbewegten Beobachter" ist die Welle als Ganzes in Ruhe, ihr Umriss erscheint ihm erstarrt.[6] Aber dafür huschen nun die einzelnen Flüssigkeitsteilchen mit großer Geschwindigkeit nach links an ihm vorüber (Abb. 12.72).

Dabei hat ein Wasserteilchen im Wellental die Geschwindigkeit $u_1 = c + w$, im Wellenberg die Geschwindigkeit $u_2 = c - w$. Diese Geschwindigkeiten erzeugen *Staudrücke*, im Wellental $p_1 = \frac{1}{2}\varrho(c + w)^2$, im Wellenberg $p_2 = \frac{1}{2}\varrho(c - w)^2$. Im Wellental wirkt der Staudruck p_1 im Sinn einer Vertiefung, im Wellenberg der Staudruck p_2 im Sinn einer Verflachung. Im Wellental wirken auf die Oberfläche der Flüssigkeit zwei Drücke miteinander das Gleichgewicht haltenden Kräften: Die Differenz der beiden Staudrücke, also $p_1 - p_2 = 2\varrho wc$ saugt nach unten. Ein statischer Druck $p = \varrho gh = \varrho g 2r$ drückt nach oben. Dieser statische Druck entsteht durch den vertikalen Abstand h zwischen dem Bergrücken der Wellen und ihrer Talsohle. Aus $p_1 - p_2 = p$ folgt

$$wc = gr. \tag{12.30}$$

Für kleine Amplituden r gilt

$$w = \frac{2r\pi}{T} \quad \text{und} \quad T = \frac{\lambda}{c}, \quad \text{also} \quad r = \frac{w}{c} \cdot \frac{\lambda}{2\pi} \tag{12.31}$$

und damit

$$c^2 = \frac{g\lambda}{2\pi} \tag{12.32}$$

(z. B. Dünungswellen, $\lambda = 1\,\text{km}$, $T = 25{,}4\,\text{s}$ und $c = 142\,\text{km/h}$. Oder $\lambda = 50\,\text{m}$, $T = 5{,}7\,\text{s}$ und $c = 32\,\text{km/h}$).

---

[6] Der „mitbewegte" Beobachter kann also die anhand der Abb. 10.11 und 10.12 gewonnenen Kenntnisse anwenden.

Für die Herleitung dieser Gleichung ist bei der Berechnung des statischen Drucks die *Oberflächenspannung* ζ neben dem Gewicht der Flüssigkeit vernachlässigt worden. Das ist bis zu Wellenlängen von etwa 5 cm herab zulässig. Für noch kleinere Wellenlängen ist in Gl. (12.32) der Term $2\pi\zeta/\lambda\varrho$ als Summand hinzuzufügen, und dann ergibt sich

$$c^2 = \frac{g\lambda}{2\pi} + \frac{2\pi\zeta}{\lambda\varrho} \qquad (12.33)$$

Nach dieser Gleichung ist die *Phasengeschwindigkeit c* für Oberflächenwellen später in Abb. 12.74 graphisch dargestellt. – Beim Überwiegen des ersten Summanden spricht man von *Schwerewellen*. Beim Überwiegen des zweiten von *Kapillarwellen*. Für Kapillarwellen allein gilt

$$c^2 = \frac{2\pi\zeta}{\lambda\varrho} \,. \qquad (12.34)$$

Herleitung
Der durch den vertikalen Abstand h zwischen Bergrücken und Talsohle entstehende statische Druck $p = 2r\varrho g$ wird vernachlässigt. Stattdessen berücksichtigt man den durch die *Krümmungen* von Bergrücken und Talsohle entstehenden statischen Druck $p = \zeta/r + \zeta/r = 2\zeta/r$ (gemäß Gl. (9.7) und Abb. 12.73). Er hält der Differenz der beiden Staudrücke, also dem Druck $p_1 - p_2 = 2\varrho wc$, das Gleichgewicht. Damit ist

$$2\varrho wc = \frac{2\zeta}{r} \,. \qquad (12.35)$$

Für die Kreisbahn der Wasserteilchen galt Gl. (12.32). Für $w = c$ gibt die Kreisbahn mit dem Durchmesser $2r = \lambda/\pi$ eine gute Annäherung an die Krümmung einer Sinuswelle. Einsetzen von $w = c$ und $r = \lambda/(2\pi)$ in Gl. (12.35) liefert Gl. (12.34).

Gl. (12.32) bleibt noch bis herab zu einer Wassertiefe $h \approx 0{,}5\lambda$ anwendbar. Im entgegengesetzten Grenzfall verschwindend kleiner Wassertiefe h wird die Ausbreitungsgeschwindigkeit der Flachwasserwellen unabhängig von λ, es gilt für alle Wellenlängen[K12.13]

$$c^2 = gh \,. \qquad (12.36)$$

K12.13. Gl. (12.36) war wichtig bei der Demonstration der Brechung von Oberflächenwellen, Abb. 12.19, 12.22 und 12.23. Siehe auch **Videofilm 12.2**, http://tiny.cc/smayey.

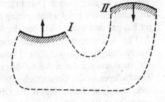

Abb. 12.73 Zur Addition von zwei durch gekrümmte Oberflächen erzeugten statischen Drücken. Die gestrichelt umrandete Flüssigkeit hat beliebige Gestalt. Die Oberfläche *I* drückt nach oben und wird (wegen der Allseitigkeit des Drucks) von der Oberfläche *II* gedrückt.

Folgerung: Lange Dünungswellen kleiner Amplitude können beim Auflaufen auf einen mit kleiner Neigung ansteigenden Strand zu verheerender Amplitude ansteigen (Tsunami).

Herleitung

In tiefem Wasser laufen Schwerewellen gemäß Abb. 12.71 nach rechts. Dort liegen beim Abbau der linken und beim Aufbau der rechten Seite jedes Wellenberges die Geschwindigkeitsvektoren auf Kreisen. – Bei abnehmender Wassertiefe h kommt man zum Grenzfall der *Grundwellen*. Die Amplitude der Schwerewellen ist praktisch gleich der Tiefe h des ruhenden Wassers geworden. Unter einer Talsohle strömt das Wasser auf einer horizontalen Geraden. Es strömt nach links mit der Geschwindigkeit $w = c$ in das nach rechts mit c fortschreitende Wellental, für den „mitbewegten" Beobachter also mit der Geschwindigkeit $c + c = 2c$. Für ihn hält ein Staudruck $\frac{1}{2}\varrho(2c)^2 = 2\varrho c^2$ einem statischen Druck das Gleichgewicht. Dieser entsteht wie bei allen Schwerewellen durch den vertikalen Abstand zwischen den Bergrücken der Wellen und ihren Talsohlen, also

$$2\varrho c^2 = 2h\varrho g \quad \text{oder} \quad c^2 = gh\,.$$

Bisher hatten wir außer Acht gelassen, dass sich über der Flüssigkeitsoberfläche ein zweites Medium befindet. Es war Luft, wir hatten ihre Mitwirkung ausdrücklich vernachlässigt. Diese Beschränkung lassen wir jetzt fallen. Über der Flüssigkeit mit der Dichte ϱ soll sich eine zweite mit der Dichte ϱ' befinden. Dann tritt an die Stelle der Gl. (12.33)

$$c^2 = \frac{\varrho - \varrho'}{\varrho + \varrho'}\frac{g\lambda}{2\pi} + \frac{2\pi}{\lambda}\frac{\zeta}{\varrho + \varrho'}\,. \tag{12.37}$$

Beispiele

Wir bringen drei Beispiele:

1. In zwei aufeinanderliegenden Schichten der Atmosphäre kann infolge von Temperaturdifferenzen die Massendichte ϱ und ϱ' verschieden sein. Dann gibt es an der Grenze der Schichten Wellen. Sie machen sich durch periodische Kondensation von Wasser in Form weißer Wogenwolken bemerkbar.

2. *Das Totwasser.* Unweit von Flussmündungen beobachtet man, insbesondere in skandinavischen Fjorden, nicht selten das überraschende Phänomen des „Totwassers". Langsam, d. h. mit 4 bis 5 Knoten ($\approx 8-10$ km/h) fahrende Schiffe werden plötzlich von einer unsichtbaren Macht gebremst, Segelschiffe gehorchen dem Steuer nicht mehr.
Erklärung. Es ist Süßwasser mit kleiner Dichte dem Salzwasser mit großer Dichte überlagert. Das Fahrzeug reicht bis in die Grenze beider. Durch seine Bewegung setzt es hochaufbäumende Wogen in dieser dem Auge verborgenen Grenzschicht in Gang. Die sichtbare Wasseroberfläche gegen Luft bleibt praktisch in Ruhe. Das Fahrzeug muss die ganze Energie dieser Wellenbewegung liefern. Daher rührt seine starke Bremsung. Der Fall liegt also ähnlich wie bei der Entstehung des Strömungswiderstandes umströmter Körper durch das Andrehen der Wirbel auf der Rückseite.

3. Für Schauversuche braucht man zuweilen Wellen mit sehr kleiner Ausbreitungsgeschwindigkeit. Dann schichtet man Petroleum auf Wasser, markiert die Grenzfläche durch Aluminiumstaub und bringt flache Tauchkörper in die Grenzfläche. In ihr kann man Wellen großer Amplitude erzeugen. Dabei bleibt die Oberfläche des Petroleums gegen Luft praktisch in Ruhe.

12.22 Dispersion und Gruppengeschwindigkeit

Der Inhalt der Gl. (12.33) ist in Abb. 12.74 graphisch dargestellt: Für Oberflächenwellen hängt die Phasengeschwindigkeit c von der Wellenlänge ab (oberes Teilbild), die Wellen zeigen eine *Dispersion*: Die Dispersion, definiert als Quotient $dc/d\lambda$, ist eine Funktion der Wellenlänge (unteres Teilbild). – Liegt Dispersion vor, so lässt sich die Phasengeschwindigkeit $c = \nu \cdot \lambda$ stets experimentell bestimmen, wenn die Wellen mit einer Frequenz ν angeregt werden und die Wellenlänge λ gemessen werden kann[7]. Zwei Beispiele finden sich in Abb. 12.75.

Bei der Anregung mit nur einer Frequenz entspricht das *Momentbild* der fortschreitenden *Welle* (Abb. 12.1) der Kurve einer sinusförmigen *Schwingung* (Abb. 4.12). Werden die Wellen mit zwei oder mehr Frequenzen angeregt, so entsprechen die *Momentbilder* der fortschreitenden Wellen den Auftragungen, die sich aus der Überlagerung der sinusförmigen Schwingungen verschiedener Frequenz und Amplitude ergeben. Ist Dispersion vorhanden, so verändert sie beim Fortschreiten der resultierenden Wellen die Gestalt der Momentbilder.

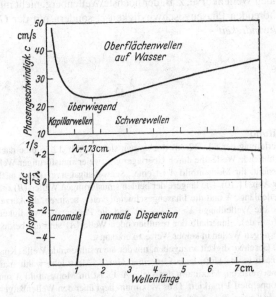

Abb. 12.74 Phasengeschwindigkeit (*oben*) und Dispersion (*unten*) flacher, praktisch noch sinusförmiger Oberflächenwellen auf Wasser für verschiedene, bei Schauversuchen benutzte Wellenlängen[K12.14]

K12.14. Ein Beispiel der Dispersion dieser Wellen wird im **Videofilm 12.2**, http://tiny.cc/smayey, gezeigt, in dem ein kurzer rechteckiger Puls, erzeugt durch einmaliges Eintauchen eines spitzen Tauchkörpers, in einen langen Puls auseinander gezogen wird (siehe auch „gealterte Kapillarwelle" in Abb. 12.81). Die kurzen Wellen laufen schneller als die langen.

---

[7] Dies Verfahren ist oft erheblich genauer als die Messung einer Phasengeschwindigkeit aus Laufweg und Laufzeit. Wie schon früher in der Akustik (KUNDT'sche Staubfiguren!) wird es heute im Gebiet kurzer elektrischer Wellen mit Vorliebe angewandt.

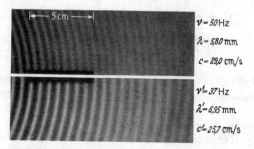

$\nu = 50\,\mathrm{Hz}$

$\lambda = 5{,}80\,\mathrm{mm}$

$c = 29{,}0\,\mathrm{cm/s}$

$\nu^L = 37\,\mathrm{Hz}$

$\lambda^L = 6{,}95\,\mathrm{mm}$

$c^L = 25{,}7\,\mathrm{cm/s}$

Abb. 12.75 Messung der Phasengeschwindigkeit sinusförmiger Kapillarwellen auf einer Wasseroberfläche. Man sieht den Schatten eines 5 cm langen Maßstabes.

Bei zwei Anregungsfrequenzen z. B., die sich wie 1 : 2 verhalten, gehen die beiden Kurven S_r in Abb. 11.11 längs des Weges in periodischer Folge ineinander über.

Diese Gestaltänderungen sind in Grenzfällen bedeutsam. Liegen die beteiligten Frequenzen z. B. in einem engen Bereich zwischen ν und $\nu \pm d\nu$, erzeugen sie Wellenlängen zwischen λ und $\lambda \mp d\lambda$. Dann bewegt sich infolge der Dispersion $dc/d\lambda$ irgendeine Marke der resultierenden Wellenkurve, z. B. der höchste Wellenberg, nicht mit der zu λ gehörenden Phasengeschwindigkeit c, sondern mit der *Gruppengeschwindigkeit*[8]

$$c^* = c - \lambda \frac{dc}{d\lambda} \qquad (12.38)$$

Herleitung

Zur Herleitung der Gl. (12.38) denke man sich in Abb. 12.76 eine nach rechts laufende Welle, die durch Überlagerung zweier sinusförmiger Wellen entsteht. Ihr Momentbild A ist eine „Schwebungskurve" (etwa nach Art der Abb. 11.10). Die längere der beiden sinusförmigen Wellen (B) soll die Wellenlänge λ und die Phasengeschwindigkeit c besitzen, die kürzere habe die Wellenlänge $\lambda' = \lambda - d\lambda$ und die Phasengeschwindigkeit $c' = (c - dc)$.[9] Innerhalb der resultierenden Welle (A) sind die beiden sinusförmigen Wellen in keiner Weise zu erkennen.

Um die Geschwindigkeit anzugeben, mit der die resultierende Welle (Kurve A) nach rechts läuft, bedarf es einer *Marke*. Als solche wählt man bequemerweise ein Maximum der Welle A. Es ist im Momentbild A mit dem Doppelpfeil 1 markiert. Dies Maximum liegt über den Wellenbergen γ und d (Kurven B und C). Nach einer Laufzeit Δt sind beide Maxima nach rechts vorgerückt. Das Maximum γ hat den Weg $s = c\Delta t$ zurückgelegt, das Maximum d den etwas kleineren Weg $s' = (c - dc)\Delta t$. Der Vorsprung $(s - s') = ds = dc\,\Delta t$ erreicht allmählich den Wert $d\lambda$. Die-

---

[8] Dies Wort kann zu Missverständnissen führen, man beachte den letzten Absatz dieses Abschnitts.

[9] Entsprechend der normalen Dispersion in der Optik (Bd. 2, Abschn. 27.2). Siehe auch Abb. 12.74.

Abb. 12.76 Wellenauftragungen („Momentaufnahmen") zur Definition der Gruppengeschwindigkeit. Es ist $d\lambda = \Delta t\, dc$ gewählt worden.

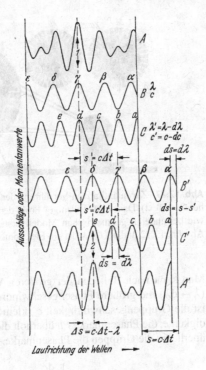

ser Fall ist in den drei unteren Kurven skizziert: Die Phasengleichheit liegt jetzt bei den Wellenbergen δ und e. Das heißt, das Maximum, die Marke der Wellengruppe, ist nicht um den Weg $c\Delta t$ vorgerückt, sondern nur um den kleineren Weg $\Delta s = (c\Delta t - \lambda)$. Demnach ist die Geschwindigkeit der Marke, die Gruppengeschwindigkeit,

$$c^* = \frac{c\Delta t - \lambda}{\Delta t}$$

und daraus folgt Gl. (12.38), da $ds = dc\Delta t = d\lambda$ gewählt worden war.

Der Inhalt der Gl. (12.38) lässt sich – und zwar quantitativ! – gut mit einem Schauversuch erläutern. Der erforderliche Apparat soll anhand der Abb. 12.77 beschrieben werden.

Zwei Wellen verschiedener Länge werden durch die Schatten zweier Zahnkränze B und C dargestellt. Schwarze Zähne bedeuten Wellenberge, weiße Lücken Wellentäler. Diese „Wellen" laufen nicht wie in Abb. 12.76 auf gerader Bahn, sondern auf einer Kreisbahn. – Beide Zahnkränze werden hintereinander auf der gleichen Achse, unabhängig voneinander drehbar, angebracht. Dann sieht man im Schattenbild A die durch Überlagerung entstehende Schwebungskurve, sie zeigt vier Wellengruppen. Zum Antrieb der Zahnkränze dient ein langsam laufender Synchron-Elektromotor M. Die Geschwindigkeiten c und $(c + dc)$ beider Wellenkränze können mit Schnurscheiben verschiedener Größen und elastischen Schnüren bequem eingestellt werden. Eine Marke Ph erlaubt, die Phasengeschwindigkeit einer einzelnen Welle mit einer Stoppuhr zu messen.

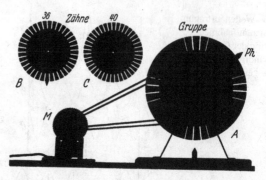

Abb. 12.77 Zur quantitativen Vorführung der Gruppengeschwindigkeit (Näheres im Text). Das „kastenförmige" Profil der Wellen stört hier ebensowenig wie bei anderen geometrischen Modellversuchen zur Wellenlehre, z. B. in Abschn. 12.12 und 12.15. *M* ist ein Elektromotor.[K12.15]

K12.15. E. Mollwo, *Physik. Zeitschrift* **43**, 257 (1942).

Man kann nach Belieben der größeren Welle λ oder der kleineren $(\lambda - d\lambda)$ die größere Phasengeschwindigkeit geben. Im ersten Fall ist die Gruppengeschwindigkeit c^* kleiner als die Phasengeschwindigkeit c, die Phasenmarke *Ph* überholt die Gruppen. Im zweiten Fall überholen die Gruppen die Phasenmarke. Im Grenzfall

$$\frac{dc}{d\lambda} = 0$$

laufen die Gruppen ebenso schnell wie die Phase. Im Grenzfall $c\,d\lambda = \lambda\,dc$ wird die Gruppengeschwindigkeit $c^* = 0$. Die Gruppen rühren sich nicht vom Fleck.

Eine im mathematischen Sinn streng sinusförmige Welle hat weder zeitlich noch räumlich Anfang und Ende. In einem Spektrum wird sie durch eine *Spektrallinie* dargestellt (Abb. 12.78a). Jede in der Natur vorkommende sinusförmige Welle hat aber Anfang und Ende. Deswegen erscheint sie in einem Spektrum als eine *sehr schmale Bande*

Abb. 12.78 Spektren von unbegrenzten Wellen (**a** und **c**), von einer langen (**b**) und von einer kurzen (**d**) Wellengruppe

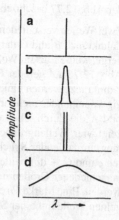

(Abb. 12.78b). Sie umfasst beiderseits nur einen Bereich $d\lambda$, der sehr klein ist gegenüber der mittleren Wellenlänge λ. Dieser schmale Bereich ist von einer dichten Folge von Spektrallinien erfüllt (FOURIER-Integral). Für Rechnungen kann man als Näherung diese dichte Folge durch zwei in ihren schmalen Bereich fallende Spektrallinien ersetzen (Abb. 12.78c). Davon haben wir oben Gebrauch gemacht, um Gl. (12.38) für die Gruppengeschwindigkeit c^* herzuleiten und c^* experimentell vorzuführen. Infolge der genannten Näherung erhielten wir statt einer einzelnen Gruppe eine Folge gleichgestalteter Gruppen (Abb. 12.77). *Nach Gl. (12.38) ist eine Gruppengeschwindigkeit nur für solche Wellengruppen definiert, deren Spektrum einen schmalen Wellenlängenbereich zwischen λ und $(\lambda \pm d\lambda)$ umfasst.* Man darf also nicht allgemein unter Gruppengeschwindigkeit die Geschwindigkeit jeder beliebigen Wellengruppe verstehen.

12.23 Die Umwandlung unperiodischer Vorgänge in Wellen

Den größten Gegensatz zur mathematischen Sinuswelle bilden unperiodische Ausbreitungsvorgänge, z. B. die praktisch unperiodische Wellengruppe oben in Abb. 12.79. Solche Wellengruppen haben ein breites kontinuierliches Spektrum, es umfasst, streng genommen, sogar beiderseits von einer mittleren Wellenlänge λ unbegrenzte Wellenlängenbereiche (Abb. 12.78d).

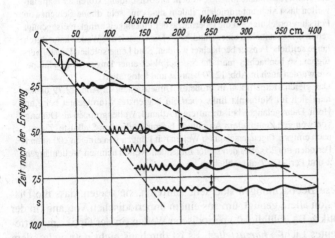

Abb. 12.79 Zeitliche Entstehung von Schwerewellen aus einer unperiodischen Störung der Wasseroberfläche zur Zeit null (Momentfotografien, *rechts* von den Pfeilen rechnerisch ergänzt, weil die Wellenrinne zu kurz war), *oberstes Teilbild* 1,3 s nach einer einmaligen, also unperiodischen Störung durch einen Tauchkörper

Abb. 12.80 Längs eines Seiles läuft eine unperiodische Wellengruppe ohne Gestaltänderung (10 m lange Schraubenfeder), ihre Geschwindigkeit folgt aus Gl. (11.4)

Durchläuft eine solche unperiodische Wellengruppe einen Stoff *ohne Dispersion*, also einen Stoff, in dem die Phasengeschwindigkeit für alle Wellenlängen die gleiche ist, so bleibt die Gestalt der Gruppe längs des Weges unverändert erhalten. Man kann daher ohne Weiteres die allen Wellen gemeinsame Phasengeschwindigkeit c experimentell bestimmen. Transversale Seilwellen liefern ein gutes Beispiel, Abb. 12.80.

Durchläuft hingegen eine unperiodische Wellengruppe einen Stoff *mit Dispersion*, so wird die Gestalt der Wellengruppe längs des Weges ständig verändert. Das zeigen z. B. Schwerewellen auf einer Wasseroberfläche, Abb. 12.79. (Ihre Dispersion ist normal, d. h., ihre Phasengeschwindigkeit c wächst mit zunehmender Wellenlänge.) – Zu Beginn des Versuches (links oben) wird ein Tauchkörper in die Wasseroberfläche hineingestoßen. Nach 1,3 s beobachtet man noch eine fast unperiodische Wellengruppe. Im weiteren Verlauf wird die Gruppe immer länger: vorn entstehen lange und hinten kurze Wellen.

K12.16. Ein sehr gut ausgebildeter (kreisförmiger) Wellenzug wurde an Schwerewellen mit Wellenlängen von 5–20 m berichtet und zur Bestätigung der Gl. (12.32) verwendet (E. Mollwo, Optik **4**, 450 (1948/49)).

Man benutzt eine Wellenrinne von etwa 3 m Länge und 60 cm Tiefe und als Erreger einen linearen Tauchkörper. Er wird einmal unperiodisch in die Wasseroberfläche hineingestoßen. Die Ausbildung störender Kapillarwellen lässt sich unterdrücken, indem man eine sehr dünne Schicht von Fettsäuremolekülen auf die Oberfläche der Flüssigkeit bringt, meist genügt schon das Eintauchen einer Hand.[K12.16] Die Gestalt der Wellen kann durch lange seitliche Fenster beobachtet werden. Sind keine solchen Fenster verfügbar, so beobachtet man die Spiegelbilder einer langen Röhrenlampe. Sie wurden auch in Abb. 12.79 benutzt und fotografiert.

Das gleiche Experiment in größeren Dimensionen: In Abb. 12.79 denke man sich im Nullpunkt links oben ein begrenztes Sturmgebiet bei Kap Horn. Dann gelangen bei sturmfreiem Atlantik Wellengruppen als Dünung von wenigen Zentimetern Amplitude bis zur englischen Südküste. Zuerst, nach einigen Tagen, erscheinen Wellen mit Längen von einigen 100 m und Perioden um 20 s. Bei den später folgenden Wellen nehmen Wellenlängen λ und Perioden T allmählich ab.

Diese Beobachtungen sind sehr lehrreich, sie zeigen, dass die Dispersion allein genügt, um aus einem unperiodischen Vorgang (in der Optik z. B. „Glühlicht") periodische Wellen (in der Optik „monofrequentes Licht") *herzustellen*. Es ist durchaus nicht notwendig, dem dispergierenden Medium (z. B. Glas) eine bestimmte geometrische Gestalt (z. B. Prisma) zu geben (vgl. Bd. 2, Abschn. 16.10). Die Dispersion vermag aber nie streng sinusförmige („monofrequente") Wellen herzustellen. Selbst kurze Teilstücke langer durch Dispersion erzeugter Wellengruppen enthalten immer Wellen aus einem Bereich zwischen λ und $(\lambda + d\lambda)$. Im Spektrum sind sie durch eine schmale Bande darzustellen, wie in Abb. 12.78b. Daher haben auch die auf Dispersion beruhenden Spektralapparate, z. B. Prismenspektrographen, nur ein begrenztes Auflösungsvermögen $\lambda/d\lambda$.

Für jedes Teilstück einer durch Dispersion erzeugten langen Wellengruppe kann man eine Gruppengeschwindigkeit c^* angeben. c^* ist bei Schwerewellen für jede Wellenlänge zwar kleiner als deren Phasengeschwindigkeit c, doch wächst c^* in der Laufrichtung der Gruppe. Aus diesem Grund wird die Wellengruppe in Abb. 12.79 umso länger, je mehr sie sich von ihrem Ursprungsort entfernt.

Die Dispersion der Kapillarwellen ist in gleicher Weise zu behandeln, jedoch ist $dc/d\lambda$ negativ, die Dispersion „anomal": Die kurzen Wellen eilen den langen voraus (Abb. 12.17). An der Spitze werden dauernd neue Berge gebildet. Anfänglich kann man etwa 15 Wellenberge erkennen. Aber die kurzen Wellen werden beim Fortschreiten um eine Wellenlänge durch Reibungsvorgänge in der Oberflächenschicht (vgl. Abschn. 9.5, Pkt. 5) erheblich mehr geschwächt als die langen. Daher sterben die kurzen Wellen an der Spitze der Gruppe rasch wieder ab. Nach einer Laufzeit von etwa 2,5 s zeigt eine *gealterte* Gruppe das in Abb. 12.81 fotografierte Bild. Links verbleiben Wellen von etwa 1,7 cm Wellenlänge. Deutung: Bei der Wellenlänge $\lambda = 1{,}73$ cm hat die Kurve der Phasengeschwindigkeit c ihr Minimum (Abb. 12.74 oben). Im Bereich dieses Minimums ist $dc/d\lambda \approx 0$, folglich sind Gruppengeschwindigkeit c^* und Phasengeschwindigkeit c praktisch identisch: Die gealterte Gruppe in Abb. 12.81 kann ihren Weg ohne merkliche Gestaltänderung fortsetzen.[K12.17]

Alle in diesem Abschnitt beschriebenen Beobachtungen lassen sich sehr bequem auf der glatten Wasseroberfläche eines Teiches beobachten. Dort sieht man auch häufig eine recht auffällige Erscheinung: Bewegt sich ein kleines Hindernis (Stock, Angelschnur) relativ zur Wasseroberfläche in deren Ebene, so sieht man vor dem Hindernis *feststehende* Wellen. Sie treten erst dann auf, wenn die Relativgeschwindigkeit $c > 23$ cm/s wird, also den Minimalwert der Phasengeschwindigkeit in Abb. 12.74 überschreitet. Dann können die langsamsten Wellen vor dem Hindernis nicht mehr weglaufen.

K12.17. Eine solche „gealterte" Wellengruppe für Kapillarwellen ist im **Videofilm 12.2**, http://tiny.cc/smayey, zu sehen (zur Zeit 2:30), siehe Abb. 12.17.

„Alle in diesem Abschnitt beschriebenen Beobachtungen lassen sich sehr bequem auf der glatten Wasseroberfläche eines Teiches beobachten."

Abb. 12.81 „Gealterte" Kapillarwellen auf Wasser, links Wellenlänge der Gruppe angenähert 1,7 cm

12.24 Energie des Schallfeldes, Schallwellenwiderstand

Als Energiedichte δ eines Schallfeldes definiert man den Quotienten

$$\delta = \frac{\text{Schwingungsenergie im Volumen } V}{\text{Volumen } V}. \tag{12.39}$$

Die Wellen sollen schwach divergierend, also mit kleinem Öffnungswinkel[10] aber praktisch noch als ebene Wellen, senkrecht auf eine Fläche A auffallen. Dann führen sie dieser Fläche in der Zeit t die Energie

$$E = \delta A c t \tag{12.40}$$

zu, d. h. die ganze zuvor im Volumen Act enthaltene Energie. Die Fläche A wird „bestrahlt". Als ihre *Bestrahlungsstärke* definiert man den Quotienten

$$b = \frac{\text{einfallende Strahlungsleistung}}{\text{bestrahlte Fläche}}, \tag{12.41}$$

also

$$b = \frac{E}{tA} = \frac{\delta A c t}{tA} = \delta c.$$

So erhalten wir für die Bestrahlungsstärke b die wichtige Gleichung

$$b = \delta c. \tag{12.42}$$

Als Einheit benutzt man z. B. W/m^2.

Die Schwingungsenergie im Schallfeld setzt sich additiv aus der Schwingungsenergie aller einzelnen, in Schallausbreitungsrichtung schwingenden Luftteilchen zusammen. Die Energie jeder Sinusschwingung kann man entweder als Höchstwert ihrer potentiellen Energie oder als Höchstwert ihrer kinetischen Energie berechnen. Man denke an ein einfaches Pendel. Beim Höchstausschlag ist die gesamte Energie nur in potentieller Form vorhanden, beim Passieren der Ruhelage nur in kinetischer Form. In allen Zwischenstellungen verteilt sich die Gesamtenergie auf potentielle *und* kinetische Energie. Das Gleiche gilt auch für sinusförmige Schallwellen.

Den Höchstwert der Geschwindigkeit der einzelnen Luftteilchen, d. h. die *Geschwindigkeitsamplitude* (technisch: „Schnelle"), nennen wir u_0. Die größte Abweichung des Luftdrucks von seinem Wert in ruhender Luft, d. h. die *Druckamplitude* der Schallwellen, nennen wir Δp_0. Dann enthält eine Luftmenge vom Volumen V und der Dichte ϱ die kinetische Energie

$$E_{\text{kin}} = \frac{1}{2}\varrho V u_0^2$$

---

[10] Näheres über Öffnungswinkel, Bestrahlungsstärke und verwandte Begriffe findet man in Bd. 2, Kap. 19.

und die Schallenergiedichte[K12.18]

$$\delta = \frac{1}{2}\varrho u_0^2. \qquad (12.43)$$

K12.18. Man beachte: δ ist gleich dem Schalldruck, Gl. (12.29).

Von der potentiellen Energie ausgehend, erhalten wir nach kurzer Rechnung für die Schallenergiedichte

$$\delta = \frac{1}{2}\frac{(\Delta p_0)^2}{c^2\varrho}. \qquad (12.44)$$

Herleitung
Anknüpfend an Gl. (5.8) bekommt man $E_{\text{pot}} = \frac{1}{2}\Delta V \Delta p_0$ und die Energiedichte

$$\delta = \frac{1}{2}\frac{\Delta V}{V}\Delta p_0. \qquad (12.45)$$

Ferner ist der Kompressionsmodul eines Gases

$$K = V\frac{\Delta p_0}{\Delta V}$$

und die Schallgeschwindigkeit[K12.19]

$$c = \sqrt{\frac{K}{\varrho}}. \qquad (12.46)$$

Die Zusammenfassung dieser Gleichungen liefert Gl. (12.44).

K12.19. Herleitung wie für einen Stab (Abschn. 12.17), wobei aber der Elastizitätsmodul E des Festkörpers durch den Kompressionsmodul des Gases zu ersetzen ist.

Bei jeder Sinusschwingung sind die Geschwindigkeitsamplitude u_0 und der Höchstausschlag x_0 durch die Gleichung

$$u_0 = \omega x_0 \qquad (4.12)$$

$$(\omega = 2\pi\nu = \text{Kreisfrequenz})$$

verknüpft. Dadurch erhalten wir für die Schallenergiedichte noch einen dritten, diesmal die *Frequenz* enthaltenden Ausdruck

$$\delta = \frac{1}{2}\varrho\omega^2 x_0^2. \qquad (12.47)$$

Die obigen Gleichungen gelten keineswegs nur für Luft, sondern für jedes von Schallwellen durchsetzte Medium. Die Energiedichte steigt mit dem Quadrat der Frequenz. Infolgedessen erzeugen hochfrequente Schallwellen recht auffällige Erscheinungen, z. B. Kavitation in Flüssigkeiten. In Abb. 12.82a werden stehende Schallwellen ($\lambda \approx 1\,\text{cm}$) vor einem Mattglas als Spiegel erzeugt. In ihr Gebiet bringt man eine Seifenlamelle. Sie schneidet die Bäuche und Knoten in Streifen, die zur Papierebene senkrecht stehen. In den Bäuchen wird die Lamelle durch Kavitation, also Abscheidung von Gasbläschen, getrübt. Man projiziert ihr Schattenbild auf die Mattglasscheibe (Abb. 12.82b).

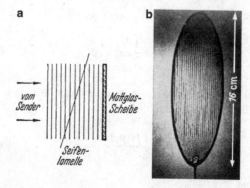

Abb. 12.82 Schallwellen großer Energiedichte erzeugen Kavitation in einer Seifenlamelle, die ein Feld hochfrequenter stehender Schallwellen schräg durchschneidet ($\lambda = 1$ cm, Sender wie in Abb. 12.45)

Alle drei Bestimmungsstücke der Luftschwingungen, nämlich die Amplituden u_0 der Geschwindigkeit, Δp_0 der Druckänderung und x_0 des Ausschlages, sind der direkten Messung zugänglich.

1. *Die Messung der Geschwindigkeitsamplitude u_0* erfolgt mithilfe hydrodynamischer Kräfte.

Beispiel

Die RAYLEIGH'sche Scheibe. Im Schallfeld wird eine dünne Scheibe in Münzengröße drehbar aufgehängt. Sie trägt einen Spiegel für einen Lichtzeiger und wird durch einen kleinen Gazekäfig vor Zugluft geschützt. Die Flächennormale der Scheibe sei gegen die Laufrichtung der Wellen um einen Winkel ϑ von ungefähr 45° geneigt. Der Luftwechselstrom umströmt die Scheibe mit dem aus Abb. 10.16b bekannten Stromlinienbild. Die Scheibe erfährt ein Drehmoment[K12.20]

K12.20. Das Drehmoment ist maximal, wenn die Scheibe unter 45° relativ zu der ungestörten Strömung geneigt ist.

$$M = \frac{4}{3} \delta r^3 \sin 2\vartheta \qquad (12.48)$$

(r = Radius der Scheibe, δ = Schallenergiedichte).

2. Zur Messung der *Druckamplitude Δp_0* benutzt man meistens Kondensator-Mikrophone.

3. Zur Messung des *Höchstausschlages x_0* hat man winzige kugelförmige Staubteilchen in das Schallfeld zu bringen und ihre Pendelbahnen unter dem Mikroskop zu messen. Die kleinen Kugeln werden durch die innere Reibung des Gases mitgenommen (Abschn. 10.3). Sie haben eine nahezu ebenso große Amplitude (Höchstausschlag) wie die umgebenden Luftteilchen. Doch ist diese Methode nur bei großen Energiedichten δ anwendbar.

Wir fassen Gl. (12.46) mit den Gln. (12.43) und (12.44) zusammen und bekommen

$$\frac{\Delta p_0}{u_0} = c\varrho = \sqrt{K\varrho}. \qquad (12.49)$$

Diesen Quotienten aus Druckamplitude und Geschwindigkeitsamplitude nennt man *Schallwellenwiderstand*. (Vgl. Bd. 2, Abschn. 12.7.)

Dieser Wellenwiderstand bestimmt die Reflexion an der Grenze zweier Stoffe. Fällt eine ebene Welle senkrecht auf die Oberfläche eines Körpers mit anderem Wellenwiderstand, so ist das Verhältnis[K12.21]

$$R = \frac{\text{reflektierte Strahlungsleistung}}{\text{einfallende Strahlungsleistung}} = \left(\frac{c_1\varrho_1 - c_2\varrho_2}{c_1\varrho_1 + c_2\varrho_2}\right)^2 . \quad (12.50)$$

Es heißt *Reflexionsvermögen* oder *Reflexionsgrad*. Die reflektierte und die einfallende Welle setzen sich zu einer resultierenden zusammen.

In der technischen und akustischen Literatur misst man für eine sinusförmige Schallwelle die Leistung $\dot{W}_1$ oder die Druckamplitude Δp_1 häufig nicht absolut, also z. B. $\dot{W}_1$ in Watt oder Δp_1 in Newton/m^2, sondern nur relativ. Man *vergleicht* sie mit einer, *in jedem Einzelfall genau anzugebenden Bezugsleistung* $\dot{W}_2$ oder Bezugsamplitude Δp_2. Man bildet entweder die Größe

$$x = 10 \cdot \log \frac{\dot{W}_1}{\dot{W}_2} = 20 \cdot \log \frac{\Delta p_1}{\Delta p_2} \quad (12.51)$$

oder

$$y = \frac{1}{2}\ln \frac{\dot{W}_1}{\dot{W}_2} = \ln \frac{\Delta p_1}{\Delta p_2} . \quad (12.52)$$

Beide Größen sind reine Zahlen. Man fügt ihnen als Multiplikator die Zahl 1 hinzu und gibt der Zahl 1 zwei neue Namen, nämlich im ersten Fall *Dezibel* (dB), im zweiten *Neper* (Np). – Benutzt man z. B. einen Bezugsdruck $\Delta p_2 = 1$ N/m^2 (= 1 Pa), so bedeutet die Angabe „−60 dB" eine Druckamplitude von $\Delta p_1 = 10^{-3}$ N/m^2.

Die Sondernamen der Zahl 1 haben einen Vorteil: Sie lassen erkennen, welche Gleichung für den Leistungs- oder Druckvergleich benutzt worden ist. Dem steht der große Nachteil gegenüber, dass man Dezibel und Neper (sowie später Phon) irrtümlicherweise für Einheiten nach Art von Ampere, Kilogramm, Candela usw. hält.

Die Technik verwendet häufig als (effektiven) Vergleichsdruck $\Delta p_2 = 2 \cdot 10^{-5}$ N/m^2. Dann bezeichnet sie die Größen x und y, also Logarithmen *relativ* gemessener Drücke, als *absolute* Schalldruckpegel! Oft benutzt sie auch Dezibel, *um Zehnerpotenzen* abweichend von der üblichen Form zu schreiben. Dann ist z. B. 80 dB = 10^8, 20 dB = 10^2, −30 dB = 10^{-3} usw.

K12.21. Der Schallwellenwiderstand $Z = c\varrho$ entspricht dem Wellenwiderstand $Z = \sqrt{\mu_0/(\varepsilon\varepsilon_0)}$ von elektromagnetischen Wellen (Bd. 2, Abschn. 12.7). Das sich aus den FRESNEL'schen Formeln (Bd. 2, Abschn. 25.8) ergebende Reflexionsvermögen ist

$$R = \left(\frac{Z_1 - Z_2}{Z_1 + Z_2}\right)^2 .$$

Daraus ergibt sich Gl. (12.50).

12.25 Schallsender

In der Wellenwanne konnte man den Mechanismus der Wellenausstrahlung gut übersehen. Der Tauchkörper verdrängte das Wasser rhythmisch in der Frequenz seiner Vertikalschwingungen. Dieser Versuch lässt sich sinngemäß auf die räumliche Ausstrahlung elastischer Longitudinalwellen in Luft, Wasser usw. übertragen. Wenn eine Kugel ihr Volumen im Rhythmus von Sinusschwingungen verändert, erhält man einen *idealen Schallstrahler*, die *atmende Kugel*.

Alle Punkte ihrer Oberfläche schwingen phasengleich, man erhält eine völlig symmetrische Aussendung von Kugelwellen. Dieser ideale Schallstrahler ist bis heute von der Technik noch nicht verwirklicht worden. Doch bringen manche Lösungen der Aufgabe schon praktisch sehr gute Näherungen. An erster Stelle sind da die dickwandigen Behälter mit einer schwingenden Membranwand zu nennen. Die Membran wird am besten vom Kasteninneren aus *elektromagnetisch* angetrieben. Nach diesem Prinzip hat man für Wasserschallsignale mit Membranen von rund 50 cm Durchmesser eine Leistung der ausgestrahlten Wasserschallwellen bis zu 0,5 kW erzielen können. Als Membran dient in diesem Beispiel eine Stahlplatte von etwa 2 cm Dicke.

In der *einfachsten* Schwingungsform schwingt die Membran eines Schallstrahlers längs ihrer ganzen Fläche phasengleich, sie zeigt außer am Rand keine Knotenlinie. Außerdem wollen wir in roher Näherung ihre Amplituden auf der ganzen Querschnittsfläche als konstant betrachten. Dann haben wir physikalisch sehr ähnliche Bedingungen wie bei dem phasengleichen Austritt der Wellen aus der Spaltöffnung in Abb. 12.12. Wir können also unter Umständen die Ausbreitung der Wellen auf einen räumlichen Kegel beschränken, ähnlich dem in Abb. 12.14 gezeigten. Dazu muss der Durchmesser der Membran ein Mehrfaches der ausgestrahlten Wellenlänge betragen.

Leidliche Schallstrahler sind auch noch die offenen Enden schwingender kurzer dicker Luftsäulen. *Ganz schlechte Strahler* hingegen sind die in der Musik vielfältig verwandten *Saiten*.

In Abb. 12.83 soll die schwarze Scheibe den Querschnitt einer zur Papierebene senkrecht stehenden Saite bedeuten. Die Saite beginnt gerade mit einer Schwingung in der Pfeilrichtung nach unten. Dadurch „verdrängt" sie, grob gesagt, die Luft auf der Unterseite, und dort beginnt ein Wellenzug mit einem Wellenberg. Gleichzeitig hinterlässt die Saite, wieder grob gesagt, auf der Oberseite einen leeren Raum, und dort beginnt ein Wellenzug mit einem Wellental. Beide Wellen haben in jeder Richtung gegeneinander praktisch 180° Phasendifferenz und heben sich fast ganz durch Interferenz auf. Daher ist die Saite ein ganz schlechter Strahler. Fast die gleiche Überlegung gilt für eine *Stimmgabel*.

Für den praktischen Gebrauch muss man daher die Schwingungen der Saiten und Stimmgabeln zunächst auf gute Strahler übertragen. Man stellt zu diesem Zweck zwischen den Saiten oder Gabeln und irgendwelchen guten Strahlern eine geeignete mechanische Verbindung her. Mit ihrer Hilfe werden die guten Strahler zu erzwungenen Schwingungen angeregt. Unter Umständen kann man dabei zur Erzielung großer Amplituden den Sonderfall der Resonanz benutzen.

Abb. 12.83 Zur Strahlung einer Saite

Man gibt dann dem Strahler eine geringe Dämpfung und gleicht seine Eigenfrequenz der der Gabel oder Saite an. Zur Erläuterung des Gesagten bringen wir zwei Beispiele:

1. In Abb. 12.84a wird ein Bindfaden rechts von der Hand gehalten. Über sein linkes Ende reiben zwei Finger hinweg. Dadurch gerät der Bindfaden als Saite ins Schwingen, aber er strahlt praktisch gar nicht. Dann knüpfen wir das rechte Fadenende an einen guten Strahler, z. B. eine kurze Blech- oder Pappdose (Abb. 12.84b). Jetzt werden die Schwingungen weithin hörbar ausgestrahlt.

2. Man setzt eine Stimmgabel auf einen kurzen, einseitig offenen Holzkasten, meist Resonanzkasten genannt. Oft hört man, „die Schwingungen würden durch Resonanz verstärkt". Das ist eine ganz schiefe Ausdrucksweise. Wesentlich ist nur das verhältnismäßig gute Strahlungsvermögen des Kastens. Die Resonanz ist nur noch ein zur Übertragung der Schwingungen benutztes Hilfsmittel. Das kann man noch mit einem recht eindrucksvollen Versuch belegen. Man bringt eine Zinke einer Stimmgabel gemäß Abb. 12.85 in den Spalt zwischen zwei im Vergleich zur Wellenlänge nicht gar zu kleinen Wänden. Die Gabel ist weithin zu hören. Denn nunmehr wird die Interferenz der Wellen von Innen- und Außenseite der Gabelzinke erheblich vermindert und die Gabel dadurch zu einem leidlichen Strahler gemacht.

> „Oft hört man, „die Schwingungen würden durch Resonanz verstärkt". Das ist eine ganz schiefe Ausdrucksweise."

Abb. 12.84 Ankopplung einer schlecht strahlenden Saite an eine gut strahlende Membran

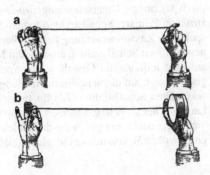

Abb. 12.85 Verbesserung der Strahlung einer Stimmgabel durch zwei seitliche Wände (W. BURSTYN)[K12.22]

K12.22. W. BURSTYN, konstruierte Anfang des 20. Jhs. u. a. elektrische Musikgeräte.

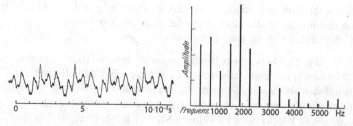

Abb. 12.86 Schwingungskurve (*links*) und Frequenzspektrum (*rechts*) eines Geigenklanges (H. BACKHAUS)[K12.23]

K12.23. Das Frequenzspektrum (FOURIER-Analyse, s. Abschn. 11.3) der Schwingungskurve zeigt die Amplituden von Grundton und Obertönen, insgesamt auch Partialtöne genannt, des Klangs g_1 der d-Saite einer Antonius-Stradivarius-Geige von 1707. Die Frequenz des Grundtons ist 392 Hz. Die Obertöne (harmonisch) bestimmen die Klangfarbe, die von Instrument zu Instrument sehr variieren kann. (Nach Fig. 11 aus H. Backhaus, Die Naturwissenschaften **17**, 811 (1929).)

Bei den Musikinstrumenten, z. B. den Geigen, sind die Verhältnisse überaus kompliziert. Saiten und Geigenkörper bilden ein unübersichtlich gekoppeltes System (Abschn. 11.15). Der Körper selbst hat eine ganze Reihe von Eigenfrequenzen. Bei der Erzeugung seiner erzwungenen Schwingungen werden daher bestimmte Frequenzen der Saitenschwingungen bevorzugt. Abb. 12.86 zeigt eine Schwingungskurve und das zugehörige Frequenzspektrum eines Geigenklanges. Ein Geigenkörper ist im Inneren einseitig durch den Stimmstock versteift. Die Geigendecken sind, als Membran betrachtet, keineswegs klein gegen alle musikalisch benutzten Wellenlängen. Dadurch kommen stark bevorzugte Ausstrahlungsrichtungen zustande.

Mit der Erwähnung des Geigenproblems kommen wir zu der technisch wichtigen Unterscheidung *primärer* und *sekundärer Schallstrahler*. Primäre Schallstrahler haben Schwingungen bestimmter spektraler Zusammensetzung herzustellen. Man billigt jedem einzelnen primären Schallstrahler, etwa jedem Musikinstrument, das Recht auf eine individuelle Gestalt seines Spektrums zu oder, physiologisch gesagt, auf einen bestimmten Klangcharakter. Ganz anders die sekundären Schallstrahler. Als ihr typischer Vertreter hat heute der Lautsprecher zu gelten. Ihnen ist die Auswahl der Frequenzspektren nicht freigestellt. Sie sollen die ihnen elektrisch zugeführten Schwingungen ohne Bevorzugung einzelner Teilschwingungen ausstrahlen.

12.26 Unperiodische Schallsender und Überschallgeschwindigkeit

Aus Abschn. 12.10 kennen wir Keil- und Kegelwellen. Sie entstehen, wenn sich ein Körper unperiodisch bewegt und dabei seine Geschwindigkeit die der Wellen übertrifft. Der Fall tritt häufig in Luft ein. Als Beispiele nennen wir das Ende einer Peitschenschnur, ein Geschoss oder auch Flugzeuge. Von diesen schnell bewegten Körpern gehen Kegelwellen[11] aus. Abb. 12.87 zeigt eine derartige Kegelwelle für ein Geschoss, gerade in dem Augenblick, in dem es den Mündungsknall des Gewehres überholt hat. Der Öffnungswinkel

---

[11] Presseleute berichten dann vom „Durchbrechen der Schallmauer".

Abb. 12.87 Mündungsknall eines Gewehres und Kegelwelle eines Geschosses (*schwarze Wolke* = Pulvergase). (Dieses und das folgende Bild sind Aufnahmen von C. CRANZ nach der Schlierenmethode.)

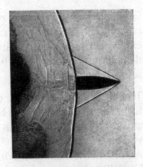

Abb. 12.88 Knallwellen, die von zwei *gleichzeitig* übergeschlagenen Funken mit ungleicher Stromstärke (*oben* groß) ausgegangen sind

der Kegelwellen ist der MACH'sche Winkel (Abschn. 12.11). Eine einzelne Kegelwelle wird vom Ohr als *Knall* empfunden, eine periodische Folge als Posaunenklang.

Bei der akustischen Untersuchung von Geschossen ist zu beachten, dass Schallwellen sehr großer Amplitude mit höheren Geschwindigkeiten laufen können als mit der normalen Schallgeschwindigkeit. In der Nähe elektrischer Funken kann man leicht Schallwellen beobachten, deren Geschwindigkeit etwa 500 m/s beträgt. (Abb. 12.88).

12.27 Schallempfänger

Bei den Schallempfängern hat man zwei Gruppen im Sinn von *Grenzfällen* zu unterscheiden, Druckempfänger und Geschwindigkeitsempfänger.

1. *Druckempfänger.* Die Mehrzahl der Druckempfänger besteht aus seitlich begrenzten Membranen. Zur seitlichen Begrenzung können Kapseln, Wände, Trichter usw. dienen. Beispiele: Mikrophone aller Art und das Trommelfell des Ohres.

Alle Druckempfänger vollführen im Schallfeld *erzwungene Schwingungen*. Ihre Amplituden sind von der Orientierung im Schallfeld unabhängig, der Luftdruck ist eine von der Richtung unabhängige

Größe (Abschn. 9.3). Das zeigt jedes Barometer in unseren Wohn-
räumen. Ein solches Barometer ist letzten Endes auch nur ein Druckempfänger für Longitudinalwellen der Luft. Nur handelt es sich bei
den Schwankungen des Luftdrucks meist um Schwingungsvorgänge
sehr kleiner Frequenz.

Technisch übertreffen heute die Mikrophone alle anderen Druckempfänger an Bedeutung. Auch hier hat der Rundfunk die Anforderungen
außerordentlich erhöht. Man verlangt in dem weiten Frequenzbereich
von etwa 100 bis etwa 10 000 Hz die Erhaltung der ursprünglichen
Amplitudenverhältnisse. Wie bei allen erzwungenen Schwingungen
kann diese Forderung auch hier nur unter weitgehendem Verzicht auf
Empfindlichkeit erkauft werden.

2. *Geschwindigkeitsempfänger.* Bei Geschwindigkeitsempfängern
wird die Geschwindigkeitsamplitude des Luftwechselstromes zur
Erzeugung erzwungener Schwingungen benutzt. Am besten macht
das ein experimentelles Beispiel klar.

In Abb. 12.89 ist ein dünnes Glashaar von etwa 8 mm Länge als kleine Blattfeder senkrecht zur Richtung der fortschreitenden Schallwellen gestellt (Mikroprojektion!). Periodische Änderungen des Luftdrucks sind ohne jede Einwirkung auf dies Haar. Hingegen nimmt
der Luftwechselstrom das Haar in Richtung der schwingenden Luftteilchen durch innere Reibung mit und erregt es so zu erzwungenen Schwingungen (Zungenpfeife als Schallquelle, kleiner Abstand).
Dies Haar ist ein typischer Geschwindigkeitsempfänger. Es zeigt zugleich eine wichtige und für den *Geschwindigkeitsempfänger* charakteristische Eigenschaft: Wir finden *seine Amplituden von seiner
Orientierung im Schallfeld abhängig.* Zur Wellenausbreitungsrich-
tung parallel gestellt bleibt das Haar in Ruhe.

Geschwindigkeitsempfänger können als *Richtempfänger* benutzt
werden. Man denke sich zwei Haare beiderseits symmetrisch zur
Längsachse eines bewegten Körpers orientiert. Bei geradem Kurs
auf die Schallquelle sprechen beide Empfänger mit gleicher Amplitude an. Seitliche Abweichungen vom richtigen Kurs machen sich
durch Ungleichheit der erzwungenen Amplituden bemerkbar.

Druck- und Geschwindigkeitsempfänger sind, wie erwähnt, Grenzfälle. Jede Impulsübertragung durch Druck verlangt eine Wand, die
bei der Ausbildung des Drucks nicht merklich zurückweicht. Die

Abb. 12.89 Ein feines Glashaar als Be-
wegungsempfänger (in Wirklichkeit nur
0,028 mm dick)

erzwungenen Amplituden der Wand müssen klein gegen die Ausschläge x_0 der schwingenden Luft- oder Wasserteilchen sein. Luft
hat eine kleine Dichte ϱ und ergibt daher große Ausschläge x_0 (vgl.
Gl. (12.47)). Daher lassen sich Druckempfänger zwar in guter Näherung für Luft, aber nur schlecht für Schallwellen in Wasser ausführen.
Auch können Druckempfänger in Luft zu Geschwindigkeitsempfängern im Wasser werden.

12.28   Vom Hören

Das Hören und unser Gehörorgan sind ganz überwiegend Gegenstände physiologischer und psychologischer Forschung. Trotzdem wollen
wir die für physikalische Zwecke wichtigsten Tatsachen kurz zusammenstellen. Man muss ja auch in der Optik wenigstens in groben
Zügen die Eigenschaften des Auges kennen.

1. Unser Ohr reagiert auf mechanische Schwingungen in dem weiten
Frequenzbereich von etwa 20 Hz bis etwa 20 000 Hz. Das Ohr umfasst also einen Spektralbereich von mindestens 10 Oktaven ($2^{10} =$
1024). Die obere Grenze sinkt mit steigendem Lebensalter.

2. Auf Sinusschwingungen reagiert das Ohr mit der Empfindung *Ton*.
Jeder Ton hat eine bestimmte Höhe. Die Tonhöhe ist eine Empfindungsqualität und als solche der physikalischen Messung unzugäng-
lich. Die Tonhöhe hängt überwiegend von der Frequenz der Wellen
ab, daneben aber auch etwas von der Bestrahlungsstärke des Ohres.
Leider spricht man allgemein von der Frequenz des Tones. Das ist
eine zwar bequeme, aber laxe Ausdrucksweise. Gemeint ist stets die
Tonhöhe, die das Ohr dann empfindet, wenn es von einer Sinuswelle der angegebenen Frequenz bei einer mittleren Bestrahlungsstärke
gereizt wird.

3. Im günstigsten Frequenzbereich unterscheidet unser Ohr noch
zwei um nur 0,3 % verschiedene Frequenzen. Das Ohr hat also dort
ein „spektrales Auflösungsvermögen" $\nu/d\nu$ von rund 300. Das entspricht in der Optik dem, was man mit einem Glasprisma von rund
1 cm Basisdicke erreichen kann.

4. Auf nichtsinusförmige Schwingungen reagiert das Ohr mit der
Empfindung *Klang. Ein Klang ist von Phasenunterschieden zwischen
den einzelnen sinusförmigen Teilschwingungen unabhängig.* Das ist
eine fundamentale an Beobachtungen von GEORG SIMON OHM an-
knüpfende Erkenntnis. Dem entspricht die HELMHOLTZ'sche Deutung, dass das innere Ohr wie ein Spektralapparat funktioniert (vgl.
Abschn. 12.30).

Einem musikalischen Akkord entspricht ein Frequenzspektrum von
bestimmtem Bau, gekennzeichnet durch das Verhältnis der Frequenzen und Amplituden seiner Spektrallinien. Der Absolutwert der
Grundfrequenz ist unerheblich. Zwei Sinusschwingungen angenähert gleicher Energiedichte ergeben bei einem Frequenzverhältnis
von 1 : 2 immer den „Oktave" genannten Akkord usf.

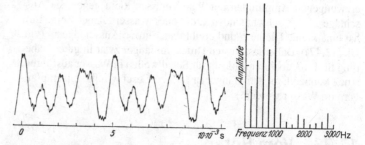

Abb. 12.90 *Links*: Schwingungsbild des gesungenen Vokales a einer Männerstimme (Aufnahme von FERD. TRENDELENBURG). Die Stoßfrequenz des Kehlkopfes betrug 200 Hz. *Rechts*: Darstellung dieser Schwingungskurve in einem Frequenzspektrum. Der Haupt-Formantbereich tritt deutlich hervor.

5. Die wichtigsten Klänge sind die *Silben* der Sprache. – Beim normalen Lesen wird das Auge durch eine zeitliche Folge flächenhafter Schriftbilder gereizt. Diese unterscheiden sich durch die räumliche Folge einzelner Elemente, nämlich Buchstaben oder Silbenzeichen. Oft hört man beim Lesen einen persönlich bekannten Schreiber sprechen. Beim normalen Hören aber wird das Ohr durch eine zeitliche Folge von Luftdruckänderungen gereizt. Diese besitzen Spektren verschiedener Gestalt. Stimmlose Konsonanten sind durch breite kontinuierliche Spektren mannigfacher Gestalt gekennzeichnet. Stimmhafte Konsonanten und Vokale lassen sich durch Frequenzspektren darstellen. Man findet die Spektrallinien unabhängig von der Stimmlage (Bass, Tenor usw.) in Bereichen, die für die einzelne Vokale charakteristisch sind. Sie werden *Formantbereiche* genannt (Abb. 12.90). Es handelt sich letzten Endes um gedämpfte Eigenschwingungen der Mundhöhle usw., die nach dem Schema der Abb. 11.16 durch Luftstöße aus dem Kehlkopf periodisch angeregt werden. Im Allgemeinen ändert sich die Frequenz und Stärke dieser Anregung dauernd. Diese Änderungen bestimmen die *Satzmelodie*. Erfolgt hingegen die Anregung fortdauernd mit konstanter Frequenz und Stärke, so erhält man die feierliche Satzmelodie eines betenden Priesters.

Man kann die zeitliche Folge der Sprachelemente, d. h. ihre Spektren, fortlaufend auf einem Band registrieren (Abb. 12.91). Man erhält dann eine.Schrift, deren räumlich aufeinanderfolgende Elemente aus Spektren bestehen. Man vermag sie, ebenso wie etwa Morseschrift, allerdings nur nach erheblicher Übung glatt zu lesen.

Die Sprache lässt sich mit mechanischen Hilfsmitteln nachmachen. Kleine Mädchen spielen mit Puppen, die im Rumpf einen Blasebalg enthalten und Mama und Papa sagen können. – Eine sprechende Maschine ist 1791 von WOLFGANG V. KEMPELEN[12] beschrieben

---

[12] Sein Buch über „den Mechanismus der menschlichen Sprache nebst der Beschreibung einer sprechenden Maschine" ist 1791 in Wien im Verlag von J.V. Degen erschienen.

Abb. 12.91 Zeitliche Folge einer großen Anzahl von Spektren (etwa 200) beim Zählen von 1 bis 3 in englischer Sprache. Die von unten nach oben dicht aufeinanderfolgenden Spektren haben nur eine Höhe von einigen Zehnteln Millimeter. Sie bringen die Amplituden nicht, wie in Abb. 12.90 rechts, als Ordinaten verschiedener Höhe, sondern als Schwärzung einer fotografischen Platte.

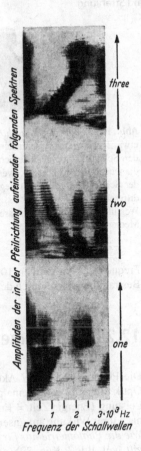

Amplituden der in der Pfeilrichtung aufeinander folgenden Spektren

three

two

one

1   2 $3 \cdot 10^3$ Hz
Frequenz der Schallwellen

worden. Sie enthielt Klang- und Zischvorrichtungen, die über Öffnungen und Tasten mit Hand und Fingern betätigt wurden. Neuere Ausführungsformen solcher sprechender Maschinen benutzen elektronische Hilfsmittel.

6. Bei großer Energiedichte können im Ohr *Differenztöne* auftreten. Es hört dann neben zwei Tönen der Frequenz ν_2 und ν_1 einen dritten Ton der Frequenz $\nu_2 - \nu_1$. Man kann Differenztöne gut mit Orgelpfeifen vorführen. Gelegentlich werden auch noch weitere „Kombinationstöne" gehört, z. B. der „Summationston" ($\nu_1 + \nu_2$) oder der Ton ($2\nu_1 - \nu_2$) (vgl. Abschn. 11.12, Pkt. 2).

7. Die An- und Abklingzeit des Ohres ist nur schlecht bekannt: Sie scheint in der Größenordnung einiger 10^{-2} s zu liegen.

8. Mit beiden Ohren kann man die *Richtung* der ankommenden Schallwellen erkennen. Am besten gelingt das bei Klängen und Geräuschen mit scharfem Einsatz oder mit Wiederholung charakteristischer Einzelheiten. Maßgebend dabei ist die Zeitdifferenz zwischen der Reizung des linken und des rechten Ohres durch das gleiche Stück der Schallwellenkurve (vgl. Abb. 12.92). Bei

Abb. 12.92 *Zum Richtungshören.* Man hält sich die beiden Enden eines etwa 2 m langen Gasschlauches in die Ohren und lässt einen Helfer auf den Schlauch klopfen. Die beobachtete Schallrichtung weicht von der Medianebene des Kopfes ab, wenn die Klopfstelle um mehr als 0,5 cm von der Schlauchmitte entfernt liegt. Der Hörsinn reagiert also schon auf Lautdifferenzen $\Delta t = 3 \cdot 10^{-5}$ s. Bei $\Delta t = 60 \cdot 10^{-5}$ s (entsprechend 20 cm Wegdifferenz, Kopfdurchmesser!) lokalisiert man die Schallquelle quer zur Medianebene.[K12.24]

K12.24. Links: E. MOLLWO, Dr. rer. nat. (Göttingen 1933), rechts: H. KELTING, Dr. rer. nat. (Göttingen 1944).

Frequenzen von einigen 1000 Hz kommen auch Unterschiede der Bestrahlungsstärke durch den Schattenwurf des Kopfes hinzu.

12.29 Phonometrie

Die Phonometrie in der Akustik entspricht der Photometrie in der Optik. Beide bewerten eine physikalische Strahlung nicht nach ihrer Leistung (Energie/Zeit = Energiestrom, messbar in Watt), sondern nach ihrer Wirkung auf unsere *Sinnesorgane*, also auf Auge und Ohr. *Wie die Photometrie nur für Beobachter mit normalem Gesichtssinn gilt* (vgl. Bd. 2, Kap. 29), *gilt die Phonometrie nur für Beobachter mit normalem Gehörsinn.*

Alle Schallempfindungen, also Töne, Klänge, Geräusche usw., besitzen neben der Qualität Tonhöhe (hoch, tief, dumpf, hell usw.) als weitere Qualität die *Lautstärke*. Bei den Empfindungen des Auges entspricht ihr die Helligkeit. Die Lautstärke kann man ebenso wenig messen, d. h. als Vielfaches einer ihr wesensgleichen Einheit bestimmen, wie die Helligkeit oder irgendeine andere Empfindungsqualität unserer Sinnesorgane. Wohl aber kann man mithilfe des Ohres zwei, auch von ganz verschiedenartigen *Schall*quellen hergestellte *Bestrahlungs*stärken (d. h. einfallende Strahlungsleistung $\dot{W}$/Empfängerfläche A) als gleich groß *empfinden*.

Das Auge vermag bekanntlich das Entsprechende. Es kann zwei, auch von ganz verschiedenartigen *Licht*quellen hergestellte Bestrahlungsstärken als gleich groß *empfinden*. Die so vom *Auge* bewerteten Bestrahlungsstärken werden *Beleuchtungs*stärke genannt (s. Bd. 2, Abschn. 29.4).

Auf dieser Fähigkeit unserer Sinnesorgane beruht die Möglichkeit, für *technisch-praktische* Zwecke eine Phonometrie (Schallmessung) und eine Photometrie (Lichtmessung) zu schaffen. Beide ermöglichen es, zwei räumlich oder zeitlich getrennte Bestrahlungsstärken

$$I = \frac{\text{einfallende Strahlungsleistung } \dot{W}}{\text{Empfängerfläche } A}, \quad \text{Einheit: W/m}^2, \quad (12.53)$$

so zu bestimmen, dass man sie an beliebigem Ort zu beliebiger Zeit reproduzieren kann.

In der *Phono*metrie gibt man die Bestrahlungsstärke I nicht in absolutem Maß an, z. B. in W/m^2, sondern relativ in Vielfachen einer vereinbarten, winzigen Bestrahlungsstärke $I_{min} = 2 \cdot 10^{-12}$ W/m^2. (Sie entspricht ungefähr der Reizschwelle des Ohres für die Frequenz $\nu = 10^3$ Hz.) Das Verhältnis I/I_{min} würde in der Praxis Zahlen zwischen 1 und 10^{12} ergeben. Das vermeidet man durch Benutzung dekadischer Logarithmen. Man definiert als *Lautstärke*

$$L = 10 \cdot \log \frac{I}{I_{min}}. \quad (12.54)$$

(I_{min} hängt entsprechend Abb. 12.93 von der Frequenz ab, s. u.)

Die Lautstärke ist also eine reine Zahl. Man fügt ihr als Multiplikator die Zahl 1 an und gibt der Zahl 1 diesmal den Namen *Phon* (vgl. den Schluss von Abschn. 12.24). Man sagt also z. B., die Lautstärke der Umgangssprache sei 50 Phon. Das besagt dann: Die Umgangssprache besitzt als Reiz für das Ohr eine Bestrahlungsstärke von $I = 10^5 \cdot I_{min} = 2 \cdot 10^{-7}$ W/m^2 ($10 \cdot \log 10^5 = 50$). – Der Bereich der Lautstärken reicht von 0 Phon (Hörschwelle) bis 120 Phon (Lärm in einer Kesselschmiede oder dicht neben einem Flugzeug).

Aus der Definitionsgleichung (12.54) folgt: Wird die Bestrahlungsstärke unseres Ohres verzehnfacht, so wächst die Lautstärke um 10 Phon, denn $10 \cdot \log 10 = 10 \cdot 1 = 10$. – Beispiele: *Eine* sehr leise tickende Uhr hat die Lautstärke 10 Phon, zehn solcher Uhren zusammen $10 + 10 = 20$ Phon. – *Ein* knatterndes Motorrad hat die Lautstärke 90 Phon, zehn solcher Motorräder zusammen $90 + 10 = 100$ Phon.

Die *spektrale Empfindlichkeitsverteilung* des Ohres wird durch Abb. 12.93 veranschaulicht. Die Ordinaten zeigen sowohl die Druckamplituden Δp_0 als auch die Bestrahlungsstärke I. Die Werte der Bestrahlungsstärke gelten für eine Querschnittsfläche des freien, durch den Kopf nicht gestörten Schallfeldes, und zwar für eine Welle, die senkrecht auf das Gesicht des Hörers auftrifft. Mit wachsender Lautstärke ändert sich die spektrale Empfindlichkeitsverteilung, die Kurven werden flacher. Bei weiterer Steigerung der Bestrahlungsstärke tritt an die Stelle des Hörens eine Schmerzempfindung. Im Bereich seiner Höchstempfindlichkeit reagiert unser Ohr noch auf Änderungen des Luftdrucks von $\Delta p_0 = 10^{-5}$ N/m^2, also im Vergleich zum normalen Luftdruck einem etwa um den Faktor 10^{-10} kleineren Wert!

Abb. 12.93 zeigt eindringlich die erstaunliche Anpassungsfähigkeit unseres Ohres: Im Frequenzbereich seiner Höchstempfindlichkeit bewältigt das

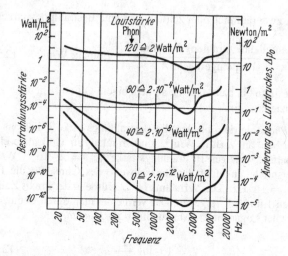

Abb. 12.93 Kurven der spektralen Empfindlichkeit des Ohres bei verschiedenen Lautstärken. Längs jeder Kurve wird die Lautstärke als ebenso groß empfunden wie die eines Vergleichstones (ν = 1000 Hz), der mit einer Bestrahlungsstärke (also einem physikalischen Reiz!) der angegebenen Lautstärke erzeugt wird. Die unterste Kurve ist die Hörschwelle des jungen Ohres (20 Jahre). Im Alter steigen die Kurven oberhalb von 2000 Hz stark an.[K12.25]

K12.25. Lautstärken werden heutzutage meist in dB angegeben (s. Schluss von Abschn. 12.24). Dabei werden anstelle der individuellen und vom Lebensalter abhängigen Kurven in Abb. 12.93 fest verabredete Frequenzabhängigkeiten (sog. Filter A, B, usw.) verwendet und durch angehängte Buchstaben gekennzeichnet, z. B. dB(A).

Ohr – ebenso wie unser Auge – Änderungen der Bestrahlungsstärke I von etwa 1 : 10^{12}. Beide Sinnesorgane verhalten sich, kurz gesagt, wie Messinstrumente mit logarithmisch geteilter Skala. Beide sind ihrer Bestimmung in bewundernswerter Weise angepasst: Das Ohr z. B. vermag im Bereich schwacher, gebeugter, reflektierter oder gestreuter Schallwellen kaum weniger gut zu hören als bei ungehinderter Wellenausbreitung.

12.30 Das Ohr

Der wesentlichste Teil unseres Gehörganges ist das „innere Ohr", das im Felsenbein eingebaute, schneckenförmige Labyrinth. Ihm werden die mechanischen Wellen auf zwei Wegen zugeteilt: 1. über das Trommelfell und die anschließenden Gehörknöchelchen des Mittelohres, 2. durch die Weichteile und die Knochen des Kopfes. Der erste Weg ist entbehrlich. Man kann auch ohne Trommelfell und ohne Knöchelchen hören.

Trommelfell und Gehörknöchelchen haben lediglich folgenden Zweck: Das innere Ohr ist mit einer wässerigen Flüssigkeit gefüllt, ihre Dichte ϱ ist rund 800-mal größer als die der Luft. Infolgedessen sind die Höchstausschläge der Luftteilchen in einer Schallwelle $\sqrt{800} \approx$ 30-mal größer als die in der Körperflüssigkeit (Gl. (12.47)). Nun soll die Schallwelle mit einer gegebenen Energiedichte δ ungehindert und ohne Reflexionsverluste in die Flüssigkeit des inneren Ohres eindringen. Zu diesem Zweck muss der Höchstausschlag x_0 auf rund 1/30 herabgesetzt werden. Das geschieht durch das Trommelfell und das Hebelsystem der Gehörknöchelchen[13]. Nach dieser Auffassung würden Trommelfell und Gehörknöchelchen für die ausschließlich im Wasser lebenden Säugetiere (Delphine und Wale) sinnlos sein. In der Tat hat keines dieser Tiere ein äußeres Ohr. Gehörgang, Trommelfell und Knöchelchen sind bis auf dürftige Reste zurückgebildet.

Die Nervenreizung im *Auge* erfolgt in der mosaikartig unterteilten Netzhaut. Diese reagiert praktisch nur auf *eine* Oktave des elektromagnetischen Spektrums. Trotzdem vermögen wir eine Unzahl bunter und unbunter Farben zu unterscheiden. Außerdem ist die große Zeichnungsschärfe des Gesehenen nicht mit der Qualität der Augenlinse vereinbar. Beides ist physikalisch nicht zu verstehen. Es kann nur unter Mitwirkung zentraler Vorgänge im Gehirn zustande kommen.

Die Nervenreizung des inneren *Ohres* erfolgt im CORTI'schen Organ. Zu ihm gehört die Basilarmembran. Man kann sie in erster Näherung als eine zarte Trennwand zwischen zwei starren Rohren beschreiben (der Scala tympani und der Scala vestibuli). Sie ist bei Menschen 34 mm lang, und ihre Breite wächst vom Anfang der Rohre bis zum Ende von 0,04 auf 0,5 mm. HELMHOLTZ deutete diese Membran als einen winzigen Zungenfrequenzmesser, diesen durch besondere Einfachheit ausgezeichneten *Spektralapparat* (Abschn. 11.12). Er betrachtete dabei die Membran nicht als ein homogenes Band, sondern als eine dichte Folge seitlich zusammengewachsener gespannter Saiten (anstelle der Zungen), ihre Eigenfrequenz sollte mit wachsender Länge, also wachsender Membranbreite, abnehmen. In Wirklichkeit fehlt der Basilarmembran diese Struktur, aber trotzdem behält sie die Eigenschaft eines Spektralapparates. Ihre Wirkungsweise lässt sich an einem für Schauversuche entwickelten Modell vorführen. Es erfüllt die für Vorführungen notwendige Bedingung: Die Vorgänge in ihm verlaufen hinreichend langsam.

Das Modell ist in Abb. 12.94 skizziert. Zwei Metallrohre von rechteckigem Querschnitt haben seitlich Glaswände und in der Mitte eine gemeinsame hochelastische Wand, die künstliche Basilarmembran. Ihre Breite wird durch einen keilförmigen Metallrahmen bestimmt. Sie wächst von links nach rechts. Aus Gründen „mechanischer Ähnlichkeit" muss diese Membran elastische Eigenschaften haben, die sich nicht mehr mit festen Körpern verwirklichen lassen. Man muss statt ihrer eine Grenzfläche zweier Flüssigkeiten verschiedener Dichte und Oberflächenspannung benutzen, z. B. oben Benzol, unten Wasser (mit einem seine Zähigkeit vergrößernden Zusatz). – Der „Steigbügel" am linken unteren Ende kann mit einem Exzenter das ovale Fenster sinusförmig hin und her bewegen, und zwar mit Frequenzen zwischen 1 Hz und 8 Hz. Das schwingende ovale Fenster wird zum Ausgangsort einer Wellengruppe, die nach rechts entlang der „Basilarmembran" läuft.

---

[13] Bei der Hörschwelle und der günstigsten Frequenz $\nu \approx 3000$ Hz beträgt die Amplitude des Trommelfelles nur etwa $6 \cdot 10^{-10}$ m, sie beträgt also nur einige Atomdurchmesser. Im inneren Ohr sind die Amplituden noch mindestens 30-mal kleiner.

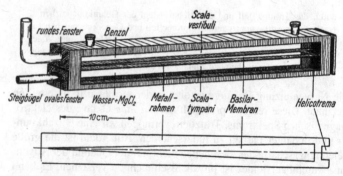

Abb. 12.94 Geradliniges Modell der Gehörschnecke. Die Messingplatte am rechten Ende ist abnehmbar und mit einer Korkdichtung versehen. Statt des runden Fensters wird ein nach oben gebogenes Glasrohr benutzt. Die künstliche Basilarmembran ist 31 cm lang und ihre Breite steigt von 1 bis 18 mm. Der „Steigbügel" wird mit einem Exzenter von einem Elektromotor in Schwingungen versetzt. Im menschlichen Ohr ist der Steigbügel das letzte der drei Gehörknöchelchen, die als eine Hebelübersetzung Trommelfell und ovales Fenster miteinander verbinden.[K12.26]

K12.26. Ähnliche Untersuchungen wurden von H.G. DIESTEL berichtet (Acustica **4**, 489 (1954)). Darin verweist er auf eine unveröffentlichte Staatsexamensarbeit von H. DORENDORF, in der auch solche Modellversuche berichtet wurden (1. Physikalisches Institut, Göttingen (1950)). Es ist denkbar, dass die hier gezeigten Messungen wenigstens teilweise auf dieser (mittlerweile verschollenen) Arbeit basieren.

Abb. 12.95 zeigt mit ihren acht oberen Teilbildern zeitlich äquidistante Momentbilder während einer Periode. Rechts oberhalb der gestrichelten Geraden $a - a$ sieht man die Reste der Wellengruppe der vorausgegangenen Periode. Von der Zeile 1' an erscheint links von der gestrichelten Geraden $b - b$ die nachfolgende Gruppe mit gleichem Ablauf. Unter der Geraden $c - c$ folgt dann der Beginn einer neuen. – Damit läuft trotz sinusförmiger Anregung des ovalen Fensters längs der Basilarmembran keine Sinuswelle, sondern eine eigenartig gestaltete Wellengruppe. Sie erreicht in diesem Beispiel ($\nu = 4\,\text{Hz}$) ihre maximale Amplitude bei der Wegmarke 10 cm. Rechts von dieser klingt sie rasch ab. Dabei vermindert sich die Geschwindigkeit, mit der das Maximum der Gruppe vorrückt. Bei der Wegmarke 13 cm ist sie praktisch gleich null geworden. Weiter rechts bleibt die „Basilarmembran" völlig in Ruhe.

Jetzt kommt eine zweite, und zwar die entscheidende experimentelle Feststellung: Der Ort oder die Wegmarke, an der die Wellengruppe ihre maximale Amplitude erreicht, hängt eindeutig von der Frequenz des Erregers ab. Das zeigen die Originalfotografien in Abb. 12.96: Die keilförmige Membran wirkt also als ein dem Zungenfrequenzmesser zwar nicht gleicher, aber ähnlicher *Spektralapparat*. Was er leistet, ist physikalisch nur als eine *Vorzerlegung*[14] zu bezeichnen. Das tatsächlich vorhandene große Auflösungsvermögen ist physikalisch nicht zu verstehen. Wie beim Auge stoßen wir auch beim Ohr auf eine entscheidende Mitwirkung zentraler, also im Gehirn ablaufender Vorgänge. Sie entziehen sich einstweilen noch unserem Ver-

---

[14] Eine Vorzerlegung soll aus einem Gemisch von Wellen verschiedener Länge die einem breiteren Bereich angehörenden auswählen. Dafür benutzt man oft „Siebe" oder „Filter", z. B. in der Optik ein nur selektiv, z. B. für Rot, durchlässiges Glas.

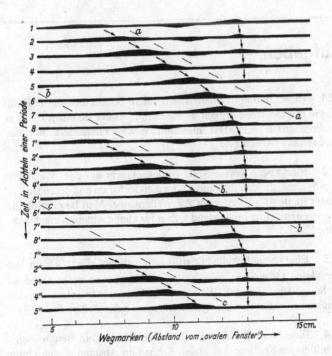

Abb. 12.95 Wellengruppen, die bei sinusförmiger Anregung ($\nu = 4\,\text{Hz}$) längs der „Basilarmembran" des Ohrmodells verlaufen. Der leichteren Übersicht halber sind auch die Wellen ganz geschwärzt worden, von denen in der Originalfotografie nur die scharfen Umrisse erscheinen. Wellenzüge ohne diese nachträgliche Schwärzung findet man in Abb. 12.96.

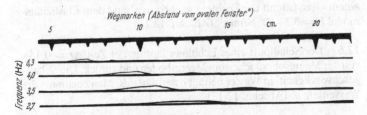

Abb. 12.96 Momentaufnahmen von Wellenzügen auf der Modell-Basilarmembran im Augenblick ihrer maximalen Amplitude für vier verschiedene Frequenzen der sinusförmigen Anregung. Die Wellengruppen bleiben einander ähnlich. Sie werden lediglich mit abnehmender Frequenz in die Länge gezogen. Die Gruppe der zweiten Zeile entspricht der Gruppe in der vierten Zeile von Abb. 12.95. Nur ist der Wellenberg nicht nachträglich geschwärzt worden.

ständnis. Die Lösung der großen biologischen Probleme ist wahrscheinlich noch einer sehr fernen Zukunft vorbehalten.

Aufgaben

12.1 Eine Lokomotive nähert sich einem Beobachter, der in Ruhe ist, mit der Geschwindigkeit $u = 72\,\mathrm{km/h}$, wobei sie einen Pfeifton der Frequenz $\nu = 500\,\mathrm{Hz}$ ausstrahlt. Welche Frequenz ν' hört der Beobachter? (Abschn. 12.2)

12.2 Eine ebene Wasserwelle trifft senkrecht auf eine Wand mit zwei Spalten, die den Abstand a voneinander haben und deren Durchmesser klein ist im Vergleich zur Wellenlänge. Man beschreibe die Interferenzmaxima im Abstand $y \gg a$ für kleine Ablenkwinkel. (Abschn. 12.3)

12.3 Eine ebene Schallwelle trifft senkrecht auf einen Schirm, der vier kleine Öffnungen enthält, die auf den Ecken eines Quadrats der Seitenlänge a liegen. Wo liegen die Interferenzmaxima, die den kleinsten Abstand von der Symmetrieachse haben? (Abschn. 12.3)

12.4 Eine ebene Schallwelle fällt senkrecht auf ein Beugungsgitter mit engen Spalten. Auf einem Schirm im Abstand a vom Gitter soll der Abstand der Interferenzmaxima voneinander b betragen. Wie groß muss die Gitterkonstante D sein, also der Abstand zwischen zwei benachbarten Spalten? (Abschn. 12.15)

12.5 Man bestimme die longitudinale Schallgeschwindigkeit c_l in einem Glasstab mit der Dichte $\varrho = 2{,}6\,\mathrm{g/cm^3}$ und dem Elastizitätsmodul $E = 6{,}5 \cdot 10^4\,\mathrm{N/mm^2}$. (Abschn. 12.17)

12.6 Der Schallpuls eines Echolotes läuft in der Zeit $\Delta t = 0{,}15\,\mathrm{s}$ von der Meeresoberfläche zum Meeresboden und zurück. Die Schallgeschwindigkeit im Wasser beträgt $c = 1440\,\mathrm{m/s}$. Man bestimme die Wassertiefe d. (Abschn. 12.17)

12.7 Um die Geschwindigkeit u eines Autos zu messen, das auf den Beobachter zu fährt, lässt dieser eine Radiowelle mit der Frequenz ν von dem Auto reflektieren. Diese hat eine durch den DOPPLER-Effekt vergrößerte Frequenz und überlagert sich mit der einfallenden Welle, so dass der Beobachter eine Schwebung der Frequenz ν_S misst. Man bestimme daraus die Geschwindigkeit u. Die Frequenz beträgt $\nu = 1 \cdot 10^9\,\mathrm{Hz}$ und $\nu_S = 56\,\mathrm{Hz}$ (Radiowellen bzw. elektromagnetische Wellen werden in Bd. 2, Kap. 12, ausführlich besprochen. Hier brauchen wir nur zu wissen, dass sie sich in Luft mit der Lichtgeschwindigkeit $c = 3 \cdot 10^5\,\mathrm{km/s}$ ausbreiten). Bei der Herleitung der Antwort ist zu empfehlen, mit der mathematischen Überlagerung zweier in entgegegesetzter Richtung laufender ebener Wellen zu beginnen, wobei der Kommentar K11.4 nützlich ist. (Abschn. 12.18)

12.8 Man bestimme den Winkel α_{max} des Prismas in Abb. 12.57, an dem die einfallende Schallwelle totalreflektiert wird, unter Verwendung des Brechungsindexes, der in Abschn. 12.20 experimentell bestimmt wurde. (Abschn. 12.20)

12.9 Eine Schallwelle der Wellenlänge $\lambda = 1,03$ cm fällt auf ein kubisches Raumgitter mit dem Netzebenenabstand $d = 3$ cm, wie in Abb. 12.66 gezeigt. Man bestimme die Winkel, unter denen Strahlungsmaxima auftreten für die Ordungszahlen $m = 1, 2, 3$ und 4. (Abschn. 12.20)

12.10 Zwei Wasserwellen der Wellenlängen λ und $\lambda + d\lambda$ haben den Brechungsindex n bzw. $n + dn$. Man bestimme die Gruppengeschwindigkeit c^*, mit der der durch die Überlagerung entstehende Puls fortschreitet. (Abschn. 12.22)

12.11 Der Frequenzbereich der menschlichen Singstimme erstreckt sich ungefähr von 80 Hz (Bass) bis 800 Hz (Sopran). Man bestimme den Bereich der Wellenlängen. Die Schallgeschwindigkeit beträgt 340 m/s. (Abschn. 12.25)

Elektronisches Zusatzmaterial Die Online-Version dieses Kapitels (doi:10.1007/978-3-662-48663-4_12) enthält Zusatzmaterial, das für autorisierte Nutzer zugänglich ist.

Wärmelehre

Grundbegriffe

13

13.1 Vorbemerkungen, Definition des Begriffs Stoffmenge

Die Wärmelehre ist für alle Zweige der Naturwissenschaft und Technik von grundlegender Bedeutung. Ihre wichtigsten Sätze beanspruchen eine alles Naturgeschehen umfassende Geltung. Leider kann sich ihr Aufbau nicht, wie der aller übrigen physikalischen Gebiete auf einfache, qualitativ sofort übersehbare Experimente stützen, sondern meist nur auf langwierige Messreihen. Es gibt in der Wärmelehre nicht wie in der Elektrizitätslehre gute Isolatoren. Das macht die experimentelle Anordnung oft unübersichtlich und die quantitative Auswertung der Ergebnisse mühsam und zeitraubend.

Als Sammelname für Festkörper und abgegrenzte Mengen von Flüssigkeiten und Gasen benutzen wir den Begriff *Stoff*. Ist der Stoff nur fest, nur flüssig oder nur gasförmig, so besitzt er nur *eine* „Phase". Besteht der Stoff, z. B. Wasser, sowohl aus Flüssigkeit als auch aus Gas, so hat er zwei Phasen, usw. Alle Stoffe haben außer ihrer Masse M ein Volumen V, eine Temperatur T und stehen unter einem Druck p, z. B. dem Druck der Atmosphäre. Die drei Größen V, p und T werden *einfache Zustandsgrößen* genannt.

Alle Stoffe sind atomistisch unterteilt. Es handelt sich um außerordentlich große Anzahlen von Individuen. So ist z. B. die *Anzahldichte*

$$N_V = \frac{\text{Anzahl } N \text{ der Moleküle im Volumen } V}{\text{Volumen } V} \qquad (13.1)$$

der Zimmerluft $N_V = 2{,}5 \cdot 10^{25}/\text{m}^3$. Es sind also in einem Kubikmillimeter Zimmerluft nicht weniger als $2{,}5 \cdot 10^{16}$ Moleküle enthalten. *Die Wärmelehre befasst sich letzten Endes mit einer Verhaltensweise ungeheuer großer Anzahlen von Individuen.* Über das Verhalten und das Schicksal einzelner Individuen besagt sie gar nichts. Für kein einziges von ihnen können wir zu irgendeinem Zeitpunkt den Ort oder Größe und Richtung der Geschwindigkeit angeben. Druck und Temperatur lassen sich für ein einzelnes Molekül nicht einmal definieren. Messbar sind nur die die Gesamtheit der Moleküle kennzeichnenden Zustandsgrößen.

Zur einfachen Beschreibung von Zusammenhängen, bei denen es in erster Linie auf die Anzahl der beteiligten Moleküle ankommt, wurde 1971 der Begriff *Stoffmenge* als physikalische Größe festgelegt, und zwar als weitere Grundgröße mit der Basiseinheit „Mol" (mol): 1 mol

© Springer-Verlag Berlin Heidelberg 2017
K. Lüders, R.O. Pohl (Hrsg.), *Pohls Einführung in die Physik*, DOI 10.1007/978-3-662-48663-4_13

K13.1. POHL hat diese Festlegung der Stoffmenge nicht
mehr in seine Lehrbücher
aufgenommen, obwohl er
sonst neuen Vereinbarungen
über Größen und Einheiten
sehr aufgeschlossen gegen-
überstand. Hier aber „sah er
keinen Vorteil darin", wie er
im Vorwort zur 12. Auflage
schreibt, und benutzte das
Mol als „individuelle Masseneinheit". – Wir haben uns
trotzdem entschlossen, diese
seit nunmehr über 40 Jah-
ren geltende Vereinbarung
in den Text einzufügen. Es
ist allerdings anzumerken,
dass diese Größe für viele
Physiker noch immer unge-
wohnt ist und in den meisten
Lehrbüchern nicht sorgfältig dargestellt wird. Immer
wieder findet man z. B. die
falsche Aussage, n sei „die
Zahl der Mole"!

K13.2. Diese thermische
Längen- bzw. Volumenaus-
dehnung wird durch den
thermischen Ausdehnungs-
koeffizient
$\alpha = \frac{1}{L}\frac{\Delta L}{\Delta T} \approx \frac{1}{3}\frac{1}{V}\frac{\Delta V}{\Delta T}$
beschrieben. Er kann
selbst von der Tempera-
tur abhängen. Für Eisen
ist z. B. bei Zimmer-
temperatur $\alpha = 1{,}23 \cdot 10^{-5}$
K^{-1}. Für Kautschuk ist α
negativ.

Videofilm 13.1:
„Modellversuch zur ther-
mischen Ausdehnung und
Verdampfung"
http://tiny.cc/knayey
Die thermische Ausdehnung
eines festen Körpers, sein
Schmelzen und Verdampfen
werden in einem Modellversuch vorgeführt.

eines Stoffes enthält ebenso viel Teilchen, wie Atome in 12 Gramm
^{12}C enthalten sind. Die Stoffmenge n ist also ein Maß für die Anzahl
N der Teilchen:

$$n = \frac{N}{N_A} \text{ bzw. } N = n \cdot N_A .$$

N_A ist die AVOGADRO-Konstante:

$$N_A = 6{,}022 \cdot 10^{23} \text{ mol}^{-1} .$$

Diese Festlegung der Stoffmenge[K13.1] bedeutet, dass sie in Größengleichungen genauso wie andere physikalische Größen zu verwenden
ist, insbesondere ist bei quantitativen Angaben immer Zahlenwert
und Einheit einzusetzen (s. Abschn. 3.3 und Kommentar K2.2 in Abschn. 2.2).

Größen, die auf die Stoffmenge bezogen sind, werden als „molar"
bezeichnet, z. B. die molare Masse $M_n = M/n$ (Einheit: kg/mol) und
das molare Volumen $V_m = V/n$ (Einheit: m³/mol).

13.2 Definition und Messung der Temperatur

In der Geometrie misst man *eine* Größe als Grundgröße, nämlich die
Länge. In der Kinematik kommt als zweite die *Zeit* hinzu und in der
Dynamik als dritte die *Masse*. In der Wärmelehre wird eine vierte
Größe hinzugenommen, die *Temperatur*.

In der Haut unserer *Körperoberfläche* und in einigen unserer Schleim-
häute befinden sich außer den Druck- und Schmerzempfängern noch
zwei weitere Sorten von Empfangsorganen. Die eine Sorte reagiert
auf äußere Reize mit der Empfindung *warm*, die andere nur mit der
Empfindung *kalt*. Von diesen beiden Sinnesorganen geleitet, kann
man Körper nach ihrer Fähigkeit, Wärme- oder Kältereize zu erzeugen, in Reihen ordnen. Die „Ursache" dieser Reizfähigkeit nennt
man *Temperatur*. Die so qualitativ definierte Temperatur bewährt
sich als „Ursache" auch bei der Deutung zahlloser anderer, von unseren Empfindungen unabhängigen Erscheinungen. Änderungen der
Temperatur ändern

1. die Abmessungen der Körper. Bei steigender Temperatur werden
   Metalldrähte länger, gespannte Kautschukfäden kürzer
   (Abb. 13.1), Bimetallstreifen krümmen sich (Abb. 13.2) und
   Gase dehnen sich aus.[K13.2] **(Videofilm 13.1)**
2. die Lichtabsorption. So erscheint z. B. HgJ_2 bei tieferen Tempe-
   raturen rötlich und bei hohen (> 131 °C) gelb.
3. den elektrischen Widerstand der Metalle, der für nicht zu tiefe
   Temperaturen linear mit der Temperatur ansteigt.
4. die elektrische Spannung zwischen zwei einander berührenden
   Metallen (Abb. 13.3, Thermoelement).

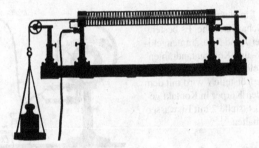

Abb. 13.1 Ein gespannter Kautschukfaden (Länge ≈ 50 cm) verkürzt sich bei Erwärmung auf etwa +90 °C um etwa 3 cm. Man muss die Belastung von 2 auf 2,2 kg erhöhen, um die anfängliche Länge wiederherzustellen.

Abb. 13.2 Krümmung eines elektrisch geheizten Bimetallstreifens (*links* Aufsicht, *rechts* Seitenansicht). Er besteht aus zwei aufeinandergeschweißten U-förmigen Blechen aus Nickel–Eisen, von denen das eine einen Zusatz von 6 Gewichtsprozent Mangan enthält.

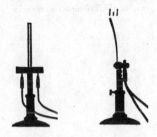

Diese Liste ließe sich beliebig fortsetzen: Die Mehrzahl aller physikalischen und chemischen Erscheinungen zeigt eine Abhängigkeit von der Temperatur. Mit jeder kann man grundsätzlich ein *Messverfahren* für die Temperatur definieren und ein Messinstrument, *Thermometer* genannt, konstruieren.

Im täglichen Leben benutzt man die Volumenänderung von *Flüssigkeiten*. Quecksilberthermometer mit einer von dem schwedischen Mathematiker und Geodät A. CELSIUS 1742 vorgeschlagenen hundertteiligen Gradskala zwischen der Temperatur des schmelzenden Eises und des siedenden Wassers sind heute jedem Schüler bekannt. Quecksilberthermometer sind brauchbar zwischen +800 und −39 °C. Für tiefere Temperaturen bis herab zu −200 °C benutzt man Thermometer mit *Pentan*füllung.

> Quecksilberthermometer bis 300 °C sind evakuiert, für höhere Temperaturen verhindert man das Verdampfen des Quecksilbers durch eine Stickstofffüllung mit Drücken bis zu etwa 100-fachem Luftdruck (10^7 Pa). – Durch einen Zusatz von Thallium bleibt Quecksilber bis −59 °C flüssig und zur Temperaturmessung brauchbar.

Neben den Flüssigkeitsthermometern und außerhalb ihrer Grenzen benutzt man gerne elektrische Thermometer, als Thermoelemente gemäß Abb. 13.3 oder als Widerstandsthermometer. Für hohe Temperaturen spielt die optische Temperaturmessung mit „Strahlungsthermometern" die wichtigste Rolle (s. Bd. 2, Kap. 28).

Alle Thermometer werden heute mithilfe gesetzlich festgelegter und als „Fixpunkte" sicher reproduzierbarer Temperaturen geeicht. Die

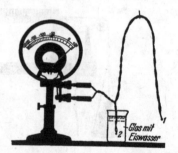

Abb. 13.3 Ein elektrisches Thermometer für Schauversuche. Es besteht aus zwei bei *1* und *2* zusammengelöteten Silber- und Konstantandrähten und einem elektrischen Spannungsmesser. Die Lötstelle *1* wird mit dem zu messenden Körper in Kontakt gebracht, die Lötstelle *2* mit Eiswasser auf 0 °C gehalten.[K13.3]

K13.3. Heute werden für Schauversuche die weitaus einfacher zu handhabenden Widerstandsthermometer mit digitaler Anzeige verwendet.

Abb. 13.4 *Rechts* die Skala eines Quecksilberthermometers mit einer gleichförmigen Teilung zwischen 0 °C und 100 °C, *links* die Teilung eines mithilfe des Quecksilberthermometers geeichten Alkoholthermometers

Fixpunkte (Schmelzpunkte, Dampfdruck, usw.) hat man in überaus langwieriger, mühseliger Entwicklungsarbeit gewonnen. Dabei hat man sich von folgenden Gesichtspunkten leiten lassen:

Eine quantitative Definition der Temperatur mit einem Quecksilber- oder allgemein Flüssigkeitsthermometer ist trotz ihrer großen praktischen Brauchbarkeit nicht voll befriedigend. Das zeigt man am einfachsten anhand der Abb. 13.4. Diese enthält rechts die Skala eines Quecksilberthermometers in technischer Normalausführung und links daneben ein mit seiner Hilfe geeichtes Alkoholthermometer: In dem dargestellten Bereich ist nur die Teilung des Quecksilberthermometers gleichförmig, die des Alkoholthermometers ungleichförmig. Die mit der Volumenänderung von Flüssigkeiten definierte Temperatur hängt also von der willkürlichen Wahl der Substanzen ab (also z. B. Quecksilber (Hg) und Glasart).

Die mit Gasthermometern (Abb. 13.5) definierte Temperatur ist, bei hinreichend kleinen Gasdichten, von der Natur des benutzten Gases praktisch unabhängig. Eine begrifflich voll befriedigende Tempera-

Abb. 13.5 Schema eines Gasthermome-
ters. Durch Nachfüllen von Quecksilber
wird das Volumen des Gases konstant
gehalten und die Höhe der Quecksilbersäule abgelesen. Sie liefert den Druck
des Gases, und aus ihm berechnet man
die Temperatur gemäß Abschn. 14.6
(vgl. Abschn. 14.9, Pkt. 3).

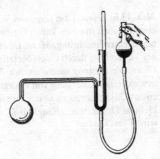

turdefinition sollte aber nicht nur praktisch, sondern auch grundsätzlich von der Wahl der Thermometerstoffe unabhängig sein. Dies Ziel
hat man mit der „thermodynamischen Temperaturskala" erreicht (s.
Abschn. 19.6). Das Gasthermometer gehört zu den wichtigsten Mess-
geräten, um in der Praxis thermodynamische Temperaturen zu bestimmen.

Als zur Zeit beste Darstellung thermodynamischer Temperaturen T
gilt die „Internationale Temperaturskala von 1990" (ITS-90), die Fixpunkte enthält, und zwar von 0,65 Kelvin bis zu den höchsten Temperaturen, die mithilfe des PLANCK'schen Strahlungsgesetzes messbar
sind.[K13.4] Die Einheit 1 Kelvin (K) wurde als der 273,16te Teil der
Temperatur des Tripelpunktes von Wasser festgelegt. Im täglichen
Leben benutzt man die CELSIUS-Temperaturskala. Ihr Zusammenhang mit der KELVIN-Temperaturskala ist

$$\frac{t}{°C} = \frac{T}{K} - 273,15$$

(273,15 K ist die Schmelztemperatur von Eis bei Atmosphärendruck).

K13.4. Eine ausführliche
Darstellung findet sich in:
W. Blanke, Physik in unserer
Zeit **22**, 13 (1991). Im Jahr
2000 wurde international eine
weitere Temperaturskala ver-
abredet, die auch den Bereich
tieferer Temperaturen ab-
deckt (von 1 K bis 0,9 mK).

Wissenschaft und Technik haben uns mit dem Bau handlicher und zu-
verlässiger Thermometer verwöhnt, nicht weniger wie z. B. mit dem
Bau von Uhren und Amperemetern. Trotzdem darf die grundsätzliche Frage des Messverfahrens und der Eichung der Instrumente nicht
unerwähnt bleiben. Sonst übersieht man leicht die große, in der Entwicklung der Messtechnik enthaltene Leistung.

13.3 Definition der Begriffe Wärme und Wärmekapazität

Der Begriff Temperatur reicht nicht aus, um die mit *Temperaturänderungen* verknüpften Vorgänge zu beschreiben. Das sieht man schon
an einem einfachen Beispiel, nämlich dem Ausgleich der Temperatur
zwischen zwei Körpern von verschiedener Temperatur und Beschaffenheit (Abb. 13.6, oben). – Die Temperaturen der Körper seien T_1

Abb. 13.6 *Oben*: Übergang von Wärme aus einem heißen in einen kalten Gasbehälter bei direkter Berührung. *Mitte*: Desgleichen bei Verbindung durch einen Metallstab M. *Unten*: Verrichtung mechanischer Arbeit bewirkt einen Übergang von Energie aus einem Gas mit großem Druck zu einem mit kleinem Druck, war anfänglich $T_1 = T_2$, so wird $T_2 > T_1$.

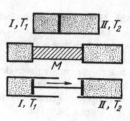

und T_2, ihre Massen M_1 und M_2 . Beide Körper werden in innige Berührung gebracht. Dabei sollen weder chemische Umwandlungen eintreten noch Phasenänderungen, d. h. feste Stoffe sollen fest bleiben, flüssige flüssig usw. Nach einiger Zeit stellt sich eine zwischen T_1 und T_2 gelegene Temperatur T ein. Diese kann man aber nicht als Mittelwert darstellen, es gilt *nicht* die Beziehung

$$M_1 T_1 + M_2 T_2 = (M_1 + M_2) T \, .$$

Man braucht vielmehr zur Darstellung der Beobachtungen zwei Faktoren c_1 und c_2 und muss schreiben

$$M_1 c_1 T_1 + M_2 c_2 T_2 = (M_1 c_1 + M_2 c_2) T \qquad (13.2)$$

oder umgeformt

$$c_1 M_1 (T_1 - T) = -c_1 M_1 (T - T_1) = c_2 M_2 (T - T_2) \, ,$$
$$-c_1 M_1 \Delta T_1 = c_2 M_2 \Delta T_2 \, . \qquad (13.3)$$

Für das Produkt

$$\Delta Q = c M \Delta T \qquad (13.4)$$

verwendet man den Namen *Wärme* und schreibt statt Gl. (13.3)

$$-\Delta Q_1 = \Delta Q_2 \, .$$

In Worten: *Die infolge der Berührung vom heißen Körper 1 abgegebene Wärme* $-\Delta Q_1$ *ist gleich der vom kalten Körper 2 aufgenommenen Wärme* ΔQ_2 (G.W. RICHMANN, 1711–1753)[K13.5].

K13.5. RICHMANN stellte 1747/48 diesen Satz auf („RICHMANN'sche Regel"). 1753 wurde er bei einem Blitzableiterexperiment tödlich verletzt.

Das Wort Wärme wird leider noch immer in verschiedenen Bedeutungen benutzt. Meist kennzeichnet es *nicht* eine besondere Form der Energie, wie es die Worte potentielle, kinetische, elektrische und magnetische Energie tun. Meist kennzeichnet das Wort Wärme lediglich eine besondere Art, in der die Energie aus einer Stoffmenge in eine andere *übergeht*: Es ist der Übergang, der *unter Ausschluss aller sonstigen Hilfsmittel* allein durch eine *Temperaturdifferenz* verursacht wird. Wir nennen einen derartigen Übergang auch kurz *thermisch*. – Im Sonderfall bezeichnet Wärme den kinetischen Anteil einer inneren Energie.

Ein Wärmeübergang kann in mehrfacher Weise erfolgen: Entweder durch *Leitung*, wenn sich die beiden Stoffmengen oder ihre Behälter direkt oder über ein wärmeleitendes Material berühren (Abb. 13.6 oben und Mitte), durch *Strahlung*, wenn sie durch ein Vakuum (praktisch oft Luft) voneinander getrennt sind (s. Bd. 2, Kap. 28), oder durch *Konvektion* (s. Abschn. 17.6).

Die kursiv gedruckten Worte „unter Ausschluss aller sonstigen Hilfsmittel" sollen durch die Gegenüberstellung zweier Beispiele erläutert werden: In Abb. 13.6 (oben) sei ein heißer Gasbehälter *I* mit einem kalten *II* in direkte Berührung gebracht. Statt der direkten Berührung der Behälterwände kann auch ein Metallstab *M* („ein guter Wärmeleiter") die Behälter verbinden (Abb. 13.6 Mitte). In beiden Fällen wird die Temperatur T_1 kleiner, die Temperatur T_2 größer. Dem Behälter *II* wird von *I Wärme* zugeleitet.

In Abb. 13.6 (unten) haben beide Gasbehälter je eine als Kolben verschiebbare Wand. Beide Kolben sind durch eine Glasstange (einen „Wärmeisolator") starr miteinander verbunden. Der Druck des Gases im Behälter *I* ist größer als im Behälter *II*. Nach Auslösung irgendeiner (nicht gezeichneten) Sperrklinke bewegen sich beide Kolben nach rechts. Dabei wird T_1 kleiner und T_2 größer. Dem linken Behälter wird Energie entzogen, weil das *Gas* Arbeit verrichtet, dem rechten Behälter wird Energie zugeführt, weil sein nach rechts bewegter *Kolben* Arbeit verrichtet. Hier erfolgt also ein „Arbeitsübergang", der ebenfalls zu Temperaturänderungen führt. Dies zeigt die Wesensgleichheit von Wärme und Arbeit bzw. Energie. – Auch wenn Reibung eine Stoffmenge erwärmt, wird mechanische Arbeit zugeführt.[1]

Praktisch spielen sowohl in der Küche als auch im Laboratorium Wärmeübergänge eine ganz große Rolle. Man denke z. B. an einen elektrischen Tauchsieder in Wasser. Der Behälter soll *thermisch isolieren*, d. h., *er soll keinen durch Temperaturdifferenzen verursachten Wärmeübergang zwischen seinem Inhalt und der Umgebung zulassen*. Thermisch gut isolierte Gefäße benutzen doppelte Wände aus schlecht wärmeleitendem Material, z. B. Glas. Ein luftleerer Zwischenraum verhindert einen Wärmeübergang durch *Konvektion* und spiegelnde Überzüge der Wände (meist Silber oder Kupfer) verhindern weitgehend einen Wärmeübergang durch *Strahlung*. Solche heute in keinem Haushalt fehlenden doppelwandigen Behälter („Thermoskannen") werden wir häufig benutzen.

Die Wesensgleichheit von *Wärme* und Energie erkannte 1842 der Arzt ROBERT MAYER. Der Rückblickende vermag die Leistung wissenschaftlicher Pioniere nie mehr in vollem Umfang zu würdigen. So gilt auch die Wesensgleichheit der Wärme mit den übrigen Energieformen längst als „selbstverständlich", sie ist Allgemeingut geworden. Die Einheit von Q ist also eine Energieeinheit, z. B. Joule oder Wattsekunde (s. Abschn. 5.2).[K13.6]

K13.6. Für die historische, aber manchmal im täglichen Leben noch verwendete Einheit „Kalorie" gilt: 1 cal $\approx 4,2$ J.

---

[1] Oder durch Verrichtung elektrischer Arbeit, wenn ein elektrischer Strom durch einen Leiter fließt und diesen erwärmt (s. auch Bd. 2, Abschn. 1.12).

Tab. 13.1 Spezifische und molare Wärmekapazitäten und Schmelzwärmen einiger Festkörper und Flüssigkeiten

Stoff	Molare Masse	Spezifische und molare Wärmekapazität bei 20 °C		Spezifische und molare Schmelzwärme	
	M_n	c	C	χ	χ_m
	$\left(\dfrac{kg}{kmol}\right)$	$\left(\dfrac{10^3\ W\,s}{kg\cdot K}\right)$	$\left(\dfrac{10^3\ W\,s}{kmol\cdot K}\right)$	$\left(\dfrac{10^5\ W\,s}{kg}\right)$	$\left(\dfrac{10^6\ W\,s}{kmol}\right)$
Aluminium	26,98	0,897	24,2	4,036	10,9
Kupfer	63,54	0,385	24,5	2,047	13,0
Blei	207,2	0,128	26,5	0,247	5,12
NaCl	58,45	0,85	49,7	5,17	30,2
Benzol	78,11	1,69	132	1,26	9,84
Wasser	18,02	4,16	75	3,34	6,02

K13.7. „Molare" Größen sind jeweils auf die Stoffmenge n (Abschn. 13.1) bezogen. Mithilfe der „molaren Masse"

$$M_n = \frac{\text{Masse } M}{\text{Stoffmenge } n}$$

lassen sich spezifische, d. h. auf die Masse bezogene Größen, leicht auf stoffmengenbezogene (molare) Größen umrechnen und umgekehrt. Bei den Werten in Tab. 13.1 kann man das nachprüfen. – Der Zahlenwert der molaren Masse wurde früher als „Molekulargewicht" bezeichnet. (s. auch Kommentar K16.1)

Nach Einführung der Wärme Q bekommen jetzt auch die Faktoren c einen physikalischen Sinn. Sie bedeuten eine *spezifische*, d. h. auf andere Größen *bezogene* Wärme. Eine elektrische Heizvorrichtung liefere z. B. die Energie $E = IUt$ in eine Substanz der Stoffmenge n und der Masse M. Der Übergang erfolge thermisch, d. h. die Energie wird als Wärme Q zugeführt. ΔQ vergrößere die Temperatur der Substanz um ΔT. Der Quotient $\Delta Q/\Delta T$ heißt *Wärmekapazität*. Dann definiert man als *spezifische Wärmekapazität* (oft kurz nur „spezifische Wärme" genannt),

$$c = \frac{\Delta Q}{M \cdot \Delta T} \tag{13.5}$$

und als *molare Wärmekapazität*

$$C = \frac{\Delta Q}{n \cdot \Delta T}. \tag{13.6}$$

Tab. 13.1 enthält einige Werte.[K13.7] Sie gelten jeweils nur für einen engen Temperaturbereich.

13.4 Latente Wärme

K13.8. J. BLACK (1728–1799), führte Untersuchungen zum Wärmegleichgewicht durch und kam dabei, unabhängig von J.C. WILCKE, zum Konzept der latenten und spezifischen Wärme.

(JOSEF BLACK, 1762)[K13.8]. Bei unseren bisherigen Experimenten erfuhren die Substanzen keinerlei Umwandlungen. Feste Körper blieben fest, flüssige flüssig und gasförmige gasförmig. Auch die Zusammensetzung der Stoffe blieb ungeändert, sowohl ihr chemischer als auch ihr kristalliner Aufbau. Diese Beschränkung lassen wir jetzt fallen. Es werden Umwandlungen von einer Phase in eine andere zugelassen. Dann kann eine Substanz Energie in Wärmeform aufnehmen oder abgeben, *ohne* die Temperatur zu ändern. In diesem Fall nennt man die Wärme *latent*. Wir bringen drei wichtige Beispiele:

Abb. 13.7 Zur Messung der Verdampfungswärme (H = elektrischer Ofen). Das Manometer zeigt den normalen Luftdruck an, falls seine Zuleitung frei mit der Zimmerluft in Verbindung steht. Es misst also den ganzen Druck des Dampfes, nicht nur seinen Überschuss über den normalen Luftdruck.

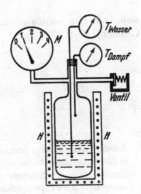

1. *Spezifische Verdampfungs- und Kondensationswärme.* In Abb. 13.7 ist ein Behälter teilweise mit Wasser gefüllt und dann luftleer gepumpt worden. An den Behälter ist ein Druckmesser M angeschlossen und ein einstellbares Federventil. Außerdem ist der Behälter mit einer elektrischen Heizvorrichtung versehen.

Nach Einschalten des Stromes erwärmt sich das Wasser, und mit steigender Temperatur wächst der Druck des Dampfes[K13.9]. Der Dampf steht dauernd mit dem Wasser in Berührung und im „Gleichgewicht". Man nennt den Druck dieses Dampfes *Sättigungsdruck* oder *Dampfdruck*. Zahlenwerte findet man in Abb. 14.3. Bei einem bestimmten Druck p öffnet sich das Ventil, der Dampf entweicht in stetigem Strom. Von diesem Augenblick an bleibt die Temperatur sowohl des Wassers als auch des Dampfes konstant, beide Temperaturen sind nach wie vor gleich. – Folgerung: Der entweichende Dampf muss dauernd ersetzt werden, es muss dauernd Wasser in Dampf umgewandelt werden. Die zugeführte Wärme Q wird für den Vorgang der Verdampfung gebraucht und im Dampf ohne Temperaturerhöhung, also latent, gespeichert. Das verdampfte Wasser, gemessen durch seine Masse M, ergibt sich proportional zur zugeführten Wärme Q. Daher bildet man den Quotienten

K13.9. Mit *Dampf* ist hier die gasförmige Phase des Wassers gemeint.

$$r = \frac{\text{zugeführte Wärme } Q}{\text{Masse } M \text{ der verdampften Flüssigkeit}} \qquad (13.7)$$

und nennt ihn *spezifische Verdampfungswärme*. – Im nächsten Abschnitt bringt Abb. 14.3 Messungen für die Verdampfung von Wasser bei Temperaturen zwischen 0 °C und 374 °C.

Jede verdampfende Flüssigkeit entzieht ihrer Umgebung Wärme. Darauf beruhen mannigfache Kältemaschinen. Im Laboratorium benutzt man oft die in Abb. 13.8 skizzierte Kühlflasche. Sie enthält flüssiges Chloräthyl (Siedetemperatur = 13 °C, Dampfdruck bei 18 °C = $1{,}24 \cdot 10^5$ Pa). Die Flüssigkeit wird durch den Druck ihres Dampfes aus einem kleinen Hebelventil ausgespritzt. Die vom Strahl getroffene Fläche muss die Verdampfungswärme liefern, und dadurch kühlt sie sich ab. So kann man im

Abb. 13.8 Eine Kühlflasche mit flüssigem Chloräthyl (C_2H_5Cl)

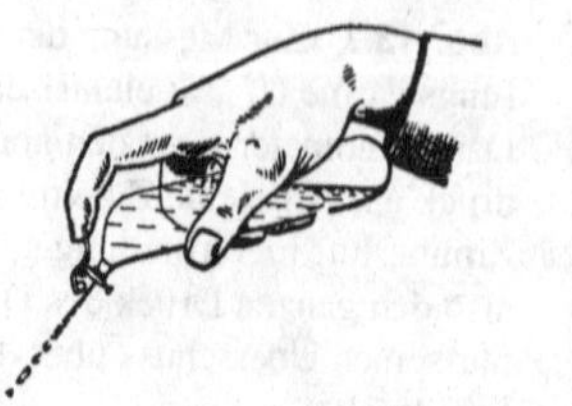

Laboratorium bequem Temperaturen unter 0 °C erzeugen. In der Medizin benutzt man dieses Hilfsmittel, um durch Einfrieren eine örtliche Unempfindlichkeit gegen Schmerz zu erzeugen. (Schauversuch: Man bespritze etwas schwarzes Papier, behauche es und beobachte die Reifbildung.)

Die für die Verdampfung gebrauchte Wärme lässt sich bei Rückbildung des Dampfes in die Flüssigkeit zurückgewinnen. Bis auf das Vorzeichen ist also die spezifische *Kondensationswärme* gleich der spezifischen Verdampfungswärme. Für Schauversuche leitet man Wasserdampf in ein mit kaltem Wasser gefülltes Thermosgefäß. Dort kondensiert er, und dabei wird das Wasser erwärmt. Aus der Masse des kondensierten Wassers und der Erhöhung der Temperatur lässt sich die Kondensationswärme berechnen.

2. *Spezifische Schmelz- und Kristallisationswärme.* Die spezifische Schmelzwärme wird grundsätzlich ebenso bestimmt, wie die spezifische Verdampfungswärme. Gemessen wird die Masse M der von zugeführter Wärme Q geschmolzenen Substanz. Dann definiert man als *spezifische Schmelzwärme* die Größe

$$\chi = \frac{\text{zugeführte Wärme } Q}{\text{Masse } M \text{ der geschmolzenen Substanz}} \qquad (13.8)$$

Tab. 13.1 enthält Beispiele neben entsprechend zu definierenden molaren Schmelzwärmen Q/n, und zwar wieder für normalen Luftdruck.

Die in der Flüssigkeit latent enthaltene Energie lässt sich bei der Erstarrung der Flüssigkeit restlos zurückgewinnen. Die *Kristallisationswärme* ist bis auf das Vorzeichen mit der *Schmelzwärme* identisch. Zur Vorführung im Schauversuch eignet sich besonders das für die Fotografie als Fixiersalz benutzte Natriumthiosulfat ($Na_2S_2O_3 \cdot 5\, H_2O$).

Der Schmelzpunkt dieses Salzes liegt bei +48,2 °C. Man kann die Schmelze stark unterkühlen. Sie hält sich bei Zimmertemperatur tagelang. Beim „Impfen" mit einem kleinen Kristall beginnt die Kristallisation unter beträchtlicher Erhöhung der Temperatur. Man kann mit diesem Vorgang Äther verdampfen und diese Verdampfung mit einer Ätherflamme weithin sichtbar machen. – Technisch benutzt man diesen Vorgang zur Herstellung von Heizkissen. Man füllt das Salz in eine Gummiblase und lässt es in heißem Wasser schmelzen. Bei der Abkühlung hält sich die Temperatur lange auf +48 °C („Haltepunkt").

Abb. 13.9 Zur Vorführung einer Umwandlungswärme

3. *Umwandlungswärme.* In Abb. 13.9 wird ein kohlenstoffhaltiges Eisenblech (0,9 Gewichtsprozent C) durch einen elektrischen Strom auf Gelbglut erhitzt. Nach Abschalten des Stromes kühlt es sich rasch ab und wird dabei dunkel. Bei Unterschreiten von $t \approx 720\,°C$ flammt es noch einmal hell auf: es wandelt sich um – und zwar durch Unterkühlung verzögert – von einer γ-Eisen genannten Form des Eisens in ein energieärmeres Gemenge von kohlenstofffreiem γ-Eisen und von Fe_3C (Zementit). Dabei wird eine erhebliche Umwandlungswärme frei.

Ohne die Unterkühlung würde sie den Temperaturabfall nur eine Zeit lang zum Stillstand bringen: „Haltepunkt" als Kennzeichen eines „Phasenüberganges".

Zusammenfassung: Eine Zufuhr von Wärme kann nicht nur die Temperatur eines Stoffes erhöhen, sondern auch bei konstant bleibender Temperatur im Inneren irgendwelche Umwandlungen hervorrufen. In beiden Fällen wird im Inneren der Substanz Energie gespeichert. Man bezeichnet alle im Inneren in irgendeiner Form gespeicherte Energie als „innere Energie" U. Damit unterscheidet man sie qualitativ von der potentiellen und der kinetischen Energie, die die Substanzen *als Ganzes* besitzen können. Näheres in Abschn. 14.3.

Aufgaben

13.1 Man berechne den Einfluss der thermischen Ausdehnung auf den Gang einer Pendeluhr, deren Pendel aus Stahl besteht, wenn die Temperatur um 20 K erhöht wird. Der Einfachheit halber soll das Pendel als mathematisches Schwerependel behandelt werden. Der lineare Ausdehnungskoeffizient α sei $1 \cdot 10^{-5}\,K^{-1}$. (Abschn. 13.2)

Elektronisches Zusatzmaterial Die Online-Version dieses Kapitels (doi:10.1007/978-3-662-48663-4_13) enthält Zusatzmaterial, das für autorisierte Nutzer zugänglich ist.

Erster Hauptsatz und Zustandsgleichung idealer Gase

14

14.1 Ausdehnungsarbeit und technische Arbeit

Unser nächstes Ziel ist die quantitative Erfassung des Satzes von der Erhaltung der Energie, also des ersten Hauptsatzes. Dieser und der folgende Abschnitt dienen der Vorbereitung.

In der Mechanik fester Körper definiert man die Arbeit W als Produkt „Kraft in der Richtung des Weges mal Weg", also $W = \int F\,\mathrm{d}s$ (Abschn. 5.2). Die Kraft F lässt sich, falls sie von Flüssigkeiten oder Gasen ausgeübt wird, durch das Produkt „Druck p mal Fläche A" ausdrücken. Dann erhält man als Arbeit $W = -\int pA\,\mathrm{d}s$ oder, da $A\,\mathrm{d}s = $ Volumenelement $\mathrm{d}V$,[K14.1]

$$W = -\int p\,\mathrm{d}V. \qquad (14.1)$$

Genau wie früher wollen wir auch diese Arbeit durch eine Zeichnung veranschaulichen. Das geschieht in Abb. 14.1. Ein im Zylinder ein-

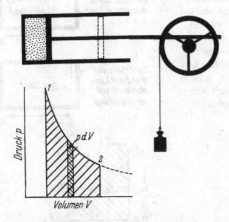

Abb. 14.1 pV-Diagramm zur Definition einer Ausdehnungsarbeit $-\int_1^2 p\,\mathrm{d}V$: schraffierte Fläche *unter* der Ausdehnungskurve. Der Arbeitsstoff verrichtet in diesem Beispiel außer Hubarbeit auch Beschleunigungsarbeit. (Vgl. Abb. 18.2)

K14.1. Die Vorzeichenfestsetzung für die Energiegrößen geht von folgender Verabredung aus: die einem bestimmten System, z. B. dem Arbeitsstoff in Abb. 14.1, *zugeführte* Energie soll positiv und die *abgegebene* negativ sein. Auf den Arbeitsstoff bezogen ist also die von diesem abgegebene *Ausdehnungsarbeit*

$$W = -\int\limits_1^2 p\,\mathrm{d}V$$

negativ (beide Faktoren im Integral sind positiv), während dem Stoff zugeführte *Kompressionsarbeit*

$$W = -\int\limits_2^1 p\,\mathrm{d}V$$

positiv ist, da wegen der vertauschten Integrationsgrenzen $\mathrm{d}V$ jetzt umgekehrtes Vorzeichen besitzt. ▷

© Springer-Verlag Berlin Heidelberg 2017
K. Lüders, R.O. Pohl (Hrsg.), *Pohls Einführung in die Physik*, DOI 10.1007/978-3-662-48663-4_14

K14.1 *Fortsetzung*
Entsprechend dieser Verabredung und in Übereinstimmung mit anderen Lehrbü-
chern wurden die Vorzeichen
einheitlich angepasst. Die
früher von POHL zum Teil
verwendeten hiervon ab-
weichenden Vorzeichen, die
seinerzeit der technischen
Thermodynamik entspra-
chen, kommen nicht mehr
vor. Diese Anpassung ent-
spricht auch einem Vorschlag
von K. HECHT, einem Freund
und ehemaligen Schüler (Dr.
rer. nat. 1930) des Autors,
der schon 1985 in einem
ausführlichen Brief auf die
notwendigen Vorzeichenän-
derungen hingewiesen hat.

gesperrter Arbeitsstoff soll gegen einen Kolben drücken. Er soll ihn
nach rechts verschieben, dabei das Volumen vergrößern und Arbeit
verrichten. Die Bewegung soll so langsam erfolgen, dass innerhalb
des Arbeitsstoffes keine örtlichen Differenzen von Druck, Dichte und
Temperatur auftreten. Der Druck bleibt während der Kolbenbewe-
gung nicht konstant, das ist durch die Kurve 1 . . . 2 dargestellt. Die
Ausdehnungsarbeit $-\int_1^2 p\,dV$ entspricht der schraffierten Fläche *unter* der Ausdehnungskurve.

In der Technik arbeiten alle Maschinen in periodischer Folge. Sie
können Arbeit nur mithilfe eines *strömenden* Arbeitsstoffes verrichten. Für diesen Fall hat man den Begriff der *technischen* Arbeit W_{techn}
eingeführt. Er soll anhand der Abb. 14.2 erläutert werden. Die oberen
Bilder zeigen den Zylinder einer Maschine mit einem Zu- und einem
Abflussventil und einem Kolben.

Im ersten Zeitabschnitt einer Periode strömt ein Arbeitsstoff mit konstantem Druck in den Zylinder ein. Er muss sich durch Verschieben
des Kolbens bis zur Stellung 1 Platz machen. Dabei gibt er die Verdrängungsarbeit $-p_1 V_1$ an den Kolben ab. Im zweiten Zeitabschnitt
ist das Zuflussventil geschlossen, der Arbeitsstoff dehnt sich aus und
verschiebt den Kolben bis Stellung 2, sein Druck sinkt von p_1 auf p_2.
Dabei gibt er die Ausdehnungsarbeit $W = -\int_1^2 p\,dV$ an den Kolben ab. Im dritten Zeitabschnitt ist das Ausflussventil geöffnet, der
Arbeitsstoff wird vom Kolben mit konstantem Druck p_2 hinausge-

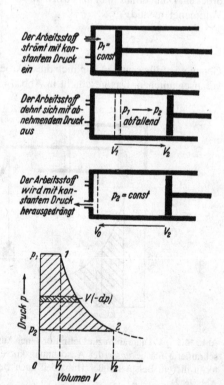

Abb. 14.2 pV-Diagramm
zur Definition der tech-
nischen Arbeit $W_{\text{techn}} =
\int_1^2 V\,dp$: schraffierte Fläche
neben der Ausdehnungskur-
ve. Der Arbeitsstoff fließt,
eine Maschine durchströ-
mend, aus einem Behälter
mit großem konstantem
Druck p_1, z. B. einem
Dampfkessel, in einen
Behälter mit kleinem kon-
stantem Druck p_2, z. B. in
einen Kondensator oder in
die freie Atmosphäre.

schoben. Dabei wird ihm vom Kolben die Verdrängungsarbeit p_2V_2 zurückgegeben.

Der Arbeitsstoff gibt also an den Kolben zwei Arbeitsbeiträge ab, nämlich $-p_1V_1$ und $-\int_1^2 p\,dV$. Dem abfließenden Arbeitsstoff wird der Betrag p_2V_2 auf den weiteren Weg mitgegeben. Damit gibt der Arbeitsstoff an den Kolben die *technisch nutzbare* oder kurz *technische* Arbeit ab:

$$W_{\text{techn}} = -p_1V_1 - \int_1^2 p\,dV + p_2V_2 = \int_1^2 V\,dp.$$

| entspricht in Abb. 14.2 der $\Big\{$ | lotrechten Rechteckfläche $O\,p_1\,1\,V_1$ | Fläche $V_1\,1\,2\,V_2$ *unter* der Ausdehnungskurve | waagrechten Rechteckfläche $O\,p_2\,2\,V_2$ | schraffierten Fläche $p_1\,1\,2\,p_2$ *neben* der Ausdehnungskurve |

$$(14.2)$$

So weit das spezielle, Zylinder und Kolben benutzende Beispiel. In entsprechender Weise unterscheidet man allgemein zwei verschiedene Fälle:

1. Ein eingesperrter Arbeitsstoff dehnt sich aus und gibt dabei nach außen ab die[K14.2]

$$\textit{Ausdehnungsarbeit } W = -\int_1^2 p\,dV \qquad (14.3)$$

2. Ein Arbeitsstoff *durchströmt* eine beliebige Maschine, vergrößert dabei sein Volumen von V_1 auf V_2 und vermindert dabei seinen Druck von p_1 auf p_2. Dabei führt er nach außen ab die

$$\textit{technische Arbeit } W_{\text{techn}} = \int_1^2 V\,dp \qquad (14.4)$$

Der Zusammenhang beider Arbeiten ergibt sich aus Gl. (14.2) und lautet

$$W_{\text{techn}} = W - p_1V_1 + p_2V_2. \qquad (14.5)$$

In idealen Gasen (Abschn. 14.6) ist bei konstanter Temperatur $p_1V_1 = p_2V_2$. In diesem Fall besteht zwischen Ausdehnungsarbeit W und technischer Arbeit W_{techn} kein Unterschied.

K14.2. Man lasse sich nicht durch die verschiedenen Vorzeichen von W und W_{techn} verwirren. Beide Ausdrücke sind negativ, beschreiben also die vom Arbeitsstoff *abgegebene* Arbeit.

14.2 Thermische Zustandsgrößen

Für jede Stoffmenge n kann man das Volumen V, den Druck p und die Temperatur T angeben. Diese leicht messbaren Größen werden, wie schon in Abschn. 13.1 erwähnt, als *einfache Zustandsgrößen* bezeichnet.

Das Kennzeichen einer Zustandsgröße ist ihre Unabhängigkeit vom Verlauf oder vom „Weg" vorangegangener Zustandsänderungen. Diese Unabhängigkeit fehlt anderen wichtigen Größen, z. B. der Arbeit $W = -\int p\,dV$. Das zeigt ein Beispiel: In Abb. 14.1 wird die abgegebene Arbeit durch die schraffierte Fläche dargestellt. Diese Fläche hängt vom „Weg" ab, d. h. im Beispiel von der Gestalt des Kurvenzuges, der vom Zustand 1 zum Zustand 2 führt. – Zwischen den Zustandsgrößen besteht, wenn nur eine Phase vorliegt, eine eindeutige Beziehung, genannt die *thermische Zustandsgleichung*. Besonders einfach ist die des idealen Gases. – Eine thermische Zustandsgleichung bestimmt durch je zwei der Zustandsgrößen die dritte, und zwar unabhängig von allen in der Zwischenzeit erfolgten Zustandsänderungen. Voraussetzung ist nur: Keine der Zustandsänderungen darf die chemische oder sonstige, z. B. mikrokristalline, Beschaffenheit des Stoffes umgewandelt haben.[K14.3]

K14.3. Auch die Stoffmenge n bzw. die Teilchenzahl N der beteiligten Atome oder Moleküle wird hierbei als konstant vorausgesetzt.

Außer den genannten thermischen Zustandsgrößen gibt es noch eine Anzahl anderer. Von diesen werden wir außer der inneren Energie U die Enthalpie H, die Entropie S und die freie Energie F kennenlernen. Stets genügen wenige Zustandsgrößen, um alles in der Wärmelehre Mess- und Beobachtbare in seinen quantitativen Zusammenhängen zu erfassen.

14.3 Innere Energie U und erster Hauptsatz

Wir greifen auf Abb. 14.1 zurück. Dem eingesperrten Gas werde, z. B. mit einer nicht gezeichneten elektrischen Heizvorrichtung, die Wärme Q *zugeführt*. Ein Teil davon kann als äußere Arbeit W nach außen abgeführt werden. Man denke an eine Dampfmaschine, an die Vergrößerung einer Oberfläche (vgl. Oberflächenarbeit Abschn. 9.5) oder die Abgabe elektrischer Energie, z. B. beim Thermoelement. Der Rest der thermisch zugeführten Energie kann im Inneren des Systems als *innere Energie* U gespeichert werden und diese um ΔU vergrößern. In Gleichungsform:[K14.4]

K14.4. Die Formulierung des ersten Hauptsatzes (Gl. (14.6)) hängt *nicht* davon ab, ob die jeweiligen Energien zu- oder abgeführt werden. Dies gilt auch für den Sonderfall der Gl. (14.7)! Die Angaben darunter dienen nur als Beispiel.

Allgemein

$$Q + W = \Delta U \qquad (14.6)$$

Für den Sonderfall der Ausdehnungsarbeit

$$\underbrace{Q}_{\substack{\text{zugeführte Wärme} \\ (\textit{keine} \\ \text{Zustandsgröße})} } + \underbrace{(-\int p \, \mathrm{d}V)}_{\substack{\text{als äußere Arbeit} \\ \textit{abgeführte Energie} \\ (\textit{keine} \text{ Zustandsgröße})}} = \underbrace{\Delta U}_{\substack{\text{Zunahme der} \\ \text{inneren Energie} \\ \text{(Zustandsgröße).}}}$$

$$(14.7)$$

Gl. (14.6) wird als *erster Hauptsatz* bezeichnet. Solange Vorgänge ohne jede Temperaturänderung der beteiligten Stoffe verlaufen, bleibt in der Mechanik die Summe von potentieller und kinetischer Energie konstant. Gleiches gilt in der Elektrizitätslehre für die elektrische und magnetische Energie und für die Kombinationen der vier genannten Energieformen. Für diese Energien ist der „Erhaltungssatz" empirisch aufs Beste gesichert. Der erste Hauptsatz bezieht nun in die Bildung dieser Summen auch die Energie ein, die von einem Stoff *thermisch* aus seiner Umgebung aufgenommen oder an ihn abgegeben wird und dabei ganz oder teilweise die innere Energie U des Stoffes um ΔU verändern kann.

Die innere Energie war bisher in Abschn. 13.4 nur qualitativ eingeführt. Der erste Hauptsatz erlaubt es, ihre Änderung quantitativ zu definieren (entsprechend der Änderung einer potentiellen Energie in der Mechanik). Auch enthält der erste Hauptsatz die Aussage, dass die innere Energie eine *Zustandsgröße* ist. Er besagt: Gegeben ein System[1] in einem Zustand 1, gekennzeichnet durch p_1, T_1.... Durch Zu- und Abfuhr von Wärme Q und äußerer Arbeit W (beliebiger Art) passiere das System nacheinander die Zustände 2, 3, ... Schließlich gelange es in den Ausgangszustand 1 zurück. Dann findet man experimentell ohne Ausnahme die Summe aller thermisch zu- und abgeführten Energien gleich der Summe aller ab- und zugeführten Arbeiten. Bei allen Zustandsänderungen des Systems wird keine Energie verloren oder gewonnen. Die innere Energie ist am Schluss im Zustand 1 genauso groß wie am Anfang. Sie wird nur von den Zustandsgrößen (p, T ...) bestimmt.

Wir wenden Gl. (14.7) zunächst auf ein System an, das nur aus einem chemisch einheitlichen Stoff besteht. Für ihn kennen wir die als *Verdampfungswärme* definierte Größe. Eine Flüssigkeit soll bei konstantem Druck, und zwar ihrem Dampfdruck, verdampfen (Abb. 13.7). Die gemessene Verdampfungswärme lässt sich anhand der Gl. (14.7) in folgender Weise in zwei Summanden zerlegen:

$$\underbrace{\text{zugeführte} \atop \text{Wärme } Q} + \underbrace{\atop W = -p(V_{\text{Dampf}} - V_{\text{Flüssigkeit}})}_{\text{Verdrängungsarbeit}} = \underbrace{\atop }_{\substack{\text{Zunahme } \Delta U \text{ der} \\ \text{inneren Energie bei der} \\ \text{Umwandlung} \\ \text{Flüssigkeit} \rightarrow \text{Dampf.}}}$$

Die Zunahme der inneren Energie ist $\Delta U = U_{\text{Dampf}} - U_{\text{Flüssigkeit}}$. Sie entsteht vor allem durch eine Zunahme der potentiellen Energie

---

[1] Als „System" bezeichnet man in physikalischen Darstellungen die Stoffe und Gegenstände, die man in die Überlegungen einbezieht.

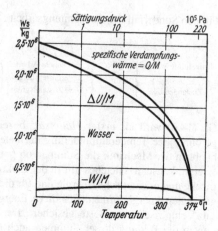

Abb. 14.3 Die Verdampfungswärme r des Wassers bei verschiedenen Temperaturen und ihre Zerlegung in ihre beiden Anteile, die Zunahme ΔU der inneren Energie und die Verdrängungsarbeit $-W$. Alle drei Größen sind auf die Masse M des erzeugten Dampfes bezogen. Es sind also die spezifischen, durch Division mit der Masse M gebildeten Größen eingetragen.

der sich gegenseitig anziehenden Moleküle. Die Verdrängungsarbeit muss gegen den Sättigungsdruck des Dampfes verrichtet werden, um Platz für den neu entstehenden Dampf zu schaffen. – Abb. 14.3 zeigt diese Zerlegung für die Verdampfung von Wasser im Temperaturbereich von 0 bis 374,2 °C. In diesem Bereich wächst der Druck des gesättigten Dampfes bis zu $228 \cdot 10^5$ Pa. Oberhalb von 374,2 °C wird $\Delta U = 0$, Dampf und Flüssigkeit werden identisch. Diese Temperatur wird „kritische Temperatur" des Wassers genannt.

14.4 Die Zustandsgröße Enthalpie *H*

Bei vielen Anwendungen der Wärmelehre benutzt man, wie schon erwähnt, die Arbeit eines *strömenden* Arbeitsstoffes. Alle Fälle dieser Art lassen sich auf das in Abb. 14.4 skizzierte Schema zurückführen: Ein Arbeitsstoff *strömt* aus einem Behälter *I* durch eine Maschine *M* in einen Behälter *II*. Die beiden belasteten Kolben sollen die Aufrechterhaltung *konstanter* Drücke versinnbildlichen.

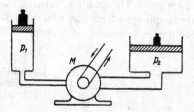

Abb. 14.4 Zur Verrichtung von Arbeit mit einem strömenden Arbeitsstoff. Die Bedeutung von *M* wird im Kleindruck des Textes erläutert. Ein hindurchströmender Arbeitsstoff hat vor dem Eintritt in *M* das Volumen V_1 und den Druck p_1, nach dem Austritt aus *M* das Volumen V_2 und den Druck p_2.

M kann z. B. eine Dampfmaschine ganz beliebiger Bauart sein oder ein Pressluftwerkzeug. Beide führen die technische Arbeit W_{techn} nach außen ab. M kann ein Kompressor sein und der Arbeitsstoffmenge die technische Arbeit W_{techn} zuführen. M kann ein Rührwerk sein und die Temperatur erhöhen: dabei wird die Energie als Arbeit zugeführt. M kann aber auch eine Heiz- oder Kühlvorrichtung sein und Wärme zuführen oder abführen. Schließlich können verschiedene Möglichkeiten miteinander vereinigt werden, man kann z. B. einen Verdichter mit einer Kühlung versehen.

Für die Behandlung strömender Arbeitsstoffe ist der Begriff der *technischen* Arbeit eingeführt worden. Aus seiner Definitionsgleichung (14.4) folgte

$$W = W_{\text{techn}} + p_1 V_1 - p_2 V_2 \,. \tag{14.5}$$

Diesen Wert setzen wir in Gl. (14.6), also $Q + W = U_2 - U_1$, ein und bekommen

$$Q + W_{\text{techn}} = U_2 - U_1 - p_1 V_1 + p_2 V_2 \tag{14.8}$$

oder

$$Q + W_{\text{techn}} = (U_2 + p_2 V_2) - (U_1 + p_1 V_1) \,. \tag{14.9}$$

U, p und V sind *Zustandsgrößen*. Folglich sind es auch die in den Klammern stehenden Summen. Diesen Summen hat man den Namen *Enthalpie H* gegeben, also

$$
\begin{array}{ccccc}
H & = & U & + & pV \\
\text{Enthalpie} & = & \text{innere Energie} & + & \text{Verdrängungsarbeit}
\end{array}
\tag{14.10}
$$

Die Enthalpie ist eine viel benutzte, energetische *Zustandsgröße*. Man braucht sie bei *strömenden* Arbeitsstoffen da, wo man bei *eingesperrten* die innere Energie U anwendet. Mit der Enthalpie H und der technischen Arbeit $W_{\text{techn}} = \int V \, dp$ bekommt Gl. (14.9) die Form

$$
\begin{array}{ccccc}
Q & + & \int V \, dp & = & \Delta H \\
\text{zugeführte Wärme} \} & + & \left\{ \begin{array}{c} \text{nach außen abgeführte(!)} \\ \text{technische Arbeit} \end{array} \right\} & = & \left\{ \begin{array}{c} \text{Zunahme} \\ \text{der Enthalpie.} \end{array} \right.
\end{array}
$$
$$\tag{14.11}$$

Anwendungsbeispiel: Wird ein Dampf bei seinem Dampfdruck hergestellt, so ist p konstant (Abb. 13.7). Bei konstantem p ist $\int v \, dp = 0$. Folglich liefert Gl. (14.11) $Q = \Delta H$, in Worten: die für die Verdampfung zugeführte Wärme ist gleich der von der *Verdampfung* bewirkten Zunahme der Enthalpie des Stoffes. Deswegen wird diese für die Verdampfung notwendige Energie auch als *Verdampfungs-Enthalpie* bezeichnet.

14.5 Die beiden spezifischen Wärmekapazitäten c_p und c_V

Im Besitz der inneren Energie U und der Enthalpie H können wir jetzt den Begriff der spezifischen Wärmekapazität in eine physikalisch einwandfreie Form bringen. – Bisher haben wir die spezifische Wärmekapazität eines Stoffes definiert durch die Gleichung

$$c = \frac{\text{zugeführte Wärme } \Delta Q}{\text{Masse } M \cdot \text{Temperaturzunahme } \Delta T}. \tag{13.5}$$

Die z. B. mit elektrischer Heizung zugeführte Wärme findet bei konstantem Volumen oder bei konstantem Druck eine ganz verschiedenartige Verwendung. Bei konstantem Volumen, erzwungen durch hinreichend starre Gefäßwände, wird die Temperatur erhöht und dadurch nur die innere Energie U der Stoffmenge vergrößert. Bei konstantem Druck aber kann sich die Stoffmenge während der Temperaturerhöhung ausdehnen. Zur Vergrößerung der inneren Energie kommt also eine Verdrängungsarbeit hinzu. Mit anderen Worten: Bei konstantem Druck tritt an die Stelle der inneren Energie U die Enthalpie $H = U + pV$.

Demgemäß muss man zwei Arten von spezifischen Wärmekapazitäten definieren. Erstens eine spezifische Wärmekapazität c_V bei konstant gehaltenem Volumen, also

$$c_V = \left(\frac{\text{Zunahme } \Delta U \text{ der inneren Energie}}{\text{Masse } M \text{ der Stoffmenge} \cdot \text{Temperaturzunahme } \Delta T} \right)_{V=\text{const}}$$

oder

$$c_V = \frac{1}{M} \left(\frac{\partial U}{\partial T} \right)_{V=\text{const}}. \tag{14.12}$$

Zweitens eine spezifische Wärmekapazität c_p bei konstant gehaltenem Druck, also

$$c_p = \left(\frac{\text{Zunahme } \Delta H \text{ der Enthalpie}}{\text{Masse } M \text{ der Stoffmenge} \cdot \text{Temperaturzunahme } \Delta T} \right)_{p=\text{const}}$$

oder

$$c_p = \frac{1}{M} \left(\frac{\partial H}{\partial T} \right)_{p=\text{const}}. \tag{14.13}$$

Als Differenz der beiden spezifischen Wärmekapazitäten ergibt sich

$$c_p - c_V = \frac{1}{M} \left[p + \left(\frac{\partial U}{\partial V} \right)_{T=\text{const}} \right] \left(\frac{\partial V}{\partial T} \right)_{p=\text{const}}. \tag{14.14}$$

Herleitung

Es ist laut Definition die Enthalpie $H = U + pV$. Folglich kann man statt Gl. (14.13) schreiben:

$$c_p = \frac{1}{M}\left[\frac{\partial U}{\partial T} + p\left(\frac{\partial V}{\partial T}\right)\right]_{p=\text{const}}. \tag{14.15}$$

Im Allgemeinen hängt die innere Energie U eines Körpers oder einer Stoffmenge sowohl von T als auch von V ab. Daher erhält man

$$dU = \left(\frac{\partial U}{\partial T}\right)_{V=\text{const}} dT + \left(\frac{\partial U}{\partial V}\right)_{T=\text{const}} dV \tag{14.16}$$

und daraus

$$\left(\frac{\partial U}{\partial T}\right)_{p=\text{const}} = \left(\frac{\partial U}{\partial T}\right)_{V=\text{const}} + \left(\frac{\partial U}{\partial V}\right)_{T=\text{const}}\left(\frac{\partial V}{\partial T}\right)_{p=\text{const}}. \tag{14.17}$$

Die Zusammenfassung der Gln. (14.12), (14.15) und (14.17) liefert Gl. (14.14).

So weit die nunmehr einwandfreien Definitionen. Für einen sinnvollen *Vergleich* der spezifischen Wärmekapazitäten verschiedener Stoffe muss man die molaren Wärmekapazitäten (Gl. (13.6) in Abschn. 13.3) benutzen. Dann handelt es sich bei den verschiedenen Substanzen um gleiche Stoffmengen n bzw. um gleiche Anzahlen von Teilchen.

Abb. 14.5 zeigt typische Beispiele der molaren Wärmekapazität C_p einiger Festkörper. Nur bei hohen Temperaturen erreicht diese einen konstanten Wert. Mit abnehmender Temperatur nimmt sie stark ab.

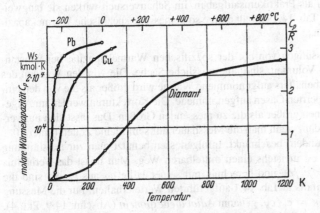

Abb. 14.5 Die Temperaturabhängigkeit der molaren Wärmekapazität C_p von drei Festkörpern. Trägt man die Messpunkte über einer skalierten Temperaturskala auf, T/Θ, so kann man durch geeignete Wahl von Θ die Kurven näherungsweise zur Überlappung bringen (DEBYE-Funktion[K14.5] genannt). Die so bestimmte Größe ist die DEBYE-Temperatur des jeweiligen Festkörpers (Pb: $\Theta = 88$ K, Cu: $\Theta = 315$ K, Diamant: $\Theta = 1860$ K). (s. auch Abschn. 16.4, Ende.) (R = allgemeine Gaskonstante, Gl. (14.22))

K14.5. P. Debye, Ann. Phys. **39**, 789 (1912).

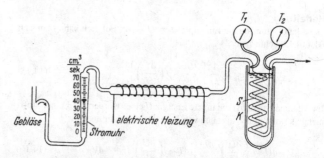

Abb. 14.6 Schema zur Messung der spezifischen Wärmekapazität von Gasen bei konstantem Druck. Die Stromuhr (Gasmesser) arbeitet nach dem „Rotax"-Prinzip: In einem schwach kegelförmig erweiterten Glasrohr befindet sich ein Schwimmer mit kurzen propellerartigen Flügeln. Der Schwimmer steigt umso höher, je größer der Gasstrom (Gasvolumen/Zeit) ist.

Eine große Rolle spielen die beiden spezifischen Wärmekapazitäten c_p und c_V der Gase. Leider ist nur die eine von ihnen, nämlich c_p, die spezifische Wärmekapazität bei konstantem Druck, sicher zu messen. – Das Grundsätzliche des Messverfahrens wird durch Abb. 14.6 erläutert. Ein stetiger Gasstrom fließt durch eine Rohrschlange S in einem Kalorimeter K, ein Gerät zur Messung der Wärmekapazität, hier ein Wasserkalorimeter, bei dem sich die zugeführte Wärme aus der Temperaturerhöhung, gemessen im Wasser, und der bekannten Wärmekapazität des Kalorimeters ergibt. Die Temperatur des Gases wird vor und hinter dem Kalorimeter gemessen, desgleichen die Masse M des hindurchströmenden Gases. Die im Kalorimeter abgegebene Wärme ist dann $= c_p M (T_1 - T_2)$. Messungen dieser Art eignen sich als Praktikumsaufgaben, im Schauversuch wirken sie langweilig. Tab. 14.1 enthält einige so gemessene spezifische Wärmekapazitäten.

„Messungen dieser Art eignen sich als Praktikumsaufgaben, im Schauversuch wirken sie langweilig."

Messungen von c_V, der spezifischen Wärmekapazität bei konstantem Volumen, sind eine missliche Sache. Die von den Wänden des Gasbehälters aufgenommene Wärme wird größer als die von den eingesperrten Gasen aufgenommene. Die Korrekturen werden im Allgemeinen größer als die zu messenden Größen. Das lässt sich nur vermeiden, wenn man die Messdauer auf sehr kleine Zeiten (unter 10^{-2} Sekunden) beschränkt. Infolgedessen benutzt man zur Bestimmung von c_V meistens einen mittelbaren Weg. Man misst das Verhältnis $\kappa = c_p/c_V$ und berechnet mit seiner Hilfe c_V aus c_p. So sind die ebenfalls in Tab. 14.1 aufgeführten Werte erhalten. Für die Messung von $\kappa = c_p/c_V$, genannt *Adiabatenexponent* (Abschn. 14.9, Pkt. 4), gibt es etliche gute Verfahren. Es ist zweckmäßig, sie erst später zu bringen (Abschn. 14.10).

Tab. 14.1 Wärmekapazitäten verschiedener Gase

Gas		Massendichte ϱ bei 0 °C und 10^5 Pa $\left(\dfrac{kg}{m^3}\right)$	Molare Masse $\left(\dfrac{kg}{kmol}\right)$	Spezifische und molare Wärmekapazität bei 20 °C				
				c_p $\left(\dfrac{10^3\,W\,s}{kg\cdot K}\right)$	c_V	C_p $\left(\dfrac{10^3\,W\,s}{kmol\cdot K}\right)$	C_V	$K = \dfrac{C_p}{C_V}$
He	ein-	0,179	4,003	5,23	3,21	20,94	12,85	1,63
Ar	atomig	1,784	39,94	0,523	0,317	20,94	12,69	1,65
H_2		0,0899	2,016	14,3	10,1	28,83	20,45	1,41
O_2	zwei- atomig	1,429	32,0	0,918	0,655	29,37	20,98	1,40
Luft		1,293	29	1,005	0,717	29,14	20,78	1,40
CH_4		0,7168	16,04	2,22	1,697	35,59	27,21	1,31
NH_3	mehr- atomig	0,771	17,03	2,16	1,655	36,78	28,18	1,31
CO_2		1,977	44,01	0,837	0,647	36,83	28,48	1,29

14.6 Thermische Zustandsgleichung idealer Gase, die absolute Temperatur

Eine wesentliche Klärung hat die Wärmelehre durch die Untersuchung der Gase erfahren, und zwar anknüpfend an die thermische Zustandsgleichung idealer Gase. – Wir haben bisher nur das „ideale Gasgesetz" für den Sonderfall konstanter Temperatur kennengelernt. Es lautet: Für ein ideales Gas ist bei konstanter Temperatur der Quotient Druck/Massendichte oder das Produkt Druck mal *spezifisches Volumen* konstant. Oder in Gleichungsform

$$\frac{p}{\varrho} = pV_s = \frac{pV}{M} = \text{const} \qquad (9.11 \text{ bis } 9.13)$$

(p = Druck, M = Masse des im Volumen V eingesperrten Gases, $\varrho = M/V$ = Massendichte des Gases und $V_s = 1/\varrho = V/M$ = spezifisches Volumen des Gases).

Für Luft von 0 °C findet man experimentell den Quotienten Druck durch Massendichte

$$\left(\frac{pV}{M}\right)_{0\,°C} = 7,84\,\frac{W\,s}{kg}. \qquad (14.18)$$

Diesen Quotienten Druck/Massendichte hat man in weiten Temperaturbereichen gemessen, und zwar nicht nur für Luft, sondern auch für viele andere Gase. Einige Ergebnisse sind in Abb. 14.7 im oberen Teilbild dargestellt. Man findet für alle Gase gerade Linien. Die *Steigung* dieser Geraden ist von Gas zu Gas verschieden, aber die Verlängerung aller Geraden schneidet die Abszissenachse im gleichen Punkt, nämlich bei −273,2 °C.

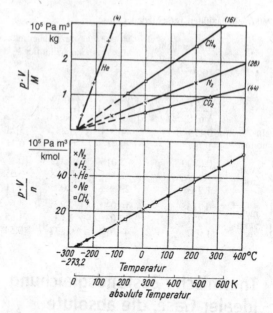

Abb. 14.7 Zur Zustandsgleichung idealer Gase und zur Definition der absoluten Temperatur. Die *kleinen eingeklammerten Zahlen am Rand des oberen Teilbildes* sind die Zahlenwerte der molaren Massen M_n in g/mol (früher: Molekulargewichte als dimensionslose Zahlen) der Gase.

Im unteren Teilbild ist auf der Ordinate anstatt des Quotienten pV/M der Quotient pV/n (n = Stoffmenge) aufgetragen. Das bringt eine wesentliche Vereinfachung: Nun wird die *Steigung* der Geraden für alle Gase die gleiche. Man kann durch die Messpunkte für die verschiedenen Gase nur noch eine einzige gerade Linie hindurchlegen. Ihr Schnittpunkt mit der Abszisse bei $-273,2$ °C bleibt derselbe. Damit ist $-273,2$ °C als eine ausgezeichnete Temperatur festgelegt.

Der in Abb. 14.7 enthaltene experimentelle Befund gibt die Möglichkeit, Temperaturskalen „absolut", das soll heißen: *ohne negative Werte und praktisch unabhängig von Stoffeigenschaften* zu definieren. Dafür gibt es beliebig viele Möglichkeiten. Die heute gebrauchte geht auf Lord KELVIN zurück: Dem Punkt der Geraden in Abb. 14.7, für den der Quotient pV/n in einer Umgebung von schmelzendem Eis gemessen ist, wird auf der Abszissenachse der Wert 273,15 K zugeordnet. Jeder andere Wert wäre genauso zulässig gewesen. Aber der von KELVIN gewählte hat einen großen Vorteil: Die Einheiten der KELVIN-Skala sind ebenso groß wie die der CELSIUS-Skala. Wie schon erwähnt, besteht zwischen den mit beiden Skalen gemessenen Temperaturen die einfache Beziehung

$$\frac{T}{K} = \frac{t}{°C} + 273,15 \,.$$

Die KELVIN-Skala ist ebenfalls in Abb. 14.7 eingetragen. Nach ihr gemessene Temperaturen geben der Zustandsgleichung idealer Gase die Form

$$pV = nRT \qquad (14.19)$$

(n = Stoffmenge des im Volumen V eingesperrten Gases, Zahlenbeispiel s. Aufg. 14.1).

Gebräuchlich und oft zweckmäßig sind auch die Fassungen

$$pV_m = RT \qquad (14.20)$$

und

$$p = \frac{\varrho RT}{M_n} \qquad (14.21)$$

($V_m = V/n$ = molares Volumen, $M_n = M/n$ = molare Masse mit M = Masse des Gases).[K14.6]

Der Proportionalitätsfaktor R wird *allgemeine Gaskonstante* genannt. Er ergibt sich experimentell aus der Steigung der Geraden in Abb. 14.7. Man findet

$$R = 8{,}31 \, \frac{\text{W s}}{\text{mol} \cdot \text{K}} \qquad (14.22)$$

In Gl. (14.19), der Zustandsgleichung idealer Gase, ist die Stoffmenge n der im Volumen V eingesperrten Moleküle enthalten.[K14.7] Setzen wir $n = N/N_A$ (Abschn. 13.1) in Gl. (14.19) ein und setzen gleichzeitig zur Abkürzung $R/N_A = k$, so erhalten wir für die Zustandsgleichung idealer Gase eine weitere Fassung, nämlich

$$pV = NkT \qquad (14.23)$$

(N = Anzahl der im Volumen V eingesperrten Moleküle).

K14.6. Zu „molaren" Größen siehe Kommentar K13.7.

K14.7. Das Volumen eines idealen Gases der Stoffmenge $n = 1$ mol lässt sich leicht aus Gl. (14.19) berechnen: es beträgt unter sog. „Normalbedingungen" ($T = 273$ K und $p = 1{,}013 \cdot 10^5$ Pa): $V = 22{,}4$ Liter, d. h. das molare Volumen ist $V_m = 22{,}4$ Liter/mol. – Solange man also Gl. (14.19) verwenden darf, kann man die Stoffmenge n bzw. die molare Masse $M_n = M/n$ einfach dadurch erhalten, dass man für ein bestimmtes Volumen des Gases unter Normalbedingungen die Masse bestimmt.

Die hier neu auftretende Konstante k ist also

$$k = \frac{R}{N_A} = \frac{8{,}31\,\text{W\,s}}{\text{mol} \cdot \text{K}} \cdot \frac{\text{mol}}{6{,}022 \cdot 10^{23}}$$

oder

$$k = 1{,}38 \cdot 10^{-23}\,\frac{\text{W\,s}}{\text{K}} \qquad (14.24)$$

(N_A = AVOGADRO-Konstante = $6{,}022 \cdot 10^{23}\,\text{mol}^{-1}$).

Diese universelle Konstante k wird BOLTZMANN-Konstante genannt (Begründung in Abschn. 18.4).

14.7 Addition der Partialdrücke

Nach Gl. (14.23) wird der Druck p im Volumen V bei gegebener Temperatur unabhängig von der Art der Moleküle allein von ihrer Anzahl N bestimmt. Damit gelangt man zu DALTONs Gesetz der Addition der Teildrücke. Wir erläutern es anhand der Abb. 14.8.

Zwei verschiedene (chemisch nicht miteinander reagierende) Gase sind in zwei gleich großen Kammern mit den Drücken p_1 und p_2 eingesperrt. Mit einem Kolben wird das Gas der einen Kammer durch ein Ventil O in die zweite Kammer hineingeschoben und die Temperatur dabei konstant gehalten. – Erfolg: In der zweiten Kammer herrscht jetzt der Druck $p = p_1 + p_2$. Die beiden Drücke p_1 und p_2 addieren sich als „Teildrücke" zu einem Gesamtdruck p.

Beispiel zu DALTONs Gesetz: Bei der Temperatur des menschlichen Körpers, also $+37\,°\text{C}$, setzt sich der Luftdruck am Erdboden ($p = 1013\,\text{hPa}$) in der *Lunge* eines Menschen aus folgenden Teildrücken zusammen[2]:

Gas	Stickstoff	Sauerstoff	Kohlendioxid	Wasserdampf
Teildruck =	757	140	53,3	62,7 hPa

In einer Höhe von 22 km beträgt der Luftdruck nur noch 62,7 hPa (s. Abb. 9.32). Ebenso groß aber ist schon bei der Körpertemperatur

---

[2] Die Lungenluft ist also erheblich reicher an CO_2 als die Außenluft. Das Verhältnis der Partialdrücke von CO_2 zu O_2 beträgt fast 0,4. In großen Höhen atmet der Mensch tiefer und schneller. Trotzdem nimmt dies Verhältnis mit wachsender Höhe noch weiter zu, weil der Körper auch in großen Höhen ebenso viel CO_2 produziert wie am Erdboden. Man kann daher die Zusammensetzung der Lungenluft in verschiedenen Höhen nicht allein nach physikalischen Gesichtspunkten berechnen.

Abb. 14.8 Schema zur Addition
der Teildrücke

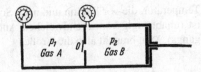

für sich allein der Dampfdruck des Wassers. Infolgedessen wird der
Teildruck der übrigen Gase in der Lunge gleich null. Die Lunge eines Menschen ist dann nur noch mit Wasserdampf gefüllt und daher
ist Atmung nicht mehr möglich. Bei noch kleineren Drücken gerät
der menschliche Körper ins Sieden, das heißt der Wasserdampfdruck
wird größer als der Luftdruck.

Sieden bedeutet die Bildung von Dampfblasen im Inneren einer Flüssigkeit. Es tritt ein, sobald der Dampfdruck den von außen auf der
Flüssigkeit lastenden Druck erreicht, also z. B. den Atmosphärendruck. Das führt zusammen mit dem DALTON'schen Gesetz zu zwei
überraschenden Schauversuchen:

1. Bei normalem Luftdruck siedet Wasser bei 100 °C, Tetrachlor-
kohlenstoff (CCl$_4$) bei 76,7 °C. – Man schichte diese beiden sich
praktisch nicht ineinander lösenden Flüssigkeiten übereinander und
erhitze sie in einem Wasserbad: dann beginnt das Sieden an der
Grenzschicht schon bei 65,5 °C! – Grund: Bei dieser Temperatur
hat Wasser einen Dampfdruck von 256 hPa und CCl$_4$ einen Dampfdruck von 757 hPa. Diese beiden addieren sich nach DALTON als
Teildrücke zum Gesamtdruck = 1013 hPa, und daher können Bla-
senbildung und Sieden beginnen.

2. Man taucht ein mit Luft gefülltes Reagenzglas mit der Öffnung
nach unten in eine flache Schale mit Äther. Sogleich blubbert Luft aus
der Öffnung heraus, sie wird durch den Teildruck des Ätherdampfes
($\approx$ 580 hPa bei 20 °C) verdrängt.

14.8   Kalorische Zustandsgleichungen idealer Gase, GAY-LUSSAC'scher Drosselversuch

Die neben den einfachen thermischen Zustandgrößen p, V und T benutzten anderen Zustandgrößen, zum Beispiel innere Energie U und
Enthalpie H, hängen von p, V und T ab. Diese Abhängigkeit wird
durch *kalorische* Zustandsgleichungen dargestellt. In diesen lässt sich
stets eine der drei einfachen Zustandsgrößen durch die beiden anderen ersetzen. Im Allgemeinen enthalten also kalorische Zustandsgleichungen *zwei* einfache Zustandsgrößen.

Um z. B. die Abhängigkeit der inneren Energie von der Temperatur
darzustellen, braucht man Gl. (14.17). Sie enthält die Abhängigkeit
der inneren Energie einer Stoffmenge von ihrem Volumen bei einer

Temperatur, die vor Beginn und nach Schluss des Vorgangs dieselbe ist (unabhängig von irgendwelchen Änderungen während des Vorgangs). Man braucht also die Größe

$$\left(\frac{\partial U}{\partial V}\right)_{T=\text{const}}, \text{ den Grenzfall von } \left(\frac{\Delta U}{\Delta V}\right)_{T=\text{const}}.$$

Diese muss für jeden Stoff experimentell ermittelt werden. Zur Messung von ΔU dient die Gleichung

$$\Delta U = Q + W. \tag{14.6}$$

Dabei kann man für Gase die in Abb. 14.9 skizzierte Anordnung benutzen: Zwei Stahlflaschen *I* und *II* befinden sich in einem Wasserkalorimeter (Thermometer, Wärmeisolation und Rührwerk sind nicht mitgezeichnet). *I* enthält Luft von hohem Druck (z. B. $152 \cdot 10^5$ Pa, bei diesen Bedingungen verhält sich Luft noch nahezu wie eine ideales Gas), *II* ist leer. Beim Öffnen des Verbindungshahnes verkleinern sich Druck und Dichte der Luft, ohne nach außen Arbeit (kurz: äußere Arbeit) abzugeben. Eine solche Entspannung nennt man *Drosselung*. – Mit $W = 0$ vereinfacht sich Gl. (14.6) zu $\Delta U = Q$. In Worten: Ein eingesperrtes Gas werde in einem Kalorimeter durch Drosselung entspannt. Das Gas soll nach der Entspannung die gleiche Temperatur besitzen wie vor ihr. Um das zu erreichen, muss dem Kalorimeter die Wärme Q zugeführt oder entzogen werden. Dann ist $Q = \Delta U$, d. h. gleich der Änderung der inneren Energie U des gedrosselt entspannten Gases.

Im Experiment findet man $Q = 0$ und damit $\Delta U = 0$.[K14.8] Das heißt, die innere Energie der Luft hat sich bei der Entspannung nicht geändert. *Die innere Energie U eines idealen Gases ist bei konstanter Temperatur von Volumen, Druck und Dichte unabhängig.* Oder in Formelsprache

$$\left(\frac{\partial U}{\partial V}\right)_{T=\text{const}} = 0. \tag{14.25}$$

K14.8. Dies Experiment wird nicht im Schauversuch vorgeführt. Es bezieht sich auf den oberen Teil der Abb. 14.9. Hier befindet sich die gesamte Anordnung in *einem* Kalorimeter, das bei dem Versuch keine Temperaturänderung anzeigt ($\Delta T = 0$). Aus dem Schauversuch (unteres Teilbild) ergibt sich dieses Ergebnis aufgrund des symmetrischen Aufbaus aber auch.

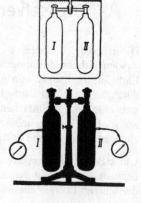

Abb. 14.9 Drosselversuch von L.J. GAY-LUSSAC (1807): Bei konstanter Temperatur ist die innere Energie eines idealen Gases von Druck und Dichte unabhängig. (*Oben* Schema, *unten* Schauversuch. Je Flasche $V = 2$ Liter; $M = 4{,}52$ kg, Wärmekapazität 2093 W s/K)

Im Schauversuch verfolgt man den Vorgang besser etwas mehr ins Einzelne. Man benutzt die Flaschen selbst als Kalorimeter, indem man sie mit je einem elektrischen Thermometer verbindet. Beim Öffnen des Verbindungsweges dehnt sich die Luft in I aus: Sie erzeugt einen Strahl und verrichtet dabei eine Beschleunigungsarbeit. Die äquivalente Wärme Q entzieht sie den Wänden der Flasche I, die Temperatur von I sinkt um $-\Delta T_I$. Die kinetische Energie des Strahls wird in der Flasche II durch Verwirbelung und innere Reibung thermisch in innere Energie umgewandelt. Die Temperatur von II steigt daher um ΔT_{II}. Praktisch findet man $-\Delta T_I = \Delta T_{II}$, im Beispiel ≈ 7 K. Folglich ist die von der Luft in I aufgenommene Wärme ebenso groß wie die in II wieder abgegebene. Die Luft hat also auch in diesem Schauversuch insgesamt keine Wärme Q aufgenommen.

Aus dem Drosselversuch von GAY-LUSSAC folgern wir zweierlei:

1. In idealen Gasen enthält die innere Energie U keine vom Abstand zwischen den Molekülen abhängige *potentielle* Energie. Daher darf man in *idealen* Gasen die *Kräfte* zwischen den Molekülen als verschwindend klein vernachlässigen.

2. In idealen Gasen hängt die innere Energie U nur von der *Temperatur* ab, also nicht mehr von zwei, sondern nur noch von *einer* einfachen Zustandsgröße. Folglich können wir in Gl. (14.12) die Bedingung $V = $ const streichen und ebenso $p = $ const in Gleichung (14.13), weil auch pV nur von T abhängt. Dann bekommen wir

$$Mc_V = \frac{\partial U}{\partial T} \qquad \text{oder} \qquad U = Mc_V T + U_0 \qquad (14.26)$$

und

$$Mc_p = \frac{\partial H}{\partial T} \qquad \text{oder} \qquad H = Mc_p T + H_0 . \qquad (14.27)$$

Jede Energie kann von einem willkürlich vereinbarten Nullwert aus gezählt werden, man denke z. B. an die potentielle Energie eines gehobenen Steines. So können wir U_0 und H_0, die innere Energie idealer Gase und ihre Enthalpie beim absoluten Nullpunkt der Temperatur als Nullwert vereinbaren[3]. Dann bekommen wir für ideale Gase die beiden einfachen kalorischen Zustandsgleichungen

$$\text{innere Energie} \qquad U = Mc_V T , \qquad (14.28)$$
$$\text{Enthalpie} \qquad H = Mc_p T , \qquad (14.29)$$

bzw. für die molaren Größen

$$\text{innere Energie} \qquad U = nC_V T , \qquad (14.30)$$
$$\text{Enthalpie} \qquad H = nC_p T . \qquad (14.31)$$

---

[3] Die Größe der Konstante U_0 (bzw. H_0), also die Energie eines Stoffes beim absoluten Nullpunkt, ist heute gut bekannt. Sie ist gleich der Masse multipliziert mit dem Quadrat der Lichtgeschwindigkeit. U_0 ist also sehr groß. Sie beträgt z. B. für 1 mol Wasserstoff $1,8 \cdot 10^{14}$ W s.

Man übersehe nicht die wesentliche Voraussetzung: Bei der Integration der Ausgangsgleichungen (14.26) und (14.27) sind c_p und c_V als konstant angenommen worden.

Enthalpie H und innere Energie U unterscheiden sich um die Größe pV (Gl. (14.10)). Für ein ideales Gas der Stoffmenge n ist $pV = nRT$. Also bekommen wir

$$n(C'_p - C_V)T = nRT$$

oder

$$C_p - C_V = R \qquad (14.32)$$

In Worten: *Für jedes ideale Gas ist die Differenz seiner beiden molaren Wärmekapazitäten gleich der allgemeinen Gaskonstante.*

Zahlenbeispiel für Stickstoff

$$C_p - C_V = 29{,}14 \,\frac{\mathrm{W\,s}}{\mathrm{mol \cdot K}} - 20{,}79 \,\frac{\mathrm{W\,s}}{\mathrm{mol \cdot K}}$$

$$= 8{,}35 \,\frac{\mathrm{W\,s}}{\mathrm{mol \cdot K}} \approx R \,.$$

14.9 Zustandsänderungen idealer Gase

Neben den thermischen und kalorischen Zustandsgleichungen für ideale Gase müssen an dritter Stelle Gleichungen für die Zustands*änderungen* gebracht werden. Diese Änderungen stellt man allgemein im pV-Diagramm dar, und die Gleichungen der Zustandsänderungen ergeben den Zusammenhang zwischen zwei der einfachen Zustandsgrößen. Diese sollen sich innerhalb der jeweils betrachteten Gasmenge gleichförmig ändern. Es sollen also nicht, wie bei sehr großen Geschwindigkeiten, lokale Differenzen von Temperatur, Druck und Dichte auftreten. Leider haben diese Gleichungen nur für den Grenzfall idealer Gase hinreichende Einfachheit. Für diese unterscheidet man allgemein fünf Zustandsänderungen.

1. Die *isotherme Zustandsänderung*. Sie erfolgt bei *konstant gehaltener Temperatur*. Ihre Gleichung kennen wir bereits unter dem Namen BOYLE-MARIOTTE'sches Gesetz

$$\frac{pV}{M} = \mathrm{const}\,. \qquad (9.11)$$

Aus ihr folgt durch Differentiation

$$\frac{\mathrm{d}p}{\mathrm{d}V} = -\frac{p}{V} \qquad (14.33)$$

Abb. 14.10 Eine Isotherme bei 22 °C

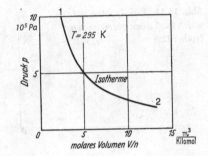

und die isotherme Kompressibilität

$$\frac{dV}{V} \cdot \frac{1}{dp} = -\frac{1}{p}. \tag{14.34}$$

Auch die Entstehung des Drucks durch die ungeordnete Wärmebewegung ist uns geläufig. Die graphische Darstellung der Gl. (9.11) liefert Hyperbeln. Eine solche *Isotherme* genannte Kurve ist in Abb. 14.10 gezeichnet. Ein Übergang z. B. von einem Zustand 1 in einen Zustand 2, also eine *isotherme* Ausdehnung, liefert die *äußere Arbeit W. Dabei bleibt die innere Energie U des Gases ungeändert.* Daher muss die nach außen abgeführte Arbeit W durch eine Zufuhr von Wärme Q ersetzt werden. Quantitativ gilt sowohl für die Ausdehnungsarbeit als auch für die technische Arbeit[K14.9]

$$W = W_{\text{techn}} = -Q = -nRT \ln \frac{V_2}{V_1} = -nRT \ln \frac{p_1}{p_2} \tag{14.35}$$

Herleitung

$$W = -\int_1^2 p\,dV, \quad p = \frac{nRT}{V}, \quad W = -nRT \int_1^2 \frac{dV}{V} = -nRT \ln \frac{V_2}{V_1}.$$

Es wird also die ganze einer Gasmenge n zugeführte Wärme Q in äußere Arbeit umgewandelt. Bei isothermer Kompression dagegen muss die zugeführte Arbeit vollständig als Wärme abgeführt werden.

2. Die *isobare Zustandsänderung.* Sie erfolgt bei *konstant gehaltenem Druck.* Ihre Gleichung lautet

$$\frac{T}{V} = \text{const}, \tag{14.36}$$

d. h. das Volumen V wächst proportional zur Temperatur T (Abb. 14.11). Der Übergang vom Zustand 1 zum Zustand 2 oder umgekehrt wird durch eine zur *Abszisse* parallele Gerade dargestellt.

K14.9. Im Allgemeinen sind äußere Arbeit W und technische Arbeit W_{techn} verschieden. In dem hier beschriebenen Sonderfall isothermer Zustandsänderungen idealer Gase sind sie aber gleich. Sowohl die innere Energie U als auch die Enthalpie H bleiben hierbei konstant.

Abb. 14.11 Eine Isobare zwischen zwei *dünn gezeichneten* Isothermen

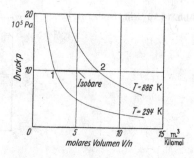

Bei der isobaren *Ausdehnung* beispielsweise verrichtet ein Gas der Stoffmenge n die Arbeit

$$-W = p(V_2 - V_1) = nR(T_2 - T_1).\qquad(14.37)$$

Bei der Ausdehnung wächst die Enthalpie des Gases um $\Delta H = nC_\mathrm{p}(T_2 - T_1)$, und diese muss dem Gas thermisch zugeführt werden. Das Verhältnis von verrichteter Arbeit und zugeführter Wärme ist

$$\frac{-W}{Q} = \frac{nR(T_2 - T_1)}{nC_\mathrm{p}(T_2 - T_1)} = \frac{R}{C_\mathrm{p}} = \frac{C_\mathrm{p} - C_\mathrm{V}}{C_\mathrm{p}}\qquad(14.38)$$

oder mit $\kappa = C_\mathrm{p}/C_\mathrm{V}$

$$\frac{-W}{Q} = \frac{\kappa - 1}{\kappa}.\qquad(14.39)$$

Bei isobarer Volumen*verkleinerung* muss die entsprechende Wärme durch eine Kühlung *abgeführt* werden.

3. Die *isochore Zustandsänderung*. Sie erfolgt bei *konstant gehaltenem Volumen*. Ihre Gleichung lautet

$$\frac{T}{p} = \mathrm{const}.\qquad(14.40)$$

Druck und Temperatur sind bei isochorer Zustandsänderung zueinander proportional. Der Übergang z. B. vom Zustand 2 zum Zustand 1 wird durch eine zur *Ordinate* parallele Gerade dargestellt (Abb. 14.12). Es muss Wärme zugeführt werden. Sie dient restlos zur Erhöhung der inneren Energie um

$$\Delta U = nC_\mathrm{V}(T_2 - T_1).\qquad(14.41)$$

Arbeit wird *nicht* abgeführt, das Volumen bleibt ja konstant.

Bei Abkühlung (Übergang vom Zustand 2 zum Zustand 1) wird die innere Energie erniedrigt und die entsprechende Wärme muss abgeführt werden.

Abb. 14.12 Eine Isochore zwischen zwei *dünn gezeichneten* Isothermen

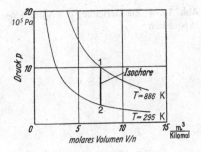

Abb. 14.13 Adiabate eines einatomigen Gases mit $\kappa = 1{,}66$ (Tab. 14.1)

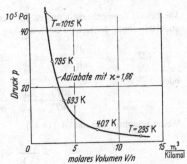

4. Die *adiabatische Zustandsänderung*. (**Videofilm 14.1**) Sie erfolgt *ohne Wärmeaustausch mit der Umgebung*, also $Q = 0$. Sie spielt in Physik und Technik eine wichtige Rolle. Bei der Ausdehnung sinkt der Druck nicht nur wegen der *Volumenzunahme*, sondern gleichzeitig wegen der mit ihr verknüpfen *Abkühlung*. Die *Adiabate* genannte Kurve (Abb. 14.13) fällt also *steiler* ab als eine Hyperbel. Ihre Gleichung lautet[4]

$$pV^\kappa = \text{const} \qquad (14.42)$$

(POISSON'sches Gesetz).

Videofilm 14.1: „Adiabatische Zustandsänderung"
http://tiny.cc/wnayey
Mit einer Luftpumpe geringer Wärmekapazität wird die Temperaturänderung während Kompression und Expansion qualitativ demonstriert.

Herleitung

Zur Herleitung dient Abb. 14.14. Die adiabatische Ausdehnung kann ersetzt werden durch eine Ausdehnung 1–3 bei konstantem Druck (isobar) und eine Drucksenkung 3–2 bei konstantem Volumen (isochor). Auf dem Weg 1–3, bei der isobaren Volumenzunahme, muss dem Gas die Wärme $dQ_{1-3} = nC_p dT_{p=\text{const}}$ zugeführt werden. Auf dem Weg 3–2, bei der isochoren Druckabnahme, muss dem Gas die Wärme $dQ_{3-2} = nC_V dT_{V=\text{const}}$ entzogen werden. Die Summe beider Beträge muss null sein, insgesamt soll ja bei der adiabatischen Zustandsänderung keine Wärme ausgetauscht werden. Also bekommen wir

$$C_p(dT)_{p=\text{const}} = -C_V(dT)_{V=\text{const}} . \qquad (14.43)$$

---

[4] Statt des Volumens V kann man auch das molare Volumen $V_m = V/n$ benutzen, wenn man die Stoffmenge n des eingesperrten Gases aus der Konstante herausnimmt.

Abb. 14.14 Zur Herleitung des Adiabaten-exponenten

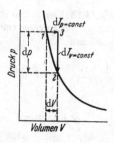

Die beiden Temperaturänderungen ergeben sich aus der thermischen Zustandsgleichung der idealen Gase, also aus $pV = nRT$. Man bekommt

$$(dT)_{p=\text{const}} = \frac{p\,dV}{nR} \quad \text{und} \quad (dT)_{V=\text{const}} = \frac{V\,dp}{nR} \tag{14.44}$$

oder

$$\frac{(dT)_{V=\text{const}}}{(dT)_{p=\text{const}}} = \frac{V\,dp}{p\,dV}. \tag{14.45}$$

Weiter bekommt man mit Gl. (14.43)

$$\frac{dp}{dV} = -\frac{C_\text{p}\,p}{C_\text{V}\,V} = -\kappa\,\frac{p}{V}. \tag{14.46}$$

In Worten: *Auf der Adiabaten ist die differentielle Druckänderung κ-mal so groß wie auf der Isothermen* (Gl. (14.33)).

Aus Gl. (14.46) folgt durch Integration

$$\ln p + \kappa \ln V = \ln \text{const}$$

oder

$$pV^\kappa = \text{const}. \tag{14.42}$$

Weitere, für adiabatische Zustandsänderungen wichtige Gleichungen finden sich in dem jetzt folgenden Pkt. 5.

5. Die *polytrope Zustandsänderung*. Sie erfolgt bei *einer für eine adiabatische Zustandsänderung nicht ausreichenden Wärmeisolation*. Bei der Ausdehnung sinkt der Druck wegen der Volumenzunahme und der mit ihr verknüpften Abkühlung. Wegen der unzureichenden thermischen Isolation ist diese Abkühlung aber geringer als bei adiabatischer Ausdehnung. Infolgedessen fällt die *Polytrope* genannte Kurve (Abb. 14.15) weniger steil ab als eine Adiabate. Ihre Gleichung ist

$$pV^\alpha = \text{const}. \tag{14.47}$$

Bei unvollkommener thermischer Isolation darf man also den Exponenten α nicht $= \kappa$ setzen, sondern man muss einen *kleineren* Wert benutzen, genannt Polytropenexponent. So heißt es z. B. statt Gl. (14.46): Auf einer Polytrope ist die differentielle Druckänderung α-mal so groß wie auf einer Isotherme.

Mithilfe der Gleichungen

$$\left. \begin{array}{rcl} p_1 V_1 &=& nRT_1 \\ p_2 V_2 &=& nRT_2 \end{array} \right\} \tag{14.19}$$

Abb. 14.15 Eine Polytrope eines zweiatomigen Gases ($\kappa = 1.4$)

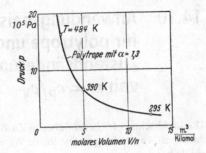

erhält man aus Gl. (14.47) die für Anwendungen nützlichen Beziehungen

$$\frac{T_2}{T_1} = \left(\frac{V_1}{V_2}\right)^{\alpha-1} = \left(\frac{p_2}{p_1}\right)^{\frac{\alpha-1}{\alpha}} \qquad (14.48)$$

und für die bei der Ausdehnung *abgegebene* äußere Arbeit

$$W = -\frac{p_1 V_1}{\alpha - 1}\left[1 - \left(\frac{p_2}{p_1}\right)^{\frac{\alpha-1}{\alpha}}\right]$$

$$= -n\frac{R}{\alpha - 1}(T_1 - T_2) = -\frac{p_1 V_1 - p_2 V_2}{\alpha - 1}. \qquad (14.49)$$

Die technische Arbeit W_{techn} ist in diesem Fall α-mal so groß, also z. B.

$$W_{\text{techn}} = -\frac{\alpha}{\alpha - 1}p_1 V_1\left[1 - \left(\frac{p_2}{p_1}\right)^{\frac{\alpha-1}{\alpha}}\right]. \qquad (14.50)$$

Für adiabatische Zustandsänderungen ist in all diesen Gleichungen $\alpha = \kappa = C_{\mathrm{p}}/C_{\mathrm{V}}$ zu setzen. So wird z. B. die bei der adiabatischen Ausdehnung nach außen abgegebene Arbeit

$$W = -nC_{\mathrm{V}}(T_1 - T_2) \qquad (14.51)$$

Herleitung
von Gl. (14.49) und (14.50):

$$W = -\int_1^2 p\,\mathrm{d}V = -\int_1^2 \mathrm{const}\, V^{-\alpha}\,\mathrm{d}V = -\mathrm{const}\,\frac{V_2^{1-\alpha} - V_1^{1-\alpha}}{1 - \alpha}. \qquad (14.52)$$

Weiter hat man nach Gl. (14.47) const $= p_1 V_1^{\alpha} = p_2 V_2^{\alpha}$ und nach Gl. (14.19) $pV = nRT$ zu setzen und umzuformen.
Von Gl. (14.49) gelangt man zu Gl. (14.50) mithilfe der Gl. (14.5).

14.10 Anwendungsbeispiele für polytrope und adiabatische Zustandsänderungen, Messungen von $\kappa = c_p/c_V$

Die in Abschn. 14.9 beschriebenen Zustandsänderungen spielen bei zahllosen Anwendungen eine Rolle. Wir müssen uns auf wenige Beispiele beschränken:

1. *Messung eines Polytropenexponenten* α. In Abb. 14.16 ist Luft in einem Glasbehälter ($V =$ einige Liter) mit geringem Überdruck $p_1 = 10^3$ Pa ($\cong h = 100$ mm Wassersäule) eingesperrt. Der Hahn wird geöffnet und sofort geschlossen, wenn der Überdruck verschwunden ist. Die Ausdehnung ist *polytrop* erfolgt (von Pkt. 1 nach 2 in Abb. 14.17), die thermische Isolation eines Glasbehälters ist nicht vollkommen. Die Luft hat sich nicht so stark abgekühlt wie bei adiabatischer Ausdehnung, also bei vollkommenem Wärmeschutz. Trotzdem ist ein kleinerer Teil der Luft entwichen als bei *isothermer* Ausdehnung. Infolgedessen *steigt* der Druck (auf der Isochore von Pkt. 2 nach 3) wenn die Luft allmählich wieder Zimmertemperatur annimmt. Es stellt sich wieder ein Überdruck p_3 ein, im Beispiel $p_3 = 230$ Pa ($\cong h = 23$ mm Wassersäule). Den Punkt 3 würden wir bei langsamer *isothermer* Ausdehnung sogleich erhalten können. Wir müssten dann nur genau die gleiche Luftmenge abströmen lassen wie bei der raschen polytropen Ausdehnung.

Die Druckänderungen sind klein gegen den ganzen Luftdruck. Sowohl die Polytrope als auch die Isotherme in Abb. 14.17 dürfen wir infolgedessen als kurze *gerade* Linien zeichnen. Diesem Bild entnehmen wir

$$\text{polytrope Druckabnahme} \quad (-dp)_{\text{polytr}} = p_1$$
$$\text{isotherme Druckabnahme} \quad (-dp)_{\text{isoth}} = p_1 - p_3 \, .$$

Wie sich durch Differentiation dp/dV der Gln. (14.19) und (14.47) ergibt, ist das Verhältnis beider der gesuchte Polytropenexponent α,

Abb. 14.16 Zur Messung eines Polytropenexponenten α

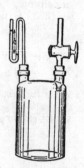

Abb. 14.17 Zur Messung eines Polytropenexponenten in Abb. 14.16 (100 mm Wassersäule ≈ 10³ Pa)

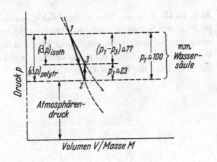

also

$$\frac{\mathrm{d}p_{\text{polytr}}}{\mathrm{d}p_{\text{isoth}}} = \alpha.$$

Im Beispiel ist $\alpha = \frac{100}{100-23} = 1{,}3$. Die Luft hat sich also in Abb. 14.17 mit dem Polytropenexponenten $\alpha = 1{,}3$ ausgedehnt.

2. *Messung des Adiabatenexponenten* $\kappa = c_p/c_V$ *aus der Schallgeschwindigkeit.* Bei einwandfreier thermischer Isolation kann die Ausdehnung in Abb. 14.17 *adiabatisch* erfolgen. Der gemessene Exponent α muss dann also gleich dem *Adiabaten*exponenten $\kappa_{\text{Luft}} = 1{,}40$ werden. Tatsächlich versucht man oft, κ auf diese Weise zu messen. Es ist aber nicht einfach, jede störende Wärmezufuhr auszuschalten. – Das erreicht man leichter bei sehr *rasch* verlaufenden Ausdehnungsvorgängen. Diese finden sich in den *Schallwellen*, fortschreitenden sowohl als auch stehenden. Man kann κ mit guter Genauigkeit aus der Schallgeschwindigkeit ermitteln. Für die Schallgeschwindigkeit in Gasen gilt

$$c_{\text{Schall}} = \sqrt{\frac{K}{\varrho}}. \tag{12.46}$$

Dabei ist ϱ die Dichte des Gases und K der Kompressionsmodul:

$$\frac{1}{K} = -\frac{\mathrm{d}V}{V}\frac{1}{\mathrm{d}p}. \tag{14.53}$$

Für adiabatische Ausdehnung ($\alpha = \kappa$) gilt (Gl. (14.46))

$$\frac{\mathrm{d}V}{\mathrm{d}p} = -\frac{1}{\kappa}\frac{V}{p},$$

also

$$K = \kappa \cdot p. \tag{14.54}$$

Einsetzen von Gl. (14.54) in Gl. (12.46) ergibt

$$c = \sqrt{\kappa \cdot \frac{p}{\varrho}}. \tag{14.55}$$

Abb. 14.18 Eine aus Glas nachgebildete malayische Feuerpumpe. Statt des Schwammes *S* kann man am Boden des Stempels etwas mit Schwefelkohlenstoff oder Dieselöl angefeuchtete Watte anbringen. Dann führt die Verdichtungswärme zum Aufflammen des Luft-Dampf-Gemisches.

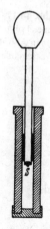

Zahlenbeispiel
Bei 18 °C und $p = 10^5$ Pa (1000 hPa) hat Luft eine Dichte von $\varrho = 1{,}215$ kg/m³. Als Schallgeschwindigkeit misst man $c = 340$ m/s, daraus folgt $\kappa = 1{,}40$. Die Schallgeschwindigkeit misst man gerne bei bekannter Frequenz mithilfe stehender Wellen. („KUNDT'sche Staubfiguren", Abschn. 11.7).

Die Schallgeschwindigkeit c sinkt mit abnehmender Temperatur. Das sieht man durch Umformung der Gl. (14.55) mithilfe der Zustandsgleichung idealer Gase (14.21):[K14.10]

K14.10. Die Schallgeschwindigkeit *c* ist also unabhängig von der Dichte ϱ!

$$c = \sqrt{\kappa \cdot \frac{R}{M_\mathrm{n}} \cdot T} \,. \tag{14.56}$$

3. *Erzeugung großer Temperaturen durch polytrope Kompression.* Vor Einführung der europäischen Zündhölzer benutzte man im Malayischen Archipel, insbesondere in Borneo, die *Feuerpumpe*, oft auch pneumatisches Feuerzeug genannt (Abb. 14.18): Ein Kolben wurde in einen Holzzylinder hineingestoßen. Dabei wurde Luft erhitzt und ein am Boden des Kolbens angeheftetes Stückchen Feuerschwamm entzündet. Heute benutzt man den gleichen Vorgang in den Dieselmotoren zur Zündung des eingespritzten Brennstoffes.

14.11 Druckluftmotor und Gaskompressor

„Der Laie hält einen Behälter mit Druckluft für einen Energie-Speicher, wie z. B. die gespannte Feder einer Taschenuhr. Diese Auffassung ist falsch."

Dies sind nicht nur technisch wichtige Maschinen (z. B. der Presslufthammer), sondern sie sind auch physikalisch sehr lehrreich. Der Laie hält einen Behälter mit Druckluft für einen Energie-Speicher, wie z. B. die gespannte Feder einer Taschenuhr. Diese Auffassung ist aus folgendem Grund falsch: Luft ist praktisch ein ideales Gas, und

Abb. 14.19 Druckluftmotor. Für isothermen Betrieb wird der Zylinder mit einer elektrischen Heizvorrichtung umgeben. (**Videofilm 14.2**)

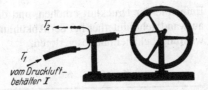

T_2

T_1

vom Druckluft-
behälter I

Videofilm 14.2:
„**Druckluftmotor**"
http://tiny.cc/vnayey

daher ist die innere Energie einer Luftmenge bei konstanter Temperatur von Druck und Dichte unabhängig. Folglich kann Druckluft, wenn sie bei isothermer Entspannung Arbeit verrichtet, keine innere Energie aus eigenem Bestand abgeben, sie muss statt dessen Energie aus einer anderen Quelle beziehen: Der Druckluftmotor ist, wie sich gleich zeigen wird, eine Maschine, die Wärme in Arbeit umwandelt.

Für einen isothermen Betrieb denke man sich den Zylinder einer kleinen Maschine (Abb. 14.19) mit einer elektrischen Heizvorrichtung umgeben und den Strom in ihr so bemessen, dass aus- und einströmende Luft gleiche Temperatur haben, also $T_2 = T_1$. Dann erfolgt die Ausdehnung der Luft isotherm, es gilt für die technische Arbeit Gl. (14.35)

$$W_{\text{techn}} = -Q .$$

In Worten: Beim isothermen Betrieb wird die zugeführte Wärme Q restlos in Arbeit umgewandelt, die Maschine arbeitet im idealisierten Grenzfall mit dem Nutzeffekt von 100 %.[K14.11]

Wird die Heizvorrichtung fortgelassen, so arbeitet die Maschine polytrop, im Grenzfall guter thermischer Isolation sogar adiabatisch, also ohne Zufuhr von Wärme. In diesem Grenzfall gilt für die technische Arbeit

$$W_{\text{techn}} = \Delta H$$

(folgt ohne Rechnung aus Gl. (14.11) für $Q = 0$).

In Worten: Bei einem adiabatisch arbeitenden Druckluftmotor ist die verrichtete Arbeit gleich der Abnahme der Enthalpie der Druckluft. Die Luft verlässt die Maschine abgekühlt, also $T_2 < T_1$, doch wird ihr dieser Enthalpieverlust nachträglich in der Atmosphäre ganz durch Wärmezufuhr ersetzt, also T_1 wieder hergestellt. Bei adiabatischem Betrieb hat die Druckluft lediglich vorübergehend Energie *vorzustrecken*.

Die Enthalpieverkleinerung in einem thermisch isolierten Motor benutzt man zur Abkühlung von Gasen z. B. bei der Verflüssigung des Heliums. Man spricht dann von einer Abkühlung durch Abgabe von Arbeit (G. CLAUDE (1870–1960), vgl. Abschn. 15.6).

Für den Gasverdichter (Kompressor) gilt das Umgekehrte wie für den Motor. Bei ungenügender Kühlung muss die Arbeitsmaschine die

K14.11. Der hier angegebene „Nutzeffekt" widerspricht *nicht* dem zweiten Hauptsatz. Er ist nicht mit dem „Wirkungsgrad" von Wärmekraftmaschinen zu verwechseln. POHL geht in diesem Zusammenhang in Abschn. 19.7 nochmal ausführlich auf den Druckluftmotor ein.

Teil III

Enthalpie der Druckluft erhöhen, und der dadurch bedingte Mehraufwand geht hinterher bei der Abkühlung der Druckluft im Aufbewahrungsbehälter nutzlos verloren.

Aufgaben

14.1 Sauerstoff hat eine molare Masse von $M_n = 32\,\text{g/mol}$. O_2-Gas der Stoffmenge $n = 2\,\text{kmol}$ ($\hat{=}\ M = 64\,\text{kg}$) befinde sich bei $27\,°\text{C}$, also $T = 300\,\text{K}$ in einem Volumen $V = 300\,\text{Liter} = 0,3\,\text{m}^3$. Wie groß ist der Druck des O_2? (Abschn. 14.6)

14.2 Eine Gasflasche mit dem Volumen $V_1 = 10\,\text{l}$ enthält Sauerstoff unter einem Druck von $15 \cdot 10^5\,\text{Pa}$. Eine weitere Flasche mit dem Volumen $V_2 = 40\,\text{l}$ enthält Stickstoff unter einem Druck von $8 \cdot 10^5\,\text{Pa}$. Welcher Gesamtdruck stellt sich ein, wenn beide Flaschen miteinander verbunden werden? (Abschn. 14.7)

14.3 Auf welchen Bruchteil seines Anfangsvolumens muss man Luft zusammendrücken, um eine Temperatur von $500\,°\text{C}$ zu erreichen? Der Vorgang verlaufe polytrop mit dem Polytropenexponenten $\alpha = 1{,}36$. (Abschn. 14.9)

Elektronisches Zusatzmaterial Die Online-Version dieses Kapitels (doi:10.1007/978-3-662-48663-4_14) enthält Zusatzmaterial, das für autorisierte Nutzer zugänglich ist.

Reale Gase

15

15.1 Zustandsänderungen realer Gase

Für ideale Gase[K15.1] kennt man die Zustandsgleichung und diese genügt, um die Gleichungen der verschiedenartigen Zustandsänderungen (isotherm, adiabatisch usw.) ohne neue Experimente herzuleiten. Für reale Gase gibt es keine allgemeine Zustandsgleichung und daher muss man für die genannten Zustandsänderungen neue Beobachtungen zu Hilfe nehmen. Am wichtigsten ist die experimentelle Ermittlung der *Isothermen* für reale Gase. Die Isothermen zeigen in allen Fällen qualitativ den gleichen Verlauf. Für Kohlendioxid (CO_2) lässt er sich auch im Schauversuch mit geringem Aufwand vorführen. Abb. 15.1 zeigt die Versuchsanordnung, Abb. 15.2 die Ergebnisse in einem maßstäblichen pV_m-Diagramm.

Bei Temperaturen über 80 °C sind die Isothermen noch *Hyperbeln*. Sie lassen sich noch mit der Gleichung $pV_m = $ const darstellen. Bei +40 °C ist bereits eine erhebliche *Verzerrung* der Kurve erfolgt. Bei 31 °C hat die Isotherme einen *Wendepunkt* mit horizontaler Tangente: In der Umgebung dieses *kritischen Punktes* ist der Druck vom Volumen des eingesperrten Gases unabhängig. Die Zustandsgrößen heißen an diesem Punkt die *kritischen*. Für CO_2 ist die kritische Temperatur

$$T_{kr} = 304\,\text{K}\ (31\,°\text{C}),$$

K15.1. Die Begriffe „ideales Gas" und „reales Gas" haben nichts mit dem Gas selbst zu tun. Solange ein Gas die Zustandsgleichung idealer Gase befolgt, nennt man es „ideal". Weicht sein Verhalten aber davon ab, z. B. in der Nähe des Siedepunktes, nennt man es „real".

Teil III

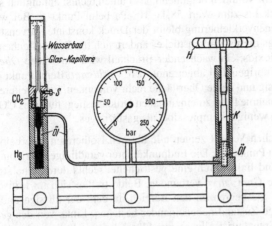

Abb. 15.1 Zur Untersuchung von Zustandsänderungen (halbschematisch). S wird beim Füllen des Apparates gebraucht. (1 bar = 10^5 Pa)

© Springer-Verlag Berlin Heidelberg 2017
K. Lüders, R.O. Pohl (Hrsg.), *Pohls Einführung in die Physik*, DOI 10.1007/978-3-662-48663-4_15

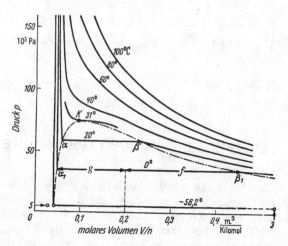

Abb. 15.2 Maßstäbliches pV_m-Diagramm von Kohlendioxid (THOMAS AN-DREWS, Chemiker in Belfast, 1813–1885). ($V_m = V/n$ = molares Volumen.) Bei $0\,°C$ hat die Flüssigkeit das molare Volumen $V_{m,f} = 0,048\ m^3/kmol$ (Abszisse von α_1) und das Gas das molare Volumen $V_{m,g} = 0,46\ m^3/kmol$ (Abszisse von β_1).

der kritische Druck

$$p_{kr} = 73,6 \cdot 10^5\,Pa$$

und das kritische molare Volumen

$$V_{m,kr} = 0,096\,m^3/kmol.$$

Beispiele für weitere Stoffe finden sich in Tab. 15.1.

Unterhalb der kritischen Temperatur ändern sich die Erscheinungen von Grund auf. Verfolgen wir die Isotherme bei $+20\,°C$, und zwar bei großem Volumen beginnend, also unten rechts: anfänglich steigt der Druck bis zum Wert $58,1 \cdot 10^5$ Pa beim Punkt β. Bei weiterer Volumenverkleinerung bleibt der Druck konstant, Kurvenstücke $\beta\alpha$. Längs dieses Kurvenstückes ändert sich die Beschaffenheit des Kohlendioxids: ein wachsender Bruchteil wird durch eine *Oberfläche* vom übrigen Teil abgetrennt, d. h. *verflüssigt*. Beim Punkt α ist alles flüssig und keine Oberfläche mehr vorhanden. Eine weitere Volumenabnahme führt zu einem jähen Druckanstieg: flüssiges CO_2 ist erheblich weniger kompressibel als gasförmiges.

Den gleichen Verlauf zeigen alle übrigen Isothermen unterhalb des kritischen Punktes K. Die Endpunkte ihrer geradlinigen horizontalen Stücke sind links durch eine gestrichelte, rechts durch eine strichpunktierte *Grenzkurve* verbunden. Beide treffen sich im kritischen Punkt K. Sie begrenzen den Bereich, in dem der flüssige und der gasförmige Zustand nebeneinander bestehen. Links von der *gestrichelten* Grenzkurve gibt es nur Flüssigkeit, rechts von der *strichpunktierten* Grenzkurve nur Gas. Oberhalb des kritischen Punktes K verliert die Unterscheidung von Gas und Flüssigkeit ihren Sinn.

Für die geradlinigen Stücke der Isothermen liefern die Abzissen der Endpunkte, z. B. α und β, die molaren Volumen V_m des flüssigen und gasförmigen Anteils (Beispiel unter Abb. 15.2).

Für jede Füllung und Temperatur eines Behälters (im skizzierten Beispiel für $V_{m,kr} = 0,2\,\mathrm{m}^3/\mathrm{kmol}$ und $0\,^\circ\mathrm{C}$) ergibt das Verhältnis Länge f/Länge g das Verhältnis Stoffmenge der Flüssigkeit/Stoffmenge des Gases.[K15.2] – Bei der *kritischen Füllung* mit $V_{m,kr} = 0,096\,\mathrm{m}^3/\mathrm{kmol}$ und bei $0\,^\circ\mathrm{C}$ sind (vgl. Abb. 15.4)

89 % der Stoffmenge $\widehat{=}$ 45 % des Volumens flüssig

11 % der Stoffmenge $\widehat{=}$ 55 % des Volumens gasförmig.

Die linke Grenzkurve endet bei einem Druck von $5 \cdot 10^5\,\mathrm{Pa}$ mit einem als Kreis markierten Punkt. Unterhalb dieses Drucks ist CO_2 fest. Für den gleichen Druck ist links noch ein weiterer Kreis eingetragen, ein dritter ist weit rechts außerhalb des Bereiches auf der Isotherme von $-56,2\,^\circ\mathrm{C}$ zu suchen. Auf diese Kreispunkte werden wir bei der Behandlung des Tripelpunktes zurückkommen.

Für Wasser, den heute noch immer wichtigsten Arbeitsstoff, sind einige Sonderbezeichnungen gebräuchlich. Man bezeichnet Wasserdampf im Zustand *außerhalb* der Grenzkurve als *überhitzten* Dampf, *auf* der Grenzkurve als *trockenen gesättigten* Dampf, *innerhalb* der Grenzkurve als *Nassdampf*.

Der Nassdampf ist ein Gemisch von Wasserdampf und feinsten Wassertröpfchen. Er erscheint dem Auge als weißer Nebel oder als weiße Wolke. Überhitzter und gesättigter Wasserdampf sind ebenso unsichtbar wie z. B. Zimmerluft. In ihnen fehlen die feinen, das Licht streuenden schwebenden Wassertröpfchen (s. Bd. 2, Kap. 26). – Der Laie denkt bei Wasserdampf fast immer nur an diesen sichtbaren Nassdampf (Nebel).

Die Technik spricht von einem *spezifischen Dampfgehalt* des nassen Dampfes. Damit bezeichnet sie das Verhältnis

$$x = \frac{\text{Masse des trocken gesättigten Dampfes}}{\substack{\text{Masse des Dampfes und der in ihm} \\ \text{schwebenden Wassertröpfchen}}} = \left(\frac{g}{g+f}\right) \quad (15.1)$$

in Abb. 15.2. Auf der linken Grenzkurve ist $x = 0$, auf der rechten $x = 1$.

15.2 Unterscheidung von Gas und Flüssigkeit

Die Isothermen von CO_2 (Abb. 15.2) führen zu einigen wichtigen Folgerungen. In Abb. 15.3 sind nur zwei der Isothermen dargestellt, nämlich für $20\,^\circ\mathrm{C}$ und für $40\,^\circ\mathrm{C}$. Außerdem sind die beiden Grenzkurven eingezeichnet, und der von ihnen umfasste Bereich ist schraffiert. In ihm bestehen Flüssigkeit und Gas

K15.2. Herleitung: Die gesamte Stoffmenge n ist die Summe der jeweiligen Stoffmengen von Gas, n_g, und Flüssigkeit, n_f. Bei einem Molvolumen V_m, $\alpha_1 < V_m < \beta_1$ (Abb. 15.2), ist ein Teil der Stoffmenge gasförmig, $n_g = xn$ ($0 < x < 1$), der Rest ist flüssig, $n_f = (1 - x)n$. Dann gilt:
$V_m = x\beta_1 + (1 - x)\alpha_1$ oder
$x = (V_m - \alpha_1)/(\beta_1 - \alpha_1)$.
Für das in Abb. 15.2 gewählte Beispiel ist
$x = g/(g + f)$ und $1 - x = f/(g + f)$,
also $n_f/n_g = f/g$.

Teil III

Abb. 15.3 Zur Unterscheidung von Gasen und Flüssigkeiten: ein den kritischen Punkt K umfassender Kreisprozess zwischen zwei Isothermen von CO_2 (Grenzkurve *links gestrichelt, rechts strichpunktiert*)

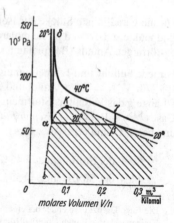

*neben*einander. Wir beginnen beim Zustand α und vergrößern das Volumen. Dabei wird bei konstantem Druck ein wachsender Bruchteil von dem übrigen Teil durch eine Oberfläche abgegrenzt, d. h. „verdampft". Beim Zustandspunkt β ist alles CO_2 verdampft und keine Oberfläche mehr vorhanden. Dann steigern wir bei konstantem Volumen ($V_m = 0{,}227\,\text{m}^3/\text{kmol}$) die Temperatur bis $+40\,^\circ\text{C}$ und drücken darauf das Gas bis zum Ausgangsvolumen ($V_m = 0{,}057\,\text{m}^3/\text{kmol}$) isotherm zusammen ($\delta$). Dabei steigt der Druck bis auf etwa $150 \cdot 10^5\,\text{Pa}$. Von nun an halten wir das Volumen konstant, kühlen bis auf $+20\,^\circ\text{C}$ herunter und gelangen wieder zum Ausgangspunkt α. Erfolg: Wir haben keinerlei *Bildung* einer Oberfläche gesehen, auch keine Nebelbildung, d. h. keine Ausscheidung von flüssigem CO_2 in Form kleiner schwebender Tröpfchen. Trotzdem ist das gesamte CO_2 jetzt wieder eine Flüssigkeit geworden. Sie zeigt eine charakteristische Eigenschaft jeder Flüssigkeit: Sie lässt sich auch bei einer Drucksteigerung auf einige hundert $10^5\,\text{Pa}$ nicht merklich zusammenpressen.

Man kann den ganzen geschlossenen Weg auch in umgekehrter Richtung durchlaufen, also in der Reihenfolge α, δ, γ, β, α. Dann sieht man keine Oberfläche *verschwinden* und trotzdem, beim Punkt β beginnend, eine neue Oberfläche entstehen.

Ergebnis: Im Allgemeinen erfolgen Phasenübergänge mit *unstetigen* Änderungen der physikalischen Eigenschaften, z. B. der Übergang fest $\leftrightarrow$ flüssig: Die beiden Phasen sind in ihrem ganzen Existenzbereich durch die Grenzkurve getrennt (Abb. 15.10 und 15.11). Der Phasenübergang flüssig $\leftrightarrow$ gasförmig hingegen erfolgt *stetig* beim Überschreiten der kritischen Temperatur: In den Abb. 15.10 und 15.11 *endet* die gestrichelte Grenzkurve im kritischen Punkt K.

Eine Flüssigkeit kann nicht für sich allein, d. h. in einem sonst leeren Raum bestehen[1]. *Die Oberfläche ist für sie keine den Zusammenhalt*

---

[1] Im Weltraum können Flüssigkeiten mit sehr großer Masse durch ihre gegenseitige Anziehung (Gravitation) zusammengehalten werden. Sie sind dann aber stets von einer Gasatmosphäre umgeben.

Abb. 15.4 Zum Phasenübergang von CO_2 bei steigender Temperatur. In *I* wird alles flüssig (alsdann Explosionsgefahr!), in *III* verdampft alles. In *II* aber lässt sich der stetige Übergang bei der kritischen Temperatur verfolgen. *II* veranschaulicht die kritische Füllung bei 0 °C, vgl. Abschn. 15.1.[K15.3]

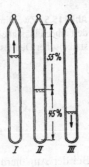

K15.3. Es lohnt sich, diese drei Zustandsänderungen anhand des Diagramms in Abb. 15.2 nachzuvollziehen, da es zu einem vollständigeren Verständnis dieses Diagramms führt. Der Fall *I* scheint zunächst der Alltagserfahrung zu widersprechen!

sichernde Hülle. Eine Oberfläche entsteht nur als Abgrenzung zwischen zwei Phasen des gleichen Stoffes. Auf ihrer Außenseite muss sich der *gleiche* Stoff als *gesättigter Dampf* befinden, rein oder vermischt mit einem anderen Gas, z. B. Zimmerluft. Nur dann gibt es ein Gleichgewicht. Nur dann wechseln in einer bestimmten Zeit gleich viele Moleküle in beiden Richtungen aus der einen in die andere Phase hinüber. Bei Wasser von Zimmertemperatur sind es rund 10^{22} Moleküle je Sekunde und cm^2! (s. Abschn. 16.1, Pkt. 1) Durch dieses statistische Gleichgewicht wird das Anwachsen der einen Phase auf Kosten der anderen verhindert.

Am Ende von Abschn. 9.9 hatten wir die Diffusionsgrenze zwischen zwei chemisch verschiedenen Gasen als eine Art Oberfläche kennengelernt. Mit gleichem Recht darf man jetzt die Oberfläche einer Flüssigkeit als *Diffusionsgrenze* bezeichnen. Sie trennt zwei chemisch gleiche Stoffe mit physikalisch verschiedenen Phasen.

Sehr klar zeigt man diese Dinge mit drei gleich großen, aber mit verschiedenen Mengen von CO_2 gefüllten Glasrohren (Abb. 15.4). Bei einer Temperatursteigerung steigt die Oberfläche im Rohr *I*, im Rohr *III* sinkt sie, im Rohr *II* erreicht die Oberfläche bei der kritischen Temperatur die Mitte des Rohres, und dort verschwindet sie. Das heißt, bei der kritischen Temperatur sind die molaren bzw. die spezifischen Volumen der gasförmigen und der flüssigen Phase gleich geworden, beide Phasen unterscheiden sich nicht mehr.

Beim Abkühlen tritt die Oberfläche in der Mitte des Rohres wieder auf[2]. Ihr Erscheinen kündigt sich durch eine *flimmernde* Nebelschicht an: Im statistischen Spiel der Wärmebewegung tritt der Phasenwechsel bald hier, bald dort auf[3]. Es entstehen durch lokale Häufung oder Vereinigung von Molekülen submikroskopische „Keime" und aus ihnen kleine und zunächst unbeständige Tropfen. Erst bei großen Anzahldichten N_V der Tropfen schließen sie sich zu einer Oberfläche, d. h. einer Grenzfläche zwischen zwei Phasen, zusammen.

---

[2] Nur dort hat das molare Volumen im Schwerefeld der Erde gerade den kritischen Wert, über der Mitte ist er größer, unter der Mitte kleiner.

[3] Beim kritischen Punkt ist $dp/dV = 0$ oder $dV/dp = \infty$. Das heißt, es genügen schon minimale lokale Änderungen des Drucks, um merkliche Änderungen des spezifischen Volumens oder seines Kehrwertes, der Dichte, hervorzurufen.

Abb. 15.5 Zweidimensionales Modell einer Flüssigkeitsstruktur mit statistischer Dichteschwankung

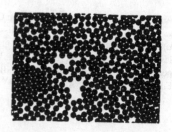

Bei der Annäherung an die kritische Temperatur gibt es zweifellos einen stetigen Übergang von der Flüssigkeit zum *Gas*. Bei niedrigen Temperaturen stehen aber die Flüssigkeiten den *festen* Körpern sehr viel näher als den Gasen. Man kann eine Flüssigkeit fast als ein sehr feines, mikrokristallines Pulver betrachten: seine Mikrokristalle besitzen eine sehr kleine Lebensdauer, die Bruchstücke der zerfallenden Mikrokristalle vereinigen sich in ständigem Wechsel zu neuen Mikrokristallen. – Das Gleiche besagt die folgende Formulierung: *Eine Flüssigkeit ist ein Festkörper im Zustand der Turbulenz mit sehr kleinen, aber noch kristallinen Turbulenzelementen.* Als „Individuen höherer Ordnung" vollführen diese in ständigem Wechsel gemeinsam fortschreitende Bewegungen und Drehungen. Zweidimensional lässt sich das gut mit Stahlkugelmolekülen auf einer flachen Schüssel nachahmen. Beim Schütteln und Rühren findet man ständig nach Größe und Gestalt wechselnde „kristalline" Gebiete mit hexagonaler Kugelpackung (Abb. 15.5).

15.3 Die VAN DER WAALS'sche Zustandsgleichung realer Gase

Alle in Abb. 15.2 dargestellten Isothermen lassen sich, abgesehen von den geradlinigen Stücken innerhalb der beiden Grenzkurven, in guter Näherung durch eine Gleichung dritten Grades, die VAN DER WAALS'sche Zustandsgleichung, darstellen. Sie lautet

$$\left(p + \frac{a}{V_m^2}\right)(V_m - b) = RT \qquad (15.2)$$

($V_m = V/n$ = molares Volumen des Gases).

a und b sind zwei für die betreffende Molekülsorte charakteristische Konstanten. Für jedes *ideale* Gas genügt *eine* Konstante, nämlich R, für jedes *reale* Gas hingegen braucht man mindestens *drei* Konstanten. Einige *Werte* für a und b sind in Tab. 15.1 zusammengestellt.

Beim kritischen Punkt verläuft die Isotherme im pV_m-Diagramm parallel zur Abzisse, und außerdem hat sie dort einen Wendepunkt. Daher gelten

Tab. 15.1 Kritische Zustandsgrößen und VAN DER WAALS'sche Konstanten für einige reale Gase

Stoff	Molare Masse	Kritische Zustandsgrößen			VAN DER WAALS'sche	
		Temperatur	Druck	Molares Volumen	Konstante	Konstante
	M_n	T_{kr}	p_{kr}	$V_{m,kr}$	a	b
	$\left(\dfrac{kg}{kmol}\right)$	(K)	(10^5 Pa)	$\left(\dfrac{m^3}{kmol}\right)$	$\left(\dfrac{10^5\,Pa\,m^6}{kmol^2}\right)$	$\left(\dfrac{m^3}{kmol}\right)$
H_2	2,02	33	12,9	0,065	0,19	0,022
He	4	5,2	2,3	0,058	0,034	0,024
H_2O	18	647,4	221	0,055	5,54	0,031
N_2	28	126	34,1	0,090	1,36	0,039
O_2	32	154	50,4	0,075	1,37	0,032
CO_2	44	304	73,6	0,096	3,65	0,043
SO_2	64	430	78,5	0,096	6,84	0,056
Hg	200	≈ 1720	≈ 1080	≈ 0,040	0,82	0,017

Teil III

dort die Beziehungen

$$\left(\frac{\partial p}{\partial V_m}\right)_{kr} = 0 \tag{15.3}$$

und

$$\left(\frac{\partial^2 p}{\partial V_m^2}\right)_{kr} = 0. \tag{15.4}$$

Mit diesen beiden Bedingungen erhält man aus Gl. (15.2)

$$a = 3(V_m^2 p)_{kr} \tag{15.5}$$

und

$$b = \tfrac{1}{3}(V_m)_{kr}. \tag{15.6}$$

Die in Tab. 15.1 zusammengestellten Werte der Konstanten a und b sind so gewählt, dass sie die VAN DER WAALS'sche Zustandsgleichung (15.2) den gemessenen Isothermen in einem möglichst weiten Bereich anpassen. Mit den so bestimmten Werten a und b wird die Beziehung (15.5) gut, die Beziehung (15.6) aber nur in recht mäßiger Näherung erfüllt. Für CO_2 misst man z. B. $(V_m)_{kr} = 0{,}096$ m³/kmol, hingegen findet man laut Tab. 15.1 für $3b = 0{,}129$ m³/kmol. Die VAN DER WAALS'sche Zustandsgleichung stellt eben nur eine Näherung dar. Streng genommen verlangt jedes Gas infolge der individuellen Eigenschaften seiner Moleküle eine eigene Zustandsgleichung. Man darf von einer viele individuelle Eigenschaften vernachlässigenden Zustandsgleichung ja nicht zu viel verlangen! (Aufg. 15.1)

Die VAN DER WAALS'sche Zustandsgleichung unterscheidet sich von der einfachen der idealen Gase durch die Zusatzterme a/V_m^2 und b. Ihre physikalische Bedeutung ist leicht zu übersehen. Beginnen wir mit dem *Binnendruck* genannten Term a/V_m^2. Unter sonst gleichen Bedingungen wird ein kleinerer Druck gemessen, sobald die Moleküle sich gegenseitig anziehen. Daher muss man in der Zustandsgleichung realer Gase zum gemessenen Druck p ein Korrekturglied addieren, wenn das molare Volumen V_m klein wird und die Moleküle sich im Mittel nicht mehr weit voneinander entfernen

K15.4. Beide Kräfte sind also von der Oberfläche in das Gas hinein gerichtet.

können. Die zum Binnendruck a/V_m^2 gehörende Kraft hat die gleiche Richtung wie die von außen durch einen Kolben (B in Abb. 9.24) einwirkende.[K15.4]

Dann das Glied b. Die Gleichung $pV_m = \text{const}$ wurde für ein Modellgas hergeleitet. Als Volumen für das thermische Getümmel der Moleküle wurde dabei das Volumen V des ganzen Behälters angenommen. Bei kleinem molarem Volumen des *Gases* darf man das Eigenvolumen der *Moleküle selbst* nicht mehr vernachlässigen, wie man das bei den idealen Gasen tut. Man muss das molare Volumen des *Gases* um eine Größe verkleinern, die proportional zum molaren Eigenvolumen $V_{m,Molek.}$ seiner Moleküle ist. Man muss also statt V_m schreiben: $V_m - \text{const} \cdot V_{m,Molek.}$ bzw. mit der Abkürzung $\text{const} \cdot V_{m,Molek.} = b$: $V_m - b$ (Der Faktor const ist ≈ 4).

15.4 Der JOULE-THOMSON'sche Drosselversuch

Im Besitz der VAN DER WAALS'schen Zustandsgleichung greifen wir auf den GAY-LUSSAC-Versuch (Abschn. 14.8) zurück.

Aus diesem Fundamentalversuch folgt: Man kann ein Gas entspannen, ohne dass sich seine innere Energie U ändert. In diesem Fall muss Gl. (14.6)

$$\Delta U = Q + W = 0$$

sein. Das kann eintreten, wenn kein thermischer Energie-Austausch mit der Umgebung erfolgt (adiabatischer Vorgang, $Q = 0$) und außerdem keine äußere Arbeit verrichtet wird (Entspannung als Drosselung, $W = 0$)[4]. Bei dieser Art von Entspannung bleibt die Temperatur des Gases ungeändert, wenn es sich um ein *ideales* Gas handelt.

Bei *realen* Gasen hingegen treten unter gleichen Bedingungen Temperaturänderungen ΔT auf. Im Prinzip kann man das ebenfalls mit der in Abb. 14.9 skizzierten Anordnung zeigen, doch hat sie zwei Nachteile: Erstens ist sie wenig empfindlich und zweitens ist es überflüssig, erst einen Gasstrahl mit kinetischer Energie entstehen zu lassen, die dann nachträglich durch Reibung in innere Energie umgewandelt wird. Zur Vermeidung beider Nachteile haben J.P. JOULE und W. THOMSON (der spätere Lord KELVIN) die Entspannung eines eingesperrten Gases mit konstant gehaltener *innerer Energie* ersetzt durch die Entspannung eines Gasstromes mit konstant gehaltener *Enthalpie H*.

Ihre Versuchsanordnung in Abb. 15.6 fällt unter das allgemeine Schema von Abb. 14.4. M bedeutet bei JOULE und THOMSON einen Engpass, der es nicht zu einer Strahlbildung kommen lässt, z. B. eine enge

---

[4] Die andere Möglichkeit, nämlich $Q = -W$ ist in Abschn. 14.11 behandelt worden (isotherm betriebener Druckluftmotor).

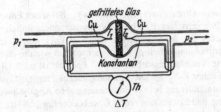

Abb. 15.6 Zum Drosselversuch von JOULE und THOMSON (1853). Der Engpass besteht hier aus einem porösen Glaskörper. Er ist fest mit den Glaswänden verschmolzen. Die beiden Thermoelemente sind gegeneinander geschaltet, das Temperaturmessinstrument *Th* zeigt daher die Differenz der beiden Temperaturen an.

Öffnung oder die engen Kanäle eines porösen Körpers. Sie ist thermisch gut isoliert. Infolgedessen kann das Gas keine Wärme aus der Umgebung aufnehmen, in Gl. (14.11), also $Q + W_{\text{techn}} = \Delta H$, ist $Q = 0$. Bei der Entspannung ist auch $W_{\text{techn}} = 0$, folglich $\Delta H = 0$ und

$$H = U + pV = \text{const}. \tag{15.7}$$

Infolge dieser Konstanz der Enthalpie kann bei der Entspannung die innere Energie U und mit ihr die Temperatur nur durch Änderung der Größe pV kleiner oder größer werden. Einige Messergebnisse sind in Abb. 15.7 graphisch dargestellt. Meist bewirkt die Entspannung ($\Delta p < 0$, also negativ) eine Abkühlung ($\Delta T = T_2 - T_1 < 0$). Doch kommen in bestimmten Temperaturbereichen auch Erwärmungen vor, z. B. in Luft bei $220 \cdot 10^5$ Pa oberhalb einer „Inversionstemperatur" von etwa 230 °C (Punkt *b* in Abb. 15.7).[K15.5] Der im Einzelfall beobachtete JOULE-THOMSON-Effekt $\Delta T / \Delta p$ muss sich demnach additiv aus zwei Anteilen zusammensetzen, einer Abkühlung und einer Erwärmung. Meist überwiegt die Abkühlung, zuweilen aber auch die Erwärmung.

Um beide Anteile zu deuten, beginnen wir mit dem Strom eines *idealen* Gases. Ein Gas der Stoffmenge n mit der Masse M möge die Drosselstel-

K15.5. Die Inversionstemperatur für H_2 und He liegt bei 200 K bzw. 50 K. Um mit dem JOULE-THOMSON-Effekt Abkühlung zu erreichen, müssen diese Gase also zunächst vorgekühlt werden, z. B. durch adiabatische Expansion (s. auch Abschn. 15.6).

Abb. 15.7 Messungen des JOULE-THOMSON-Effektes für Luft bei verschiedenen Temperaturen und Anfangsdrücken p_1. Außerhalb des Bereichs a–b tritt bei 220 bar Erwärmung auf. (1 bar = 10^5 Pa)

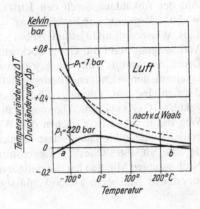

le passieren. Beim Druck p_1 sei sein Volumen V_1. Bei seiner Entspannung wird keine Arbeit verrichtet. Es fehlt die Vorraussetzung, nämlich eine Anziehung zwischen den Molekülen. Die dem Gas links vom Kompressor *zugeführte* Verdrängungsarbeit p_1V_1 ist ebenso groß wie die rechts vom Gas *abgeführte* Verdrängungsarbeit $-p_2V_2$. Folglich ist nach Gl. (15.7) $U_1 = U_2$ und daher $T_1 = T_2$: Die Zustandsgleichung *idealer* Gase liefert keine Temperaturänderung bei der Entspannung ohne Abgabe äußerer Arbeit. Abkühlung und Erwärmung *realer* Gase bei der Entspannung müssen also mit den für diese in der VAN DER WAALS'schen Gleichung hinzukommenden *Korrekturtermen* in Zusammenhang stehen.

Der von der gegenseitigen Anziehung der Moleküle herrührende Binnendruck a/V_m^2 erklärt die *Abkühlung* bei der Entspannung. Infolge des Binnendrucks a/V_m^2 ist bei gleicher Anzahldichte N_V der Moleküle der Druck eines *realen* Gases *kleiner* als der eines idealen Gases. Je größer die Verdichtung, desto mehr bleibt der Druck hinter dem des idealen Gases zurück. Daher ist die dem *verdichteten* realen Gas vom Kompressor zugeführte Verdrängungsarbeit p_1V_1 kleiner als die vom *entspannten* Gas abgeführte Verdrängungsarbeit $-p_2V_2$. Folglich ist nach Gl. (15.7) $U_1 > U_2$ und $T_2 < T_1$. Das Gas verlässt die Drosselstelle abgekühlt.

Diese Abkühlung kann durch eine Erwärmung überkompensiert werden, die von dem Korrekturterm b herrührt. *Infolge des Terms b* ist bei gleicher Anzahldichte N_V der Moleküle der Druck eines *realen* Gases *größer* als der eines idealen. Beim idealen Gas ist $p = \frac{1}{3}\overline{u^2}/V_s = \frac{1}{3}\overline{u^2}M_n/V_m$, (vgl. Abschn. 9.8), beim realen $p = \frac{1}{3}\overline{u^2}M_n/(V_m - b)$. Daher ist die dem *verdichteten* realen Gas vom Kompressor zugeführte Verdrängungsarbeit p_1V_1 größer als die vom *entspannten* Gas abgeführte Verdrängungsarbeit $-p_2V_2$. Folglich ist nach Gl. (15.7) $U_1 < U_2$ und $T_2 > T_1$. Das Gas verlässt die Drosselstelle erwärmt. Die Erwärmung kann die im vorausgehenden Absatz behandelte Abkühlung übertreffen.

Die quantitative Durchrechnung dieser Gedankengänge führt nicht zu befriedigenden Ergebnissen. Vor allem aber liefert sie keine Abhängigkeit des Effektes vom Druck, in krassem Widerspruch zur Erfahrung (Abb. 15.7). Die VAN DER WAALS'sche Zustandsgleichung ist, wie schon einmal betont, nur eine Näherungsgleichung. Man darf von ihrer Anwendung nicht zu viel verlangen.

15.5 Herstellung tiefer Temperaturen und Gasverflüssigung

Auf der Abkühlung durch den JOULE-THOMSON-Effekt beruhen wichtige *Verfahren zur Verflüssigung von Gasen*, insbesondere von Luft, Wasserstoff und Helium. Abb. 15.8 zeigt im Schauversuch die Verflüssigung von Luft. Gut getrocknete Luft von etwa $150 \cdot 10^5$ Pa Druck durchströmt eine eng gewickelte, mehrlagige Kupferspirale in einem durchsichtigen Thermosgefäß. Am unteren Ende befindet sich eine feine Öffnung, die Drosselstelle. Das entspannte und gekühlte Gas kann das Thermosgefäß oben verlassen. Auf dem Weg dahin strömt es zwischen den Windungen der Kupferspirale hindurch und kühlt dabei, selbst wärmer werdend, das nachfolgende Gas (SIEMENS'sches[K15.6] Gegenstromverfahren, Abschn. 17.6). Nach wenigen Minuten hat das entspannte Gas seine Siedetemperatur erreicht. Nun beginnt seine Verflüssigung bei konstant bleibender

K15.6. KARL WILHELM SIEMENS (Sir WILLIAM) (1823–1883), Bruder von WERNER VON SIEMENS, studierte in Göttingen Chemie, Physik und Mathematik.

Abb. 15.8 Schauversuch zur Verflüssigung der Luft nach LINDE. Der abgekühlte, aber nicht verflüssigte Teil der Luft strömt *zwischen* den Windungen der Kupferrohrschnecken nach oben ins Freie. Dabei wird die eintretende Luft vorgekühlt („Gegenströmer"). Das Kupferrohr ist außen 2 mm, innen 1 mm weit. Die Düse besteht aus dem breitgeklopften Ende. **(Videofilm 15.1)**

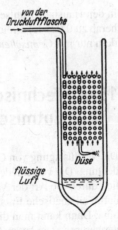

von der Druckluftflasche

Düse

flüssige Luft

Videofilm 15.1: „Sauerstoffverflüssigung" http://tiny.cc/foayey Das Experiment wird einfacher, wenn wie im Film anstelle des breitgeklopften Kupferrohrendes ein kleines von oben zu bedienendes Schraubventil als Drosselstelle verwendet wird.

Temperatur. Man sieht einen erst nebelförmigen, dann zusammenhängenden Flüssigkeitsstrahl, er füllt rasch den unteren Teil des Thermosgefäßes. – Dabei wird aber nur ein kleiner Bruchteil x des einströmenden Gases verflüssigt ($x \approx 0{,}1$). Der überwiegende Bruchteil $(1 - x) \approx 0{,}9$ muss wieder hinausströmen, um die Kondensations-Enthalpie der gebildeten Flüssigkeit hinauszuschaffen.

Man kann den ganzen LINDE'schen Apparat, also Drosselstelle und Gegenströmer, als eine *isotherm* arbeitende Entspannungsvorrichtung betrachten: Das zuströmende und das abströmende Gas haben die gleiche Temperatur T. Das mit dem Druck p_1 zuströmende Gas bringt die Enthalpie H_{T,p_1} hinein, das mit dem Druck p_2 abströmende Gas nimmt die Enthalpie $(1 - x)H_{T,p_2}$ heraus. Dem verflüssigten Anteil verbleibt die Enthalpie $xH_{flüssig}$. Damit lautet die Enthalpiebilanz

$$H_{T,p_1} = (1 - x)H_{T,p_2} + xH_{flüssig}$$

und aus ihr folgt der verflüssigte Bruchteil

$$x = \frac{H_{T,p_1} - H_{T,p_2}}{H_{flüssig} - H_{T,p_2}} .$$

Zahlenbeispiel für die Verflüssigung von Luft

$$\left(\frac{H}{M}\right)_{\substack{20\,°C \\ 200\,bar}} = 4{,}634 \cdot 10^5 \frac{W\,s}{kg}, \quad \left(\frac{H}{M}\right)_{\substack{20\,°C \\ 1\,bar}} = 5{,}028 \cdot 10^5 \frac{W\,s}{kg}$$

$$\left(\frac{H_{flüssig}}{M}\right)_{\substack{-193\,°C \\ 1\,bar}} = 0{,}922 \cdot 10^5 \frac{W\,s}{kg}, \quad daraus \quad x = 0{,}096 \approx 0{,}1 .$$

Außer für Luft gibt es heute auch für Wasserstoff und Helium technisch gut durchentwickelte Verflüssiger. Die in modernen Laboratorien benutzten liefern stündlich viele Liter.[K15.7] Mit flüssigem Helium, das unter vermindertem Druck siedet, erreicht man $T \approx 1\,K$. Temperaturen zwischen 1 und 0,4 K kann man mit dem ^{3}He-Isotop herstellen. Man lässt es, im kontinuierlichen Betrieb zwischen flüssiger und dampfförmiger Phase wechselnd, umlaufen (analog dem Kühlmittel

K15.7. Siehe z. B.: G.K. White, P.J. Meeson: Experimental Techniques in Low-Temperature Physics, 4th ed., Clarendon Press, Oxford 2002.

Teil III

K15.8. Die hier von POHL
in den letzten Auflagen
noch erwähnte Tieftem-
peraturerzeugung durch
^{3}He-^{4}He-Entmischung („Di-
lution Refrigerator") ist heute
weit verbreitet. Näheres hier-
zu findet sich z. B. in dem
Buch von F. Pobell, Matter
and Methods at Low Tempe-
ratures, Springer-Verlag, 3rd
ed. 2007.

in den Haushalt-Kühlschränken). – Noch kleinere Temperaturen (bis herab zu 0,025 K) erreicht man nicht mit dem ^{3}He-Isotop *allein*, sondern nur mit *Gemischen* aus ^{3}He- und ^{4}He-Isotopen.[K15.8]

15.6 Technische Verflüssigung und Entmischung von Gasen

Die Verflüssigung von Gasen hat auch eine große wirtschaftliche Bedeutung. Die verschiedenen Verfahren unterscheiden sich hauptsächlich durch die Art der Vorkühlung. Oft benutzt man eine Abkühlung durch adiabatische Entspannung in einer Kolbenmaschine oder Turbine: Dann kann man die vom Gas abgegebene Arbeit nutzbringend verwerten. – Die letzte Abkühlung bis zur Verflüssigung wird oft mit dem JOULE-THOMSON-Effekt bewirkt, also nach dem Schema der Abb. 15.8. Die Ausbeute an flüssiger Luft ist bei allen Verfahren angenähert die gleiche. Sie beträgt etwa 1,33 Liter/kW h (statt der im Idealfall möglichen Ausbeute von 5,3 Liter/kW h).

Verflüssigte Gase sind heute für Technik und Forschung unentbehrliche Kühlmittel. Man braucht die technische Gasverflüssigung u. a. als Hilfsmittel für die *Entmischung* von Gasen, speziell für die Zerlegung der Luft in Sauerstoff und Stickstoff. Stickstoff wird z. B. für die Ammoniaksynthese gebraucht und Sauerstoff z. B. zum Schweißen. – Der für die Zerlegung der *Luft* notwendige Arbeitsbedarf ist im Idealfall sehr gering, nämlich 0,014 kW h/m^3. Er ist nur erforderlich, um die beiden Gase von ihren Partialdrücken bis auf Atmosphärendruck zu verdichten.

Jede Gastrennung wird durch die Wärmebewegung der Moleküle erschwert. Deswegen kühlt man die Luft vorübergehend bis zur Verflüssigung und trennt das Gemisch bei kleiner Temperatur. Eine *vorübergehende* Kühlung kann prinzipiell ohne Energieaufwand erfolgen, wenn man *Gegenströmer* zur Auswechslung der Temperatur benutzt (Abschn. 17.6).

Das eigentliche Trennverfahren ist unter dem Namen *Rektifikation* bekannt. Seine Grundlage bildet der in Abb. 15.9 dargestellte Tatbestand: Bei gleicher Temperatur hat Luft (wie viele andere Gemische zweier verschiedener Stoffe) in flüssiger und gasförmiger Phase eine andere Zusammensetzung. In Stoffmengenprozenten (Molprozenten) besteht z. B. Luft bei 83 K (Siedetemperatur)

in der flüssigen Phase aus $\quad$ 65 % O_2 $\quad$ und $\quad$ 35 % N_2 ,
in der gasförmigen Phase aus $\quad$ 37 % O_2 $\quad$ und $\quad$ 63 % N_2 .

Das Wesentliche einer Rektifikation ist in Abb. 15.9 dargestellt: Ein Strom der flüssigen und der gasförmigen Phase laufen, einander innig berührend, in *entgegengesetzter* Richtung durch ein Rohr, *in dessen Längsrichtung ein Temperaturgefälle aufrechterhalten wird*. Die

Abb. 15.9 Zur Entmischung von Luft durch Rektifikation. Die schwache Neigung des Rohres im unteren Teilbild soll andeuten, dass der Flüssigkeitsstrom durch sein Gewicht aufrechterhalten wird. Die technischen Rektifikationssäulen stehen vertikal, und der reine Sauerstoff wird unten flüssig abgezapft. Die in einer solchen Anlage beobachteten Konzentrationsverteilungen sind im *oberen Teilbild* dargestellt.

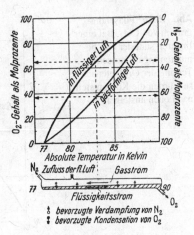

Flüssigkeit strömt in Richtung zunehmender Temperatur. Aus dem Flüssigkeitsstrom entweicht bevorzugt der schon bei 77 K siedende Stickstoff, aus dem Gasstrom kondensiert bevorzugt der schon bei 90 K flüssige Sauerstoff. Bei hinreichend langsamer Strömung stellen sich an jeder Stelle des Rohres die beiden ihrer Temperatur entsprechenden Gleichgewichte ein. Zum Beispiel haben im Rohrabschnitt mit der Temperatur 83 K die flüssige und die gasförmige Phase die schon oben genannte, in der Abbildung durch gestrichelte Pfeile markierte Zusammensetzung.

In den technischen Ausführungen der Rektifikationsanlagen sorgt man vor allem für eine innige Berührung und wechselseitige Durchdringung der beiden gegenläufigen Ströme. Die Ausbeute an reinem *Sauerstoff* beträgt bei guten Anlagen rund $2\,m^3/kW\,h$ (statt der im Idealfall möglichen Ausbeute von $14\,m^3/kW\,h$).

15.7 Dampfdruck und Siedetemperatur, Tripelpunkt

Das pV_m-Diagramm eines Stoffes (z. B. von CO_2 in Abb. 15.2) lässt einen wichtigen Zusammenhang schlecht erkennen, nämlich die Abhängigkeit des Dampfdrucks von der Temperatur. Dieser Zusammenhang wird besser in einem pT-Diagramm dargestellt. Er findet sich für CO_2 in Abb. 15.10 und für Wasser in Abb. 15.11. In beiden sind die Ordinaten nach Zehnerpotenzen fortschreitend geteilt.

Diese Schaubilder enthalten je drei Kurven. Jeder Punkt einer Kurve bestimmt ein zusammengehörendes Wertepaar von Druck und Temperatur. *Allein* bei diesen Wertepaaren sind zwei Phasen des Stoffes *nebeneinander* beständig, also miteinander im Gleichgewicht.

Die gestrichelte Kurve entspricht dem zur Verflüssigung des Gases erforderlichen Druck, Sättigungsdruck genannt. Die ausgezogene

Abb. 15.10 Phasendiagramm von CO_2. Bei einer linearen statt der hier benutzten logarithmischen Teilung der Ordinatenachse würden die Kurven steil nach oben ansteigen.

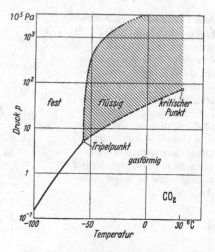

Abb. 15.11 Phasendiagramm von Wasser. Im Tripelpunkt schneiden sich auch hier alle drei Kurven mit *verschiedener* Neigung. Man vergleiche mit Abb. 15.12.

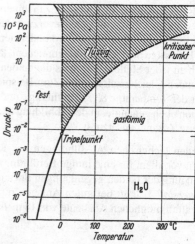

Videofilm 15.2:
„Flüssiger und fester Stickstoff"
http://tiny.cc/ioayey
Durch „Abpumpen" gefriert flüssiger Stickstoff. Man beachte, dass die Dichte der festen Phase größer als die der flüssigen Phase ist.

Kurve entspricht dem zur Verfestigung des Gases, also zur Reifbildung erforderlichen Druck, dem Sättigungsdruck der festen Phase. Die dritte Kurve endlich, die strichpunktierte, entspricht dem zur Verfestigung der flüssigen Phase erforderlichen Druck. (**Videofilm 15.2**)

Man kann die beiden Abbildungen auch nach einer Drehung um 90° betrachten und so den Druck in die Abszissenachse verlegen. Dann bekommt man für jeden Druck mit der gestrichelten Kurve die *Siedetemperatur* der Flüssigkeit, mit der ausgezogenen die *Sublimationstemperatur* der festen Phase und mit der strichpunktierten die *Schmelztemperatur* der festen Phase. Diese ist unter $500 \cdot 10^5$ Pa nur wenig vom Druck abhängig. Bei CO_2 steigt, bei Wasser sinkt die Schmelztemperatur etwas mit wachsendem Druck.

Alle drei Kurven haben je einen Punkt gemeinsam, den sogenannten *Tripelpunkt*. Die Daten für den Tripelpunkt sind

$$\text{für } CO_2: \quad T = 217\,K\,, \qquad p = 5 \cdot 10^5\,Pa\,,$$
$$\text{für } H_2O: \quad T = 273{,}16\,K\,, \quad p = 611\,Pa\,.$$

Am Tripelpunkt – aber nur am Tripelpunkt – können alle drei Phasen fest, flüssig und gasförmig nebeneinander bestehen. Sie sind im Gleichgewicht, keine der drei Phasen wächst auf Kosten der beiden anderen. In Abb. 15.2 blieben die drei mit Kreisen markierten Punkte unerklärt. Ihre Bedeutung ist jetzt klar. Sie entsprechen dem Tripelpunkt. An diesem Punkt ist bei der Temperatur von $T = 217\,K$ ($-56{,}2\,°C$) und dem Druck von $p = 5 \cdot 10^5\,Pa$ das molare Volumen V_m

$$\text{von festem } CO_2 \qquad = \quad 0{,}034\,m^3/kmol\,,$$
$$\text{von flüssigem } CO_2 \quad = \quad 0{,}041\,m^3/kmol\,,$$
$$\text{von gasförmigem } CO_2 \quad = \quad 3{,}22\,m^3/kmol\,.$$

Außerhalb des Tripelpunktes können *höchstens zwei* Phasen nebeneinander bestehen, längs der ausgezogenen Kurve also nur ein fester Stoff und sein gesättigter Dampf. Bei Drücken unter $611\,Pa$ (= $6{,}1\,hPa$) kann Eis nicht mehr schmelzen, sondern nur noch sublimieren (verdunsten). Ebenso kann man bei normalem Luftdruck kein flüssiges Kohlendioxid erzeugen, sondern nur CO_2-Schnee, das bekannte Trockeneis mit $T = 194\,K$ ($-79{,}2\,°C$).

Die Herstellung von Trockeneis ist sehr einfach: **(Videofilm 15.3)** Die CO_2-Flaschen des Handels sind bei Zimmertemperatur mit einem Druck von etwa $50 \cdot 10^5\,Pa$ gefüllt, enthalten also nach Abb. 15.10 ein Gemisch aus flüssigem und gasförmigem CO_2. Man lässt den Inhalt einer solchen Flasche in einen dickwandigen Tuchbeutel strömen und zum Teil durch dessen Poren entweichen. Beim Ausströmen aus der Öffnung des Hahnes bildet das CO_2-Gas einen Strahl, und dabei verrichtet es eine Beschleunigungsarbeit durch Abgabe *äußerer* Arbeit. Außerdem wird durch den JOULE-THOMSON-Effekt eine *innere* Arbeit verrichtet, d. h. eine Arbeit gegen die gegenseitige Anziehung der Moleküle. Aus beiden Gründen kühlt sich das CO_2 ab, bis die zum Atmosphärendruck von $10^5\,Pa$ gehörende Temperatur von $-79\,°C$ (s. Abb. 15.10) erreicht ist.

Videofilm 15.3:
„Festes Kohlendioxid (Trockeneis)"
http://tiny.cc/2nayey
Im Mitschnitt einer Vorlesung von Professor BEUERMANN wird die Herstellung von Trockeneis erläutert und vorgeführt.

Der Inhalt der Abb. 15.10 und 15.11 bildet die Grundlage der GIBBS'schen Phasenregel für ein „Einstoffsystem": Die Zahl der frei verfügbaren Zustandsgrößen ist gleich 3, vermindert um die Zahl der im Gleichgewicht befindlichen Phasen. Beim Gleichgewicht aller *drei* Phasen eines Stoffes ist *keine* seiner Zustandsgrößen mehr frei verfügbar, man ist an die Werte seines Tripelpunktes gebunden. – Beim Gleichgewicht von *zwei* Phasen eines Stoffes kann man noch *über eine* der beiden Zustandsgrößen p oder T frei verfügen, die andere muss man dann den Kurven des pT-Diagramms entnehmen. – Um nur *eine* Phase eines Stoffes zu erhalten, kann man die *beiden* Zustandsgrößen p und T nach Belieben auswählen, es ist jedes Paar p und T zulässig, man ist nicht mehr an die auf den *Kurven* liegenden Punkte gebunden.

15.8 Behinderung des Phasenüberganges flüssig → fest, unterkühlte Flüssigkeiten

Die Schmelztemperatur von Kristallen ist bei gegebenem Druck eine für den Stoff durchaus charakteristische und scharf bestimmbare Größe. Man kann die Schmelztemperatur nicht *über*schreiten, ohne dass der Körper schmilzt, d. h. seine jeweils oberflächlichen Schichten flüssig werden. Anders in umgekehrter Richtung: Man kann den Schmelzpunkt erheblich *unter*schreiten, ohne dass die Phasenumwandlung flüssig → fest erfolgt: Flüssigkeiten lassen sich stark *unterkühlen*.

Man tauche eine Kochflasche mit staubfreiem Wasser in ein Flüssigkeitsbad von −20 °C, schüttele oder rühre, vermeide jedoch Spritzer. So kann man leicht Wasser von etwa −10 °C herstellen. Kleinere Wassermengen, einige Zehntelgramm, kann man bis −33 °C unterkühlen. Die verschiedenen Erstarrungstemperaturen werden durch die Anwesenheit verschiedener als *Kerne* wirkender *submikroskopischer Fremdkörper* bestimmt. Die an diesen Kernen eingeleitete Kristallisation führt stets zur Bildung von hexagonalem Eis.

Winzige Wassertropfen lassen sich sogar bis −72 °C unterkühlen. Man muss zuvor die als Kristallisationskerne wirkenden Fremdkörperchen durch mehrfaches Kristallisieren und Schmelzen entfernen. Es entsteht dann ein kubisch kristallisiertes Eis mit dem Erstarrungspunkt von −70 °C. – Die Dampfdruckkurve einer unterkühlten Flüssigkeit setzt die der normalen Flüssigkeit ohne Knick fort (vgl. Abb. 15.12, einen vergrößerten Ausschnitt aus Abb. 15.11).

Abb. 15.12 Dampfdruckkurve von unterkühltem Wasser (*gestrichelt*). Zum Vergleich ist die Dampfdruckkurve des Eises als *dünne, ausgezogene Linie* eingetragen.

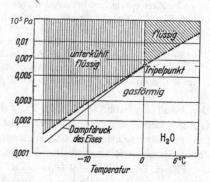

15.9 Behinderung des Phasenüberganges flüssig ↔ gasförmig, Zerreißfestigkeit der Flüssigkeiten

Der Phasenübergang *gasförmig* → *flüssig* lässt sich ebenfalls durch die Ausschaltung von *Kernen* behindern. Man kann gesättigte Dämpfe stark unterkühlen, am einfachsten durch adiabatische Entspannung. Auch hier kann man, wie beim Kristallisieren, den Phasenübergang nachträglich durch Einbringen von *Kernen* einleiten. Als solche eignen sich, neben vielen anderen, *Ionen* beliebiger Herkunft. An diesen Kernen entwickeln sich aus *übersättigten* Dämpfen *Oberflächen*, es entstehen Nebeltropfen (Anwendung z. B. in der Nebelkammer zum Nachweis ionisierter Strahlen).

Ferner lässt sich auch der Phasenübergang *flüssig* → *gasförmig* durch Ausschaltung von Kernen stark behindern. Für einen Schauversuch füllt man doppelt destilliertes Wasser in ein mit heißer Chromschwefelsäure gut gereinigtes Reagenzglas und erhitzt es langsam in einem Ölbad. So kann das Wasser Temperaturen von etwa 140 °C erreichen, ohne zu sieden. Es bleibt bei einer ruhigen, oberflächlichen Verdampfung. Dann aber setzt plötzlich im Inneren des Wassers eine stürmische Umwandlung in Dampf ein. Der Inhalt des Glases wird explosionsartig herausgeschleudert. Das Sieden von Wasser kann so eine recht gefährliche Angelegenheit werden. Deswegen muss man in der Praxis den *Siedeverzug* nach Möglichkeit verhindern. Der einfachste Schutz ist geringe Sauberkeit des Gefäßes. Einwandfreier ist der Zusatz einiger kleiner scharfkantiger Körper, z. B. Porzellansplitter. Mit den Vertiefungen ihrer Oberfläche als Basis können winzige Gasblasen stabil bleiben (sich also nicht auflösen) und als Kerne dienen.

Zur Bildung solcher Oberflächen in Flüssigkeiten ist keineswegs immer eine *Temperatur*vergrößerung erforderlich. Man kann die Flüssigkeit auch *zerreißen*. Dazu braucht man Zugspannungen bis zur Größenordnung $100 \cdot 10^5$ Pa (Abschn. 9.5). Besteht Aussicht, diese Werte durch weitere Ausschaltung störender Kerne noch zu erhöhen? Die VAN DER WAALS'sche Gleichung (15.2) bejaht diese Frage: Abb. 15.13 zeigt im pV_m-Diagramm zunächst die Isotherme des Wassers für 300 °C. Sie ist, ebenso wie die beiden Grenzkurven $\alpha'' K$ und $K \beta$, experimentell bestimmt worden. Die Isotherme $\eta \alpha' \beta' \zeta$ zeigt den normalen Verlauf, also ist es längs des geradlinigen Kurvenstücks $\alpha' \beta'$ zur Ausbildung einer *Oberfläche* gekommen. Dort sind also *zwei* Phasen vorhanden, und infolgedessen ist die VAN DER WAALS'sche Gleichung *nicht* anwendbar.

Wahrscheinlich wird es möglich sein, die Kerne weitgehend zu beseitigen und dadurch das geradlinige Stück der Isothermen zu unterdrücken. Gelingt es, so liegt nur *eine* Phase vor, und dann darf man die VAN DER WAALS'sche Gleichung auch *zwischen* den Grenzkur-

Teil III

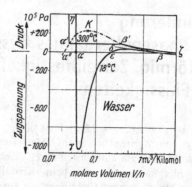
molares Volumen V/n

Abb. 15.13 Zur Berechnung der Zerreißfestigkeit „kernfreien" Wassers mithilfe der VAN DER WAALS'schen Gleichung. – Zur Ergänzung des Textes noch folgende Angaben: In kernhaltigem Wasser würde das geradlinige Stück $\alpha\beta$ der 18°-Isotherme praktisch mit der Abszissenachse zusammenfallen, der Sättigungsdruck des Wassers entspricht ja bei 18 °C nur 2,13 hPa. Die Abszisse musste zur Platzersparnis logarithmisch geteilt werden. Daher sind die Flächen *unter* dem Kurvenstück $\varepsilon\delta\beta$ und *über* dem Kurvenstück $\alpha\gamma\varepsilon$ nicht, wie bei linearer Abszissenteilung, gleich groß. – Dem Kurvenstück $\gamma\delta$ können keine stabilen Zustände entsprechen. In ihnen führt eine Vergrößerung des molaren Volumens zu einer Verkleinerung des Zuges.

K15.9. Vergleichbar mit der Zerreißfestigkeit von Festkörpern (s. Tab. 8.2). (s. auch Abschn. 9.5)

ven anwenden. Das ist im Kurvenzug $\alpha\gamma\varepsilon\delta\beta$ geschehen. Es ist die für 18 °C berechnete vollständige Isotherme. Sie stellt, wie jede Anwendung der VAN DER WAALS'schen Gleichung, eine Näherung dar. Der Punkt α z. B. müsste bei α'' auf der linken Grenzkurve liegen. – Trotzdem bleibt das Ergebnis gesichert: die Isotherme führt bei gewissen Werten des molaren Volumens auf *negative* Drücke, auf *Zugspannungen* von über $10 \cdot 10^5$ Pa ($= 100\,\text{N/mm}^2$). Also muss kernfreies Wasser von 18 °C eine Zug- oder Zerreißfestigkeit dieser Größenordnung besitzen.[K15.9] **(Videofilm 9.4)**

Die Zerreißfestigkeit aller Flüssigkeiten sinkt mit steigender Temperatur. Sie verschwindet bei einem oberen Grenzwert. Auch dieser experimentellen Tatsache wird die VAN DER WAALS'sche Gleichung gerecht: bei $T = \frac{27}{32}T_{\text{kr}}$ liegt der Punkt γ der Isotherme auf der V_{m}-Achse, also bei der Zugspannung null.

Videofilm 9.4:
„Zerreißfestigkeit von Wasser"
http://tiny.cc/ybikdy
(s. Abschn. 9.5)

Aufgaben

15.1 Aus den in Kap. 9, Abb. 9.23, gezeigten Messungen folgt, dass sich Luft bei Temperaturen größer als 0 °C und bei Drücken bis zu 100 bar wie ein ideales Gas verhält. Dies soll quantitativ bestätigt werden. a) Man berechne das molare Volumen V_{m} von Stickstoff bei $T = 293$ K und $p = 2 \cdot 10^7$ Pa mit der Zustandsgleichung für ideale Gase und vergleiche es mit dem molaren Volumen von kristallinem Stickstoff der Dichte $\varrho = 1{,}026 \, \text{g/cm}^3$ (dieser Wert wurde bei $T = 21{,}15 \, \text{K}$ gemessen). b) Man zeige, dass der in a) berechnete Wert für V_m in guter Näherung auch die VAN-DER-WAALS'sche Zustandsgleichung erfüllt (Abschn. 15.3).

Elektronisches Zusatzmaterial Die Online-Version dieses Kapitels (doi:10.1007/978-3-662-48663-4_15) enthält Zusatzmaterial, das für autorisierte Nutzer zugänglich ist.

Teil III

Wärme als ungeordnete Bewegung

16

16.1 Die Temperatur im molekularen Bild

Der Begriff der ungeordneten Bewegung, kürzer „Wärmebewegung" ließ sich gut mit Modellversuchen erläutern. Diese ersetzen im einfachsten Fall Moleküle durch kleine elastische Stahlkugeln (Abschn. 9.7). Im Anschluss an derartige Modellversuche wurde für den Druck idealer Gase die Gleichung

$$p = \tfrac{1}{3}\varrho\overline{u^2} \qquad (9.14)$$

(ϱ = Dichte des Gases, u = Geschwindigkeit der Translationsbewegung)

hergeleitet.

Für die experimentell gefundene Zustandsgleichung idealer Gase kennen wir die Form

$$pV = NkT \,. \qquad (14.23)$$

Ferner ist

$$\varrho = \frac{Nm}{V} \,. \qquad (9.15)$$

(m = Masse eines Moleküls, k = BOLTZMANN-Konstante).

Die Zusammenfassung der Gln. (9.14), (14.23) und (9.15) liefert

$$m\overline{u^2} = 3kT \,. \qquad (16.1)$$

$\overline{u^2}$ ist der Mittelwert eines Geschwindigkeitsquadrates, also steht links das Doppelte der kinetischen Energie E_{kin} *eines* Moleküls. Es gilt damit für dieses

$$E_{\text{kin}} = \tfrac{3}{2}kT \,. \qquad (16.2)$$

Diese Gleichung sagt aus: *Die mittlere kinetische Energie E_{kin} jedes Moleküls eines idealen Gases ist proportional zur Temperatur und unabhängig von seiner chemischen Beschaffenheit oder seiner Masse m.* Oder umgekehrt: *Die Temperatur eines Gases wird durch die*

© Springer-Verlag Berlin Heidelberg 2017
K. Lüders, R.O. Pohl (Hrsg.), *Pohls Einführung in die Physik*, DOI 10.1007/978-3-662-48663-4_16

kinetische Energie E_{kin} *seiner Moleküle bestimmt.* – Aus Gl. (16.1) folgt für die Geschwindigkeit der Gasmoleküle ein Mittelwert[1]

$$u_{rms} = \sqrt{\overline{u^2}} = \sqrt{\frac{3kT}{m}} = \sqrt{\frac{3RT}{M_n}}. \tag{16.3}$$

K16.1. Die „molare" Masse M_n (siehe Kommentar K13.7) wird in der Chemie meist nur mit M bezeichnet. Um Verwechslungen mit der Masse zu vermeiden, wird hier aber auch weiterhin der indizierte Buchstabe verwendet. In den meisten gängigen Physik-Lehrbüchern kommt die molare Masse merkwürdigerweise überhaupt nicht vor!

($M_n = M/n$ = molare Masse[K16.1] mit $M = Nm$ = Gesamtmasse der Moleküle, R = Gaskonstante).

Wir bringen einige Anwendungen dieser Gleichungen:

1. *Die Wärmebewegung von Molekülen beim Verdampfen und beim Ausströmen aus einer engen Öffnung.* Wir knüpfen an Abschn. 9.8 an. – In einem Gasvolumen V_1 seien N_1 Moleküle, jedes mit der Masse m, enthalten. Dann fliegen durch eine Fläche A in der Zeit t näherungsweise $N = \frac{1}{6} \frac{N_1}{V_1} A\, u t$ Moleküle mit der Geschwindigkeit u hindurch. Die gesamte Masse Nm dieser N Moleküle ist $M = \frac{1}{6} \varrho A\, u t$, wobei $\varrho = \frac{N_1 m}{V_1}$ die Dichte des Gases bezeichnet. Für sie ergibt die Zustandsgleichung idealer Gase in der Form von Gl. (14.21) beim Druck p den Wert $\varrho = p M_n / RT$. Einsetzen dieser Werte in Gl. (16.3) liefert das Verhältnis $\frac{M}{A t} \approx 0{,}29\, p \sqrt{M_n/RT}$. Eine strengere Rechnung ändert nur den Zahlenfaktor, man bekommt als *Massenstromdichte*

$$\frac{M}{A\,t} = 0{,}4\, p \sqrt{\frac{M_n}{RT}} \tag{16.4}$$

(M = Gesamtmasse der Moleküle, die in der Zeit t durch die Fläche A fliegen).

Statt der *Masse M* kann man auch die *Stoffmenge n* der Moleküle, ihre *Anzahl N* oder ihr *Volumen V* benutzen. Dann erhält man die entsprechenden Stromdichten

$$\frac{n}{A\,t} = 0{,}4\, p \sqrt{\frac{1}{M_n RT}}, \qquad \frac{N}{A\,t} = 0{,}4\, p\, N_A \sqrt{\frac{1}{M_n RT}} \tag{16.5}$$

und

$$\frac{V}{A\,t} = 0{,}4 \sqrt{\frac{RT}{M_n}} \tag{16.6}$$

(N_A = AVOGADRO-Konstante = $6{,}022 \cdot 10^{23}$ mol^{-1}).

---

[1] Für die Schallgeschwindigkeit c galt

$$c = \sqrt{\kappa \cdot \frac{RT}{M_n}}. \tag{14.56}$$

Folglich ist die Geschwindigkeit der Gasmoleküle

$$u = c\sqrt{3/\kappa} \approx c\sqrt{2}.$$

Beispiel

Wasser bei 293 K (20 °C) unter seinem Sättigungsdruck von $p = 2,32 \cdot 10^3$ Pa. $R = 8,31$ W s/(mol K), $M_n = 18$ g/mol. Einsetzen dieser Werte liefert die Teilchenstromdichte

$$\frac{N}{A\,t} \approx \frac{10^{26}}{\text{m}^2\,\text{s}}.$$

Bei Zimmertemperatur entweichen also in jeder Sekunde aus 1 m² Wasseroberfläche rund 10^{26} Moleküle, aus dem gesättigten Dampf kehrt die gleiche Anzahl wieder zurück. – In 1 m² Oberfläche finden nur rund 10^{19} Wassermoleküle nebeneinander Platz (vgl. Abb. 15.5). Folglich kann sich ein einzelnes Molekül im Mittel nur rund 10^{-7} s an der Oberfläche aufhalten.[K16.2]

Gl. (16.6) liefert für die beiden Zeiten t_1 und t_2, in denen von zwei verschiedenen Gasen bei gleichem Druck Mengen mit gleichem Volumen entweichen, das Verhältnis

$$\frac{t_1}{t_2} = \sqrt{\frac{M_{n,1}}{M_{n,2}}} = \sqrt{\frac{m_1}{m_2}}. \tag{16.7}$$

Mit dieser Beziehung lassen sich molekulare Massen M_n von Gasen vergleichen (R. BUNSEN). Abb. 16.1 zeigt eine bewährte Anordnung. Das Gas ist unter dem Druck p einer Quecksilbersäule eingesperrt. Am oberen Ende des Behälters befindet sich eine feine Öffnung in einem dünnen Metallblech.

Für Schauversuche ersetzt man die eine kleine Öffnung des vorigen Versuches durch die poröse Wand eines Tonzylinders (Abb. 16.2). Unten ist ein Wassermanometer angeschlossen. Über den porösen Zylinder wird ein weites Becherglas gestülpt. In dieses wird z. B.

Abb. 16.1 Vergleich von molekularen Massen nach R. BUNSEN. Man misst die Zeit, in der das Quecksilber (*schwarz gezeichnet*) links von der unteren zur oberen Marke ansteigt.

K16.2. Damit wird verständlich, dass sich gasförmiges Wasser in Blasen, wenn diese schrumpfen, sehr schnell verflüssigt, wie dies aus Beobachtungen im **Videofilm 9.4** (http://tiny.cc/ybikdy) geschlossen wurde (s. dazu die Erläuterung neben Abb. 9.16). Man denke auch an Blasen, die bei der Kavitation auftreten und die beim Zerfall eine starke lokale Erhitzung bewirken, was zu Lichtentwicklung führt (Sonolumineszenz, s. Kommentar K9.12). Auch das lässt auf ein rasches Verschwinden der Gasphase schließen.

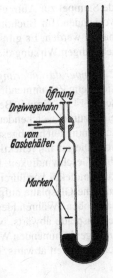

Öffnung

Dreiwegehahn

vom Gasbehälter

Marken

Teil III

Abb. 16.2 Zur Diffusion durch einen Tonzylinder

Abb. 16.3 Vorführung der Diffusion mit zwei Stahlkugelmodellgasen, *oben*: Trennwand geschlossen, *links* nur kleine, *rechts* nur große Moleküle, *unten*: Trennwand geöffnet, die Diffusion hat begonnen (**Videofilm 16.1**)

Videofilm 16.1: „**Modellversuche zu Diffusion und Osmose**" http://tiny.cc/qoayey Mit einer Apparatur, deren Prinzip in Abb. 16.14 gezeigt ist, werden Diffusion, Osmose und BROWN'sche Bewegung im Modell vorgeführt. Die Löcher in der Trennwand sind so groß, dass die kleinen Kugeln hindurchdiffundieren können, nicht aber die großen Kugeln.

Wasserstoff eingeleitet. Sofort steigt der Druck im Tonzylinder jäh in die Höhe. Grund: H_2-Moleküle diffundieren in größerer Anzahl in den Tonzylinder hinein, als die rund viermal langsameren Luftmoleküle heraus. Nach einigen Sekunden wird der Wasserstoff abgestellt und das Becherglas entfernt. Gleich darauf hat sich der Überdruck im Tonzylinder in einen Unterdruck verwandelt. Die eingesperrten H_2-Moleküle diffundieren in größerer Anzahl heraus, als die zum Ersatz einrückenden Luftmoleküle hinein.

Bei der großen Wichtigkeit der Diffusionsvorgänge ist ein Modellversuch mit dem Stahlkugelgas nicht überflüssig. Abb. 16.3 zeigt die aus Abb. 9.24 bekannte Anordnung, jedoch in der Mitte durch einen engen Kanal unterteilt. Außerdem sind auf beiden Seiten schwingende Stempel zur Aufrechterhaltung der künstlichen Wärmebewegung vorhanden. Im Buchdruck kann leider nur ein Momentbild festgehalten werden. Es gibt nur eine ganz schwache Vorstellung von der lebendigen Wirkung dieses Schauversuches.

2. *Temperaturänderung bei Volumenänderung*. Jedes Gas erwärmt sich beim Zusammendrücken, beim Ausdehnen kühlt es sich ab (Abschn. 14.9). Grund: Bei der Ausdehnung werden die Moleküle an einer zurückweichenden Wand reflektiert, und dadurch wird ihre Geschwindigkeit herabgesetzt. Beim Zusammendrücken rückt die Wand vor. Die an ihr reflektierten Moleküle erfahren eine Vergrößerung ihrer Geschwindigkeit. Das kann man gut mit einem einzelnen Stahlkugelmolekül vorführen. Man lässt es in Abb. 16.4 aus der Höhe h auf eine Glasplatte aufprallen. Es fliegt, elastisch reflektiert, wieder nach oben. Währenddessen bewegt eine Hand eine zweite, kleinere Glasplatte abwärts. Nun wird die aufsteigende Kugel an einer ihr entgegenkommenden Wand reflektiert, sie fliegt mit vergrößerter Geschwindigkeit abwärts. Das Spiel wiederholt sich noch einige Male,

Abb. 16.4 Modellversuch zur Erwärmung eines Gases beim Zusammendrücken (HARALD SCHULZE[K16.3])

K16.3. HARALD SCHULZE (1900–1997), Hörer der Experimentalvorlesung des Autors. Der Versuch ist bereits in der ersten Auflage der „Wärmelehre" (1941) erwähnt.

dann fliegt die Kugel an der Glasplatte vorbei und weit über ihre Anfangshöhe h hinaus.

16.2 Rückstoß der Gasmoleküle bei der Reflexion, Radiometerkraft

Abb. 16.5 zeigt schematisch ein evakuierbares Glasgefäß. Es enthält eine Platte P aus beliebigem Stoff, z. B. Aluminiumfolie oder Glimmer. Die Platte sitzt an einer Blattfeder und diese dient als Kraftmesser. – Erzeugt man bei kleinem Gasdruck zwischen den beiden Oberflächen der Platte eine Temperaturdifferenz, so wirkt auf die Platte eine Kraft F in Richtung abnehmender Temperatur. Diese Erscheinung heißt *Radiometereffekt*. Der etwas irreführende Name rührt daher, dass man die Temperaturdifferenz meist durch eine Bestrahlung mit Licht erzeugt.

Für Schauversuche eignet sich besonders die Lichtmühle (Abb. 16.6). In ihr sind vier einseitig berußte Glimmerblättchen an einem Kreuz vereinigt. Das Kreuz ist, wie in Abb. 12.50, mit Spitze und Pfanne gelagert. Es setzt sich bei Bestrahlung stets in der Pfeilrichtung in Bewegung. Seine Drehfrequenz wächst mit der Bestrahlungsstärke.

Abb. 16.5 Schematische Anordnung zum Nachweis des Radiometereffektes, der durch den Rückstoß der Gasmoleküle auftritt. Für Messungen muss man als Kraftmesser statt der Blattfeder ein feines tordierbares Band benutzen.

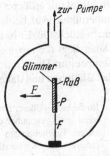

Abb. 16.6 Horizontaler Schnitt durch eine Lichtmühle (W. CROOKES[K16.4] 1874) **(Videofilm 16.2)**

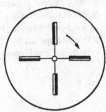

K16.4. Sir WILLIAM CROOKES (1832–1919), Gasentladungen, Entdecker des Thalliums.
Videofilm 16.2: „Lichtmühle"
http://tiny.cc/zoayey

Abb. 16.7 Abhängigkeit der Radiometerkraft vom Gasdruck im Bereich kleiner Drücke. Die Temperaturdifferenz besteht zwischen den beiden Oberflächen der Platte (Messung von W.H. WESTPHAL[K16.5], 1 mmHg $\approx$ 1,33 hPa, 1 Millipond $= 9,81 \cdot 10^{-6}$ N).

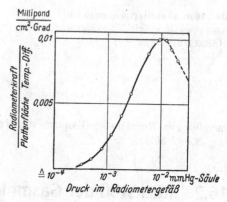

K16.5. WILHELM HEINRICH WESTPHAL (1882–1978), 1920 Professor für Physik an der Berliner Universität, ab 1935 an der TH Berlin, Verfasser mehrerer Lehrbücher. Siehe auch W. Gerlach, Z. Physik **2**, 207 (1920).

Der Radiometereffekt hat trotz seines Namens nichts mit der Strahlung zu tun, am allerwenigsten mit dem winzigen Strahlungsdruck des Lichtes. Das zeigt man am einfachsten mit einem Glimmerblatt, das an der von der Lichtquelle abgewandten Seite berußt ist. Die Radiometerkraft ist dann auf die Lichtquelle hin gerichtet. Radiometer drehen sich auch bei allseitiger Einstrahlung. Wesentlich ist nur eine verschieden starke Absorption auf den beiden Oberflächen der Platte. Sie erzeugt zwischen den beiden Oberflächen der Platte eine Temperaturdifferenz und damit die Radiometerkraft.

Die Radiometerkraft F hängt in charakteristischer Weise vom Gasdruck p ab (Abb. 16.7). Im Bereich kleiner Drücke wächst die Kraft proportional zum Druck. In diesem Bereich sind die freien Weglängen der Gasmoleküle groß gegenüber den Abmessungen des Radiometers. Die Moleküle erleiden keine Zusammenstöße untereinander, sondern werden nur an den Radiometerblättchen und an den Gefäßwandungen reflektiert. Hat die berußte Fläche eine größere Temperatur als die unberußte, so werden die Moleküle an der berußten Platte im Mittel mit größerer Geschwindigkeit reflektiert als an der kälteren unberußten. Auf beiden Seiten erzeugen die reflektierten Moleküle einen Rückstoß. Er ist an der warmen Fläche größer als an der kalten. Daher liegt die resultierende Kraft F in Richtung der abnehmenden Temperatur. Die Kraft ist proportional zur Häufigkeit der Stöße auf das Blättchen und daher auch zum Gasdruck.

Im Bereich größerer Drücke ist die freie Weglänge der Gasmoleküle nicht mehr groß gegenüber den Abmessungen des Radiometers. Dann treten andere Erscheinungen auf, die Kraft F sinkt mit wachsendem Druck (gestricheltes Kurvenstück in Abb. 16.7). Die Einzelheiten führen zu weit. – Höchst seltsam sind zum Teil die Radiometereffekte an kleinen Schwebeteilchen oder dünnen Fäden. Zum Beispiel durchlaufen kleine Schwebeteilchen aus Kohle im Brennpunkt des Kondensors einer Projektionslampe stundenlang enge Schrauben-Spiralbahnen, die ihrerseits ringförmig geschlossen sind (Photophorese).

16.3 Geschwindigkeitsverteilung und mittlere freie Weglänge der Gasmoleküle

Wir kennen nun zwei Methoden, mit denen man die Geschwindigkeit der Gasmoleküle experimentell bestimmen kann (Abschn. 9.8 und 16.1). Beide Methoden beruhen auf Anwendungen des Impulssatzes und liefern nur Mittelwerte. Man kann jedoch auch die Verteilung der Geschwindigkeit um diese Mittelwerte experimentell erfassen. Dazu benutzt man *Molekularstrahlen*. In Abb. 16.8 wird ein kleiner Silberklotz *Ag* in einer elektrisch geheizten Wanne aus Molybdänblech verdampft. Der hochevakuierte Glasbehälter enthält zwei Spalte *A* und *B*. Sie blenden aus den in allen Richtungen fliegenden Molekülen ein scharf begrenztes Bündel aus. Dies Bündel wird auf der kühlen Wand *W* aufgefangen. Dort bilden die Moleküle einen recht scharf begrenzten spiegelnden Fleck. Seine Gestalt entspricht dem gestrichelten Strahlenverlauf. Im Übrigen bleiben die Gefäßwände oberhalb der Blende *B* niederschlagsfrei. Zur Messung der Geschwindigkeit setzt man die ganze Anordnung auf ein rasch umlaufendes Karussell. Dann hat man die gleichen Verhältnisse wie früher bei der Messung der Geschwindigkeit einer Pistolenkugel. Die Moleküle werden durch *Coriolis-Kräfte* seitlich abgelenkt, und aus der Größe der Ablenkung ergibt sich ihre Geschwindigkeit (Abschn. 7.3, Pkt. 5).

Die Durchführung solcher Messungen liefert Ergebnisse, wie sie in Abb. 16.9 für Stickstoff für zwei Temperaturen dargestellt sind: Eine Verteilung der Geschwindigkeit über weite Bereiche.

Abb. 16.8 Herstellung von Molekularstrahlen. Mit einer solchen Apparatur hat OTTO STERN die mittlere thermische Geschwindigkeit von Silberatomen gemessen (Z. Physik II, 49 u. III, 417 (1920)) und mit einer weiter entwickelten Technik die Geschwindigkeitsverteilung von Cäsiumatomen (Nobel Lecture 1946, Phys. Rev. 71, 238 (1947)).

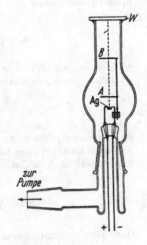

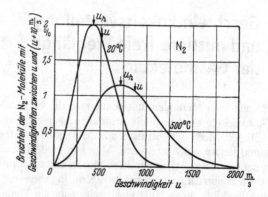

Abb. 16.9 Zur Geschwindigkeitsverteilung von Gasmolekülen am Beispiel Stickstoff (molare Masse $M_n = 28$ g/mol, $R = 8,31$ W s/(mol K), also für $T = 293$ K (20 °C) $u_h = 417$ m/s und die quadratisch gemittelte Geschwindigkeit $u = 1,22\, u_h = 509$ m/s). Die Geschwindigkeiten sind durch *Pfeile* markiert.

Die Verteilung der Geschwindigkeit auf die einzelnen Werte lässt sich durch ein von MAXWELL hergeleitetes „Verteilungsgesetz" darstellen. Es liefert den Anteil dN/N der Moleküle, deren Geschwindigkeit zwischen u und $(u + \mathrm{d}u)$ liegt. Das MAXWELL'sche *Verteilungsgesetz* lautet:[K16.6]

K16.6. Zur Herleitung siehe z. B.: W. Nolting, Statistische Physik, 3. Aufl., Vieweg Braunschweig/Wiesbaden 1998, Aufgabe 1.3.7.

$$\frac{\mathrm{d}N}{N} = \frac{4u^2}{\sqrt{\pi}} \left(\frac{m}{2kT} \right)^{\frac{3}{2}} e^{-\frac{\frac{1}{2}mu^2}{kT}} \, \mathrm{d}u \qquad (16.8)$$

Eine nähere Erörterung der Gleichung ergibt: Dem Maximum der Kurven in Abb. 16.9 entspricht eine am *häufigsten* vorkommende oder *wahrscheinlichste* Geschwindigkeit

$$u_h = \sqrt{\frac{2kT}{m}} = \sqrt{\frac{2RT}{M_n}} . \qquad (16.9)$$

Als arithmetisches Mittel aller Geschwindigkeiten erhält man die *durchschnittliche* (mittlere) Geschwindigkeit

$$u_d = \frac{2}{\sqrt{\pi}} u_h = 1,13\, u_h . \qquad (16.10)$$

Sie ist also etwas größer als die häufigste Geschwindigkeit.

Anfänglich hatten wir einen Mittelwert u_{rms} der Geschwindigkeit eingeführt, definiert durch die Gleichung

$$u_{rms} = \sqrt{\frac{3kT}{m}} = \sqrt{\frac{3RT}{M_n}} . \qquad (16.3)$$

Dieser Mittelwert der Geschwindigkeit u_{rms} ist also um den Faktor $\sqrt{\frac{3}{2}} = 1,22$ größer als die häufigste Geschwindigkeit u_h und $\frac{1,22}{1,13} = 1,08$-mal größer als die Durchschnittsgeschwindigkeit u_d. – Die Unterschiede zwischen häufigster, durchschnittlicher und mittlerer Geschwindigkeit sind also praktisch belanglos.

Jetzt ist das molekulare Bild eines Gases nahezu vollständig. Es fehlt nur noch der Begriff der mittleren freien Weglänge. So nennt man die geradlinige Flugstrecke eines Moleküls zwischen zwei aufeinanderfolgenden Zusammenstößen mit anderen Gasmolekülen. – Stickstoff hat, um nur ein Beispiel zu nennen, bei 0 °C und 1013 hPa eine mittlere freie Weglänge von $l \approx 6 \cdot 10^{-8}$ m. Experimente zur Bestimmung von l folgen in Abschn. 17.10.

16.4 Molare Wärmekapazitäten im molekularen Bild, das Gleichverteilungsprinzip

Die molaren Wärmekapazitäten von idealen Gasen sind im molekularen Bild folgendermaßen zu deuten (A. NAUMANN[K16.7] 1867): Wir schreiben entsprechend den Definitionsgleichungen (14.12) und (14.13) bzw. Gl. (13.6) sowie Gl. (14.32) für die beiden molaren Wärmekapazitäten

$$C_V = \frac{1}{n}\left(\frac{\partial U}{\partial T}\right), \quad (16.11)$$

$$C_p = \frac{1}{n}\left(\frac{\partial H}{\partial T}\right) = C_V + R. \quad (16.12)$$

Für ein ideales *einatomiges Gas* besteht der auf ungeordneter Bewegung beruhende Anteil der inneren Energie U ganz überwiegend aus der *kinetischen* Energie E_{kin} der *geradlinigen* Bewegung der Moleküle, also kurz aus ihrer kinetischen Translationsenergie. Ein einzelnes Molekül liefert den Beitrag

$$E_{kin} = \frac{3}{2}kT = \frac{3}{2}\frac{nRT}{N}. \quad (16.2)$$

Ein Gas mit N Molekülen bzw. der Stoffmenge n liefert den Beitrag

$$U = NE_{kin} = \frac{3}{2}nRT. \quad (16.13)$$

Folglich ist nach den Gln. (16.11) und (16.12)

$$C_V = \frac{3}{2}R, \quad C_p = \frac{5}{2}R, \quad \frac{C_p}{C_V} = 1{,}67.$$

Ein einatomiges Molekül hat drei *Freiheitsgrade* zur Verfügung. Das heißt, die Geschwindigkeit seiner geradlinigen Bahn (Translation) besteht allgemein aus drei Komponenten in je einer Richtung des Raumes. *Auf jeden einzelnen dieser drei Freiheitsgrade* entfällt also als Beitrag eines einzelnen Moleküls die kinetische Energie

$$E_{kin} = \frac{1}{2}kT = \frac{1}{2}\frac{nRT}{N} \quad (16.14)$$

(k = BOLTZMANN-Konstante = $1{,}38 \cdot 10^{-23}$ W s/K, R = 8,31 W s/(mol K)),

K16.7. ALEXANDER NAUMANN, Gießen,· Ann. der Chemie **142**, 265 (1867), siehe auch vom selben Autor: „Lehr- und Handbuch der Thermochemie", Verlag Vieweg 1882, Kap. 9. NAUMANN kannte die Freiheitsgrade der Rotation noch nicht und interpretierte ihren Beitrag zur spezifischen Wärme mit Molekülschwingungen („Atombewegungswärme"). – Die Freiheitsgrade der Rotation (null für einzelne Atome, zwei für zweiatomige und drei für mehratomige Moleküle) konnten erst verstanden werden, nachdem RUTHERFORD (1911) gezeigt hatte, dass die Masse der Atome in ihren Kernen konzentriert ist! (s. Fußnote 2 in diesem Abschnitt)

Tab. 16.1 Molare Wärmekapazitäten ($R = 8{,}31$ W s/(mol K))

Molekülart	Beispiele	Molare Wärmekapazitäten		$\kappa = C_p/C_V$
		C_p	C_V	
		bei konstantem		
		Druck	Volumen	
einatomig	$\left\{ \begin{array}{l} \text{Hg-Gas} \\ \text{Edelgase} \end{array} \right\}$	$\frac{5}{2}R$	$\frac{3}{2}R$	1,67
zweiatomig	$\left\{ \begin{array}{l} \text{H}_2,\ \text{O}_2,\ \text{N}_2 \\ \text{CO, HCl} \end{array} \right\}$	$\frac{7}{2}R$	$\frac{5}{2}R$	1,40
mehratomig	$\left\{ \begin{array}{l} \text{CH}_4,\ \text{NH}_3 \\ \text{CO}_2 \end{array} \right\}$	$4R$	$3R$	1,33

und als Beitrag einer Gasmenge n mit N Molekülen die kinetische Energie

$$E_{\text{kin,N}} = NE_{\text{kin}} = \frac{1}{2}nRT. \tag{16.15}$$

Ein zweiatomiges Molekül ist ein hantelförmiges Gebilde. Dieses kann um zwei zueinander und zur Hantelachse senkrechte Richtungen rotieren[2]. Dadurch kommen zwei weitere Freiheitsgrade hinzu. Diese neuen Freiheitsgrade betrachtet man den alten als gleichwertig. Das nennt man das *Prinzip der statistischen Gleichverteilung*. Damit hat ein zweiatomiges Gas insgesamt fünf Freiheitsgrade. Durch sie erhält die innere Energie einer Gasmenge n den kinetischen Anteil

$$U = \frac{5}{2}nRT. \tag{16.16}$$

Folglich ist nach den Gl. (16.11) und (16.12) für *zweiatomige Gase*

$$C_V = \frac{5}{2}R, \quad C_p = \frac{7}{2}R, \quad \frac{C_p}{C_V} = 1{,}40.$$

Drei- und mehratomige Moleküle haben für ihre Rotation drei Freiheitsgrade. Zusammen mit den drei Freiheitsgraden der Translation erhält man demgemäß für *drei- und mehratomige Gase*

$$C_V = \frac{3+3}{2} \cdot R = 3R, \quad C_p = 4R, \quad \frac{C_p}{C_V} = 1{,}33.$$

Tab. 16.1 fasst diese Ergebnisse für einige Gase zusammen. Sie stimmen überwiegend gut mit den gemessenen Daten in Tab. 14.1 überein.

In *festen Körpern* haben die molekularen Bausteine feste Ruhelagen. Dabei fallen fortschreitende Bewegungen fort. An ihre Stelle

---

[2] Die Rotation um die Längsachse kommt nicht in Betracht, das Trägheitsmoment ist zu klein.

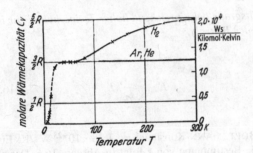

Abb. 16.10 Die molare Wärmekapazität des Wasserstoffs in Abhängigkeit von der Temperatur (R = Gaskonstante = 8,31 W s/(mol K)). Zum Vergleich sind Messergebnisse für zwei einatomige Gase mit eingetragen. Im *gestrichelten Bereich* ist H_2 flüssig und fest (vgl. Abb. 14.5).

treten Schwingungen der Atome um ihre Ruhelage. Für die kinetische Energie dieser Schwingungen gibt es drei Freiheitsgrade. Sie allein würden $C_p = \frac{3}{2}R$ ergeben.[K16.8] Um thermisches Gleichgewicht zu erhalten, muss aber dem Festkörper eine ebenso große potentielle Schwingungsenergie zugeführt werden. Durch diesen zweiten Energiebeitrag gelangt man zu $C_p = \frac{3}{2}R + \frac{3}{2}R = 3R$. So erklärt man den Grenzwert $C_p \approx 3R$, den man bei vielen aus einzelnen Atomen aufgebauten Festkörpern findet. (Regel von DULONG und PETIT[K16.9], vgl. Abb. 14.5.) In analoger Weise versteht man $C_p \approx 6R$ für Kristalle, die aus zweiatomigen Molekülen aufgebaut sind usf.

Durch diese Erfolge hat das Gleichverteilungsprinzip eine wesentliche experimentelle Stütze erhalten. Aber man darf es unter allen Umständen nur als die Idealisierung eines *Grenzfalles* betrachten, erlaubt im Bereich großer Temperaturen. Das zeigen die in Abb. 16.10 dargestellten Messungen. Sie betreffen die molare Wärmekapazität eines zweiatomigen Gases (H_2) bei verschiedenen Temperaturen. C_V hat bei hohen Temperaturen den Wert von $\approx \frac{5}{2}R$, fällt aber bei tiefen Temperaturen ab und erreicht schließlich den Wert $\frac{3}{2}R$, also den Wert für einatomige Moleküle. – Deutung: Bei sinkender Temperatur kommen die Rotationen allmählich zur Ruhe, es verbleibt nur wie bei den einatomigen Molekülen die Translation. – An dieser Stelle kommt man mit den Methoden der „klassischen Physik" nicht mehr weiter. Man muss die Quantenmechanik zu Hilfe nehmen.[K16.10]

Wir fassen den wesentlichen Inhalt von Abschn. 16.1 bis 16.4 zusammen: Die idealen Gase haben die Möglichkeit gegeben, die Zustandsgröße Temperatur und einen wesentlichen Anteil der inneren Energie in anschaulicher Weise zu deuten. Die unmittelbar messbaren Zustandsgrößen Temperatur und Druck entstehen durch die ungeordnete Bewegung der Moleküle (Abschn. 16.1). Sie ergeben sich als statistische Mittelwerte einer ungeheuren Anzahl von Individuen (Molekülen). Über ein einzelnes Molekül lassen sich nur *statistische* Aussagen machen. Nach dem Gleichverteilungssatz darf man sagen: *Im statistischen Mittel liefert jedes Molekül für jeden sei-*

K16.8. Bei festen Körpern existiert praktisch kein Unterschied zwischen C_p und C_V, solange nichtlineare Effekte vernachlässigbar sind, d. h. bei nicht zu großen Temperaturen ($T \leq 300$ K). Da die Messungen immer bei konstantem Druck erfolgen, steht hier im Text C_p.

K16.9. A.T. Petit, P.L. Dulong, Ann. Chim. Phys., 2. Serie, Bd. 10 (1819), S. 395.

K16.10. Dasselbe gilt auch für die Gitterschwingungen der Festkörper. Zur Temperaturabhängigkeit der spezifischen Wärmekapazität in Abb. 14.5 siehe z. B. R.O. Pohl, Am. J. Phys. **55**, 240 (1987).

ner Freiheitsgrade bei hinreichend hoher Temperatur T zur inneren Energie U den Beitrag

$$E_{\text{kin}} = \frac{1}{2}kT \qquad (16.14)$$

mit k = BOLTZMANN-Konstante = $1,38 \cdot 10^{-23}$ W s/K. Eine experimentelle Bestimmung von k folgt in Abschn. 16.6. Der nächste Abschnitt dient zur Vorbereitung für diese Aufgabe.

16.5 Osmose und osmotischer Druck

Osmose bedeutet ursprünglich Diffusion durch poröse Trennwände. Trennt eine Wand zwei Stoffe, die verschieden rasch durch die Wand hindurchdiffundieren, so entsteht *vorübergehend* eine Druckdifferenz. Am bekanntesten ist dieser Versuch für zwei Gase (Abb. 16.2). Der entsprechende Versuch gelingt auch mit zwei Flüssigkeiten. Beispiel: Man taucht ein mit Alkohol gefülltes, mit einer Schweinsblase verschlossenes Glasgefäß in reines Wasser: Die Membran wölbt sich nach außen (I. A. NOLLET 1748). Auch in diesem Fall hält sich die Druckdifferenz nur *vorübergehend*. Osmotische Erscheinungen finden sich auch bei einer Diffusion zwischen Lösung und Lösungsmittel. In diesem Fall lässt sich ein Grenzfall realisieren. Man kann die Wand *semipermeabel* machen, d. h. durchlässig für das Lösungsmittel und undurchlässig für den gelösten Stoff. In diesem Fall führt die Diffusion zu einer *dauernden* Druckdifferenz zwischen Lösung und Lösungsmittel. *Diese Erscheinung ist es, auf die man heute das Wort Osmose beschränkt.*

Semipermeable Wände werden in vollkommenster und mannigfachster Form von *lebenden* Zellwänden verwirklicht. Die beste *künstliche* Herstellung bleibt die von MORITZ TRAUBE 1867 angegebene Membran aus *Ferrocyankupfer*. Ihre Herstellung ist einfach: Man bringt z. B. einen Tropfen konzentrierter Kupfersulfatlösung auf die Oberfläche einer schwach konzentrierten Lösung von gelbem Blutlaugensalz ($K_4Fe(CN)_6$). Dann bildet sich eine an der Oberfläche hängende häutige Blase aus Ferrocyankupfer. *Sie bläht sich rasch durch Wasseraufnahme auf*, die Lösung in ihrer Umgebung wird wasserärmer und sinkt infolge ihrer größeren Dichte als sichtbare Schliere (Schattenbild) zu Boden (Abb. 16.11).

Bei geeigneten Anordnungen erfolgt die Aufblähung mit einer Vorzugsrichtung. Man werfe z. B. einige kleine Kristalle aus Ferrochlorid ($FeCl_2$) auf den Boden einer mit Ferrocyankalilösung (30 g $K_4Fe(CN)_6 \cdot 3 H_2O$ in 1 Liter Wasser) gefüllten Küvette: Im Lauf einer halben Stunde wachsen pflanzenähnliche Gebilde bis zur Oberfläche (Abb. 16.12).

Abb. 16.11 Zur Aufblähung einer Lösung durch osmotischen Druck. Die unter der Oberfläche hängende Blase erscheint im Bild zu hell. Am unteren Ende der abwärts sinkenden Schliere sieht man einen Wirbelring.

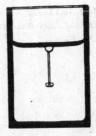

Abb. 16.12 Der osmotische Druck erzeugt pflanzenähnliche Gebilde

Derartige Versuche und ihre quantitativen Fortbildungen lassen sich zusammenfassend anhand der Abb. 16.13 beschreiben. Wir sehen zwei durch eine semipermeable Wand W getrennte Kammern. Beide sind mit einem Kolben der Querschnittsfläche A abgeschlossen. Beide Kammern enthalten ein Lösungsmittel (schraffiert), z. B. Wasser, und die linke Kammer außerdem noch gelöste Moleküle (schwarze Punkte). Eine derartige Anordnung befindet sich *nicht* im Gleichgewicht: Beide Kolben bewegen sich nach links, der linke wird herausgedrängt, der rechte hereingezogen.

Deutung: *Die gelösten Moleküle benehmen sich qualitativ wie ein Gas*, ihre thermische Bewegung erzeugt einen Druck, man nennt ihn „osmotischen Druck" p_{os}. Dieser osmotische Druck schiebt den linken Kolben heraus und bläht dadurch die Lösung auf. *Diese Aufblähung durch den osmotischen Druck* ist aber nur möglich, wenn aus der rechten Kammer Wasser *nachströmen* kann und der rechte Kolben hereingezogen wird.

Den osmotischen Druck p_{os} kann man auf zwei Weisen messen (Abb. 16.13, Teilbild b): Entweder lässt man den linken Kolben eine Feder *pressen* oder den rechten Kolben eine Feder *dehnen*. In beiden Fällen entsteht eine die Bewegung des linken Kolbens behindernde Kraft[3] F. Nach hinreichender Verformung einer der Federn findet die Aufblähung der Lösung ihr Ende, es ist $F/A = p_{os}$ geworden und Gleichgewicht eingetreten.

Durch Anfügen einer Feder ist jeder der beiden Kolben in einen *Druckmesser* (Manometer) umgewandelt worden. – Die einfachste

---

[3] *Wasser hat eine erhebliche Zerreißfestigkeit* (Abschn. 9.5), darf also einfach wie eine starre Verbindung zwischen beiden Kolben betrachtet werden. Vgl. auch Abschn. 15.9.

Abb. 16.13 Zur Aufblähung einer Lösung durch den osmotischen Druck

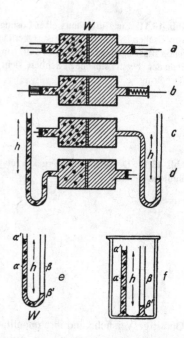

Form eines Druckmessers ist und bleibt ein *Flüssigkeitsmanometer*. In ihm wird der Kolben durch eine freie Oberfläche und die Federkraft durch das Gewicht der Flüssigkeitssäule ersetzt. Man kann daher nach Belieben eine der in den Teilbildern c und d von Abb. 16.13 skizzierten Anordnungen benutzen. In beiden gibt der Endausschlag *h* des Manometers den gesuchten osmotischen Druck an.

Man kann die in den beiden Teilbildern c und d skizzierten Anordnungen zusammenfassen und den Behältern die gleichen Querschnittsflächen geben wie den Manometerrohren. Dann entsteht ein einfaches U-Rohr, das am tiefsten Punkt durch eine semipermeable Wand *W* abgeteilt ist. Die links befindliche Lösung steigt von α nach α', das rechts befindliche Wasser sinkt von β nach β' (Teilbild e).

In manchen praktisch besonders wichtigen Fällen ist die semipermeable Wand selbst *beweglich*. Diese Fälle lassen sich leicht mit einem Modellversuch veranschaulichen (Abb. 16.14). Kleine Stahlkugeln bedeuten Wassermoleküle, große die Moleküle des gelösten Stoffes. Die Außenwände sind schwingende Stempel, sie erzeugen die ungeordnete Wärmebewegung der Modellmoleküle. Die Trennung zwischen beiden Kammern ist siebartig durchbohrt und für die kleinen Modellmoleküle passierbar. Eine Schneckenfeder gibt dieser „semipermeablen" Trennwand eine *Ruhelage* in der Mittelstellung. Sind nur kleine Moleküle vorhanden, verharrt die Trennwand in der Mittelstellung (Abb. 16.14 links). Werden der linken Kammer große Moleküle hinzugefügt, drängt ihr „osmotischer" Druck die Trennwand nach rechts (Abb. 16.14 rechts): Die linke Kammer wird durch den Druck der großen Moleküle aufgebläht. In beiden Bildern kann

Abb. 16.14 Modellversuch zur Entstehung des osmotischen Drucks. Beiderseits der Achse *a* sieht man den äußersten Gang der Schneckenfeder. Die Bewegung der halbdurchlässigen Trennwand wird durch eine nicht sichtbare Ölbremse gedämpft. **(Videofilm 16.1)**

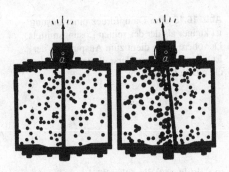

Videofilm 16.1:
„Modellversuche zu Diffusion und Osmose"
http://tiny.cc/qoayey

man mit einer beliebigen Verteilung der kleinen Moleküle anfangen, z. B. alle in der linken oder alle in der rechten Kammer: Stets stellen sich dieselben Gleichgewichtslagen wieder her.

> Dieser Modellversuch erklärt z. B. das Verhalten roter Blutkörperchen in Wasser. Ihre Aufblähung erfolgt durch eine Ausdehnung ihrer semipermeablen elastischen Hülle. Schließlich platzt die Hülle. Um dieses zu verhindern, darf man nach schweren Blutverlusten nie reines Wasser in die Adern einfüllen, sondern nur eine Lösung mit einem osmotischen Druck, wie er im Inneren der roten Blutkörperchen herrscht ($p_{os} = 7$ bar entsprechend einer Kochsalzlösung mit der Ionenkonzentration $c = 2 \cdot 0,16$ kmol/m^3).

Der wesentliche Punkt bei allen osmotischen Erscheinungen ist die Aufblähung der Lösung. Sie tritt immer ein, wenn die gelösten Moleküle nicht aus der Lösung austreten, das Lösungsmittel aber in die Lösung eintreten kann. Diese Bedingung lässt sich auch ohne sichtbare semipermeable Wand erfüllen, man kann einen luftleeren Raum als „semipermeabel" benutzen. Das geschieht z. B. bei der *isothermen Destillation.*

Wir sehen in Abb. 16.13 f einen luftleeren Behälter und in ihm zwei zylindrische Gefäße. Das linke enthält die Lösung, z. B. LiCl in Wasser, das rechte das Lösungsmittel, z. B. Wasser. Anfänglich waren beide Zylinder gleich hoch gefüllt, die Oberflächen lagen bei α und β. Im Lauf einiger Tage bläht sich die Lösung auf, es entsteht eine Niveaudifferenz (sicherer Schauversuch!). Ihr stationärer Endwert sei h. Dann ist der vom Gewicht der Flüssigkeitssäule h erzeugte Druck gleich dem osmotischen Druck p_{os}, also

$$p_{os} = h\varrho_L g \qquad (16.17)$$

(ϱ_L = Dichte der Lösung, g = Erdbeschleunigung).

Deutung: Über beiden Oberflächen befindet sich gesättigter Dampf. Er besteht in beiden Fällen nur aus Molekülen des Lösungsmittels, aber der Dampfdruck p_L über der Lösung ist *kleiner* als der Dampfdruck p_0 über dem reinen Lösungsmittel (Schauversuch in Abb. 16.15). Infolgedessen prasseln in Abb. 16.13 f mehr Wasser-

Abb. 16.15 Der Dampfdruck einer Lösung ist kleiner als der des reinen Lösungsmittels. Der obere Hahn dient zum Auspumpen der Luft, der untere zur Herstellung des anfänglichen Druckausgleichs.

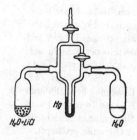

moleküle auf die Oberfläche α auf als aus ihr entweichen, d. h. es destilliert Wasser von β nach α herüber.

Wann findet dieser Vorgang ein Ende? Antwort: Der zur Beobachtungstemperatur gehörende Dampfdruck p_0 des Wassers gilt für den Dampf *unmittelbar* über der *Wasseroberfläche*. Mit wachsender Höhe sinkt der Druck gemäß der barometrischen Höhenformel. In der Höhe h über der Wasseroberfläche beträgt er nur noch

$$p_h = p_0 e^{-\frac{\varrho_0 g h}{p_0}} \qquad (9.20)$$

(ϱ_0 = Dichte des Wasserdampfes über der Wasseroberfläche).

Ist mit wachsender Höhe h der Druck p_h gleich dem über der Oberfläche α' herrschenden Dampfdruck p_L der Lösung geworden, so prasseln auf α' nicht mehr Moleküle auf, als entweichen. Die Aufblähung findet ihr Ende. Anhand dieses Grenzfalles wollen wir den Zusammenhang zwischen osmotischem Druck und Dampfdruck herleiten. Zu diesem Zweck setzen wir $p_h = p_L$ und setzen ferner gemäß Gl. (16.17) $h = p_{os}/\varrho_L g$. Dann ergibt sich

$$\frac{p_L}{p_0} = e^{-\frac{\varrho_0 p_{os}}{p_0 \varrho_L}}. \qquad (16.18)$$

Ferner betrachten wir den Wasserdampf näherungsweise als ideales Gas und setzen

$$p_0 = \frac{\varrho_0 R T}{M_n} \qquad (14.21)$$

und erhalten

$$\ln \frac{p_L}{p_0} = -\frac{\varrho_0 p_{os} M_n}{\varrho_0 R T \varrho_L}$$

oder

$$p_{os} = \frac{R T \varrho_L}{M_n} \ln \frac{p_0}{p_L} \approx \frac{R T \varrho_L}{M_n} \cdot \frac{p_0 - p_L}{p_L}. \qquad (16.19)$$

(Die Näherung gilt, da p_0/p_L nur wenig über 1 liegt und damit in der Reihe $\ln x = x - 1 + \ldots$ die höheren Glieder vernachlässigbar sind.)

Direkte Messungen des osmotischen Drucks sind umständlich und zeitraubend. Die eben hergeleitete Gl. (16.19) gibt ein bequemes indirektes Verfahren. Man vergleicht den Dampfdruck p_L der Lösung mit dem Dampfdruck p_0 des reinen Lösungsmittels und berechnet den osmotischen Druck mithilfe der Gl. (16.19). Dabei misst man meistens nicht die Dampfdrücke p_L und p_0 von Lösung und Lösungsmittel, sondern die zugehörigen *Siedetemperaturen* T_L und T_0. Dann erhält man für den osmotischen Druck die einfache Beziehung

$$p_{os} = \varrho_L r \, \frac{T_L - T_0}{T_0} \qquad (16.20)$$

(ϱ_L = Dichte der Lösung, für sehr verdünnte Lösungen $\approx$ Dichte des Lösungsmittels, T_0 = Siedetemperatur und r = spezifische Verdampfungsenthalpie des Lösungsmittels).

Alle direkten und indirekten Messungen des osmotischen Drucks ergeben bei *verdünnten* Lösungen (Größenordnung zehntel mol/Liter) ein überraschend einfaches Ergebnis: Für die Moleküle des gelösten Stoffes gilt die Zustandsgleichung idealer Gase[4]:

$$p_{os}V = nRT \quad \text{oder} \quad p_{os} = cRT \qquad (16.21)$$

(n = Stoffmenge des im Volumen V enthaltenen gelösten Stoffes, also n/V = Konzentration c. Für $c = 0{,}1\,\text{kmol/m}^3 = 0{,}1\,\text{mol/Liter}$ und $T = 273\,\text{K}$ (0 °C) ist der osmotische Druck $p_{os} = 2{,}24 \cdot 10^5$ Pa.)

Das Auftreten derselben Zustandsgleichung unter verschiedenartigen Bedingungen ist sehr lehrreich. Man erkennt: Die Zustandsgleichung beruht letzten Endes auf den statistischen Gesetzmäßigkeiten der thermischen Bewegungen sehr vieler Teilchen, insbesondere auf der grundlegenden Beziehung

$$E_{kin} = \frac{1}{2} kT \, .$$

Dies gilt auch für erheblich gröbere und chemisch nicht mehr einheitliche Gebilde, wie z. B. staubförmige Schwebeteilchen in Flüssigkeiten und Gasen.

16.6 Experimentelle Bestimmung der BOLTZMANN-Konstante k aus der barometrischen Höhenformel

Jedermann kennt das Verhalten einer durch Schwebeteilchen getrübten Flüssigkeit: Im Lauf der Zeit *klärt* sich die Flüssigkeit, die Schwebeteilchen „setzen sich am Boden ab". Dabei bilden gröbere Teilchen eine scharf begrenzte Schicht, feinere jedoch eine verwaschene, nach oben allmählich dünner werdende Wolke. – Deutung: Die Teilchen werden durch ihr Gewicht (vermindert um den

---

[4] Daher benutzt man den osmotischen Druck oft, um die molare Masse M_n eines gelösten Stoffes zu bestimmen. Man erhält mit Gl. (16.21)

$$M_n = R \cdot \frac{M}{V} \cdot \frac{T}{p_{os}}$$

(M/V = Dichte der Lösung).

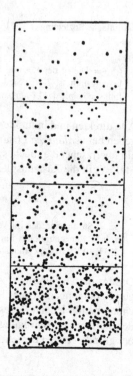

Abb. 16.16 Dichteverteilung von Schwebeteilchen in Wasser. Zeichnung nach Photogramm von J. PERRIN. Dargestellt sind vier waagerechte Schnitte mit einem Höhenabstand h von je $10\,\mu$m. Die Teilchen sind Gummiguttkörner von $0{,}6\,\mu$m Durchmesser und der Dichte $\varrho = 1210\,$kg/m^3. Die Masse eines Teilchens ist gleich $1{,}25 \cdot 10^{-16}\,$kg oder seine „wirksame" Masse nach Berücksichtigung des Auftriebs $m = 2{,}17 \cdot 10^{-17}\,$kg.

K16.11. Gummigutt ist ein Harz, das allerdings giftig ist. J. PERRIN benutzte das Harz Mastix.

statischen Auftrieb!) nach unten gezogen. Aber die ungeordnete Wärmebewegung der Teilchen wirkt der Abwärtsbewegung entgegen[5]. Infolge dieses Wettstreites verteilen sich die Teilchen auf die ganze Höhe ebenso wie die Moleküle der Luft in der Atmosphäre. Abb. 16.16 zeigt das für Gummigutt-Schwebeteilchen[K16.11] von $0{,}6\,\mu$m Durchmesser in Wasser. Die Momentbilder zeigen die Verteilung der Teilchen in vier mit je $10\,\mu$m Höhenabstand aufeinanderfolgenden waagerechten Schichten. Die Folge dieser Bilder stimmt weitgehend mit einem Längsschnitt durch die Modellgasatmosphäre überein, also mit Abb. 9.33.

Schon diese qualitative Übereinstimmung ist sehr überzeugend. Entscheidend aber wird die quantitative Auswertung.

---

[5] BROWN'sche Bewegung (s. Abschn. 9.1). Jedes Schwebeteilchen stößt in rascher, ungeordneter Folge mit den unsichtbaren Molekülen der Flüssigkeit zusammen. In jeder Zeitspanne Δt zwischen zwei solchen Zusammenstößen hat jedes Schwebeteilchen im Mittel die kinetische Energie

$$\tfrac{1}{2}mu^2 = \tfrac{3}{2}kT \tag{16.2}$$

(m = Masse des Schwebeteilchens).

Leider reicht die Zeitspanne Δt auch nicht im Entferntesten aus, um eine Geschwindigkeitsmessung auszuführen. Sonst könnte man u direkt messen, in Gl. (16.3) einsetzen und so k bestimmen.

Wir haben früher die Verteilung der Moleküle im Schwerefeld mithilfe der barometrischen Höhenformel dargestellt. Sie lautete

$$\frac{p_h}{p_0} = e^{-\frac{\varrho_0 g h}{p_0}} \qquad (9.20)$$

(p_h = Druck in der Höhe h, p_0 = Druck und ϱ_0 = Dichte des Gases in der Höhe null).

Jetzt ersetzen wir das Verhältnis der beiden Drücke durch das Verhältnis der Anzahldichten der Moleküle. Wir schreiben

$$\frac{p_h}{p_0} = \frac{N_{V,h}}{N_{V,0}} = \frac{\text{Teilchenzahl/Volumen in der Höhe } h}{\text{Teilchenzahl/Volumen in der Höhe null}}, \qquad (16.22)$$

außerdem verknüpfen wir Druck und Dichte durch die Zustandsgleichung idealer Gase. Wir schreiben diese in der Form

$$p_0 = \varrho_0 \frac{RT}{M_n} = \varrho_0 \frac{kT}{m} \qquad (14.21) \text{ und } (14.23)$$

(k = BOLTZMANN-Konstante, M_n = molare Masse des Gases, m = Masse eines Moleküls)

und erhalten die barometrische Höhenformel in der Gestalt

$$\frac{N_{V,h}}{N_{V,0}} = e^{-\frac{mgh}{kT}}. \qquad (16.23)$$

Diese Gleichung enthält *zwei* Unbekannte, nämlich m und k. Ist die Masse m aber bekannt (z. B. aus Durchmesser und Dichte bestimmbar), kann man k bestimmen, indem man die Teilchenzahlen N in Höhenabständen h auszählt. Das ist zuerst von J. PERRIN (1909) durchgeführt worden.[K16.12] Die „wirksame" Masse der einzelnen Schwebeteilchen war $m = 2{,}17 \cdot 10^{-17}$ kg (vgl. Bildunterschrift von Abb. 16.16). In Luft (Masse eines Stickstoffmoleküls = $4{,}65 \cdot 10^{-26}$ kg) sinken Druck p und Dichte ϱ für je 5,4 km Höhenzunahme auf die Hälfte. Für die Schwebeteilchen erfolgte der gleiche Abfall schon nach einer Höhenzunahme von $\frac{4{,}65 \cdot 10^{-26}}{2{,}17 \cdot 10^{-17}} \cdot 5{,}4 \cdot 10^{6}$ mm $\approx$ 0,01 mm = 10 μm. Man betrachte Abb. 16.16.

K16.12. Siehe J. Perrin, „Atoms", 2. Aufl., Van Nostrand, New York 1923, Kap. 4. – JEAN PERRIN (1870–1942), Nobelpreis 1926.

Ein Konzentrationsgefälle von Schwebeteilchen lässt sich noch auf mancherlei andere Weise herstellen. Sehr häufig ersetzt man das Gewicht durch die Zentrifugalkraft (Abschn. 9.12, Pkt. 1). Mit heutigen Materialien kann man Zentrifugalbeschleunigungen bis zum 10^6-fachen der Erdbeschleunigung herstellen (Drehfrequenz ≈ 1800 s^{-1} bei rund 900 m/s Umfangsgeschwindigkeit und 8 cm Radius). Dann ist also g in Gl. (16.23) durch $10^6 g$ zu ersetzen. Auf diese Weise kann man schon große Moleküle wie Schwebeteilchen anreichern („Ultrazentrifuge").

16.7 Statistische Schwankungen und Individuenzahl

Abb. 16.17 zeigt oben ein Momentbild unseres Stahlkugelmodellgases (Abschn. 9.7, Belichtungszeit $\approx 10^{-5}$ s). Das ganze Volumen ist durch Striche in 16 Teilvolumen aufgeteilt. Die gleichen Teilvolumen sind unten noch einmal gezeichnet, und in jedem ist die Anzahl der gerade anwesenden Moleküle vermerkt. Als Mittel findet man $\overline{N} \approx 8$, die Einzelwerte zeigen jedoch erhebliche Schwankungen, definiert durch die Gleichung

$$\varepsilon = \frac{\text{Abweichung } \Delta N \text{ des Einzelwertes vom Mittelwert}}{\text{Mittelwert } \overline{N}} . \quad (16.24)$$

Die Werte von ΔN sind in Abb. 16.17 ebenfalls eingezeichnet und schließlich auch die Werte von $(\Delta N)^2$. Wir bilden den Mittelwert des Schwankungsquadrates, also $\overline{\varepsilon^2}$, und finden aus einer genügenden Anzahl derartiger Versuche

$$\overline{\varepsilon^2} = \frac{1}{\overline{N}} \qquad (16.25)$$

In Worten: *Der Mittelwert des Schwankungsquadrates ist gleich dem Kehrwert der mittleren Anzahl der beteiligten Individuen.*

Dieser hier empirisch gefundene Zusammenhang gilt ganz allgemein, z. B. für das von N Gasmolekülen beanspruchte Volumen, für die Dichte eines Gases, für die zeitlichen Schwankungen beim Zerfall radioaktiver Atome usw.

Wir bringen einen Beweis für die Dichteschwankungen eines idealen Gases. In einem großen Volumen eines solchen denken wir uns ein Teilvolumen V in einem Zylinder eingesperrt und an der einen Seite mit einem

Abb. 16.17 Zur experimentellen Herleitung der Gl. (16.25)

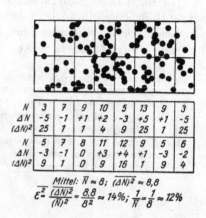

N	3	7	9	10	5	13	9	3
ΔN	-5	-1	+1	+2	-3	+5	+1	-5
$(\Delta N)^2$	25	1	1	4	9	25	1	25
N	5	7	8	11	12	9	5	6
ΔN	-3	-1	0	+3	+4	+1	-3	-2
$(\Delta N)^2$	9	1	0	9	16	1	9	4

Mittel: $\overline{N} \approx 8$; $\overline{(\Delta N)^2} \approx 8{,}8$

$\overline{\varepsilon^2} = \dfrac{\overline{(\Delta N)^2}}{(\overline{N})^2} = \dfrac{8{,}8}{8^2} \approx 14\,\%$; $\dfrac{1}{\overline{N}} = \dfrac{1}{8} \approx 12\,\%$

frei beweglichen Kolben abgeschlossen. Diesen Kolben betrachten wir als großes Molekül. Als solches nimmt der Kolben am statistischen Spiel der Wärmebewegung teil.

Komprimiert der regellos hin und her schwankende Kolben das Volumen V um ΔV, so erhöht sich dadurch seine potentielle Energie

$$E_{\text{pot}} = -\tfrac{1}{2}\Delta p \Delta V \,.$$

Diese muss im zeitlichen Mittel $= \tfrac{1}{2}kT$ sein, also

$$\tfrac{1}{2}kT = -\tfrac{1}{2}\Delta p \Delta V \,. \qquad (16.26)$$

Nun gilt

$$\Delta p = \frac{dp}{dV}\Delta V$$

oder nach Einsetzen in Gl. (16.26)

$$(\Delta V)^2 = -\frac{kT}{dp/dV} \,. \qquad (16.27)$$

Die Zustandsgleichung idealer Gase (Gl. (14.23)) liefert für den Nenner

$$\frac{dp}{dV} = -\frac{NkT}{V^2} \,,$$

also

$$\left(\frac{\Delta V}{V}\right)^2 = \frac{1}{N} \,. \qquad (16.28)$$

Links steht die Schwankung des von den N eingesperrten Molekülen erfüllten Raumes. Stattdessen kann man auch die Anzahldichte der Moleküle, also $N_V = N/V$, einführen. Es gilt $N_V V = N = $ const, also

$$\Delta N_V V + N_V \Delta V = 0 \qquad (16.29)$$

oder

$$\frac{\Delta N_V}{N_V} = -\frac{\Delta V}{V} \qquad (16.30)$$

und schließlich

$$\left(\frac{\Delta N_V}{N_V}\right)^2 = \left(\frac{\Delta \varrho}{\varrho}\right)^2 = \frac{1}{N} \qquad (16.31)$$

$$(\varrho = \text{Dichte}).$$

16.8 Die BOLTZMANN-Verteilung

Wir greifen auf die barometrische Höhenformel

$$\frac{N_{V,h}}{N_{V,0}} = e^{-\frac{mgh}{kT}} \qquad (16.23)$$

zurück. Das Produkt mgh hat eine einfache physikalische Bedeutung: es ist die Differenz ΔE der potentiellen Energien eines Moleküls im Schwerefeld in zwei um die Höhe h getrennten Niveaus. So erhalten wir

$$\frac{N_{V,h}}{N_{V,0}} = e^{-\frac{\Delta E}{kT}} \qquad (16.32)$$

($N_{V,h}$ = Anzahldichte der Moleküle in der Höhe h, N_V = Anzahldichte der Moleküle in der Ausgangshöhe. Die mit dem Index h versehenen Moleküle übertreffen die in der Ausgangshöhe um den Energiebetrag ΔE.)

Diese hier in einem Sonderfall hergeleitete BOLTZMANN-Verteilung gilt ganz allgemein. *Sie liefert für alle im thermischen Gleichgewicht befindlichen Vorgänge das Zahlenverhältnis der Moleküle, deren Energien sich in einem beliebigen Kraftfeld um die Energie ΔE unterscheiden.*

Im Rahmen dieser Einführung müssen einige Hinweise auf die Anwendungsmöglichkeiten der sehr allgemeinen Gl. (16.32) genügen. Mit ihrer Hilfe lassen sich z. B. beschreiben:

Die Abhängigkeit des Dampfdrucks eines Stoffes von der Temperatur. Dann bedeutet ΔE die Verdampfungswärme pro Molekül.

Die MAXWELL'sche Geschwindigkeitsverteilung (Abschn. 16.3). Dann bedeutet ΔE die kinetische Energie des Moleküls.

Die Abhängigkeit des Gleichgewichts einer chemischen Reaktion von den Konzentrationen der Reaktionspartner (Massenwirkungsgesetz). Dann bedeutet ΔE die Wärmetönung der Reaktion pro Molekül.

Die Abhängigkeit der elektrischen Leitfähigkeit eines nichtmetallischen Elektronenleiters von der Temperatur. Dann bedeutet ΔE die Abtrennarbeit eines Elektrons von seinem Partner.

Die Elektronenemission eines glühenden Körpers. Dann bedeutet ΔE die Austrittsarbeit eines Elektrons.

Die spektrale Energieverteilung der Strahlung des schwarzen Körpers. Dann bedeutet ΔE die Energie $h\nu$ eines Lichtquants der Frequenz ν.

Bei der besonderen Wichtigkeit der Gl. (16.32) bringen wir noch eine allgemeine anschauliche Herleitung:

Es sollen zwei Moleküle mit den Energien E_1 und E_2 im statistischen Spiel der Wärmebewegung elastisch zusammenstoßen und nach dem Stoß die Energien E_1' und E_2' besitzen. Dann ist

$$E_1 + E_2 = E_1' + E_2'. \qquad (16.33)$$

Im statistischen Gleichgewicht muss in dieser Gleichung die Anzahl der Übergänge $\overrightarrow{N}$ von links nach rechts gleich der Anzahl der Übergänge $\overleftarrow{N}$ von rechts nach links sein. Wir bezeichnen mit $N(E)$ die Anzahl der Moleküle mit der Energie E. Dann ist

$$\overrightarrow{N} = \text{const } N(E_1)N(E_2),$$
$$\overleftarrow{N} = \text{const } N(E_1')N(E_2'). \qquad (16.34)$$

Beide Konstanten betrachten wir als gleich, das ist eine plausible und später durch den Erfolg gerechtfertigte Annahme. Mit ihr folgt aus Gl. (16.34)

$$N(E_1)N(E_2) = N(E_1')N(E_2') \, . \tag{16.35}$$

Jetzt muss eine Funktion $N(E)$ gesucht werden, die die Gln. (16.33) und (16.35) *gleichzeitig* erfüllt. Das ist der Fall für den Ansatz

$$N(E) = N_0 e^{\alpha E} \, . \tag{16.36}$$

Er macht aus Gl. (16.35)

$$N_0^2 e^{\alpha(E_1+E_2)} = N_0^2 e^{\alpha(E_1'+E_2')} \, ,$$

also bei Gültigkeit von Gl. (16.33) eine Identität. Ferner folgt aus Gl. (16.36)

$$\frac{N(E_1)}{N(E_2)} = e^{\alpha(E_1-E_2)} \, . \tag{16.37}$$

Schließlich liefert der Vergleich mit Gl. (16.23), dem Sonderfall der barometrischen Höhenformel, $\alpha = -1/kT$. Damit ergibt sich allgemein

$$\frac{N(E_2)}{N(E_1)} = e^{-\frac{E_2-E_1}{kT}} \, . \tag{16.38}$$

Elektronisches Zusatzmaterial Die Online-Version dieses Kapitels (doi:10.1007/978-3-662-48663-4_16) enthält Zusatzmaterial, das für autorisierte Nutzer zugänglich ist.

Transportvorgänge: Diffusion und Wärmeleitung

17

17.1 Vorbemerkung

Wir haben schon zweimal Diffusionsvorgänge behandelt, und zwar beide Mal im Zusammenhang mit dem molekularen Bild der Wärmebewegung (Abschn. 16.1). In diesem Kapitel soll einiges über die quantitative Behandlung der Diffusion gebracht werden, und im Anschluss daran etwas über die verwandten Probleme der Wärmeleitung und des Wärmetransports. – Anfänger werden manches überschlagen. Es handelt sich zwar um praktisch bedeutsame Probleme, aber ihre quantitative Erfassung ist noch wenig befriedigend.

17.2 Diffusion und Durchmischung

Am Anfang muss der Begriff Diffusion sauber gegenüber anderen Durchmischungsvorgängen abgegrenzt werden. – Zunächst denken wir uns zwei verschiedene, aber mischbare Flüssigkeiten übereinandergeschichtet (vgl. Abb. 9.1), die untere hat die größere Dichte. Die anfänglich scharfe Grenze wird allmählich verwaschen, erst im Lauf vieler Wochen tritt eine vollständige Durchmischung beider Flüssigkeiten ein. In diesem Fall handelt es sich um eine echte Diffusion, die gegenseitige Durchmischung beider Molekülsorten ist lediglich eine Folge der molekularen *Wärmebewegung*.

Im zweiten Fall sollen im Inneren der Flüssigkeiten lokale Dichteunterschiede vorhanden sein, entstanden z. B. durch lokale Vergrößerung der Temperatur. Dann entstehen auf- und absteigende, noch ziemlich übersichtlich verlaufende *Strömungen*. Eine solche *freie Konvektion* fördert die Durchmischung außerordentlich, neben ihr kann die echte Diffusion praktisch bedeutungslos werden.

Das letztere gilt in gesteigertem Maß in einem dritten Fall. In ihm wird eine Konvektion *erzwungen*: mithilfe bewegter fester Körper werden *turbulente Strömungen* erzeugt, am einfachsten mit irgendeinem *Rührwerk*.

© Springer-Verlag Berlin Heidelberg 2017
K. Lüders, R.O. Pohl (Hrsg.), *Pohls Einführung in die Physik*, DOI 10.1007/978-3-662-48663-4_17

Um die echte Diffusion allein beobachten zu können, muss man also die Konvektion in ihren beiden Formen, die freie und die erzwungene, durch geeignete Versuchsanordnungen ausschalten. Man lässt z. B. Flüssigkeiten und Gase von kleiner Dichte auf solchen von größerer Dichte „schwimmen" und vermeidet peinlich die Entstehung lokaler Temperaturdifferenzen. Am einfachsten ist es, die eine Molekülsorte in fester Phase zu verwenden.

17.3 Erstes FICK'sches Gesetz und Diffusionskonstante

Wir greifen auf Abb. 16.2 zurück und schematisieren sie in Abb. 17.1: Ein Gas, z. B. H_2, soll durch eine poröse Trennwand der Dicke l hindurchdiffundieren. Zu beiden Seiten der Trennwand und in ihren Kanälen soll sich als „Lösungsmittel" Luft befinden. *Die Trennwand soll nur die Ausbildung störender Konvektionen verhindern.*

Wir definieren, wie immer, als Anzahldichte der Moleküle den Quotienten

$$N_V = \frac{\text{Anzahl } N \text{ der gelösten Moleküle}}{\text{Volumen } V \text{ der Lösung}}. \tag{13.1}$$

Vor der Wand werde die Anzahldichte $N_{V,a}$ aufrechterhalten, hinter der Wand werden alle hindurchdiffundierten Moleküle sogleich auf eine beliebige Weise beseitigt, z. B. von einem Luftstrom fortgeblasen. Dann entsteht im Inneren der Wand das Gefälle der Anzahldichte

$$\frac{\Delta N_V}{\Delta x} = -\frac{N_{V,a}}{l}.$$

Man misst die Anzahl ΔN der in der Zeit Δt durch die Fläche A hindurchdiffundierenden Moleküle und findet experimentell den „Molekülstrom"

$$\frac{\Delta N}{\Delta t} = -DA\frac{\Delta N_V}{\Delta x} \tag{17.1}$$

Abb. 17.1 Zur Herleitung der Gl. (17.1)

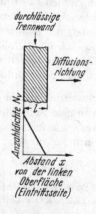

durchlässige Trennwand

Diffusions-richtung

Anzahldichte N_V

l

Abstand x von der linken Oberfläche (Eintrittsseite)

In Worten: Der Strom der diffundierenden Moleküle ist proportional zum Gefälle der Anzahldichte (erstes FICK'sches Gesetz). Der Proportionalitätsfaktor D wird *Diffusionskonstante* genannt.

So weit der empirische Tatbestand. Das molekulare Bild führt zu einer Deutung und erlaubt es, die Diffusionskonstante D in einfachen Fällen zu berechnen.

Die diffundierenden Moleküle werden von den Molekülen ihrer Umgebung („des Lösungsmittels") ständig gestoßen. Auf jedes einzelne wirkt im zeitlichen Mittel in der Diffusionsrichtung eine Kraft F und bewegt es gegen den Reibungswiderstand der Umgebung mit einer Geschwindigkeit u. Diese Reibungsarbeit wird mit der Leistung

$$\dot{W} = uF \qquad (5.35)$$

verrichtet und als kinetische Energie an die Umgebung zurückgegeben. – Für das Weitere definieren wir den Quotienten

$$v = \frac{u}{F} \qquad (17.2)$$

als mechanische *Beweglichkeit*.

> Ist die freie Weglänge klein gegen den Durchmesser, so folgt z. B. für kugelförmige Moleküle aus der STOKES'schen Formel (Gl. (10.7)):
>
> $$v = (6\pi R\eta)^{-1}$$
>
> (R = Radius des Moleküls, η = Zähigkeitskonstante der Umgebung, also des Lösungsmittels).

Abb. 17.2 soll eine dünne Schicht des Lösungsmittels senkrecht zur Diffusionsrichtung darstellen. Die Querschnittsfläche der Schicht sei A, ihre Dicke Δx. Sie enthalte $N = N_V A \Delta x$ gelöste Moleküle (schwarze Punkte). An jedem einzelnen greift die Kraft F an. Diese Kraft lässt sich durch einen osmotischen Druck $\Delta p = (p_1 - p_2)$ ersetzen, der gegen den Flächenabschnitt A/N drückt. Es gilt die Beziehung

$$F = \Delta p \frac{A}{N} = -\frac{1}{N_V} \frac{\Delta p}{\Delta x}. \qquad (17.3)$$

Für den osmotischen Druck gilt die Zustandsgleichung idealer Gase

$$p = \frac{N}{V} kT = N_V kT. \qquad (14.23)$$

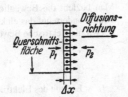

Abb. 17.2 Zum Mechanismus des ersten FICK'schen Gesetzes

Sie liefert

$$\Delta p = \Delta N_V kT . \tag{17.4}$$

Einsetzen der Gln. (17.3) und (17.4) in Gl. (17.2) liefert

$$F = \frac{u}{v} = -\frac{kT}{N_V}\frac{\Delta N_V}{\Delta x}$$

oder mit der Abkürzung

> Diffusionskonstante $D = vkT$ (17.5)

$$u = -\frac{D}{N_V}\frac{\Delta N_V}{\Delta x} . \tag{17.6}$$

Mit dieser „Diffusionsgeschwindigkeit" u sollen in der Zeit Δt durch die Fläche A ΔN Moleküle hindurchdiffundieren. Dann gilt

$$\Delta N = \Delta t A u N_V \tag{17.7}$$

oder für die Diffusionsgeschwindigkeit

$$u = \frac{1}{A}\frac{\Delta N}{\Delta t}\frac{1}{N_V} . \tag{17.8}$$

Schließlich fassen wir die Gln. (17.6) und (17.8) zusammen und erhalten das oben empirisch gefundene erste FICK'sche Gesetz

$$\frac{\Delta N}{\Delta t} = -DA\frac{\Delta N_V}{\Delta x} . \tag{17.1}$$

Die Diffusionskonstante D hat die Einheit m^2/s. Tab. 17.1 enthält einige Messwerte.

Oft handelt es sich um die Diffusion elektrisch geladener Moleküle. Diese „Elektrizitätsträger" bekommen in einem elektrischen Feld während ihrer Diffusion eine Vorzugsrichtung, und dadurch bilden sie einen elektrischen Strom. So entstehen z. B. Ionenströme und Elektronenströme in Flüssigkeiten, in Gasen und in festen Körpern. In günstigen Fällen kann man diesen gerichteten Diffusionsvorgang unmittelbar mit dem Auge verfolgen. (s. R. W. Pohl, Elektrizitätslehre, 20. Aufl. 1967, §§ 143 u. 228 oder auch R. W. Pohl, Wikipedia.)

Man bezieht die Beweglichkeit v_e der Elektrizitätsträger nicht auf die Kraft, sondern auf das elektrische Feld E = Kraft F/Ladung e. So erhalten wir als elektrische Beweglichkeit

$$v_e = \frac{u}{E} = \frac{ue}{F} = ev_{mech} \tag{17.9}$$

(e = Ladung des Elektrizitätsträgers z. B. in Amperesekunden (As)).

Tab. 17.1 Einige Beispiele für Diffusionskonstanten und Diffusionswege

	diffundiert	bei der Temperatur (°C)	mit der Diffusionskonstante D $\left(\dfrac{m^2}{s}\right)$	und ein einzelnes Molekül entfernt sich nach Gl. (17.16) in einem Tag von seinem Ausgangsort um
H_2	in Luft bei Atmosphären-	0	$6{,}4 \cdot 10^{-5}$	3,3 m
O_2	druck	0	$1{,}8 \cdot 10^{-5}$	1,8 m
Harnstoff	in Wasser	15	$1{,}0 \cdot 10^{-9}$	13 mm
Kochsalz		10	$9{,}3 \cdot 10^{-10}$	13 mm
Rohrzucker		18,5	$3{,}7 \cdot 10^{-10}$	8 mm
Gold	in geschmolzenem Blei	490	$3{,}5 \cdot 10^{-9}$	25 mm
Gold	in festem Blei	165	$4{,}6 \cdot 10^{-12}$	0,9 mm
H_2	in einem KBr-Kristall	680	$2{,}3 \cdot 10^{-8}$	6 cm
Kalium als Farbzentren[a]		650	$5{,}2 \cdot 10^{-8}$	9,5 cm

[a] Zu Farbzentren s. Bd. 2, Abschn. 27.14.

17.4 Quasistationäre Diffusion

Die Anwendung des ersten FICK'schen Gesetzes setzt die Kenntnis des Gefälles der Anzahldichte, also $\Delta N_V / \Delta x$ voraus. Dieses lässt sich für einen stationären Zustand (Abb. 17.1) leicht bestimmen. Es gelingt aber auch mit guter Näherung bei vielen nur angenähert stationären (quasistationären) Vorgängen. Ein Beispiel dieser Art ist in Abb. 17.3 skizziert. Ein fester Körper Y enthält N Moleküle einer Sorte I im Volumen V, ihre Anzahldichte ist also $N_V = N/V$. Man denke an eine feste Lösung, z. B. von Thalliumatomen in einem KBr-Kristall. In diesen festen Körper sollen von links N^* Moleküle eines Gases hineindiffundieren, z. B. von Br_2. Sie sollen sich dabei an der Diffusionsfront mit N Molekülen I vereinigen und dadurch für den weiteren Diffusionsverlauf ausscheiden. *Um welchen Weg x rückt die Diffusionsfront mit der Zeit t vor?*

Abb. 17.3 Lineares Konzentrationsgefälle bei der Diffusion mit chemischem Umsatz

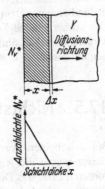

Im Volumen $A\,dx$ befinden sich $dN = N_V A\,dx$ Moleküle der Sorte I, also gilt

$$\frac{dN^*}{dt} = N_V A \frac{dx}{dt}.$$ (17.10)

Man kann diesen Vorgang mit sehr guter Näherung noch als stationär behandeln. Das heißt, man darf dx neben x vernachlässigen und den Vorgang noch als praktisch ortsfest behandeln. Infolgedessen tritt die bereits chemisch umgewandelte Schicht der Dicke x an die Stelle der Trennwand in Abb. 17.1. Die Konzentration der diffundierenden Moleküle ist links vor dieser Schicht N_V^*, rechts hinter ihr, also an der Diffusions- oder Reaktionsfront, gleich null. So gilt für das Diffusionsgefälle näherungsweise wiederum

$$\frac{\Delta N_V^*}{\Delta x} = -\frac{N_V^*}{x}.$$ (17.11)

Wir wenden Gl. (17.1) auf die N^* Moleküle an und erhalten mit den Gln. (17.10) und (17.11)

$$N_V \frac{dx}{dt} = D \frac{N_V^*}{x}.$$ (17.12)

Die Lösung dieser Differentialgleichung ist

$$x^2 = 2\frac{N_V^*}{N_V} D t$$ (17.13)

und damit als Antwort auf die oben kursiv gedruckte Frage

$$\frac{x^2}{t} = D \cdot \text{const}$$ (17.14)

(const = reine Zahl).

K17.1. Braun gefärbt durch Erhitzung in K-Dampf (E. Mollwo, Ann. Physik, 5. Folge, Bd. 29, S. 394 (1937))

Ihr Inhalt lässt sich in dem oben genannten Beispiel, also beim Eindiffundieren von Br_2 in einen Tl-haltigen KBr-Kristall, vorführen.[K17.1] Die vorher braune Schicht x wird klar, weil die gebildeten TlBr-Moleküle farblos sind. – Gl. (17.14) spielt bei Oberflächen-Reaktionen mit Metallen, d. h. bei ihrem „Anlaufen", eine wichtige Rolle.

17.5 Nichtstationäre Diffusion

Bei den beiden Anwendungsbeispielen für das erste FICK'sche Gesetz wurde die Anzahldichte der diffundierenden Moleküle am vorderen Ende des Diffusionsweges (beim Abstand l von der linken Oberfläche in Abb. 17.1 bzw. der Koordinate x in Abb. 17.3) konstant gleich null gehalten. Im Allgemeinen ist die Anzahldichte N_V

der Moleküle auf beiden Seiten des betrachteten Diffusionsgebietes zeitlich veränderlich. Der Vorgang ist dann nicht mehr stationär, die räumliche Verteilung der diffundierenden Moleküle *ändert* sich im Lauf der Zeit. Die Zunahme der Anzahldichte N_V in einem Raumgebiet zwischen x_1 und x_2 erhält man aus der Differenz der bei x_1 hinein- und bei x_2 herausströmenden Moleküle.

Gibt man wieder dem Teilchenstrom in positiver x-Richtung positives Vorzeichen, so erhält man für die Änderungsgeschwindigkeit der Anzahldichte N_V im Volumen V zwischen x_1 und x_2

$$\frac{\partial N_V}{\partial t} = \frac{1}{V} \left\{ \frac{\partial N}{\partial t}\bigg|_{x_1} - \frac{\partial N}{\partial t}\bigg|_{x_2} \right\}.$$

Setzt man $V = A \cdot (x_2 - x_1)$, so erhält man daraus mithilfe von Gl. (17.1)

$$\frac{\partial N_V}{\partial t} = D\frac{\partial^2 N_V}{\partial x^2}. \tag{17.15}$$

Diese Differentialgleichung nennt man das zweite FICK'sche Gesetz.

Auch für einen nichtstationären Diffusionsvorgang bringen wir, allerdings ohne Ableitung, ein Beispiel. In ihm ist zur Zeit $t = 0$ die Anzahldichte im ganzen Gebiet gleich null. Vor diesem Gebiet hat sie den Wert $N_{V,a}$, und dieser wird während des ganzen Diffusionsverlaufes *konstant* gehalten. Wie wächst der Abstand x zwischen dem Ort einer bestimmten Konzentration $N_{V,x}$ und der Eintrittsstelle $x = 0$? Antwort: Wiederum gilt

$$\frac{x^2}{t} = D \cdot \text{const} \tag{17.14}$$

Die Aussage dieser Gleichung wird in Abb. 17.4 graphisch dargestellt: Die zu verschiedenen Zeiten gehörenden Verteilungen der Anzahldichten bleiben einander ähnlich. Sie lassen sich durch eine passende Wahl des Zeitmaßstabes zur Deckung bringen.

Im Fall der BROWN'schen Bewegung beobachtet man die Diffusion nicht als Massenerscheinung, sondern als Einzelvorgang. Man verfolgt nicht das Vorrücken einer bestimmten Konzentration, sondern das Vorrücken eines Einzelteilchens. Man misst, wie sich der Abstand x dieses Teilchens von einem beliebigen Anfangsort mit wachsender Zeit t allmählich vergrößert. In diesem Fall findet man als Konstante der Gl. (17.14) die Zahl 2. Es gilt also

$$\frac{x^2}{t} = 2D \tag{17.16}$$

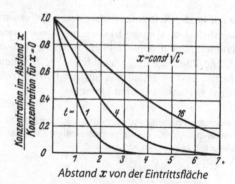

Abb. 17.4 Von der Zeit abhängiges Diffusionsgefälle. Die von einer bestimmten Anzahldichte, z. B. 40 % des Anfangswertes $N_{V,a}$ zurückgelegten Wege x verhalten sich wie die Wurzeln aus den Diffusionszeiten, z. B. wie $1:2:4$.

Im Fall kugelförmiger Teilchen darf man D mithilfe der Gln. (10.7) und (17.5) berechnen. Man erhält

$$\frac{x^2}{t} = \frac{kT}{3\pi\eta R} \tag{17.17}$$

(R = Radius der Teilchen, η = Zähigkeitskonstante der Flüssigkeit).

Auch diese Gleichung kann man benutzen, um die BOLTZMANN-Konstante $k = 1{,}38 \cdot 10^{-23}$ W s/K experimentell zu bestimmen.

17.6 Allgemeines über Wärmeleitung und Wärmetransport

Wie bereits in Abschn. 13.3 erwähnt, kann Wärme entweder durch „Leitung" oder durch „Strahlung" transportiert werden. Voraussetzung ist ein Temperaturgefälle. Wärmeleitung erfolgt im Inneren von Materialien aufgrund verschiedener Mechanismen, wie z. B. molekulare Bewegungen und Stöße in Gasen und Flüssigkeiten oder elastischen Wellen und Elektronen in Festkörpern. In Gasen und Flüssigkeiten muss man, wie bei der Diffusion, die „echte" Wärmeleitung durch molekulare Vorgänge von dem meist überwiegenden Wärmetransport durch freie und erzwungene *Konvektion* unterscheiden.

Abb. 17.5 zeigt ein Beispiel für den Wärmetransport durch Konvektion. Auf einer heißen Metallplatte befindet sich eine Flüssigkeitsschicht von etwa 3 mm Dicke und über ihr die kühle Zimmerluft. Der Flüssigkeit sind Aluminiumflitter als Schwebeteilchen zugesetzt, um die freie Konvektion der Flüssigkeit sichtbar zu machen. Sie zeigt eine komplizierte, wabenförmige Unterteilung. Ein Wärmetransport mit erzwungener Konvektion findet sich z. B. am Kühler eines jeden Autos.

Abb. 17.5 Konvektiver Wärmetransport durch zellenförmig unterteilte Strömungen (Bénard-Zellen (1900)[K17.2]) in einer Flüssigkeitsschicht (z. B. flüssiges Paraffinöl). Die Zellen deformieren sich gegenseitig zu meist sechseckiger Form, gelegentlich mit einer den Bienenwaben kaum nachstehenden Gleichförmigkeit. In jeder Zelle steigt die Flüssigkeit an der Innenseite aufwärts, an der Außenseite abwärts. Die Strömung ist völlig stationär. Zerstört man sie durch Umrühren, entsteht im Bruchteil einer Minute eine neue. (Nat. Gr.)

K17.2. E.L. Koschmieder: „Bénard Cells and Taylor Vortices", Cambridge U. Press 1993.

Abb. 17.6 Zu Temperaturänderungen eines strömenden Stoffes mit Vergeudung von Energie

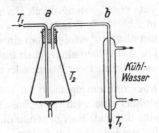

Eine wichtige und lehrreiche Anwendung des Wärmetransports vorwiegend durch Konvektion zeigt der *Gegenströmer*. – Im Laboratorium muss man gelegentlich die Temperatur eines strömenden Stoffes *vorübergehend* ändern, z. B. um in einer Flüssigkeit eine chemische Reaktion zu beschleunigen oder eine Flüssigkeit durch Destillation zu reinigen. Dann benutzt man das in Abb. 17.6 skizzierte Schema: links wird dem strömenden Stoff durch eine Heizvorrichtung Wärme zugeführt, rechts wird ihm diese Wärme durch eine Kühlvorrichtung wieder entzogen. Eine solche Einrichtung ist bequem, aber unwirtschaftlich. Die ganze bei a zugeführte Wärmeleistung geht bei b an das Kühlwasser verloren. Diese für technische Aufgaben untragbare Energievergeudung lässt sich vermeiden, im idealisierten Grenzfall sogar vollständig. Dazu dient der 1857 von WILHELM SIEMENS ersonnene Gegenströmer.[K17.3] Sein Prinzip ist in Abb. 17.7 skizziert. Links oben strömt die Flüssigkeit, z. B. Wasser von Zimmertemperatur T_1, ein, unten in dem kugelförmigen Behälter hat es die Temperatur T_2, sagen wir 353 K (80 °C), oben rechts strömt das Wasser mit Zimmertemperatur T_1 wieder ab. Im Prinzip muss man der strömen-

K17.3. W. SIEMENS, siehe Kommentar K15.6. – Eine wichtige technische Anwendung des Gegenstromprinzips erfolgt bei der Luftverflüssigung nach LINDE (s. Abschn. 15.5).

Abb. 17.7 Schematische Skizze eines Gegenströmers: Temperaturänderung eines strömenden Stoffes ohne Vergeudung von Energie

den Flüssigkeit nur bei der Inbetriebnahme des Apparates Wärme zuführen, im Beispiel das Wasser in der Kugel auf 80 °C erwärmen. Von da an ist eine weitere Wärmezufuhr im Prinzip entbehrlich. Das in dem äußeren Rohr aufwärts strömende Wasser gibt dem im Innenrohr abwärts strömenden Wasser Wärme ab. Bei hinreichender Länge der Leitungen erfolgt die „Auswechslung der Temperatur" bei winzigen Temperaturdifferenzen. In jeder Höhe ist das aufwärtsströmende Wasser nur unmerklich wärmer als das neben ihm abwärts strömende.

In Wirklichkeit funktioniert kein Gegenströmer ohne Leistungszufuhr. Erstens sind Verluste durch Wärmeleitung in der Längsrichtung der Rohrleitungen nicht zu vermeiden[1]. Infolgedessen muss man stets eine Leistung durch Heizung zuführen, aber viel weniger als in Abb. 17.6. Zweitens muss die Strömung in den Rohrleitungen turbulent[K17.4] erfolgen, um einen guten Wärmeaustausch zu ergeben. Die Aufrechterhaltung einer turbulenten Strömung ist aber nur durch die Leistung einer Pumpe oder dergleichen möglich.

K17.4. Turbulente Strömungen wurden bereits in Abschn. 10.4 besprochen.

Kurz zusammengefasst: Im idealisierten Grenzfall löst der Gegenströmer eine wichtige technische Aufgabe: er ermöglicht es, ohne eine dauernde Energiezufuhr die Temperatur eines strömenden Stoffes vorübergehend zu ändern.

> Deswegen wird dieser Kunstgriff zur Verkleinerung von Wärmeverlusten von vielen warmblütigen Tieren angewandt, die ihre Füße lange mit kaltem Wasser oder Eis in Berührung bringen müssen. – Beispiel: das brütende Männchen des Kaiserpinguins. Es steht im Südpolar-Winter rund zwei Monate ohne Nahrungsaufnahme auf dem Eis!

17.7 Stationäre Wärmeleitung

Die echte Wärmeleitung lässt sich mit geringem Aufwand in *festen* Körpern beobachten. Es möge in der Zeit Δt durch die Fläche A die Energie ΔQ thermisch hindurchtreten, und zwar bei einem Temperaturgefälle $\Delta T / \Delta x$. Dann gilt für den *Wärmestrom*

$$\frac{\Delta Q}{\Delta t} = -\lambda A \frac{\Delta T}{\Delta x} \qquad (17.18)$$

---

[1] Man kann sie durch sehr lange, spiralig aufgewickelte Leitungen vermindern.

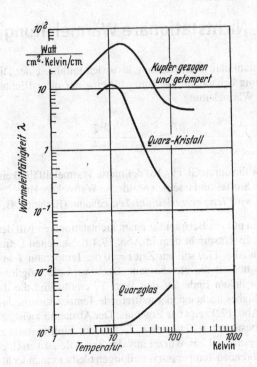

Abb. 17.8 Zur Abhängigkeit der Wärmeleitfähigkeit λ von der Temperatur

In Worten: Der Wärmestrom ist proportional zum Temperaturgefälle. Der Proportionalitätsfaktor λ wird *Wärmeleitfähigkeit* genannt. Sie hängt stark von der Temperatur ab. Das zeigt Abb. 17.8 mit drei Beispielen. – In Kupfer, einem typischen Metall, erfolgt der Wärmetransport fast ausschließlich durch Elektronen, in kristallinem Quarz, einem Isolator, nur durch hochfrequente elastische Wellen (gequantelte Schallwellen, Phononen). Sowohl die Elektronen als auch die elastischen Wellen werden an elastischen Wellen gestreut (Elektron-Phonon- und Phonon-Phonon-Streuung). Die Häufigkeit dieser Streuprozesse sinkt mit abnehmender Temperatur. Bei tiefen Temperaturen überwiegt eine andere Störung des Wärmetransports, nämlich eine Streuung an *ortsfesten* lokalen Fehlern im Gitterbau und an der Oberfläche. Bei der völligen Unordnung in Quarzglas z. B. wird die Wärmeleitfähigkeit sehr klein.[K17.5] Alle diese Dinge gehören zu den Problemen der Festkörperphysik.

K17.5. Siehe z. B. R.O. Pohl, Xiao Liu, and E. Thompson, Rev. Mod. Phys. **74**, 991 (2002).

17.8   Nichtstationäre Wärmeleitung

Die nichtstationäre Wärmeleitung lässt sich mithilfe einer Differentialgleichung behandeln. Sie lautet für eine auf die x-Richtung beschränkte Wärmeleitung

$$\frac{\partial T}{\partial t} = -\frac{\lambda}{\varrho \cdot c} \cdot \frac{\partial^2 T}{\partial x^2} \,. \tag{17.19}$$

Dabei ist λ die durch Gl. (17.18) definierte Wärmeleitfähigkeit, ϱ die Dichte des Stoffes und c seine spezifische Wärmekapazität. Das Verhältnis $\frac{\lambda}{\varrho \cdot c}$ wird *Temperaturleitfähigkeit* genannt (Einheit z. B. m²/s).

Wir bringen nur ein Beispiel für einen nichtstationären Fall der Wärmeleitung. Es entspricht dem in Abb. 17.4 behandelten Diffusionsvorgang. In Abb. 17.9 soll zur Zeit $t = 0$ die Temperatur T in einem Metallstab überall die gleiche sein. Dann wird sie möglichst momentan am linken Ende auf den Wert T_1 erhöht und die dadurch längs des Stabes nacheinander auftretende Temperaturverteilung beobachtet. Abb. 17.9 zeigt das Ergebnis: Der Abstand x zwischen dem Ort einer bestimmten Temperatur T_x und der Eintrittsstelle $x = 0$ wächst proportional zur Wurzel aus der Zeit. Die zu verschiedenen Zeiten gehörenden Temperaturverteilungen bleiben einander ähnlich. Sie lassen sich durch eine passende Wahl des Zeitmaßes zur Deckung bringen.

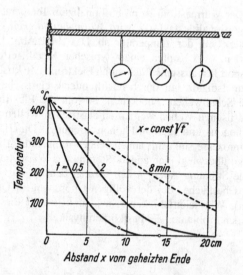

Abb. 17.9 Roher Schauversuch zur Vorführung eines von der Zeit abhängigen Temperaturgefälles (Eisenstab von 8 mm Durchmesser und 1 m Länge ohne alle Wärmeisolation). Die von einer bestimmten Temperatur zurückgelegten Wege verhalten sich wie die Wurzeln aus den Zeiten.

17.9 Transportvorgänge in Gasen und ihre Unabhängigkeit vom Druck

In Gasen und Flüssigkeiten ist die Verwandtschaft von Diffusion und Wärmeleitung anschaulich zu übersehen. Bei der Diffusion handelt es sich um das statistisch geordnete Vorrücken der Moleküle. *Die Wärmeleitung lässt sich kurz als Diffusion einer zusätzlichen kinetischen Energie der Moleküle beschreiben.* In Abb. 17.10 habe die links befindliche Wand eine höhere Temperatur als das angrenzende Gas. Konvektion finde nicht statt. Dann wird die angrenzende Gasschicht als erste erwärmt, d. h. ihre Moleküle vermehren ihren Besitz an kinetischer Energie. Durch diesen Erwerb sind sie vor den Molekülen der übrigen Schichten ausgezeichnet. Eine Auszeichnung irgendwelcher Art kann bei einem statistischen Geschehen in einer großen Anzahl von Individuen nicht aufrechterhalten bleiben. Die ausgezeichneten Moleküle müssen daher bei den thermischen Zusammenstößen mit den übrigen einen Teil ihrer kinetischen Energie opfern. So diffundiert allmählich kinetische Energie in die rechts gelegenen Gasschichten hinein.

In ganz entsprechender Weise können wir eine weitere, von uns bisher nicht molekular gedeutete Erscheinung verständlich machen, die *innere Reibung* (Abschn. 10.2, siehe vor allem Abb. 10.2): In Abb. 17.11 werde die linke Wand mit einer Geschwindigkeit u nach oben bewegt. Die Moleküle der angrenzenden Schicht bekommen beim Aufprall eine Vorzugsrichtung nach oben und daher einen zusätzlichen Impuls mu nach oben. Das ist durch kleine Pfeile angedeutet. Durch diesen einseitigen Zusatzimpuls werden die Moleküle der Grenzschicht vor denen der übrigen Schichten ausgezeichnet. Diese Auszeichnung kann im statistischen Geschehen nicht erhalten bleiben. So wird allmählich ein nach oben gerichteter Zusatzimpuls

Abb. 17.10 Zum Mechanismus der Wärmeleitung in Gasen

Abb. 17.11 Zum Mechanismus der inneren Reibung in Gasen

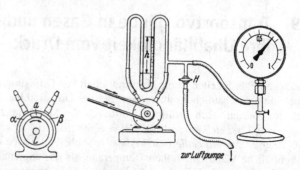

Abb. 17.12 Zur Unabhängigkeit der innere Reibung vom Druck. Im Schnitt ist der Zwischenraum zwischen der umlaufenden Trommel L und dem Gehäuse der Übersichtlichkeit halber zu groß gezeichnet.

in die rechts gelegenen Gasschichten transportiert und bewegt diese, wenn auch langsamer, in Richtung der linken Wand.

Genau wie Diffusion und Wärmeleitung wird auch die innere Reibung durch Konvektion, insbesondere eine turbulente, stark vergrößert. Das ist schon aus Abschn. 10.4 bekannt.

Die Verwandtschaft von Diffusion, Wärmeleitung und innerer Reibung in Gasen tritt durch ein gemeinsames Merkmal klar hervor: Alle diese Erscheinungen sind in weiten Bereichen vom Druck unabhängig. Diese überraschende Tatsache zeigt man am einfachsten für die innere Reibung.

In Abb. 17.12 dreht sich ein innerer Zylinder in einem äußeren. Ihr Abstand beträgt etwa 1 mm, abgesehen von dem Segment a. Dort ist der Abstand etwa 0,2 mm. Während der Drehung wird die Luft durch innere Reibung im Drehsinn mitgenommen. So entsteht zwischen den Gebieten α und β ein Druckunterschied, z. B. $\approx$ 20 hPa. Darauf pumpt man einen großen Teil der Luft, vier Fünftel oder noch mehr, heraus. Trotzdem zeigt das Manometer nach wie vor den gleichen Druckunterschied von $\approx$ 20 hPa.

Noch durchsichtiger ist der folgende Versuch: Man bringt eine Stahlkugel in ein vertikal stehendes Präzisions-Glasrohr (Durchmesser$\approx$ 15 mm). Die Differenz der Durchmesser beträgt etwa 0,01 mm. Bei der Abwärtsbewegung der Kugel muss das Gas die Kugel in einem sehr engen kreisförmigen Spalt umströmen. Dabei erzeugt die innere Reibung einen großen Widerstand: Die Kugel „fällt" nicht mehr *beschleunigt*, sie „sinkt" (nach kurzer Anlaufzeit) mit *konstanter* Geschwindigkeit (Abschn. 5.11). Mit dieser legt sie einen Weg s (z. B. 60 cm) in der Zeit t (z. B. 30 s) zurück. Verkleinert man den Gasdruck p, so bleibt die Sinkzeit zunächst konstant. Erst bei $p \approx$ 160 hPa wird sie merklich kleiner, bei $p \approx$ 1,3 Pa nähert man sich schon weitgehend dem freien Fall.

Die Unabhängigkeit der Wärmeleitung vom Druck des Gases ist ebenfalls unschwer vorzuführen. Näheres in Abb. 17.13.

So weit die Tatsachen. Ihre molekulare Deutung lautet folgendermaßen: Die durch eine bestimmte Fläche diffundierende Menge der

Abb. 17.13 Roher Schauversuch zur Unabhängigkeit der Wärmeleitung eines Gases vom Druck. Der Wärmestrom fließt aus dem heißen Wasserbad durch den Gasmantel zum Äther und erzeugt einen Strom von Ätherdampf. Als Maß seiner Stärke dient die Höhe eines oben brennenden Flämmchens. Man findet sie in weiten Grenzen vom Druck im Gasmantel unabhängig.

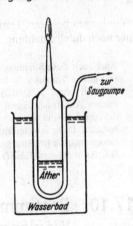

Moleküle, des zusätzlichen Impulses oder der zusätzlichen kinetischen Energie ist proportional zur Anzahldichte N_V der Moleküle. Sie ist ferner proportional zur mittleren *freien Weglänge l* der Moleküle, d. h. ihrem zwischen zwei Zusammenstößen durchlaufenen Weg (Abschn. 16.3). N_V steigt, l sinkt proportional zum Gasdruck. Daher bleibt in Gasen die Diffusion jeder Art vom Druck unabhängig.

> Wasserstoff hat eine sehr große freie Weglänge, nämlich unter Normalbedingungen (0 °C, 1013 hPa) $l = 1,4 \cdot 10^{-7}$ m. Daher ist Wasserstoff durch eine sehr hohe Wärmeleitfähigkeit ausgezeichnet (vgl. Abb. 17.14).

Bei sehr kleinen Drücken verliert der Begriff der mittleren freien Weglänge l seinen Sinn: Die freien Flugstrecken der Moleküle werden größer als der Abstand der Gefäßwände. Die Moleküle schwirren zwischen den Wänden hin und her. Der übertragene Impuls oder die übertragene Energie wird dann umso kleiner, je geringer die Dichte des Gases ist. Das ist die Grundlage der Thermosflaschen, also der Gefäße, die zwei durch einen luftleeren Zwischenraum getrennte

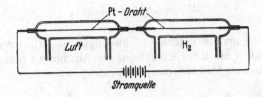

Abb. 17.14 Roher Schauversuch zum Vergleich der Wärmeleitfähigkeit von H_2 und Luft. Außer Wärmeleitung ist auch freie Konvektion beteiligt. Zwei gleiche Platindrähte werden von demselben elektrischen Strom geheizt. Der Draht in Luft leuchtet hellgelb, ist also heiß, der Draht im H_2 bleibt dunkel, er wird durch die große Wärmeleitfähigkeit des H_2 gekühlt. In Gasgemischen ändert sich die Wärmeleitfähigkeit mit der Zusammensetzung. Daher wird die Wärmeleitung in der Technik oft benutzt, um die Zusammensetzung eines Gasgemisches zu überwachen. – Das Grundsätzliche der verschiedenen Verfahren lässt sich leicht mit der obigen Anordnung vorführen.

Wandungen besitzen. Darin erfolgt schließlich der Wärmetransport nur noch durch Strahlung.

> Aber auch diese Strahlungsverluste können reduziert werden! Dazu verwendet die Technik z. B. Isolierstoffe, die bei 90 K nur eine Wärmeleitfähigkeit von $\lambda = 0{,}0126$ W/(m · K) besitzen. Sie bestehen z. B. aus dünnen Aluminium-Folien, die voneinander durch Glasfaserpapier oder dgl. getrennt sind und sich in Luft mit einem Druck von $p \approx 10^{-4}$ hPa befinden. Diese schichtförmig aufgebauten Stoffe („Superisolation")[K17.6] dienen auch zur Isolation großer, viele Kubikmeter fassender Transportgefäße für verflüssigte Gase (z. B. H_2, He oder N_2).

K17.6. Da zwischen den benachbarten Metall-Folien nur sehr kleine Temperaturdifferenzen bestehen, ist auch die Wärmestrahlung zwischen ihnen sehr gering.

17.10 Bestimmung der mittleren freien Weglänge

Der Zusammenhang der drei Diffusionsvorgänge (von Molekülen, von Impuls und von Energie) mit der mittleren freien Weglänge l gibt die Möglichkeit, diese wichtige Größe auf drei Wegen experimentell zu ermitteln. Die dafür notwendigen Beziehungen (Gln. (17.22), (17.24) und (17.26)) erhält man mit recht einfachen Überlegungen. Man verfährt ganz ähnlich wie in Abschn. 9.8 bei der Behandlung des Gasdrucks. An die Stelle der dortigen Abb. 9.25 tritt hier Abb. 17.15. Wir betrachten die Moleküle, die eine Querschnittsfläche A am Ort x, von links und von rechts kommend, passieren. Zu beiden Seiten dieser Querschnittsfläche sind an den Orten $(x-l)$ und $(x+l)$ noch zwei andere Querschnittsflächen gezeichnet. Dabei bedeutet l die mittlere freie Weglänge. In diesen Flächen erleiden die von links und von rechts auf A auftreffenden Moleküle zum letzten Mal Zusammenstöße. Dabei werden die Anzahldichten N_V der Moleküle und die Geschwindigkeiten u in den beiden schraffierten Volumen festgelegt. Von links kommt innerhalb der Zeit dt die Anzahl

$$dN_1 = A\,dt\,\tfrac{1}{6}(N_V u)_{(x-l)}\,,$$

und von rechts

$$dN_2 = A\,dt\,\tfrac{1}{6}(N_V u)_{(x+l)}\,.$$

Der Faktor $\tfrac{1}{6}$ und die mittlere Geschwindigkeit u_{rms} (hier der Einfachheit halber mit u bezeichnet) sind aus Abschn. 9.8 bekannt. – Der resultierende Molekülstrom in x-Richtung ist also

$$\frac{dN}{dt} = \frac{A}{6}[(N_V u)_{(x-l)} - (N_V u)_{(x+l)}] = -\frac{A}{6}\frac{d(N_V u)}{dx}2l$$

Abb. 17.15 Zur Herleitung der Gl. (17.20)

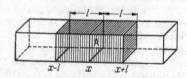

oder

$$\frac{dN}{dt} = -A\frac{l}{3}\frac{d(N_V u)}{dx} \qquad (17.20)$$

Diese allgemeine Gleichung wenden wir auf Sonderfälle an.

1. *Diffusion von Molekülen.* Es herrscht überall die gleiche Temperatur, und daher ist u, die mittlere Geschwindigkeit, konstant. Man erhält für den diffundierenden Molekülstrom

$$\frac{dN}{dt} = -A\frac{lu}{3}\frac{dN_V}{dx} = -DA\frac{dN_V}{dx}, \qquad (17.21)$$

das erste FICK'sche Gesetz mit der Diffusionskonstante

$$D = \frac{lu}{3} \qquad (17.22)$$

2. *Diffusion von zusätzlichem Impuls, innere Reibung,* wie in Abb. 17.11. Quer zur Diffusionsrichtung besitzen die Moleküle zusätzliche Geschwindigkeiten $u_\perp$ (in Abb. 17.11 durch kleine Pfeile markiert) und daher zusätzliche Impulse $p_\perp$. Für den Impulsstrom gilt

$$\frac{dp_\perp}{dt} = -\frac{l}{3}A\frac{d(N_V \mu_\perp)}{dx} = -\frac{lu}{3}AN_V\frac{du_\perp}{dx}m$$

oder nach Gl. (5.41)

$$\frac{F}{A} = -\eta\frac{du_\perp}{dx} \qquad (17.23)$$

und bei homogenem Geschwindigkeitsgefälle

$$F = \eta A\frac{u}{x} \qquad (10.2)$$

mit der Zähigkeitskonstante

$$\eta = \frac{lu}{3}N_V m \qquad (17.24)$$

3. *Diffusion von Energie, Wärmeleitung,* wie in Abb. 17.10. Jedes Molekül überträgt die zusätzliche Energie $\frac{1}{2}fkT$, und alle Moleküle zusammen auf diese Weise die Energie Q (f = Anzahl der Freiheitsgrade, k = BOLTZMANN-Konstante). Für den Energiestrom gilt:

$$\frac{dQ}{dt} = -\frac{lu}{3}A\frac{1}{2}N_V fk\frac{dT}{dx} \qquad (17.25)$$

oder

$$\frac{dQ}{dt} = -\lambda A\frac{dT}{dx} \qquad (17.18)$$

K17.7. Dieser Ausdruck (rechter Term in Gl. (17.26)) gilt auch für die Wärmeleitfähigkeit in elektrisch nichtleitenden Festkörpern (s. Abb. 17.8), wobei c die spezifische Wärmekapazität (Gl. (13.5)) aufgrund der Gitterschwingungen ist (Abschn. 16.4), die sich als elastische Wellen mit der Geschwindigkeit u (Abschn. 12.17) durch das Gitter bewegen.

mit der „Wärmeleitfähigkeit"[K17.7]

$$\lambda = \frac{lu}{6}N_V fk = \frac{1}{3}lu\varrho c \qquad (17.26)$$

(ϱ = Dichte, c = spezifische Wärmekapazität).

17.11 Wechselseitige Verknüpfung der Transportvorgänge in Gasen

Bisher haben wir die Transportvorgänge einzeln als unabhängig voneinander betrachtet. Das ist als erste Näherung durchaus zulässig. Erst in zweiter Näherung findet man experimentell eine Abhängigkeit der verschiedenen Transportvorgänge voneinander. Wir bringen dafür vier Beispiele:

1. *Diffusion in Gasen erzeugt Temperaturdifferenzen* und durch diese entsteht eine Wärmeleitung. In Abb. 17.16 enthält die Kammer *I* Wasserstoff, also ein Gas mit der kleinen molaren Masse $M_n = 2\,\text{g/mol}$. Die Kammer *II* enthält Kohlendioxid mit $M_n = 44\,\text{g/mol}$. Beide Gase haben gleichen Druck und gleiche Temperatur, *1* und *2* sind gegeneinandergeschaltete Thermoelemente. – Mit einer kleinen Drehung um die Längsachse öffnet man ein die beiden Kammern trennendes Schlitzventil (Nebenskizze!). Dann können die beiden Gase ineinander diffundieren. Dabei entsteht etwa eine halbe Minute lang eine Temperaturdifferenz von etwa 0,6 °C, die Kammer *II* hat die kleinere Temperatur.

Deutung: Die kleinen H_2-Moleküle dringen mit isothermer Diffusion rasch in das CO_2 ein, und dabei sinken in der Kammer *I* vorübergehend die Anzahldichte N_V und der Druck p. Um die alten Werte

Abb. 17.16 Zur Erzeugung einer Temperaturdifferenz bei der Diffusion. Die Nebenskizze zeigt das die beiden Kammern *I* und *II* trennende Schlitzventil aus Messing. Die Thermoelemente bestehen aus Silberfolien mit angeschweißten Drähten aus Stahl und Konstantan.

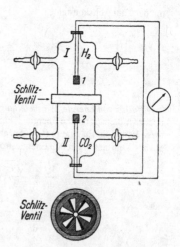

wieder herzustellen, muss sich das Gas in der Kammer *II* adiabatisch ausdehnen und den Inhalt der Kammer *I* unter Verrichtung äußerer Arbeit komprimieren. Infolge dieser Arbeit kühlt sich das Gas in der Kammer *II* ab. Es steigt also die Temperatur in der Richtung *II* → *I*, in der die schweren Moleküle (CO_2) diffundieren.

2. *Temperaturdifferenzen erzeugen in Gasen Druckdifferenzen (KNUDSEN-Effekt).* In Abb. 17.17 ist ein Teil der Zimmerluft in eine poröse Tonzelle eingeschlossen. Im Inneren der Tonzelle befindet sich eine elektrische Heizvorrichtung. Infolgedessen ist die Temperatur in den engen Kanälen der Tonzelle auf der Innenseite der Zelle größer als auf der Außenseite. Ein unten in Wasser tauchendes Glasrohr gibt der Luft in der Tonzelle Gelegenheit, nach außen zu entweichen. Man beobachtet einen kontinuierlich anhaltenden Luftstrom: Es wird dauernd Zimmerluft in die geheizte Kammer hineingezogen und infolgedessen ist der Druck im Inneren der Kammer größer als außen.

Die Deutung schließt an Gl. (17.20) an. Im stationären Zustand ist $dN/dt = 0$ und daher

$$(N_V u)_1 = (N_V u)_2, \qquad (17.27)$$

wenn die Indizes 1 und 2 diese Größen auf der heißen und auf der kalten Seite der porösen Trennwand bezeichnen.
Diese Gl. (17.27) fassen wir mit

$$p = N_V kT \qquad (14.23)$$

und

$$\frac{1}{2}m\overline{u^2} = \frac{3}{2}kT \qquad (16.1)$$

zusammen und erhalten

$$\frac{p_1}{\sqrt{(T)_1}} = \frac{p_2}{\sqrt{(T)_2}}, \qquad (17.28)$$

Abb. 17.17 Poröser Tonzylinder zur Vorführung des KNUDSEN-Effektes

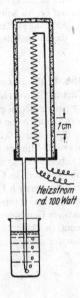

1 cm

Heizstrom rd. 100 Watt

d. h. bei verschiedenen Temperaturen an beiden Seiten der porösen Wand entstehen verschiedene Drücke.

3. *In Gasgemischen erzeugen Temperaturdifferenzen Konzentrationsgefälle (Thermodiffusion).* Der unter 2. gezeigte KNUDSEN-Effekt erfordert nur eine Sorte von Gasmolekülen. Allein aus Bequemlichkeit haben wir ein Gasgemisch, nämlich Zimmerluft, benutzt.

Man kann die poröse Trennwand weglassen, statt eines einheitlichen Gases ein Gasgemisch benutzen und in ihm eine Temperaturdifferenz aufrechterhalten. Dann reichern sich die Moleküle mit größerer Masse im kälteren Gebiet an. Die Moleküle größerer Masse wandern also in Richtung des Temperaturgefälles. Diese Erscheinung nennt man *Thermodiffusion.* Sie ist von K. CLUSIUS mit großem Erfolg zur Trennung von Molekülgemischen, insbesondere von Isotopen, benutzt worden. Sein „Trennrohr" besteht aus einem langen, senkrechten Glasrohr mit einem elektrisch geheizten Draht in der Rohrachse. Das warme Gasgemisch steigt in der Nachbarschaft der Rohrachse nach oben, das kalte sinkt vor der Rohrwand nach unten. Die Moleküle mit großer Masse diffundieren bevorzugt radial nach außen und werden von dem absteigenden Gasstrom im unteren Teil des Rohres angereichert. Abb. 17.18 zeigt einen Schauversuch. Thermodiffusion tritt auch auf, wenn die eine „Molekülsorte" aus größeren Partikeln besteht. Beispiel: Von einem Heizkörper steigt warme Luft nach oben, zwischen ihr und der kalten Zimmerwand herrscht ein Temperaturgefälle. Der Staub reichert sich vor der Wand an, die Wand wird durch einen Staubstreifen beschmutzt. – Beim Kochen auf offenem Feuer wandern kleine Kohleteilchen aus den heißen Flammengasen an den Boden des Topfes und überziehen ihn mit einer Rußschicht.

Auch die Deutung der Thermodiffusion folgt aus Gl. (17.20). Man muss nur in zweiter Näherung berücksichtigen, dass N_V und u in Abb. 17.15 auf beiden Seiten der Fläche A etwas verschieden sind, wenn in der x-Richtung ein Temperaturgefälle vorhanden ist. – Man ersetzt in Gl. (17.20) die Anzahldichte N_V durch $3p/mu^2$ (diese Bezeichnung folgt aus Gl. (9.14)

Abb. 17.18 Trennung eines Gasgemisches durch Thermodiffusion im „Trennrohr". Ein straff gespannter Draht glüht, elektrisch geheizt, in einem Gemisch von CO_2 und H_2 (Partialdrücke $\approx 0{,}37$ bar und $0{,}13$ bar, zuerst CO_2 einfüllen!). In etwa 5 Minuten reichert sich der Wasserstoff im oberen Teil so an, dass seine gute Wärmeleitfähigkeit dort das Glühen verhindert (Rohrlänge im Schauversuch 1 m, lichte Weite 1 cm, Draht gut zentriert und Rohrachse genau vertikal). Man kann auch ein Gemisch von Argon und Bromdampf benutzen. Dann führt die Anhäufung des Bromdampfes am unteren Ende zur Verflüssigung von Brom.

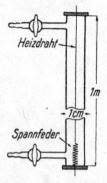

mit der Dichte $\varrho = N_V m$). Dann erhält man

$$\frac{dN}{dt} = -A\frac{pl}{m}\frac{d(1/u)}{dx}. \tag{17.29}$$

Mit

$$\frac{1}{2}m\overline{u^2} = \frac{3}{2}kT \tag{16.1}$$

ergibt sich nach einfacher Umrechnung

$$\frac{dN}{dt} = +A\frac{lp}{2T\sqrt{3mkT}}\frac{dT}{dx}. \tag{17.30}$$

Es resultiert also ein Molekülstrom in Richtung zunehmender Temperatur. Dieser ist in einem Gasgemisch für die leichteren Moleküle stärker als für die schwereren. Im stationären Zustand müssen sich also die leichten Moleküle auf der heißen, die schweren auf der kalten Seite anreichern.

4. *Druckdifferenzen in Gasen erzeugen Temperaturdifferenzen.* Abb. 17.19 zeigt das „Wirbelrohr", oben im Längsschnitt, unten in einem Querschnitt an der Stelle *b*. An dieser Stelle tritt Luft tangential mit großem Druck *p* in das Rohr ein. Zentrifugalkräfte bewirken, dass der Druck an den Wänden größer ist als in der Rohrachse. Rechts von der Stelle *b* befindet sich eine Blende von etwa 2 mm Durchmesser. Ein Hahn *H* gibt die Möglichkeit, das Verhältnis zwischen den links und rechts austretenden Luftströmen zu verändern. Der rechts austretende Luftstrom ist kalt, der links austretende warm. Mit $p = 6$ bar kann man leicht eine Temperaturdifferenz von 40 °C erhalten. In kurzer Zeit ist das rechte Rohr mit einer dicken Reifschicht überzogen.

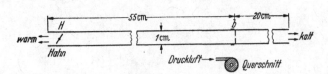

Abb. 17.19 Wirbelrohr nach RANQUE und HILSCH (R. Hilsch, Z. Naturforschung **1**, 208 (1946))

Die Zustandsgröße Entropie

18

18.1 Reversible Vorgänge

Alle mechanischen, elektrischen und magnetischen Vorgänge, bei denen im idealisierten Grenzfall keine Temperaturdifferenzen auftreten, sind *reversibel*. Das bedeutet: Diese Vorgänge können durch Umkehr des Weges rückgängig gemacht werden. Ihr Ausgangszustand kann wiederhergestellt werden, *ohne* dass dabei einer der beteiligten Körper eine *bleibende* Zustandsänderung erfährt. Beispiele:

Eine mechanische oder elektrische *Schwingung* verläuft reversibel, sie stellt in periodischer Folge den Ausgangszustand wieder her.

Der *freie Fall* einer Stahlkugel ist ebenfalls reversibel, doch verlangt die Wiederherstellung des Ausgangszustandes eine *Hilfsvorrichtung*, z. B. die harte Stahlplatte in Abb. 5.10. Mit ihr kann die beschleunigte Bewegung ebenso gut aufwärts wie abwärts erfolgen. Dabei erfährt die Stahlplatte keine bleibende Veränderung, sie dient nur vorübergehend als Speicher potentieller Energie.

Ein drittes Beispiel für einen reversiblen Vorgang soll den Begriff „quasistatisch" erläutern. Es ist in Abb. 18.1 dargestellt. Die Kraft F einer gespannten Feder und die an einem Gewichtsklotz angreifende Erdanziehungskraft F_G sind dauernd nahezu im Gleichgewicht, das wird mit einer stetig veränderlichen Hebelübersetzung erreicht. Dann vermag ein beliebig kleiner Unterschied zwischen F und F_G die Bewegung in dem einen oder anderen Sinn einzuleiten. Der Ausgangszustand kann so jederzeit wiederhergestellt werden. Dieser Vorgang

Abb. 18.1 Quasistatische Entspannung einer gespannten Feder

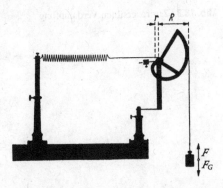

© Springer-Verlag Berlin Heidelberg 2017
K. Lüders, R.O. Pohl (Hrsg.), *Pohls Einführung in die Physik*, DOI 10.1007/978-3-662-48663-4_18

Abb. 18.2 Quasistatische Entspannung eines Arbeitsstoffes, z. B. von Druckluft

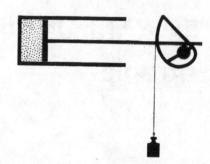

muss sehr langsam verlaufen, also praktisch ohne Beschleunigung. Ein solcher Vorgang heißt *quasistatisch. Wir definieren also einen quasistatischen Vorgang kurz als eine Folge von Gleichgewichtszuständen.*

Auch Vorgänge, bei denen Temperaturdifferenzen auftreten, *können* quasistatisch ablaufen. Sie *müssen* quasistatisch ablaufen, wenn sie reversibel sein sollen. Beispiele:

Abb. 18.2 zeigt die reversible quasistatische Ausdehnung eines Gases. Die veränderliche Übersetzung muss dem Gas angepasst werden.

Als zweites Beispiel nennen wir die reversible quasistatische Umwandlung einer Flüssigkeit in Gas. Wir sehen in Abb. 18.3 einen Zylinder mit einem Kolben. Unterhalb des Kolbens befindet sich eine Flüssigkeit und zwischen der Oberfläche und dem Kolben ihre gasförmige Phase. Der Kolben wird durch ein Gewicht belastet, oberhalb des Kolbens ist der Zylinder luftleer gepumpt. Der Druck lässt sich durch Wahl des Gewichtes praktisch gleich dem Sättigungsdruck einstellen, Fall *B*. Dann steige der Kolben entweder ganz langsam und wandele die ganze Flüssigkeit in Gas um, Fall *A*, dabei muss aus der Umgebung Wärme zugeführt werden. Oder er sinke ganz langsam und wandele das Gas in Flüssigkeit um, Fall *C*, in diesem Fall muss Wärme an die Umgebung abgeführt werden. Beide Vorgänge, *A* und *C*, verlaufen hier ganz langsam, also *quasistatisch* und daher *reversibel.* Es genügen *beliebig kleine* Temperaturdifferenzen, um den

Abb. 18.3 Zur reversiblen Verdampfung

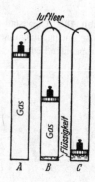

Vorgang in der einen oder in der anderen Richtung ablaufen zu lassen.

Zusammenfassung. Alle reversiblen Vorgänge sind durch drei Merkmale gekennzeichnet: Reversible Vorgänge lassen sich (nötigenfalls mit geeigneten Hilfsvorrichtungen) durch bloße Umkehr des Weges rückgängig machen. Die Wiederherstellung ihres Ausgangszustandes erfordert *keine* Energiezufuhr, und sie hinterlässt in *keinem* der beteiligten Körper eine *bleibende* Zustandsänderung.

18.2 Irreversible Vorgänge

Den Gegensatz zu den reversiblen Vorgängen bilden die irreversiblen. Zu ihnen gehören vor allem die Diffusion, die Entspannung von Gasen, die äußere und die innere Reibung, die plastische Verformung von Körpern, die Wärmeleitung bei nicht verschwindend kleinen Temperaturdifferenzen, die Energiezufuhr durch Strahlung und schließlich sämtliche nicht unendlich langsam verlaufenden chemischen Reaktionen.

Irreversible Vorgänge sind durch *drei Merkmale* gekennzeichnet:

1. *Alle irreversiblen Vorgänge verlaufen von selbst nur in einer Richtung.* Das zeigen alltägliche Erfahrungen. Nie kehren die in die Zimmerluft hineindiffundierten Moleküle eines Duftstoffes freiwillig in die offenstehende Parfümflasche zurück. Nie wird ein durch Luftreibung gebremster Körper durch die Luftmoleküle wieder beschleunigt, so dass er seine anfängliche Geschwindigkeit zurückerhält. Nie opfert die Luft einen Teil ihrer inneren Energie, um unsere Wohnung oder gar den Dampfkessel einer Lokomotive zu heizen. Ein Stein fällt von oben herunter, prallt in unelastischem Stoß auf den Boden und bleibt dort liegen. Nie erleben wir die Umkehr dieses Vorgangs: Kein Mensch hat einen solchen Stein eines Tages wieder aufwärts steigen sehen. Mit dem ersten Hauptsatz sind die aufgezählten Möglichkeiten durchaus vereinbar, aber die Moleküle nutzen diese Möglichkeit nicht aus. Sie sind zwar stets für die Teilung eines großen Besitzes zu haben, nie aber entschließen sie sich freiwillig zur Anhäufung eines großen Besitzes zugunsten eines einzelnen, ausgezeichneten Individuums (Parfümflasche, Stein usw.).

2. *Bei allen irreversiblen Vorgängen wird eine Arbeit vergeudet*, d. h., die an sich bestehende Gelegenheit, eine nutzbare Arbeit zu gewinnen, wird versäumt. Statt nutzbarer Arbeit erhält man nur eine Erwärmung von Körpern. Beispiele:

In einem mit einem Kolben versehenen Zylinder sei Zimmerluft eingesperrt. Diese Luft werde bei festgehaltenem Kolben erhitzt. Hinterher gebe sie durch Wärmeleitung wieder Energie ab, bis sie auf Zimmertemperatur abgekühlt ist. Bei dieser Abkühlung wird Arbeit vergeudet, eine Gelegenheit, nutzbare Arbeit zu gewinnen, verpasst:

Man hätte ja der erhitzten Luft Gelegenheit geben können, den Kolben vorwärts zu schieben und so lange Arbeit zu verrichten, bis die Ausdehnung sie auf die Zimmertemperatur abgekühlt hat. – Im ersten Fall (Abkühlung durch Wärmeleitung) wird die vom Brennstoff gelieferte zusätzliche Energie auf die ungeheure Individuenzahl der Luftmoleküle im Zimmer verteilt und verzettelt, im zweiten (Abkühlung durch Ausdehnung) kommt sie einem einzigen Individuum, nämlich dem Kolben, zur Verrichtung von Arbeit zugute.

In Abb. 14.9 wird ein Gas irreversibel entspannt, ohne dabei Arbeit abzugeben. Das bedeutet eine Vergeudung von Arbeit: Man hätte in die Verbindungsleitung der beiden Stahlflaschen eine Turbine einschalten und während des Druckausgleichs Arbeit gewinnen können. Stattdessen aber wird die Luft in der rechten Flasche nur durch innere Reibung erwärmt.

Ein gehobener Stein fällt zu Boden und vergeudet beim Aufprall seine kinetische Energie, indem er den Boden durch Reibungs- und Verformungsarbeit erwärmt. Er hätte, mit einer geeigneten Vorrichtung verbunden, langsam zu Boden sinken und dabei eine nutzbare Arbeit verrichten können. Man denke an den Antrieb einer Wanduhr und ihres Schlagwerkes.

3. *In abgeschlossenen Systemen führen irreversible Vorgänge zu bleibenden Zustandsänderungen.* Wohl kann man auch nach dem Ablauf eines irreversiblen Vorgangs den Ausgangszustand wiederherstellen[1], und zwar durch Zuführung der zuvor vergeudeten Arbeit – *jedoch nur unter einer ganz wesentlichen Einschränkung:* Es darf kein „abgeschlossenes System" vorliegen, d. h., die Arbeit muss den beteiligten Körpern von *außen* zugeführt und überschüssige Wärme muss nach außen abgegeben werden. Man muss z. B. die oben genannte Turbine unter Arbeitsaufwand rückwärts als Pumpe antreiben oder den Stein durch Muskelarbeit wieder anheben. Dabei werden *außerhalb* des Systems Treibstoffe verbrannt oder Nahrungsmittel verbraucht, es wird also der Zustand irgendwelcher Körper *außerhalb* des Systems *bleibend* geändert.

„Die Existenz irreversibler Vorgänge ist eine Erfahrungstatsache. Sie ist durch viele Bemühungen unglücklicher Erfinder völlig gesichert."

Die Existenz irreversibler Vorgänge ist eine *Erfahrungstatsache.* Sie ist durch viele Bemühungen unglücklicher Erfinder völlig gesichert. Ein solcher Erfinder kann z. B. versuchen, die Moleküle zu überlisten. Denkbar ist die in Abb. 18.4 skizzierte Anordnung: Sie soll die Gleichverteilung der Temperatur in einem Gas ohne Aufwand von Arbeit rückgängig machen. Das Gas in der linken Hälfte des Behälters soll heiß werden, das rechts befindliche kalt. Das linke soll dann den Kessel einer Dampfmaschine heizen, das rechte soll den Abdampf im Kondensator kühlen.

Wie geht unser Erfinder vor? Er bohrt in die Trennwand zwischen beiden Behältern ein Loch und verschließt es einseitig mit einer aus feinen Haaren gebildeten Reuse. Sein Plan ist jetzt folgender: Die Geschwindigkeit der Moleküle ist statistisch verteilt. Nur die schnellsten Moleküle sollen sich, von rechts kommend, durch die Reuse hindurchzwängen, die langsamen sollen zurückprallen. So können die schnellen Moleküle mit ihrem Besitz an kinetischer Energie über die Grenze hinübergelangen. Jenseits der

---

[1] Deswegen ist das aus dem Lateinischen stammende Wort „irreversibel" seiner wörtlichen Übersetzung „nicht umkehrbar" vorzuziehen.

Abb. 18.4 Zur Irreversibilität des Temperatur-
ausgleichs

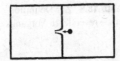

Grenze heißt es zwar, mit den übrigen teilen. Aber so wächst doch wenigstens der mittlere Besitz in der linken Kammer. Ihre Temperatur steigt und
die der rechten sinkt. – Woran scheitert diese „Erfindung"? Antwort: An
der BROWN'schen Bewegung der Reusenhaare. Die Haare müssen so fein
sein, dass sie von schnellen Molekülen bewegt werden können. Bei dieser Feinheit aber nehmen sie selbst als große „Moleküle" am statistischen
Spiel der Wärmebewegung teil. Die Reuse öffnet und schließt sich im statistischen Wechsel. Oft ist sie gerade dann offen, wenn ein unerwünschtes
an kinetischer Energie armes Molekül die Grenze passieren will. So wird
im Mittel nichts erreicht, beide Behälter behalten die gleiche Temperatur.

18.3 Messung der Irreversibilität mithilfe der Zustandsgröße Entropie S

Völlig irreversible Vorgänge sind häufig.[2] Abb. 18.5 zeigt eine irreversible Entspannung wie in Abschn. 14.8 besprochen, in einem
Stahlkugel-Modellversuch. Völlig reversible Vorgänge hingegen stellen idealisierte Grenzfälle dar; alle wirklichen Vorgänge sind nur *teilweise* reversibel, sie enthalten immer irreversible Anteile.

Dadurch entstand die Notwendigkeit, reversible Vorgänge zu kenn-
zeichnen und die Größe der Irreversibilität zu messen. Das ist durch
die Auffindung einer neuen Zustandsgröße, genannt *Entropie*, ermöglicht worden. Man kann zu ihr auf folgende Weise gelangen:

In Abb. 18.6 kann sich ein eingesperrtes Gas der Stoffmenge n bei
konstanter Temperatur T_1 quasistatisch reversibel entspannen. Zuge-
nommen habe das Volumen von V_1 auf V_2, abgenommen habe der

Abb. 18.5 Stahlkugelmodell eines Gases,
oben vor, *unten* nach einer kleinen Entspannung (s. Abschn. 18.4)

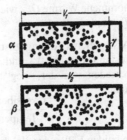

---

[2] Zum Beispiel alle in Abschn. 5.11 behandelten Bewegungen. Bei ihnen allen
entstehen durch äußere und innere Reibung Temperaturdifferenzen.

Abb. 18.6 Zur Definition eines reversiblen Vorgangs

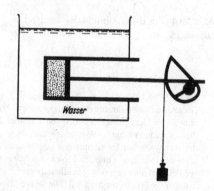

Wasser

Druck von p_1 auf p_2. Die dabei vom Gas abgegebene Arbeit ist

$$W_1 = -T_1 nR \ln \frac{V_2}{V_1} = -T_1 nR \ln \frac{p_1}{p_2} \qquad (14.35)$$

$$(n = \text{Stoffmenge}, R = \text{Gaskonstante}).$$

Gleichzeitig hat das Gas aus dem großen Wasserbad die Wärme $Q_{\text{rev}(1)} = -W_1$ reversibel aufgenommen.

Diese aufgenommene Wärme ist aber *nicht* eindeutig mit der Entspannung verknüpft, sie ist *nicht* allein vom Anfangs- und Endzustand bestimmt, sie ist also keine Zustandsgröße.

Das zeigen wir, indem wir die Entspannung des Gases bei *gleichem Anfangs- und Endzustand* auf einem anderen *Weg* vornehmen: Zu diesem Zweck entziehen wir dem ganzen System (Abb. 18.6) vor Beginn der Entspannung mit einer Hilfsvorrichtung reversibel die Wärme Q_{rev} und verkleinern dadurch seine Temperatur auf T_2. Dann folgt die langsame isotherme Entspannung bei dieser Temperatur, und wir erhalten dabei für die aufgenommene Wärme diesmal nur

$$Q_{\text{rev}(2)} = T_2 nR \ln \frac{V_2}{V_1} \, .$$

Am Schluss führen wir dem ganzen System reversibel die zuvor entnommene Wärme Q_{rev} wieder zu und stellen die Ausgangstemperatur T_1 wieder her.

Also gleicher Anfangszustand, nämlich V_1 und T_1, und gleicher Endzustand, nämlich V_2 und T_1, trotzdem sind $Q_{\text{rev}(1)}$ und $Q_{\text{rev}(2)}$ verschieden, weil der „Weg" verschieden war! – Hingegen ist der Quotient

$$\frac{\text{reversibel aufgenommene Wärme}}{\text{Temperatur bei der Aufnahme}}$$

in beiden Fällen der gleiche, nämlich

$$\frac{Q_{\text{rev}(1)}}{T_1} = \frac{Q_{\text{rev}(2)}}{T_2} = nR \ln \frac{V_2}{V_1} \, . \qquad (18.1)$$

Dieser Quotient ist vom Weg unabhängig, also eine *Zustandsgröße*. Diese Zustandsgröße benutzen wir zur Messung der Irreversibilität, sie bekommt einen eigenen Namen, nämlich *Entropie*.

Bei der potentiellen Energie eines Körpers oder bei seiner inneren Energie bleibt der Nullpunkt stets willkürlich, man kann stets nur *Änderungen* dieser Größen messen. Genauso ist es bei der Zustandsgröße Entropie. Auch ihr Nullpunkt ist willkürlich. Der von uns untersuchte Sondervorgang, die reversible Entspannung bei konstanter Temperatur, liefert nur einen Beitrag zu einer schon vorhandenen Entropie. Denn selbstverständlich hat das ideale Gas schon vorher mehr als einmal bei irgendwelchen Temperaturen thermisch Energie aufgenommen oder abgegeben. Daher definiert man schließlich als *Entropiezunahme*

$$\Delta S = S_2 - S_1 = \frac{Q_{\text{rev}}}{T} \qquad (18.2)$$

In Abb. 18.6 erfolgte die Entspannung reversibel. Das „System" bestand aus dem großen Wasserbad und dem Zylinder mit dem eingesperrten Gas. Das Gas hat also am Schluss des Versuchs eine Wärme quasistatisch aufgenommen ($Q_{\text{rev}(1)}$), das Wasserbad hat eine Wärme quasistatisch abgegeben ($-Q_{\text{rev}(1)}$). Nach der Definitionsgleichung (18.2) hat also bei diesem reversiblen Vorgang sich die Entropie des Gases um $\frac{Q_{\text{rev}(1)}}{T_1}$ erhöht und die des Wasserbades um $-\frac{Q_{\text{rev}(1)}}{T_1}$ erniedrigt. Für den reversiblen Vorgang ist also

$$\sum \frac{Q_{\text{rev}}}{T} = 0. \qquad (18.3)$$

Damit ergibt ein reversibler Vorgang in einem abgeschlossenen System keine Änderung der Entropie. Wir dürfen für ein solches System fortan Gl. (18.3) als Kennzeichen eines reversiblen Vorgangs benutzen.

Ein völlig reversibler Vorgang ist ein als Ideal unerreichbarer Grenzfall. Alle wirklichen Vorgänge sind mehr oder weniger irreversibel. Bei ihnen wird in einem abgeschlossenen System[K18.1]

$$\sum \frac{Q_{\text{rev}}}{T} > 0 \qquad (18.4)$$

Als Beispiel wählen wir den irreversiblen Vorgang der Wärmeleitung. Er soll in einem ebenfalls aus zwei Teilen gebildeten System erfolgen. Die Energie Q_{rev} wird bei der großen Temperatur T_1 thermisch abgegeben und bei der kleinen Temperatur T_2 aufgenommen. Dabei *sinkt* die Entropie des heißen Körpers um $-Q_{\text{rev}}/T_1$, die des kalten wächst um den größeren Betrag Q_{rev}/T_2. Die Summe

K18.1. Es handelt sich um Entropie*erzeugung*. Entsprechend den in Abschn. 18.2 beschriebenen Beobachtungen irreversibler Vorgänge kann dabei die Entropie nur zunehmen. Der Betrag dieser erzeugten Entropie ist das Maß für die Irreversibilität. – Im Grenzfall reversibler Vorgänge ist er null, die Entropie bleibt hierbei also konstant, d. h. für sie gilt ein Erhaltungssatz (s. Abschn. 18.5 und 18.6).

$Q_{rev}/T_2 - Q_{rev}/T_1 = \Delta S$ ist also positiv. Diese *Entropiezunahme* ΔS des Systems ist ein eindeutiges Maß für die *Irreversibilität* des beobachteten Leitungsvorgangs.

18.4 Die Entropie im molekularen Bild

Wir haben die Entropie zunächst für einen Sonderfall hergeleitet. Trotzdem werden wir die Definitionsgleichung

$$\Delta S = \frac{Q_{rev}}{T} \tag{18.2}$$

ganz allgemein anwenden. Um das zu rechtfertigen, soll die Bedeutung des Verhältnisses Q_{rev}/T im molekularen Bild klargestellt werden. Dabei wird sich die Zustandsgröße Entropie ebenso gut „veranschaulichen" lassen wie andere Zustandsgrößen, nämlich Temperatur, Druck, innere Energie und Enthalpie. Eine solche Veranschaulichung gelingt immer nur unter den einfachen Verhältnissen idealer Gase.

Wir knüpfen an Abb. 18.5 an und denken an ihre Verwirklichung im Modellversuch. Das kleine Volumen V_1 ist der x-te Teil des großen Volumens V_2. Im Volumen V_2 soll sich zunächst nur ein einziges Molekül befinden. Dieses kann man mit Sicherheit, also der Wahrscheinlichkeit $w_2 = \frac{1}{1}$, *irgendwo* im Volumen V_2 antreffen, aber nur mit der Wahrscheinlichkeit $w_1 = 1/x$ im x-ten Teil, also im Volumen V_1, d. h., bei x Beobachtungen trifft man es im statistischen Mittel *einmal* im Volumen V_1. Für zwei Moleküle sind die Wahrscheinlichkeiten, beide Moleküle gleichzeitig in V_2 oder in V_1 anzutreffen

$$w_2 = \frac{1}{1}, \qquad w_1 = \left(\frac{1}{x}\right)^2,$$

für drei Moleküle

$$w_2 = \frac{1}{1}, \qquad w_1 = \left(\frac{1}{x}\right)^3,$$

und für N Moleküle

$$w_2 = \frac{1}{1}, \qquad w_1 = \left(\frac{1}{x}\right)^N. \tag{18.5}$$

Das *Verhältnis* $W = w_2/w_1$ gibt an, wievielmal wahrscheinlicher alle Moleküle gleichzeitig in V_2 statt in V_1 angetroffen werden. Wir bekommen

$$W = x^N$$

oder

$$\ln W = N \cdot \ln x. \tag{18.6}$$

Dann setzen wir $N = nR/k$ (Abschn. 14.6) und $x = V_2/V_1$ und erhalten

$$k \ln W = nR \ln \frac{V_2}{V_1}$$

oder zusammen mit Gl. (18.1) und (18.2)

$$\Delta S = k \cdot \ln W \qquad (18.7)$$

Die bei der irreversiblen Entspannung eines idealen Gases eintretende Zunahme der Entropie lässt sich also auf das Verhältnis zweier Wahrscheinlichkeiten zurückführen. Dazu braucht man die universelle Konstante $k = 1{,}38 \cdot 10^{-23}$ W s/K. *Eine Zunahme der Entropie bedeutet einen Übergang in einen Zustand von größerer Wahrscheinlichkeit.* In Abb. 18.5 ist die Ansammlung aller Gasmoleküle im Teilvolumen V_1 nicht unmöglich, sondern nur äußerst unwahrscheinlich. Das gilt schon für die wenigen Moleküle des Modellgases und a fortiori für die ungeheuer großen Molekülzahlen eines wirklichen Gases. Der Zusammenhang von Entropie und Wahrscheinlichkeit ist von LUDWIG BOLTZMANN (1844–1906) erkannt worden. Daher trägt die Konstante k seinen Namen.

Man denke sich Eis und Wasser von 0 °C. Im Eis sind die Moleküle mit großer Regelmäßigkeit in Form eines Kristallgitters angeordnet, also in einem sehr unwahrscheinlichen Zustand. Im Wasser bilden die Moleküle einen regellosen Haufen, dabei befinden sie sich in einem recht wahrscheinlichen Zustand. Infolgedessen ist die Entropie des Wassers erheblich größer als die einer gleich großen Menge Eis. Trotzdem verwandelt sich ein thermisch isolierter Eisklotz nicht einmal zu einem Teil in Wasser. Das würde das ganze System in einen äußerst unwahrscheinlichen Zustand führen. Es müsste sich ein Teil des Eises unter 0 °C abkühlen, um für den Rest die erforderliche *Schmelzwärme* zu liefern. Dadurch würde sich die Entropie des ganzen abgeschlossenen Systems *verkleinern*: die Entropie des Eises müsste durch Wärmeabgabe *unterhalb* von 0 °C mehr abnehmen, als die Entropie des Wassers durch Wärmeaufnahme bei 0 °C zunimmt. Noch anschaulicher ist vielleicht ein anderes Beispiel. In Form dieses Textes zusammengestellt, befinden sich die Buchstaben in einem sehr unwahrscheinlichen Zustand. Sie haben daher eine viel kleinere Entropie als irgendwie regellos in einen Kasten hineingeschüttet. Trotzdem gehen die für diesen Text zusammengestellten Buchstaben keineswegs spontan in den viel wahrscheinlicheren Zustand eines ungeordneten Haufens über, denn dieser Übergang müsste über einen äußerst unwahrscheinlichen Zwischenzustand erfolgen: Etliche Buchstaben müssten als „Moleküle" auf Kosten der übrigen extrem hohe Werte ihrer thermischen Energie erhalten und mit ihrer Hilfe die Nachbarn überspringen.

18.5 Beispiele für die Berechnung von Entropien

Durch Beispiele und Anwendungen wird man stets am schnellsten mit einem neuen physikalischen Begriff vertraut. Deswegen berechnen wir zunächst die Zustandsgröße Entropie für einige wichtige Fälle und bringen dann in Abschn. 18.6 erste Anwendungen der so gewonnenen Werte. – Zur Messung der Zustandsgröße Entropie muss man stets *quasistatische*, reversible Vorgänge benutzen, das geht aus der Definition dieser Zustandsgröße in Abschn. 18.3 klar hervor.

K18.2. Wie aus dem nächsten Absatz hervorgeht, bezieht sich die Entropie*zunahme* in allen Beispielen dieses Abschnitts immer nur auf die betrachtete Substanz, die durch reversible Vorgänge Entropie mit der Umgebung austauscht. Für das Gesamtsystem bleibt die Entropie entsprechend Gl. (18.3) konstant. Es handelt sich also nicht um Entropie*erzeugung*, sondern um (an den Transport von Wärme gekoppelten) Entropie*transport*.

1. *Entropiezunahme*[K18.2] *beim Schmelzen*. Ein Körper habe die Masse M und die spezifische Schmelzwärme χ. Sein Schmelzpunkt sei T. Der Schmelzvorgang erfolge in einer Umgebung von nur unmerklich höherer Temperatur. Die Schmelzwärme $M\chi$ soll also praktisch bei der Temperatur des Schmelzpunktes, d. h. reversibel, aufgenommen werden. In diesem Fall wächst die Entropie des schmelzenden Körpers um den Betrag

$$\Delta S = \frac{M\chi}{T}. \tag{18.8}$$

Zahlenbeispiel
für Wasser bei normalem Luftdruck (1013 hPa)

$$T = 273\,\text{K}, \quad \chi = 3{,}34 \cdot 10^5\,\text{W s/kg (s. Tab. 13.1)}.$$

Damit ist die spezifische Entropiezunahme

$$\frac{\Delta S}{M} = 1{,}22 \cdot 10^3\,\frac{\text{W s}}{\text{kg} \cdot \text{K}}$$

oder mit der molaren Masse $M_n = M/n = 18\,\text{g/mol}$ die molare Entropiezunahme

$$\frac{\Delta S}{n} = 22\,\frac{\text{W s}}{\text{mol} \cdot \text{K}} = 2{,}64\,R$$

$(R = 8{,}31\,\text{W s/(mol K), s. Gl. (14.22))}.$

Für Quecksilber ($M_n = 200\,\text{g/mol}$) lauten die entsprechenden Zahlen

$$T = 234{,}1\,\text{K}, \quad \chi = 11{,}8 \cdot 10^3\,\frac{\text{W s}}{\text{kg}}, \quad \frac{\Delta S}{n} = 10\,\frac{\text{W s}}{\text{mol} \cdot \text{K}} = 1{,}20\,R.$$

Beim reversiblen Schmelzen sinkt die Entropie der Umgebung um ebenso viel, wie die des schmelzenden Körpers zunimmt. Also bleibt, wie bei jedem reversiblen Vorgang in einem abgeschlossenen System, der Gesamtbetrag der Entropie ungeändert. – Das Entsprechende gilt für die jetzt folgenden Beispiele.

2. *Entropiezunahme beim Erwärmen*. Eine Substanz der Masse M werde bei konstantem Druck von der Temperatur T_1 auf die Temperatur T_2 erwärmt. Dabei wird die Wärme nacheinander in kleinen Teilbeträgen bei wachsenden Temperaturen, also reversibel zugeführt.

Man erhält daher als Entropiezunahme der erwärmten Substanz

$$\Delta S = \frac{\Delta Q_{rev(1)}}{T_1} + \frac{\Delta Q_{rev(2)}}{T_2} + \cdots = \sum_i \frac{\Delta Q_{rev(i)}}{T_i}, \qquad (18.9)$$

$$\Delta S = M \left(\frac{c_{p1}\Delta T}{T_1} + \frac{c_{p2}\Delta T}{T_2} + \cdots \right) = M \sum_i \frac{c_{pi}\Delta T}{T_i}, \qquad (18.10)$$

oder im Grenzübergang und bei konstanter spezifischer Wärmekapazität

$$\Delta S = Mc_p \int_1^2 \frac{dT}{T} = Mc_p \ln \frac{T_2}{T_1}, \qquad (18.11)$$

bzw. mit $Mc_p = nC_p$ (s. Gl. (13.5) und (13.6))

$$\Delta S = nC_p \ln \frac{T_2}{T_1}. \qquad (18.12)$$

Zahlenbeispiel
für Wasser bei der Erwärmung vom Schmelzpunkt bis zum Siedepunkt bei normalem Luftdruck (1013 hPa)

$$T_1 = 273\,K, \quad T_2 = 373\,K,$$

$$c_p = 4{,}19 \cdot 10^3 \frac{W\,s}{kg \cdot K} \quad \text{bzw.} \quad C_p = 75{,}5 \frac{W\,s}{mol \cdot K},$$

$$\frac{\Delta S}{M} = 1{,}31 \cdot 10^3 \frac{W\,s}{kg \cdot K} \quad \text{bzw.} \quad \frac{\Delta S}{n} = 23{,}6 \frac{W\,s}{mol \cdot K} = 2{,}84\,R.$$

Für $\Delta S/M$ sind in Tab. 18.1 weitere Werte für verschiedene Temperaturen angegeben. Diese Werte spielen in der Technik eine große Rolle. Zur Vereinfachung der Darstellung setzt man die spezifische Entropie von flüssigem Wasser bei 0 °C (273 K) und normalem Luftdruck (1013 hPa) willkürlich gleich null. Wir werden bei Angabe gemessener Werte diesem Brauch folgen und die so angegebene Entropie mit S bezeichnen.

Tab. 18.1 Spezifische Zustandsgrößen für Wasser entlang der Dampfdruckkurve. Als Bezugspunkt für Enthalpie und Entropie ist 0 °C gewählt.

Temperatur	Dampfdruck	Flüssig			Gesättigter Dampf		
		Volumen V / Masse	Enthalpie H / Masse	Entropie S / Masse	Volumen V / Masse	Enthalpie H / Masse	Entropie S / Masse
(°C)	$\left(10^5 \frac{N}{m^2}\right)$	$\left(\frac{m^3}{kg}\right)$	$\left(10^5 \frac{W\,s}{kg}\right)$	$\left(10^3 \frac{W\,s}{kg\,K}\right)$	$\left(\frac{m^3}{kg}\right)$	$\left(10^5 \frac{W\,s}{kg}\right)$	$\left(10^3 \frac{W\,s}{kg\,K}\right)$
17,2	0,02	0,001	0,724	0,255	68,3	25,33	8,71
59,7	0,20	0,001	2,495	0,829	7,79	26,09	7,91
99,1	0,98	0,001	4,149	1,298	1,73	26,71	7,37
151	4,9	0,0011	6,364	1,851	0,382	27,47	6,83
211	19,6	0,0012	9,043	2,437	0,101	27,97	6,36
310	98	0,0014	13,984	3,345	0,0185	27,26	5,61
374	221	0,0037	20,625	4,313	0,0037	22,07	4,61

3. *Entropiezunahme beim Verdampfen.* PICTET-TROUTON'*sche Regel.* Eine Flüssigkeit habe die Masse M und die spezifische Verdampfungswärme r. Die Verdampfung erfolge bei konstantem Druck, nämlich dem Dampfdruck, und bei der zugehörigen Temperatur T. Dann gilt für die Entropiezunahme

$$\Delta S = \frac{Mr}{T}. \tag{18.13}$$

Zahlenbeispiel

Für Wasser bei normalem Luftdruck (1013 hPa) ist $T = 373$ K und $r = 2{,}26 \cdot 10^6$ W s/kg (s. Abb. 14.3), also ist

$$\frac{\Delta S}{M} = 6{,}06 \cdot 10^3 \frac{\text{W s}}{\text{kg} \cdot \text{K}} \quad \text{bzw.} \quad \frac{\Delta S}{n} = 109 \frac{\text{W s}}{\text{mol} \cdot \text{K}} = 13{,}1\,R.$$

K18.3. Siehe z. B. A. Eucken, E. Wicke, „Grundriss der physikalischen Chemie", Akad. Verlagsges. 10. Aufl. 1959, Kap. 2.

Für die molare Entropiezunahme $\Delta S/n$ findet man beim Verdampfen vieler anderer Stoffe Werte von sehr ähnlicher Größe. Das ist der Inhalt der „PICTET-TROUTON'*schen Regel*".[K18.3]

Bei der Umwandlung von Wasser in Dampf ist die Entropiezunahme also etwa fünfmal so groß wie bei der Umwandlung von Eis in Wasser ($2{,}64\,R$). Bei der Umwandlung von flüssigem *Wasser* von 0 °C in gesättigten *Dampf* von 100 °C steigt die molare Entropie des Wassers um

$$\frac{\Delta S}{n} = \underset{\substack{\text{beim Er-}\\\text{wärmen}\\\text{(Pkt. 2)}}}{2{,}84\,R} + \underset{\substack{\text{beim Ver-}\\\text{dampfen}\\\text{(Pkt. 3)}}}{13{,}1\,R} \approx 16\,R$$

oder auf die Masse bezogen

$$\frac{\Delta S}{M} = (1{,}31 + 6{,}06) \cdot 10^3 \frac{\text{W s}}{\text{kg} \cdot \text{K}} = 7{,}37 \cdot 10^3 \frac{\text{W s}}{\text{kg} \cdot \text{K}}.$$

Man nennt diese Größe die spezifische Entropie des gesättigten Dampfes. Weitere Werte findet man für verschiedene Temperaturen in Tab. 18.1.

4. *Entropieänderungen bei Zustandsänderungen idealer Gase.* Wir gehen im pV-Diagramm in Abb. 18.7 in zwei Schritten vom Zustand 1 (Temperatur T_1) zum Zustand 2 (Temperatur $T_2 > T_1$). Zunächst führen wir einem Gas der Stoffmenge n auf dem Weg $1 \to 3$

Abb. 18.7 Zur Berechnung der Entropie idealer Gase

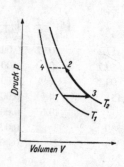

Wärme bei konstantem Druck zu und dann auf dem Weg $3 \rightarrow 2$ Arbeit bei konstanter Temperatur. Diese Konstanz der Temperatur T_2 ist nur dann möglich, wenn eine der Arbeit gleiche Wärme vom Gas nach außen abgegeben wird. So erhalten wir mit Gl. (18.12) und (14.35)

$$\Delta S = n \int_1^2 \frac{C_\mathrm{p} \mathrm{d}T}{T} + \frac{nRT_2 \ln \frac{p_3}{p_2}}{T_2} . \qquad (18.14)$$

Nun ist $T_3 = T_2, p_3 = p_1$. Damit ergibt sich als Zunahme der molaren Entropie

$$\frac{\Delta S}{n} = C_\mathrm{p} \ln \frac{T_2}{T_1} - R \ln \frac{p_2}{p_1} . \qquad (18.15)$$

Die Entropie eines idealen Gases wächst also mit steigender Temperatur und sinkt mit steigendem Druck. Die Entropie eines idealen Gases besteht demnach aus zwei Anteilen: Der erste hängt von der Temperatur ab, der zweite von einer geometrischen Bedingung, nämlich dem verfügbaren Volumen, das Druck und Anzahldichte bestimmt. Bei isothermer Kompression wird die Entropie eines idealen Gases kleiner. – Bei der Herleitung dieser Gleichung hätte man den Übergang vom Zustand 1 in den Zustand 2 auch auf einem beliebigen anderen Weg vollziehen können, z. B. in den zwei Schritten $1 \rightarrow 4$ und $4 \rightarrow 2$. Die Entropie ist eine Zustandsgröße, sie ist also von der Art des Übergangs unabhängig.

18.6 Anwendung der Entropie auf reversible Zustandsänderungen in abgeschlossenen Systemen

Verlaufen reversible Vorgänge adiabatisch, d. h. ohne Wärmeaustausch mit der Umgebung, so bleibt die Summe der Entropien aller beteiligten Körper ungeändert. *Von dieser Konstanz der Entropie bei reversiblen adiabatischen Vorgängen wird oft Gebrauch gemacht.*

Zunächst zeigt Abb. 18.8 im pV_m-Diagramm ($V_\mathrm{m} = V/n$) eines idealen Gases einige Adiabaten für eine reversible Entspannung: Neben jeder Adiabate ist der konstante Wert der zugehörigen molaren Entropie S/n vermerkt.

Nebelbildung bei adiabatischer Entspannung. Wasserdampf mit dem Dampfdruck p_1 dehne sich adiabatisch aus, und dabei sinke sein Druck auf p_2. Welcher Bruchteil y des Wassers wird als Nebel abgeschieden? Dieser Fall spielt in der Wetterkunde eine große Rolle. Man denke an aufwärts gerichtete Ströme von warmer Luft.

Vor der Ausdehnung und der Abkühlung gehört zum Dampfdruck p_1 die Temperatur T_1. Bei dieser Temperatur besitze der Wasser*dampf* mit der Masse M die Entropie S_1. Während der Ausdehnung und

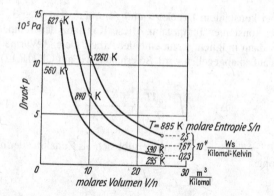

Abb. 18.8 Adiabaten eines zweiatomigen idealen Gases als Kurven konstanter Entropie. Als Bezugspunkt der Entropie ist 0 °C und normaler Luftdruck (1013 hPa) gewählt. (Aufg. 18.1)

Abkühlung wird der Bruchteil y des Dampfes in flüssiges Wasser (Nebeltropfen) umgewandelt. Dabei vermindert sich die Dampfmasse auf $M(1 - y)$, und sie behält bei der Temperatur T_2 die Entropie $(1-y)S_2$. Außerdem ist Wasser mit der Masse My gebildet worden. Es hat bei der Temperatur T_2 die Entropie yS_2'. Gleichsetzen der Entropien vor und nach der Kondensation ergibt

$$S_1 = (1 - y)S_2 + yS_2'.$$

Ferner gilt

$$\underset{\text{Dampf}}{S_2} - \underset{\text{Wasser}}{S_2'} = \frac{r}{T_2}M. \qquad (18.13)$$

Die Zusammenfassung beider Gleichungen ergibt

$$y = \frac{S_2 - S_1}{M} \frac{T_2}{r}. \qquad (18.16)$$

Zahlenbeispiel für Wasserdampf

$$p_1 = 200\,\text{hPa}, \quad T_1 = 333\,\text{K}\ (59{,}8\,°\text{C}), \qquad \frac{S_1}{M} = 7{,}91 \cdot 10^3\ \frac{\text{W s}}{\text{kg} \cdot \text{K}}.$$

$$p_2 = 20\,\text{hPa}, \quad T_2 = 290{,}3\,\text{K}\ (17{,}1\,°\text{C}), \qquad \frac{S_2}{M} = 8{,}71 \cdot 10^3\ \frac{\text{W s}}{\text{kg} \cdot \text{K}}.$$

Die spezifische Verdampfungswärme des Wassers bei T_2 ist (Abb. 14.3)

$$r = 2{,}45 \cdot 10^6\ \frac{\text{W s}}{\text{kg}}.$$

Ergebnis:

$$y = 0{,}095,$$

d. h. 9,5 % des gesättigten Dampfes hat sich als Nebel abgeschieden.

18.7 Das *HS*- oder MOLLIER-Diagramm mit Anwendungen, Gasströmung mit Überschallgeschwindigkeit

Bisher haben wir die Zustände von Stoffen nur im pV-Diagramm dargestellt. Als Ordinate wurde der Druck, als Abszisse das spezifische Volumen, also V/M, oder das molare Volumen V/n benutzt. Mit gleichem Recht kann man aber auch andere Zustandsgrößen paarweise anwenden.

Als eine der vielen Möglichkeiten bringen wir in Abb. 18.9 ein *HS*-Diagramm, und zwar für Luft. Auf der Ordinate ist die spezifische Enthalpie, also H/M, auf der Abszisse die spezifische Entropie, also S/M aufgetragen. Die Werte der Ordinate sind nach Gl. (14.27), die der Abszisse nach Gl. (18.15) berechnet. In beiden Fällen ist die Temperaturabhängigkeit der spezifischen Wärmekapazitäten berücksichtigt worden.

In einem *HS*-Diagramm sind die Adiabaten *gerade* Linien, die parallel zur Ordinatenachse verlaufen. Die Isothermen, eingezeichnet für einige Temperaturen zwischen $-130\,°C$ und $+50\,°C$, sind nur bei kleinen Drücken *gerade* Linien, und dann parallel zur Abszissenachse. – Im pV-Diagramm waren Isobaren und Isochoren *gerade* Linien, im *HS*-Diagramm sind diese Linien gleichen Drucks und gleichen

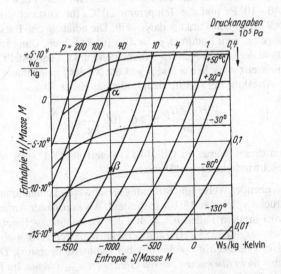

Abb. 18.9 Ausschnitt aus dem *HS*- oder MOLLIER-Diagramm für Luft (Zeitschrift des VDI **48**, 271 (1904)). R. MOLLIER (Professor in Dresden) hat 1904 die Enthalpie als Ordinate von Zustandsdiagrammen eingeführt. Die Kurven sind Isothermen bzw. Isobaren. Die Werte der Enthalpie und der Entropie sind auf technische Normalbedingungen bezogen, also auf $0\,°C$ und einen Luftdruck von 1013 hPa.

Volumens *gekrümmt*. Eingezeichnet sind in Abb. 18.9 nur einige Isobaren für Drücke zwischen 0,01 und $200 \cdot 10^5$ Pa.

Das *HS*-Diagramm spielt bei adiabatischen Zustandsänderungen strömender Stoffe eine große Rolle. Es gibt die Möglichkeit, die mit der Zustandsänderung erreichbare technische Arbeit ohne Rechnung zu bestimmen. Man braucht nur einen Ordinatenwert abzulesen. Wir bringen im Folgenden ein physikalisch und technisch gleich bedeutsames Anwendungsbeispiel. Es betrifft die adiabatische Ausströmung eines Gases aus einem Behälter.

Als Beispiel wählen wir Luft. Die Luft soll in einem Kessel einen hohen, konstant gehaltenen Druck p_1 besitzen. Sie soll durch eine Düse ausströmen und in einen Raum von kleinerem Druck p_2 eindringen. Bei der Entspannung soll die Luft Beschleunigungsarbeit verrichten und sich selbst eine kinetische Energie erteilen. Wie hängt die dabei erzielte Geschwindigkeit u mit dem Anfangs- und Enddruck zusammen?

Bei einem adiabatischen Vorgang wird keine Energie thermisch mit der Umgebung ausgetauscht. Infolgedessen ist Q in der Gleichung des ersten Hauptsatzes gleich null zu setzen. Es verbleibt für die Beschleunigungsarbeit der strömenden Luft

$$H_2 - H_1 = W_{\text{techn}} = \tfrac{1}{2}Mu^2 . \tag{14.11}$$

Die Enthalpiedifferenz $H_2 - H_1$ ist unmittelbar im *HS*-Diagramm der Luft (Abb. 18.9) abzulesen. Die Luft habe im Kessel den Druck $p_1 = 40 \cdot 10^5$ Pa und die Temperatur 20 °C. Ihr Zustand wird in Abb. 18.9 durch den Punkt α dargestellt. Die adiabatische Entspannung möge bis zum Enddruck $p_2 = 10 \cdot 10^5$ Pa führen. Dann ist der Endzustand der Luft in Abb. 18.9 durch den Punkt β dargestellt. Die Höhendifferenz zwischen α und β gibt die bei der Entspannung auftretende Abnahme der spezifischen Enthalpie. Es ist

$$-\frac{H_2 - H_1}{M} = 9{,}6 \cdot 10^4 \, \frac{\text{W s}}{\text{kg}} .$$

Einsetzen dieses Wertes in Gl. (14.11) liefert als End- oder Mündungsgeschwindigkeit $u = 438$ m/s.

In entsprechender Weise sind Strömungsgeschwindigkeiten für andere Enddrücke p_2 in Abb. 18.10a dargestellt. Als konstanter Anfangsdruck wird in allen Fällen $p_1 = 40 \cdot 10^5$ Pa benutzt. – Ergebnis: *Die Strömungsgeschwindigkeit kann erheblich größer werden als die Schallgeschwindigkeit c* (= 340 m/s bei Zimmertemperatur). *Doch kommt man nicht über einen oberen Grenzwert u_{max} hinaus.* Im Beispiel, also für einen Anfangsdruck $p_1 = 40 \cdot 10^5$ Pa, ist die größte Mündungsgeschwindigkeit $u_{\text{max}} = 760$ m/s. Dieser Höchstwert wird erreicht, wenn die Luft in ein *Vakuum* ausströmt.

Bei der Entspannung sinkt die Dichte der Luft, also der Quotient $\varrho = M/V$. Das ist für unser Beispiel in Abb. 18.10b dargestellt. Die Werte sind nach Gl. (14.42) berechnet worden.

Abb. 18.10 Zum Ausströmen eines Gases aus einer Düse. Alle drei Kurven gelten für einen Anfangsdruck von $p_1 = 40 \cdot 10^5$ Pa. Die Werte für u und ϱ gelten nach der Entspannung.

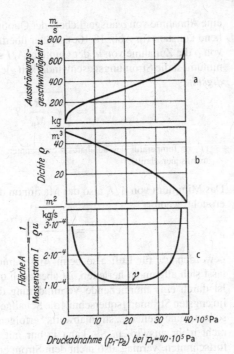

Die Masse M der ausströmenden Luft ist proportional zur Flusszeit t, zur Dichte ϱ, zur Querschnittsfläche A und zur Geschwindigkeit u. Sie wird durch das Produkt der vier Größen bestimmt, also

$$M = t\varrho Au \,. \qquad (18.17)$$

Mit dem Massenstrom

$$I = \frac{\text{Masse } M \text{ des ausströmenden Gases}}{\text{Zeit } t} \qquad (18.18)$$

erhalten wir

$$\frac{A}{I} = \frac{1}{\varrho u} \,. \qquad (18.19)$$

Diese Größe ist für unser Beispiel in Abb. 18.10c dargestellt. Wir wollen ihren Inhalt ausführlich erörtern und dabei die beiden anderen Schaubilder zu Hilfe nehmen. Dann finden wir Folgendes:

In Abb. 18.10a entfernt sich die Kurve der Geschwindigkeit bis zu etwa 70 m/s kaum von der Ordinatenachse. Daher entspricht den kleinen Geschwindigkeiten auf der Dichtekurve in Abb. 18.10b ein fester Punkt, nämlich der auf der Ordinatenachse: Die Dichte ϱ ist also bis zu etwa 1/5 Schallgeschwindigkeit konstant (Abschn. 10.1). Gase verhalten sich bei „kleinen" Geschwindigkeiten wie nicht komprimierbare Flüssigkeiten: Der Quotient A/I sinkt in Abb. 18.10c mit wachsenden Werten von u. – Ganz anders aber bei großen Geschwindigkeiten: Jetzt sinkt die Dichte ϱ rasch mit wachsender Geschwindigkeit. Infolgedessen wird in Gl. (18.19) die Zunahme von u durch eine Abnahme von ϱ ausgeglichen, der Quotient A/I wird vorübergehend konstant (in Abb. 18.10c). Später übertrifft sogar die Abnahme von ϱ die Zunahme von u, der Quotient A/I steigt wieder an. Im Minimum ist die Strömungsgeschwindigkeit gleich der *Schallgeschwindigkeit*

$$c = \sqrt{\kappa \cdot \frac{R}{M_n} \cdot T} \qquad (14.56)$$

(T = Temperatur des adiabatisch entspannten Gases im engsten Strömungsquerschnitt).

Das Minimum von A/I, also das Maximum des Massenstroms, wird erreicht, wenn

$$\frac{p_2}{p_1} = \left(\frac{2}{\kappa + 1}\right)^{\frac{\kappa}{\kappa - 1}}$$

geworden ist, für Luft also beim Außendruck $p_2 = 0{,}53\,p_1$. Das lässt sich allgemein herleiten, ist aber auch qualitativ zu übersehen: Ist durch eine hinreichende Verminderung des äußeren Drucks p_2 im engsten Strömungsquerschnitt die Schallgeschwindigkeit erreicht, so kann eine weitere, „stromabwärts" erfolgende Drucksenkung sich nicht mehr auswirken. Sie kann ja nur mit Schallgeschwindigkeit fortschreiten, vermag also nicht dem Strom entgegen in den engsten Querschnitt einzudringen.

Bei Anwendung einer einfachen Düse (Abb. 18.11) fällt der kleinste Strömungsquerschnitt mit der Mündung zusammen. *Folglich kann in der Mündung einer einfachen Düse die Geschwindigkeit höchstens gleich der Schallgeschwindigkeit* werden. Soll die Mündungsgeschwindigkeit die Schallgeschwindigkeit übersteigen, muss man die Düse hinter ihrer engsten Stelle kegelförmig *erweitern* (Abb. 18.12). Man muss den Düsenquerschnitt an jeder Stelle der von dem Massenstrom I beanspruchten Querschnittsfläche A anpassen. Dann kann das Gas aus der Mündung der Düse mit der vollen, nach dem *HS*-Diagramm möglichen Geschwindigkeit austreten. *Im engsten Teil der Düse bleibt die Geschwindigkeit nach wie vor die Schallgeschwindigkeit*, daher bleibt auch der Massenstrom I derselbe wie zuvor ohne die kegelförmige Erweiterung.

Abb. 18.11 Beispiel einer einfachen, für die Herstellung von Überschallgeschwindigkeit unbrauchbaren Düse

Abb. 18.12 LAVAL-Düse zur Erzeugung von Überschallgeschwindigkeit in ausströmenden Gasen (C. G. P. DE LAVAL, 1845–1913, Schweden)

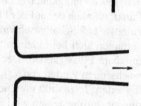

Aufgaben

18.1 Aus den in Abb. 18.8 gezeigten Adiabaten bestimme man die dazu gehörenden molaren Entropien und vergleiche sie mit den in der Abbildung angegebenen Werten. (Abschn. 18.6)

Umwandlung von Wärme in Arbeit, zweiter Hauptsatz

19.1 Wärmekraftmaschinen und zweiter Hauptsatz[1]

Die Technik hat die Wärmekraftmaschine geschaffen, um Temperaturdifferenzen zur Gewinnung von Arbeit auszunutzen. Die wichtigsten Ausführungsformen, die Dampfmaschinen und die Verbrennungsmotoren, sind heute jedermann bekannt. Alle Wärmekraftmaschinen *vermitteln* mit einem strömenden Arbeitsstoff den Übergang von Wärme von einem heißen zu einem kalten Körper und *wiederholen* diesen Vorgang *in periodischer Folge*. Der Anfangszustand der Maschine wird in periodischer Folge wiederhergestellt, vermindert wird nur der Brennstoffvorrat.

Ohne die Zwischenschaltung einer Maschine gleichen sich Temperaturdifferenzen nur *thermisch* aus, d.h. durch Wärmeleitung und -strahlung. Beide Vorgänge sind irreversibel, bei beiden Vorgängen wird also Arbeit vergeudet, d.h. eine Gelegenheit, nutzbare Arbeit zu gewinnen, verpasst (Abschn. 18.2).

Hingegen erhält man den idealen Höchstwert der gewinnbaren Arbeit, wenn man alle irreversiblen Vorgänge wie z. B. Reibung, Wärmeleitung und -strahlung ausscheidet und stattdessen den Temperaturausgleich mithilfe einer „Wärmekraftmaschine" *reversibel* leitet, d. h. alle Vorgänge quasistatisch ablaufen lässt. Diese Erkenntnis nennt man den *zweiten Hauptsatz* der Wärmelehre, es ist eine seiner vielen Formulierungen.

Ein Arbeitsstoff entnimmt einem heißen Behälter mit der hohen Temperatur T_1 in isothermer und reversibler Weise die Wärme $Q_{rev(1)}$ (> 0). Nachdem er den kalten Behälter mit der kleinen Temperatur T_2 erreicht hat, gibt er an diesen, wieder in isothermer und reversibler Weise, die kleinere Wärme $Q_{rev(2)}$ (< 0) ab. Dann kann der Überschuss $Q_{rev(1)} + Q_{rev(2)} = -W$ restlos in Arbeit umgewandelt

---

[1] Dem Leser wird empfohlen, sich zunächst noch einmal die Merkmale irreversibler Vorgänge in Abschn. 18.2 anzusehen, insbesondere die Beispiele unter Pkt. 2.

© Springer-Verlag Berlin Heidelberg 2017
K. Lüders, R.O. Pohl (Hrsg.), *Pohls Einführung in die Physik*, DOI 10.1007/978-3-662-48663-4_19

werden, wenn auch alle übrigen Teilvorgänge in der Maschine reversibel verlaufen. In diesem Fall ist nach Gl. (18.3) die Summe aller Entropieänderungen null, d. h.

$$\frac{Q_{rev(1)}}{T_1} + \frac{Q_{rev(2)}}{T_2} = 0. \tag{18.3}$$

Das Verhältnis von abgegebener Arbeit W (< 0) zur aufgenommenen Wärme $Q_{rev(1)}$ [K19.1]

$$\frac{-W}{Q_{rev(1)}} = \frac{Q_{rev(1)} + Q_{rev(2)}}{Q_{rev(1)}} = \eta_{ideal} \tag{19.1}$$

definiert den *thermischen Wirkungsgrad* einer idealen Wärmekraftmaschine. Die Zusammenfassung der Gln. (18.3) und (19.1) ergibt

$$\eta_{ideal} = \frac{-W}{Q_{rev(1)}} = \frac{T_1 - T_2}{T_1} \tag{19.2}$$

Der größte theoretisch mögliche Wirkungsgrad η einer *Wärmekraftmaschine* ist demnach von allen Einzelteilen ihrer Bauart und ihrer Wirkungsweise unabhängig. Wesentlich ist nur die Ausschaltung aller irreversiblen Vorgänge und maßgebend allein die Größe der hohen Temperatur, bei der die Wärme $Q_{rev(1)}$ quasistatisch aufgenommen wird und der tiefen Temperatur, bei der die Wärme $Q_{rev(2)}$ quasistatisch abgegeben wird.

Gl. (19.2) ist eine quantitative Fassung des zweiten Hauptsatzes der Wärmelehre. Sein wesentlicher Inhalt ist 1824 von SADI CARNOT[K19.2] gefunden worden. CARNOTs Überlegungen gingen noch von der Annahme eines Wärmestoffes aus. Die heutige Deutung der Gl. (19.2) und die Erkenntnis ihrer umfassenden Geltung verdankt man vor allem RUDOLF CLAUSIUS (1822–1888).

Der erste Hauptsatz besagt, dass die Summe aller an einer Zustandsänderung beteiligten Energien konstant bleibt. Experimentell demonstriert man seinen Inhalt, indem man Arbeit restlos in Wärme umwandelt, z. B. durch Reibung. – Der umgekehrte Weg ist nicht möglich: *Der zweite Hauptsatz begrenzt die Umwandlung von Wärme in Arbeit.*

Für $T_1 = T_2$ werden nach Gl. (19.2) sowohl η_{ideal} als auch die abgegebene Arbeit W gleich null. Darauf stützt sich eine auf MAX PLANCK zurückgehende Fassung des zweiten Hauptsatzes. Sie lautet: „Es ist unmöglich, eine Maschine zu konstruieren, die *weiter nichts* bewirkt als die Hebung eines Gewichtsstücks und eine entsprechende Abkühlung eines Wärmereservoirs."

Bei der isothermen Entspannung eines Gases wird zwar die ganze von dem Gas aufgenommene Wärme restlos in Arbeit umgewandelt (s. Abschn. 14.11). Trotzdem widerspricht dies nicht dem zweiten Hauptsatz:

K19.1. Das negative Vorzeichen der abgegebenen Größen ergibt sich aus der Formulierung des ersten Hauptsatzes (Gl. (14.6)), hier
$Q + W = 0$,
wobei für die Wärmekraftmaschine $Q > 0$ und $W < 0$ ist. Die Energiebilanz lautet
$Q = Q_1 + Q_2 = -W$
bzw.
$Q_1 = -W - Q_2$.
(Q_1 ist positiv, W und Q_2 sind negativ.)

K19.2. SADI CARNOT (1796–1832): „Réflexions sur la puissance motrice du feu et les machines propres a développer cette puissance", Paris 1832.

Denn es ist neben der Verrichtung von Arbeit, z. B. Hubarbeit, noch etwas anderes geschehen, es ist die *Dichte* des Gases *verkleinert* oder der Vorrat an Druckluft vermindert worden.

Auch der zweite Hauptsatz der Wärmelehre ist ein reiner *Erfahrungssatz*. Das geht aus der obigen Darstellung klar hervor. Er beruht auf den Erfolgen der Technik und auf ihren Erfahrungen beim Bau der Wärmekraftmaschinen.

19.2 CARNOT'scher Kreisprozess

Die Überlegungen des Abschn. 19.1 stehen und fallen mit der Möglichkeit, dass ein Arbeitsstoff bei hoher Temperatur eine Wärme $Q_{rev(1)}$ reversibel aufnehmen und bei tiefer Temperatur eine kleinere Wärme $Q_{rev(2)}$ reversibel abgeben kann.

Die grundsätzliche Möglichkeit eines solchen reversiblen Ablaufs aller Teilvorgänge zeigt man mit dem „CARNOT'schen Kreisprozess" (Abb. 19.1). Dieser benutzt als Arbeitsstoff ein in einen Zylinder eingesperrtes Gas, wie es in Abb. 18.2 dargestellt ist. Dieser Zylinder wird zunächst mit einem heißen Behälter (T_1) in thermischen Kontakt gebracht (Abb. 18.6). Das Gas dehnt sich isotherm und quasistatisch aus, indem es dem heißen Behälter die Wärme $Q_{rev(1)}$ reversibel entzieht und damit Hubarbeit verrichtet. Es folgt eine thermische Isolierung des Zylinders und eine adiabatische Ausdehnung, bis die Temperatur T_2 eines kalten Behälters erreicht ist. Bei diesen beiden Ausdehnungsvorgängen gibt das Gas insgesamt die Arbeit W_1 ab.
Im dritten Schritt wird der Wärmekontakt mit dem kalten Behälter hergestellt. Das Gas wird isotherm und quasistatisch komprimiert, und die Wärme $Q_{rev(2)}$ reversibel an den kalten Behälter abgegeben. Im vierten Schritt wird der Zylinder wieder thermisch isoliert und das Gas adiabatisch komprimiert, bis es wieder die Temperatur T_1 erreicht hat. Dann ist der Ausgangszustand wiederhergestellt. Bei diesen beiden Kompressionen muss dem Gas insgesamt die Arbeit W_2 zugeführt werden. Die gewonnene Arbeit ist $Q_{rev(1)} + Q_{rev(2)} = -(W_1 + W_2) = -W$. Bei jedem Wechsel zwischen isothermer und adiabatischer Volumenänderung muss die in Abb. 18.2 dargestellte variable Hebelübersetzung ausgewechselt werden.

Der entscheidende Punkt im CARNOT'*schen Kreisprozess ist, dass die Temperatur des Arbeitsstoffes jeweils gleich der des Behälters*

Abb. 19.1 CARNOT'scher Kreisprozess

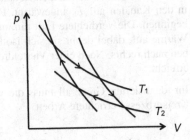

gemacht wird, mit dem er in Berührung gebracht werden soll. Diese Forderung lässt sich mit einem anderen im STIRLING-Motor verwirklichten Kreisprozess erfüllen. Er beruht, wie wir gleich erläutern werden, auf der Anwendung eines *Regenerators.*

19.3 Der STIRLING-Motor

Dieser Motor wurde früher im Kleingewerbe und als Spielzeug benutzt. Er zeigt besonders klar das Wesentliche einer Wärmekraftmaschine, also die Vermittlung des Wärmeübergangs zwischen einem heißen und einem kalten Körper durch einen *periodisch* bewegten Arbeitsstoff. Deswegen wollen wir seine Bauart anhand der halbschematischen Abb. 19.2 erläutern und ihn dann mehrfach benutzen, um den Inhalt der Gl. (19.2) experimentell vorzuführen.

Die beiden Wärmebehälter in Abb. 19.2 mit den Temperaturen T_1 und T_2 umfassen die linke und die rechte Hälfte eines Zylinders ($T_1 > T_2$). Im Zylinder befindet sich außer dem Kolben eine Trommel *Tr*, sie ist in der Längsrichtung mit Kanälen versehen. Diese Trommel wird von der Kurbelwelle mithilfe eines nicht gezeichneten Gestänges im Zylinder hin- und hergeschoben, und zwar mit einer Phasenverschiebung von etwa 90° gegen den Kolben. Dabei erfüllt die Trommel eine doppelte Aufgabe. Erstens wirkt sie als *Verdränger*: Sie schafft den Arbeitsstoff (meist Luft) abwechselnd zum heißen und zum kalten Wärmebehälter. Zweitens wirkt sie als *Wärmespeicher (Regenerator).* Das soll heißen: Während der Verdrängung muss die Luft durch ihre Kanäle hindurchströmen. Dabei entzieht die Trommel der nach rechts strömenden Luft Wärme (Teilbild b) und gibt der nach links strömenden Wärme zurück (Teilbild d).

Die Wirkungsweise dieser Wärmekraftmaschine wird in den vier Teilbildern erläutert. Bei a hat sich die Luft durch Wärmeaufnahme bei großer Temperatur T_1 isotherm ausgedehnt und dabei den Kolben nach rechts bewegt. Bei b schafft der Verdränger die Luft zum kalten Behälter hinüber. Unterwegs wird sie in den Kanälen auf T_2 abgekühlt.[K19.3] Bei c wird der Kolben vom Schwungrad nach links geschoben und die Luft unter Wärmeabgabe bei der tiefen Temperatur T_2 isotherm komprimiert. Bei d schafft der Verdränger die verdichtete Luft in den heißen Behälter zurück. Unterwegs wird sie in den Kanälen auf T_1 angewärmt. Danach kann ein neuer Zyklus beginnen: Die verdichtete Luft nimmt wieder bei hoher Temperatur Wärme auf, dabei dehnt sie sich isotherm aus und drückt den Kolben nach rechts. Nach einer Vierteldrehung ist wieder der Zustand a erreicht.

K19.3. Es handelt sich hier um eine isochore Zustandsänderung (Abschn. 14.9, Pkt. 3). Der Kreisprozess setzt sich hier also aus zwei isothermen und zwei isochoren Zustandsänderungen zusammen. Entscheidend aber ist wie beim CARNOT-Prozess die Expansion bei hoher Temperatur und die Kompression bei tiefer Temperatur.

Im idealisierten Grenzfall muss die von der Maschine mit diesem Kreisprozess verrichtete Arbeit

$$-W = Q_{\text{rev}(1)} \frac{T_1 - T_2}{T_1} \tag{19.2}$$

Abb. 19.2 Zur Wirkungsweise eines STIRLING-Motors. Bei **a** und **c** befindet sich der Verdränger *Tr*, bei **b** und **d** der Kolben in einer Umkehr-Ruhestellung. **(Videofilm 19.1)**

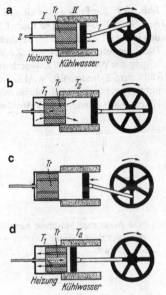

Videofilm 19.1:
„Wirkungsweise eines
STIRLING-Motors"
http://tiny.cc/apayey
Die Wirkungsweise wird
mit einem Vorlesungsmo-
dell erläutert. Die Funktion
des Regenerators übernimmt
dabei nicht der Verdränger,
sondern ein am Zylinderum-
fang angebrachtes Drahtnetz.

sein. Dabei bedeutet $Q_{rev(1)}$ die bei der hohen Temperatur unter Ausdehnung aufgenommene Wärme. Die Aufnahme erfolgt im idealisierten Grenzfall isotherm. Dann ist[K19.4]

$$Q_{rev(1)} = nRT_1 \ln \frac{V_2}{V_1} = nRT_1 \ln \frac{p_1}{p_2} \qquad (14.35)$$

(*n* = Stoffmenge der Luft, *R* = Gaskonstante, p_1 und p_2 = Druck vor und nach der isothermen Ausdehnung).

Die Zusammenfassung von Gl. (14.35) und (19.2) ergibt

$$-W = nR(T_1 - T_2) \ln \frac{p_1}{p_2}$$

oder

$$-W = \text{const} (T_1 - T_2). \qquad (19.3)$$

In Worten: Die vom STIRLING-Motor verrichtete Arbeit wird nur von der Temperaturdifferenz $T_1 - T_2$ bestimmt. Diese Behauptung lässt sich leicht in einem Schauversuch bestätigen. Abb. 19.3 zeigt einen STIRLING-Motor im Schattenriss. Die obere Zylinderhälfte wird mit Wasser von +20 °C (293 K) umspült, die untere wird abwechselnd in ein Glyzerinbad von +220 °C (493 K) und in flüssige Luft von −180 °C (93 K) getaucht. In beiden Fällen ist die Temperaturdifferenz die gleiche, nämlich 200 K: Tatsächlich läuft die Maschine in beiden Fällen mit der gleichen Drehfrequenz, sie verrichtet also pro Zeit die gleiche (hier nur zur Überwindung der Lagerreibung verbrauchte) Arbeit.

K19.4. Diese Gleichungen gelten unter der Voraussetzung, dass es sich bei dem Arbeitsstoff um ein ideales Gas handelt, die für Luft bei Zimmertemperatur gut erfüllt ist. Die Aussage des zweiten Hauptsatzes (Gl. (19.2)) ist davon aber unabhängig, sie gilt ganz allgemein.

Abb. 19.3 Zur Prüfung der Gl. (19.3) mit einem STIRLING-Motor. Die Kurbel *2* bewegt den in Abb. 19.2 skizzierten Verdränger *Tr*. Die Rohrstutzen *Rs* dienen zur Zu- und Ableitung des Wassers von Zimmertemperatur. Die untere Zylinderhälfte wird in diesem Fall mit flüssiger Luft gekühlt, sie ist daher als die kältere mit *II* bezeichnet. (**Videofilm 19.2**)

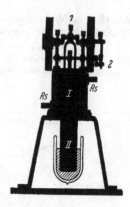

Videofilm 19.2:
„**Technische Ausführung eines STIRLING-Motors**"
http://tiny.cc/1oayey
Im Film wird gezeigt, dass nur die Temperaturdifferenz zwischen den zwei Zylinderhälften des STIRLING-Motors wichtig ist. Der hier verwendete Motor ist rund 100 Jahre alt. Zu seiner Wirkungsweise siehe auch **Videofilm 19.1** (http://tiny.cc/apayey).

Eine modernere Maschine benutzt einen feststehenden Regenerator. Er verbindet zwei Zylinder, in denen sich Kolben mit einer passenden Phasenverschiebung bewegen.

19.4   Technische Wärmekraftmaschinen

Technische Wärmekraftmaschinen arbeiten nicht reversibel. Die wichtigsten Dampfmaschinen sind heute die Dampfturbinen. Bei ihrem Bau muss man auf die Abhängigkeit der Gasdichte vom Druck Rücksicht nehmen. Es sind die in Abschn. 18.7 behandelten Dinge zu beachten. Der *Fallhöhe* des Wassers bei Wasserturbinen entspricht bei Dampfturbinen eine Abnahme der *spezifischen Enthalpie* des Dampfes. Diese kann bei modernen Turbinen 0,33 kW h/kg betragen. Ihr entspricht eine Fallhöhe von 122 km(!). Daher würde bei einer adiabatischen Entspannung in *einer* Stufe eine Geschwindigkeit von rund 1,5 km/s entstehen. Aus diesem Grund müssen Dampfturbinen in mehrere hintereinandergeschaltete Stufen unterteilt werden.

Als Arbeitsstoff der Turbinen benutzt man bis heute ganz überwiegend Wasserdampf, in Ausnahmefällen mit einem vorgeschalteten Kreislauf von Hg-Gas. Der Wasserdampf wird im Anschluss an die Verdampfung „überhitzt", d. h. in ungesättigten Dampf, also in ein Gas, umgewandelt. Man geht bis zu Temperaturen von rund 500 °C.

Neben den Dampfmaschinen haben Verbrennungsmotoren große Bedeutung. Bei ihnen erfolgt die Wärmezufuhr *innerhalb* des Zylinders, und zwar in dessen Kopf. Als Arbeitsstoff dient *Luft* mit einem kleinen Zusatz (unter 21 Molprozent) von gasförmigen Verbrennungsprodukten gasförmiger oder flüssiger Brennstoffe (Erdgas, Benzin, Rohöle usw.). – Das Volumen der Verbrennungskammer sei V_1 (Abb. 19.4). Bei der Verbrennung steige die Temperatur bis T_1. Beim Herausdrücken des Kolbens dehnt sich der Arbeitsstoff adiabatisch auf das Zylindervolumen V_2 aus. Dabei kühlt er sich ab auf

Abb. 19.4 Zum Wirkungsgrad einer Verbrennungs-maschine

die Temperatur

$$T_2 = T_1 \left(\frac{V_1}{V_2}\right)^{\kappa-1} \qquad (14.48)$$

(κ = Adiabatenexponent, für Luft($\kappa - 1$) $\approx$ 0,4 (Tab. 14.1)).

Der nicht in Arbeit umgewandelte Rest der aufgenommenen Wärme wird mit den Auspuffgasen an die Außenluft abgegeben. Dabei sinkt die Temperatur von T_2 bis zur Außentemperatur. Wir setzen, um Mittelwertbildungen für die Temperaturen zu vermeiden, T_1 und T_2 in Gl. (19.2) ein und erhalten als größten theoretisch möglichen Wirkungsgrad

$$\eta_{\text{ideal}} = \frac{T_1 - T_2}{T_1} = 1 - \left(\frac{V_1}{V_2}\right)^{\kappa-1}. \qquad (19.4)$$

Je kleiner V_1/V_2, desto kälter die Auspuffgase und desto höher der Wirkungsgrad.

In einer kleinen Verbrennungskammer kann die erforderliche Luft- und Brennstoffmenge nur mit starker Kompression untergebracht werden. Komprimiert der Kolben ein Luft-Brennstoff-*Gemisch* (NIKOLAUS OTTO 1876), so kann man, weil sonst vorzeitige Entflammung eintritt, $V_2/V_1 \approx 8$ nicht überschreiten. Ihm entspricht ein Wirkungsgrad $\eta_{\text{ideal}} = 57\%$. Komprimiert der Kolben die Luft allein und wird der Brennstoff nachträglich eingespritzt (RUDOLF DIESEL, ab 1893), kann man bis $V_2/V_1 \approx 16$ gehen. Dem entspricht $\eta_{\text{ideal}} = 67\%$.

OTTO- und DIESEL-Motoren benutzen in den Brennkammern angenähert die gleichen Temperaturen $T_1 \approx 1900$ K. Aber der DIESEL-Motor kann mit $V_2/V_1 \approx 16$ die Temperatur T_2 der Auspuffgase kleiner machen als der OTTO-Motor mit $V_2/V_1 \approx 8$. Die praktischen Wirkungsgrade sind beim OTTO-Motor $\approx 30\%$, beim DIESEL-Motor $\approx 35\%$.

19.5 Wärmepumpe (Kältemaschine)

In Abb. 19.3 benutzten wir einen STIRLING-Motor als übersichtliche Wärmekraftmaschine. Oben befand sich der warme, unten der kalte Behälter. Anhand dieses speziellen Versuches können wir ein allgemeines, für jede Wärmekraftmaschine gültiges Schema aufstellen

Abb. 19.5 Die Wärmepumpe (Kältemaschine) als Umkehr der Wärmekraftmaschine (Bei den Wärmen Q ist der Index rev fortgelassen worden.)

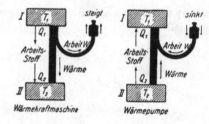

(Abb. 19.5 links). Es idealisiert den Grenzfall völliger Reversibilität. – Ein Arbeitsstoff bewegt sich in periodischer Folge zwischen zwei Behältern *I* und *II* von verschiedener Temperatur. Dabei vermittelt er den Wärmeübergang vom wärmeren Behälter *I* zum kälteren Behälter *II*. Der Arbeitsstoff nimmt bei der hohen Temperatur T_1 die Wärme $Q_{rev(1)}$ auf. Bei der tieferen Temperatur T_2 liefert er die kleinere Wärme $Q_{rev(2)}$ (< 0) ab. Die Differenz wird als nutzbare Arbeit W (< 0) abgegeben (Abschn. 19.1). Im Schema wird sie als potentielle Energie einer gehobenen Last gespeichert. Der Vorgang findet sein Ende, wenn der Energietransport die Temperaturdifferenz ausgeglichen, also $T_1 = T_2$ gemacht hat.

Lässt sich der Temperaturausgleich zwischen den Körpern *I* und *II* wieder rückgängig machen, kann man *I* auf Kosten von *II* erwärmen? Selbstverständlich! Man muss lediglich die von der Maschine zuvor gelieferte Arbeit W wieder aufwenden und die Maschine rückwärts laufen lassen. Dabei wirkt sie nicht mehr als *Wärmekraftmaschine*, sondern als *Wärmepumpe*. Der Kreisprozess des STIRLING-Motors wird dann also in umgekehrter Richtung durchlaufen, d. h. Kompression bei hoher Temperatur und Expansion bei tiefer Temperatur.

Das zeigen wir zunächst experimentell. In Abb. 19.6 wird die STIRLING-Maschine durch einen Elektromotor angetrieben: Dabei wird die untere Zylinderhälfte *II* abgekühlt, die obere entsprechend erwärmt. Nach kurzer Zeit ist bereits eine Temperaturdifferenz $T_1 - T_2 = 10$ K hergestellt. Es ist unter Arbeitsaufwand Wärme aus *II* nach *I* „heraufgepumpt" worden.

Dieser Versuch führt zugleich zum idealisierten Schema aller Wärme*pumpen* (Abb. 19.5 rechts). Man vergleiche es mit dem daneben-

Videofilm 19.3:
„Wärmepumpe/Kältemaschine"
http://tiny.cc/9oayey
Die Demonstration erfolgt mit dem Vorlesungsmodell aus dem **Videofilm 19.1**
(http://tiny.cc/apayey).

Abb. 19.6 Ein STIRLING-Motor als Wärmepumpe (Kältemaschine) benutzt (**Videofilm 19.3**)

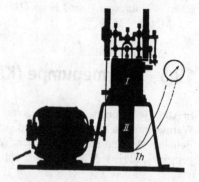

stehenden Schema aller *Wärmekraftmaschinen*, es bedarf dann keiner weiteren Erläuterung.

Oft werden Wärmepumpen unter dem Namen *Kältemaschinen* verwendet. Als Kältemaschinen sollen sie einen abgegrenzten Raum *II*, z. B. einen Kühlschrank im Haushalt, gegenüber seiner Umgebung *I*, z. B. Zimmerluft, abkühlen. Als Wärmepumpen im engeren Sinn sollen sie einen abgegrenzten Raum *I*, z. B. ein Wohnzimmer, gegenüber seiner Umgebung *II*, z. B. der freien Atmosphäre, erwärmen. Je nach der Verwendungsart ist der Wirkungsgrad zu definieren. Wir tun es wieder für *den idealisierten Grenzfall* völliger Reversibilität. Dann erreicht die erforderliche Arbeit ihren kleinsten Wert. Es gilt für die *Kältemaschine*[K19.5]

$$\eta_{\text{ideal}} = \frac{\text{bei tiefer Temp. } T_2 \text{ von der Maschine aufgenommene Wärme } Q_{\text{rev(2)}}}{\text{erforderliche Arbeit } W}$$

$$= \frac{Q_{\text{rev(2)}}}{-Q_{\text{rev(1)}} - Q_{\text{rev(2)}}}$$

oder mit

$$\frac{Q_{\text{rev(1)}}}{Q_{\text{rev(2)}}} = -\frac{T_1}{T_2} \qquad (18.3)$$

$$\eta_{\text{ideal}} = \frac{T_2}{T_1 - T_2} . \qquad (19.5)$$

Für die *Wärmepumpe* gilt

$$\eta_{\text{ideal}} = \frac{\text{bei hoher Temp. } T_1 \text{ von der Maschine abgegebene Wärme } - Q_{\text{rev(1)}}}{\text{erforderliche Arbeit } W}$$

$$= \frac{-Q_{\text{rev(1)}}}{-Q_{\text{rev(1)}} - Q_{\text{rev(2)}}}$$

oder mit Gl. (18.3)

$$\eta_{\text{ideal}} = \frac{T_1}{T_1 - T_2} . \qquad (19.6)$$

Technische Einzelheiten führen zu weit. Wir müssen uns mit ein paar Hinweisen begnügen:

1. Aus Gl. (19.5) folgt die *Grundregel* jeder Kältetechnik: Um einen Körper auf die tiefe Temperatur T_2 abzukühlen, soll der Arbeitsstoff Wärme nie bei einer *unter* T_2 gelegenen Temperatur aufnehmen. Je kleiner T_2, desto kleiner der Wirkungsgrad nach Gl. (19.5). Kurz: Man soll Sekt nicht mit flüssiger Luft kühlen.

2. Gase sind als Arbeitsstoffe für Kältemaschine und Wärmepumpe wenig geeignet. Man kann in Gl. (14.35) das Volumen des Gases praktisch nicht ohne Temperaturänderungen, also nicht isotherm ändern, der Wärmeaustausch mit der Umgebung erfolgt zu *langsam*. Deswegen benutzt man Substanzen, bei denen unter den gegebenen

K19.5. Die Energiebilanz für die Kältemaschine bzw. Wärmepumpe heißt $Q_2 + W = -Q_1$. (Q_2 und W werden zugeführt, Q_1 wird abgegeben. Vergl. Kommentar K19.1).

„Kurz: Man soll Sekt nicht mit flüssiger Luft kühlen."

Bedingungen die flüssige und die gasförmige Phase im Gleichgewicht nebeneinander existieren, z. B. CO_2. Ihr Volumen lässt sich beim Verdampfen und Verflüssigen leicht isotherm verändern.

3. Ein Zahlenbeispiel zu Gl. (19.6). Es soll ein Wohnhaus mit einer Wärmepumpe geheizt werden. Die von der Maschine aufgenommene Wärme soll der Außenluft entnommen werden. Bei der Außentemperatur von 0 °C soll eine Innentemperatur von 20 °C aufrechterhalten werden. Also $T_1 = 293$ K, $T_2 = 273$ K. Dann ergibt Gl. (19.6) *für den idealisierten Grenzfall* völliger Reversibilität

$$\eta_{\text{ideal}} = \frac{T_1}{T_1 - T_2} = \frac{293}{293 - 273} = \frac{293}{20} = 14{,}7 \,.$$

Heute erwärmen wir unsere Wohnräume mit elektrischen Heizkörpern. Das ist äußerst bequem, aber unrentabel. Physikalisch einwandfreier wäre ein anderes Verfahren: Man sollte die elektrische Energie benutzen, um Wärme von draußen in sein Haus *hineinzupumpen*. Dazu würde in unserem Beispiel rund 7 % der sonst erforderlichen elektrischen Leistung genügen! Das heißt, wir würden mit dem Aufwand einer Kilowattstunde rund 14 Kilowattstunden in unser Wohnzimmer hereinschaffen können! Die weitere Verbreitung von Wärmepumpen ist zur Schonung unserer Energievorräte dringend zu wünschen.

19.6　Die thermodynamische Definition der Temperatur

Gl. (19.2) enthält keinerlei Stoffkonstanten. Also kann man mit ihrer Hilfe ein Messverfahren der Temperatur definieren, das von allen stofflichen Eigenschaften unabhängig ist. Man hat nur die eine der beiden Temperaturen T_1 oder T_2 mit einem willkürlichen Zahlenwert festzulegen, z. B. T_2. Dann ist die andere durch den thermischen Wirkungsgrad einer völlig reversibel arbeitenden Maschine eindeutig bestimmt. Man braucht im Prinzip nur den Wirkungsgrad einer solchen Maschine zu messen, um die unbekannte Temperatur T_1 zu erhalten[2]. Das hat als erster WILLIAM THOMSON, der spätere Lord KELVIN (1824–1907), erkannt. Deswegen wird die absolute, also von negativen Werten freie, Temperaturskala nach KELVIN benannt (Abschn. 14.6). Praktisch ist sie mit der durch gute Gasthermometer definierten Temperatur identisch.

---

[2] Statt für *einen* der beiden Temperaturpunkte kann man auch für die *Differenz* zweier Temperaturpunkte, also $(T_1 - T_2)$, einen willkürlichen Wert vereinbaren (vgl. Abschn. 14.6).

19.7 Druckluftmotor, freie und gebundene Energie

Bisher haben wir die Umwandlung von Wärme in Arbeit behandelt, die an die Ausnutzung einer *Temperaturdifferenz* gebunden ist und in den Wärmekraftmaschinen erfolgt. Man kann jedoch Wärme auch ohne Temperaturdifferenz, also auf *isothermem* Weg, in Arbeit umwandeln. Als übersichtliches Beispiel ist der isotherm arbeitende Druckluftmotor zu nennen.

Wir wiederholen aus Abschn. 14.11: Der isotherm arbeitende Druckluftmotor ist eine Maschine, die ihr aus der Umgebung zugeführte Wärme in Arbeit umwandelt. Der Nutzeffekt ist im idealen Grenzfall = 100 %. Die Umwandlung erfolgt unter Entspannung der Druckluft.

Jetzt fügen wir als neu hinzu: Die Entspannung vergrößert die Entropie der Druckluft. Der Entropiezuwachs ist

$$\Delta S = \frac{Q_{rev}}{T} \quad \text{und damit}^{K19.6} \quad Q_{rev} = T \cdot \Delta S. \qquad (18.2)$$

K19.6. Diese Gleichung heißt allgemein:
$$Q_{rev} = \int T \, dS.$$

In dieser Zunahme der Entropie besteht die bleibende und folgenschwere Veränderung, die der Arbeitsstoff (Druckluft) bei der isothermen Abgabe von Arbeit erfahren hat. Wie sich diese bleibende Veränderung auswirkt, zeigen wir jetzt allgemein, also nicht nur für die Entspannung von Druckluft.

Der erste Hauptsatz

$$\left.\underset{\text{zugeführte Wärme}}{Q} = \underset{\substack{\text{nach außen als Arbeit}\\\text{abgeführte Energie}}}{-W} + \underset{\substack{\text{Zunahme der}\\\text{inneren Energie}}}{\Delta U}\right\} \qquad (14.6)$$

lässt ganz offen, wie sich die thermisch zugeführte Energie auf die beiden rechts stehenden Terme verteilt. Das wird erst durch den zweiten Hauptsatz bestimmt.

Setzt man gemäß Gl. (18.2) in Gl. (14.6)

$$Q = Q_{rev} = T \cdot \Delta S,$$

so erhält man

$$W = -T \cdot \Delta S + \Delta U \qquad (19.7)$$

oder für isotherme, bei konstanter Temperatur ablaufende Vorgänge

$$W_{isoth} = \Delta(U - T \cdot S). \qquad (19.8)$$

Die Klammer enthält nur Zustandsgrößen. Folglich ist auch ihr Inhalt eine Zustandsgröße. Sie wird *freie Energie F* genannt[3], also

$$F = U - T \cdot S. \qquad (19.9)$$

---

[3] Messbar sind nur ΔU, ΔS, ΔF usw. Findet man numerische Werte für U, S, F usw., so gelten sie stets nur für eine Bezugstemperatur, die, wie z. B. in Tab. 18.1 angegeben werden muss.

Die freie Energie ist kleiner als die innere, die Differenz

$$U - F = T \cdot S \qquad (19.10)$$

heißt auch *gebundene Energie*.

$$W_{isoth} = \Delta F \qquad (19.11)$$

ist also die maximale Arbeit, die bei einem isotherm reversibel ablaufenden Vorgang abgeführt werden kann.[4]

Die gebundene Energie $T \cdot S$ wird nicht etwa vergeudet, sondern nur so festgelegt, dass sie nicht mehr für die Verrichtung weiterer Arbeit verfügbar ist.[5]

Für viele Anwendungen braucht man den Einfluss der Temperatur auf die freie Energie F oder die maximale Arbeit W_{isoth}, die man bei einem isothermen Vorgang gewinnen kann. Wir erhalten diesen Einfluss aus Gl. (19.2), wenn wir diese auf eine sehr kleine Temperaturdifferenz $T_1 - T_2 = dT$ anwenden. Dann ergibt sie

$$\frac{-dW_{isoth}}{Q_{rev}} = \frac{dT}{T} . \qquad (19.12)$$

Daraus folgt mit Gl. (18.2)

$$\frac{-dW_{isoth}}{dT} = \frac{Q_{rev}}{T} = \Delta S . \qquad (19.13)$$

Setzt man dies in Gl. (19.8) bzw. (19.7) ein, so erhält man die nach HELMHOLTZ benannte Gleichung für die maximale isotherm erzielbare Arbeit

$$W_{isoth} = T \frac{dW_{isoth}}{dT} + \Delta U \qquad (19.14)$$

Sie spielt in der physikalischen Chemie eine wichtige Rolle.

19.8 Beispiele für die Anwendung der freien Energie

1. *Druckluft-Flasche als Akkumulator.* Im Sonderfall der Druckluft liegen die Verhältnisse besonders einfach, weil die innere Energie U

---

[4] Maximal, weil in Gl. (18.2) nur reversible Vorgänge vorausgesetzt waren.
[5] Man kann die innere Energie eines Stoffes mit dem Vermögen eines Unternehmens vergleichen, die freie Energie mit seinem „liquiden" und die gebundene mit seinem „illiquiden" (z. B. in den Anlagen steckenden) Anteil.

bei isothermer Entspannung konstant bleibt und daher $\Delta U = 0$ ist. Man erhält also aus den Gln. (19.11) und (19.7)

$$W_{\text{isoth}} = \Delta F = -T \cdot \Delta S. \qquad (19.15)$$

Darin ist

$$\Delta S = nR \ln \frac{p_1}{p_2}. \qquad (18.15)$$

Beispiel

Eine Stahlflasche mit der Masse 64 kg und dem Volumen 42 Liter enthält bei $p_1 = 190 \cdot 10^5$ Pa (= 190 bar) 330 mol Druckluft von Zimmertemperatur. Bei der isothermen Entspannung vermindert sich ihre freie Energie um

$$-\Delta F = 293 \,\text{K} \cdot 330 \,\text{mol} \cdot 8{,}31 \,\frac{\text{W s}}{\text{mol} \cdot \text{K}} \cdot \ln \frac{190}{1}$$

(s. auch Aufg. 15.1). Es ist $\ln 190 = 5{,}25$. Also

$$-\Delta F = 4{,}2 \cdot 10^6 \,\text{W s} \approx 1{,}2 \,\text{kW h}.$$

Ein elektrischer Akkumulator mit etwa gleicher Masse (70 kg) vermindert bei seiner isothermen Entladung seine freie Energie um etwa 2 kW h.[K19.7]

K19.7. Zum Vergleich sei erwähnt, dass die freie Energie in Brennstoffen (Butter, Kohle) etwa 10 kW h/kg beträgt.

2. *Entropie- oder Kautschuk-Elastizität.* Bei der Mehrzahl der festen Körper, z. B. den Metallen, entstehen die bei Verformung auftretenden elastischen Kräfte durch Änderung der inneren Energie. – Ganz anders bei idealen Gasen. Die in Abb. 19.7 oben schematisch skizzierte Anordnung erlaubt es, die von einer eingesperrten Luftsäule erzeugte elastische Kraft F_{el} zu messen. Verschiebt man den Schlitten isotherm nach links, so wird die Luftsäule um Δl verkürzt. Dabei bleibt die Kraft F_{el} noch praktisch konstant. Die Luft wird komprimiert und ihr dabei nach Gl. (19.15) die Arbeit

$$-F_{\text{el}} \Delta l = \Delta F = -T \cdot \Delta S$$

zugeführt. Für die elastische Kraft gilt also

$$F_{\text{el}} = \frac{\Delta S}{\Delta l} \cdot T. \qquad (19.16)$$

Die elastische Kraft F_{el} ist also proportional zur Temperatur. Sie entsteht lediglich dadurch, dass die Entropie der Luft bei isothermer *Kompression* kleiner wird. Daher spricht man von *Entropie-Elastizität.*

Für die Entropie der Luft gilt nach Abschn. 18.5, Pkt. 4

$$\frac{\Delta S}{n} = C_{\text{p}} \ln \frac{T_2}{T_1} - R \ln \frac{p_2}{p_1}. \qquad (18.15)$$

Wird die Luftsäule in Abb. 19.7 (oben) *adiabatisch* um Δl verkürzt, so bleibt die Entropie des eingesperrten Gases konstant, doch ändern sich in Gl. (18.15) ihre beiden Anteile: Bei der adiabatischen Drucksteigerung von p_1 auf p_2 wächst der erste Summand auf Kosten des

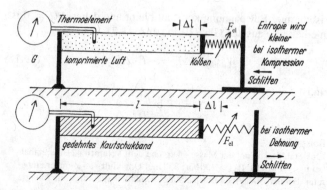

Abb. 19.7 Zur Vorführung der Entropie-Elastizität mit einer komprimierten Luftsäule und einem gedehnten Kautschukband (G = Galvanometer für die Temperaturmessung, Kraftmesser nur als Schema gezeichnet, F_{el} wirkt *oben* entgegen der Schlittenbewegung nach *rechts* und *unten* nach *links*)

zweiten. Die Temperatur des Gases wird durch adiabatische Kompression vergrößert.

Unter den *festen* Körpern findet man Entropie-Elastizität z. B. bei Kautschuk und den kautschukartigen Kunststoffen (Abb. 19.7 unten). Es gilt wieder Gl. (19.16). Man findet F_{el} bei konstanter Bandlänge l meist in guter Näherung proportional zu T. Wird ferner das Kautschukband um Δl adiabatisch gedehnt, so wird seine Temperatur größer. Aus beiden Tatsachen folgt, dass die innere Energie der kautschukartigen Stoffe von Dehnung und Volumen weitgehend unabhängig ist. Daher wird auch hier die elastische Kraft nur von der *Entropie* des Bandes bestimmt. Doch muss die Entropie diesmal mit wachsender isothermer *Dehnung* kleiner werden. Das ist unschwer zu deuten:

Die kautschukartigen Stoffe gehören zu den hochpolymeren Stoffen. In diesen sind gleichartige, verhältnismäßig einfach gebaute Moleküle wie die Glieder einer Kette zu langen Fadenmolekülen vereinigt. In großen Haufen bilden diese Fadenmoleküle mehr oder weniger verfilzte Knäuel als wahrscheinlichste Form (große Entropie). Bei einer Dehnung werden die Fäden teilweise parallel zueinander ausgerichtet, also wird ihre Anordnung weniger wahrscheinlich (kleine Entropie). Modellmäßig kann man Fadenmoleküle durch etwa 10 cm lange Ketten ersetzen, die einzelne magnetische Glieder enthalten. Man legt sie auf eine Glasplatte. Die Knäuel bildende oder Entropie vermehrende Wärmebewegung erreicht man dadurch, dass man die Glasplatte vibrieren lässt.

Wird ein Kautschukband adiabatisch, also bei konstanter Entropie entspannt, so wird es kälter.

3. *Abhängigkeit der Schmelztemperatur vom Druck.* Ein Körper verändere bei konstanter Temperatur und konstantem Druck während des Schmelzens sein Volumen um ΔV. Differentiation der Ausdeh-

nungsarbeit $W = -p\Delta V$ nach T ergibt

$$\frac{\mathrm{d}W}{\mathrm{d}T} = -\frac{\mathrm{d}p}{\mathrm{d}T}\Delta V. \qquad (19.17)$$

Durch Einsetzen dieser Gleichung in Gl. (19.13) erhalten wir aus dem zweiten Hauptsatz die nach CLAUSIUS und CLAPEYRON benannte Gleichung

$$\frac{\mathrm{d}T}{\mathrm{d}p} = \frac{T}{Q}\Delta V \qquad (19.18)$$

Sie gibt die Druckabhängigkeit der Schmelztemperatur an. Q bedeutet die Schmelzwärme. – Bei manchen Stoffen steigt die Schmelztemperatur mit wachsendem Druck. Beispiele: Wachs oder CO_2 (Abb. 15.10). Es ist also $\mathrm{d}T/\mathrm{d}p > 0$. Dann muss nach Gl. (19.18) auch $\Delta V > 0$ sein, d. h. diese Stoffe müssen sich beim Schmelzen ausdehnen.

Bei anderen Stoffen sinkt die Schmelztemperatur mit wachsendem Druck. Beispiel: Wasser (Abb. 15.11). In diesem Fall ist $\mathrm{d}T/\mathrm{d}p < 0$. Also muss nach Gl. (19.18) $\Delta V < 0$ sein, d. h. diese Stoffe müssen sich beim Schmelzen zusammenziehen. Beide Aussagen stimmen mit der Erfahrung überein.

19.9 Der Mensch als isotherme Kraftmaschine

Die Energiezufuhr in unsere Muskulatur erfolgt durch die Oxidation unserer Nahrungsmittel. Dabei findet man z. B. für

Butter . . .	9,1	
Haferflocken . . .	4,2	$\dfrac{\mathrm{kWh}}{\mathrm{kg}}$
Reis . . .	3,9	
Brot . . .	2,3	
Kartoffeln . . .	0,9	

Im Ruhezustand wird das Leben eines Erwachsenen durch eine Leistung von rund 80 W aufrechterhalten. Das heißt, sein Körper braucht eine Energiezufuhr von rund 2 kWh je Tag. Beim Verrichten mechanischer Arbeit muss die Energiezufuhr auf 3 bis 4 kWh je Tag gesteigert werden, bei Schwerarbeitern sogar bis zu 6 kWh je Tag. Im Mittel braucht ein Mensch im Jahr eine Energiezufuhr von nur etwa 1300 kWh (Handelswert etwa 400 Euro!).

Der Wirkungsgrad der Muskeln ist im Allgemeinen etwa 20 %, durch Training können 37 % erreicht werden. Infolgedessen können die Muskeln unmöglich als Wärmekraftmaschine arbeiten. Bei einer Außentemperatur von $T_2 = 293\,\text{K}$ (20 °C) müsste dann nach Gl. (19.2) im Körperinneren eine Temperatur $T_1 = 465\,\text{K}$ (192 °C) verfügbar sein. Damit kommt nur eine *isotherme* Erzeugung der Muskelarbeit in Frage. Dabei werden rund 60 bis 80 % der auf chemischem Weg zugeführten Energie in Wärme umgewandelt! Arbeit, z. B. Bergsteigen macht warm. (Bei diesen Zahlen ist nicht etwa der Ruhebedarf des Körpers, sein „Grundumsatz" von 2 kWh je Tag, mitgerechnet.)

Bei verfeinerter Beobachtung muss man bei der Arbeit der Muskeln zwei Vorgänge unterscheiden. Während des einen entsteht die Kraft. Dieser Vorgang ist der Entladung eines Akkumulators vergleichbar: Es wird ein Vorrat an chemischer Energie in mechanische Arbeit umgewandelt. Dabei kann der Wirkungsgrad 90 % erreichen. Hinterher folgt dann, bildlich gesprochen, ein Wiederaufladen des Akkumulators. Dieser zweite Vorgang kann im Gegensatz zum ersten nur bei Anwesenheit von O_2 erfolgen. Er benutzt eine Oxidation, hat einen kleinen Wirkungsgrad und liefert viel Wärme.

Athletische Dauerbetätigungen in Ruhe oder Bewegung erfordern eine Zufuhr chemischer Leistung von etwa 1,4 kW (entsprechend einem Sauerstoffverbrauch von 4 Litern je Minute). Rund 1/5 davon, also etwa 300 W, stehen zur Verrichtung mechanischer Arbeit (Gegensatz: Haltebetätigung) zur Verfügung. Für kurz dauernde Rekordbetätigungen besitzt der Muskelakkumulator eine Energiereserve in der Größenordnung von 100 Kilowatt*sekunden*. Sie kann nach völliger Erschöpfung durch eine O_2-Aufnahme von 15 Litern in etwa 1/2 Stunde ersetzt werden. Ein kleiner, mit wachsender Beanspruchung stark sinkender Bruchteil kann in mechanische Arbeit umgewandelt werden. Auf Kosten dieser Energiereserve vermag der Mensch etliche Sekunden einige Kilowatt zu leisten (Abschn. 5.2).

Unsere Muskeln verrichten ihre Arbeit keinesfalls auf reversiblem Weg. Sie tun das ebenso wenig wie die Wärmekraftmaschinen der Technik. Eine reversibel verrichtete Arbeit verläuft zu schwerfällig und zu langsam. Eine reversibel verrichtete Arbeit ist ein Ideal, aber auch dieses Ideal ist, wie manches andere, nicht erstrebenswert.

„Eine reversibel verrichtete Arbeit ist ein Ideal, aber auch dieses Ideal ist, wie manches andere, nicht erstrebenswert."

Aufgaben

19.1 Bei der Außentemperatur von −5 °C soll der Heizkessel in einem Haus mit einer Wärmepumpe auf der Temperatur von 40 °C gehalten werden. Wie viel elektrische Energie W_{el} muss im Idealfall völliger Reversibilität der Pumpe zugeführt werden, damit die Wärmezufuhr zum Heizkessel 1 kJ beträgt? (Abschn. 19.5)

Elektronisches Zusatzmaterial Die Online-Version dieses Kapitels (doi:10.1007/978-3-662-48663-4_19) enthält Zusatzmaterial, das für autorisierte Nutzer zugänglich ist.

Lösungen der Aufgaben

I. Mechanik

1.1. $T = 0,05\,\text{s}$

2.1. Flussabwärts unter einem Winkel zum Ufer von 53,13°

2.2. $s = 34,3\,\text{m}$

2.3. $t = 17,35\,\text{s}$; $h = 293\,\text{m}$

2.4. $a = 2,475\,\text{m/s}^2$; $F = 49,5\,\text{N}$

2.5. a) $t = 1\,\text{s}$; b) $t = (\pi/4)\,\text{s}$

2.6. $a_\text{r} = 2,10 \cdot 10^{-2}\,\text{m/s}^2$

2.7. $T = 2\pi\,\sqrt{R/g}$, also die SCHULER-Periode!

3.1. $F = 63,1\,\text{N}$; $F_\text{ges} = 42,75\,\text{N}$ in östlicher Richtung ($\alpha = 90°$)

3.2. a) $F = 0,431 F_\text{G}/(0,959 \sin \Theta + 0,413 \cos \Theta)$; b) $\Theta = 66,7°$

3.3. $u = 86,9\,\text{cm/s}$; $E_\text{kin} = 0,196\,\text{N\,m}$; $F_\text{F} = 0,189\,\text{N}$

4.1. $u_0 = 0,628\,\text{m/s}$; $a_0 = 3,95\,\text{m/s}^2$

4.2. $T_\text{M} = 3,16\,\text{s}$; $m_\text{M} = gr^2/(10G)$ (G = Gravitationskonstante)

4.3. Neue Winkelgeschwindigkeit $\omega_1 = l^2\omega/(l - l_1)^2$

4.4. $z = 5086\,\text{km}$

4.5. Mit einer Tangentialgeschwindigkeit von $1,5 \cdot 10^{-5}\,\text{m/s}$ könnte die Modellerde ihre Sonne auf einer stabilen Bahn umkreisen. Ihr „Jahr" würde genauso lange dauern wie ein wirkliches Jahr!

5.1. $W = A\varrho g(H - h)^2/4$

5.2. $W = 0,136\,\text{kW h}$; $L = 8,16\,\text{kW}$

5.3. $h_2 = h_1 + (\sqrt{2g(h - h_1)} - \Delta p/m)^2/2g$; $u = \sqrt{2gh_2}$

5.4. a) $u = 10\,\text{m/s}$; b) $u = 5\,\text{m/s}$

5.5. a) Aus Energie- und Impulssatz folgt: $u_2 = 2(m/M)u_1/(1 + m/M) \approx 2(m/M)u_1$ und $\Delta u = 2u_1/(1 + m/M)$. b) Nach dem ersten Stoß schwingen die Kugeln nach außen, bis ihre kinetische Energie vollständig in potentielle umgewandelt ist. Dann schwingen sie wieder zurück, so dass der gesamte erste Stoß zeitlich rückwärts abläuft. c) Wenn die große Kugel auf die kleine stößt, fliegt diese mit der Geschwindigkeit $\approx 2u_{20}$ davon (besonders leicht einzusehen im Bezugssystem der großen Kugel). Die große Kugel verliert die Geschwindigkeit $2u_{20}(1 + M/m)$, also weniger als 1 %. Dies Ergebnis wird durch den Vergleich der beiden Amplituden bestätigt.

5.6. $h = m^2 u^2/(2g(M + m)^2)$

5.7. $u = 2,97\,\text{m/s}$; 13,36 J sind von den ursprünglichen 1350 J noch vorhanden.

5.8. Folgt aus den Erhaltungssätzen von Impuls und Energie, zusammen mit dem Lehrsatz des Pythagoras.

5.9. $M_b = 1,718 M_r$ oder 63 % der gesamten Masse beim Start

5.10. $dM/dt = M_s(g_r + g)/u_b$ ($g = $ Erdbeschleunigung)

6.1. a) $m_2 = 1,875\,\text{kg}$; b) 7/18 der Länge des Balkens, von m_2 aus gemessen; $F = 441\,\text{N}$

6.2. Man berechnet entweder aus der Bewegungsgleichung die Beschleunigung der Walzenachsen, $du/dt = (2/3)g\sin\alpha$, oder aus dem Energiesatz die Endgeschwindigkeit, $u = \sqrt{4gh/3}$. Beide Ausdrücke enthalten weder die Masse (bzw. die Dichte) noch den Radius der Walzen. Beide kommen also gleichzeitig an.

6.3. $W = 976\,\text{J}$

6.4. $l = 2a/3$

6.5. a) An einem der beiden Punkte im Abstand $a/(2\sqrt{3})$ vom Schwerpunkt; b) an einem der beiden Punkte im Abstand $a/6$ vom Schwerpunkt

6.6. $\Theta_0 = 0,05\,\text{kg m}^2$; $\Theta_s = 0,03\,\text{kg m}^2$

6.7. a) $\Theta = 0,00579\,\text{kg m}^2$ (man gehe von Gl. (6.12) aus); b) $d = 0,28\,\text{mm}$ (hier ändert sich auch die Winkelrichtgröße, und zwar um $2mgd$)

6.8. $\varphi = 2\pi mr^2/(\Theta + mr^2)$

6.9. Unter der Annahme, dass das Bleistiftende nicht gleich von der Tischkante abrutscht, beginnt der Bleistift eine Drehbewegung um diesen Punkt mit dem Drehimpuls $\Theta\omega$ (wobei $\Theta = (1/3)ml^2$), der gleich dem Bahndrehimpuls $mul/2$ an dieser Stelle ist. Daraus folgt $\omega = (3/2)\sqrt{2gh}/l$ oder

$\nu = 5,3$ Umdrehungen pro Sekunde. Man kann das Resultat sehr einfach mithilfe einer Videokamera nachprüfen.

6.10. Siehe Gl. (6.16)

6.11. Auch im bewegten Bezugssystem rotiert der Kreisel, aber ohne zu präzedieren. Für jedes seiner Teilstücke lässt sich die Rotationsbewegung in eine vertikale Geschwindigkeitskomponente parallel zum Vektor der Winkelgeschwindigkeit ω_P und eine horizontale Komponente zerlegen. Letztere führt zu einer CORIOLIS-Kraft auf das Teilstück, wodurch ein Drehmoment auf die Kreiselachse entsteht. Die Summe all dieser Drehmomente führt zu einem Gesamtdrehmoment, das entgegengesetzt parallel zu M ist. Der Betrag müsste durch eine Rechnung bestimmt werden, wir begnügen uns hier mit der Aussage, dass sich dabei der gleiche Betrag wie von M ergeben würde. Im rotierenden Bezugssystem ist also die Summe aller Drehmomente auf die Kreiselachse gleich null.

7.1. a) $F_C = 2mu\omega = 50\,\text{N}$. b) Während sich das Geschoss im Lauf bewegt, durchläuft es eine Kreisbahn mit ständig wachsendem Radius. Der Weg s auf dieser Bahn ist durch $s = R\omega t$ und $R = ut$ gegeben. Daraus folgt: $s = u\omega t^2$ und damit die Beschleunigung $d^2 s/dt^2 = 2u\omega$ und die Kraft $F_H = 2mu\omega = 50\,\text{N}$, die also vom gleichen Betrag wie F_C, aber entgegengesetzt gerichtet ist.

7.2. Für den Beobachter im rotierenden Bezugssystem des Drehstuhls bewegt sich das Pendel auf einem Kreis mit der Geschwindigkeit $u = \omega R$. Das erfordert eine zum Zentrum hin gerichtete Radialkraft $m\omega^2 R$. Diese setzt sich aus der nach außen gerichteten Zentrifugalkraft $F_Z = m\omega^2 R$ und der zum Drehzentrum hin gerichteten CORIOLIS-Kraft $F_C = 2mu\omega = 2m\omega^2 R$ zusammen.

7.3. $a_C = 2\omega u \sin\varphi = 1,9 \cdot 10^{-3}\,\text{m/s}^2 \approx 10^{-4} g$ (g = Erdbeschleunigung). Die CORIOLIS-Kraft ist gegenüber den Trägheitskräften, die z. B. durch Unebenheiten im Schienenstrang entstehen, vernachlässigbar.

7.4. $s = 1,5 \cdot 10^{-9}\,\text{m} \approx 1\,\text{nm}$

7.5. Während sieben Schwingungen, also in 48 s, verschiebt sich das Bild des Pendeldrahtes um sieben Drahtdurchmesser, also um 2,8 mm auf einem Kreis mit dem Radius $A = 1\,\text{m}$. Daraus folgt für Göttingen die Winkelgeschwindigkeit $\omega_G = 5,83 \cdot 10^{-5}\,\text{s}^{-1}$. Division durch den Faktor $\sin 51,5° = 0,78$ ergibt dann $\omega_E = 7,5 \cdot 10^{-5}\,\text{s}^{-1}$ (der genaue Wert ist $7,3 \cdot 10^{-5}\,\text{s}^{-1}$).

8.1. $E = 1,25 \cdot 10^5\,\text{N/mm}^2$

8.2. Aus L und H erhält man mit etwas Trigonometrie als Krümmungsradius: $r = 2,56\,\text{m}$. Für s wird 0,26 m gemessen. Daraus ergibt sich das Drehmoment, das den Stab verformt: $M = 1\,\text{kg} \cdot g \cdot 0,26\,\text{m} = 2,6\,\text{N\,m}$ (man beachte, dass das Drehmoment, das von dem zweiten kg-Klotz ausgeübt wird, nur dazu dient, dass der Stab nicht beschleunigt wird). Das Flächenträgheitsmoment folgt aus Gl. (8.23): $J = 64 \cdot 10^{-12}\,\text{m}^4$. Damit ergibt sich schließlich $E = 10,3 \cdot 10^4\,\text{N/mm}^2$, in guter Übereinstimmung mit dem in Tab. 8.1 angegebenen Wert.

8.3. Der Lichtzeiger (durch Interferenzen verbreitert) wird nahezu um d_s verschoben. Daraus ergibt sich $\alpha = 7 \cdot 10^{-4}$. Mit dem Flächenträgheitsmoment nach Gl. (8.26) ergibt sich $G = 8,0 \cdot 10^4\,\text{N/mm}^2$, in Übereinstimmung mit dem in Tab. 8.1 angegebenen Wert.

8.4. $s = 11,5\,\text{m}$

9.1. $F_2 = 34,5$ N

9.2. $A_2 = 5A_1$

9.3. $F = ((4/3)\pi d^3/8)g\varrho_{\text{Wasser}}$ ($g =$ Erdbeschleunigung)

9.4. $F = 12\,700$ N

9.5. $F = 10^4$ N

9.6. $m = 7,35$ g (Gewicht 0,072 N)

9.7. Die Verdampfungswärme für ein Molekül ist $7,6 \cdot 10^{-20}$ W s. In 1 cm^2 Wasseroberfläche befinden sich $1,03 \cdot 10^{15}$ Moleküle, wie sich aus der Anzahldichte der Wassermoleküle ergibt. Damit folgt aus Tab. 9.1 die Oberflächenarbeit für ein Molekül: $7,2 \cdot 10^{-21}$ W s. Rund 10 % der Verdampfungswärme wird also gebraucht, um das Molekül an die Oberfläche zu bringen, von der es verdampft.

9.8. $\tau = 4,8$ s (Um die Arbeit des Zählens in Grenzen zu halten, wurde erst 6 s nach Ende des Eingießens mit dem Zählen begonnen.)

9.9. Konstanten des BOYLE-MARIOTTE'schen Gesetzes: bei 0 °C: 0,8 m^3 bar/kg, bei 200 °C: 1,4 m^3 bar/kg; $p_a - p_k = 1,6 \cdot 10^2$ Pa ($= 1,6$ mbar)

9.10. $(p_2 - p_1)A = gAh(\varrho_{\text{Luft}} - \varrho_{\text{Füllgas}})$, also der gleiche Wert wie der Auftrieb

9.11. Der Druck im Methan ist größer als in der umgebenden Luft, und zwar um $\Delta p = 0,57$ Pa (das entspricht dem Schweredruck (Abschn. 9.4) einer 0,057 mm „hohen" Wassersäule!).

10.1. $\eta = 2gR_1^2R_2^2(\varrho_2 - \varrho_1)/9(R_1^2u_2 - R_2^2u_1)$; $\varrho = (R_1^2u_2\varrho_1 - R_2^2u_1\varrho_2)/(R_1^2u_2 - R_2^2u_1)$

10.2. Aus dem Energieerhaltungssatz, Gl. (10.12), und unter Vernachlässigung der Viskosität des Wassers folgt $r = (1/\sqrt{\pi\sqrt{2gh}})\sqrt{\text{cm}^3/\text{s}}$, sofern $R \gg r$, so dass man das Wasser im Zylinder als praktisch in Ruhe betrachten kann.

II. Akustik

11.1. Diese Schwebung wird durch die Oberschwingungen $2\nu_2$ und $3\nu_1$ erzeugt.

11.2. a) $d_1 = 0,326$ m; b) $d_2 = 0,163$ m (die Verringerung der Resonanzfrequenz bei festgehaltener Länge wird z.B. beim Bau von Orgelpfeifen ausgenutzt, s. E. Skudrzyk, „Die Grundlagen der Akustik", Springer-Verlag, Wien 1954, S. 156)

11.3. $\lambda = 2,4$ cm; $\nu = 14,17$ kHz

11.4. $c_1 = 3840$ m/s

11.5. $\delta^{-1} = \tau = 50$ s; $\nu_e = 0,42$ Hz; $\Lambda = 4,8 \cdot 10^{-2}$; $K = 1,05$; $H = 6,4 \cdot 10^{-3}$ Hz

11.6. Für die symmetrische Eigenschwingung erhält man die Frequenz $\nu_s = 0{,}900\,\mathrm{Hz}$, für die antisymmetrische Eigenschwingung $\nu_{as} = 0{,}997\,\mathrm{Hz}$ und für die Schwebung $\nu_{Sch} = 0{,}100\,\mathrm{Hz}$. Die Differenz $\Delta\nu = \nu_s - \nu_{as} = 0{,}097\,\mathrm{Hz}$ ergibt sich damit in Übereinstimmung mit der experimentell bestimmten Schwebungsfrequenz.

11.7. a) $\nu_0 = \sqrt{2D/m}/2\pi$, $\nu_1 = \sqrt{D/m}/2\pi$, $\nu_2 = \sqrt{3D/m}/2\pi$;

b) $\nu_0 = \sqrt{(D+D')/m}/2\pi$, $\nu_1 = \sqrt{D/m}/2\pi$, $\nu_2 = \sqrt{(D+2D')/m}/2\pi$.

Man beachte, dass in beiden Fällen die eine Eigenfrequenz immer größer, die andere immer kleiner ist als die in der Aufgabe definierte Frequenz des einzelnen Pendels. Der Unterschied zwischen den beiden Eigenfrequenzen wird umso kleiner, je schwächer die Kopplung ist.

12.1. $\nu' = 531\,\mathrm{Hz}$

12.2. Maxima erscheinen auf der Symmetrielinie und im Abstand $\pm m y \lambda / a$ davon, wobei $m = 1, 2, 3, \dots$ ist.

12.3. Auf den Diagonalen des Quadrats, weil in diesen Richtungen die Öffnungen den größten Abstand voneinander haben

12.4. $D = \lambda a/b$

12.5. $c_l = 5000\,\mathrm{m/s}$

12.6. $d = 108\,\mathrm{m}$

12.7. $u = 60\,\mathrm{km/h}$

12.8. $\sin\alpha_{max} = 1/n = 0{,}78$, $\alpha_{max} = 51°$

12.9. $m = 1$: $\gamma = 9{,}9°$ (Glanzwinkel), $\beta = 80{,}1°$; $m = 2$: $\gamma = 20°$, $\beta = 70°$; $m = 3$: $\gamma = 31°$, $\beta = 59°$; $m = 4$: $\gamma = 43{,}4°$, $\beta = 46{,}4°$

12.10. $c^* = c(1 + \lambda(\mathrm{d}n/\mathrm{d}\lambda)/n)$

12.11. $\lambda = 4{,}25\,\mathrm{m}$ bis $0{,}425\,\mathrm{m}$

III. Wärmelehre

13.1. Die Uhr geht um 10^{-4} zu langsam, verliert also in einer Woche eine Minute.

14.1. Mit Gl. (14.19) erhält man $p = 166 \cdot 10^5\,\mathrm{Pa}$ ($= 166\,\mathrm{bar}$).

14.2. Addition der Partialdrücke ergibt $p_{ges} = 9{,}4 \cdot 10^5\,\mathrm{Pa}$.

14.3. Mit $V_1 =$ Anfangsvolumen, $V_2 =$ Endvolumen und den Temperaturen $T_1 = 291\,\mathrm{K}$ (Zimmertemperatur) und $T_2 = 773\,\mathrm{K}$ erhält man mit Gl. (14.48): $V_1/V_2 = 15{,}1$. Das Volumen muss also auf rund 1/15 verkleinert werden.

15.1. a) $V_m = 1,217 \cdot 10^{-4}$ m^3/mol $= 3,5\ V_{m,\text{fest}}$, d. h. die Dichte im Gas beträgt 28 % der Dichte der festen Phase. b) Aus der VAN-DER-WAALS-Gleichung berechnet man mit diesem V_m einen Wert von RT, der nur um rund 1 % kleiner ist als der wahre. Eine exakte Lösung der VAN-DER-WAALS-Gleichung ergibt $V_m = 1,23 \cdot 10^{-4}$ m^3/mol, also einen um 1 % größeren Wert. Die Zustandsgleichung für ideale Gase stimmt also sehr gut für Stickstoff, selbst bei einer Packungsdichte, bei der der Abstand der Moleküle nur 50 % größer ist als in der festen Phase.

18.1. Man verwende Gl. (18.15) und rechne mit $T_1 = 273$ K und $p_1 = 1013$ hPa. Damit erhält man die in Abb. 18.8 angegebenen molaren Entropien.

19.1. $W_{el} = 0,143$ kJ

Sachverzeichnis